营造之美

——建筑装修详图

荆其敏　张丽安　编

图书在版编目(CIP)数据

营造之美:建筑装修详图/荆其敏,张丽安编.—天津:天津大学出版社,2010.8

ISBN 978-7-5618-3446-6

Ⅰ.①营… Ⅱ.①荆…②张… Ⅲ.①建筑工程-工程装修-图集 Ⅳ.①TU767-64

中国版本图书馆 CIP 数据核字(2010)第 123568 号

出版发行 天津大学出版社
出 版 人 杨欢
地　　址 天津市卫津路92号天津大学内(邮编:300072)
电　　话 发行部:022-27403647　邮购部:022-27402742
网　　址 www.tjup.com
印　　刷 昌黎太阳红彩色印刷有限责任公司
经　　销 全国各地新华书店
开　　本 185mm×260mm
印　　张 22.75
字　　数 568千
版　　次 2010年8月第1版
印　　次 2010年8月第1次
印　　数 1-3 000
定　　价 48.00元

前　言

就像画家用颜料、音乐家用乐器创作一样，建筑师是用建筑材料作为媒介进行创作的。细部设计如同建筑师的文法，越是精通构造，在设计上越自由。建筑大师密斯·凡德罗(Mies Van der Rohe)曾说过，“上帝就在细部之中”。密斯作品的外表形式常被模仿，但细部处理谁也达不到密斯的精美，这就是大师和普通建筑师的区别。从密斯的作品中人们在思考如何评价一个建筑物的好坏。由匠师们建造起来的建筑告诉我们，眼可细看、手可触摸的尺度便是细部尺度，这样细部感觉的好坏应该是一个好建筑起码的条件。构造细部是通向好建筑的第一步，一个没有细部之美的建筑是不可能被环境认同的。正确地构造细部是建造手段，美观才是目的。如果构造方法和系统是建筑骨架的肌理，细部便是表达构造的外表或结果。

构造和细部的功能性只有与表现性相结合，才能使建筑提升至美的境界。运用材料的技巧是表现营造之美的重要手段，包含材料的构造性质和质感。材料的表现力是多种多样的，可借助细部设计表现出来。例如，同为花岗岩，有的做得像石头，有的像瓷砖，有的像玻璃，这就是由细部塑造而传达的美感。木板可做成华丽、优雅、摩登或古朴的艺术品。构造是组合材料的构成，细部的表现机会常在材料的接头和不同材料的关系上，不同的材料在构造中有着互相影响、共同营造的整体关系。细部的表现性可从构造的结果自然地表现出设计师的匠心和意念。

《现代建筑装修详图集锦》一书是1984年出版的畅销书，收录了当时国内外的优秀装修细部大样。20多年后，建筑施工技术虽然有了长足的进步，但传统的构造细部的作法对于建筑师即匠师来说，永远是有意义的。古代的五柱范、营造法式、工程作法则例，永远不会过时。

感谢编辑魏秉哲先生的热心支持，《营造之美——建筑装修详图》又在原《现代建筑装修详图集锦》一书的基础上增加了新的内容，重新与读者见面了。

荆其敏　张丽安

2010年5月

概　述

建筑设计中的各细部详图设计是全部设计程序中的重要部分，是完善建筑质量的重要步骤。笼统地对待施工详图和过多地选用简易标准详图的作法是导致许多建筑质量较差的原因之一。各种不同性质的建筑细部均有各自的特殊需要，医院不同于学校，公共建筑不同于住宅。此外，由于建筑师审美观点的不同，对同一处的构造作法可以创造出风格各异的构造节点。细部详图同时也是为了让工人了解建筑师的设计意图，并严格付诸实施的必要手段。

本图集选编了当前国内外流行的一些建筑细部详图，以供建筑师和建筑系师生们设计时参考。对于现代的外国详图设计的多种形式不一定要采用，但可从外形上得到启发。图集中收集的国内构造详图均提供了材料和尺寸，可供设计者在节点设计时参考并选用。图集着重表现以下几个方面。

1.构造坚固合理

在一个建筑设计项目的平剖面构造确定以后，进行施工细部设计时，不同材料部件的连接，会产生许多特殊的构造要求。这就要求设计者因地制宜地设计每一特殊节点详图，确定每一节点构造使用的材料类型和尺寸，达到有关规范规定的要求，正确合理地使用材料，对要求表现建筑特征的部件做出特殊的处理，等等。此外，对某些部件设计者还要根据工程师计算的强度、刚度、抗风力等因素和过去实践的经验进行设计。节点构造设计还要根据使用材料的性质和特点，根据外围构造的情况和外围结构的条件，以求达到细部构造坚固、合理。

2.适用和美观

细部详图中所表达的不仅是结构构造的连接方式，还要表现建筑师所要表现的美学特征。建筑的色彩、风格及巧妙的艺术处理等方面都通过各类装修的细部详图表现出来。

3.环境控制

建筑细部详图设计是建筑控制环境的重要方面。对于日照、光、风、雨、噪声、风暴、雪等外界环境条件下的保护作用，屋面、墙、门、窗等的保温隔热性能，选用建筑材料的热阻性能等等，都是细部节点设计所必须考虑的。某些特殊的节点详图是专门为了控制环境达到某种要求而进行设计的。

4.使用与制作的方便

细部设计要适合人体的尺度，体现建筑对人的关怀，包括手工操作和施工时的方便，不仅要考虑人们操作的重量和尺度，还应注意到材料的制作与加工的难易。例如,建筑上的装饰不单是为了美观,还应该兼有构造功能方面的意义并易于施工。

5.建筑要素之间的关系

建筑构造中水平面与垂直面变化的交接处,由楼板到墙面,由墙面到屋顶,这些内部断面有变化的地方都是建筑师需要作细部设计特殊处理之关键节点。这些地方的连接常常要求精心的技术处理,有的是许多管线在有限的空间内交叉,有的是要求可以活动的沉降缝和伸缩缝,等等。这些节点必须有不同材料部件的连接设计,并要注意减少抹灰的断裂与材料的损坏。

6.材料的限定

使用混凝土、木材、灰浆等材料可以做成各种形状的边角,但由于材料本身性质的限定,不同的材料应采用不同的形式。混凝土做成的尖角容易断裂;木材的弱点是如果没有钉子或铁箍箍住时便难于包角对接;粉刷的墙壁由于湿作业必须留有工作缝分段进行施工,而且在与其他材料交接或转角处需要特殊的收尾;抹灰的包角容易损坏。因此,设计者应该根据材料的固有特性来处理材料部件的细部节点。

7.材料的变化

由混凝土的基础到木楼板,由钢楼梯到木梁,由砖墙到木梁等等材料改变之处,如果没有牢靠的细部节点详图,就不能保证安全。这些材料变化的交接处需要采取特殊的构造节点设计。

8.建筑规程与安全

制作建筑的细部详图是完成建筑设计的最后程序。遵守建筑的各项设计规程与操作规程是保证建筑质量与安全的重要环节。

建筑构造详图的门类很多,本图集主要选编了那些能以局部来表现建筑体的部件。

目　录

A. 入口 ………… 1
入口 ………… 2
入口坡道 ………… 4
门头 ………… 5
雨棚 ………… 7
B. 地面 ………… 11
踏步 ………… 12
勒脚 ………… 13
铺地 ………… 14
室内地面 ………… 21
C. 门 ………… 25
门 ………… 26
门及把手 ………… 28
铁花门 ………… 31
金属门 ………… 35
太平门 ………… 36
转门 ………… 37
隔音门 ………… 38
院门 ………… 39
折叠门 ………… 40
木拼板门 ………… 41
玻璃门 ………… 44
门节点 ………… 47
D. 窗 ………… 49
百叶遮阳窗 ………… 50
窗的通风路径 ………… 52
玻璃窗 ………… 53
隔音窗 ………… 55
窗玻璃节点 ………… 57
橱窗 ………… 58
E. 屋顶 ………… 59
玻璃屋顶 ………… 60
天窗 ………… 62
屋面节点 ………… 66
F. 外檐 ………… 67
外檐做法 ………… 68
外檐饰面 ………… 71
花饰墙 ………… 72
砖外墙 ………… 80
石墙 ………… 83
瓦坡檐 ………… 84
预制墙板外檐 ………… 85
工业墙板节点 ………… 87
玻璃幕墙 ………… 88
外墙设计 ………… 90
G. 内檐 ………… 95
木墙面 ………… 96
木护墙 ………… 97
人造革墙面 ………… 98
石棉瓦及木条墙面 ………… 99
内檐墙装修 ………… 100
折板式内墙面 ………… 101
壁画 ………… 102
H. 隔断 ………… 103
玻璃砖隔断 ………… 104
玻璃花格 ………… 105
隔断 ………… 106
推拉活隔断 ………… 111
隔断内墙节点 ………… 114
I. 天花 ………… 115
吊顶样式 ………… 116
嵌类顶棚 ………… 120
矿棉吊顶 ………… 122
预制水泥板吊顶 ………… 123
通风顶棚 ………… 124
圆形中央天花 ………… 125

船形板吊顶 …… 126
吊顶节点 …… 128
J. 楼梯 …… 129
楼梯细部 …… 130
扶手 …… 139
钢楼梯 …… 154
自动扶梯 …… 156
K. 钟 …… 157
钟 …… 158
钟塔 …… 161
L. 暖气罩 …… 165
暖气罩 …… 166
风道及风口 …… 170
M. 舞台设施 …… 175
声柱窗 …… 176
喇叭箱 …… 177
舞台口 …… 178
舞台 …… 179
N. 柜台 …… 181
柜台 …… 182
售票窗口 …… 193
邮票陈列柜 …… 194
O. 电话亭 …… 195
电话亭 …… 196
P. 电信设备 …… 203
微波塔 …… 204
电信设备 …… 211
Q. 卫生设备 …… 213
镜柜 …… 214
挂钩 …… 215
厕浴设施 …… 216
R. 缝、槽 …… 217
伸缩缝 …… 218
线槽 …… 221
变形缝 …… 222
S. 室内陈设 …… 223
家具 …… 224
公共座椅 …… 234
室内陈设 …… 237
讲台 …… 244
T. 中国古建构造 …… 245
中国传统木结构 …… 246
斗拱 …… 247
角梁构造 …… 248
仿古详图 …… 249
U. 照明灯具 …… 257
照明 …… 258
灯具 …… 260
吸顶灯 …… 265
浴室暗槽灯、挂灯 …… 271
有机玻璃壁灯 …… 272
室外灯具 …… 273
V. 结构构造 …… 275
充气膜结构 …… 276
网索结构 …… 279
胶合木结构节点 …… 282
纸筒网架 …… 286
金属构架 …… 287
钢索张拉帐篷结构 …… 291
钢拉索连接节点 …… 292
竹片编织技术 …… 296
竹结构节点 …… 298
W. 厅堂 …… 299
门厅 …… 300
营业厅 …… 301
休息室 …… 302
演讲厅 …… 303
放映室 …… 304
X. 装配住宅 …… 305
装配住宅 …… 306
阳台 …… 308
Y. 园林小品 …… 313
园林庭院 …… 314
金鱼廊 …… 317
椅凳 …… 318
栏杆、人行道 …… 322
庭院门及墙 …… 323
什锦窗 …… 330

庭院小品 ……………………… 331
室内绿化 ……………………… 337
水景 ……………………… 340
景观雕塑 ……………………… 343
花池 ……………………… 345
石舫、纪念亭 ……………………… 346
树木移植 ……………………… 347
Z. 其他设施 ……………………… 349
警卫室 ……………………… 350
加油站 ……………………… 351
书报亭 ……………………… 353
自行车停放处 ……………………… 354

A 入口

入口

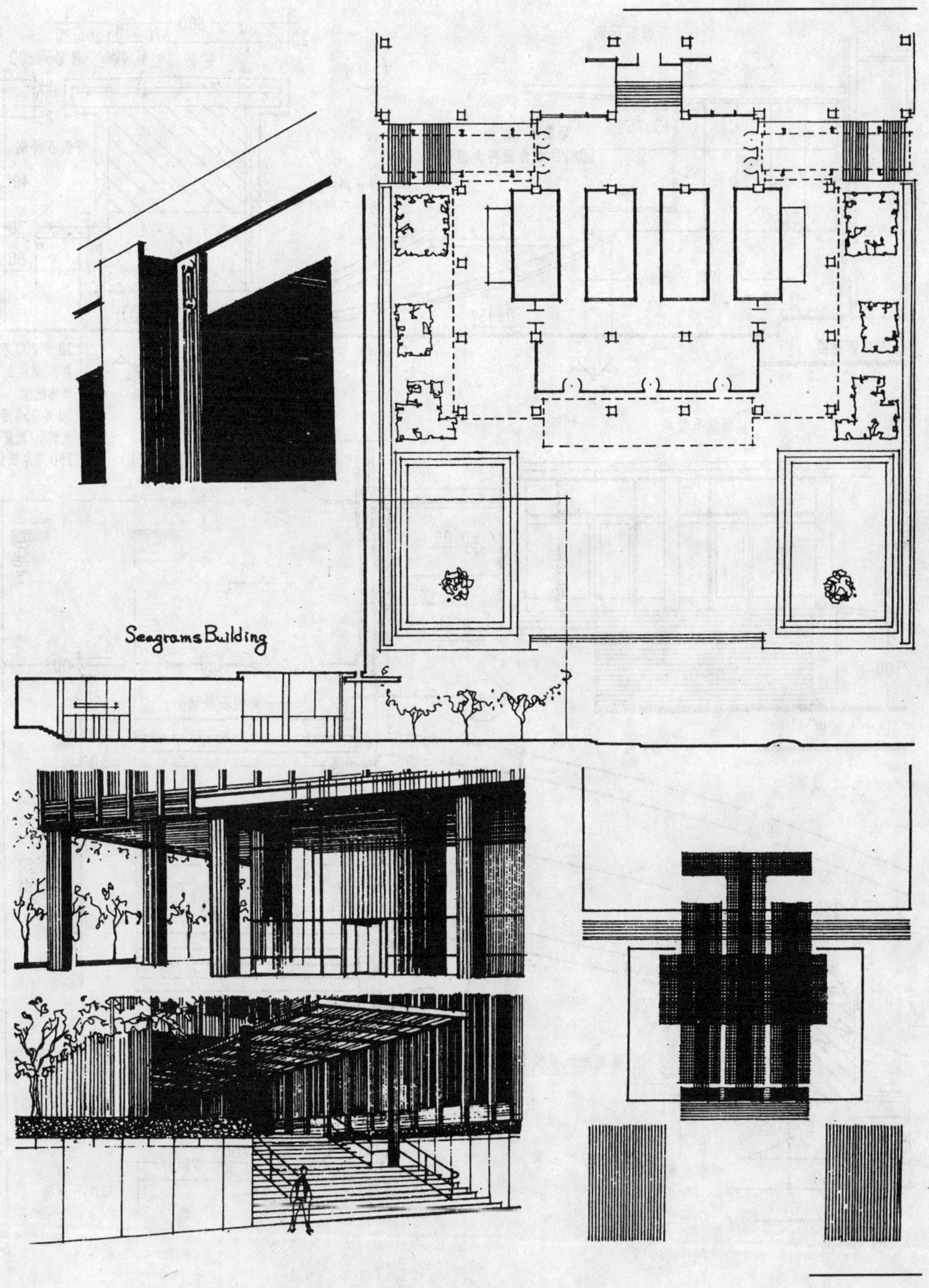

入口

斩假石粉刷
+3.75
斩假石 凹线
10×20或白面砖无凹线
+2.20
+1.79
斩假石粉刷
+0.00
-0.45
-0.31
入口侧面图
30 600 370 30 65 20
20 65
泛水
纵4φ6 横φ6@200
20
30
25
斩假石粉刷
400
钢丝网一皮
斩假石粉刷
30
80
160
370
30
30厚200号
细石 混凝土
随捣随抹
80厚250号
混凝土(配筋)
150厚片石夯实
斩假石粉刷
400
3550
410
2100
入口立面图
±0.00
+2.20
+2.20
-0.45
+2.20
斩假石地面
4800
500
1200
800
400
200
600
+1.79
水泥地面
4000
4200
斩假石地面
600
12830
30 350 20
10 10
混凝土灰顶纵3φ6 横φ6@200
50
100
600
斩假石或白面砖
泛水
坡道中线半径R=50000
+2.20
5600
钢筋混凝土梁
280 350
100
600
5700
4000
2000
-0.31
入口平面图

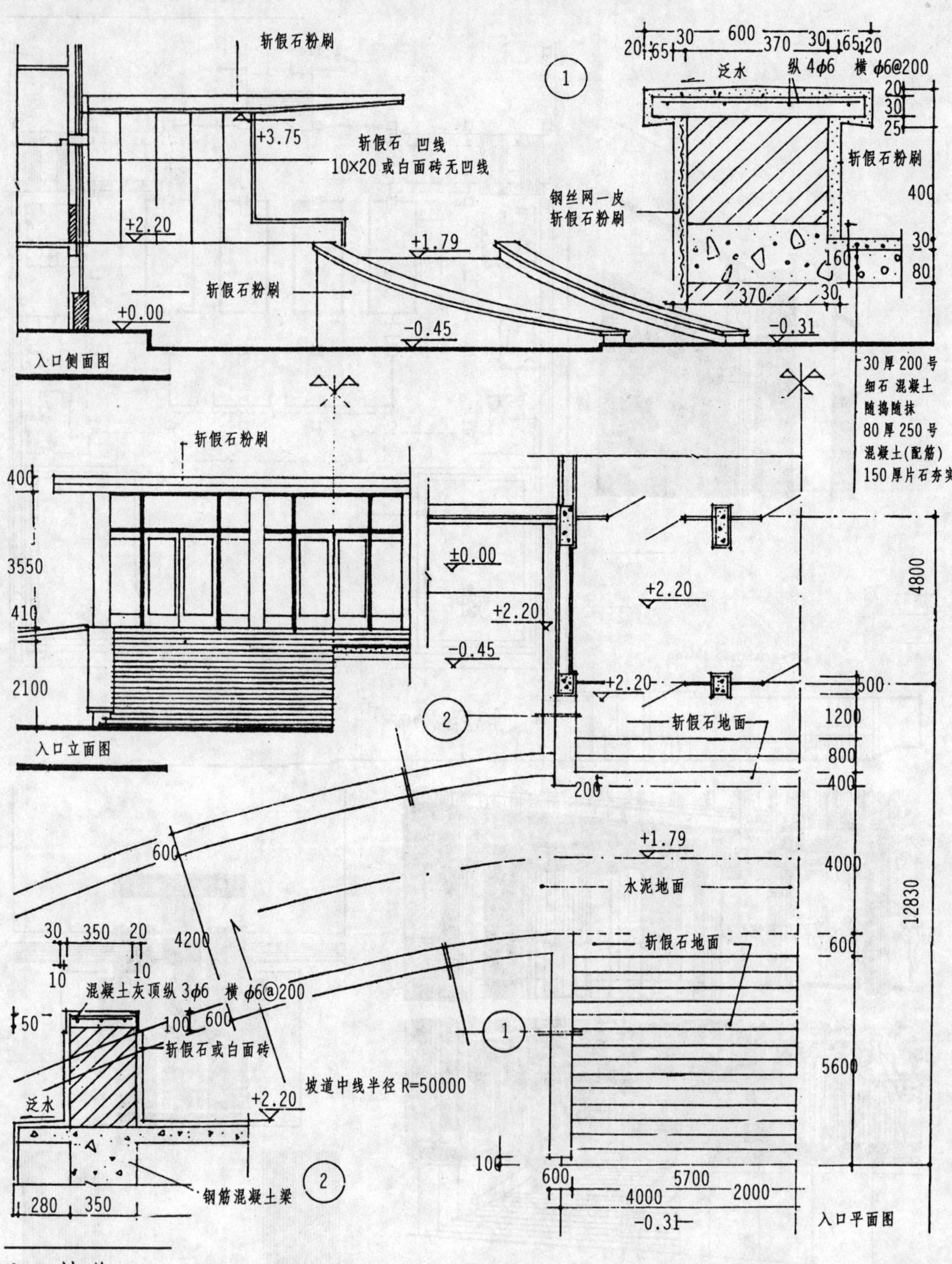

入口坡道

门头平面图
HERTFORDSHIRE CONSTABULARY
英国某警察站入口
3″长$\frac{1''}{8}$
金属连杆
人造石门框平面图
700
160
700
700
700
700
500
B
C
北京科学会堂学术报告厅
门罩墙灯
3厚角钢
30×30扁铁
1.5×12扁铁刷油漆
23×10扁铁
1.5×10扁铁刷油漆
750 700 700 700 700 700 700 750
A
门罩灯仰视图

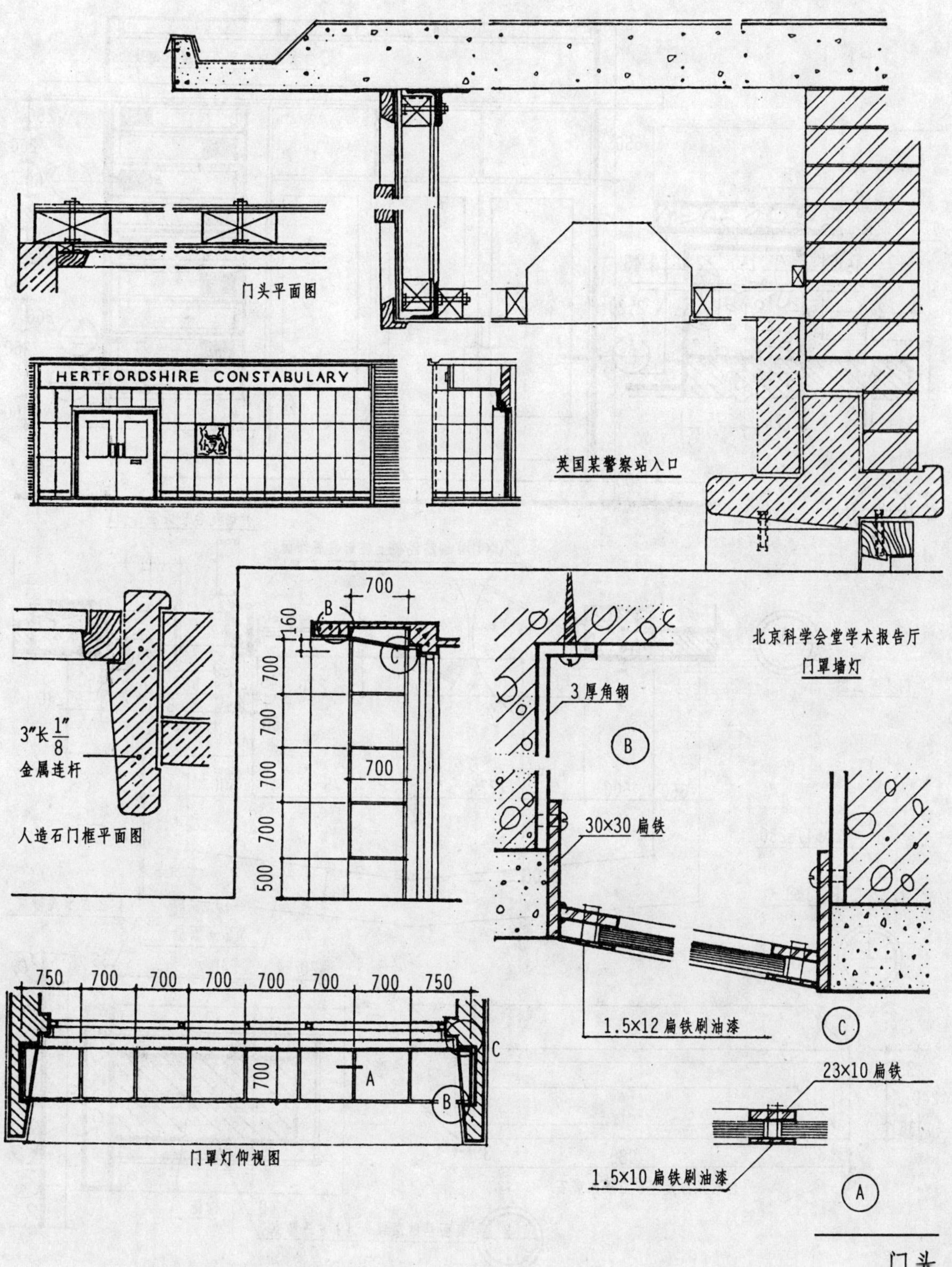

门头

E 白水泥白大理石子磨石砌块
E 砌块
150 号混凝土
45
150
45
240
2120
650
75
75
280
260
260
260
260
260
260
260
260
260
500
300
砖砌花台斩假石饰面
120×400 钢筋混凝土柱斩假石饰面
门头平面图
40
1650
820
40
120
50
980
240
400
50
240
870
240
60
240
350
500
1500
1275
1275
500
350
200
350
斩假石面层
12φ47=230
3φ8
1:2 白水泥砂浆
20
240
35
25
25
240
35
240
35
35
980
35
白水泥白大理石石子水磨石
40
20
120
20
40
砌砖
表面粘贴深绿色 19 方马赛克

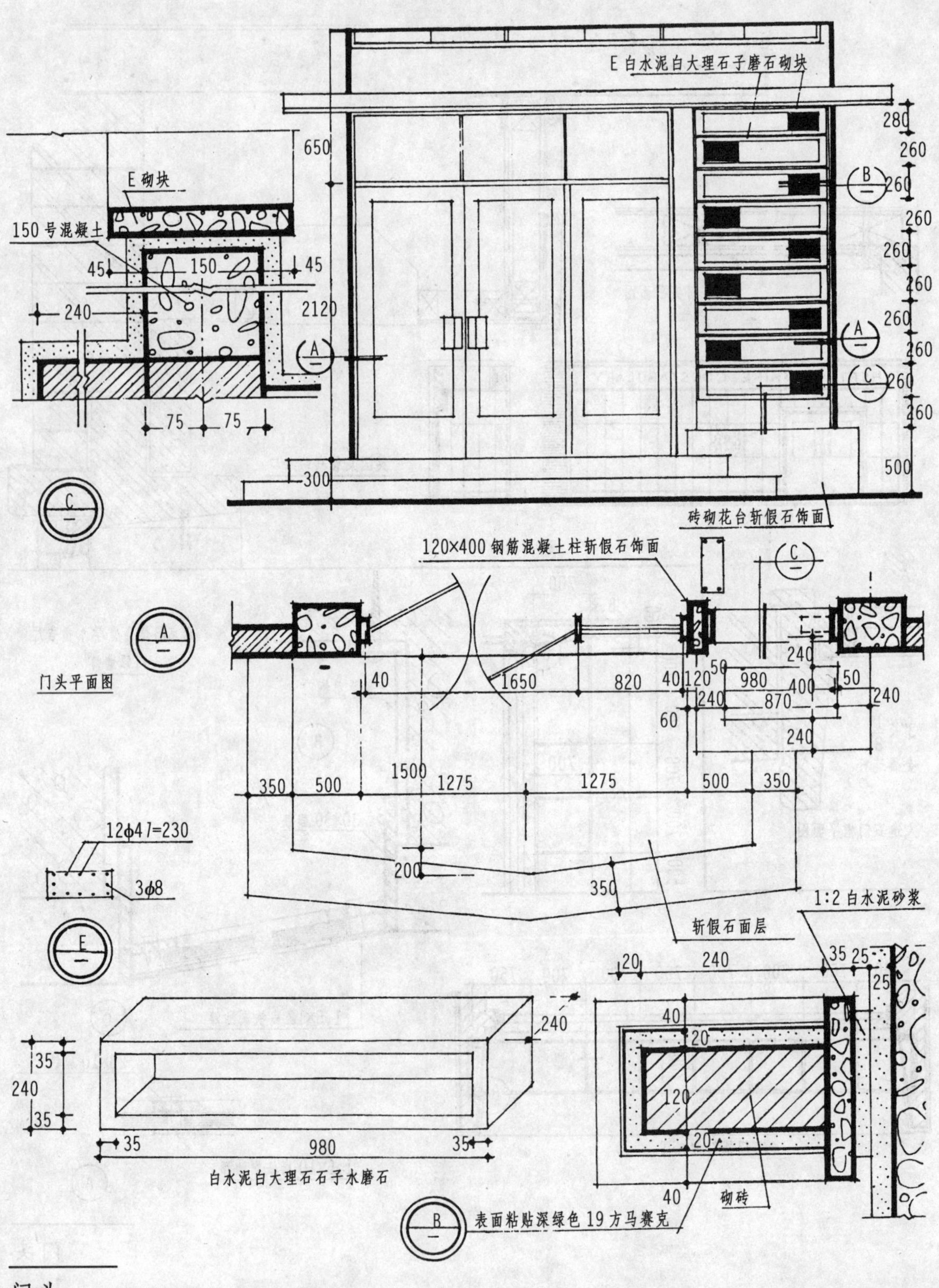

门头

300
700
2500
700
300
300
1200
900
1100
2200
1100
650
1150
500
浅黄色
1250
1250
橘黄色
白色
200
650
650
200
400
250
400
250
400
顶棚仰视图
30
20
刨光木板
刷白漆
50×70
40×50
60
φ6 钢筋压油毡 100 长铁钉钉牢预埋 50×50×30 木楔
与钢窗框焊接
1 厚铁板披水
60
70
120
60
50×70
40×50
20
40
180

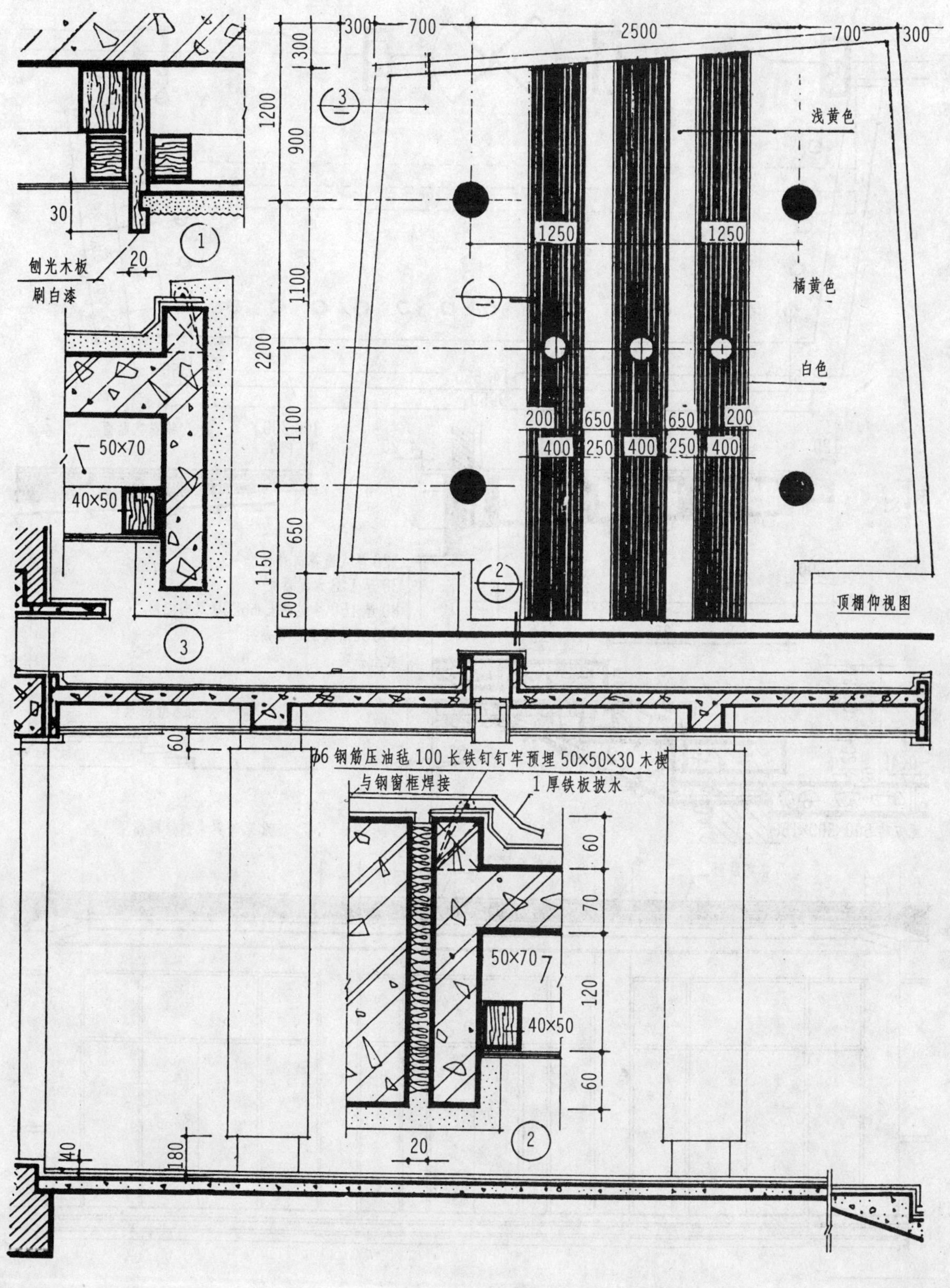

雨棚

355
14×660
355
9950
660
660
660
660
660
355
120
150
22
4.20
500
4900
300 300
马赛克贴面
滚涂
120厚人造花岗岩台阶
30厚1:3水泥砂浆
80厚150号混凝土 φ6200双向配筋
450天然级配砂石夯实
素土夯实
350
350
±0
-0.45
450
30
120
120
120
30
30
水泥方砖 500×500×150
马赛克贴面
分格缝宽10
300 300
雨水管出水口
120
北京外贸谈判楼雨棚

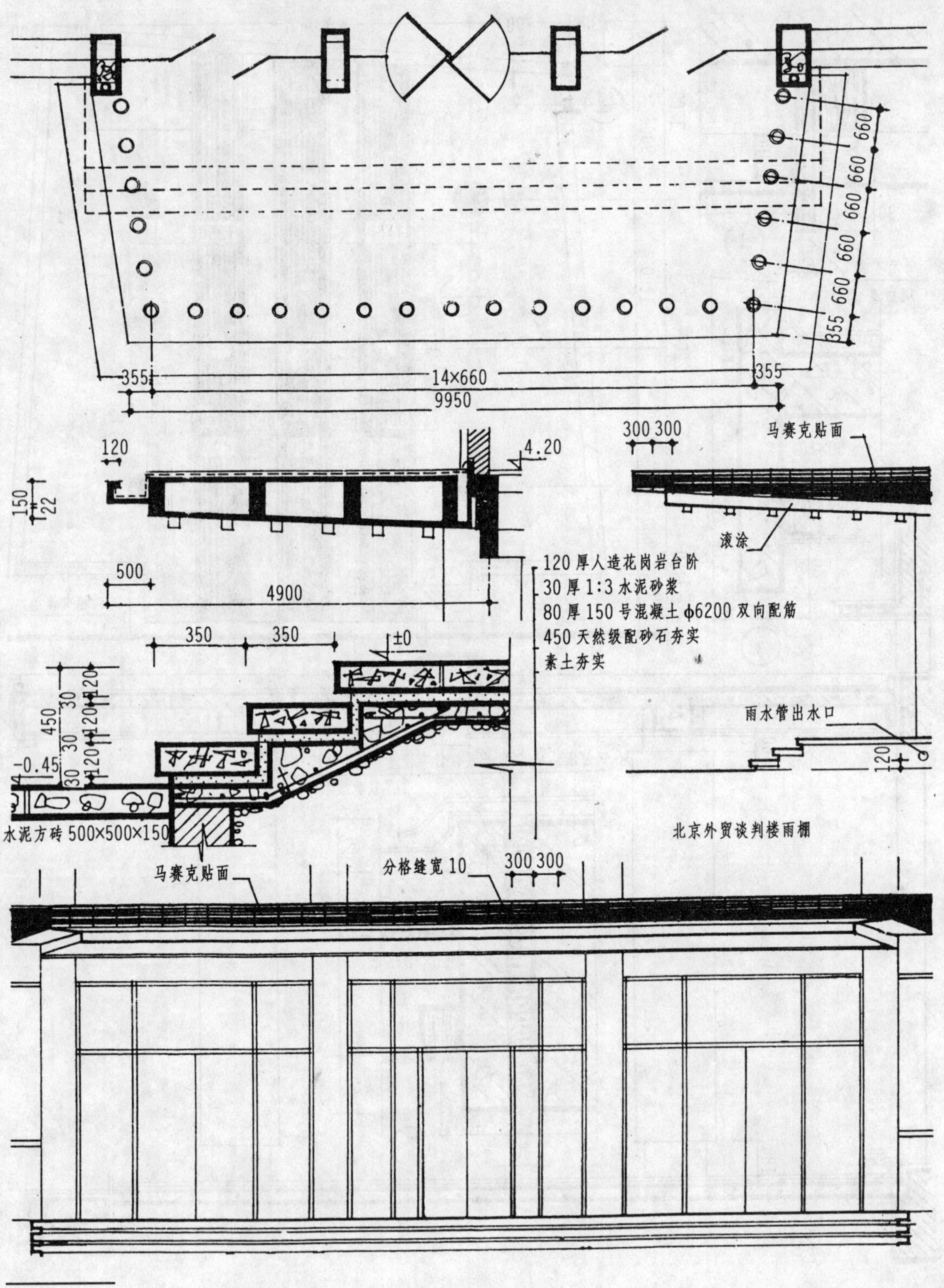

雨棚

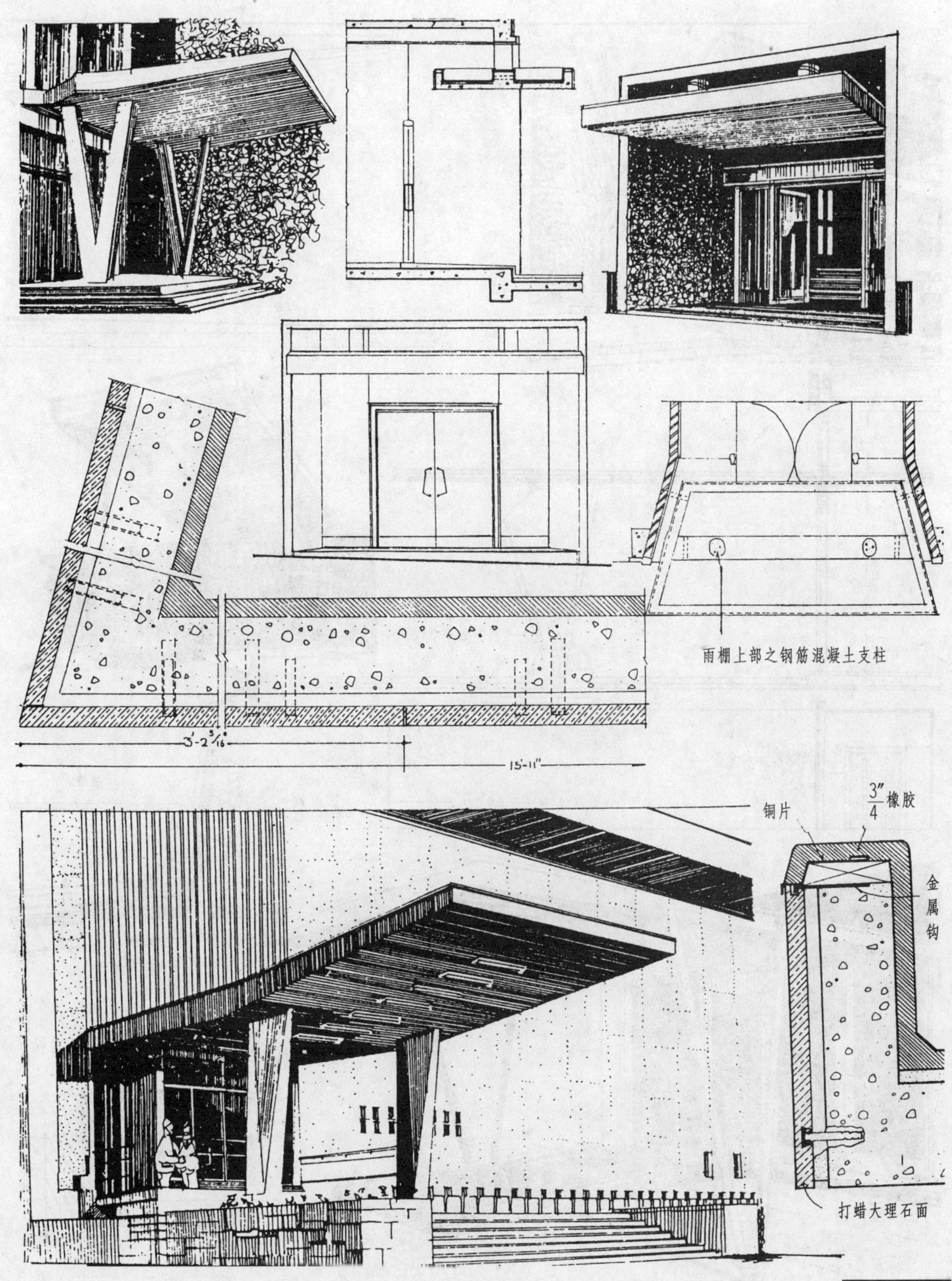

雨棚

斜钢梁
+2′-0″
7′-0$\frac{3}{4}$″
11′-1″
3$\frac{1}{2}$″钢管
混凝土基础
2′-6″
日光灯
圆灯
7-6″
钢管 2$\frac{1}{2}$dia
28°
80°
72°
4″×2$\frac{1}{2}$″木龙骨
6′-0″
9′-6$\frac{1}{2}$″
9″dia 灯
铝盖板
钢管
2″铝折板
硬木板上铺三层油毡
铝盖板
4″×2″钢梁
硬木

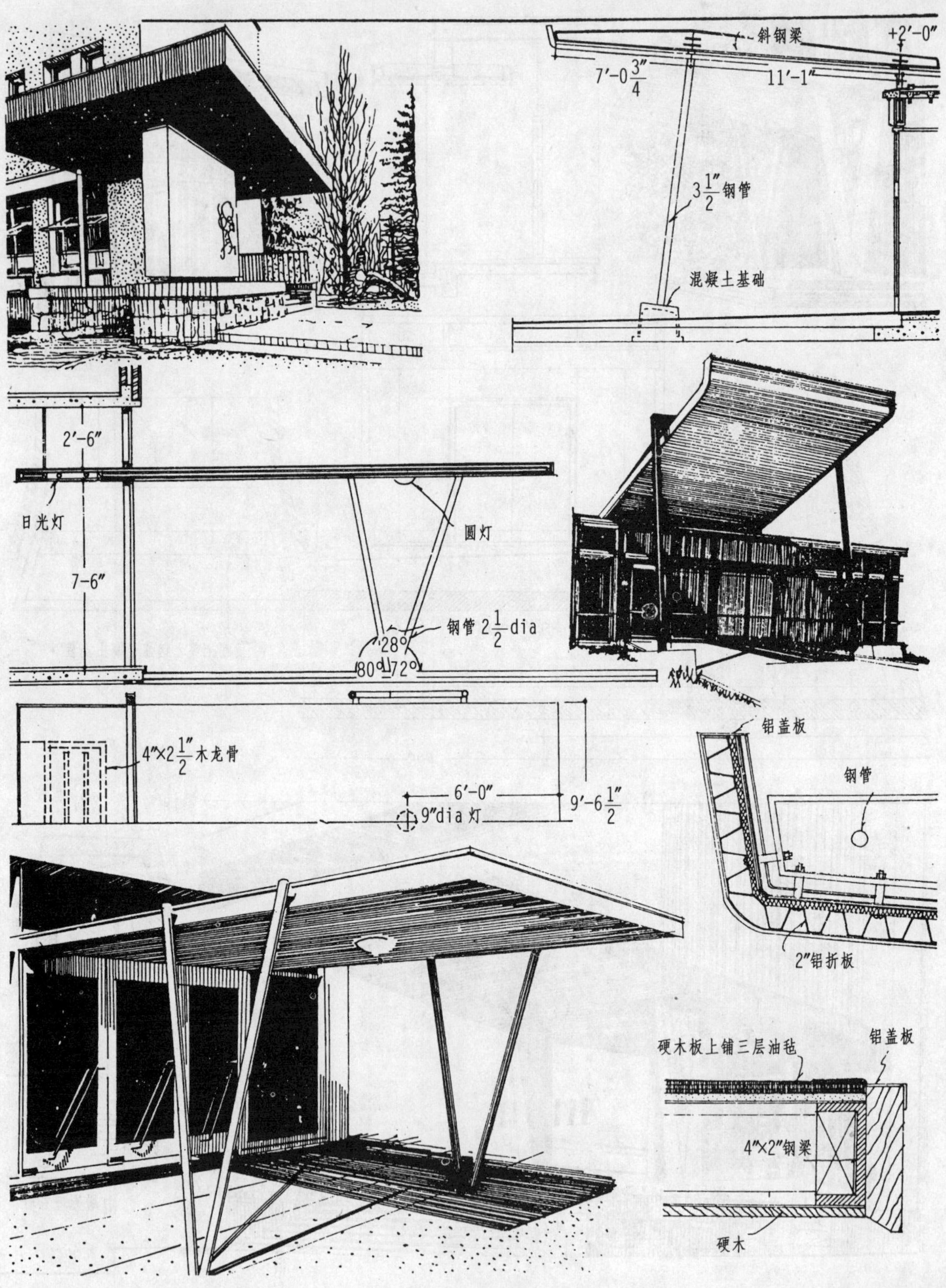

雨棚

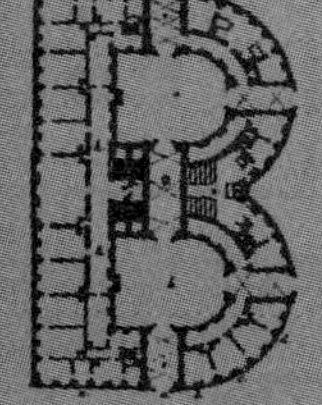

地面

500
30
20
麻石踏级
30
90
30
水泥方格砖
90
30
120
30
20
砂垫层
20厚
20
500
搭接座50号砂浆
素土夯实
75号混凝土100厚
1:2.5水泥砂浆
细拉毛喷乳胶漆
贴马赛克
600
100
填沥青砂子
宽度详平面
沥青麻刀
80厚混凝土
25厚:2.5水泥砂浆
加3%防水剂
80厚75号混凝土
15厚1:2.5水泥砂浆
740
120
160
240
160
最浅处20
60
100
室外水泥地面
道路面层

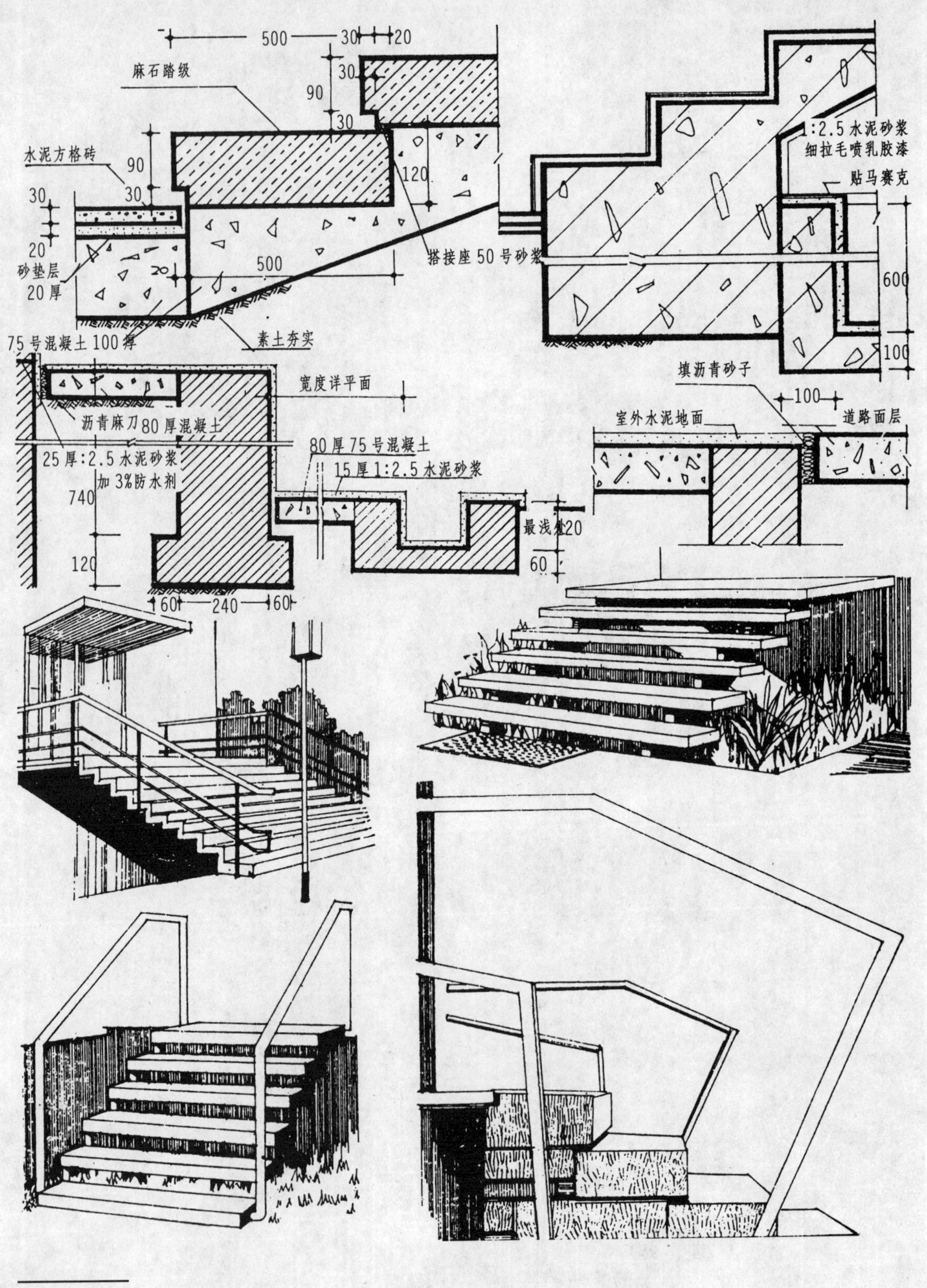

踏步

95
45
0.5
0.5
0.5
1
2
2
1
铸铁通风篦
勒脚立面大样
12
24
6
6
6
窗口砖皮线
2—2
1—1
24
36 墙轴线
36 墙中心线
2厚 1:3 水泥砂浆加 3%
防水粉
45
2.5
6
12
12
18×12 铸铁成品通风篦
6
12
10
60-70
18
6
6
10
5
混凝土散水 150 号
3:7 灰土
暖气管沟
24
12
GRUNDS

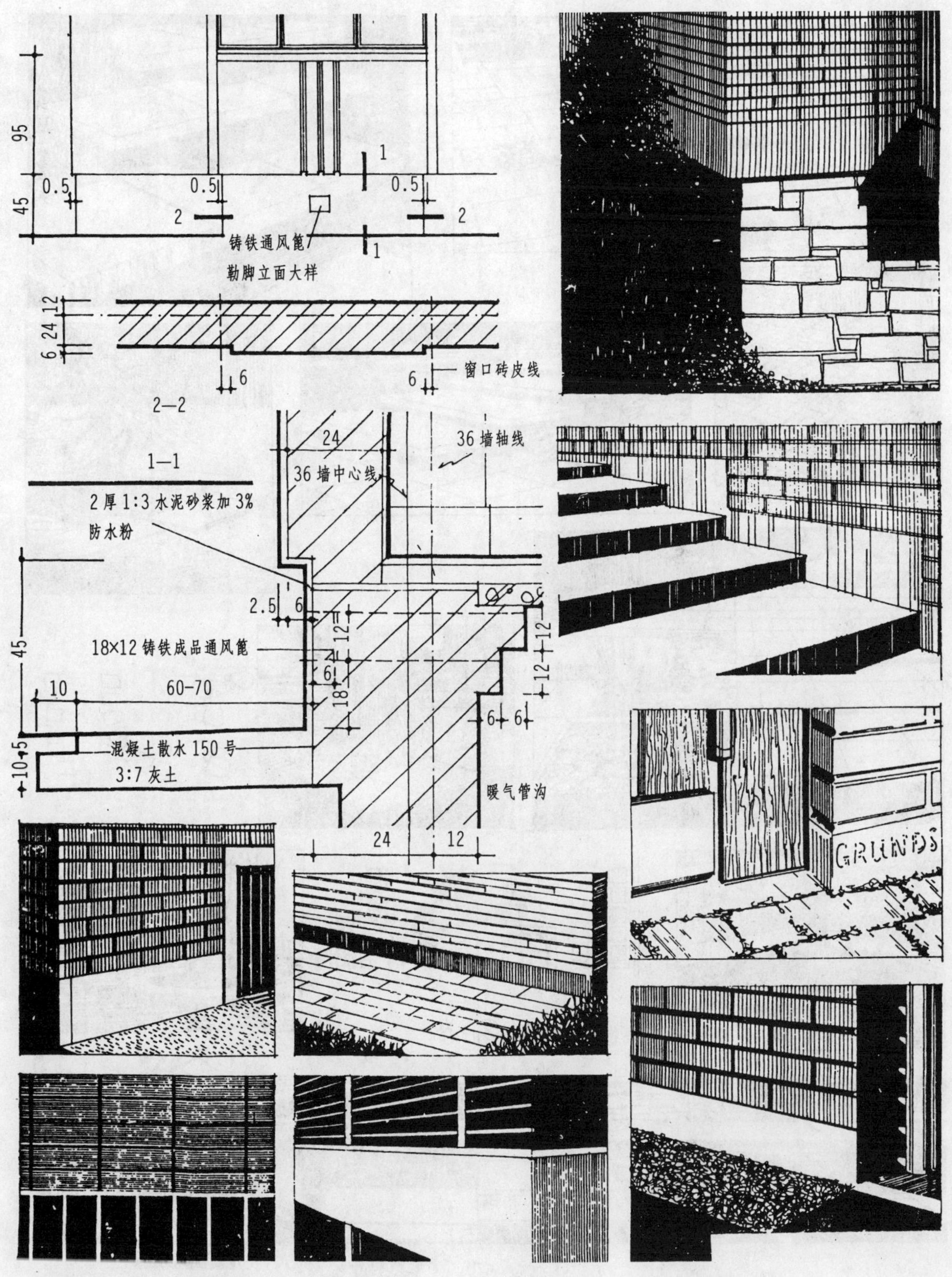

勒脚

铺地

60
水泥地面扒出纹路
干粘石
草皮
彩色磨石或大理石块
白水泥
小卵石
大卵石
扒出纹路之水泥砖
黄色水泥块表面浮雕木纹
草皮

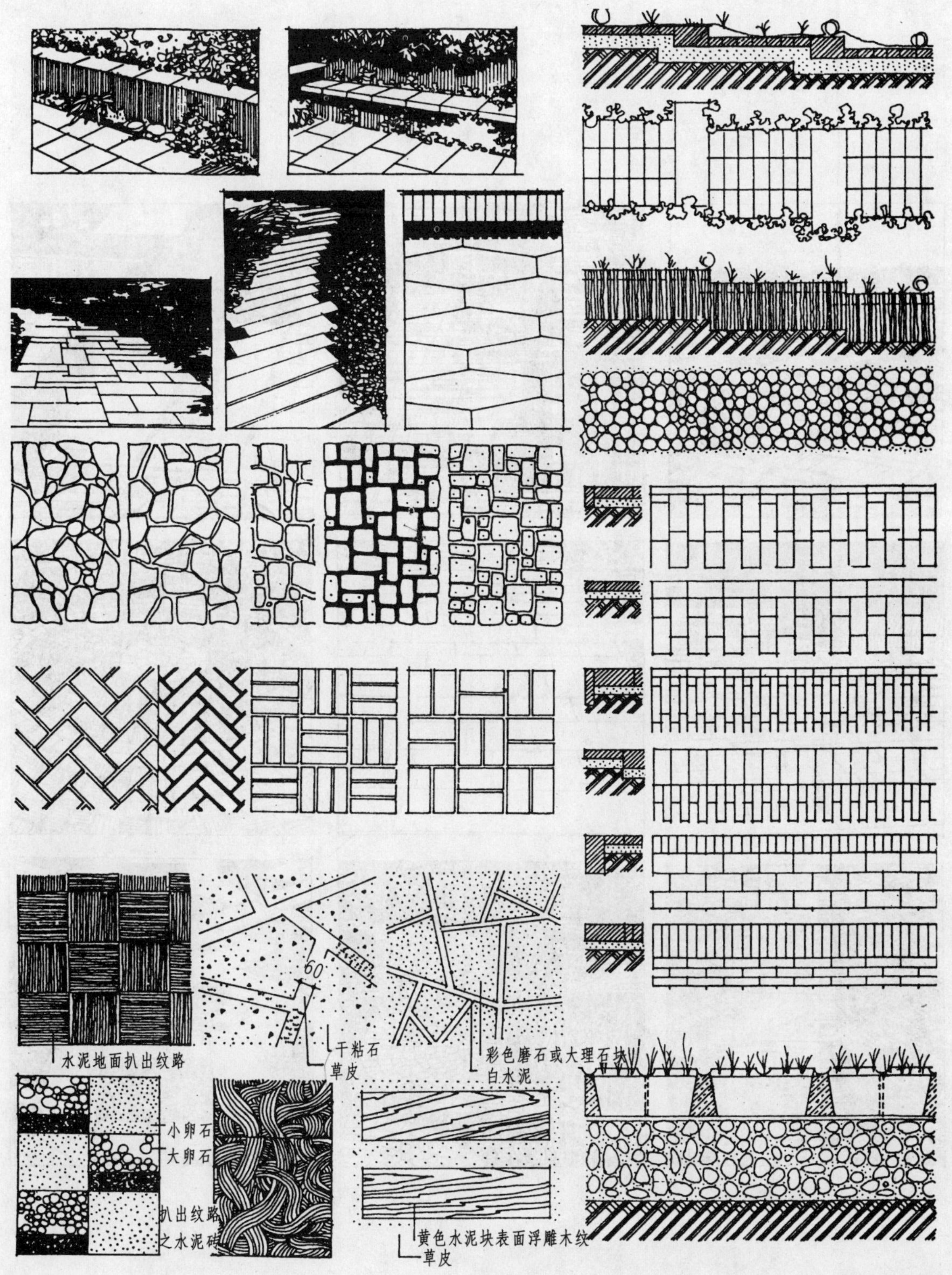

铺地

铺地

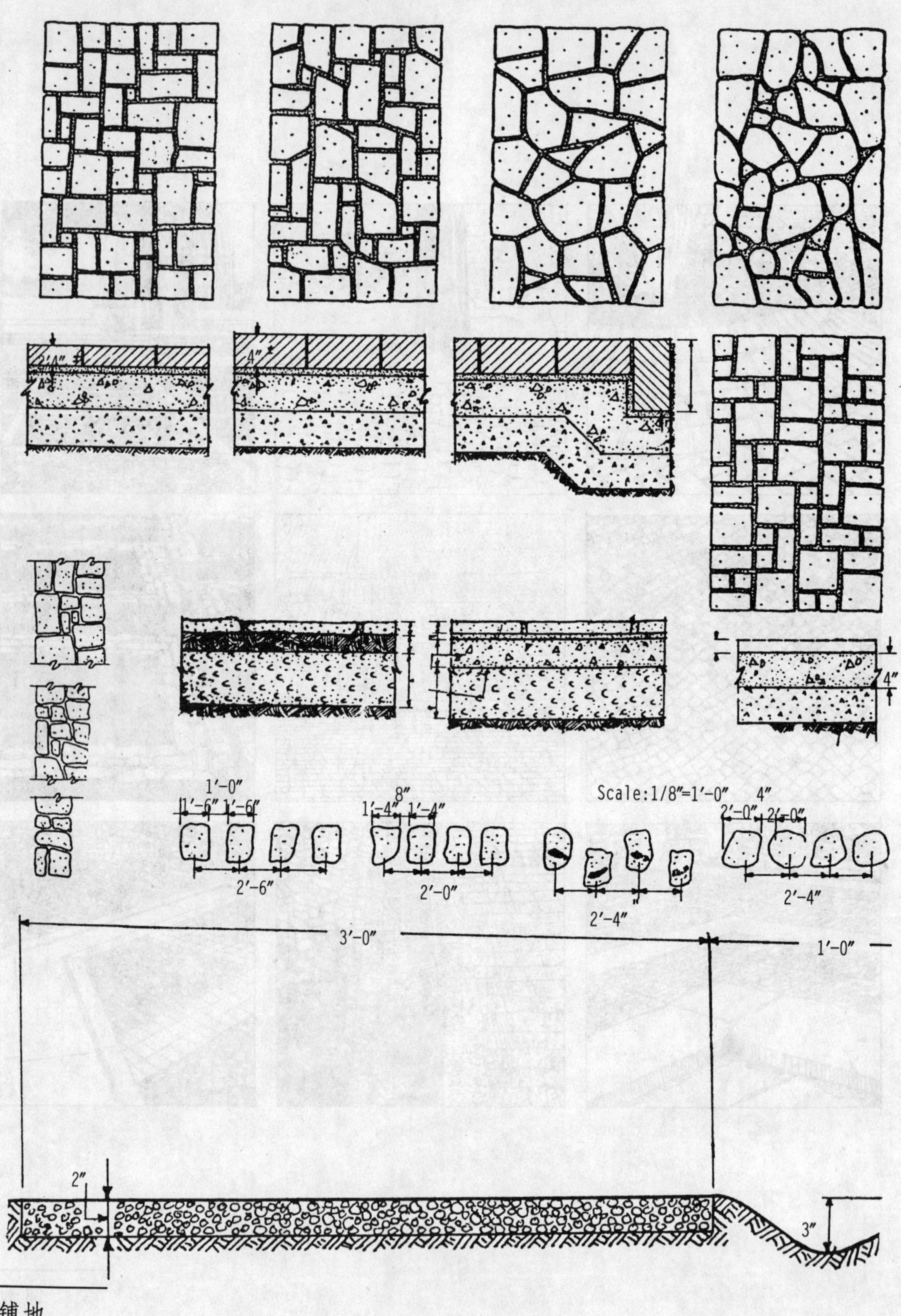

铺地

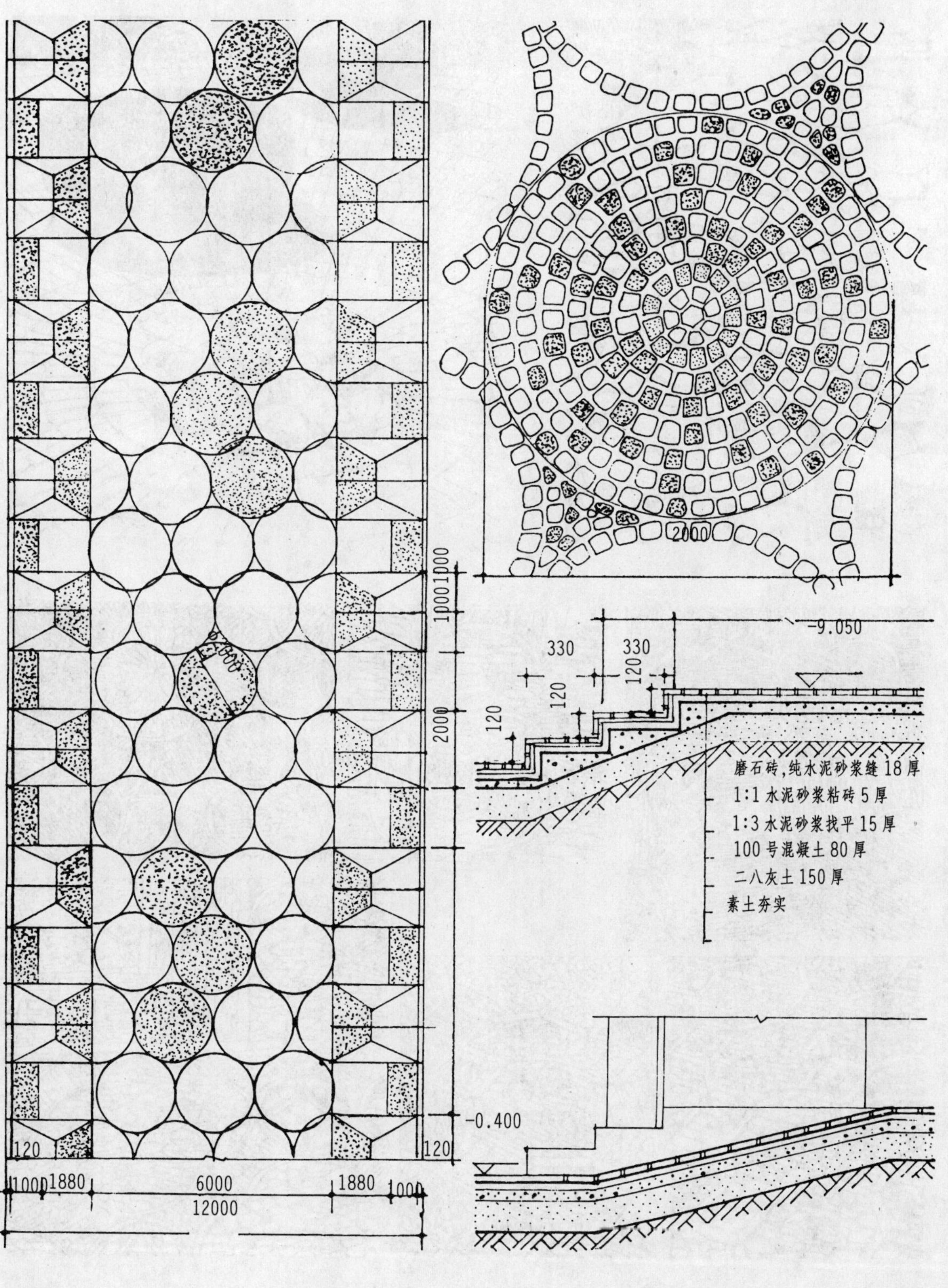
2000
-9.050
330
330
120
120
120
1000
1000
2000
磨石砖,纯水泥砂浆缝 18 厚
1:1 水泥砂浆粘砖 5 厚
1:3 水泥砂浆找平 15 厚
100 号混凝土 80 厚
二八灰土 150 厚
素土夯实
-0.400
120
120
1000
1880
6000
1880
1000
12000

铺地

室内地面

室内地面

室内地面

国外地面节点

15mm 厚木地板
15mm 厚木板
15mm 厚企口地板
15mm 厚木地板
25mm 厚膨胀聚苯乙稀隔气层
2mm 到 40mm 厚 1:4 水泥砂浆
活节点
3mm1:1 水泥砂浆
瓷砖
圆钢平头钉
50mm×50mm 木垫
32mm 宽钢片
防潮层
木楼板
钢片
防潮层
平头圆螺钉
18mm 长钢钉
防潮层
50mm×40mm 木条
平头钢钉
防潮层
隔声垫
18mm 厚碎木板
防潮隔气层
25mm 厚膨胀聚苯乙烯
楼面
铝件
铝件
地面砖
砂浆
钉
5mm 厚地毯
铝件
抹灰
楼板和墙之间的伸缩缝
面层
铝件
砖砌墙
乙烯活动节点带
填砂

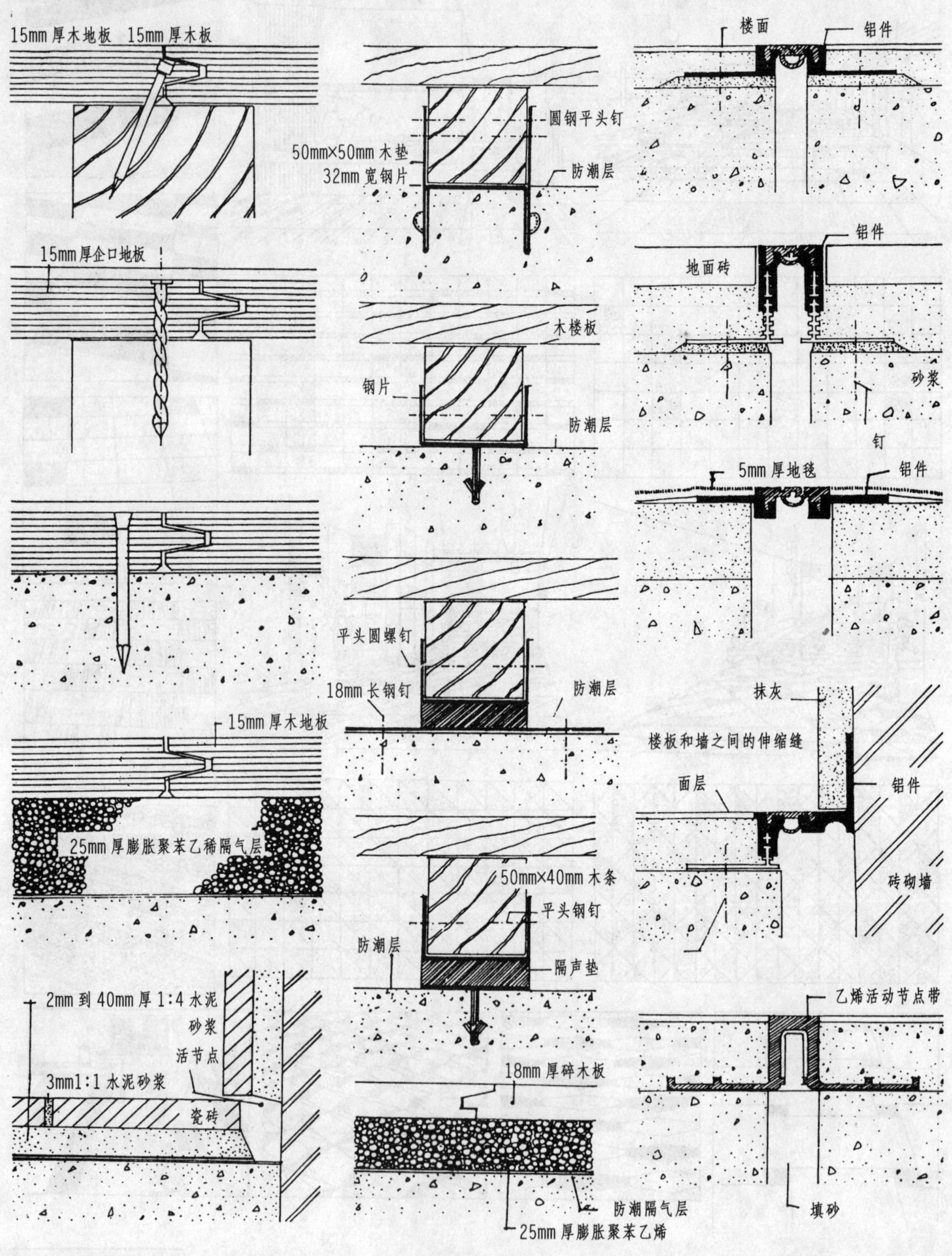

室内地面

C 门

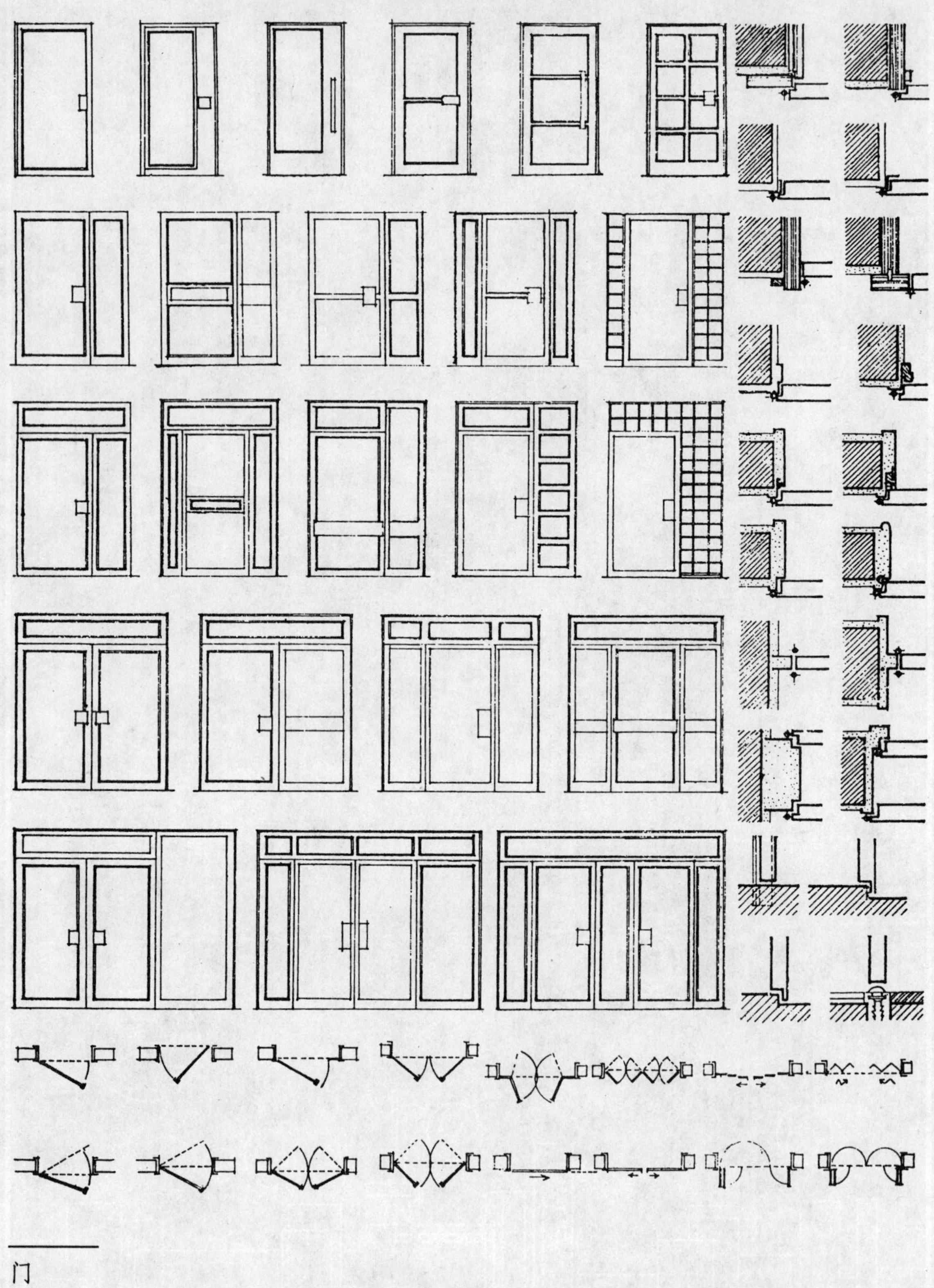

门

门

门及把手

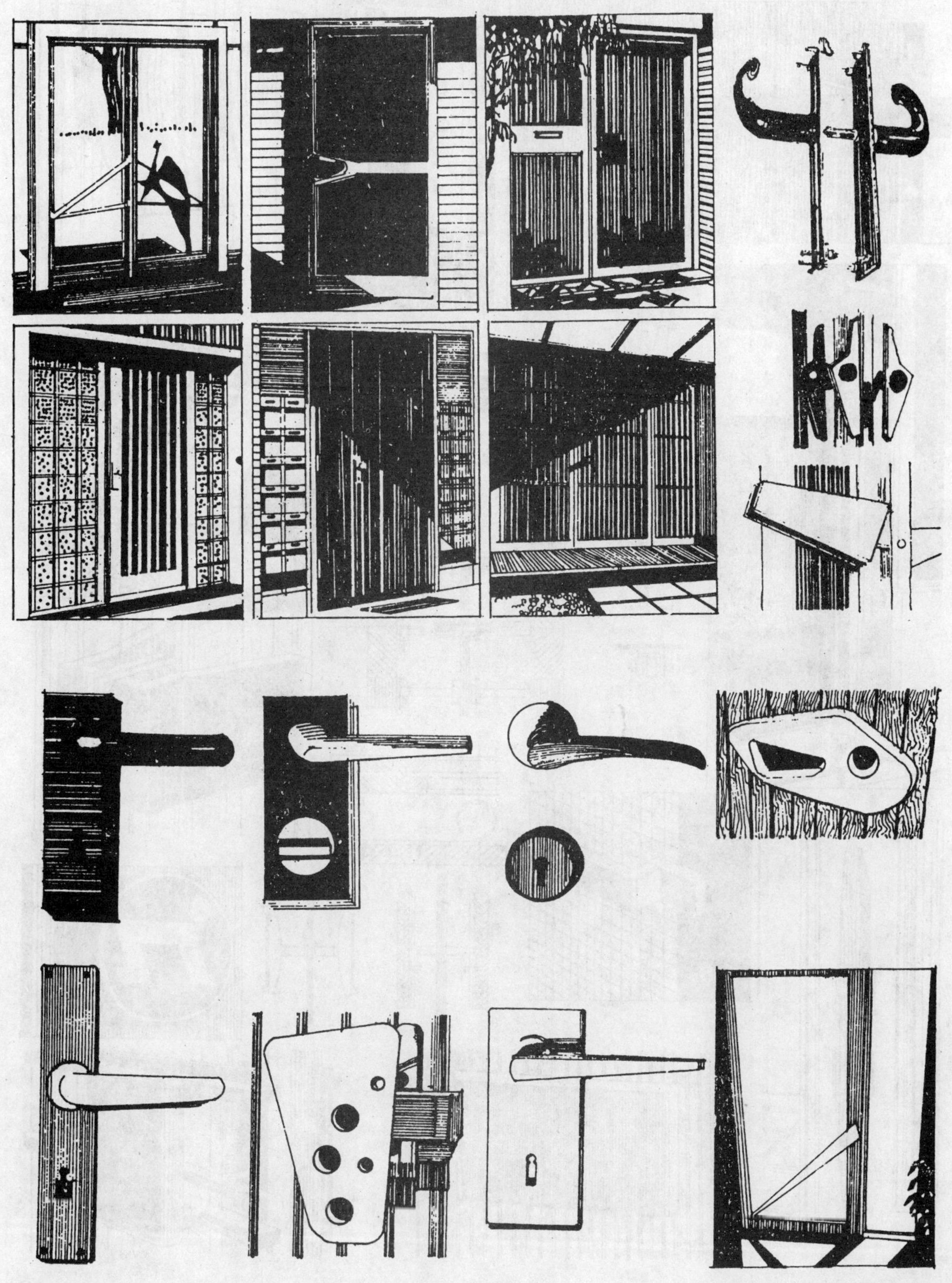

门及把手

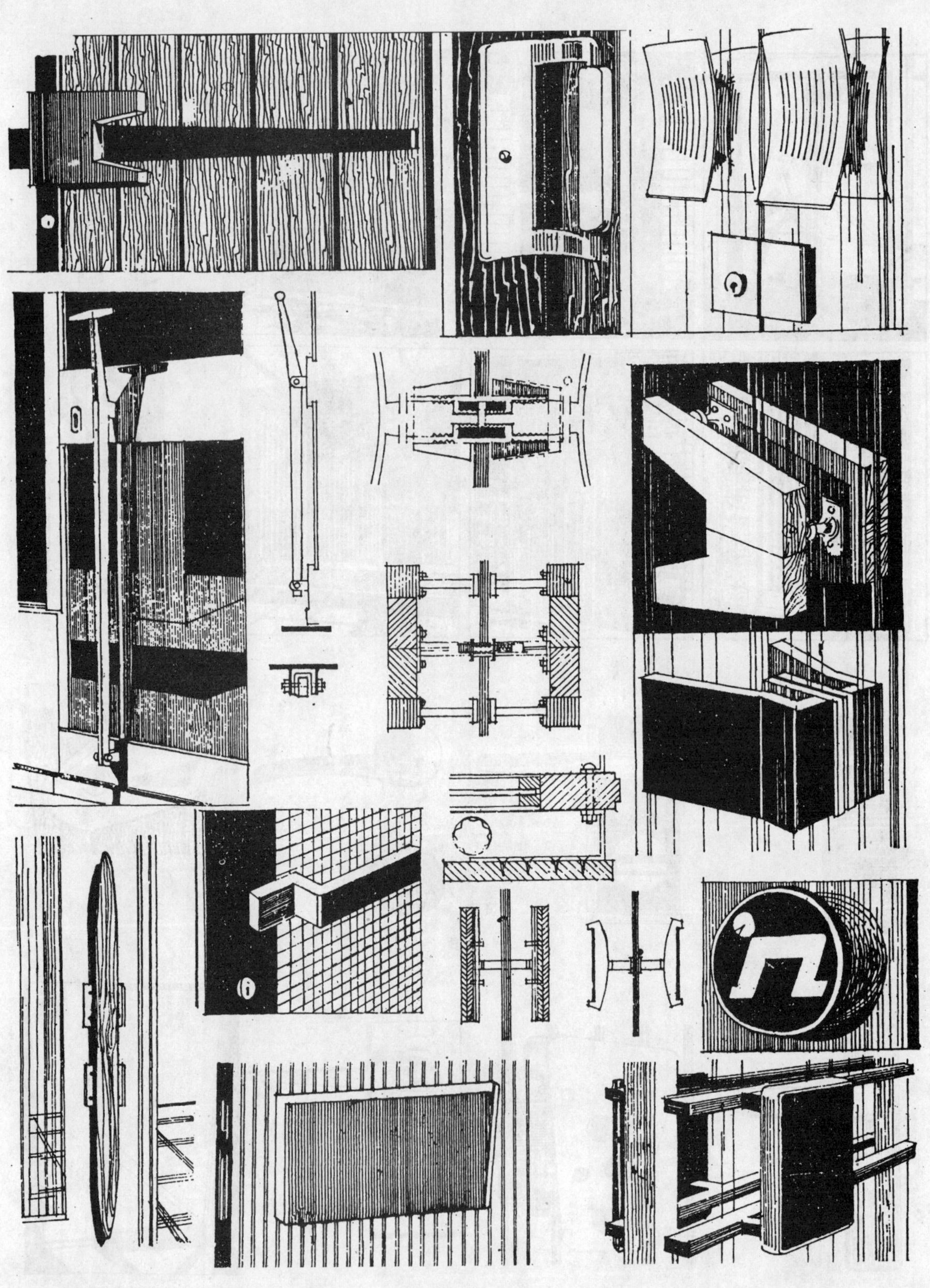

门及把手

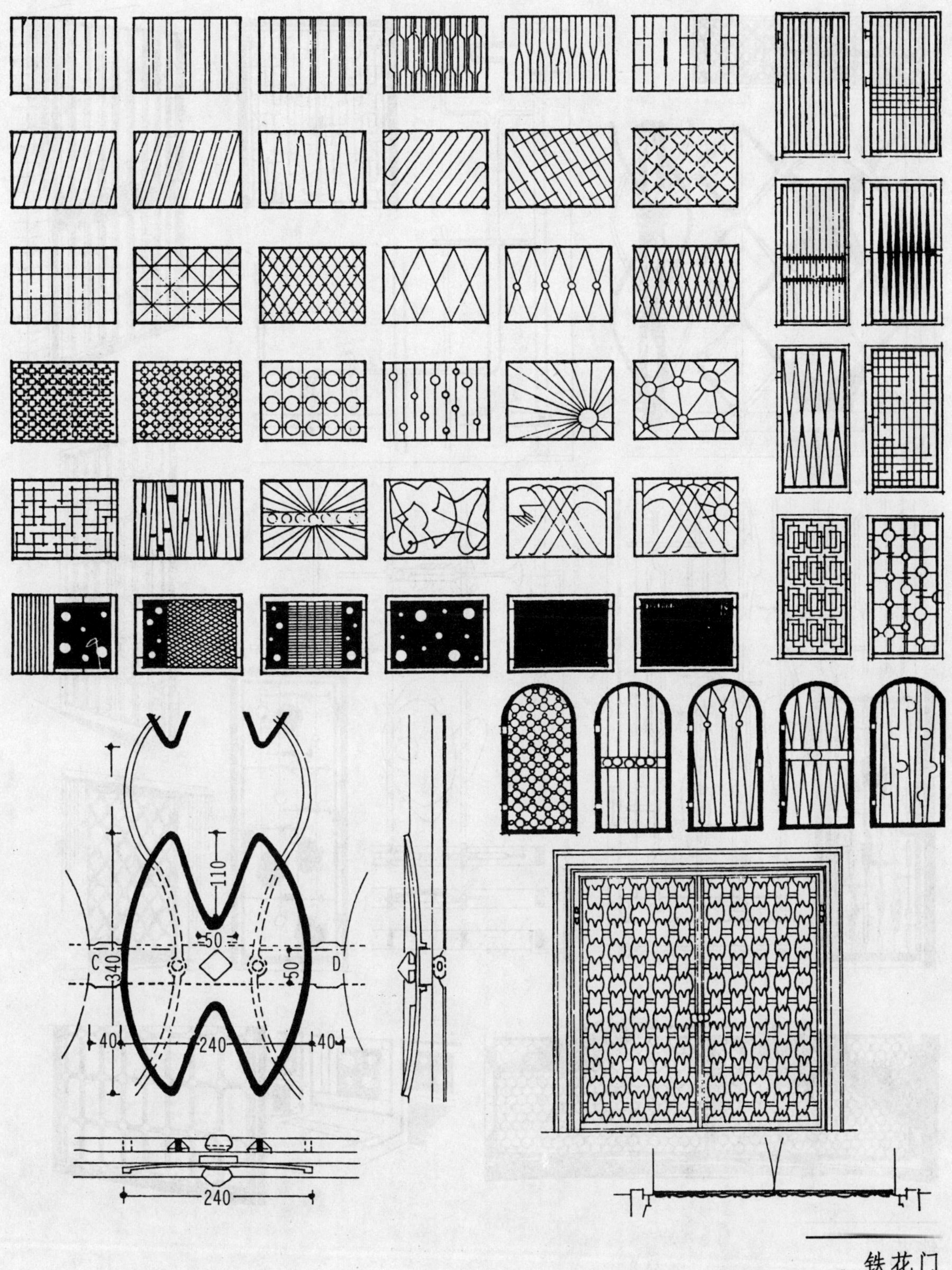

铁花门

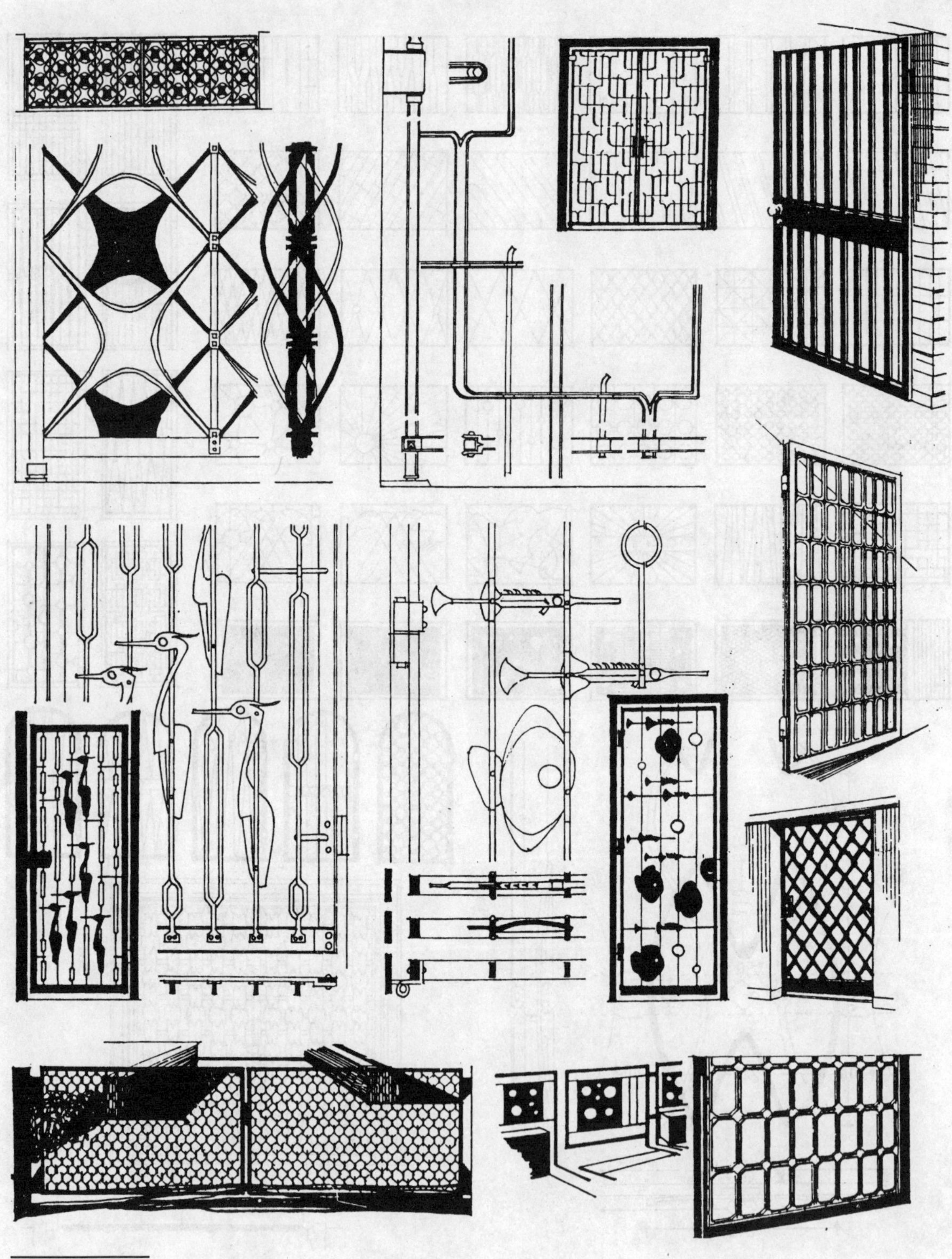

铁花门

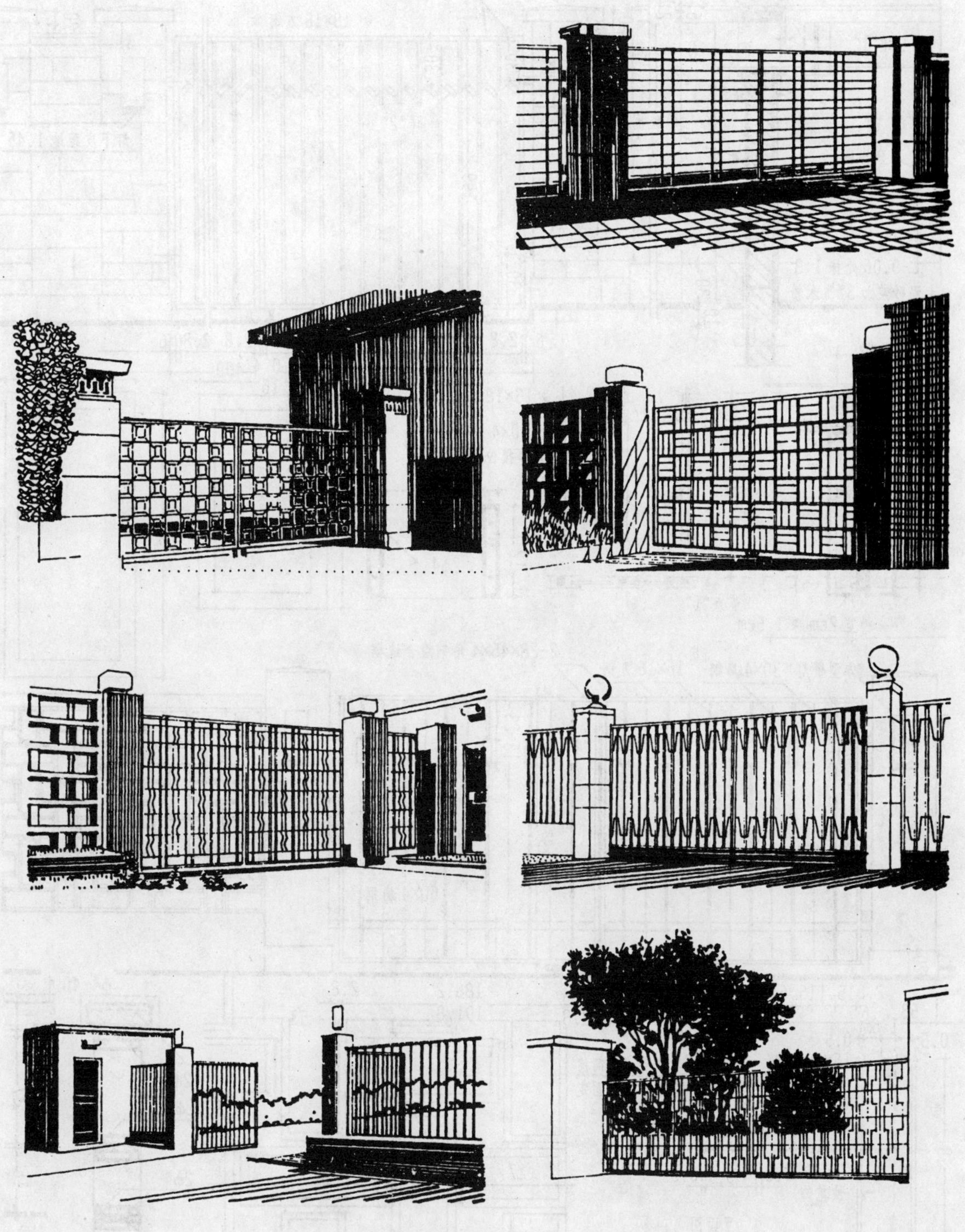

铁花门

铁栅门

φ4-40 中
32
3φ6
2-28×45×4 角钢组合活动门扇边框
18×18 方钢
详"1"
详"2"
砂酸盐清水砖墙
水刷石 1:1
分格线
水刷石
勾缝
-0.06 处抹 1:3
水泥砂浆加 3%防水粉
灯下皮距地 1.45
13×14.47=188.2
400
18×18 方铁
40×4 扁钢
焊接位置居中
45°
2φ4
节点"1"
槽宽 2cm 深 1.5cm
2-28×45×4 角钢组合边框
方型壁灯
30×4 扁钢
16×16 方钢
60×4 扁钢
186.2
191.8
φ4 孔中穿 φ4 钢筋
花饰与方钢固定
16×16 方钢
铁花饰
平面图
2φ6
2φ4

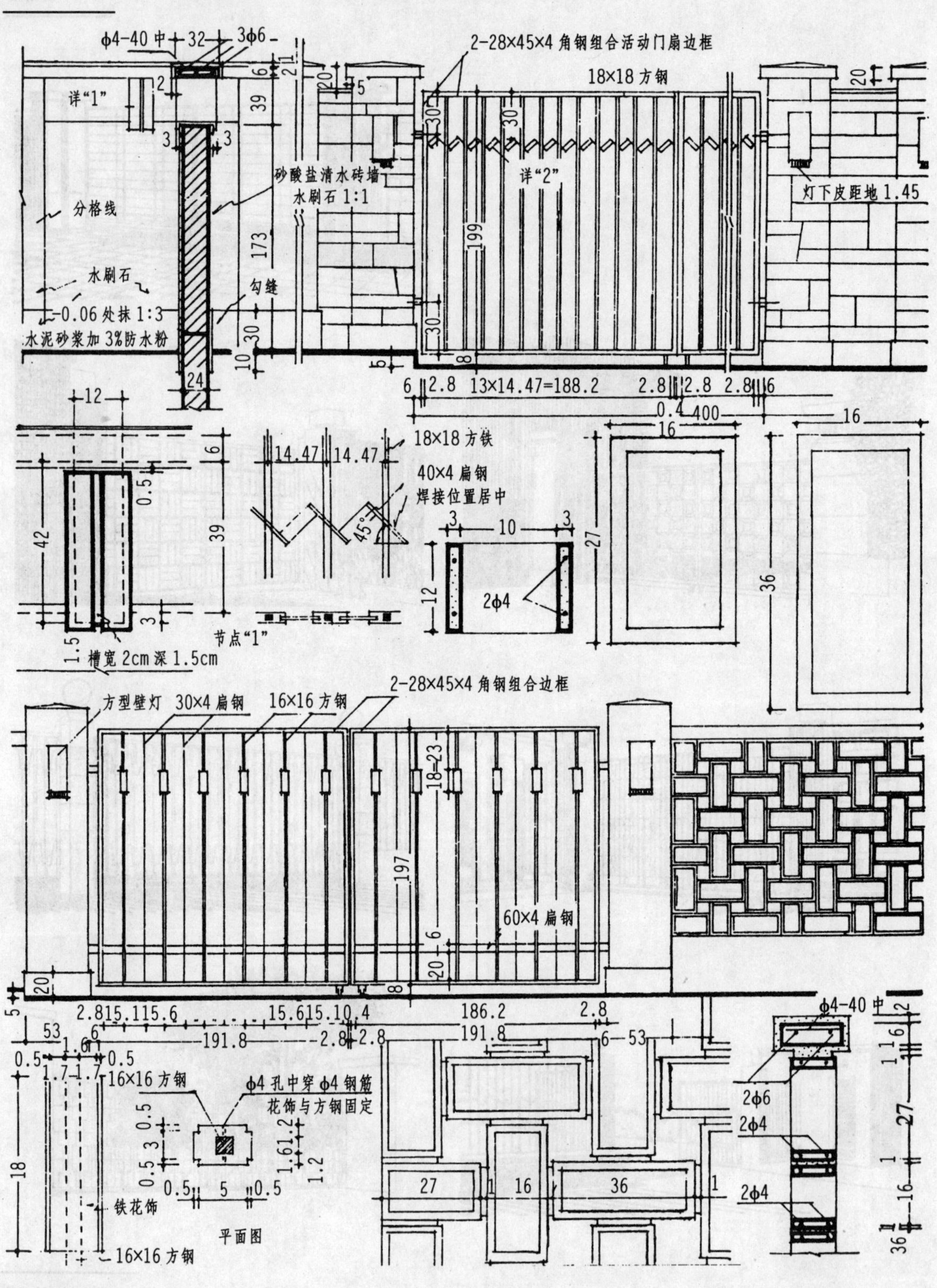

铁花门

2660(2590)
43
2574(2504)
43
537(502)
1500
537(502)
顶轴
300
850
1097(657)
3197(2757)
3240(2800)
2100
室内设铝合金10#暗插销
地龙
扁钢铁脚 20×5
伸入墙中 120 中-中 50
大理石或
抹灰面
槽钢 80×43
×5
镀铝
铸铝
抛光
5厚钢板
表面镀铝
沉头镀锌螺丝
中-中 300
槽钢 80×43×5
表面镀铝
槽钢 50×37×3
表面镀铝
5厚钢板
8厚磨光玻璃
1厚橡皮
3厚钢板
3厚钢板表面镀铝
6厚白铜板
8厚磨光玻璃
铸铝
抛光
内径10钢套内套丝口
圆头螺栓中-中 50
3厚钢板
90
50
27
50
90
铝合金10#暗插销
(室内)
3厚钢板表面镀铝
插销处开槽
插销处卡进硬木
以固定插销
37
37
槽钢 80×37×3
表面镀铝
槽钢 30×37×3
表面镀铝
沉头镀锌铁螺钉
槽钢 50×37×3
表面镀铝
铸铝
抛光
8厚磨光玻璃
铸铝抛光
铸铝抛光
扁钢铁脚 20×5
伸入墙中 120 中-中 500
5厚钢板
5厚钢板下端埋入地面垫层

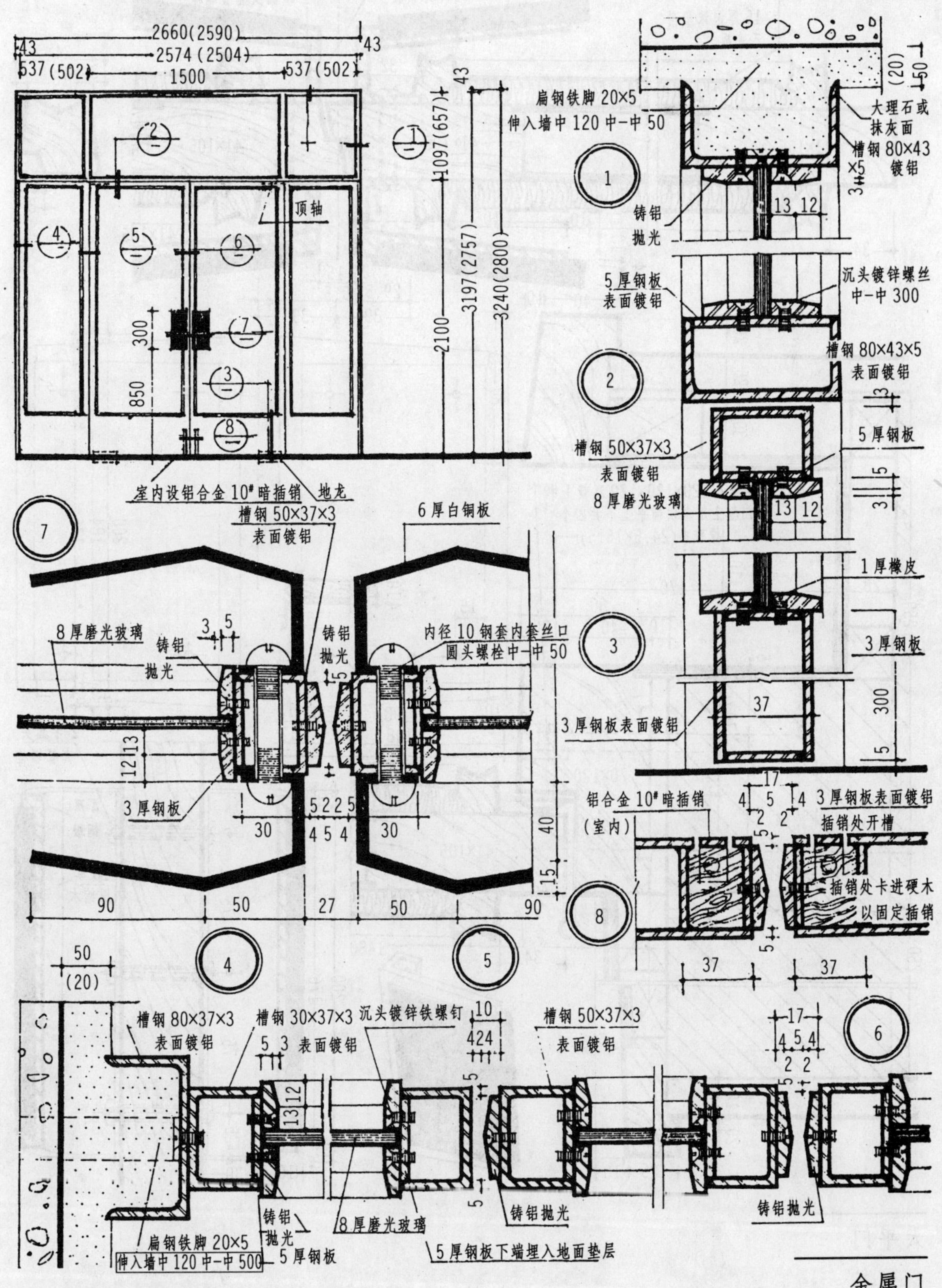

金属门

人造革
15厚泡沫塑料
三夹板
4厚铁板
2″半圆头套管螺栓
41×105
ф10螺栓埋入120×120×120混凝土中
门框上用木块铺平上下共四个
橡胶条(24.5×16.5)
70×120
5″大方
合叶
2″半圆头
套管螺栓
4厚
钢板
10厚
压缩木
1480

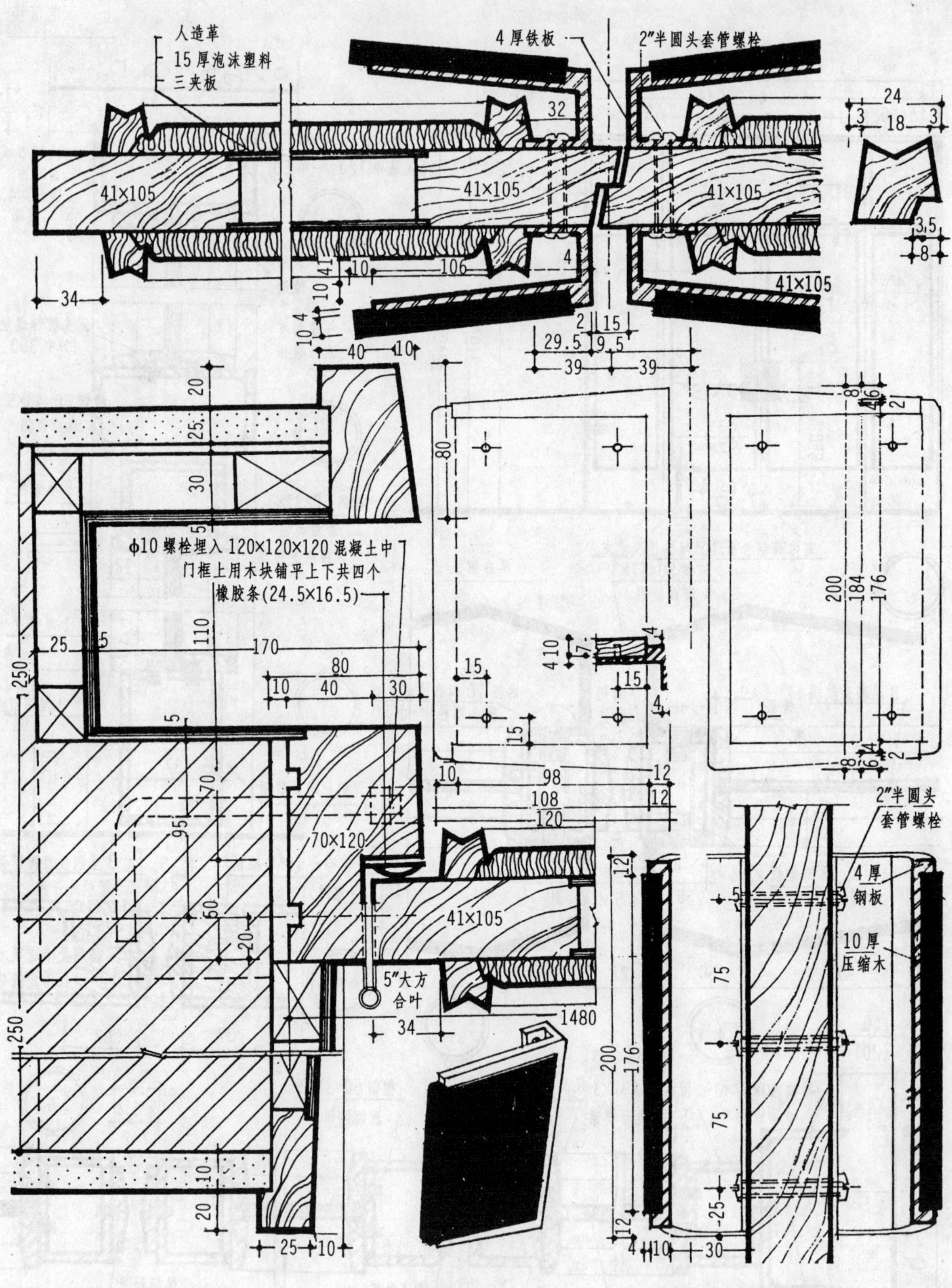

太平门

690
240
5
3090
2150
5
900
1
转门立面图
60
1100
60
8″钢暗插销
35
905
53×60
3
门卡
905
35
2
4
940
60
门卡
30
5
30
8.7
3.5
20
55×117
三夹板
1
78
30
5
30
55×132
6″钢合页
105
52×235.5
52×235.5
外径 45 钢管
15
52×132
52×132
15
5厚玻璃
橡皮
2
3
3 2 195 3 195 2 3
3.5
53
50
3.5
53×60
木龙骨
三夹板
37
8.5
3
12 36 12
4

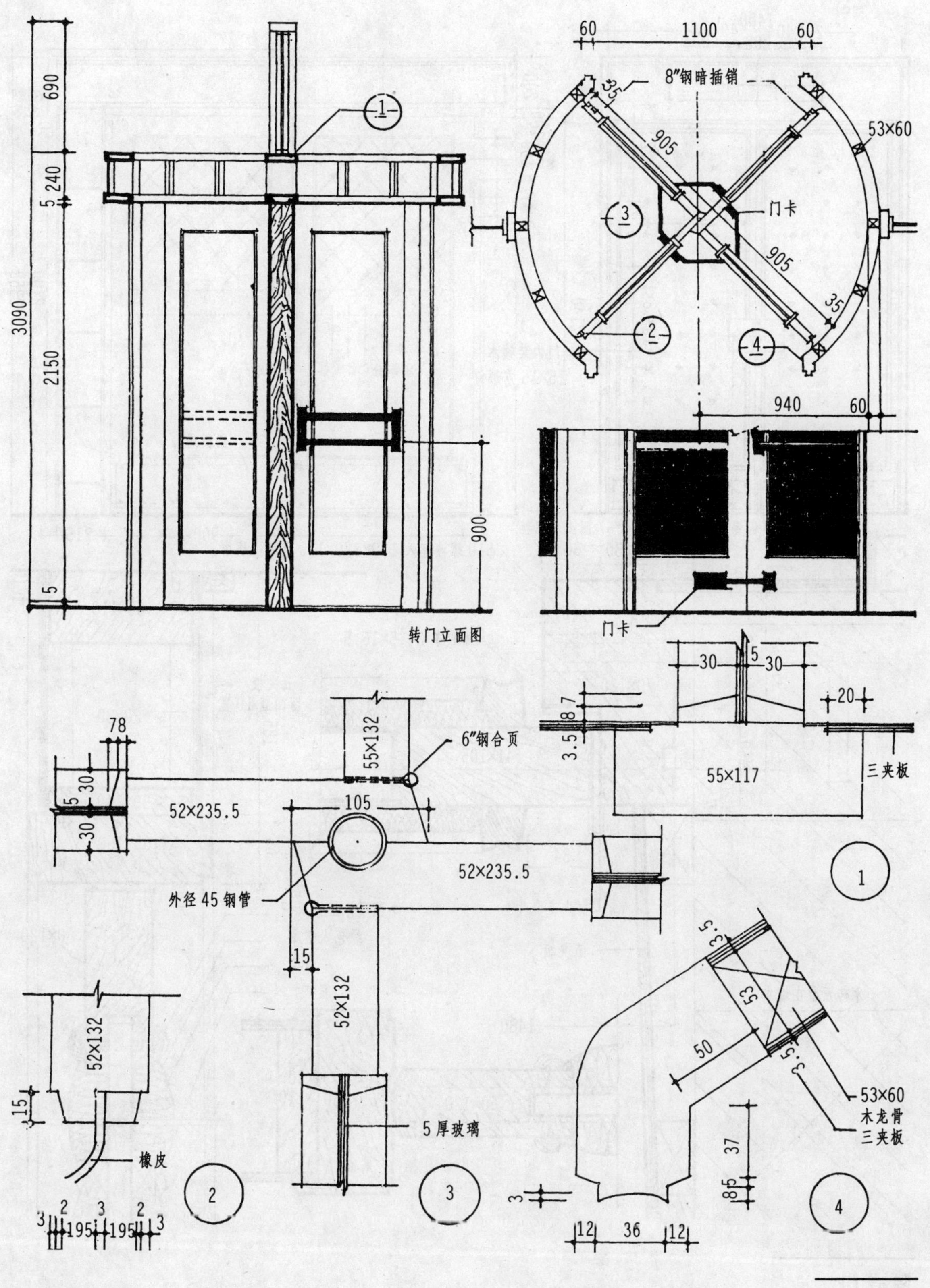

转门

1400
200 40 200 40 200
80
34
22
12″暗插销
135 160
135
108.8×10
2140
953.2
22
208.
8″暗插销
门内装锁木
15×15 方形钉
2 厚铝锡板 150×640 5/8″-7 圆头木螺丝
每格约为 100
100
200
8 等分
铝板
铝板踢脚
2100
2350
200
50
900
315
10 80 30
40
5
φ10 螺栓埋入 120×120×120 混凝土块中
橡胶条 24.5×16.5
70
95
50
20
70×120
41×105
34
5″大方合叶
五夹板
木砖预留在墙中
1480
60×120
65×150
30
×110
65×110
五夹板
留凹缝 10 宽
20×30
185
30×110
65
65×150
半圆硬木压条 R=7
绿色人造革
矿渣棉
铜钉
60×120

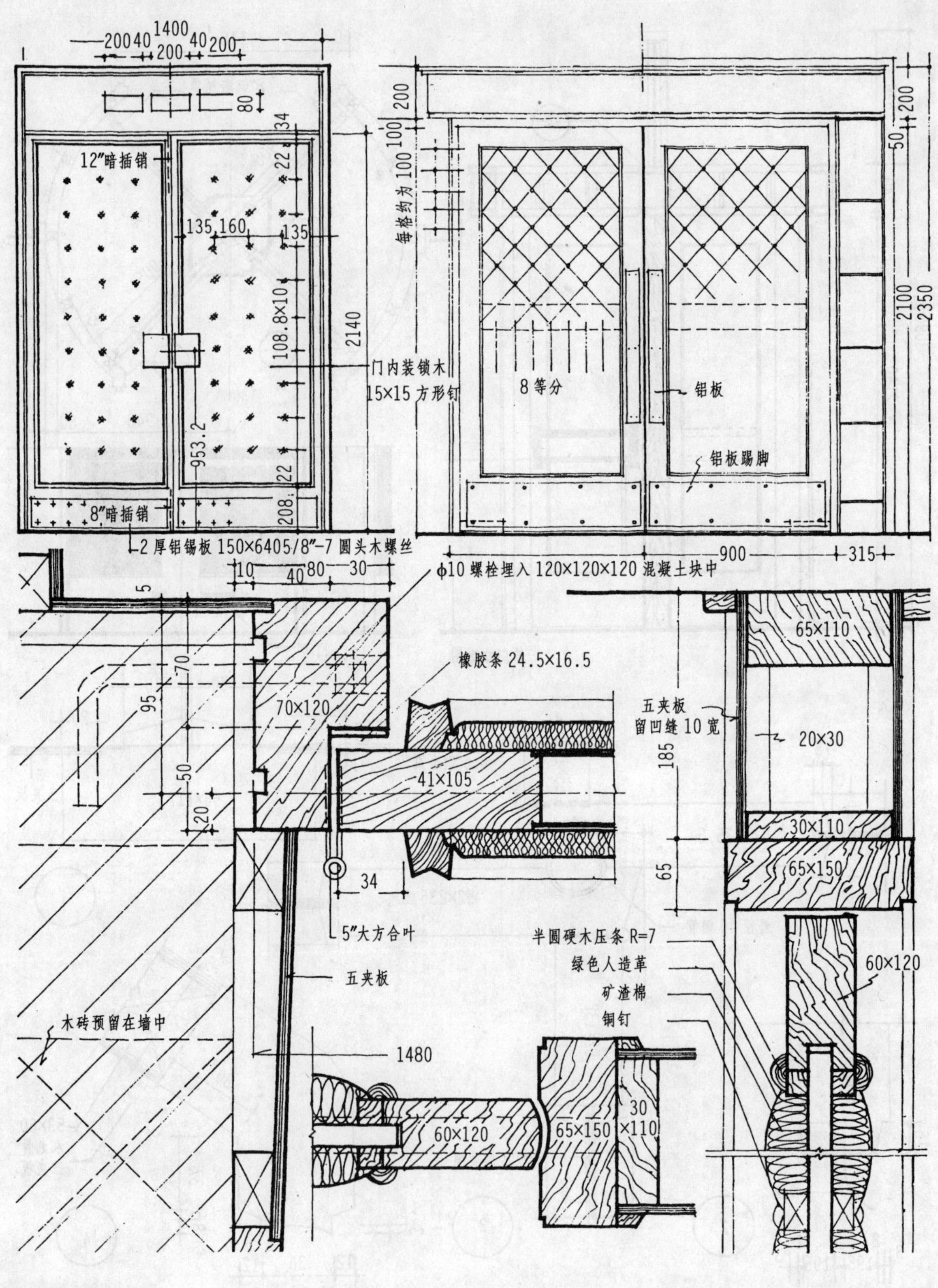

隔音门

油毡三层做法
1:3水泥砂浆20厚
钢筋混凝土板120厚
白色水刷石面
圆筒灯
150#混凝土预制块
模板刨光
剁斧石
白色剁斧石
扒拉石墙

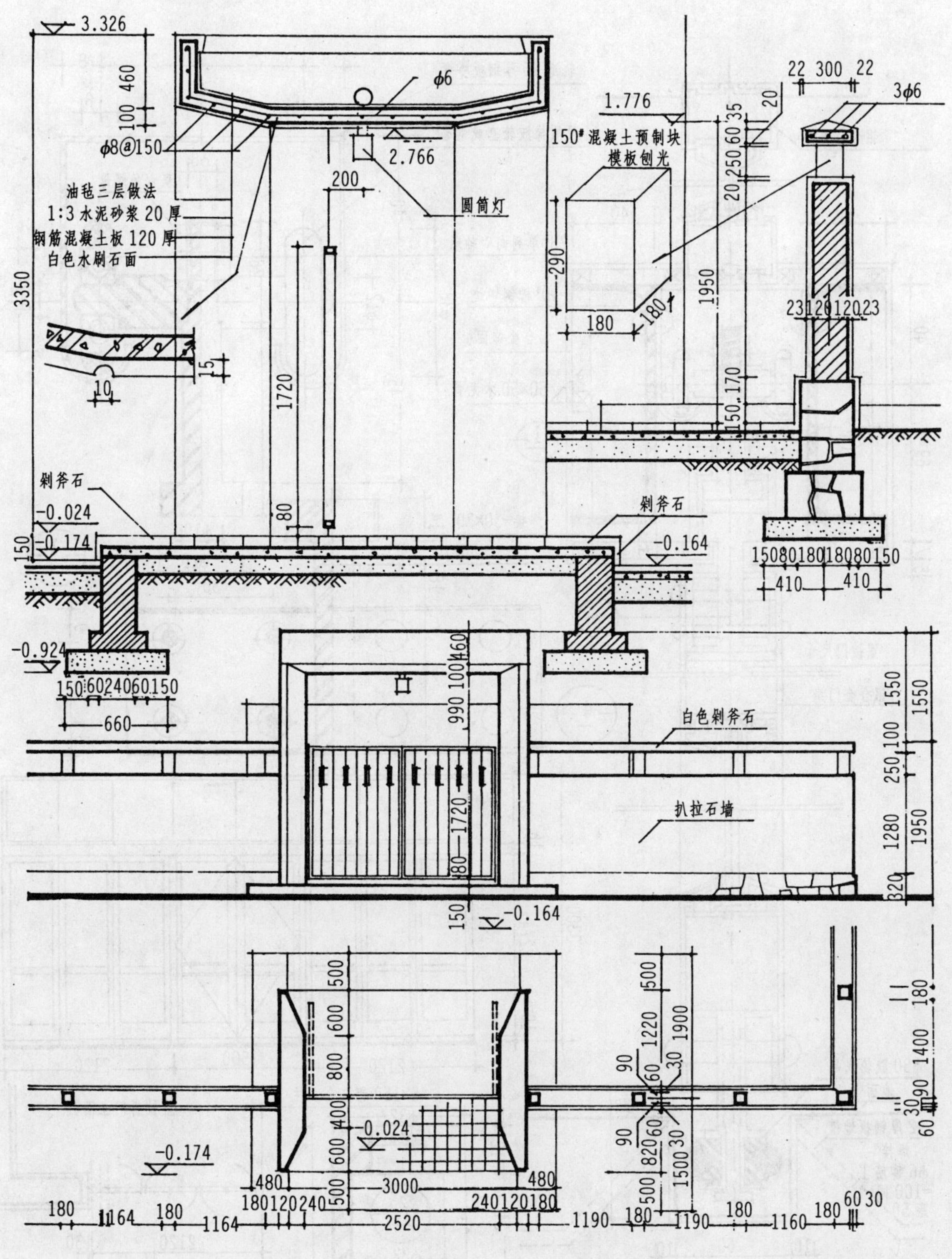

院门

铝合金窗框
轨道15厚钢板冷弯
硬质橡胶轮套或钢套
双六角螺母
28#单列向心轴承
10#槽钢切边
铝合金饰面板
50×50木龙骨
焊接-30×30
宽按门尺寸
铝合金门扇
φ50胶轮成品
地面
2厚钢板地槽
焊接
φ6铆筋1
=100间
距50
45×150铝合金立柱
推拉折门立面图

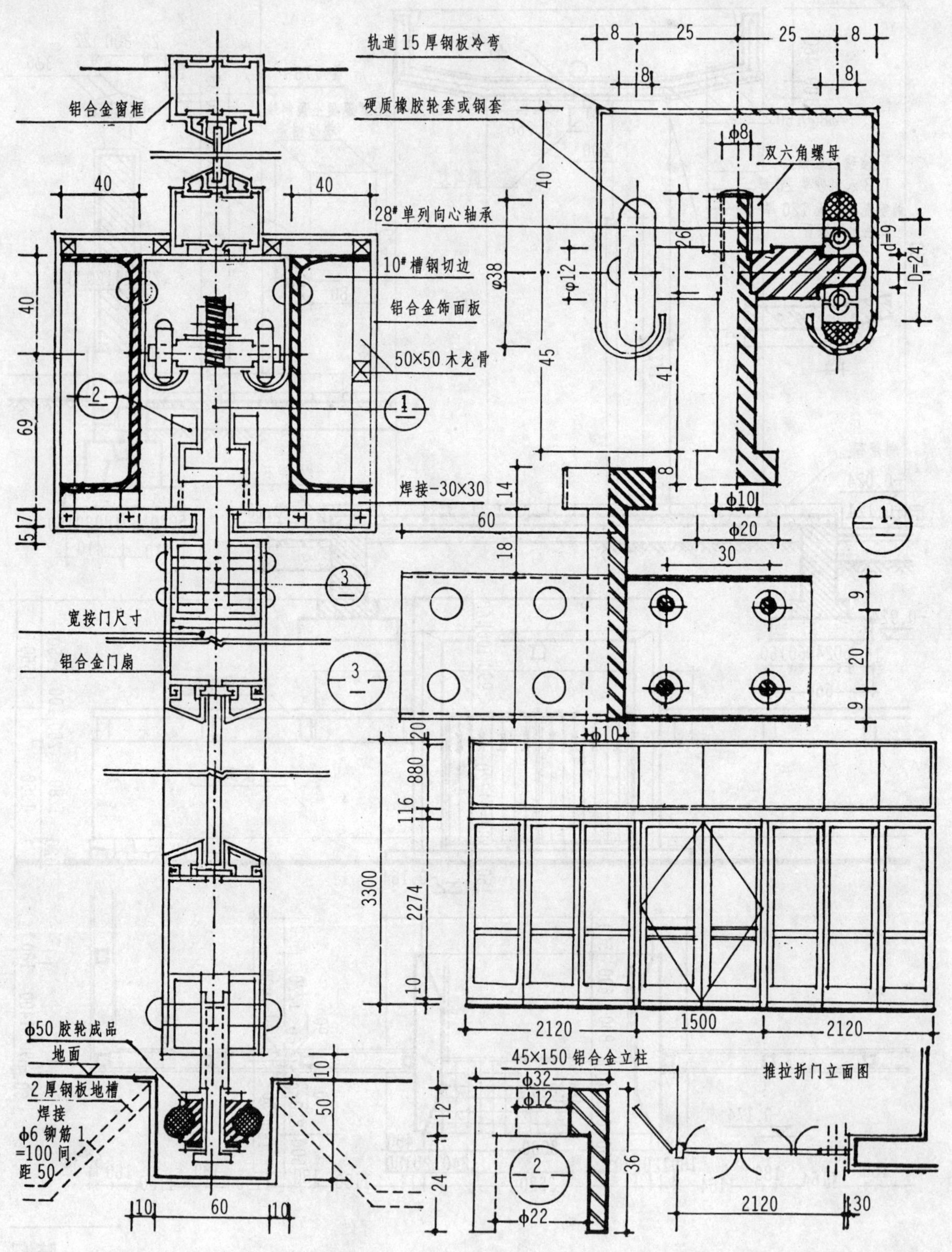

折叠门

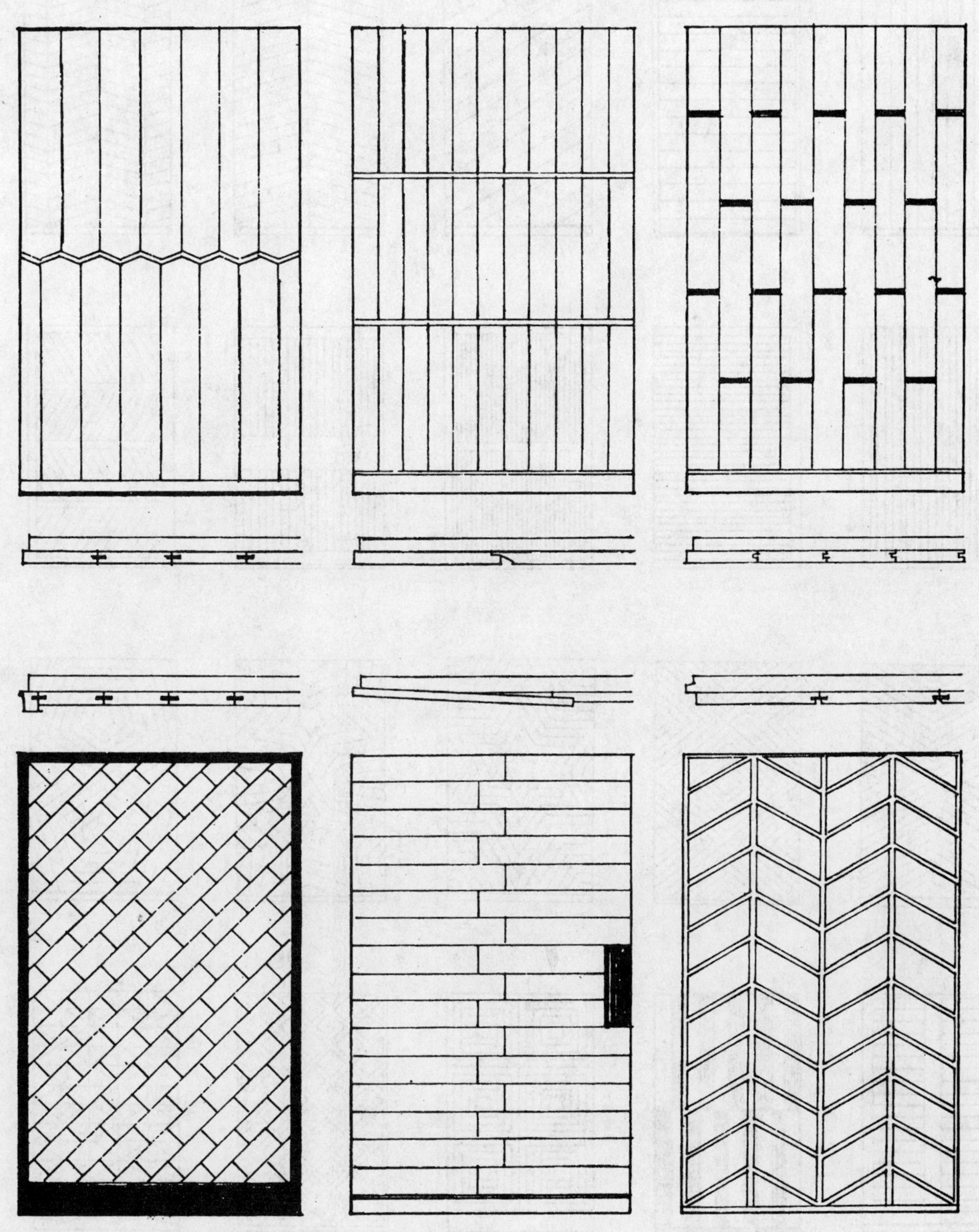

木拼板门

木拼板门

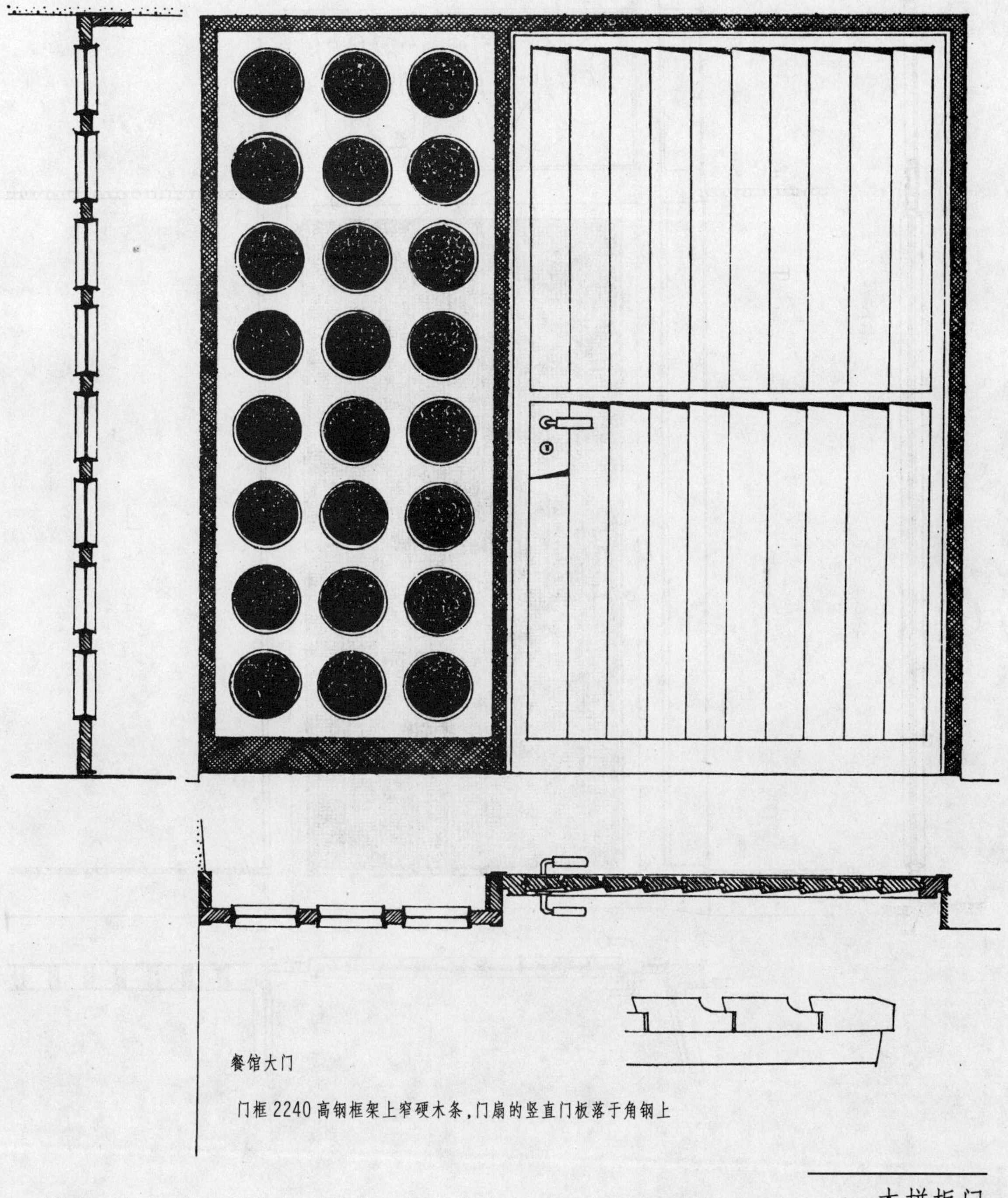

餐馆大门

门框 2240 高钢框架上窄硬木条，门扇的竖直门板落于角钢上

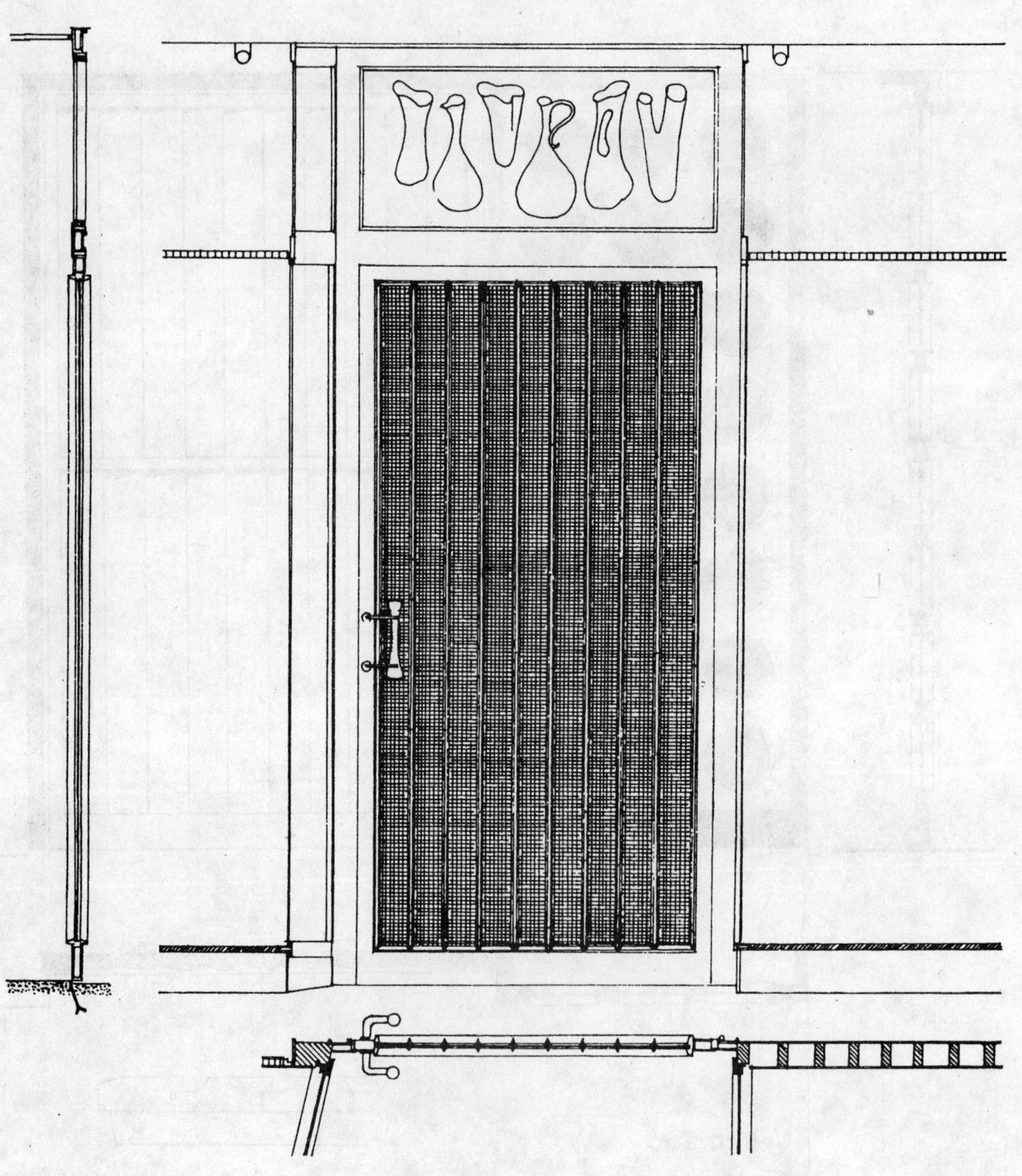

玻璃门

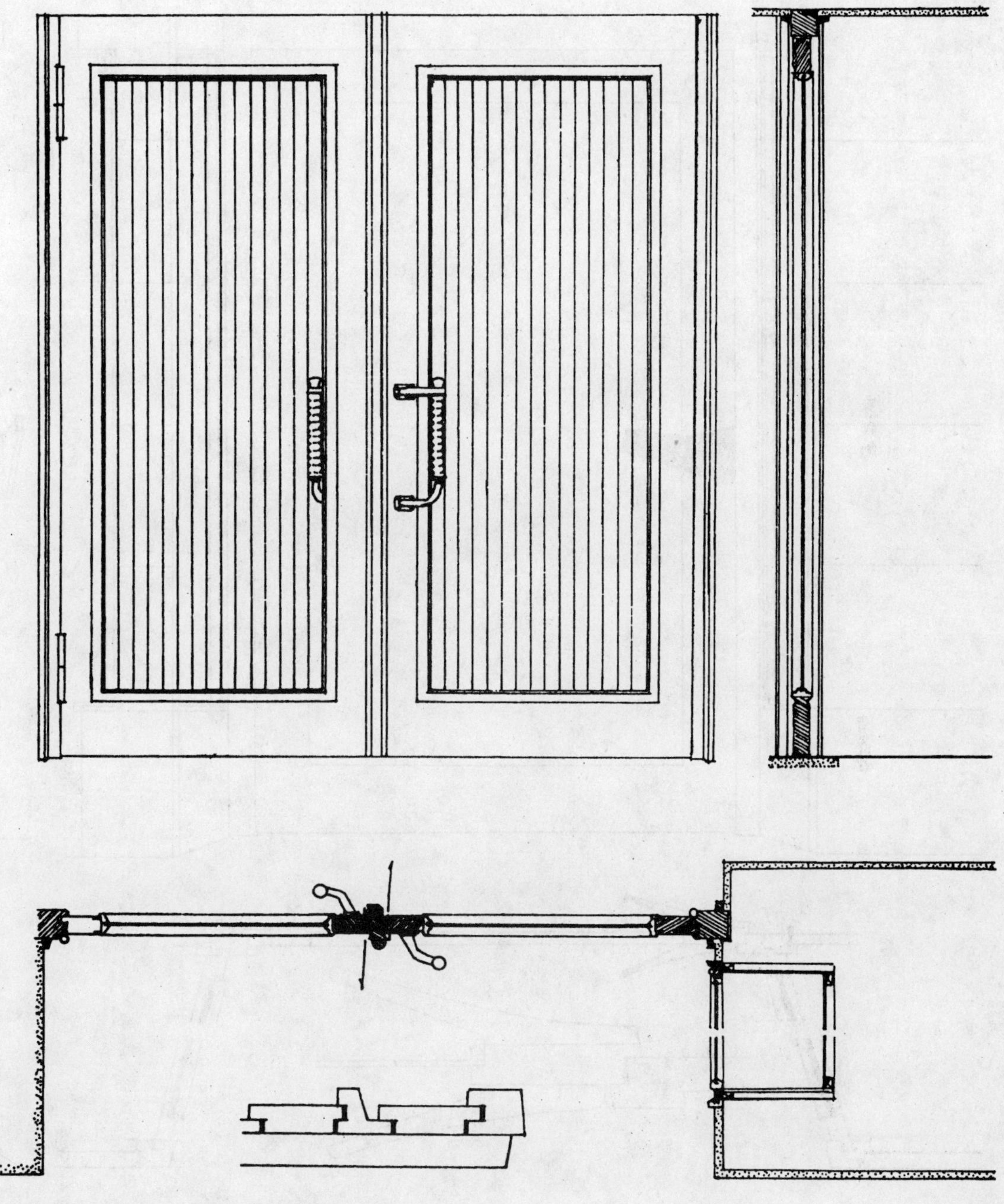

玻璃门

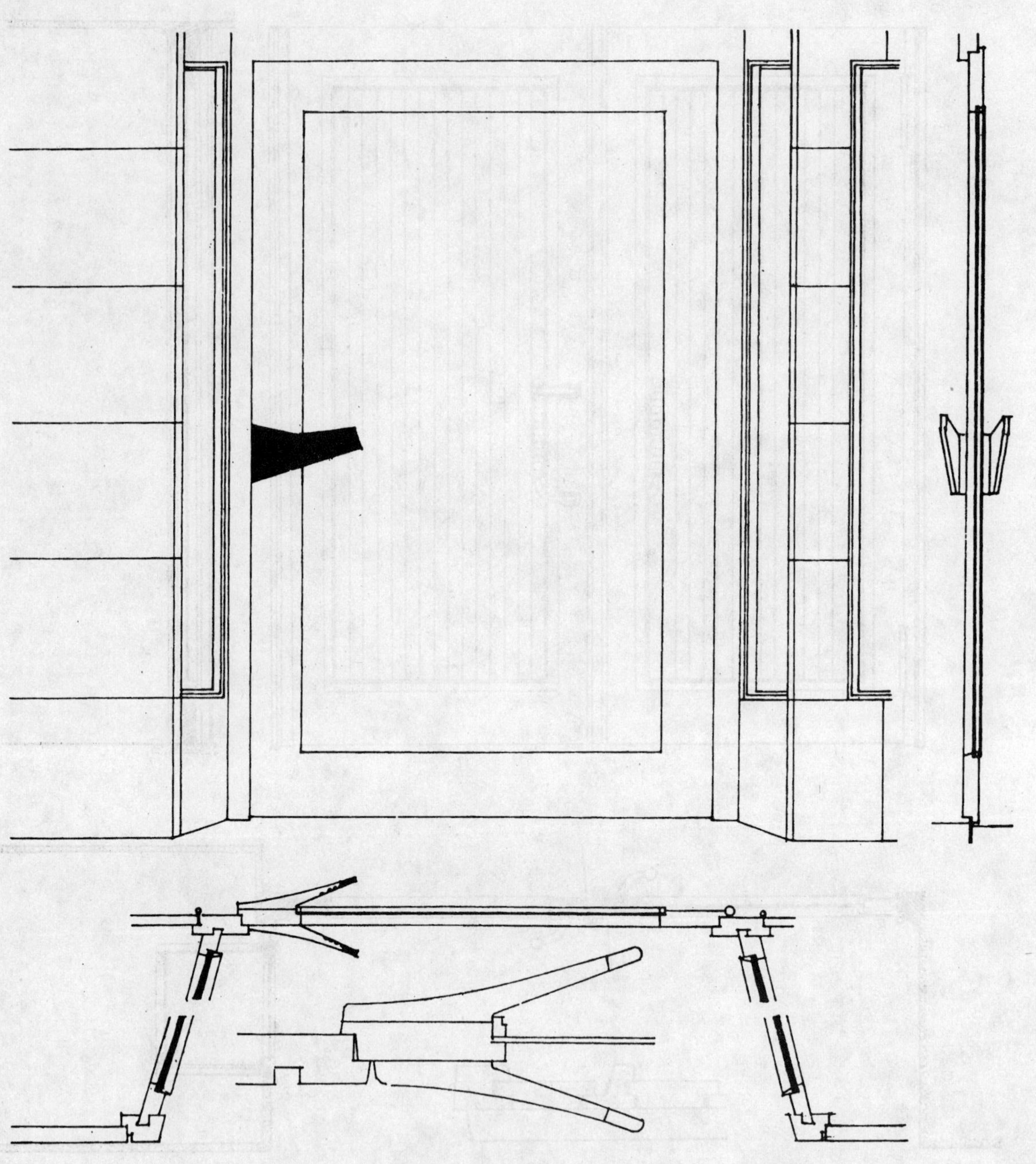

玻璃门

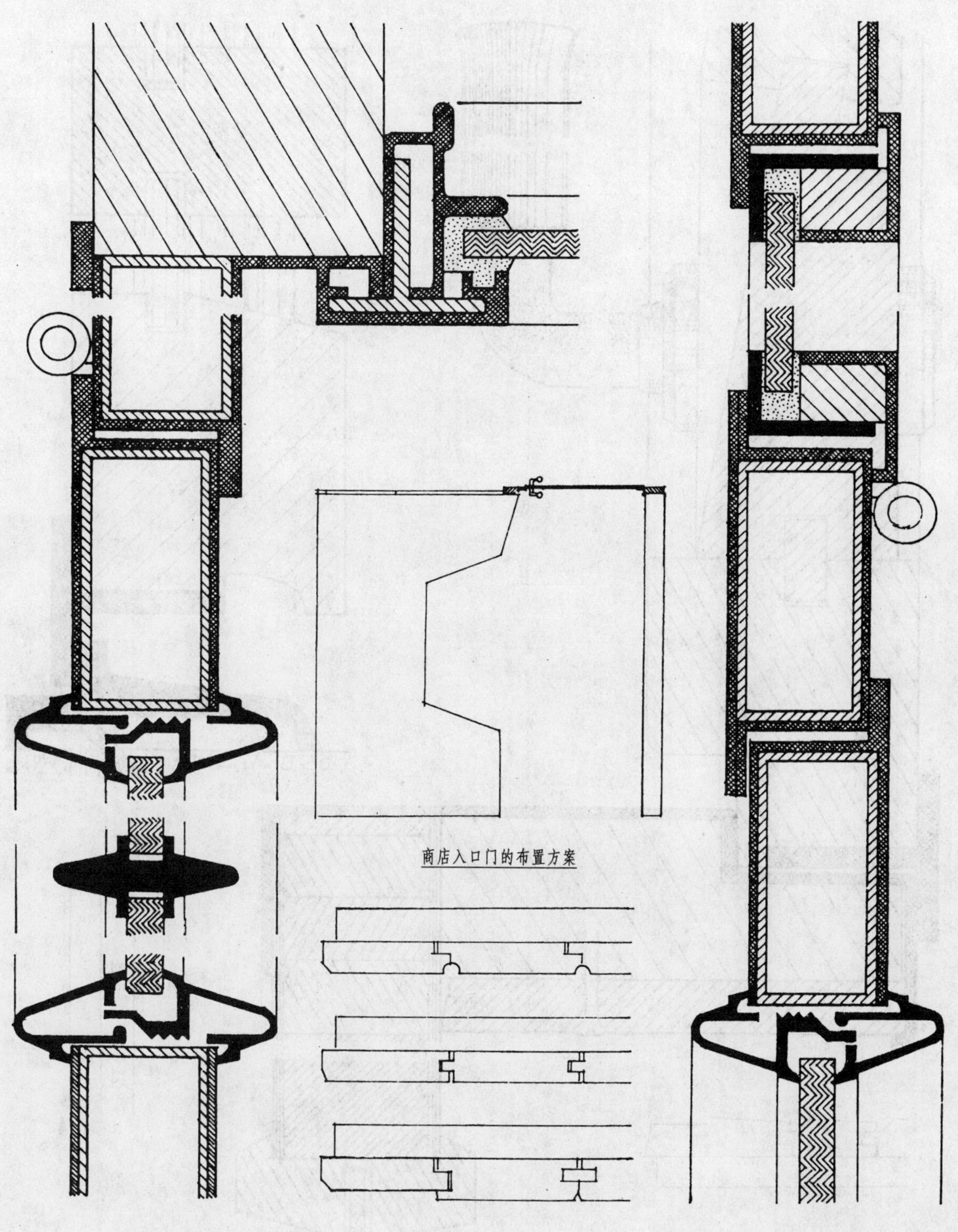
商店入口门的布置方案

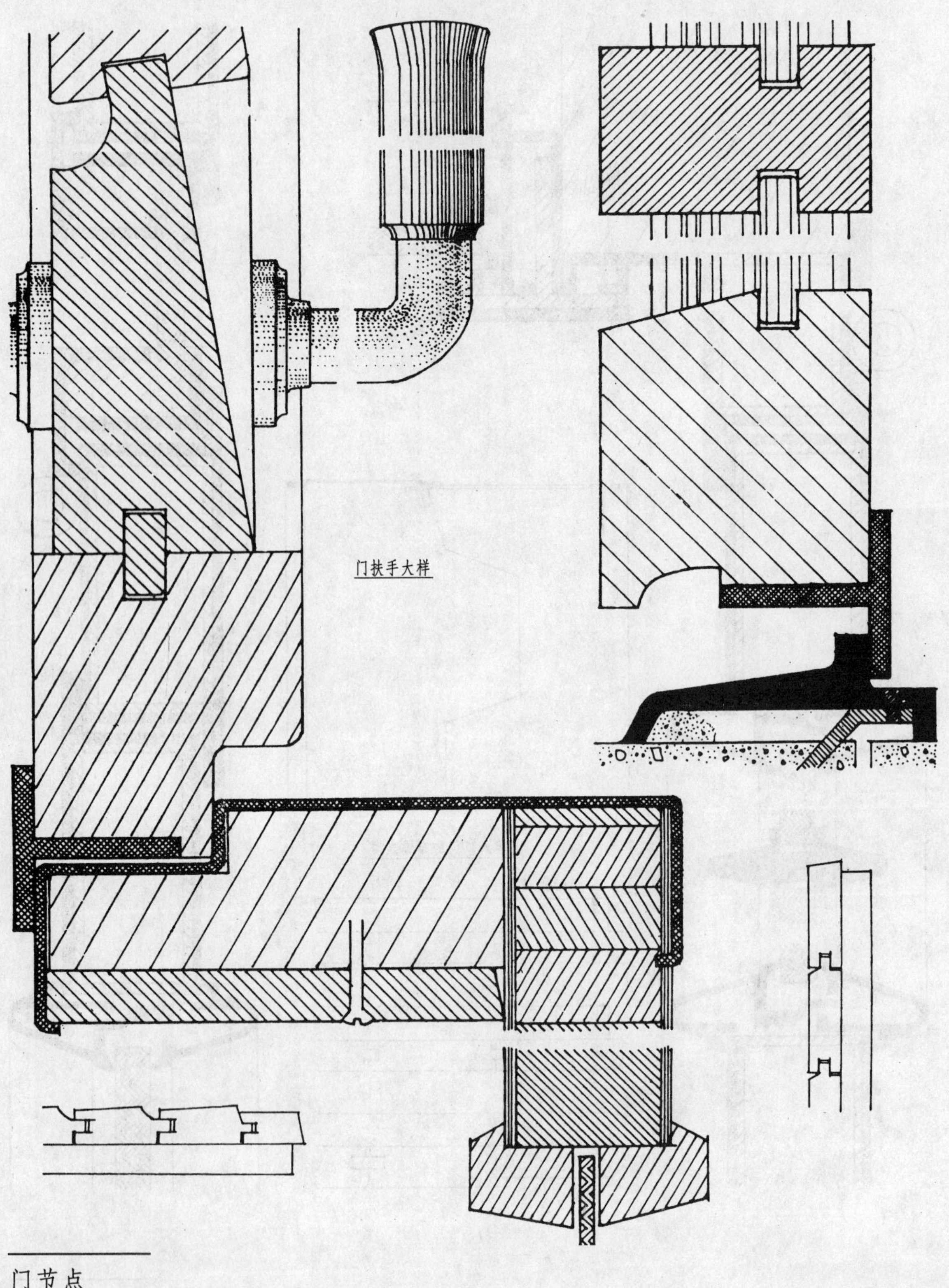

门节点

D 窗

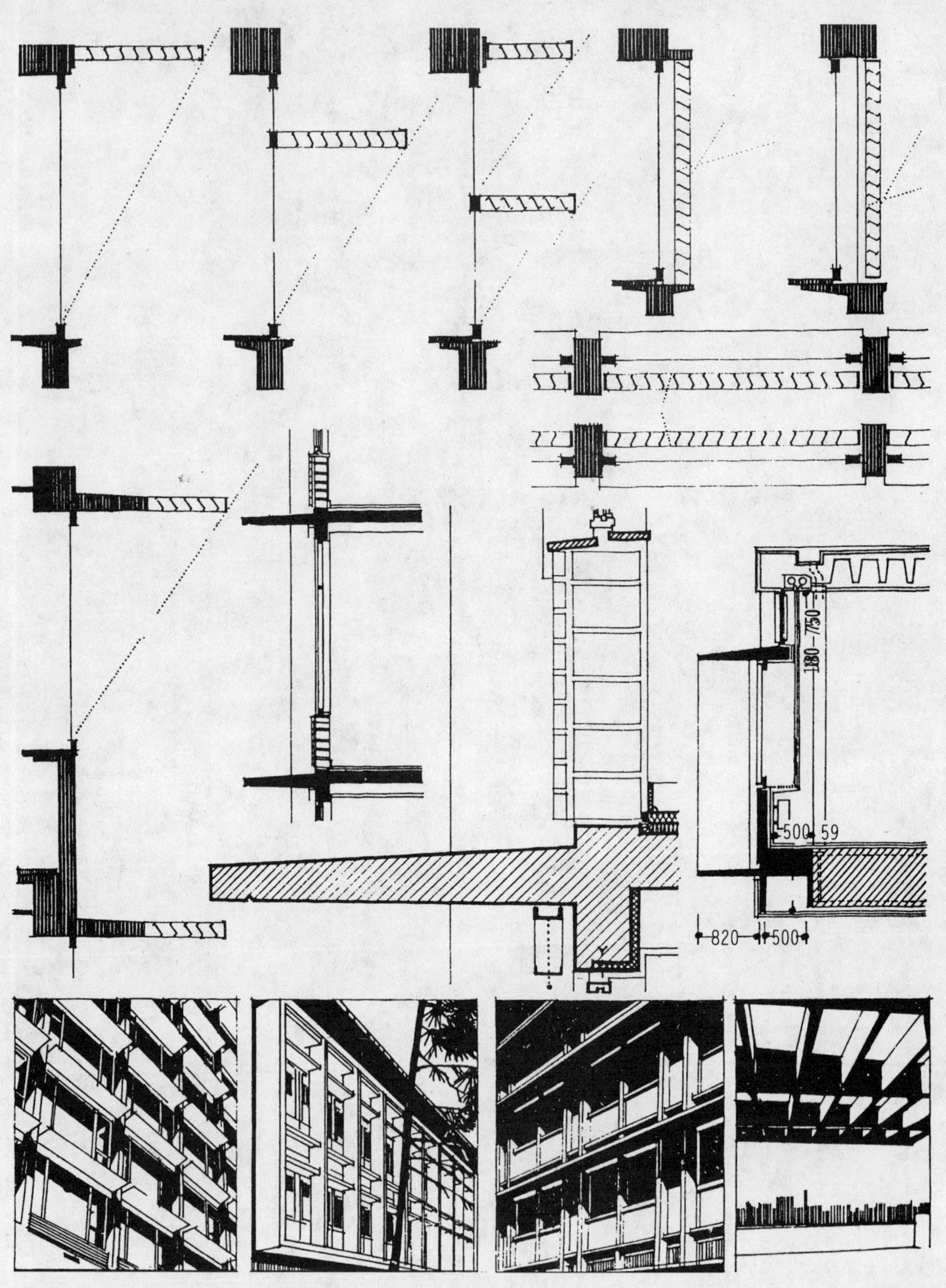

百叶遮阳窗

活动玻璃百叶
木螺钉 5×35
52.5
窗中心与墙
中心线一致
木螺钉 4.5×40
内开空腹窗
木螺丝 4.5×40
玻璃百叶窗之木樘
11
27
11
5
27
5
60×180
木螺钉
4.5×40
上披水条
6 厚玻璃百叶片
木螺丝 5×35
47
1522.522.530
65
25
下披水条
木螺丝 5×22
φ10
25×42
泄水孔
φ8@500
10
60×180
40
40
40
10
木砖@1000
100×150×200
50
22
115
115
20
11
压条 D=1.5
6
5
螺钉
包布泡沫橡胶

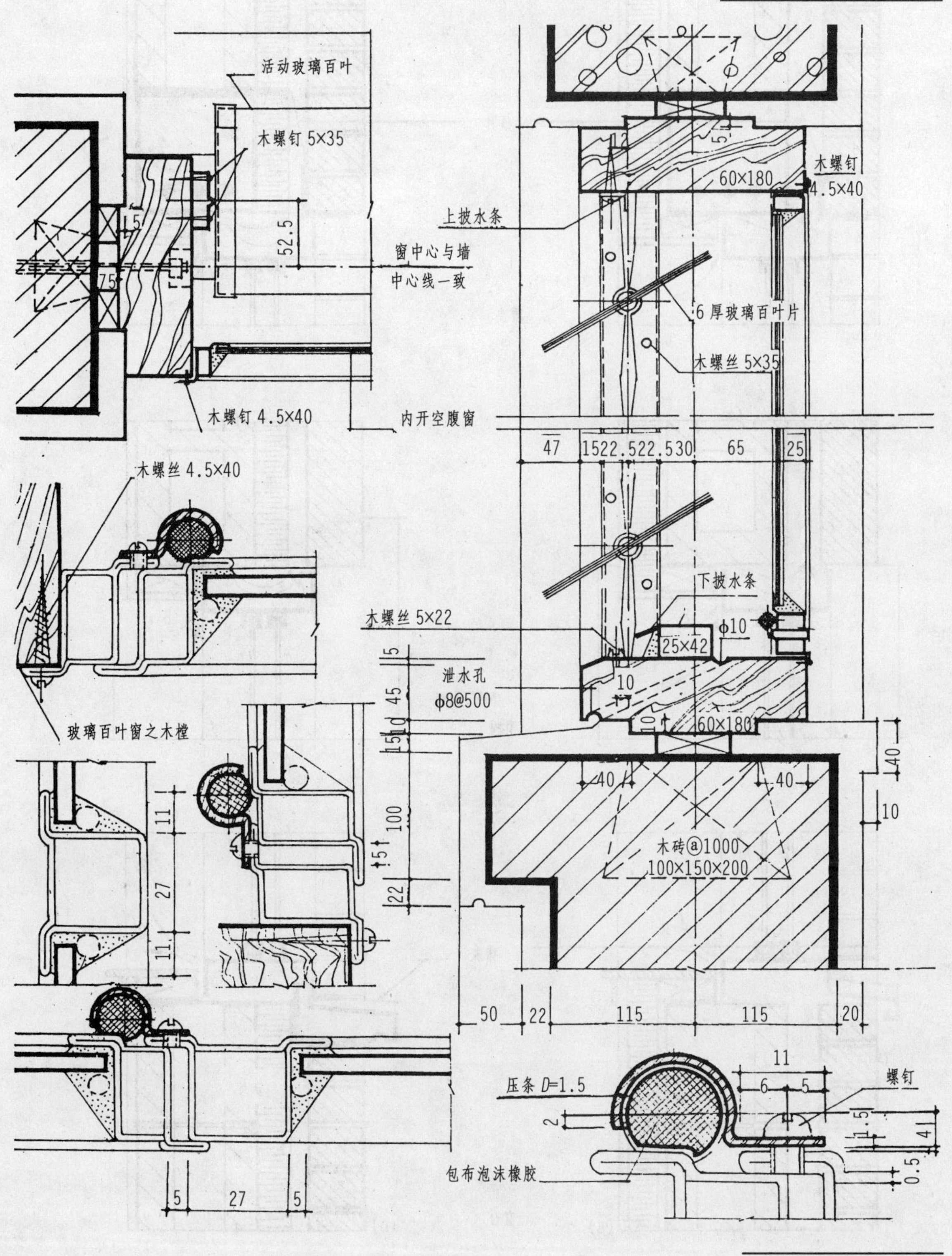

百叶遮阳窗

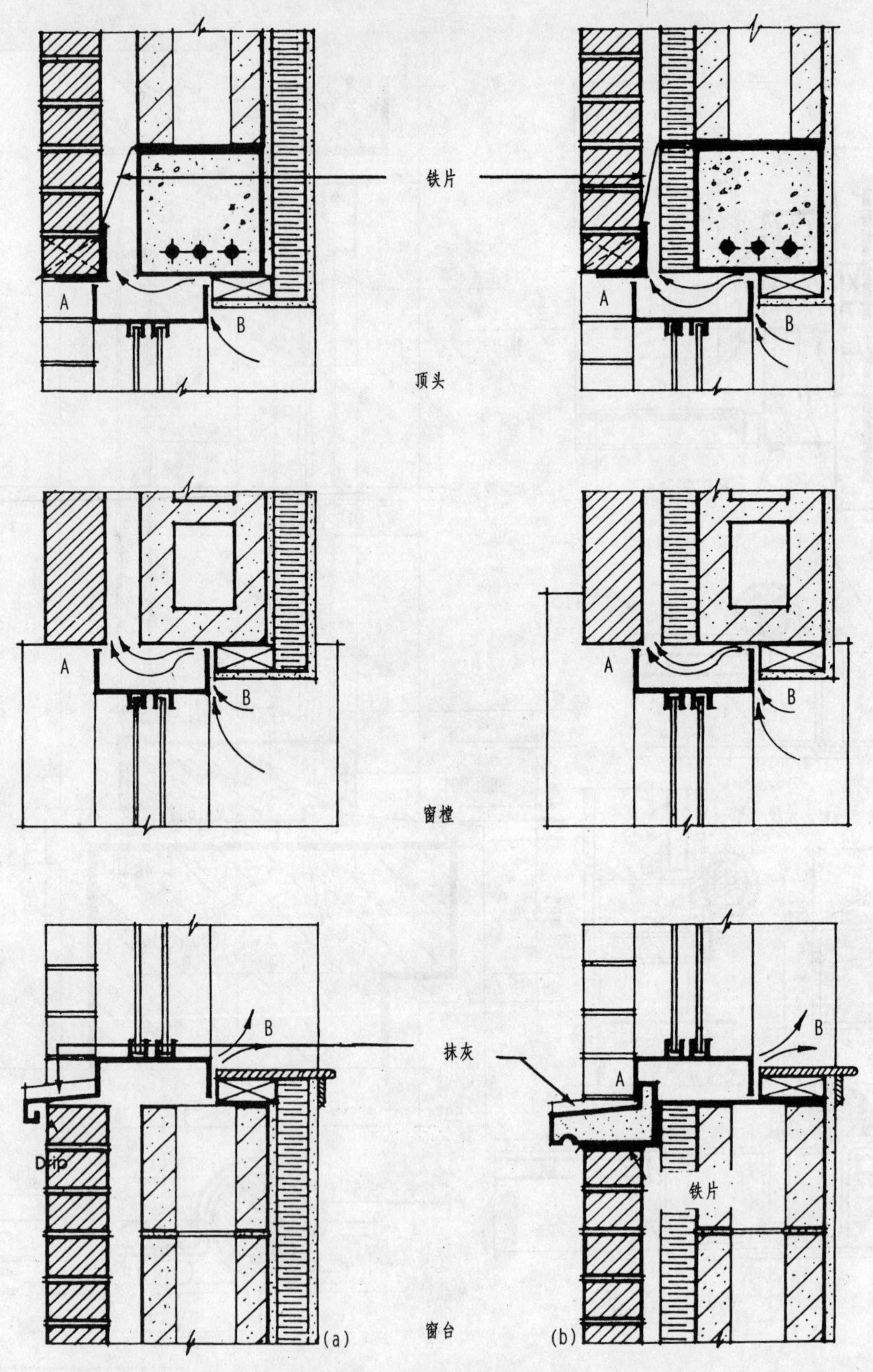

窗的通风路径

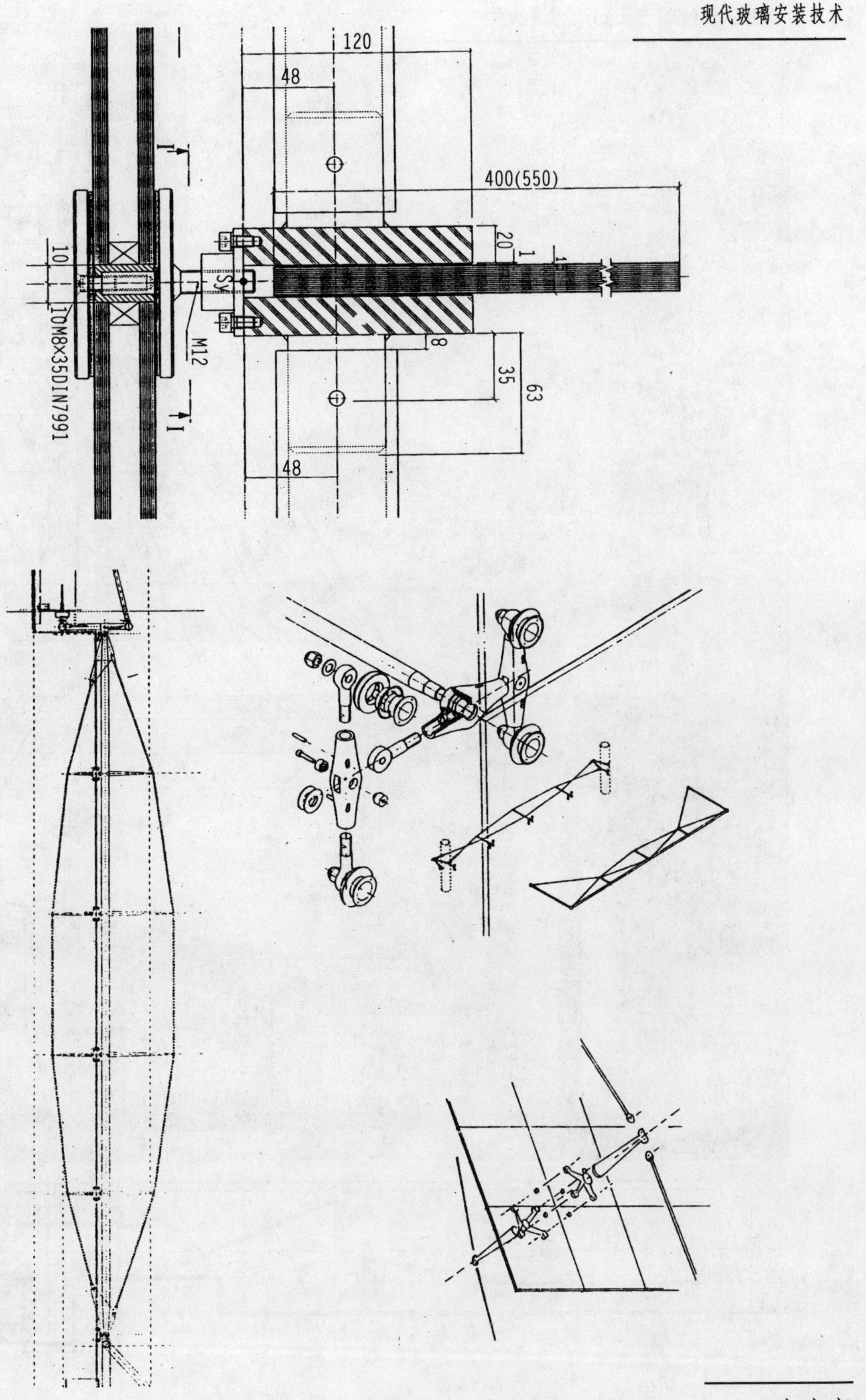
120
48
400(550)
20
1
10
SJ
10M8×35DIN7991
M12
8
35
63
48
I
I

玻璃窗

预留木砖
热沥青一道
15
15厚木板
余数约150
70
15
4
虚线示构筋位置过梁内预埋5厚钢板120×120
过梁内预埋5厚钢板120×120
过梁端部共两块
L4×40 l150与过梁内
预埋钢板焊牢
虚线示25
厚木条
45厚木条
50×50
40×50
合页
40×50
40×60
2厚橡皮
145
15×35木压条
5厚玻璃
20厚硬木板
L4×40 l=150
与预埋钢板焊接
15厚硬木板本色
清漆蜡克 l=1000
1
5
虚线示25厚木条
50×50
硬木本色清漆蜡克
5厚玻璃
碰珠一只
距地1.000
虚线示
25厚木条
45厚木条
钼板网
玻璃布一道
50厚矿渣棉
墙表面刷沥青两道
室内墙面抹灰
2
3

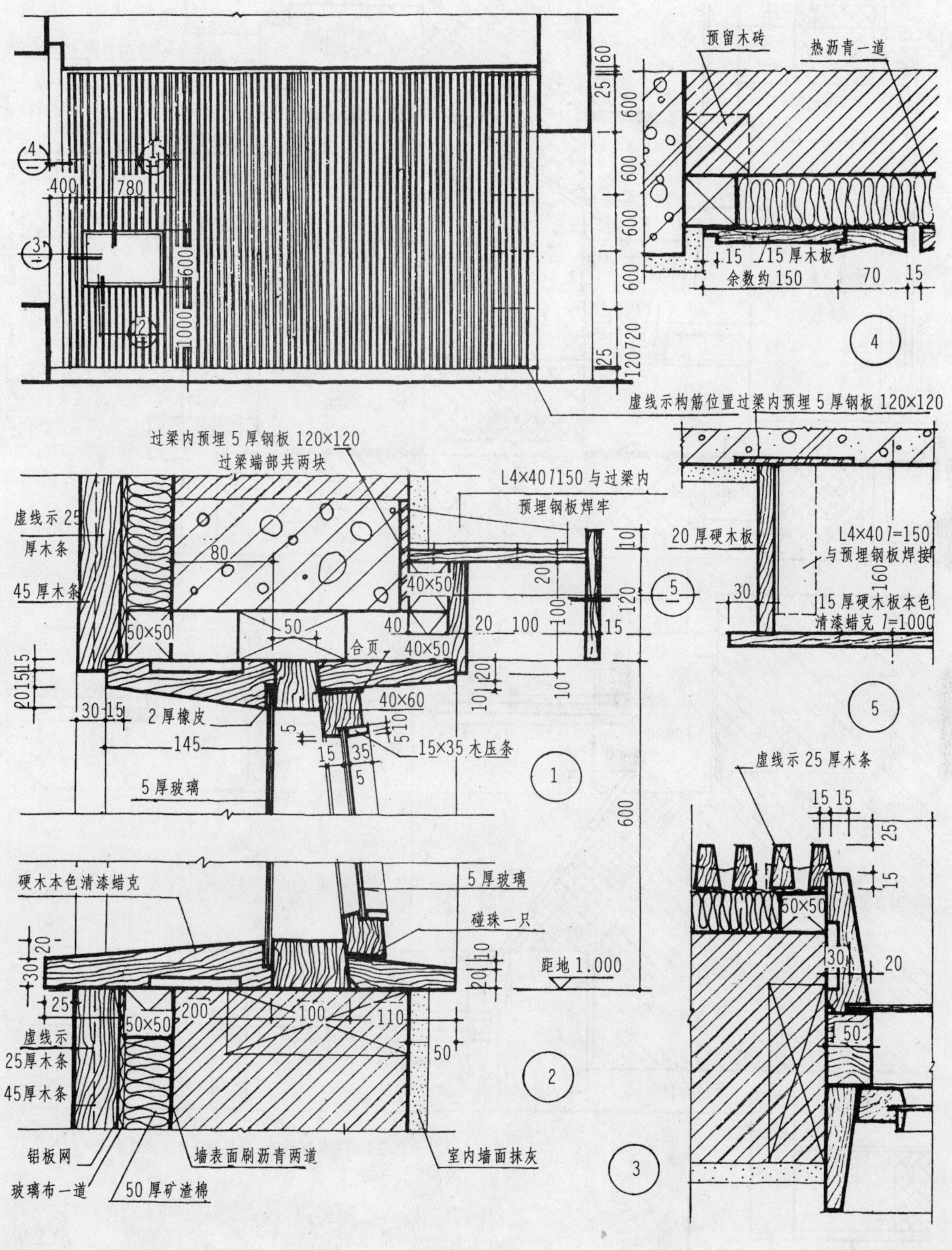

隔音窗

12×35
40
30×84
60×80
80×80
窗四周孔隙填浸油麻刀
15×30
10 多孔橡皮垫压实为4.5
15×20
10 多孔橡皮压实为5
钢筋混凝土过梁
水泥砂浆10
细麻布包矿棉填块35
穿孔三夹板
五夹板
抹出窗台
65
20×100
12×12
1:1 水泥砂浆10
4.5 10.5
15 ×30
60×80
穿孔三夹板
细麻布包矿棉填块35
1:1 水泥砂浆10
15 ×20 ×5
20×100
20×85
15×40
平头钢帽螺钉固定 擦窗时扭下 竖边5个

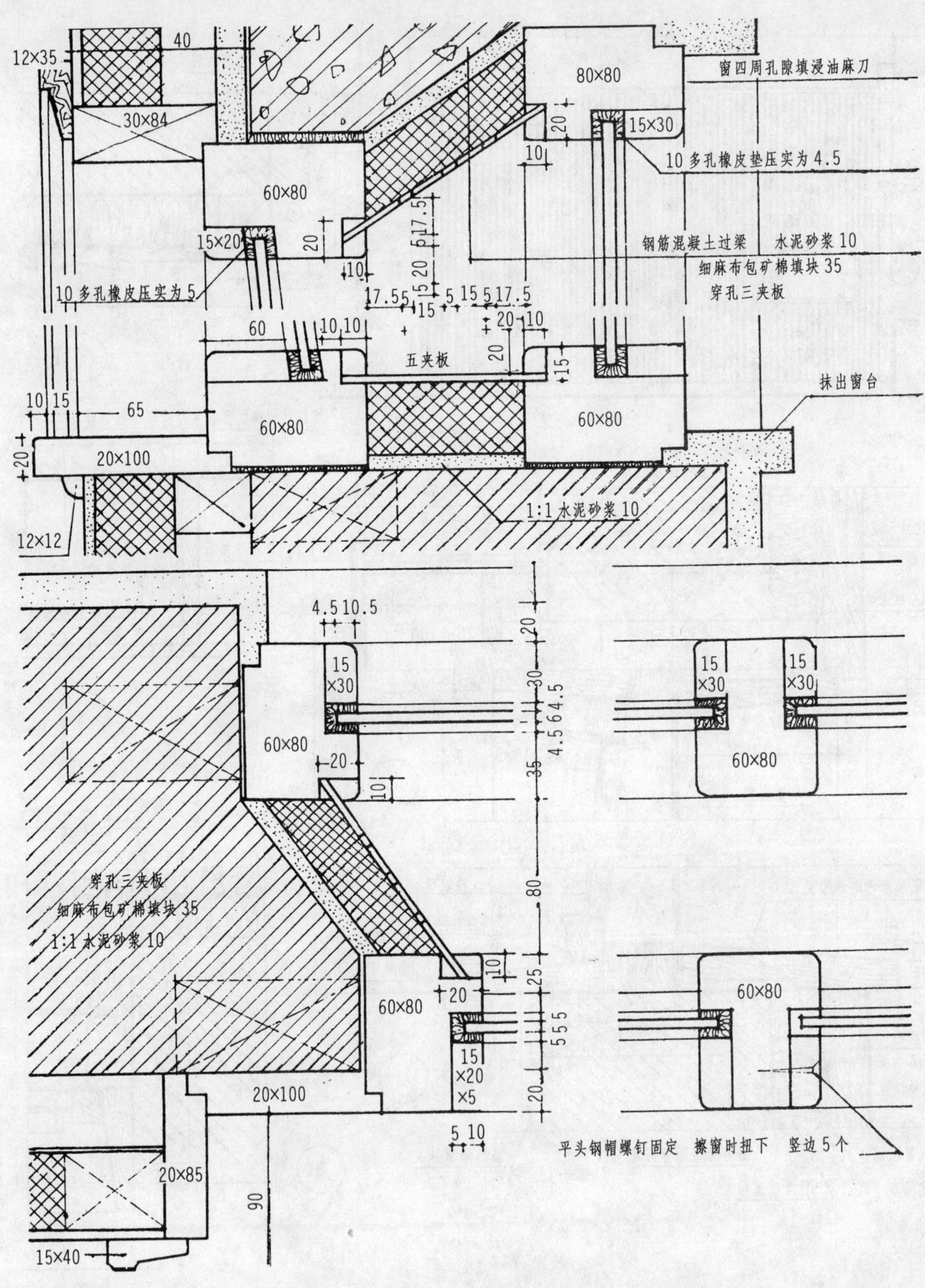

隔音窗

钢窗框
4厚玻璃
6厚玻璃
塑料橡胶
硅酮树脂封闭
直径8mm乙烯管
玻璃
12厚玻璃
橡皮条
橡皮条
橡皮条
6厚玻璃
铝条
铝窗框
4厚玻璃
铝件
乙稀条
22mm玻璃
6厚玻璃
铝窗框
塑料橡胶
双层玻璃
填料
聚氯乙烯垫块
铝件
连续的铝片
6厚玻璃
铝盖条
双层18厚玻璃
铝件
22mm玻璃
6厚玻璃
包铅丝钢材

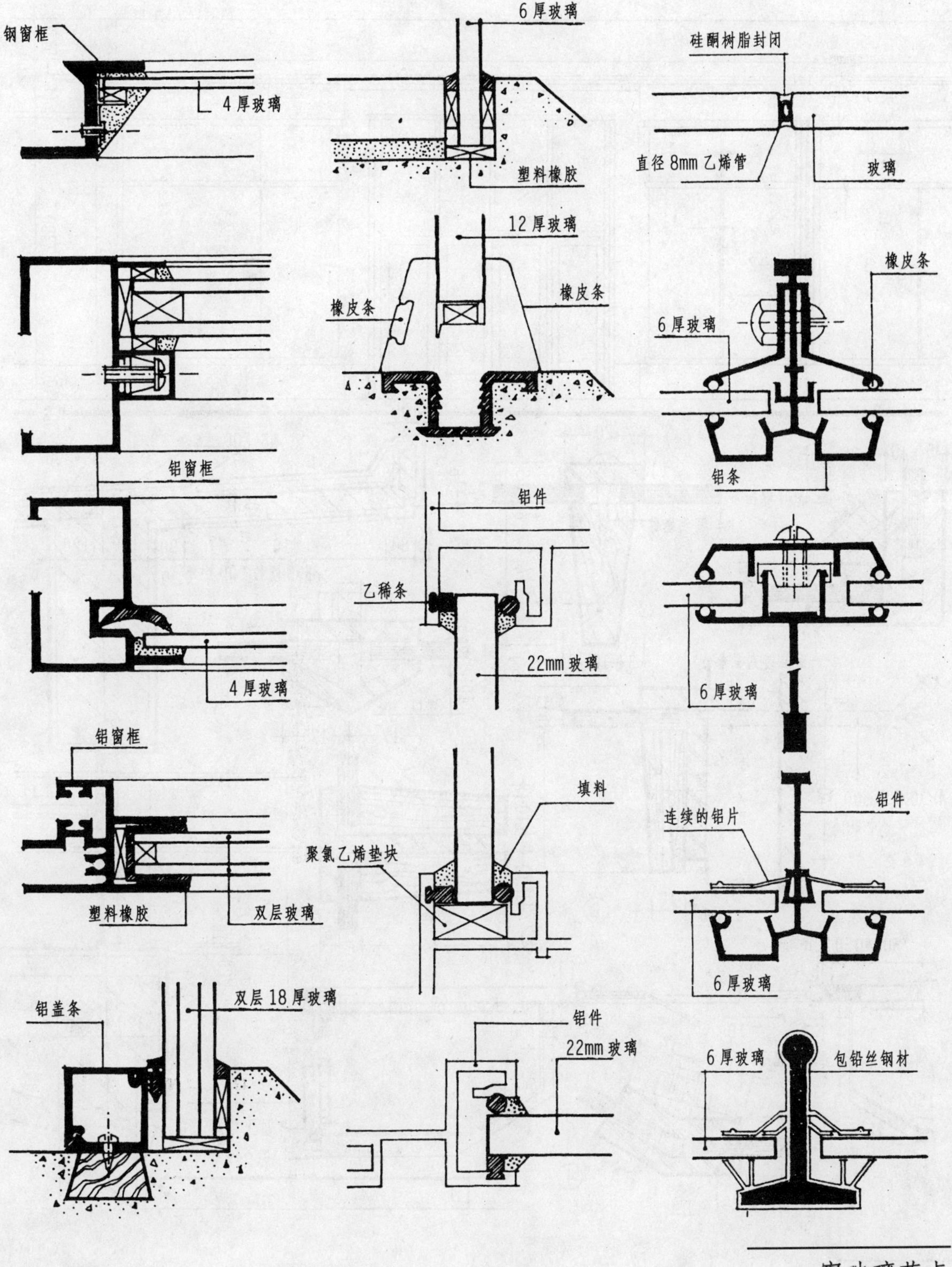

窗玻璃节点

570
160
600
3200
400
200
100
20
5
6
5
25
φ50 螺栓
1 1/2 圆头螺钉
硬木
37
160
100
φ8-200
分布筋 φ8-300
30 80
410
80
120
120
30
φ50 螺栓 500 中距
面层镀克罗米
镀克罗米
17
17
4×30 铁脚 500
中距
40
硬木
34
750240 50 200
通风篦子
18
340
100
15
15
150°
墙上留洞 120
×120
120
120
60
镀克罗米

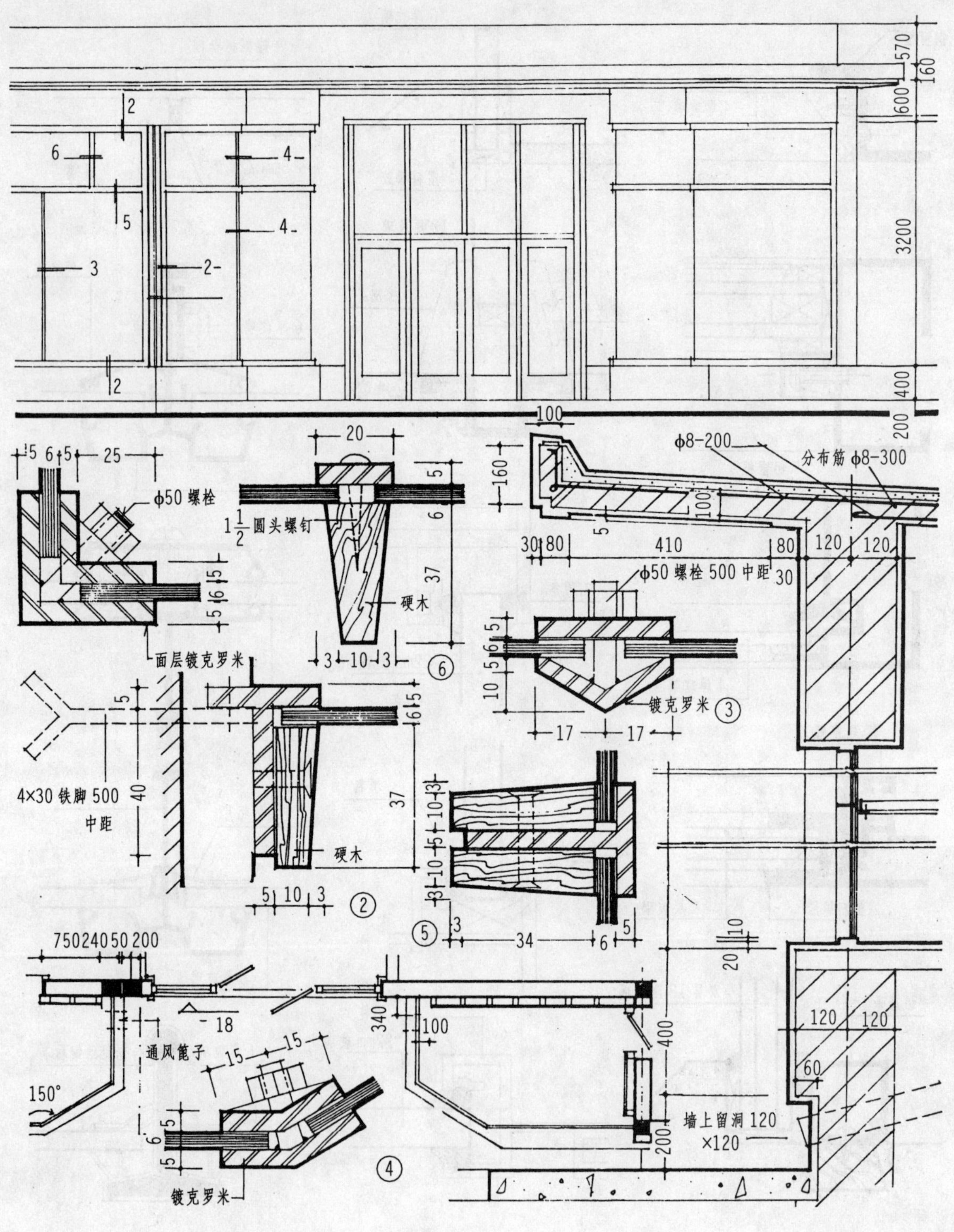

橱窗

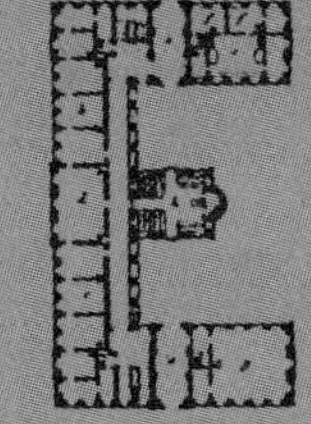

屋顶

屋顶采光窗

300
450
20
5
275
200
100
50
100
1/3 坡度
仰视
俯视
卫生间外采光井
600
1200
200
4 厚光片玻璃
3 厚橡皮垫
3×50 扁铁中距 200
三边弯起
1"木螺丝
30×60×60 燕尾木
装光管处
20×80 硬木
1"木螺丝
纸筋灰抹面
40×60×60 燕尾木
1 厚电化白色铝片
4 厚磨砂玻璃
ϕ4 镀锌螺栓或平头螺丝@400 中
24# 白铁泛水
24# 白铁皮下垫 2 厚橡皮
流水坡度
1:2.5 水泥砂浆抹光
24# 白铁泛水
6 厚铅丝玻璃
腻子
40×80 统长防腐木条
L40×4 窗架
2 厚橡皮垫 30 宽
20×3 玻璃托件
40×80 统长防腐木条沿窗框四周
ϕ10 螺栓
J=100
屋顶采光窗

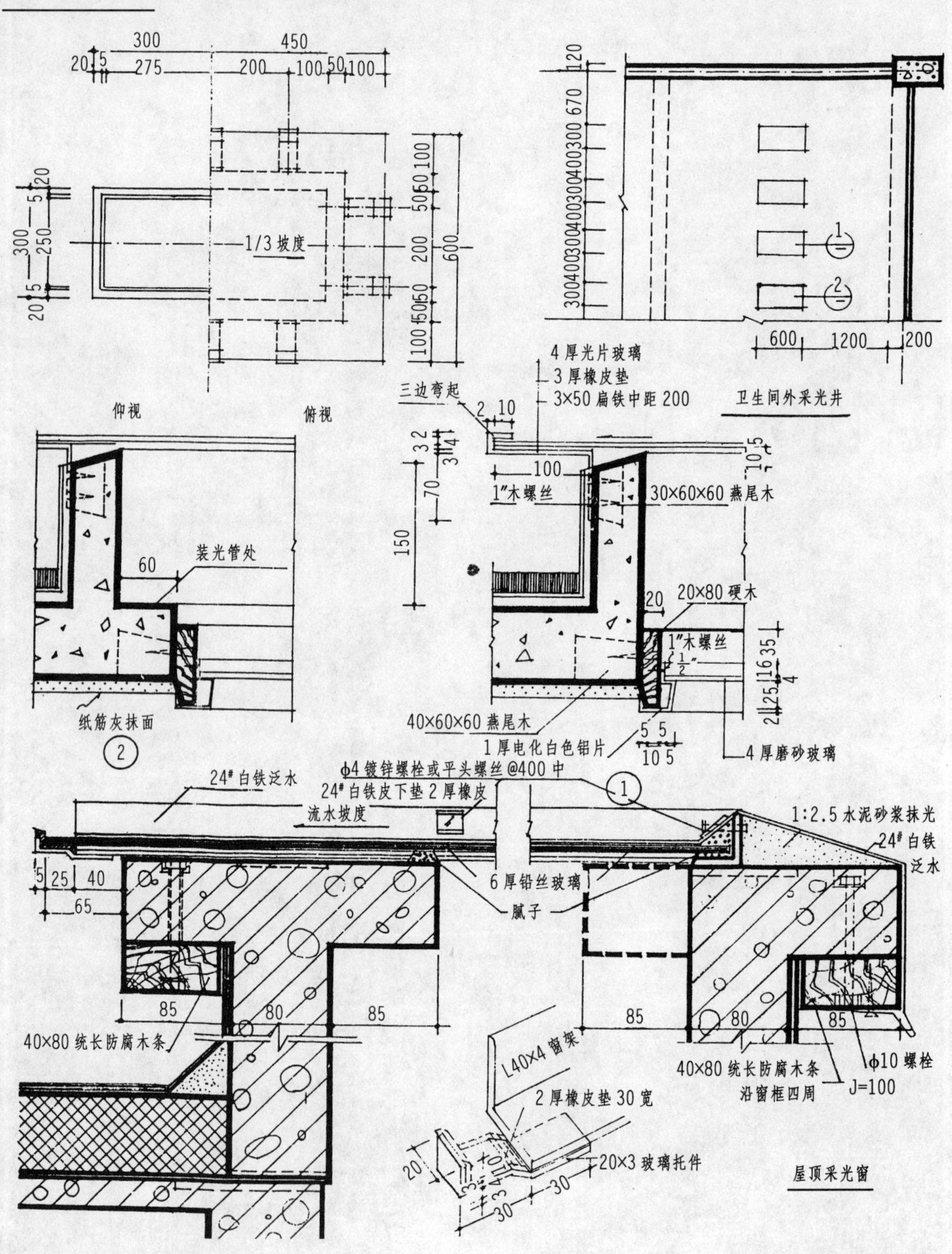

玻璃屋顶

ϕ6 固定螺丝粘膏防水
焊在框上，每缝两个
26# 镀锌铁
满座油膏
窗框料号 3202 上与
T 字料焊牢下与槽钢焊牢
40
60
2 厚披水通长
40# 槽钢
滴水通长
防水膏两道
玻璃布一道
40#
槽钢
三角顶两山墙作钢雨淋板
400
600
1400
2000
120
640×11=7040
6800
120
100
2000
400
2000
400
ϕ6 中距 600
窗料号 5007
26# 镀锌铁盖口通长
满座玻璃粘膏
30
6 厚铅丝玻璃
600×1150 用玻璃
粘膏座严 玻璃下
绷尼龙网片 30 孔
窗框与丁字料焊牢
60
ϕ10 孔
4×20×30 挡铁每框
两个与料焊牢平整
4×25 与 3202 料焊牢
粘膏
披水外沿

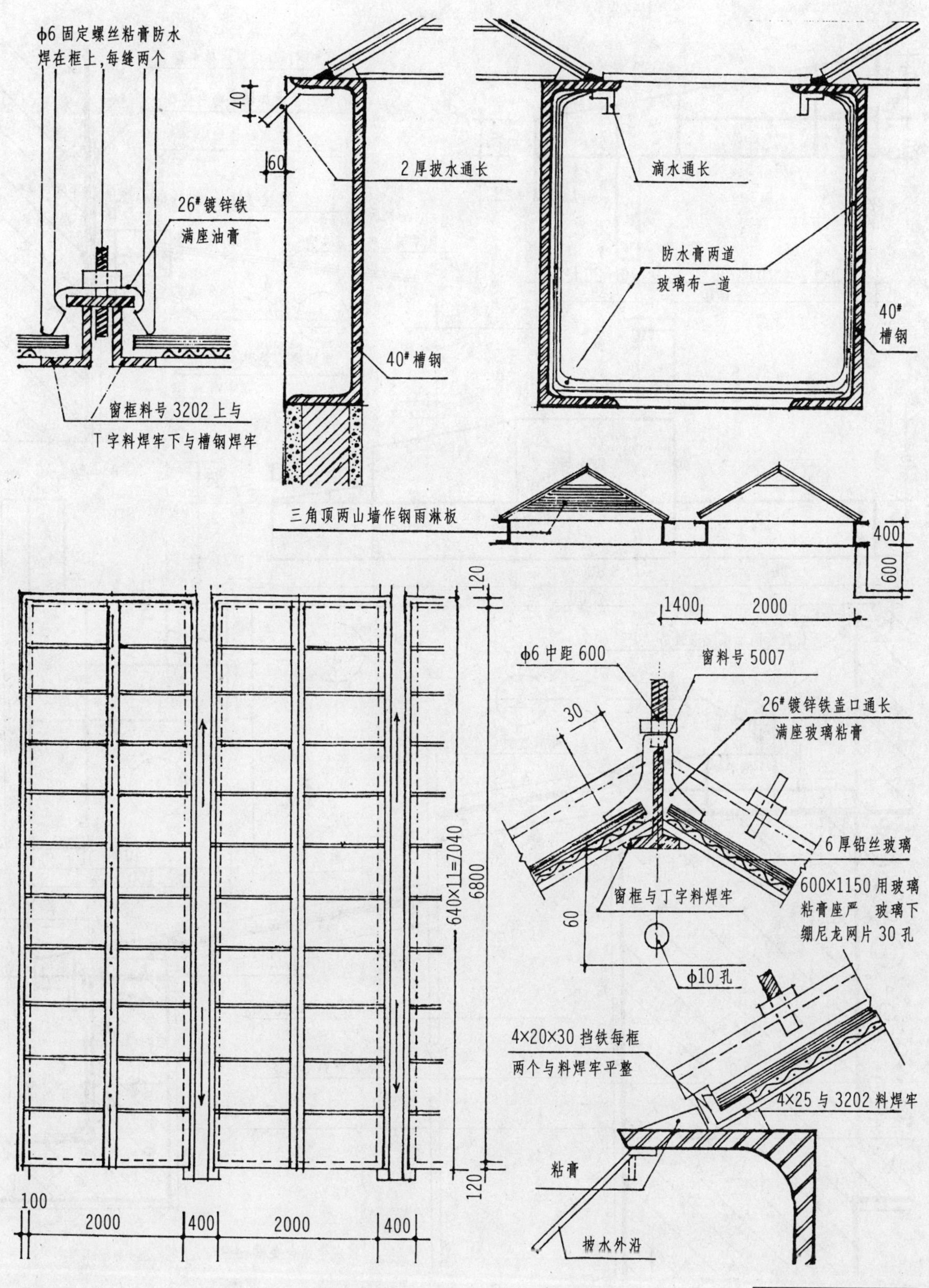

玻璃屋顶

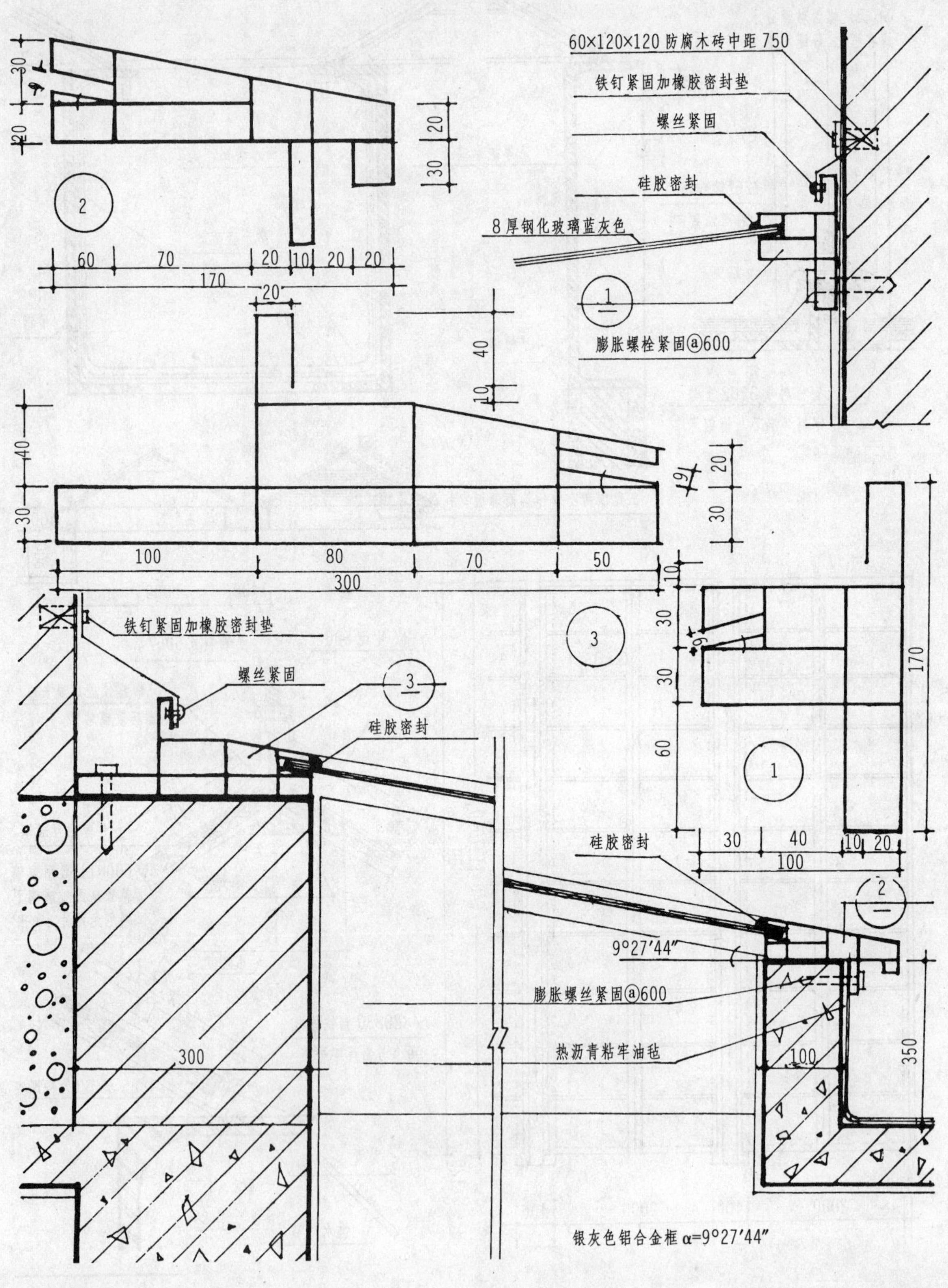
60×120×120 防腐木砖中距750
铁钉紧固加橡胶密封垫
螺丝紧固
硅胶密封
8厚钢化玻璃蓝灰色
膨胀螺栓紧固ⓐ600
铁钉紧固加橡胶密封垫
螺丝紧固
硅胶密封
硅胶密封
9°27′44″
膨胀螺丝紧固ⓐ600
热沥青粘牢油毡
银灰色铝合金框 α=9°27′44″

银灰色铝合金框
硅胶密封
30
50
硅胶密封
30
100
50
银灰色铝合金框
20 40 20
硅胶密封
30 20 30
80
1
8厚$\frac{1}{4}$球形钢化
玻璃蓝灰色
R=715
R=715
R=715
天窗引用美国 Plasteco Inc 产品
虚线表示结构梁位置
80 100 100
3
膨胀螺栓紧固ⓐ=600
热沥青粘牢油毡
100 615 715 100 800 100 800 100 800 100 800 100
3600
715
200
100 100
1430
1630
平面图
8厚钢化玻璃蓝灰色
硅胶密封
50
20
8厚钢化玻璃
2
20 20 30 30 20
银灰色铝合金
3
20 10 20 60 20 60 280 20 60 20
80 100 100
热沥青粘牢油毡
膨胀螺栓 600

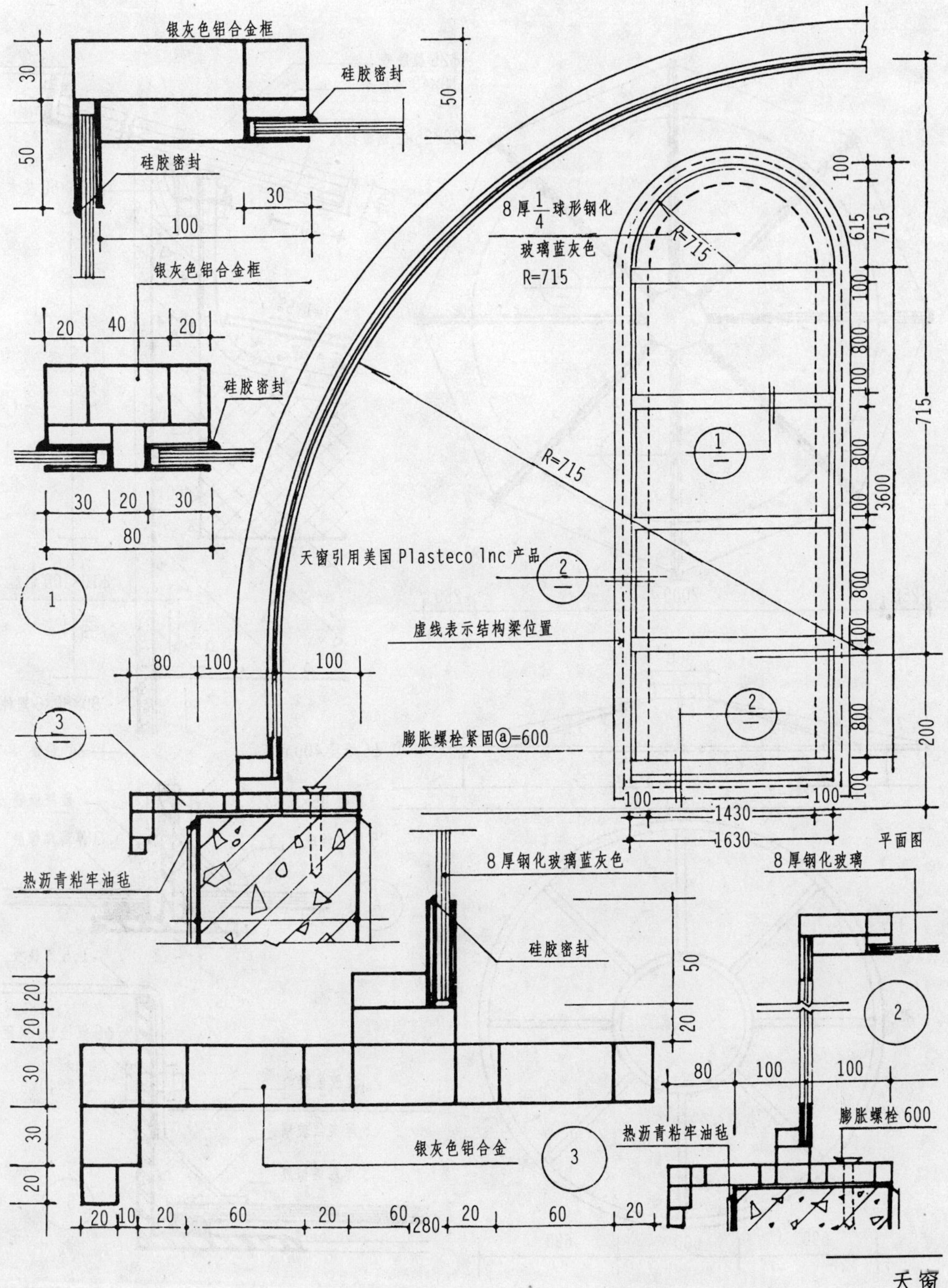

天窗

φ25 橡胶管
10×40 木压条
焊接
130×25×2 钢板托底
40
90
60×60 垫木
i=1.5%
500
60
φ10×100 钢筋
180
80×80×6 埋件
B
A
250
2000
250
300
φ6 螺栓 400 间距
24# 铅铁
丁字铁 35×35×3.5
硅胶嵌缝
5 厚夹丝玻璃
3 厚海绵橡胶
A
1.5 厚铁板
φ6 螺栓 80 间距
硅胶嵌缝
∟63×40×5
5 厚夹丝玻璃
3 厚海绵橡胶
B
690
600
690

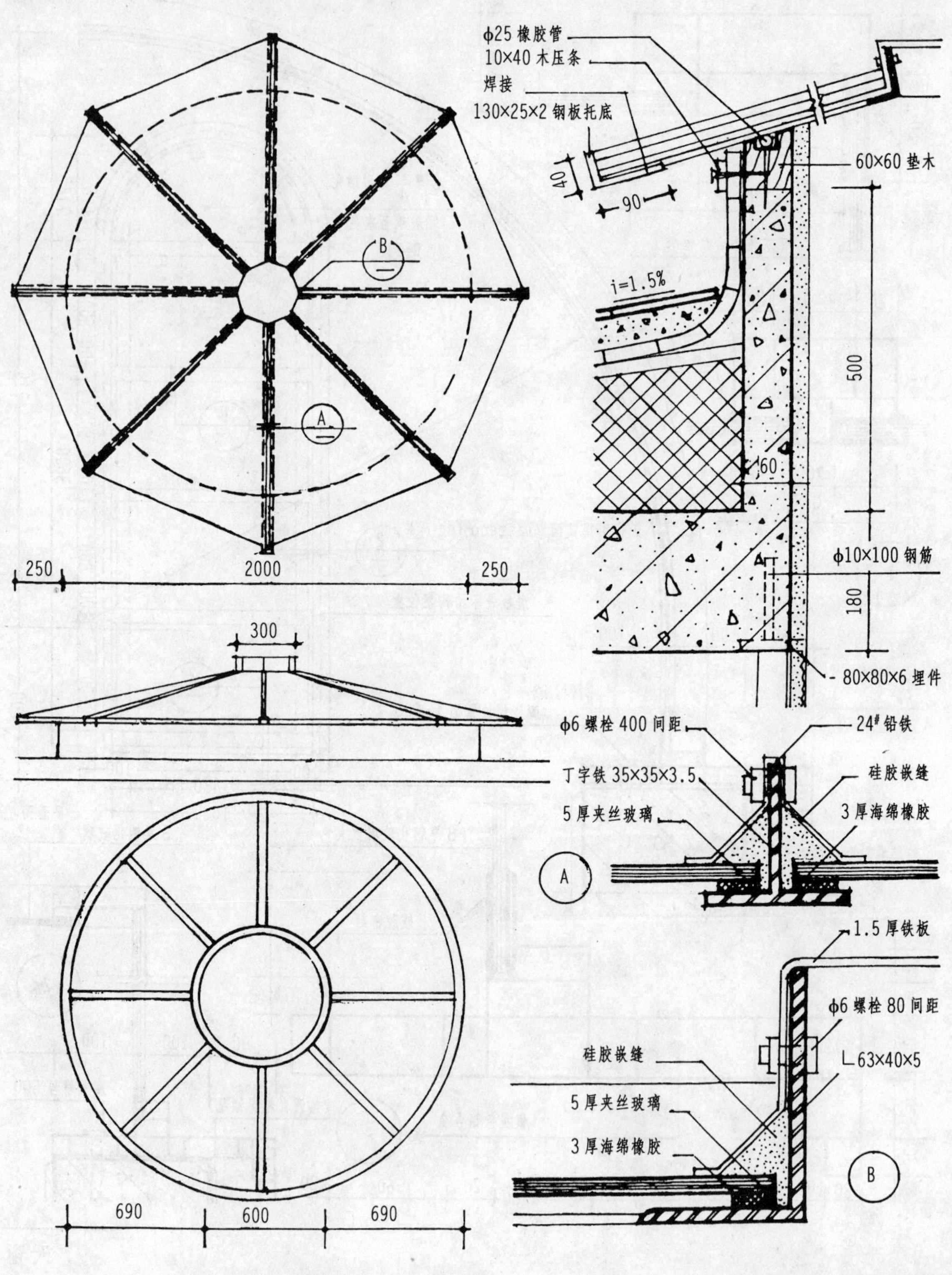

天窗

杜赛尔多夫艺术博物馆采光天窗

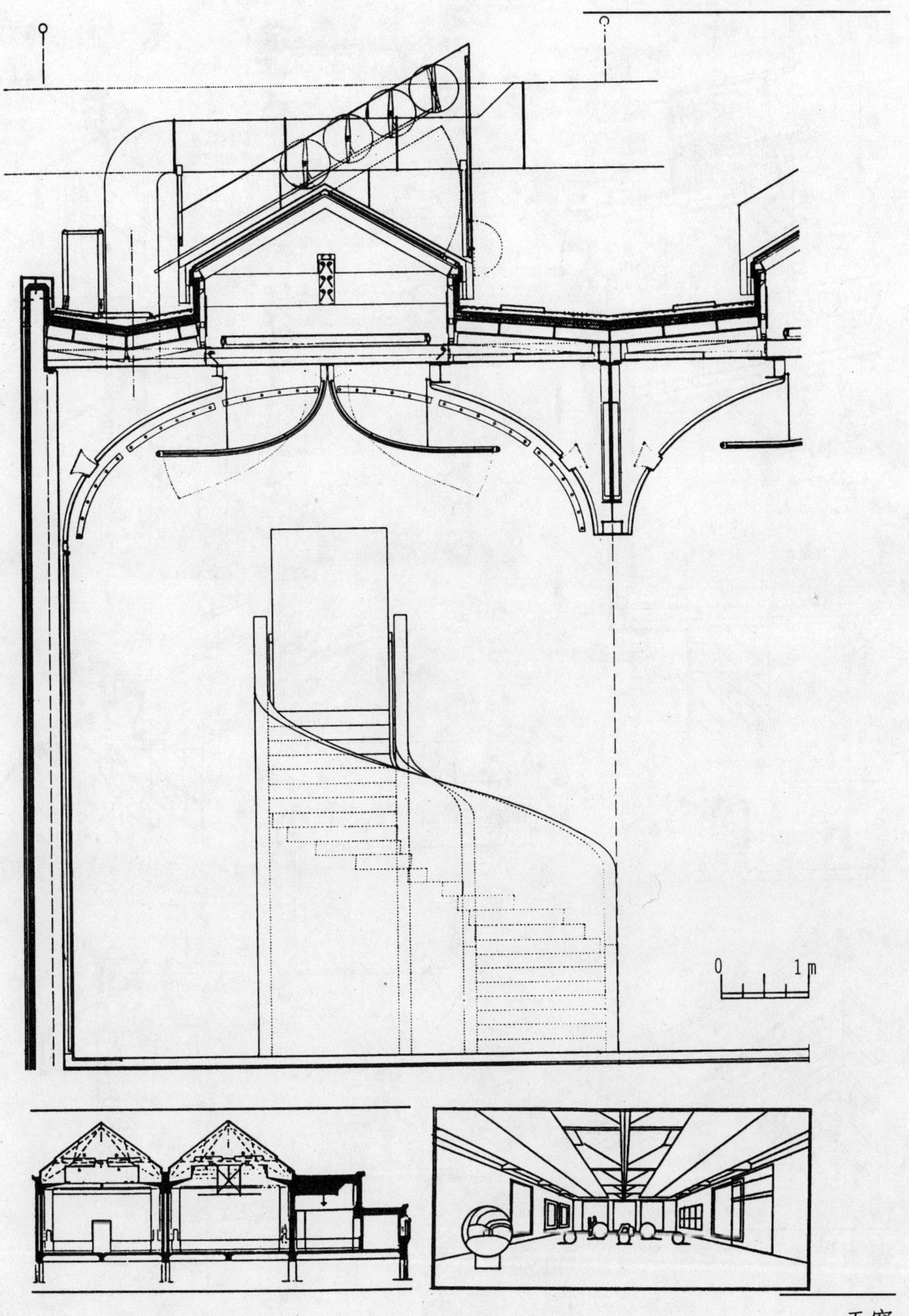

铝盖板
玻璃
三层油毡
铝件
单层拱形玻璃
连续铝条
铝屋面框架
铝盖板
连续铝角
玻璃板
双层沥青
铝板
拱形玻璃层
铝屋面框架
玻璃单位
50mm 宽铝条
第一层沥青油毡
铁皮
铝盖板
3 厚乙烯垫
玻璃
玻璃
保温板
第三层油毡
铁皮
钢板屋面
铝角
6mm 玻璃
铁皮盖片
6 厚玻璃
木墙板
铝压条
铝板
6 玻璃

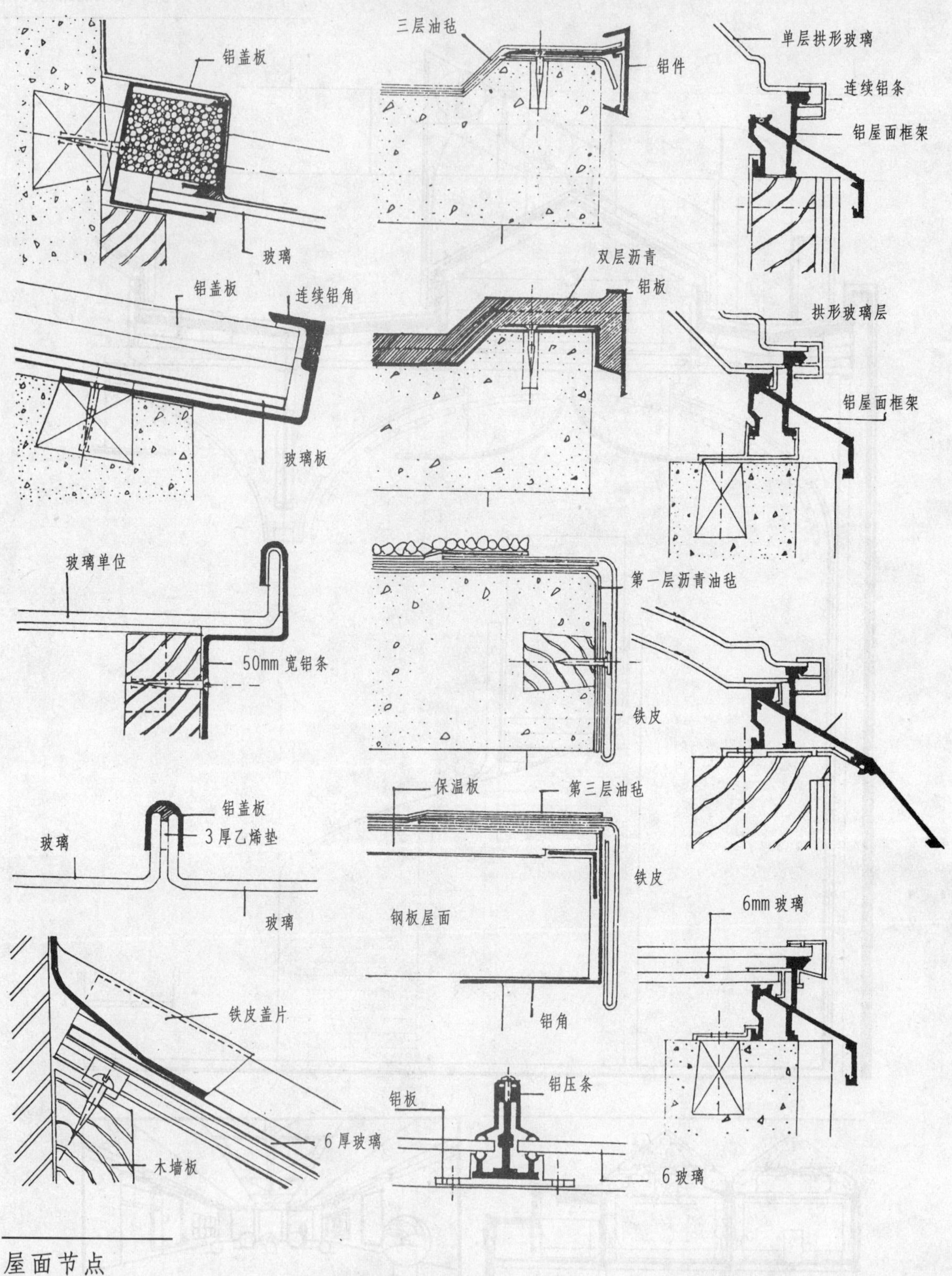

屋面节点

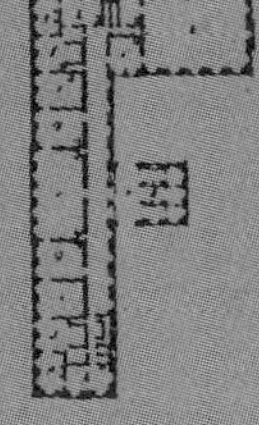

外檐

740
600
1150
1020
890
1150
1020
920
3330
510
11330
面砖墙面
-46×120
扶手
-50×10
-40×5
-50×10
白水刷石面
水刷石
650
130
500
1350
20
100
20
600
100
26# 铅铁泛水
330
300
220
20
210
1020
黑铁泄水管
ф30
素混凝土
150
120
100

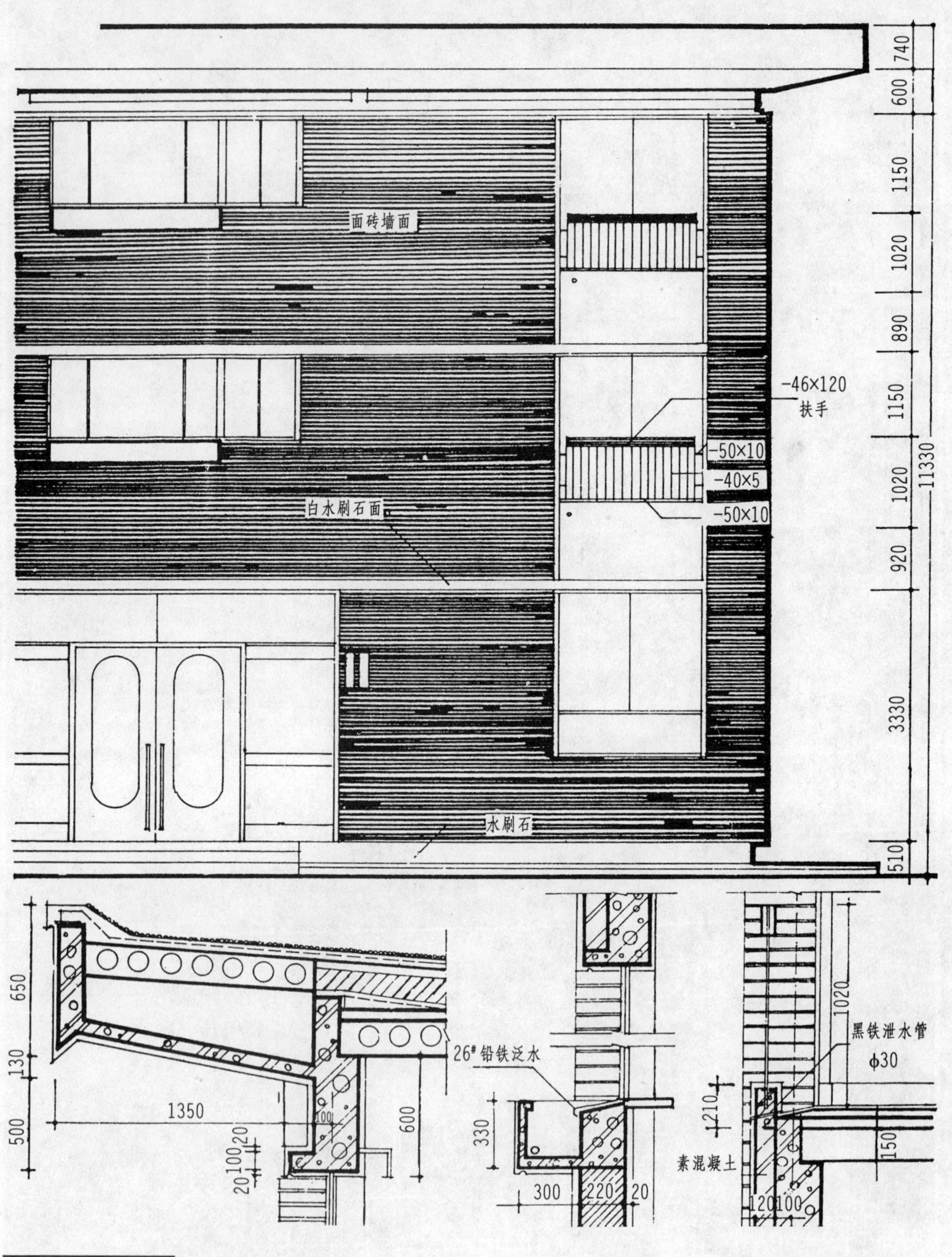

外檐做法

10896 上口折线长
100 方绿色面砖贴面每 10896 长 96 块(二皮 192 块,共 6812 块)
白水泥勾缝宽 13.5
241
200~290
27.22
120 200
15
ϕ8 孔
16
9
16
26.73
1.5 厚垫板
B
A
26.41
搪瓷瓦楞封檐板
600
1830
滚边桁架见结构
轻钢挂板小桁架
A
25.738
600
搪瓷瓦楞板分舱块
搪瓷板檐口平顶
A
140
搪瓷檐口板
25.27
5
331
600
10986 下口折线长
10986
2
20
17
0.7 厚薄钢板
17
8.5
25
10
25
10
25
10
241
10
25
10
25
8.5
433 原板宽为 692
1.5 厚铸铜垫圈
B
羊绒垫圈
电焊
搪瓷瓦楞封檐板
1.5 厚∏形
垫板
ϕ6 铸铜
螺栓
预先贴一层 3 厚羊绒
垫圈
轻钢挂板桁架竖杆
L45×31=80
L50×3
A
搪瓷瓦楞板与角钢连接详图

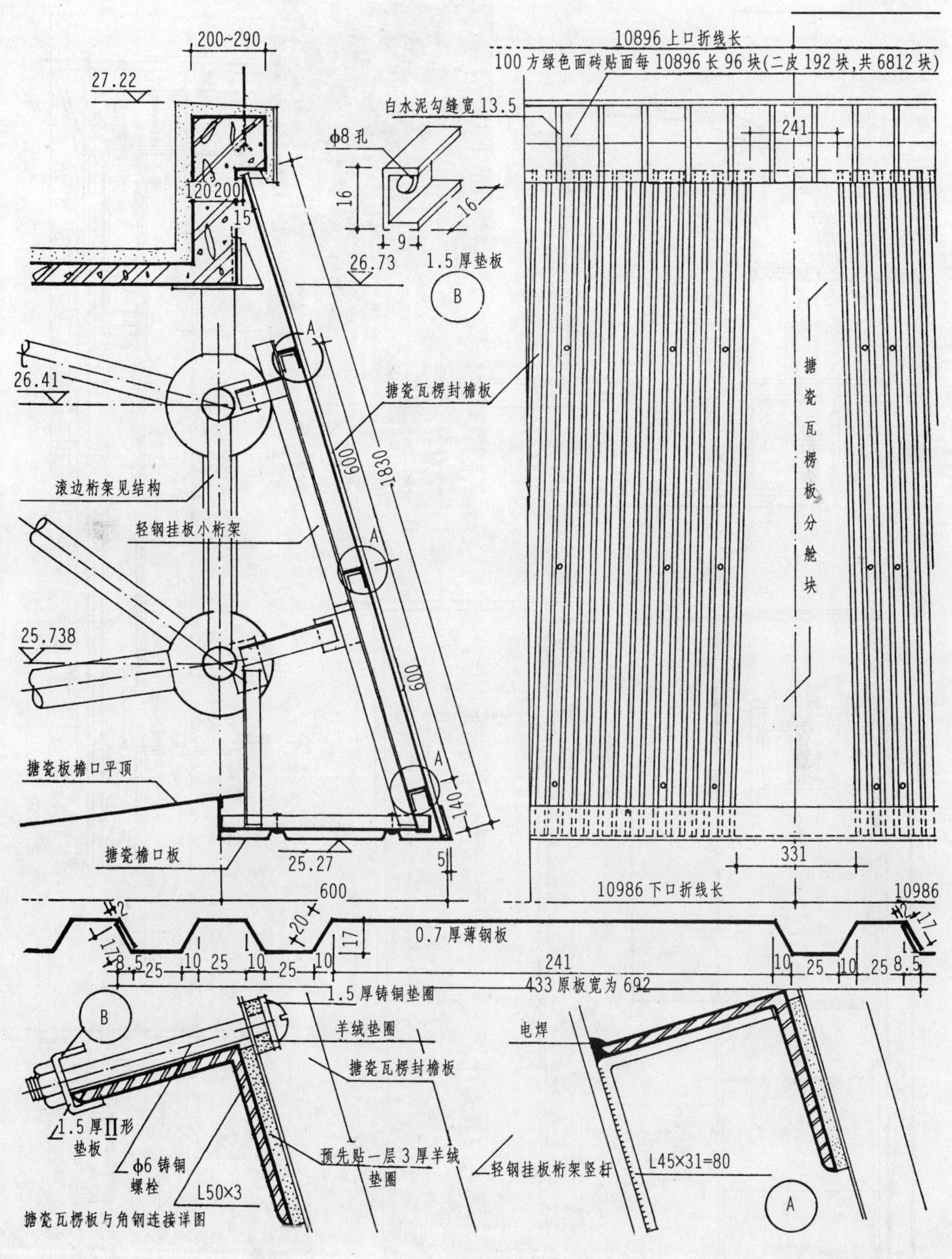

外檐做法

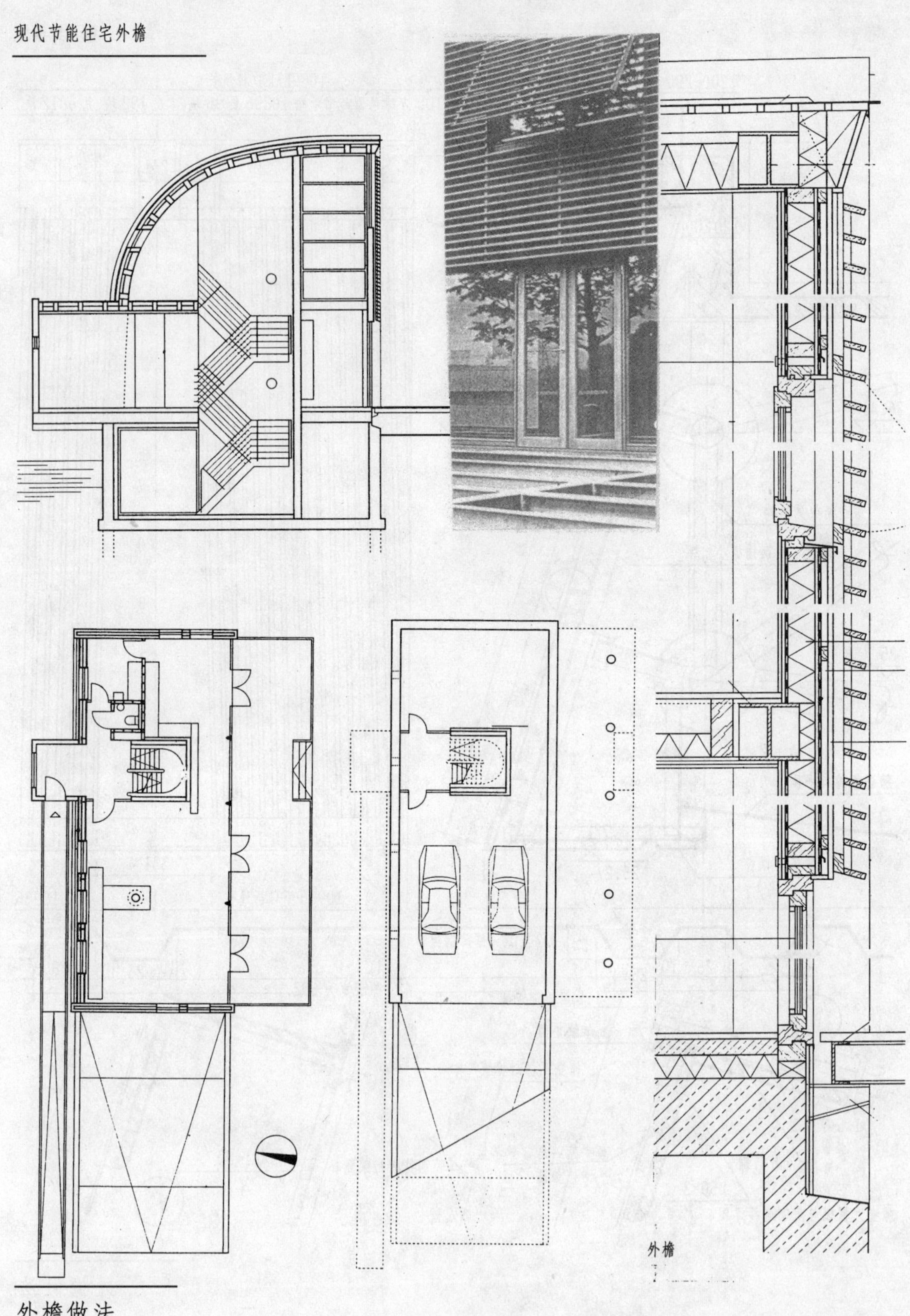

外檐做法

外檐饰面

广州越秀公园
广州矿泉旅舍
现捣磨石子块
淡绿色
预留 ϕ6 钢筋
120
450
450
450
450
450
450
立面图
2ϕ6 l=350
-150×150×6
-150×80×6
2ϕ6
2ϕ6 插铁
预制浅绿色磨石子柱头
柱 3
柱 2
ϕ4
外口小圆角
2ϕ10
柱 1
35
150
35
220
220
80
220
80
220
80
900
平面图
30厚 11:5，无砂石
屑地坪局部嵌现捣
磨石子或马赛克
70厚 100#
素混凝土
70 30
A—A 剖面图

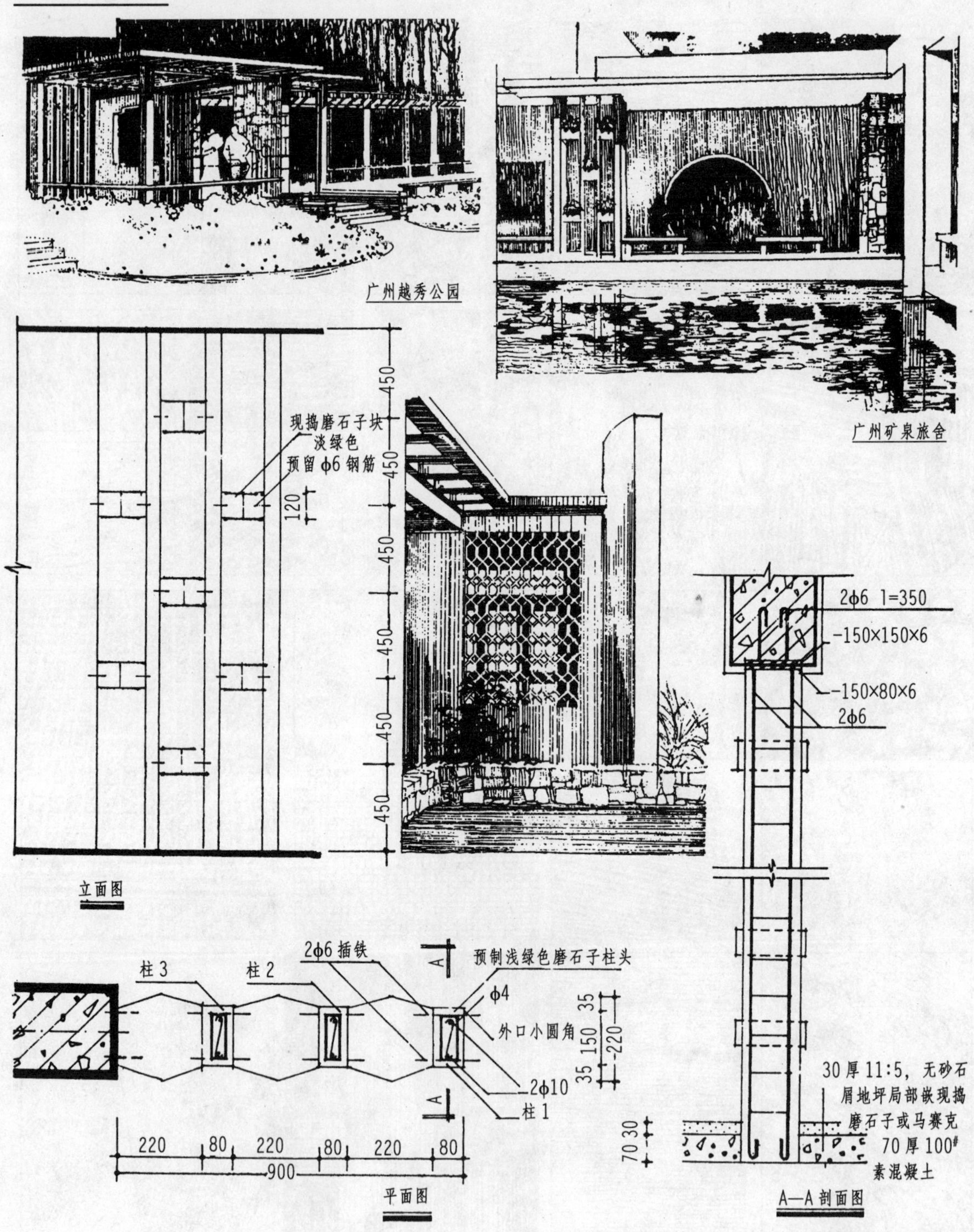

花饰墙

水磨石面
白水泥抹面
I—I 剖面图
4.09
4.19
360
955
±0.00
-0.60
平面图
1440
1980
2780
预下φ12 钢筋
l=80
绑扎钢丝网一层
3φ4
与柱上的φ16 连接
后水泥砂浆填平
安装时点焊
上部连接与下部同
预下φ16 钢筋背面外露 40
预下φ16 钢筋
l=100 外露 40
7φ10
6φ10
φ4@250
φ16 钢筋
A′—A′

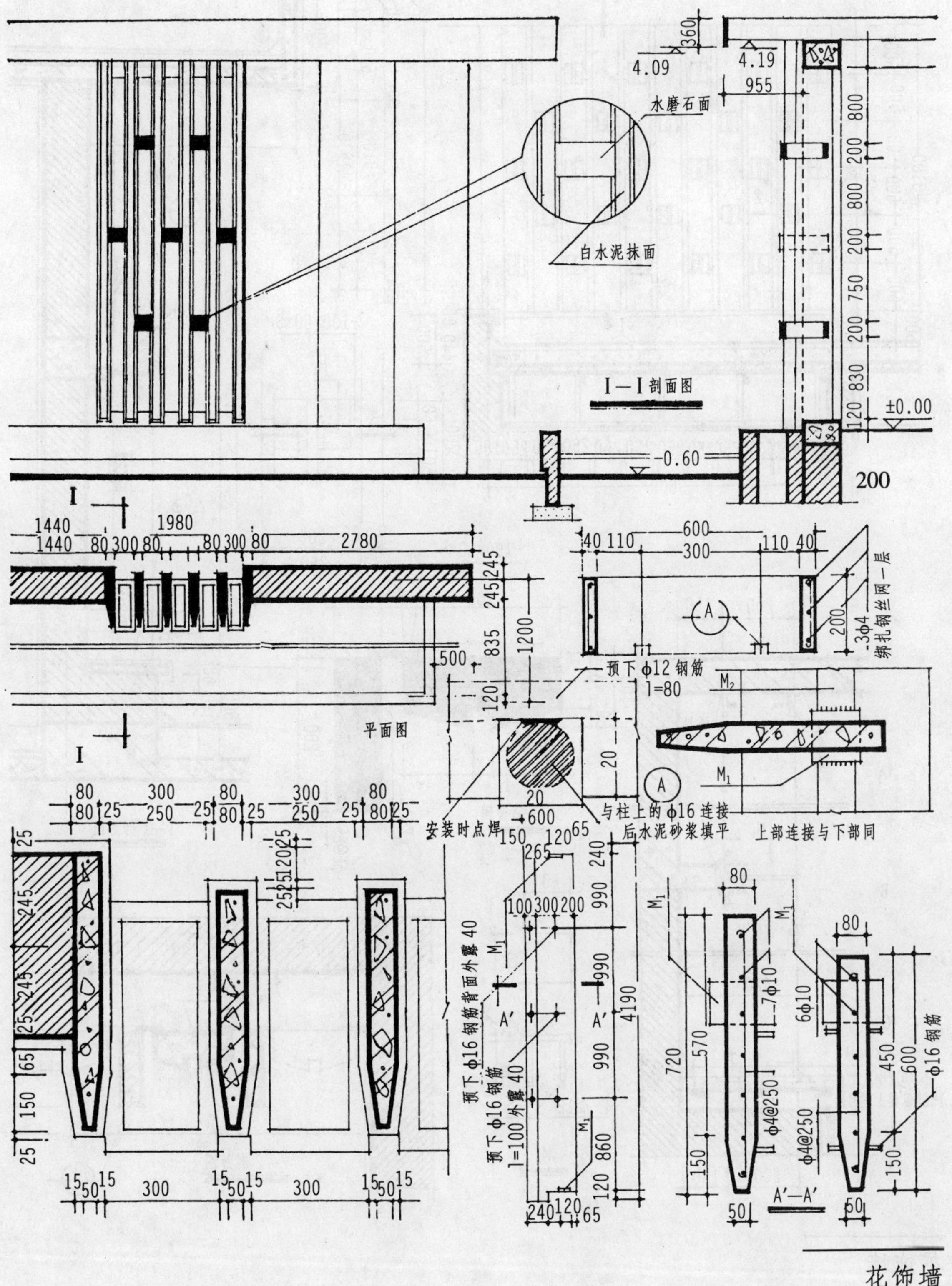

花饰墙

1—1 剖面图
2—2 剖面图
3—3 剖面图
M1
焊接
3-φ8
φ8@260
150# 混凝土
2-Φ12
2φ10
φ6@250
φ6
-100×60×6
-100×60×5
3600
3100
6100
1530
1100

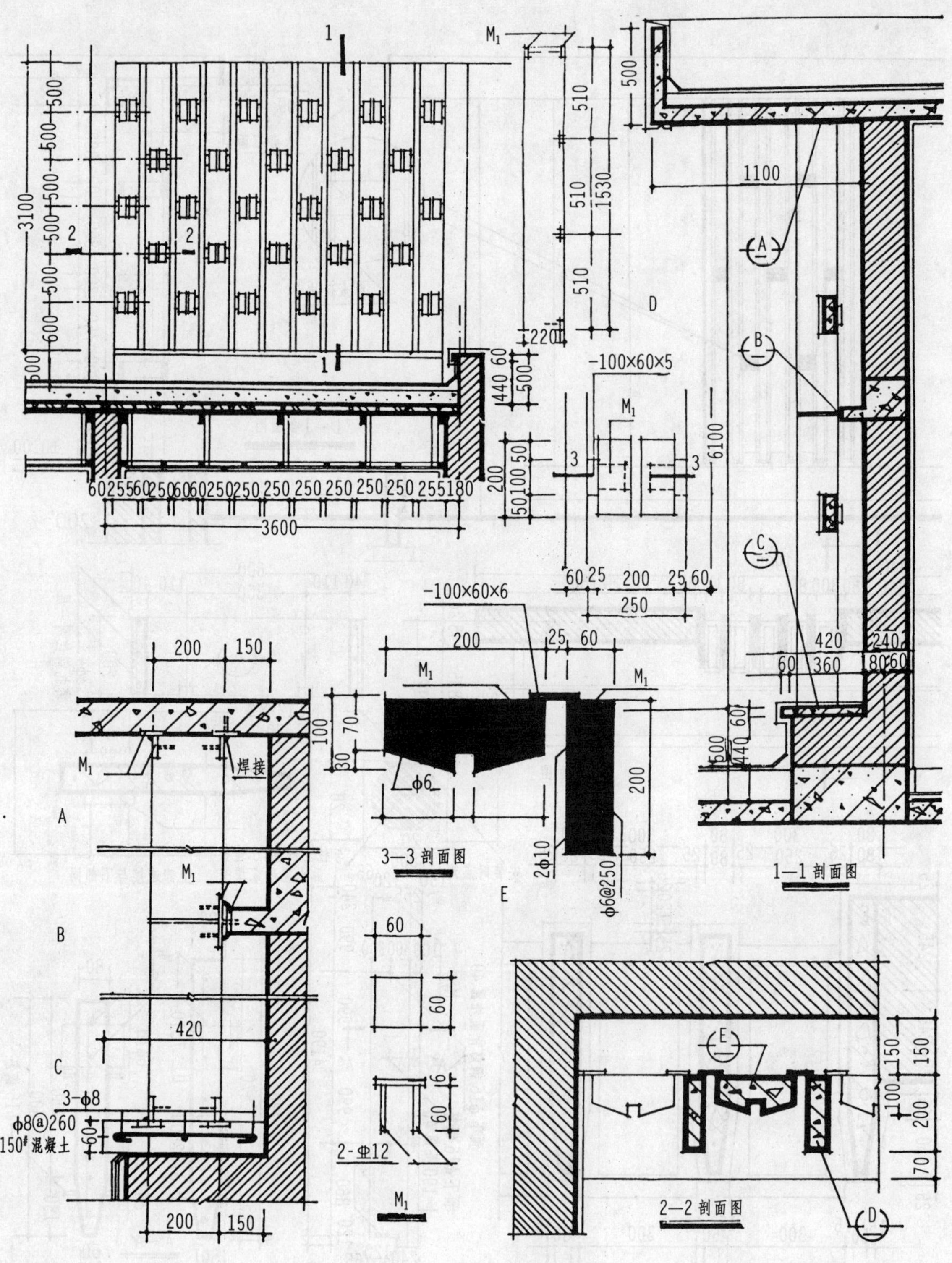

花饰墙

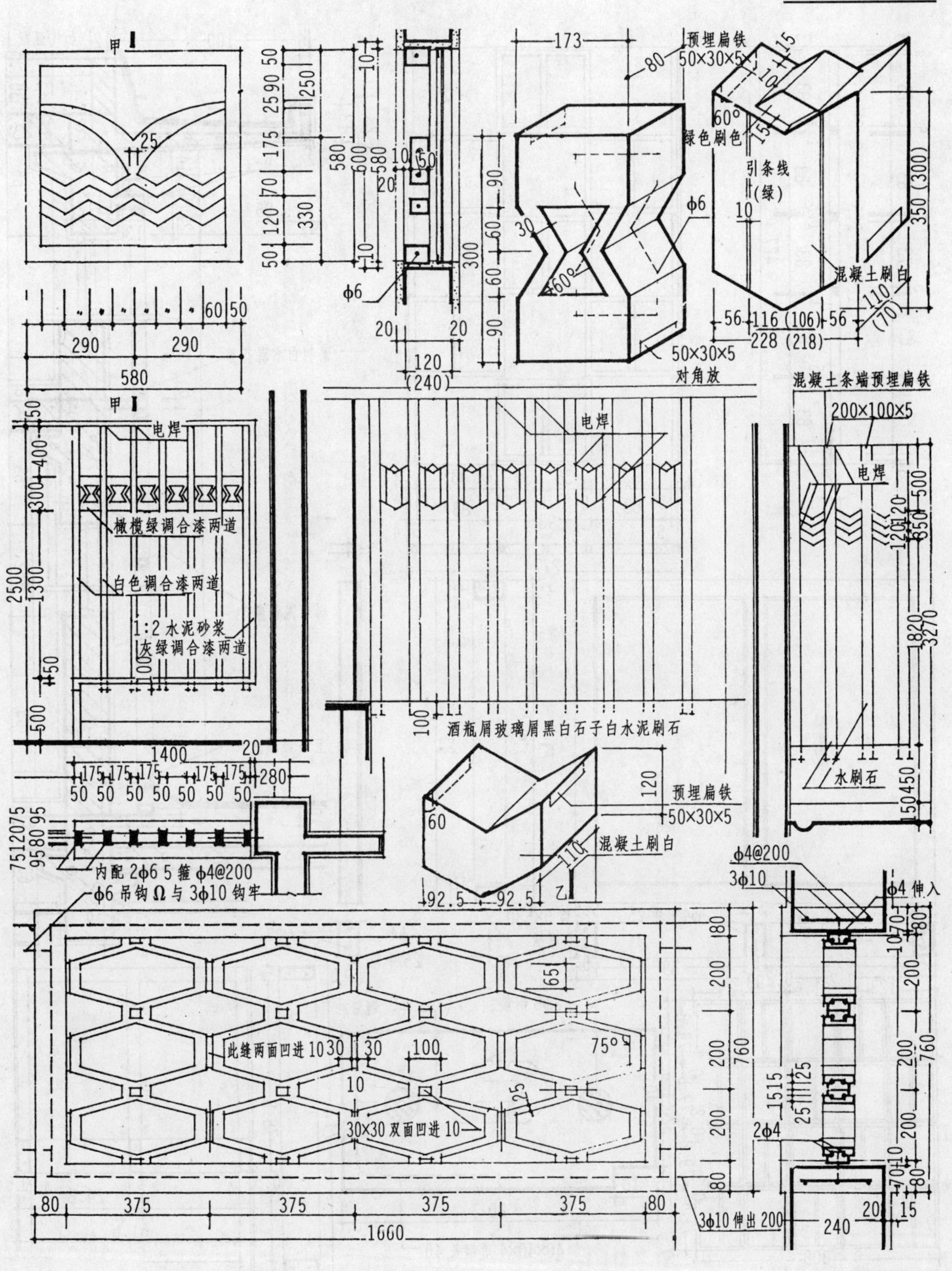

甲
25
50 90 175 70 120 50
250 259
580
330
500 580
10 50
20
300
φ6
20 20
120
(240)
173
80
预埋扁铁
50×30×5
90
60
60
90
30
60°
φ6
50×30×5
对角放
15
15
60°
绿色刷色
引条线
(绿)
10
350 (300)
混凝土刷白
110
(70)
56 116 (106) 56
228 (218)
混凝土条端预埋扁铁
200×100×5
电焊
500
350
820
3270
450
水刷石
290 290
580
甲
电焊
橄榄绿调合漆两道
白色调合漆两道
1:2 水泥砂浆
灰绿调合漆两道
2500
1300
400
300
50
500
1400
20
175 175 175 175 175
50 50 50 50 50 50 50
280
内配 2φ6 5 箍 φ4@200
φ6 吊钩 Ω 与 3φ10 钩牢
电焊
100
酒瓶眉玻璃眉黑白石子白水泥刷石
120
预埋扁铁
50×30×5
60
混凝土刷白
110
92.5 92.5
乙
φ4@200
3φ10
φ4 伸入
65
此缝两面凹进 10
30 30
100
75°
10
25
30×30 双面凹进 10
80
200
760
200
200
80
1515
25
25
2φ4
80 375 375 375 375 80
1660
3φ10 伸出 200
240
20 15

外檐花格

加气混凝土
刷石
预制白水泥花格
刷水泥色浆
豆石混凝土
ϕ4 中距 25
2ϕ6
留 5×5×0.5 焊板
ϕ4 25 中距
2ϕ8 钢筋
ϕ6 钢筋
40×40×4 角钢长 40

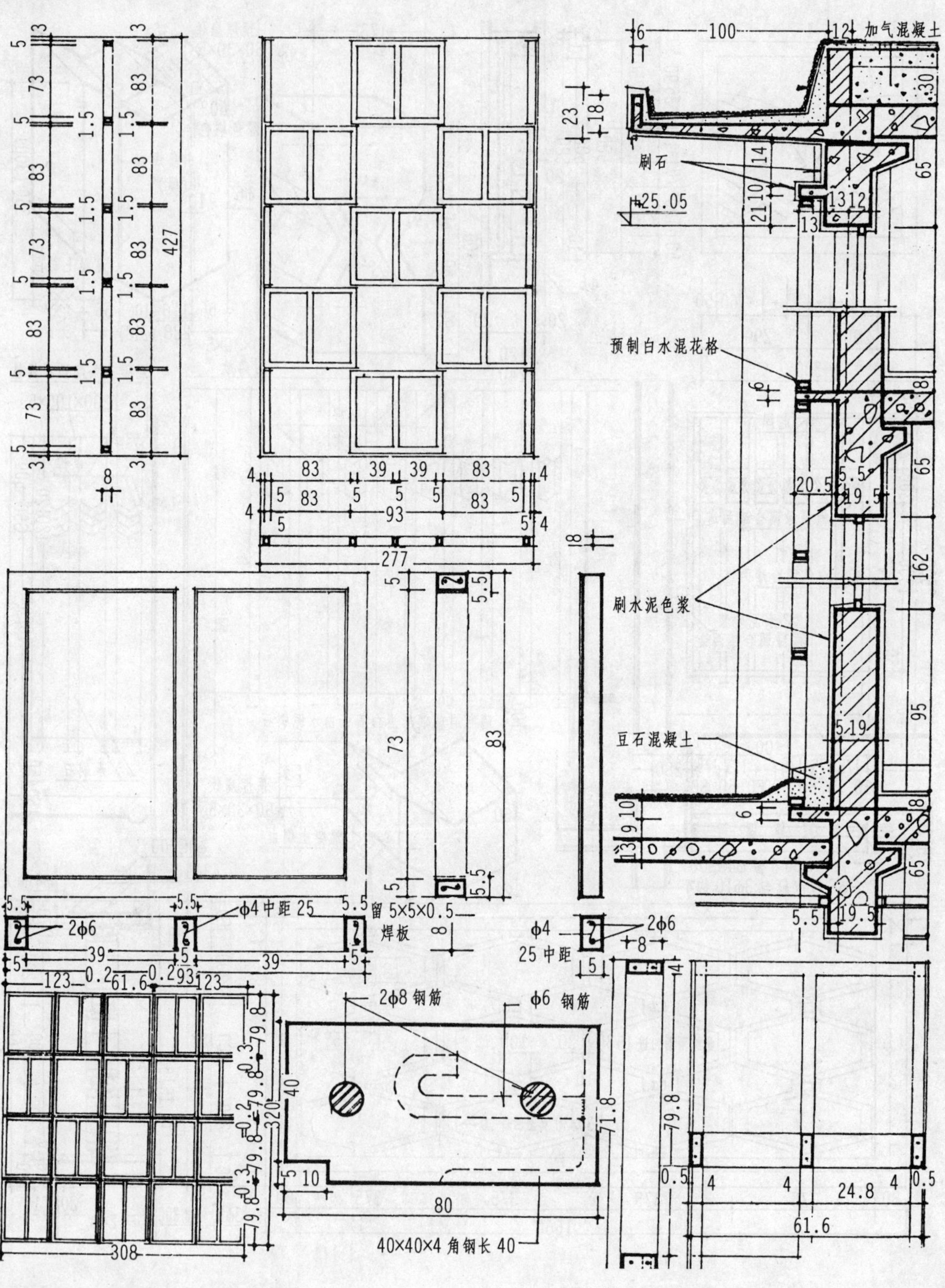

花饰墙

电焊混凝土下面挑檐
预埋铁板 150×350×5
混凝土条上端
预埋铁板 80×350×5
混凝土条上预埋铁板
100×50×5 电焊
铁栏杆与铁窗户框
用扁钢焊牢
与钢窗铁横档电焊
混凝土条预埋铁板
50×100×5
边混凝土条在窗外预埋铁
与钢窗焊牢
钢窗框与梁上预埋铁板焊牢
梁上预埋铁 100×5 通长
混凝土条面修平白塑料漆二度
梁上预埋铁板 150×150×5
电焊
混凝土条上预埋铁板
80×100×5
ϕ6@150
2ϕ10
细石混凝土 200 号
1—1 剖面图
ϕ4@150
2ϕ6
细混凝土 200#
混凝土条端部
预埋铁板
50×300×5
如安装时有空隙
填铁板电焊
1:2 砂浆
填补抹平
2—2 剖面图
混凝土花饰表面修补平 1209 塑料漆
二度
预埋铁板 100×
50×5
对角预埋

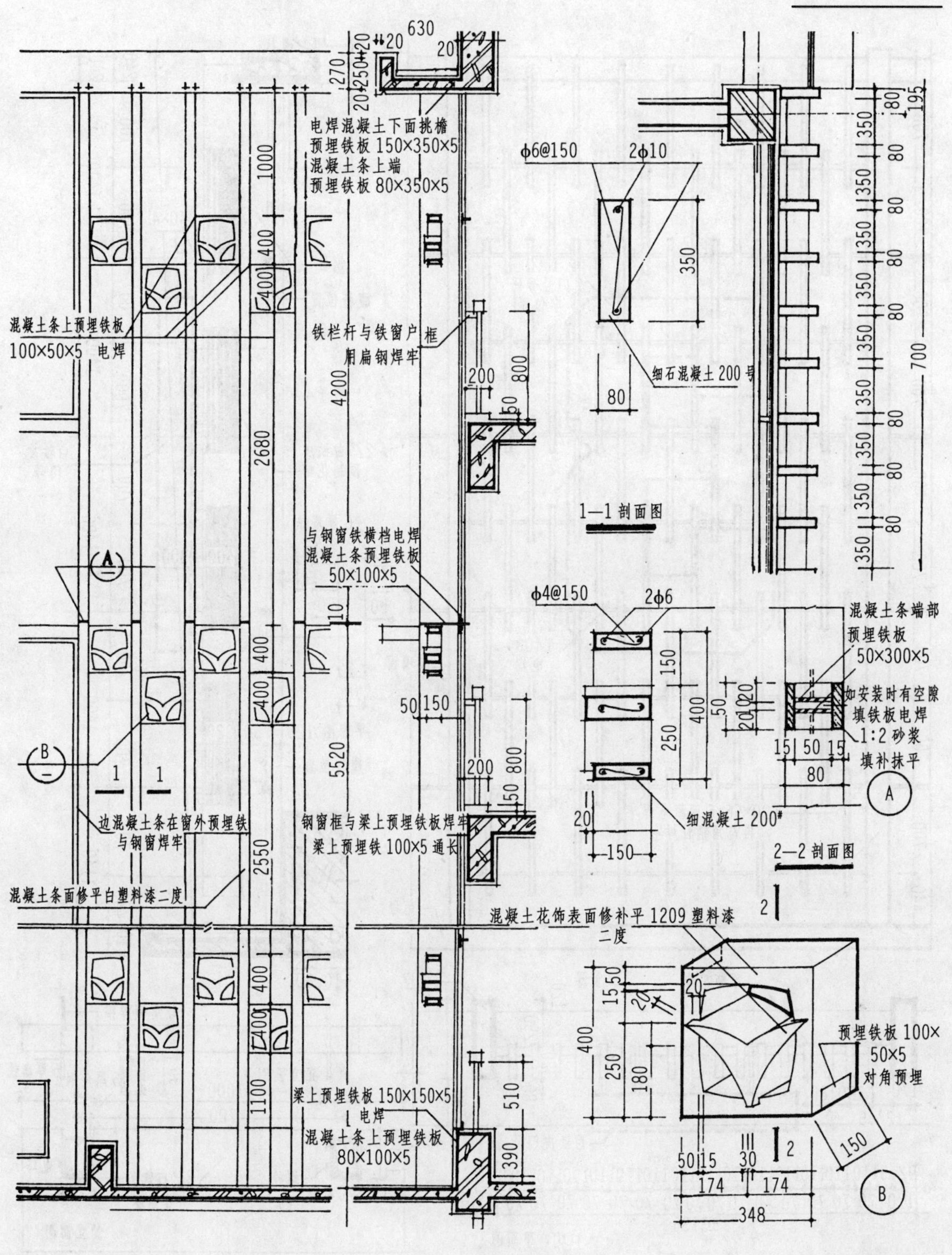

花饰墙

门号号码
字位置
L40×4
电焊
玻璃窗
雨棚
L90×56×6 两根电焊牢
再与角钢柱焊牢
钢柱
腹杆位置
窗子
22# 白铁皮
预制花饰
白铁皮
门号
6 厚扁铁
平面图
+10.80
预制花饰
白铁皮门号
入口花饰平面图
与角钢焊牢
正立面图
6 厚角钢
6 厚扁铁
电焊
螺栓
22# 白铁皮
外作油漆
侧立面图
±3135

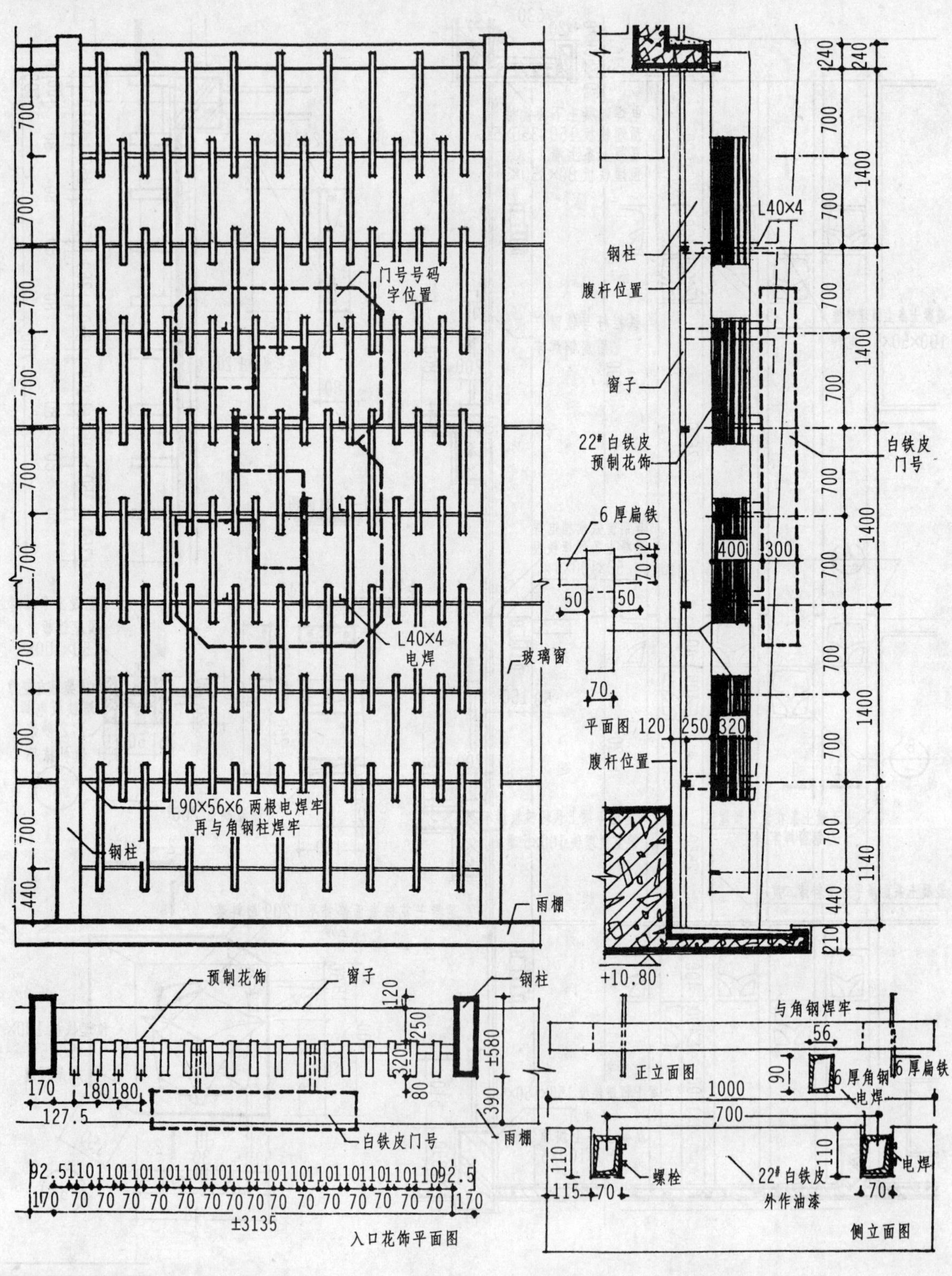

花饰墙

甲
100
100
5×50
扁铁
嵌彩色
有机玻璃
或
彩色玻璃
2600
100
500
磨石子或石子
立面图
甲—甲剖面图
3ϕ10
40
淡绿色磨石子混凝土
ϕ4 a200
160
平面图
详图 甲
2ϕ6
ϕ4（每转角处）
1—1 剖面图
100
ϕ6 伸长 40
ϕ6
伸长 40
35
75
90
50
250
R=3000
160
80
80
1600
平面图
白水泥磨石子
引条线
白水泥构缝
节点—甲
淡绿色磨石子
淡米色石子
1/5
800
320
240
300
立面图

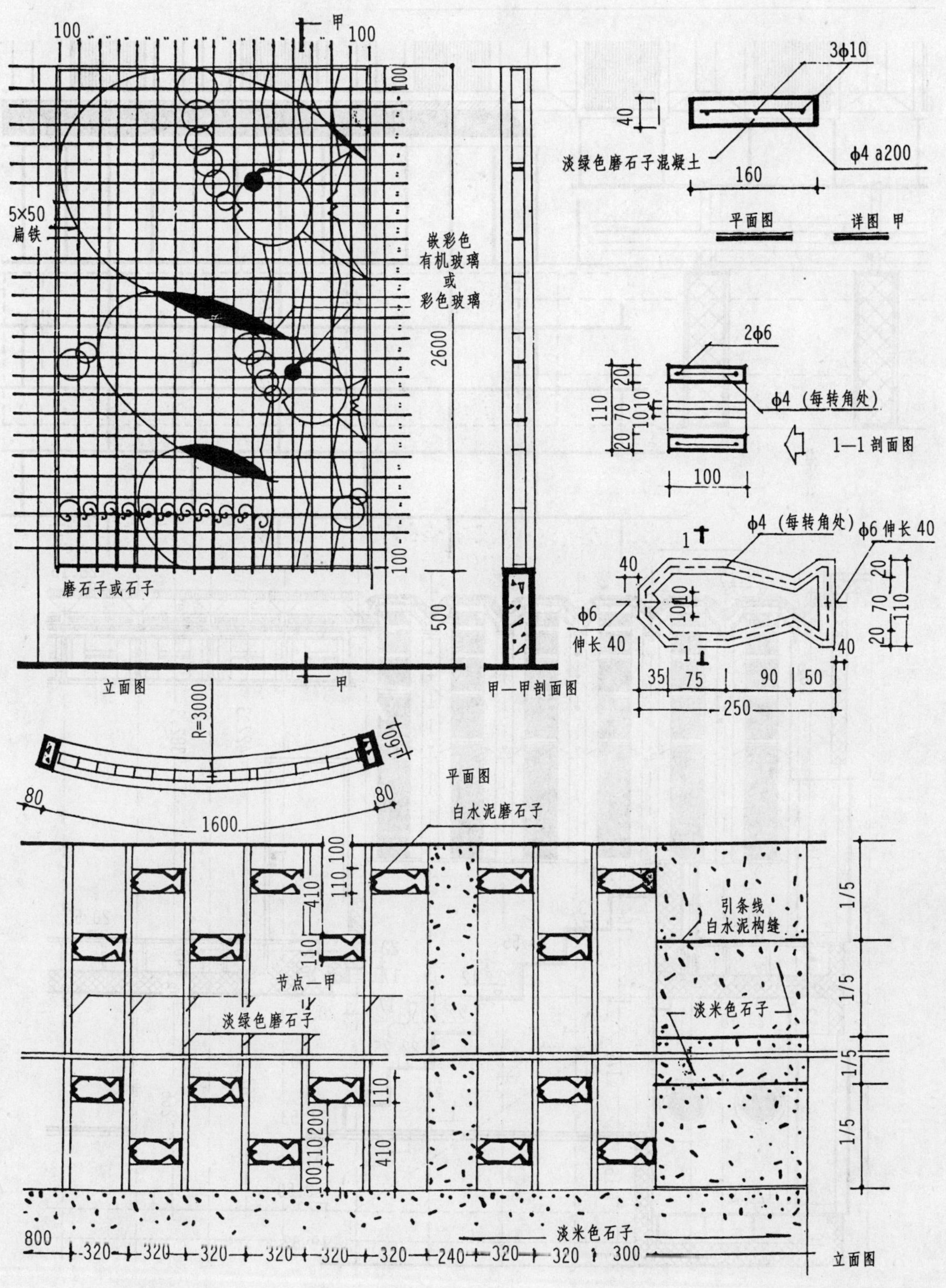

花饰墙

玛里欧·博塔设计的布鲁赛尔 Lambert 银行外墙及局部剖面图

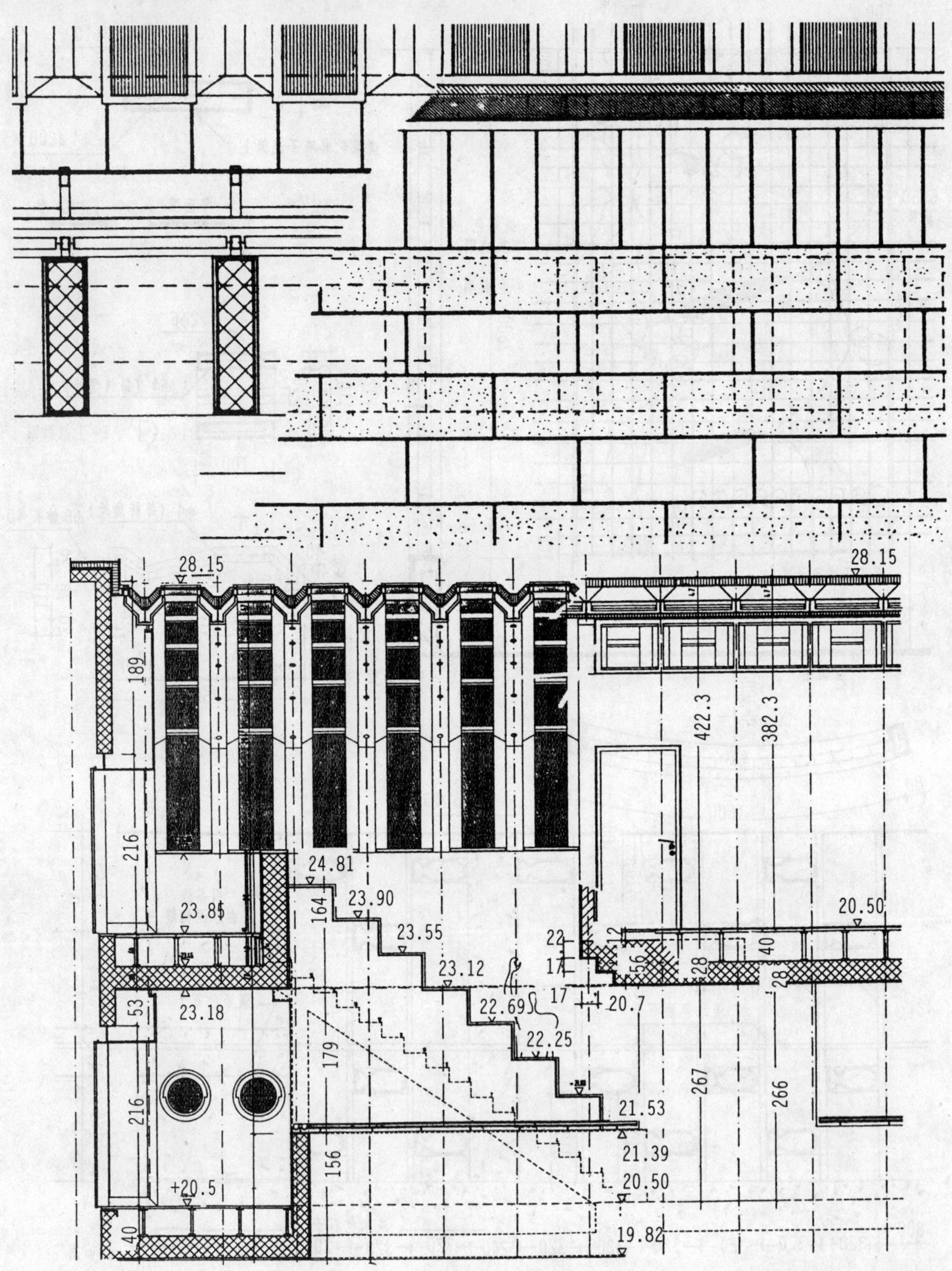

砖外墙

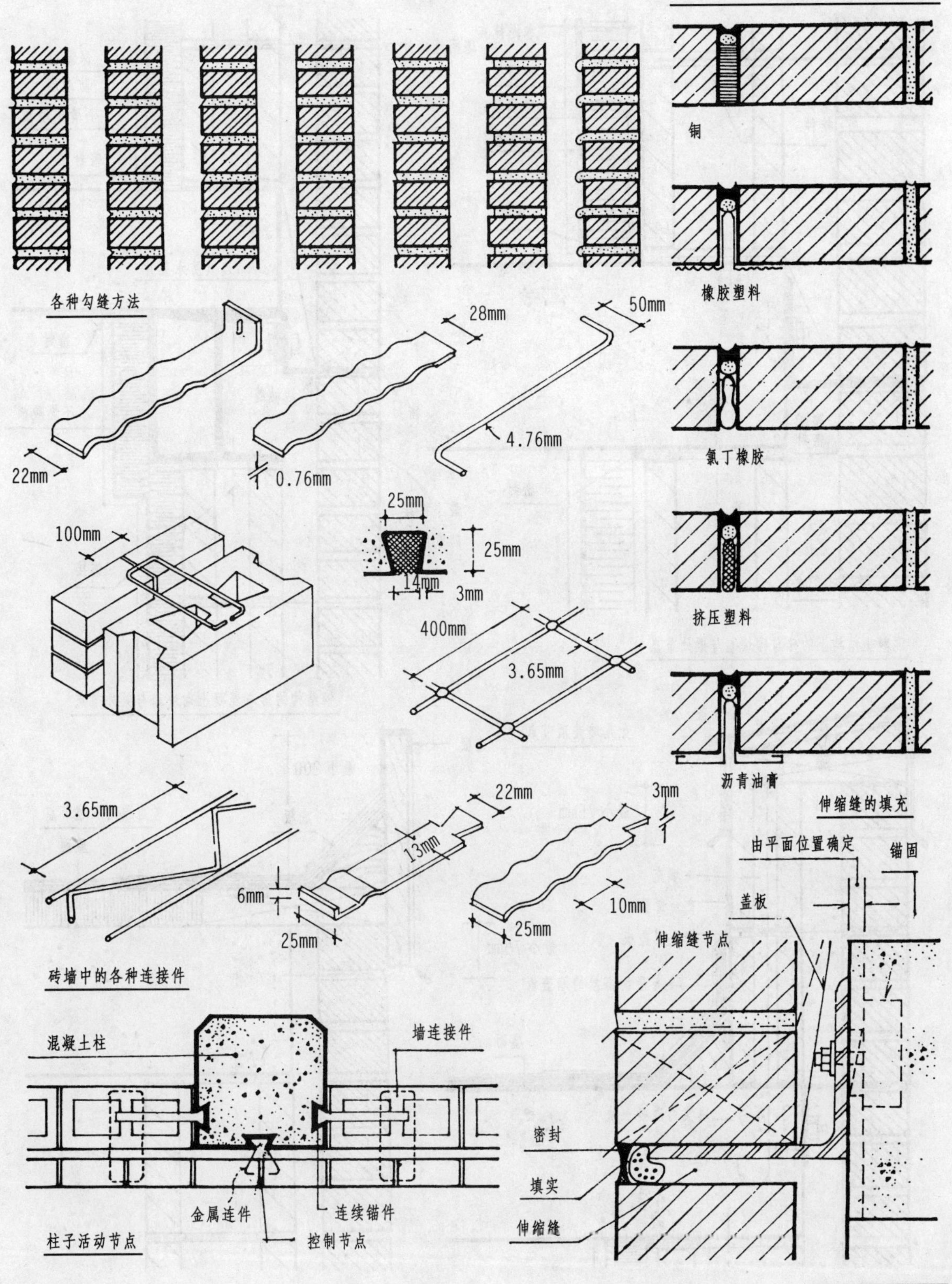

各种勾缝方法
22mm
0.76mm
28mm
50mm
4.76mm
100mm
25mm
25mm
14mm
3mm
400mm
3.65mm
3.65mm
22mm
13mm
6mm
25mm
3mm
10mm
25mm
砖墙中的各种连接件
混凝土柱
墙连接件
金属连件
连续锚件
控制节点
柱子活动节点
铜
橡胶塑料
氯丁橡胶
挤压塑料
沥青油膏
伸缩缝的填充
由平面位置确定
锚固
盖板
伸缩缝节点
密封
填实
伸缩缝

加拿大高层建筑砖外墙构造

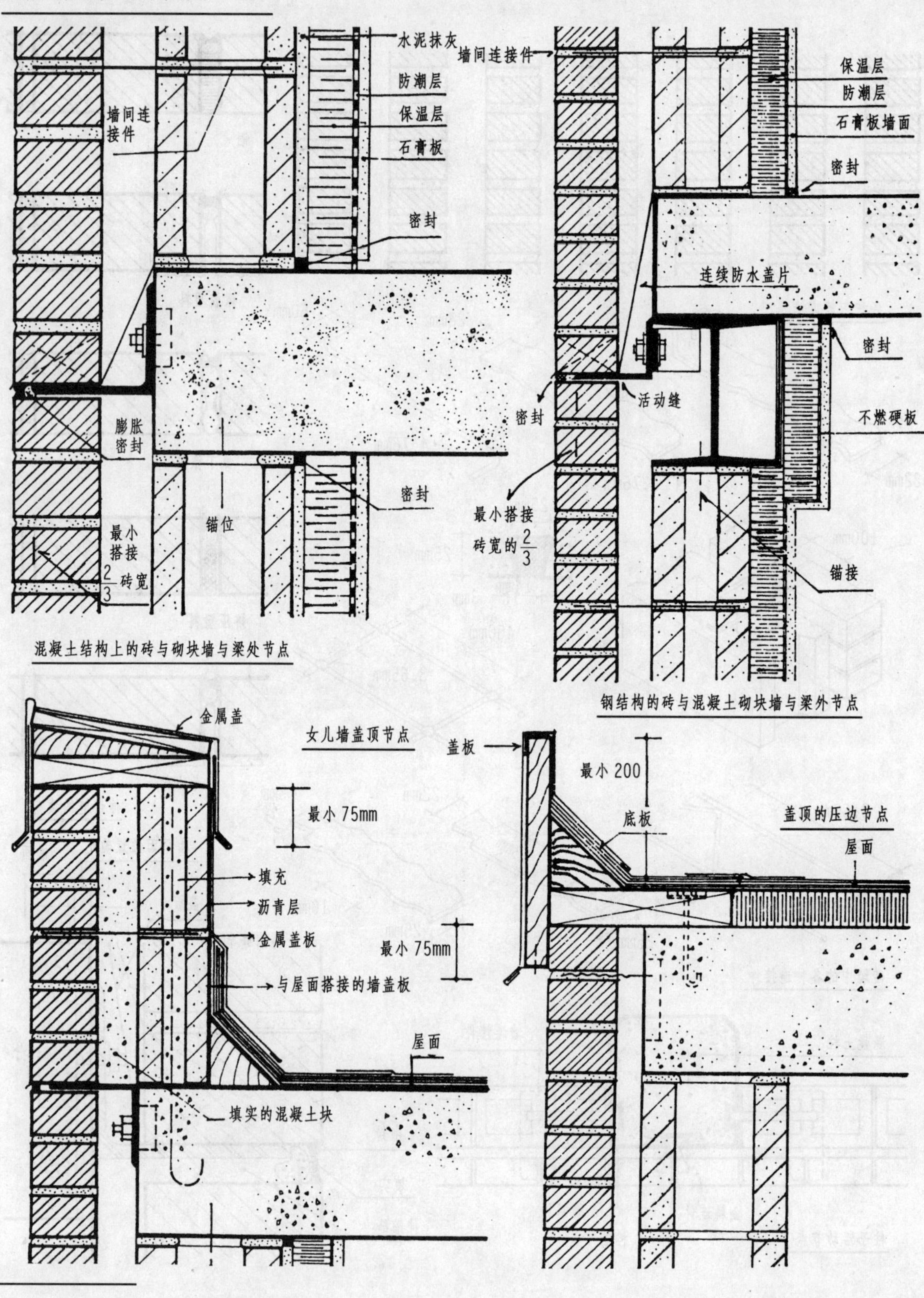

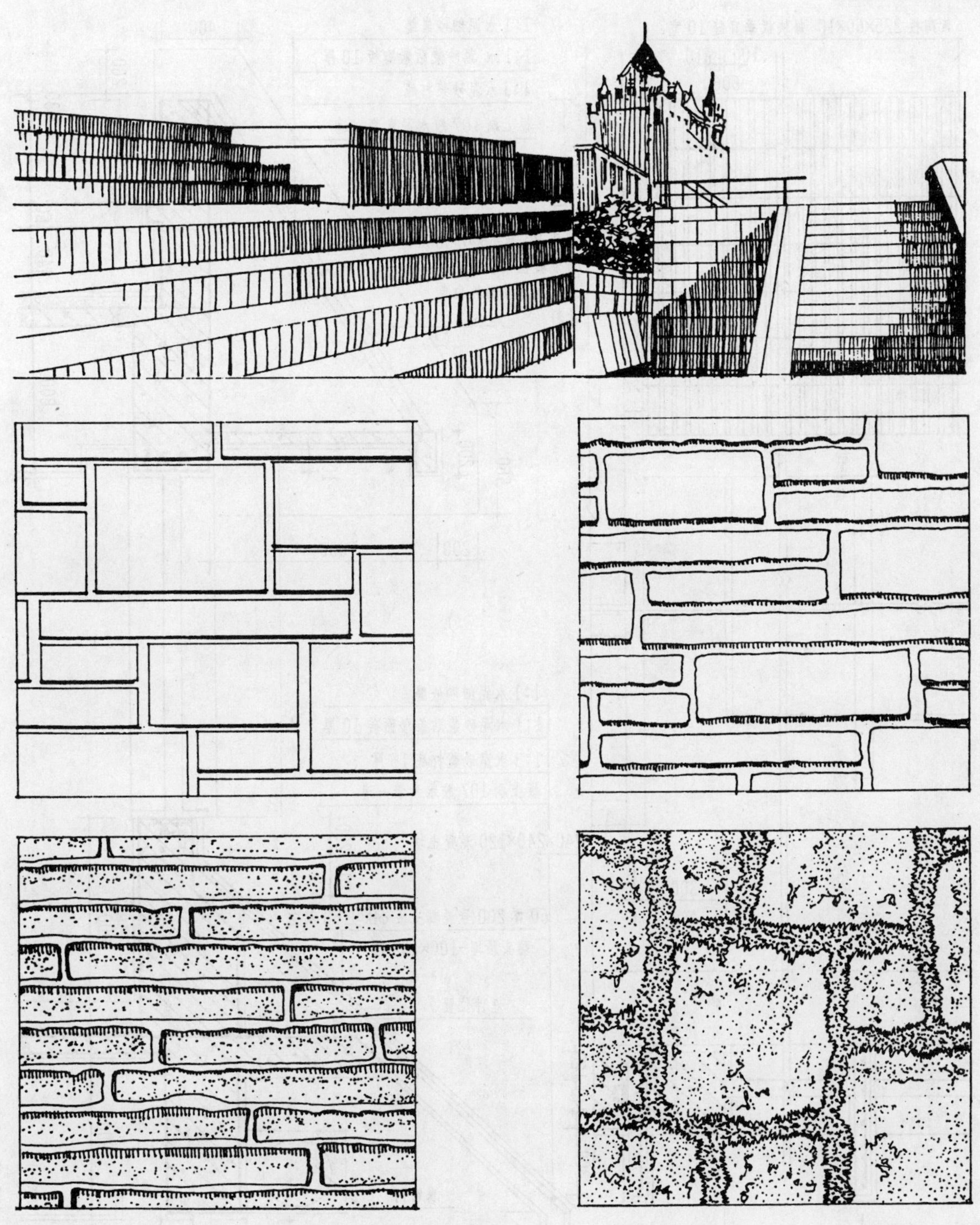

石墙饰面勾缝

紫陶板 225×60×10 每块板垂直缝 10 宽
10 10
6060
500
1:1 水泥细砂嵌缝
1:1 水 泥砂浆贴紫陶板 10 厚
1:3 水泥砂浆打底
板上刷 107 胶水泥素浆一道
400
200
30
60
60
440
800
端头 80 厚 φ8@150 双向
与混凝土梁板浇注一体
抹水泥砂浆面乳白色
涂料
200
100
560
200
1000
1:1 水泥细砂嵌缝
1:1 水泥砂浆贴条形面砖 10 厚
1:3 水泥砂浆打底 15 厚
板上刷 107 胶水素浆一道
240×240×120 混凝土块
200
200
300
60 厚 200 号混凝土板 φ8@150 双向
端头预埋-100×100×4
1000
埋件位置
120
240
300
900
卷帘门
200
40
40
80
260
1500
240
120

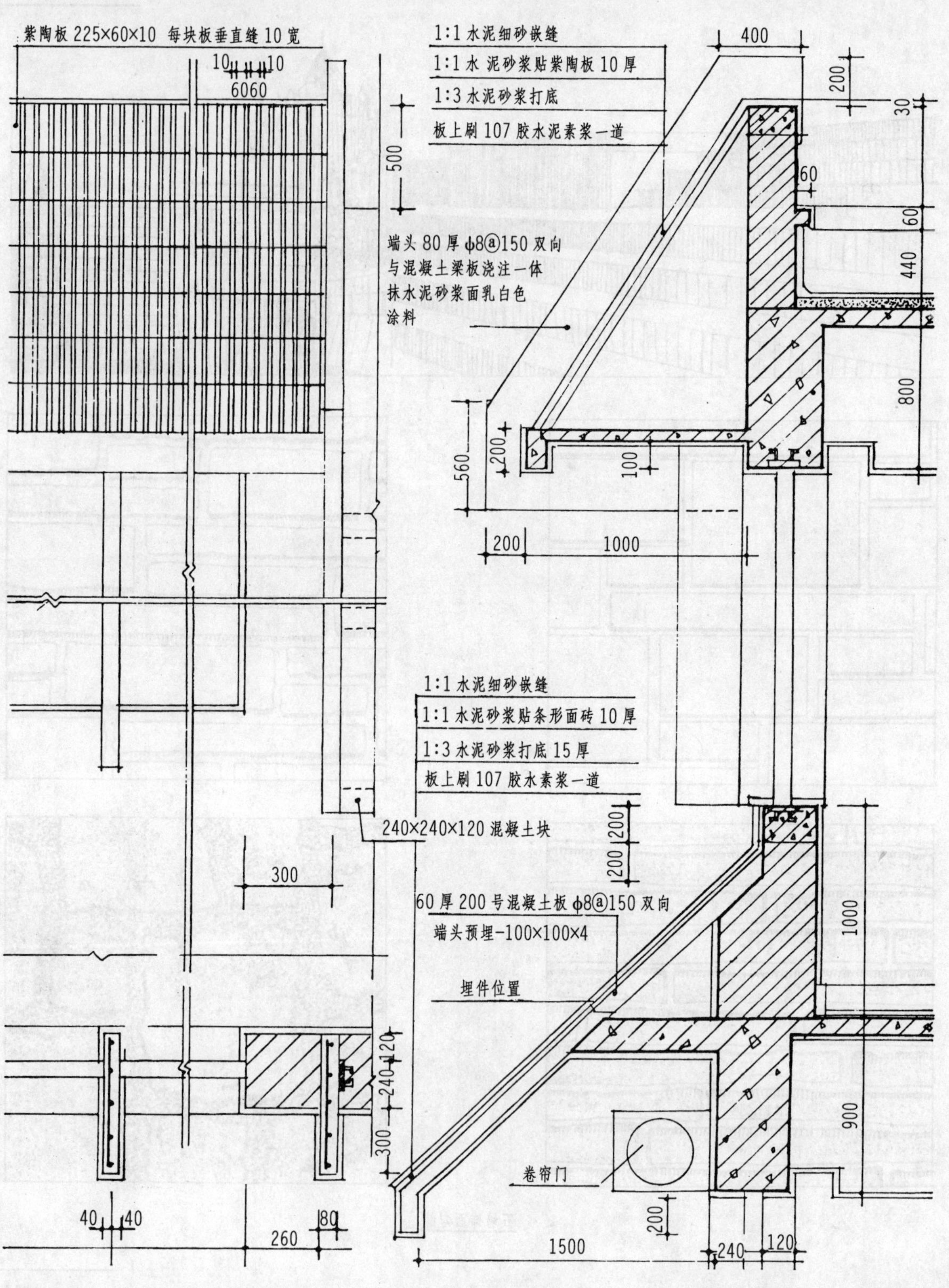

瓦坡檐

26# 铅铁樟丹一道
白调和漆两道
2厚钢板
500中
小豆石
两毡三油
马赛克
由此往下墙板为滚涂饰面
角柱上铅铁
盖片详图
聚氨脂嵌缝

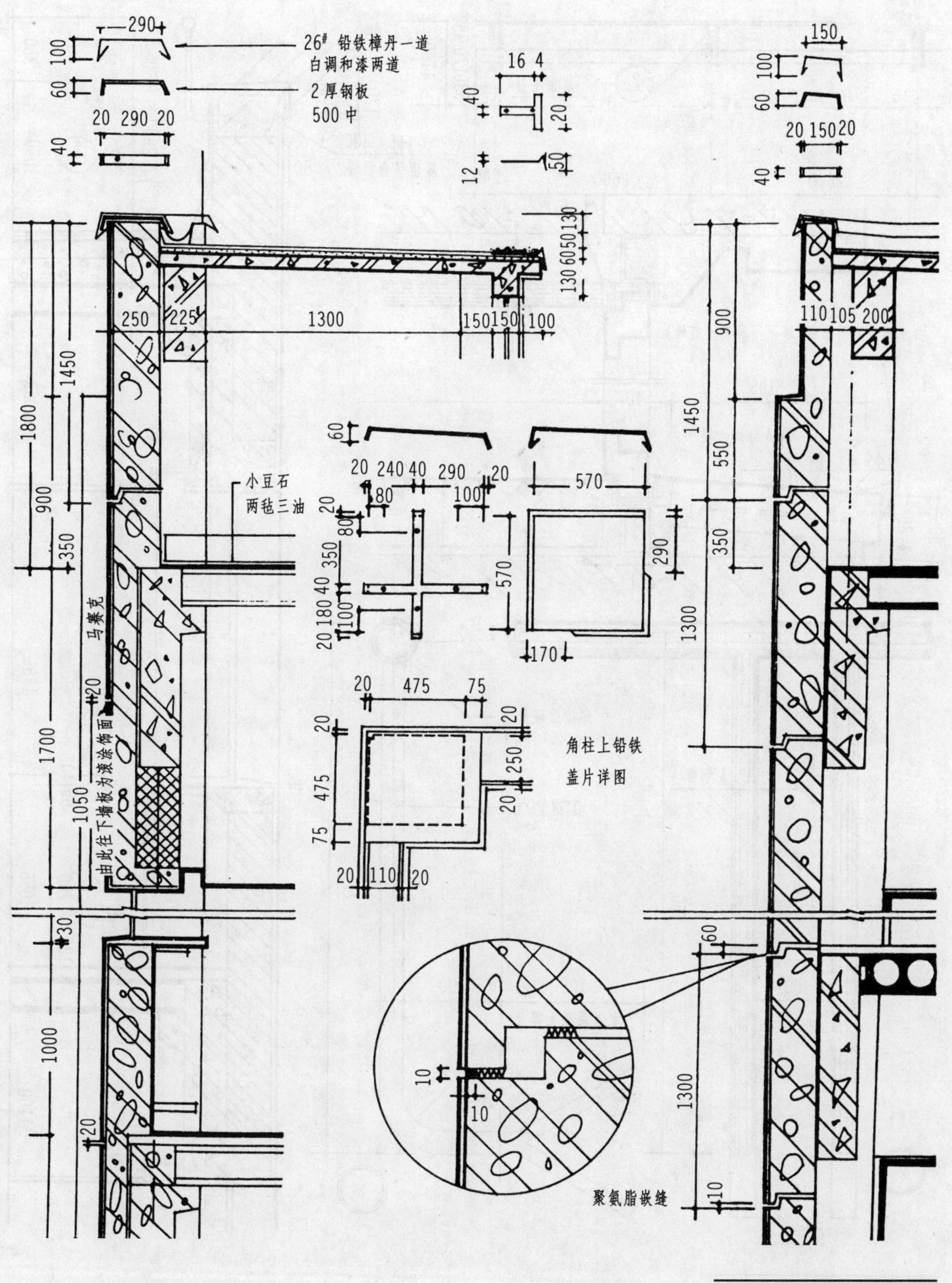

预制墙板外檐

4ϕ8
350
1100
580170
屋顶平台
170
120
30
20
ϕ6 300
屋顶平台栏杆
60
550
250
60
540
350
1050
2600
2600
240
白水泥白石子磨石(磨平不磨光不打蜡)
石膏板
105
40
ϕ4 每米六根
ϕ4
30
25
10
1050
$1\frac{1}{2}''$
焊接后磨平
1″钢管
1″钢管
1785
30
40
65
790
1055
120
暖气罩
550
550
80
105
100
埋入混凝土部分
R=50
1100
2
1

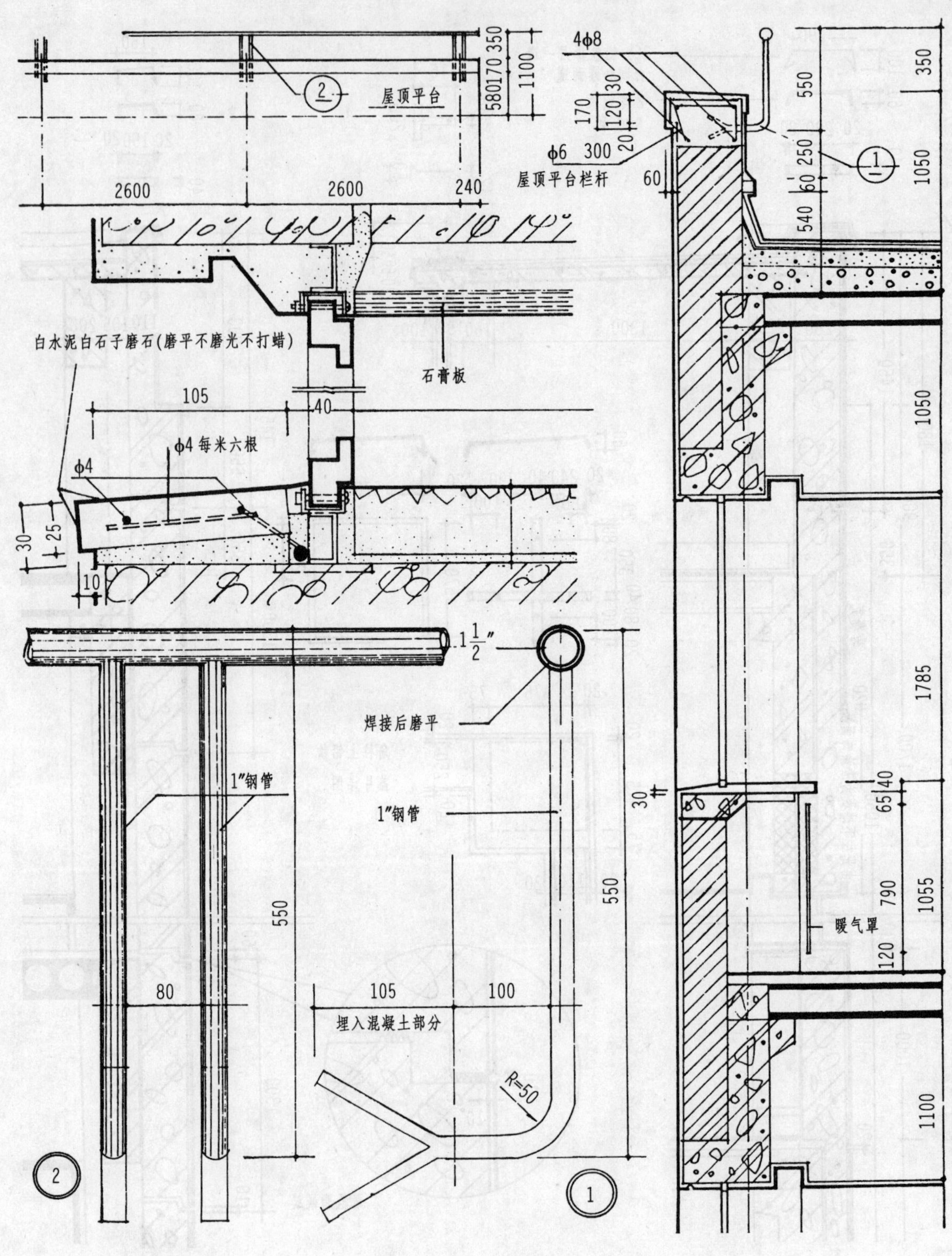

预制墙板外檐

13mm
抹灰
砖拱
防潮层
预制钢筋混凝土檩条
钢筋混凝土
预制檩条
钢筋
1:3:2
防水层
水泥砂浆现浇混凝土
40宽塑料板
预制混凝土板
100mm宽
40mm宽
水平砌砖
预制混凝土块
混凝土块
防潮层
角钢
预制混凝土板
塑料片
水平砌砖
角钢
防潮层
钢檩条
13mm抹灰
焊在檩条上的金属片
角钢檩条
木檩条
钢板墙面
铝板
角钢檩条
钢檩条
不锈钢螺栓
铝板
预制混凝土墙板

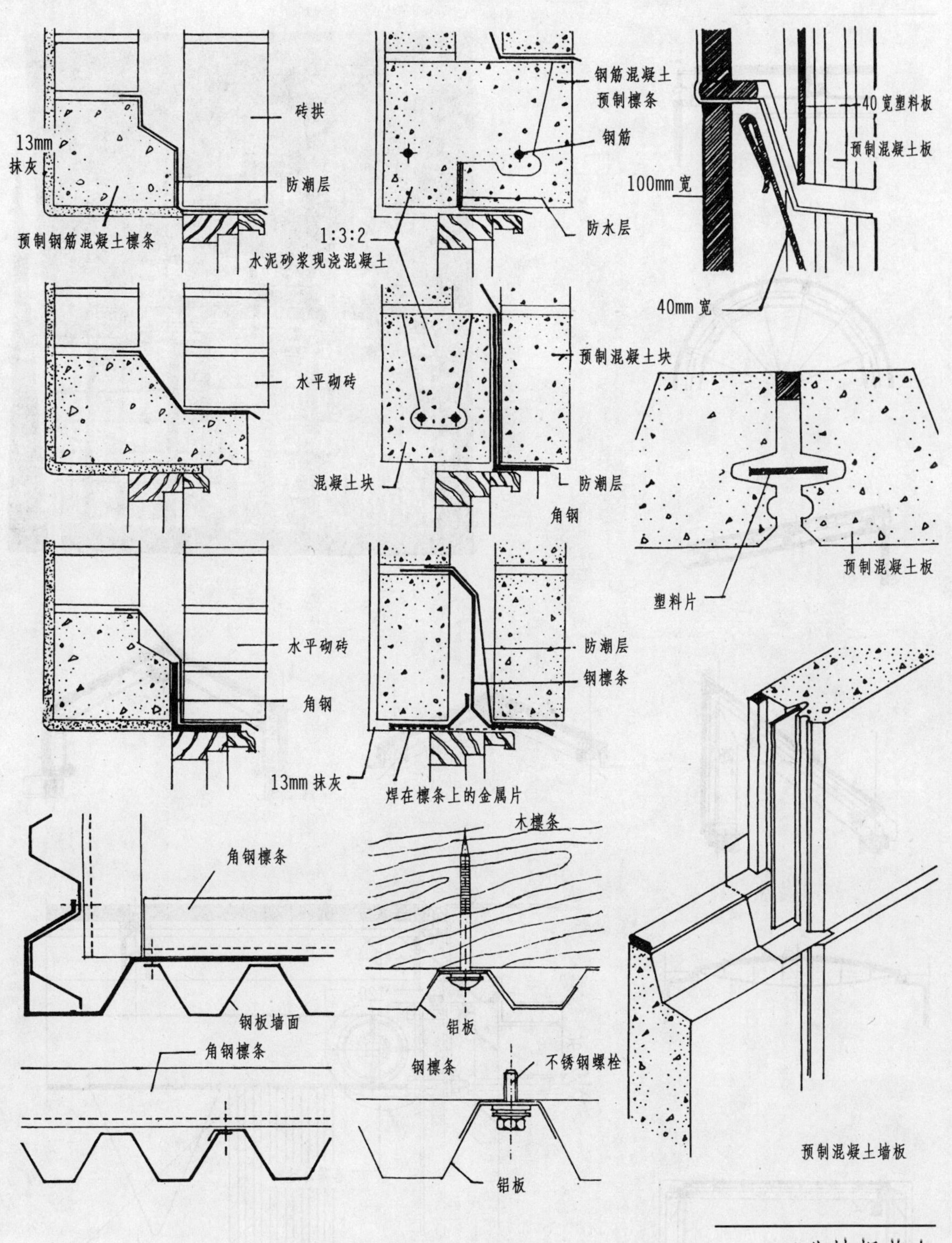

工业墙板节点

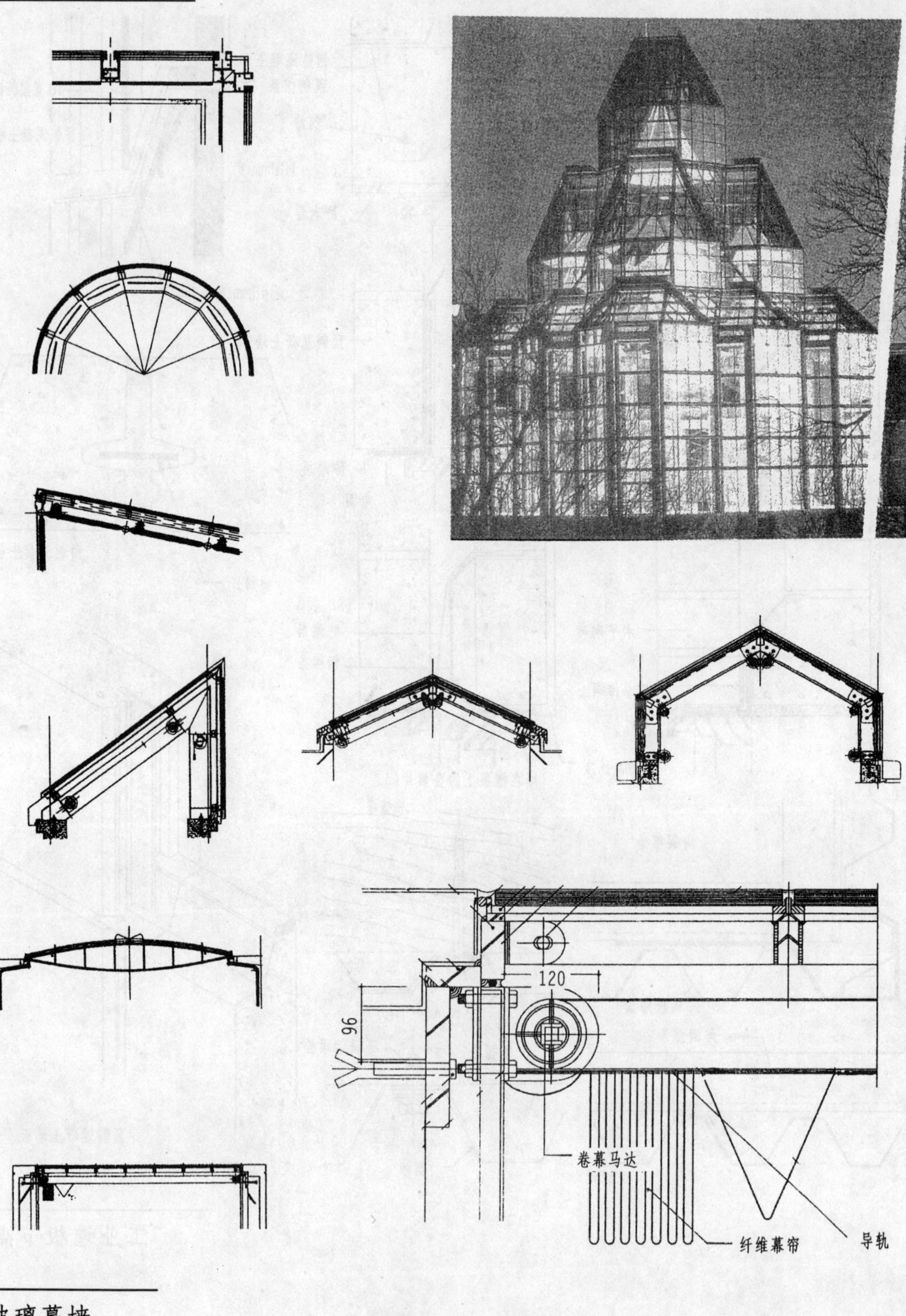
120
96
卷幕马达
纤维幕帘
导轨

排水沟
铝件
幕帘
钢管
中间通道
钢管
前厅
安全玻璃
钢索
板材
排水沟
包封板
铝件
幕帘
钢管
中间通道
钢管
安全玻璃
暗色板材
黑色
包封板
铝件
盖板
钢管
钢管
滚球幕

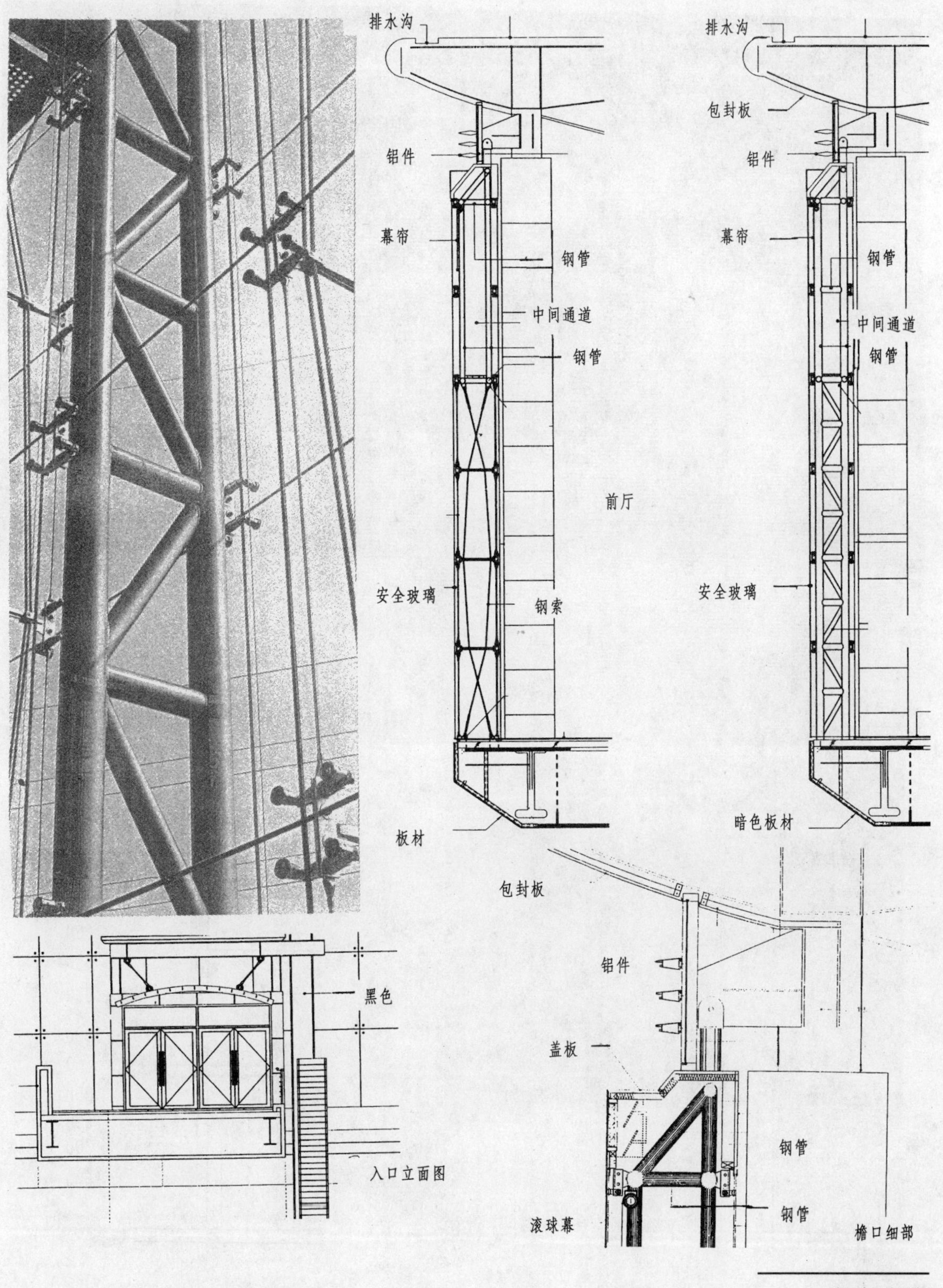

入口立面图

檐口细部

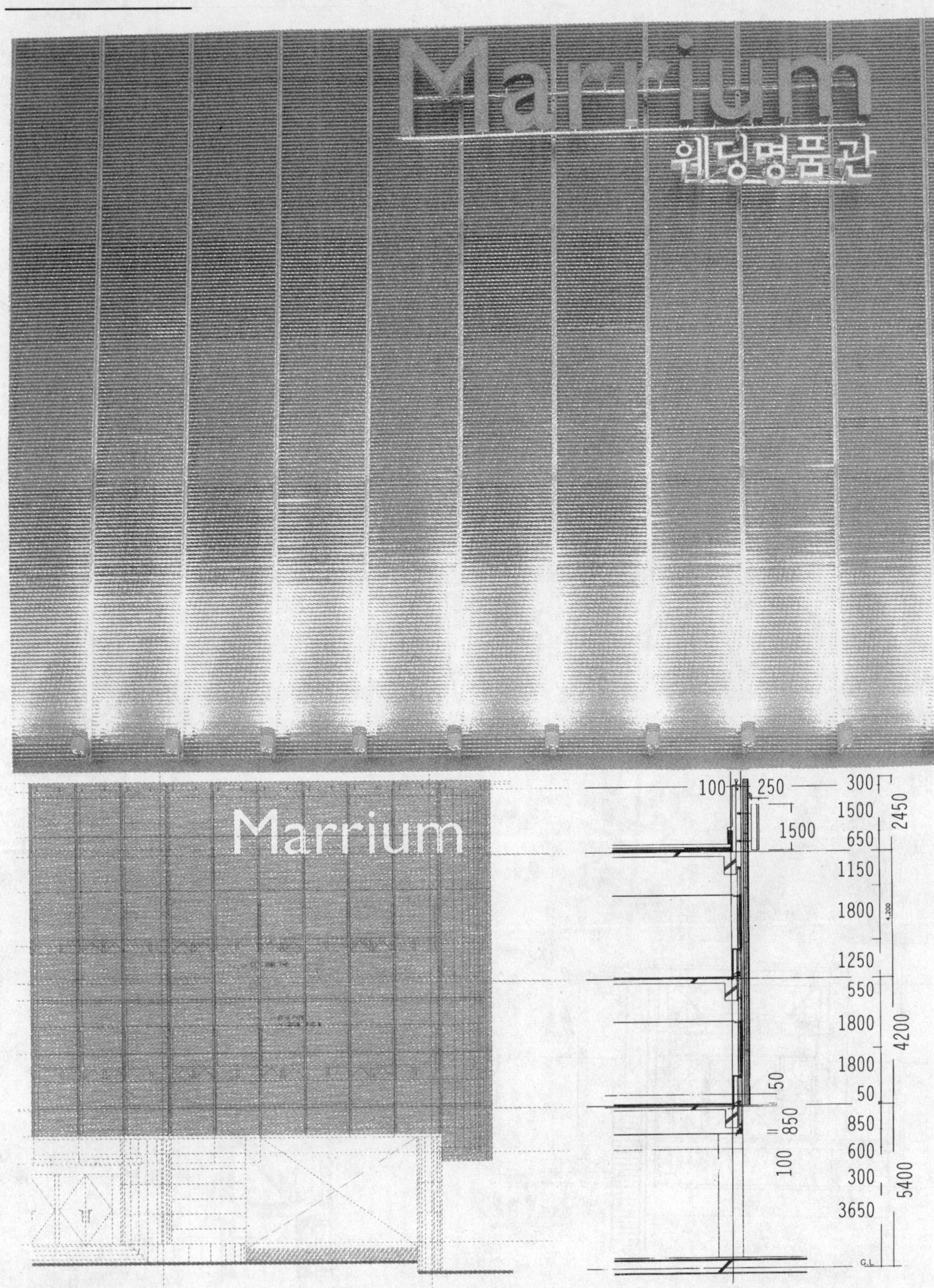
Marrium
웨딩명품관
Marrium
100
250
300
1500
2450
1500
650
1150
1800
1250
550
1800
4200
1800
50
50
850
850
600
100
300
5400
3650
G.L

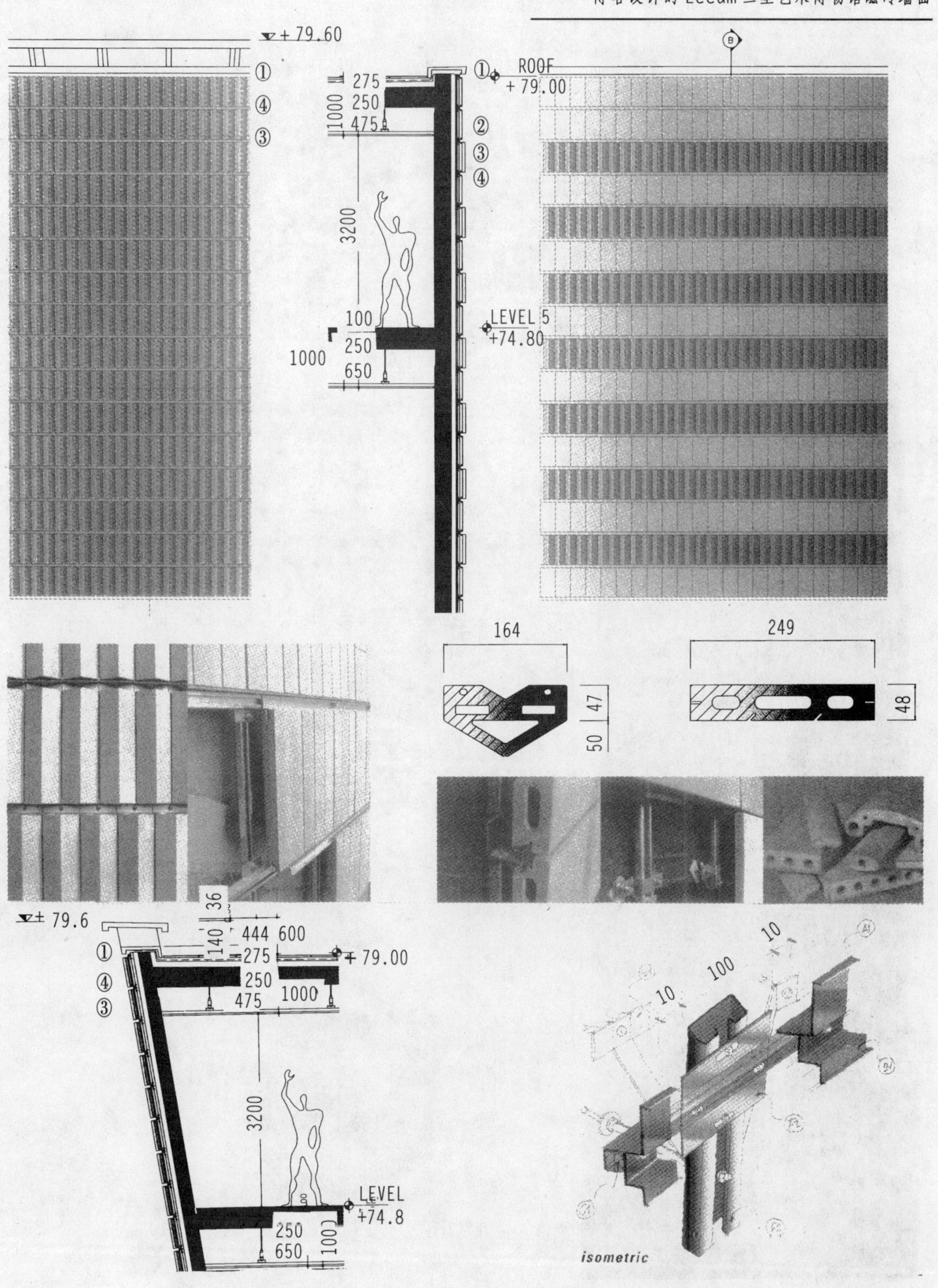

+79.60
ROOF
+79.00
275
250
1000
475
3200
100
LEVEL 5
+74.80
250
1000
650
164
47
50
249
48
± 79.6
36
140
444 600
+79.00
250
475
1000
LEVEL
+74.8
650
10
100
isometric

努威尔设计的巴赛罗纳摩天大楼花点立面

NORTE　N-O　OESTE　S-O　SUR　S-E

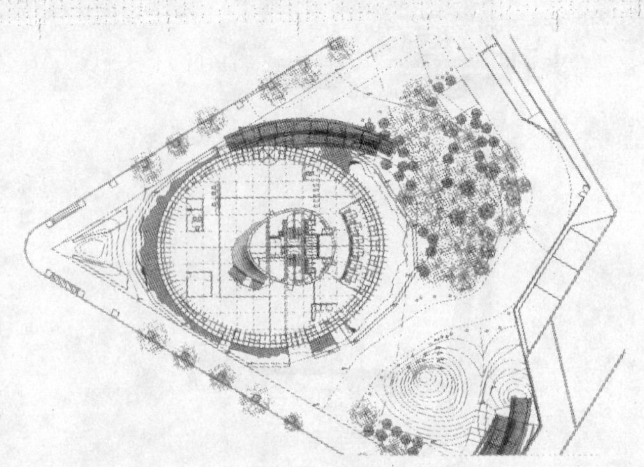

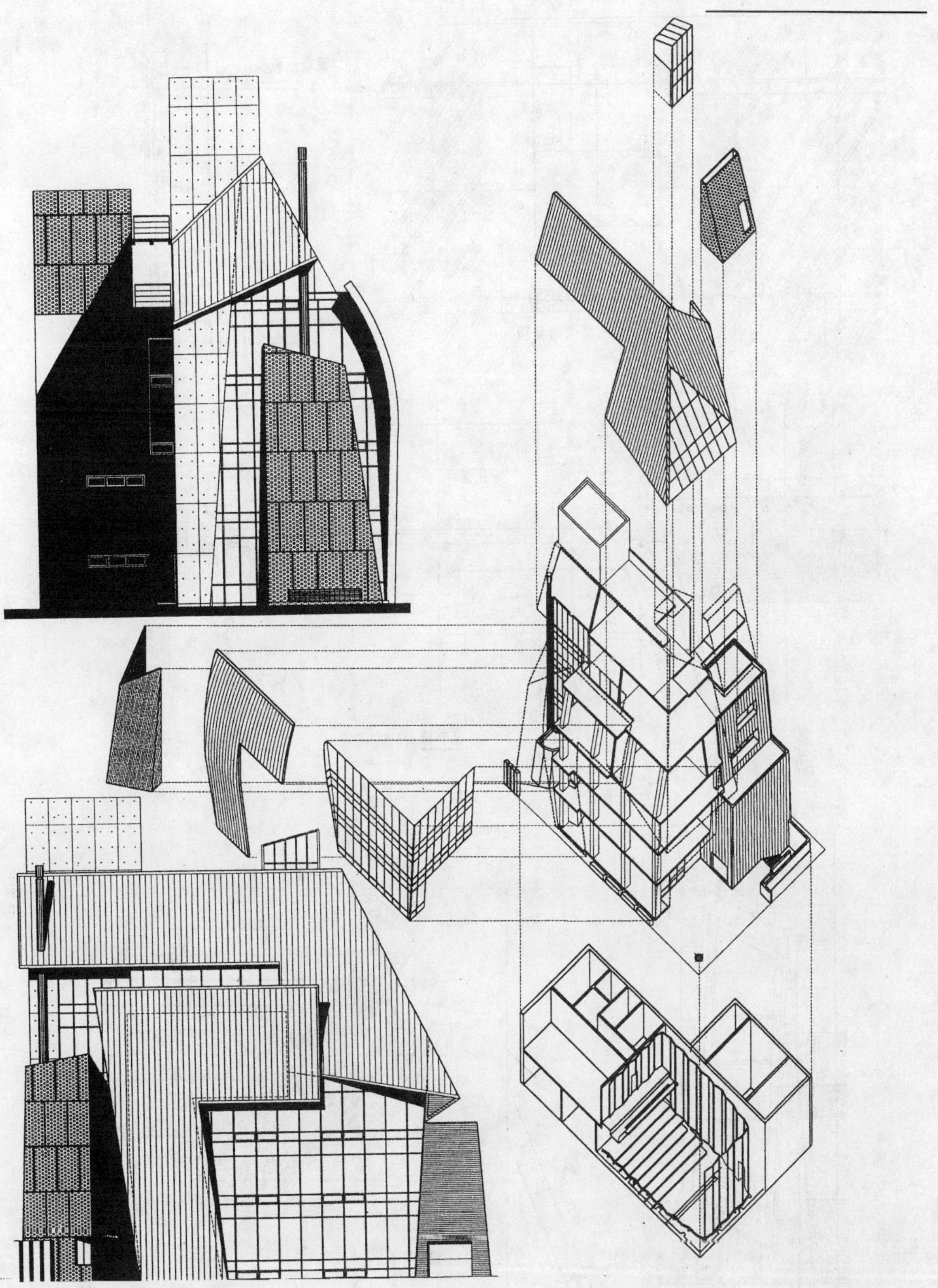

丹尼尔·李宾斯基设计的Tangent大厦立面

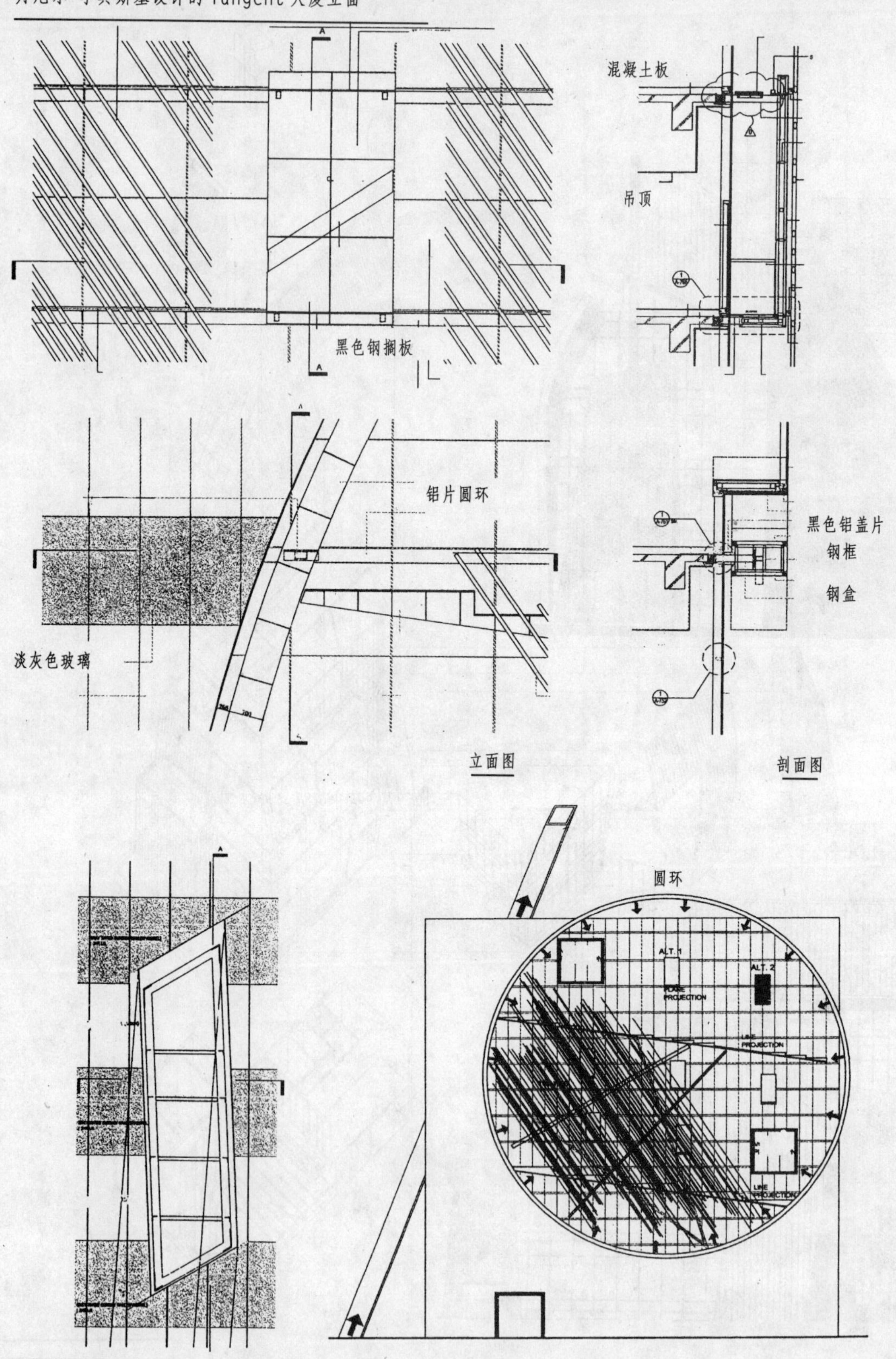

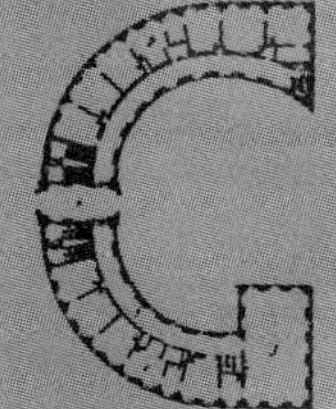

内檐

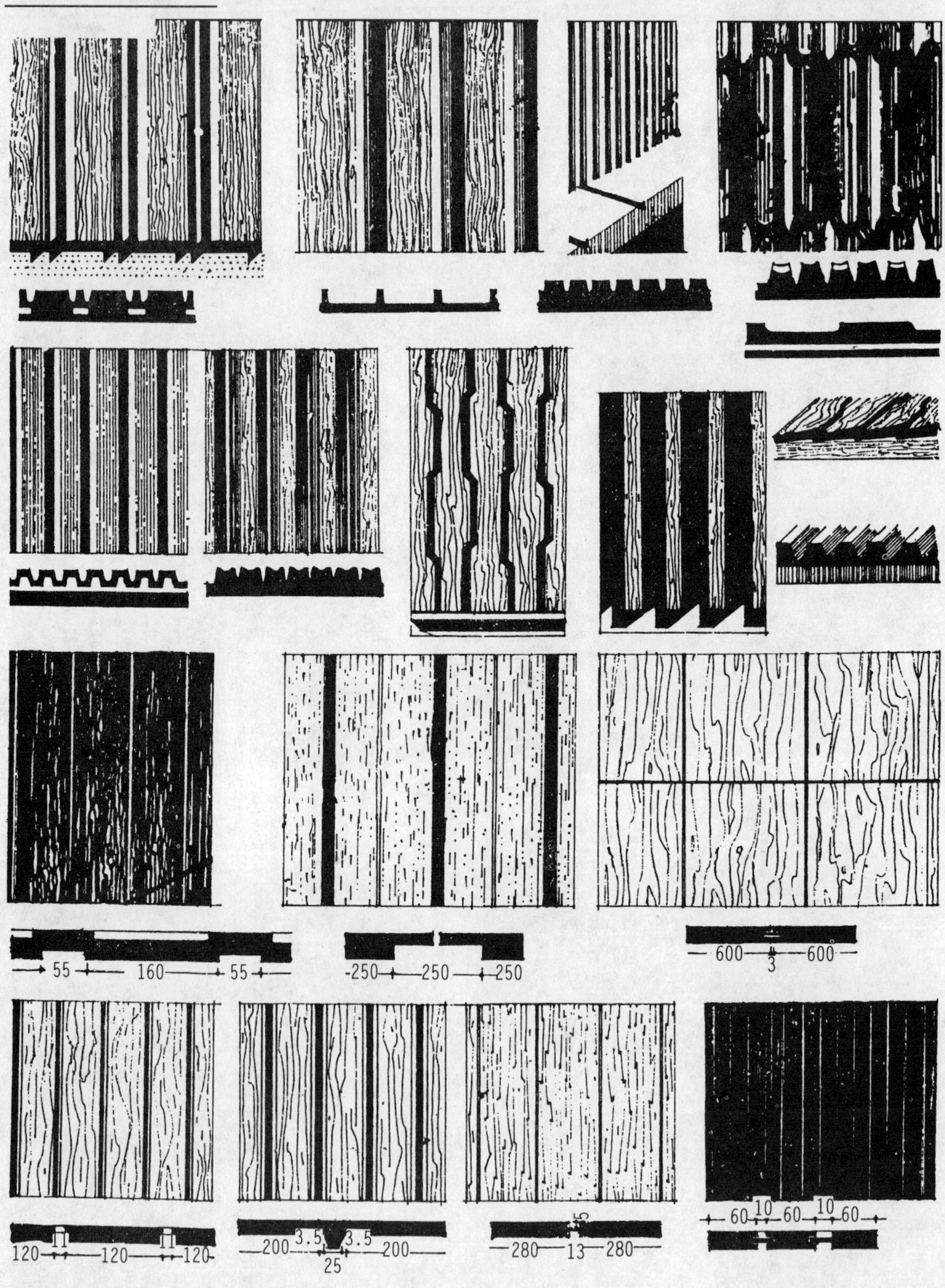

木墙面

1
2
3
4
165
120
20
25×35
木龙骨
油纸一层
水曲柳刨片
五夹板
25×35 木龙骨中
40
30
窗口筒子板
窗口筒子板大样
3
8
20
25
5
35
10
切片水曲柳五夹板
"甲"大样
15
15
15
10
通气孔立视图
一组三个每隔150
30
8
5
3
10
8
12
8
16
6
6
6
6
通风孔
95
120
R=12
18
48
踢脚大样
22
切片水曲柳五夹板
"4"大样
"1"大样
详"甲"
贴脸
"2"大样
22×30
五夹板
高度选用时定
6×10
11
干铺油毡
一层
13
21
15×10
通气孔位
护墙踢脚大样
五夹板
贴脸
"3"大样

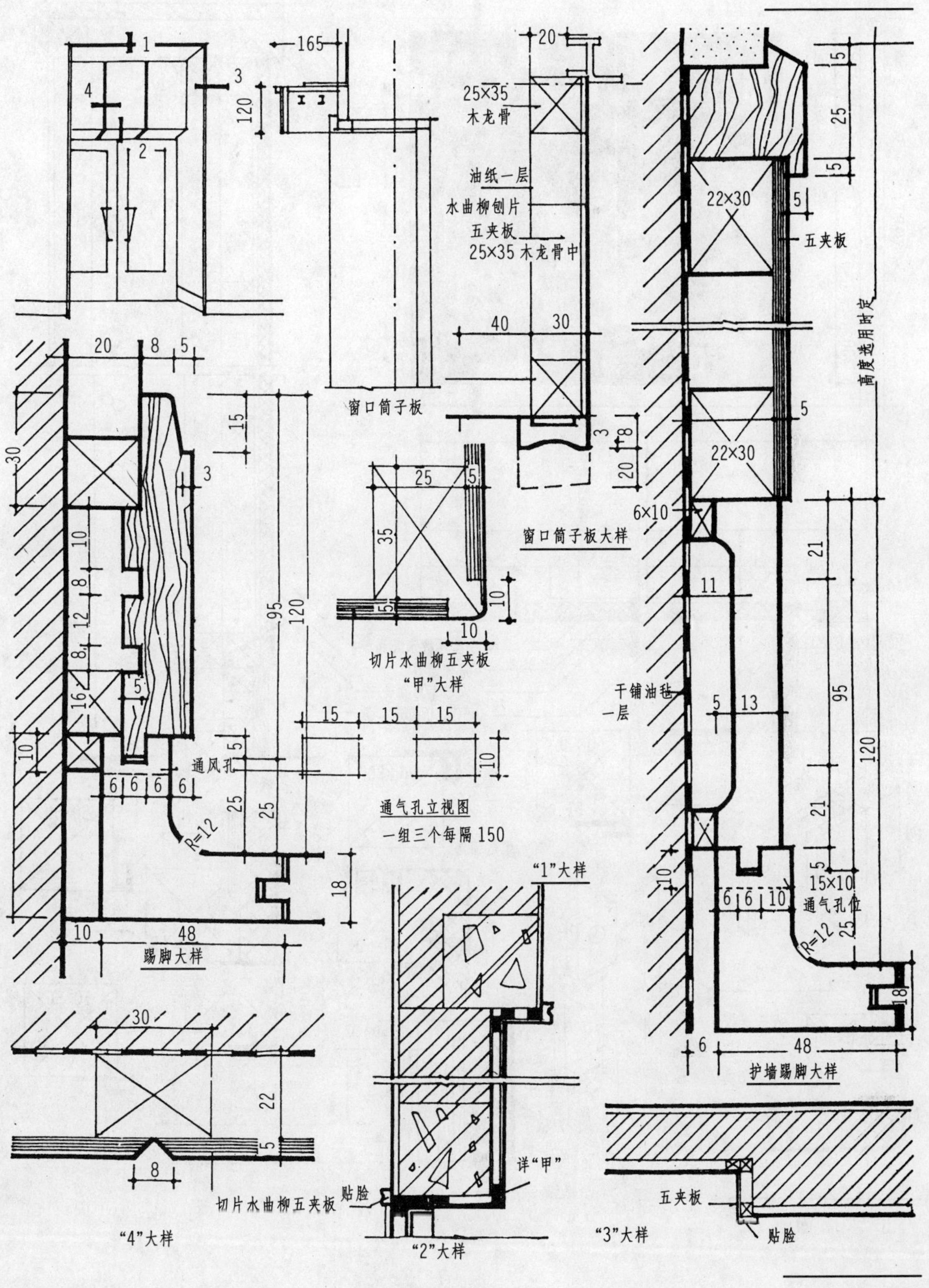

木护墙

2
B
B
A
D
D
A
D
D
1
A
D
C
C
2100
1900
80
300
650
650
300
120
2
顶板
在人造革装妥后覆盖
B
C
A
D
E
6厚椴木五夹板
泡沫塑料
人造革贴面
50×50 固定引条
1-1
2-2
固定引条
50×50
M_1
沉头螺钉固定
M_3
50×50
硬杂木
统长条子
M_2
50×50
B
分块人造革上框
M_1
50×50
M_4
C
50×50
10
3 4 3
30
22
15
M_2
15
25
15
55
4
3
人造革贴面
50×50
分块人造革左边框
6厚五夹板
泡沫塑料
边框起点用
A
M_2
D
E

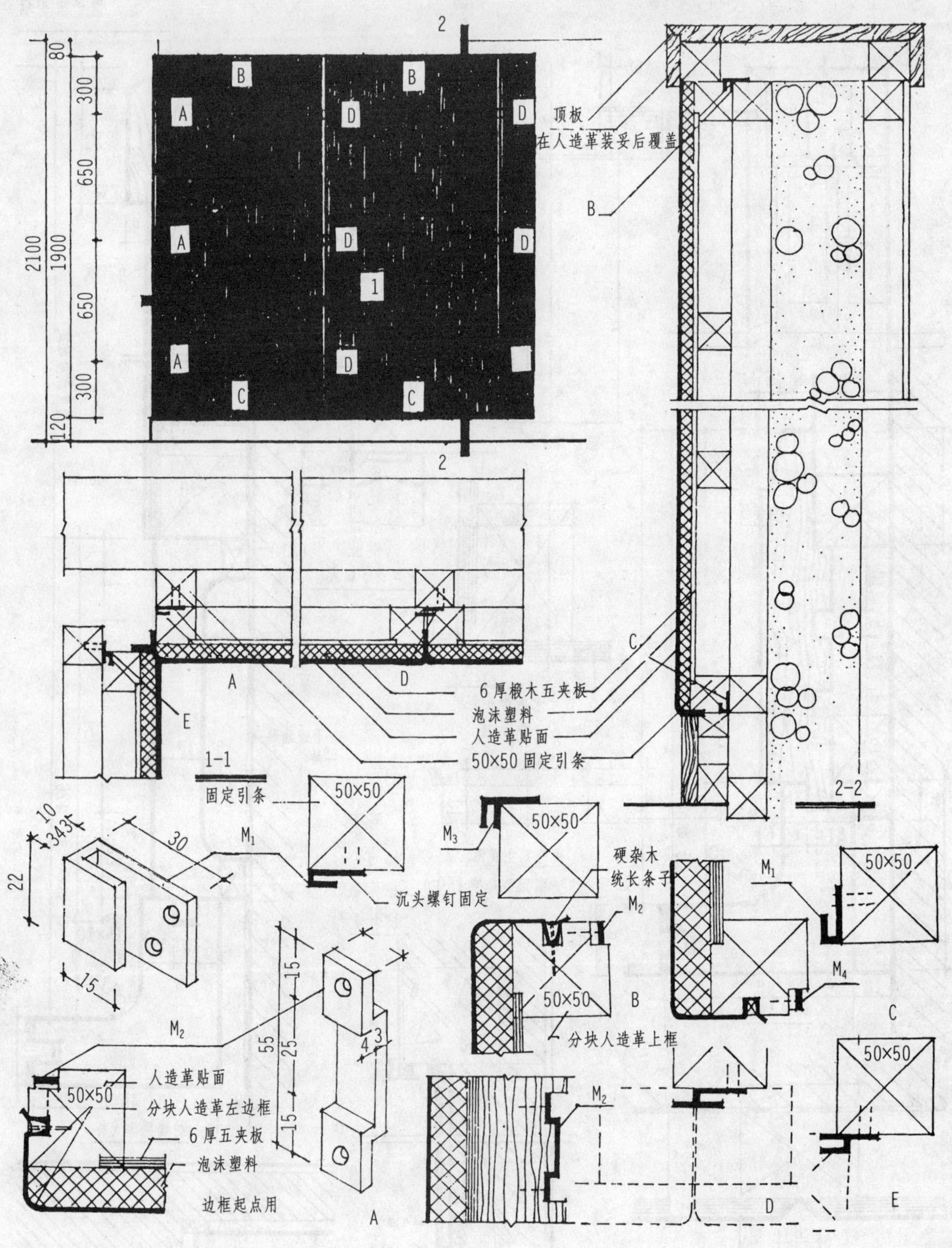

人造革墙面

30×30
矿渣棉
约80
铅丝网
约80
1:3水泥砂浆
油漆同石棉瓦
穿孔小波石棉瓦孔位于
波谷孔径10中-中50
喷雅蓝色乳胶漆
阴角大样(平面)
铅丝网
30×30
约80
1:3水泥砂浆
约80
阳角大样(平面)
石棉瓦波谷处预留螺丝孔
25厚木块在石棉瓦波谷处
两支平头木螺丝拧牢
6.50
20
20
25
45
30×50
墙内留木砖
100
约80
35
白色三宝漆
穿孔石棉瓦
喷雅蓝色乳胶漆
4×50扁钢
5.82
50×50
-4×20扁钢
浅灰色皱纹漆
五夹板
纵剖面图
过梁内留木楔30×30×30
30
50×50
20×40
五夹板
4×50扁钢拧在50×50
木龙骨上两端伸入墙中
窗顶处纵剖面图
穿孔石棉瓦(小波)吸音墙面
喷雅蓝色乳胶漆
点焊
4×20扁钢浅灰色皱纹漆
立面图
热沥青一道
预留木砖
15
50
木条排列余数
约150
余数约
15厚硬木板
预留木砖
热沥青一道
15
15厚木板
余数约150
70
15
50×50
10厚刨花板
60
5
1:2水泥
砂浆20厚
油漆同顶棚
木条吸音墙面
50×50
木条吸音墙面
虚线示25厚木条
50×50
水磨石踢脚
120

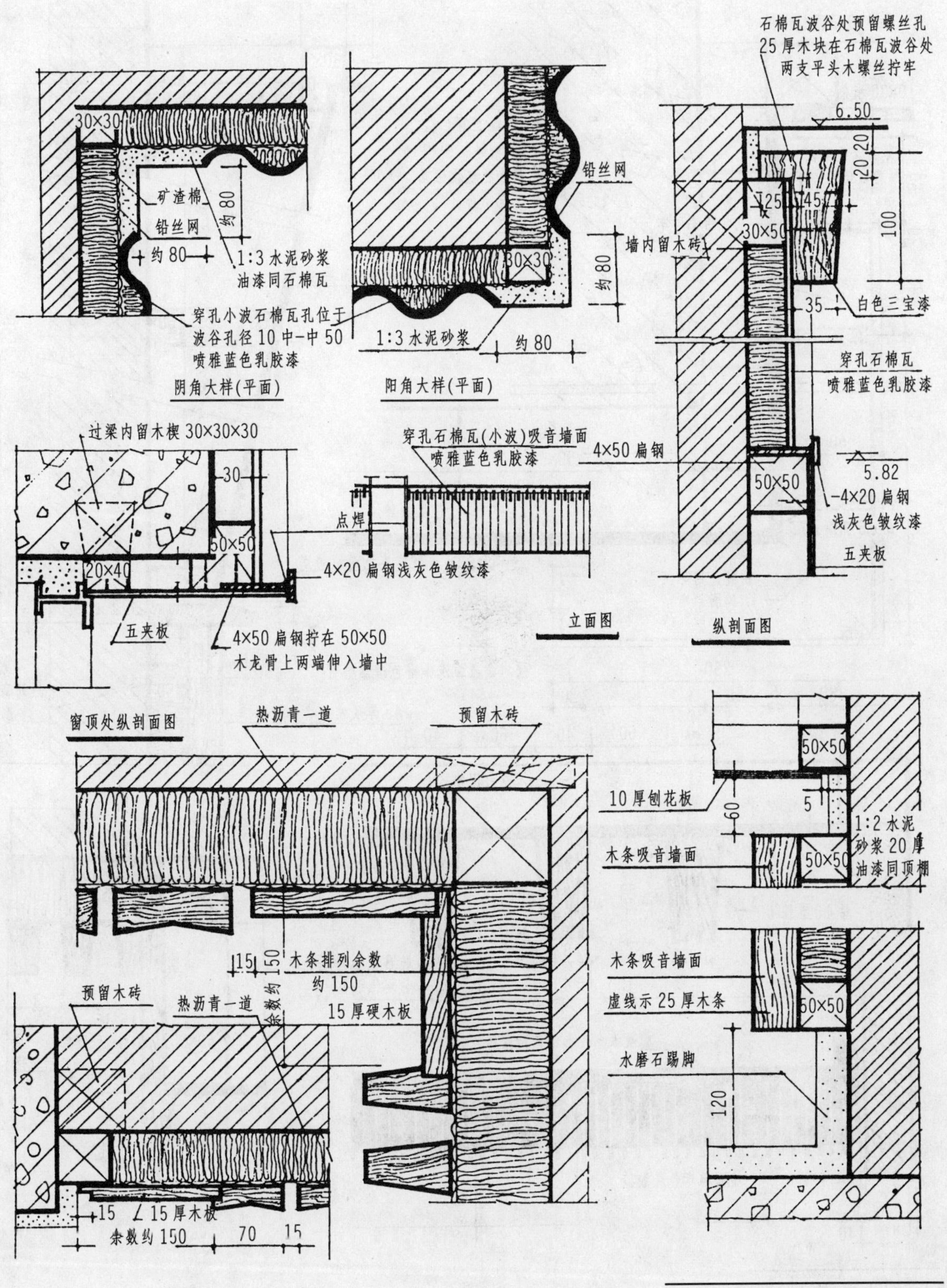

石棉瓦及木条墙面

50×50 吊顶木肋中-中
10×30 板条
305×305
穿孔吸音纸板
喷粉红色乳胶漆
电化铝条勾牢
虚线示硬木条
凹缝深 5
嵌金色电化铝条
宽 7 厚 1
50×50 木助
五夹板喷雅青色
乳胶漆
钻 φ6 孔深 60
拼缝处用环氧
树脂粘牢
硬木条表面浅咖啡色清漆腊克
木螺钉固牢
硬木条浅咖啡色
清漆腊克
嵌 8 宽 1 厚金色电
化铝条
硬木条浅咖啡色清漆腊克
墙面雅青色乳胶漆
预留
木砖
热沥青一道
浅绿色塑料贴面五夹板
硬木本色清漆腊克
45 厚硬木条吸音墙面
热沥青
一道
矿渣棉
玻璃丝布一层
铝板网

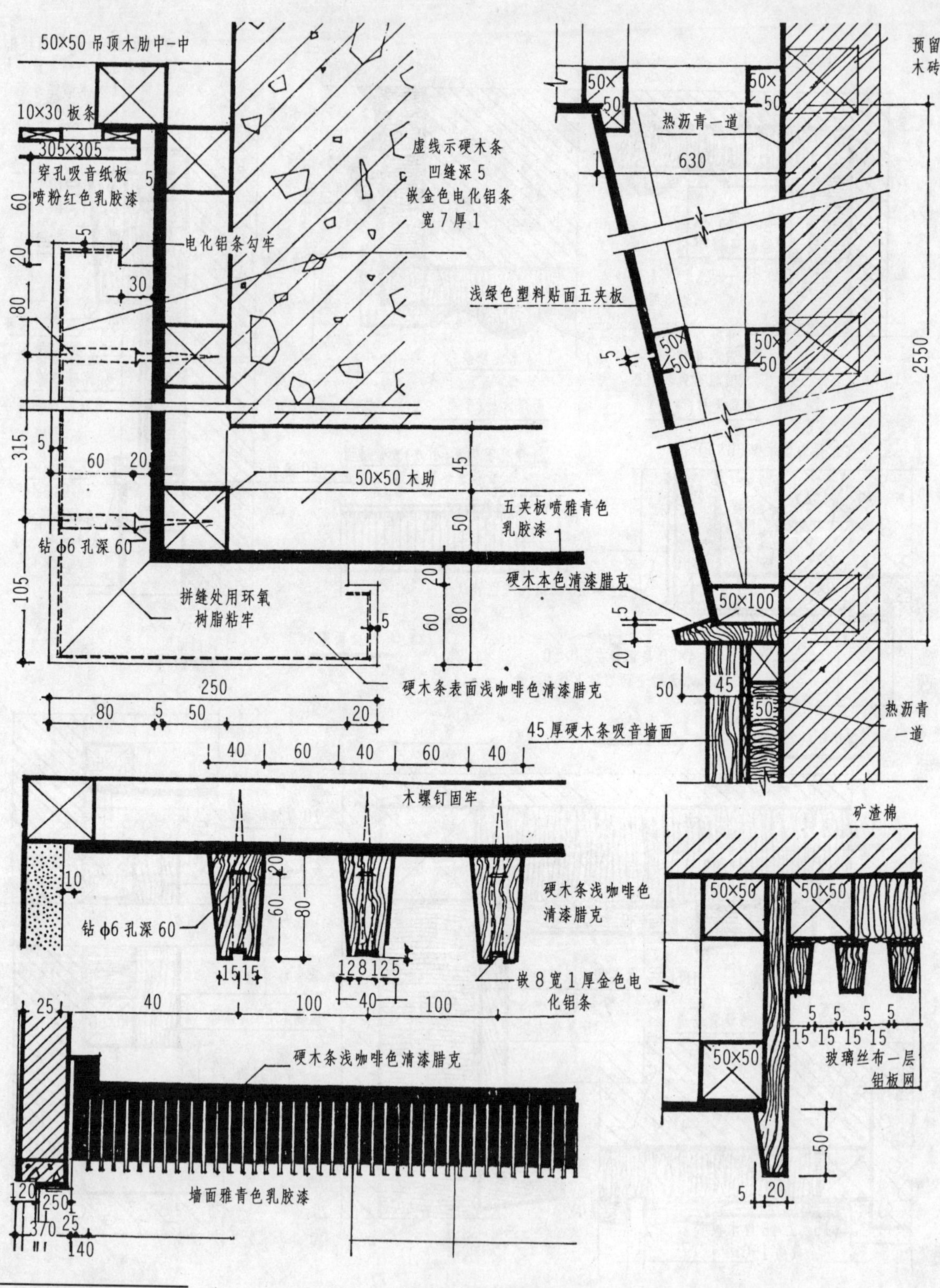

内檐墙装修

穿孔五夹板顶棚乳胶漆
水曲柳面五夹板清漆蜡克
墙面立面图
400 900 900 900 900 900 1550 900 900
400 400 125 125 300 400 400
墙面平面图
墙中预留木砖
50×50
热沥青一道
5
300(400)
60
垫木
50×50×50
水磨石
3350
60 630 620 680 680 120
120
细石混凝土

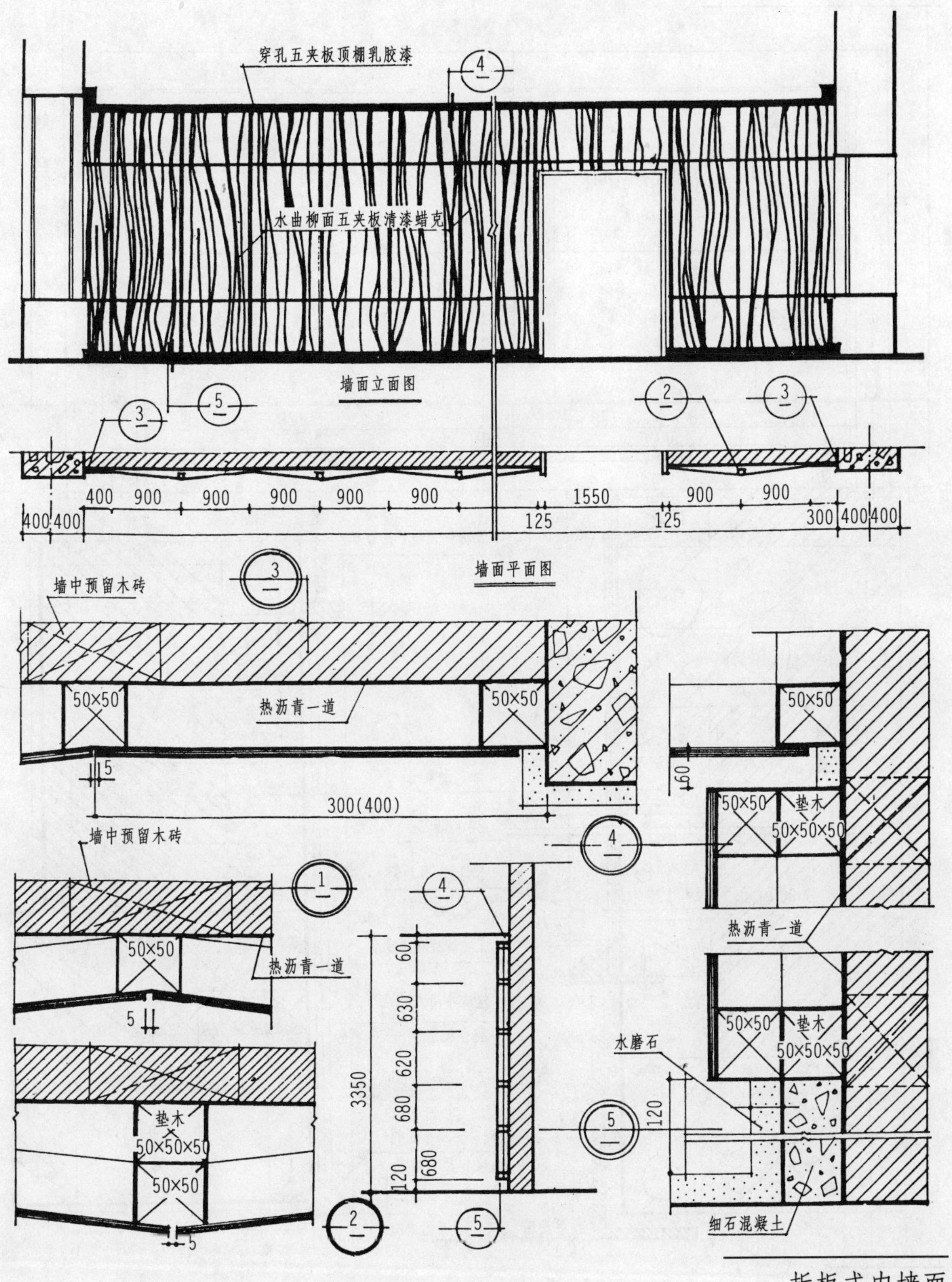

折板式内墙面

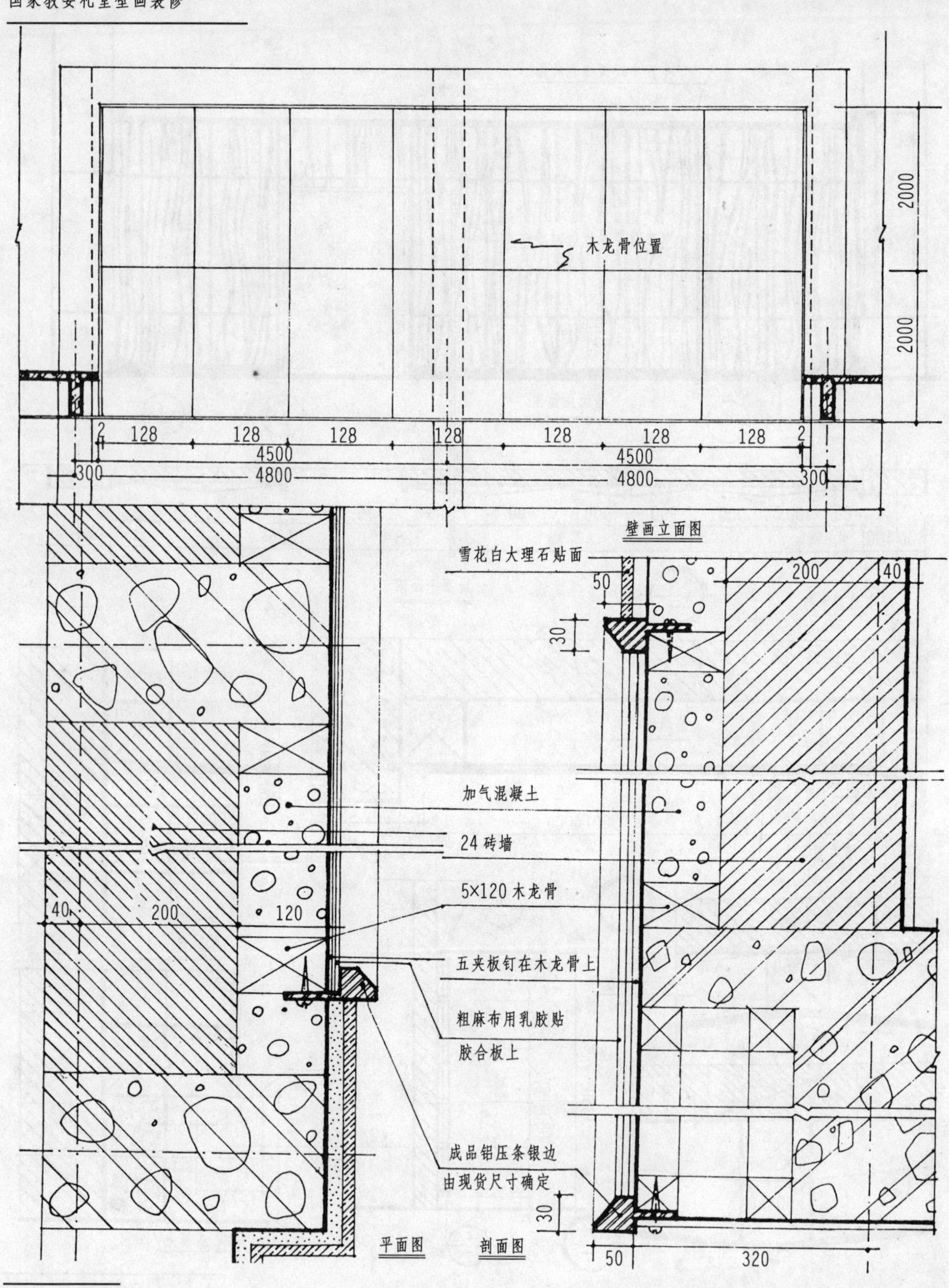

木龙骨位置
2000
2000
2
128
128
128
128
128
128
128
2
4500
4500
300
4800
4800
300
壁画立面图
雪花白大理石贴面
50
200
40
30
加气混凝土
24 砖墙
5×120 木龙骨
40
200
120
五夹板钉在木龙骨上
粗麻布用乳胶贴
胶合板上
成品铝压条银边
由现货尺寸确定
30
平面图
剖面图
50
320

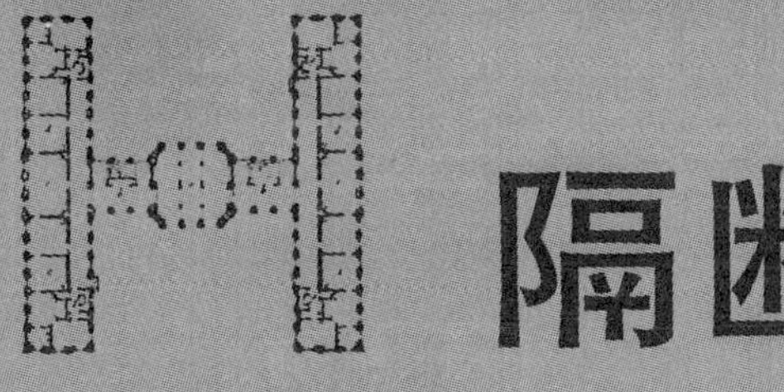

隔断

北京外贸楼

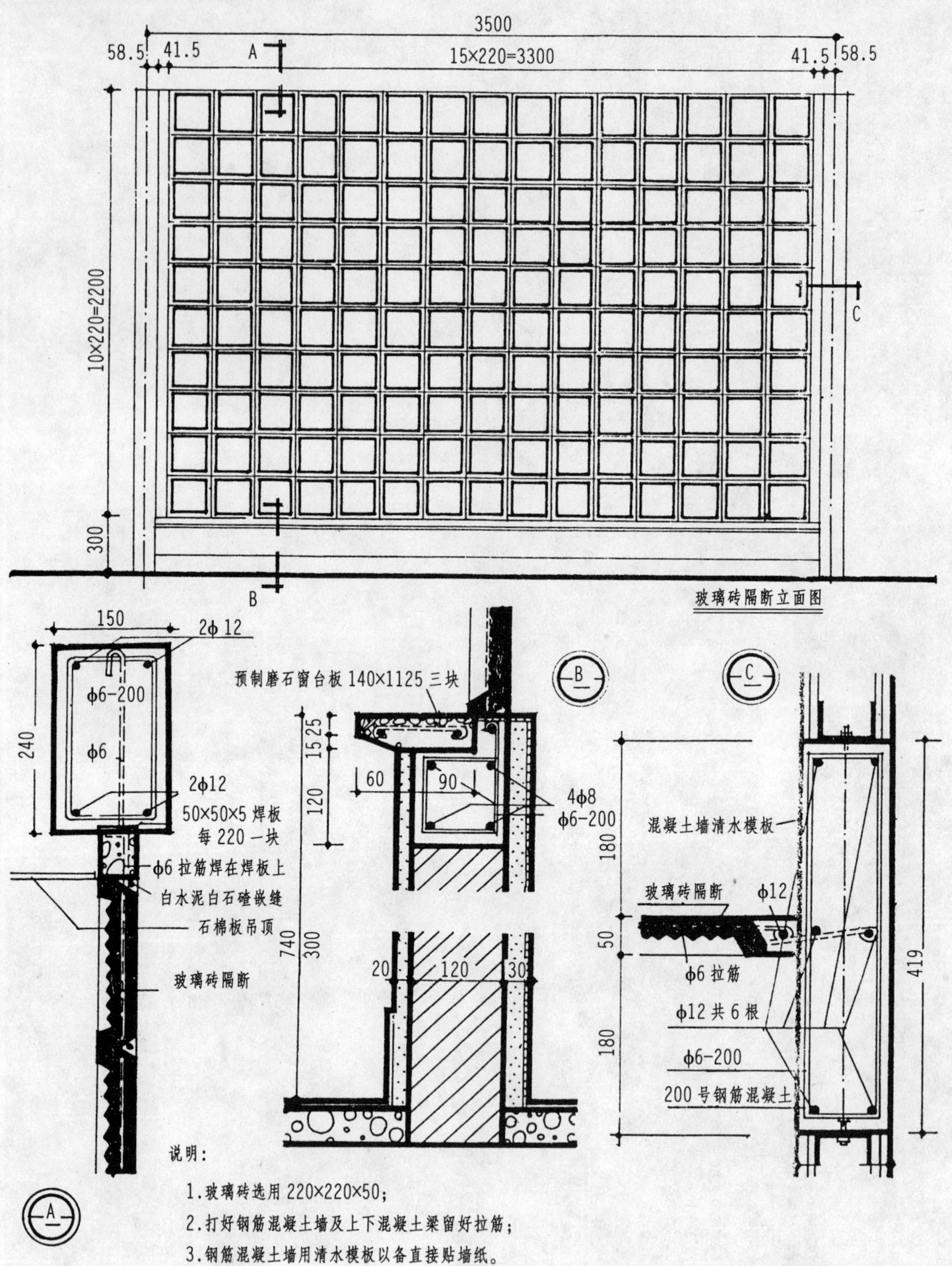

说明：

1. 玻璃砖选用 220×220×50；
2. 打好钢筋混凝土墙及上下混凝土梁留好拉筋；
3. 钢筋混凝土墙用清水模板以备直接贴墙纸。

玻璃砖隔断

混凝土槽
彩色压花玻璃
乳白色玻璃
300
大理石
A A
大理石
3200
450 300 300 300
350
7400
木花格
磨砂玻璃
普通玻璃
彩色玻璃
大理石
广州国际电信楼庭园隔断
硬木压条油漆
100
20
30
20
30
A-A
广州出口商品交易会门厅隔断
灰大理石
玻璃
铝条
蜡克面
白塑料片
广州
东方宾馆
玻璃隔断
国外
绘画隔断

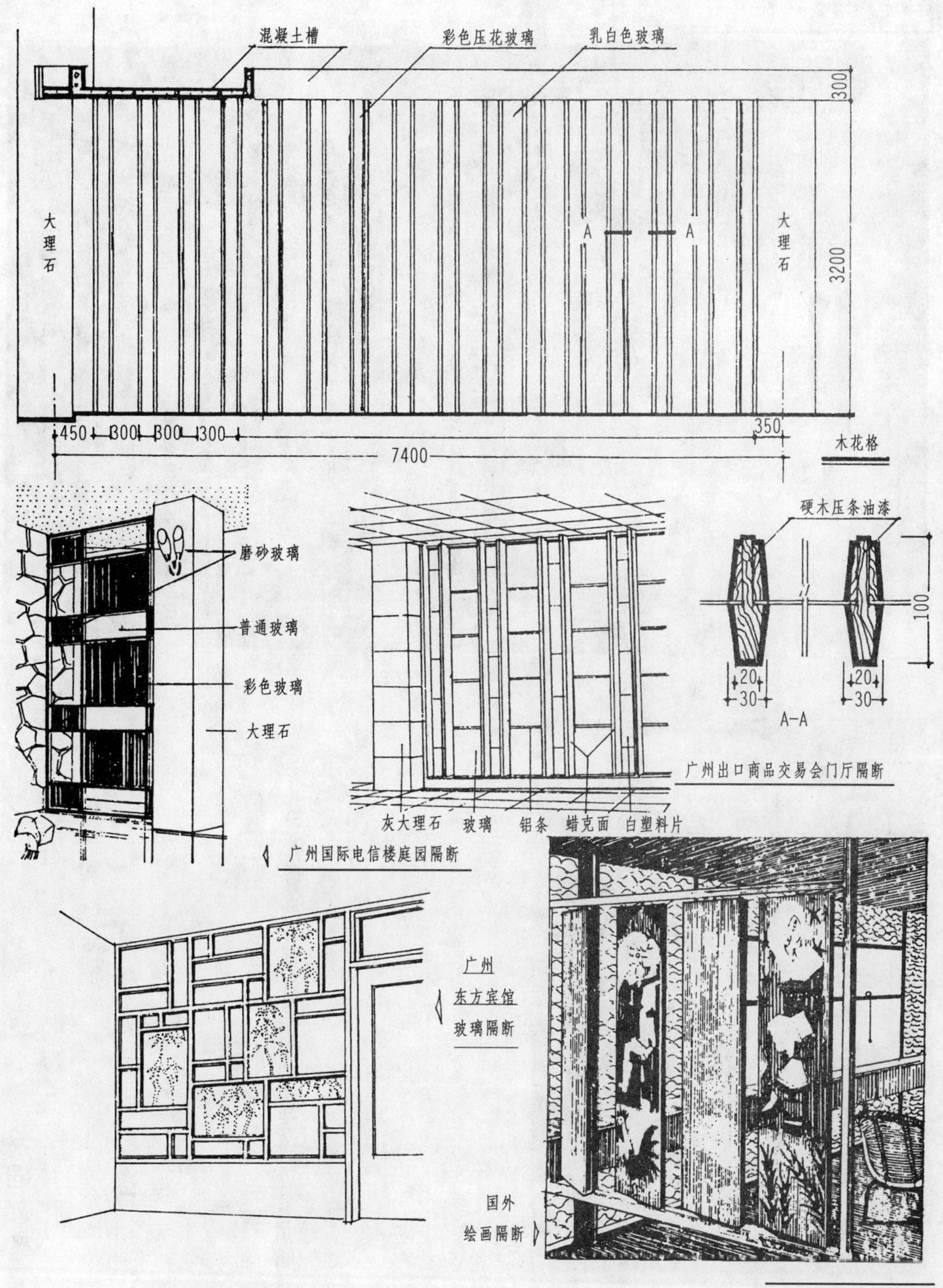

玻璃花格

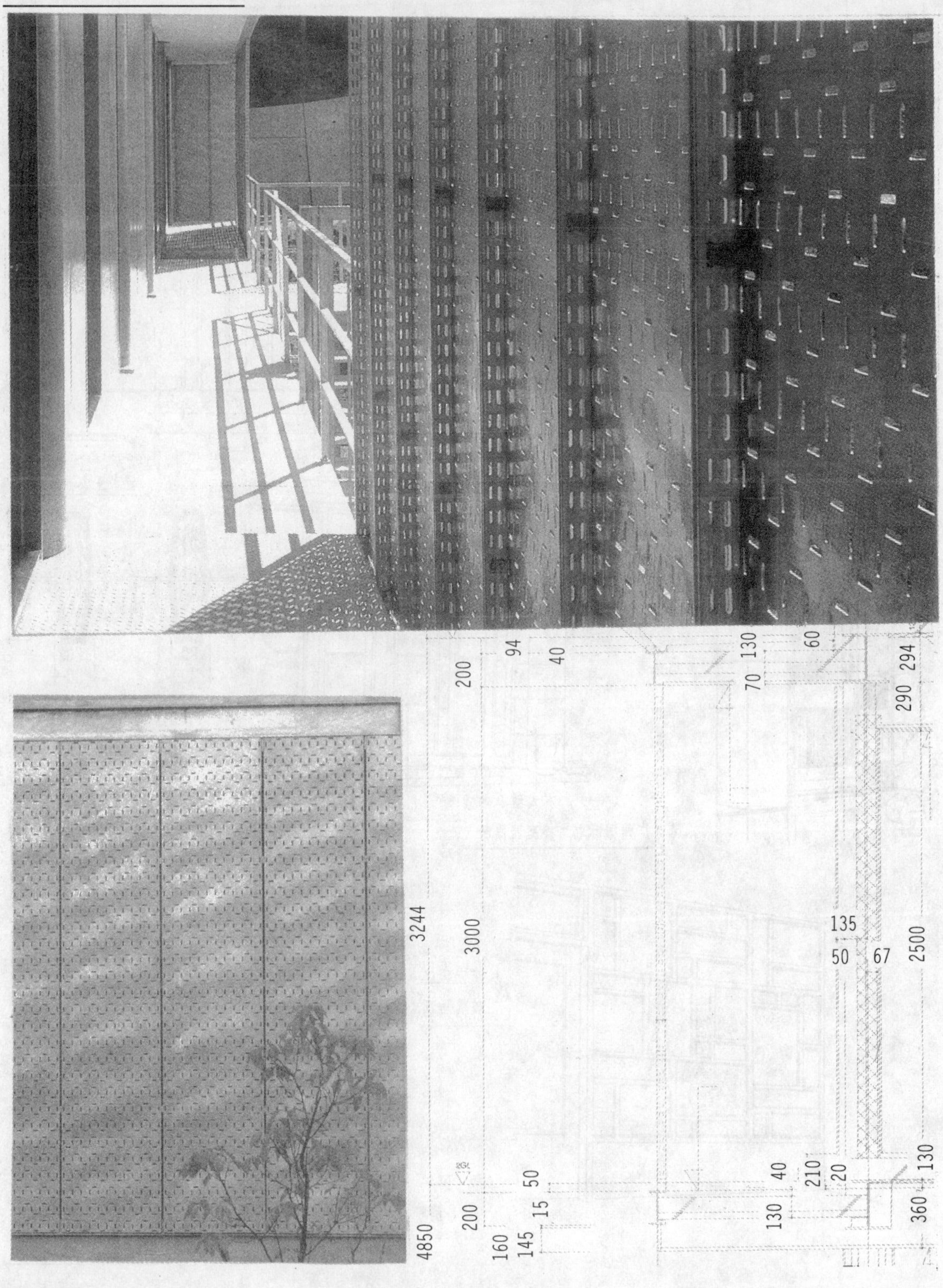
94
40
200
130
60
70
294
290
3244
3000
135
50
67
2500
50
40
210
20
130
200
15
130
360
4850
160
145

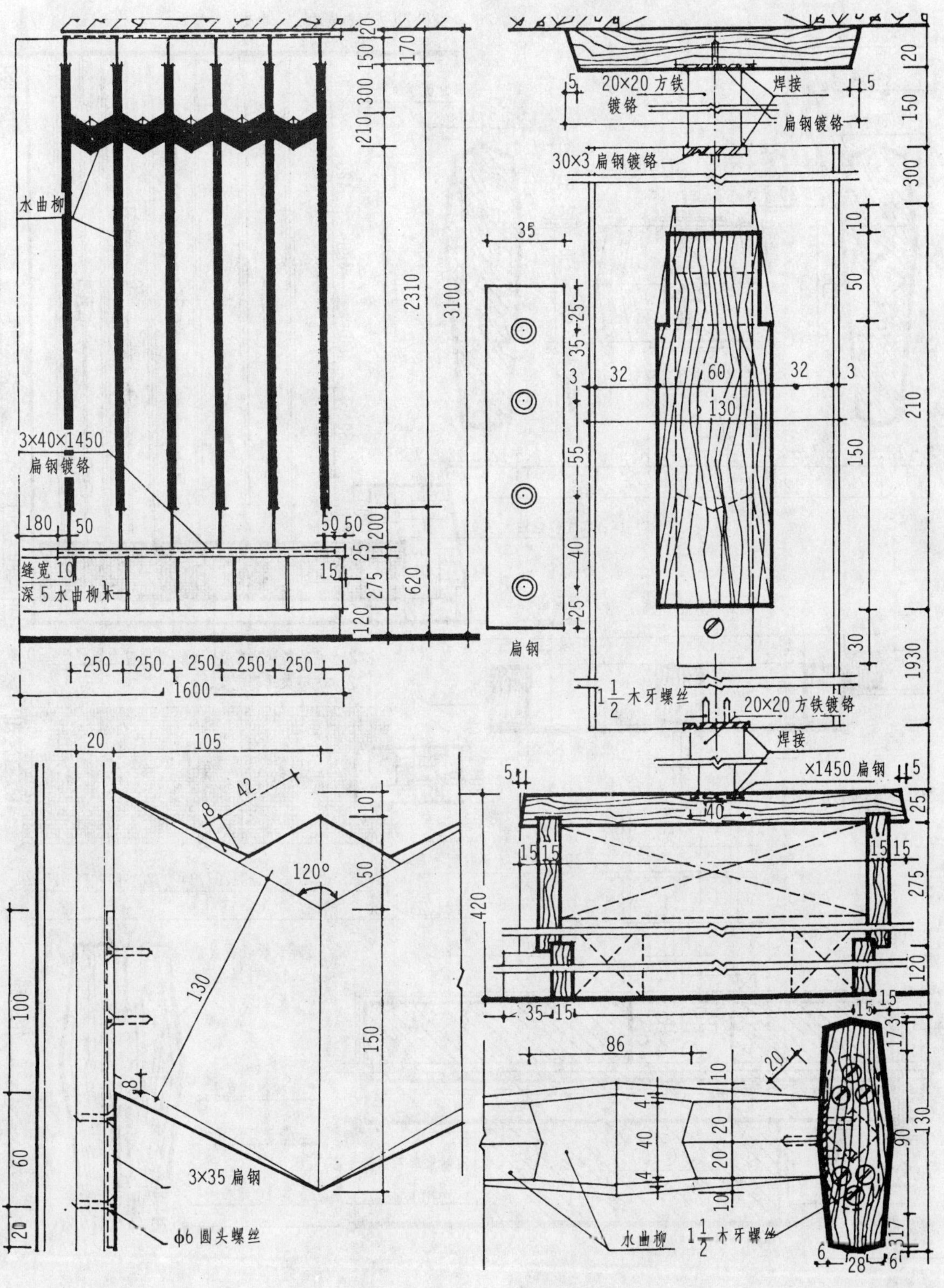
水曲柳
3×40×1450
扁钢镀铬
缝宽10
深5水曲柳木
250 250 250 250 250
1600
2310
3100
620
20×20方铁
镀铬
焊接
扁钢镀铬
30×3扁钢镀铬
扁钢
$1\frac{1}{2}$木牙螺丝
20×20方铁镀铬
焊接
×1450扁钢
120°
3×35扁钢
φ6圆头螺丝
水曲柳
$1\frac{1}{2}$木牙螺丝
1930

20×20 方钢
2.8×60×5 铁脚托
1-1/2″木螺丝
螺栓 D=8
20×20 方钢
方钢上预焊螺母 D=8
20×20 方钢刷黑漆
水曲柳作蜡克面
水曲柳作腊克面
1:2 水泥砂浆贴大理石
立面图
斜撑 40×30
吊木 40×40
木龙骨 60×80
1:2 水泥砂浆贴马赛克
预制磨石踢脚板 120 高
1:2 水泥砂浆马赛克
28×60×5 铁脚托钉木龙骨上
(龙骨局部刻槽)
20厚 1:2 水泥抹面上马赛克
4×70 通常扁钢焊在方钢上
150×1660 细石混凝土
5 厚铁板表面镀铬抛光 ϕ4 铁钉焊在铁板长 10
水曲柳作腊克面
ϕ2 铁钉位置
15 宽 10 深槽
ϕ6@200
预制水磨石踢脚板高 120

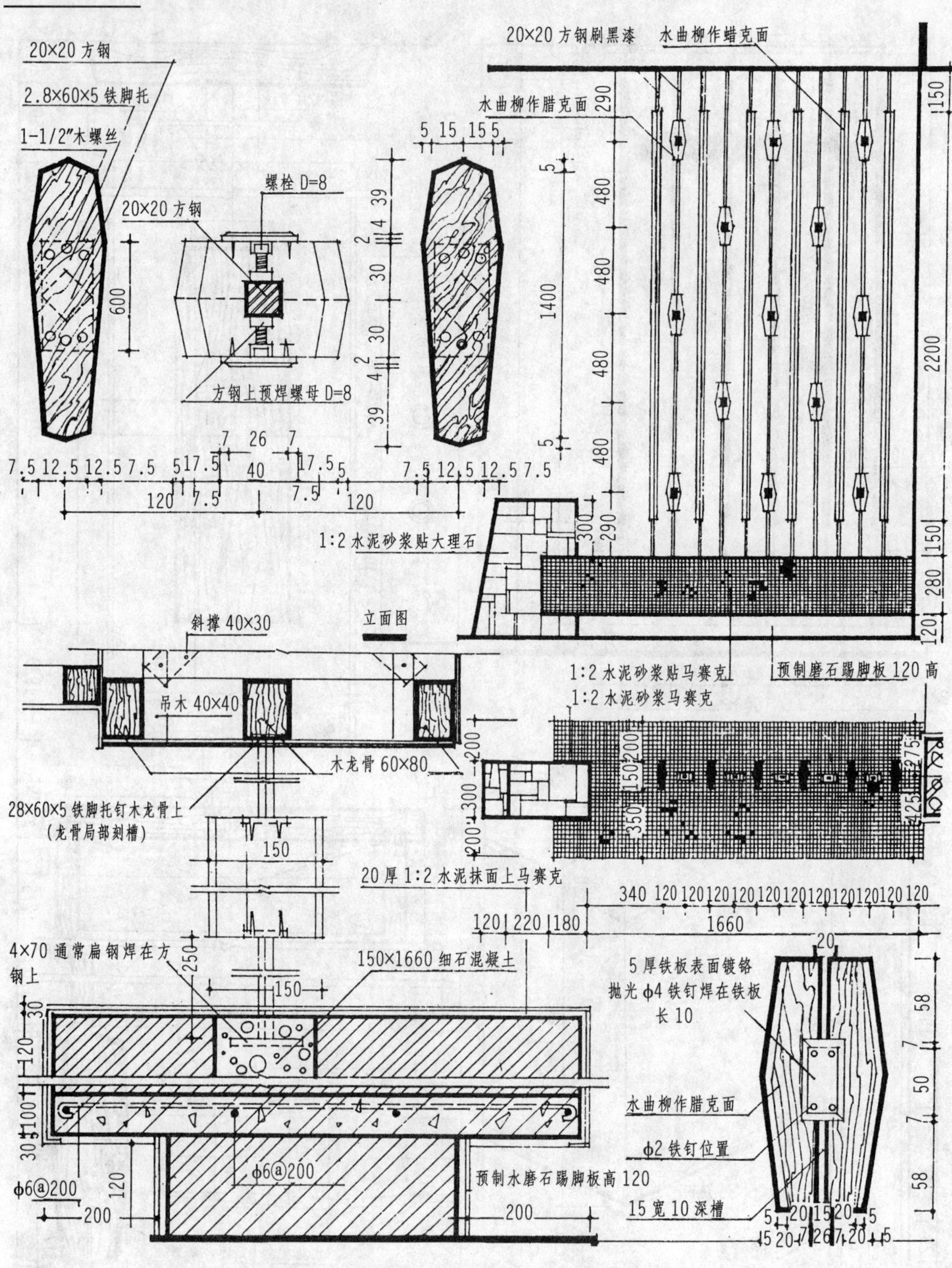

隔断

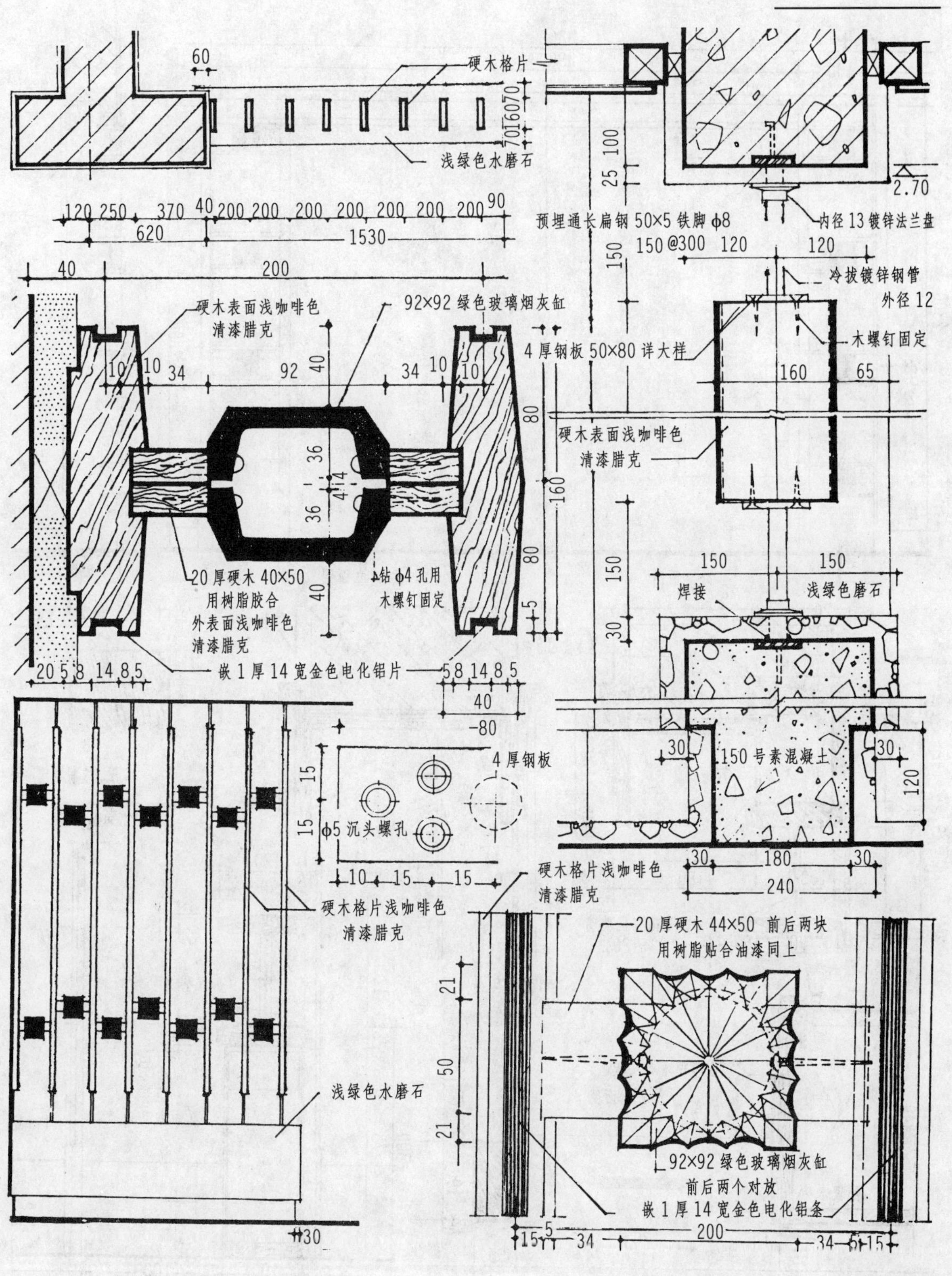

60
硬木格片
浅绿色水磨石
120 250 370 40 200 200 200 200 200 200 200 90
620
1530
40
200
硬木表面浅咖啡色
清漆腊克
92×92 绿色玻璃烟灰缸
20 厚硬木 40×50
用树脂胶合
外表面浅咖啡色
清漆腊克
钻 φ4 孔用
木螺钉固定
嵌 1 厚 14 宽金色电化铝片
20 5 8 14 8 5
5 8 14 8 5
40
80
4 厚钢板
φ5 沉头螺孔
10 15 15
硬木格片浅咖啡色
清漆腊克
浅绿色水磨石
30
预埋通长扁钢 50×5 铁脚 φ8
150 @300
2.70
内径 13 镀锌法兰盘
120
120
冷拔镀锌钢管
外径 12
木螺钉固定
4 厚钢板 50×80 详大样
160
65
硬木表面浅咖啡色
清漆腊克
150
150
焊接
浅绿色磨石
150 号素混凝土
30
30
120
30
180
30
240
硬木格片浅咖啡色
清漆腊克
20 厚硬木 44×50 前后两块
用树脂贴合油漆同上
92×92 绿色玻璃烟灰缸
前后两个对放
嵌 1 厚 14 宽金色电化铝条
21
50
21
15
5
34
200
34
6
15

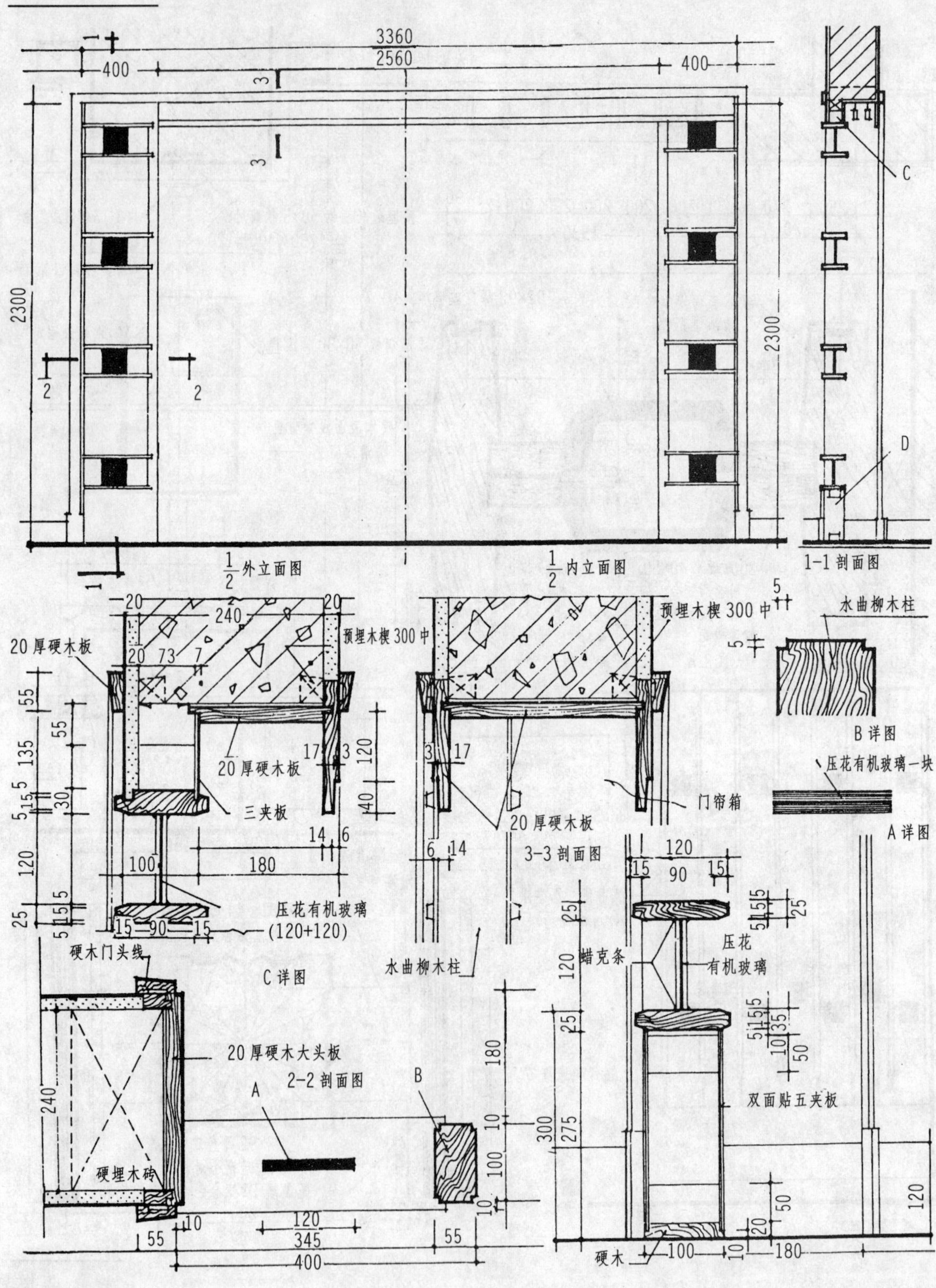

3360
2560
400
400
3
3
2300
2300
2
2
1
1
C
D
1/2 外立面图
1/2 内立面图
1-1 剖面图
20
240
20
20
73
7
20 厚硬木板
预埋木楔 300 中
55
55
135
5
15
5
30
5
120
25
5
15
5
17
3
120
40
14
6
180
100
20 厚硬木板
三夹板
15
90
15
压花有机玻璃
(120+120)
C 详图
硬木门头线
20 厚硬木大头板
2-2 剖面图
240
硬埋木砖
A
B
55
10
120
345
400
55
180
10
100
10
300
275
预埋木楔 300 中
3
17
6
14
20 厚硬木板
3-3 剖面图
门帘箱
水曲柳木柱
5
5
水曲柳木柱
B 详图
压花有机玻璃一块
A 详图
120
15
90
15
25
120
25
5
15
5
25
蜡克条
压花
有机玻璃
5
15
5
10
135
50
双面贴五夹板
50
20
硬木
100
10
180
120

60
60
40×50×175
燕尾硬木每300一块
3
20
3
40
3
32
12
3厚铁板弯成
辘槽
横辘φ18×8厚
粉刷面
配钢戒指圈
φ6横辘轴
每扇门配两块35×35×5
铁板木牙螺丝4支固定
3厚玻璃
内
面
3 19 6 19 3
4
8
柚木
50×300
4 10 3 16 3 10 4
钢戒指圈
φ8
33
27
5
5
8
5
8
40外径滚珠轴承
电焊接
5厚钢板槽轨
电焊接
电焊接
5 16 5
52
用φ6钢筋弯成脚码
每300一个

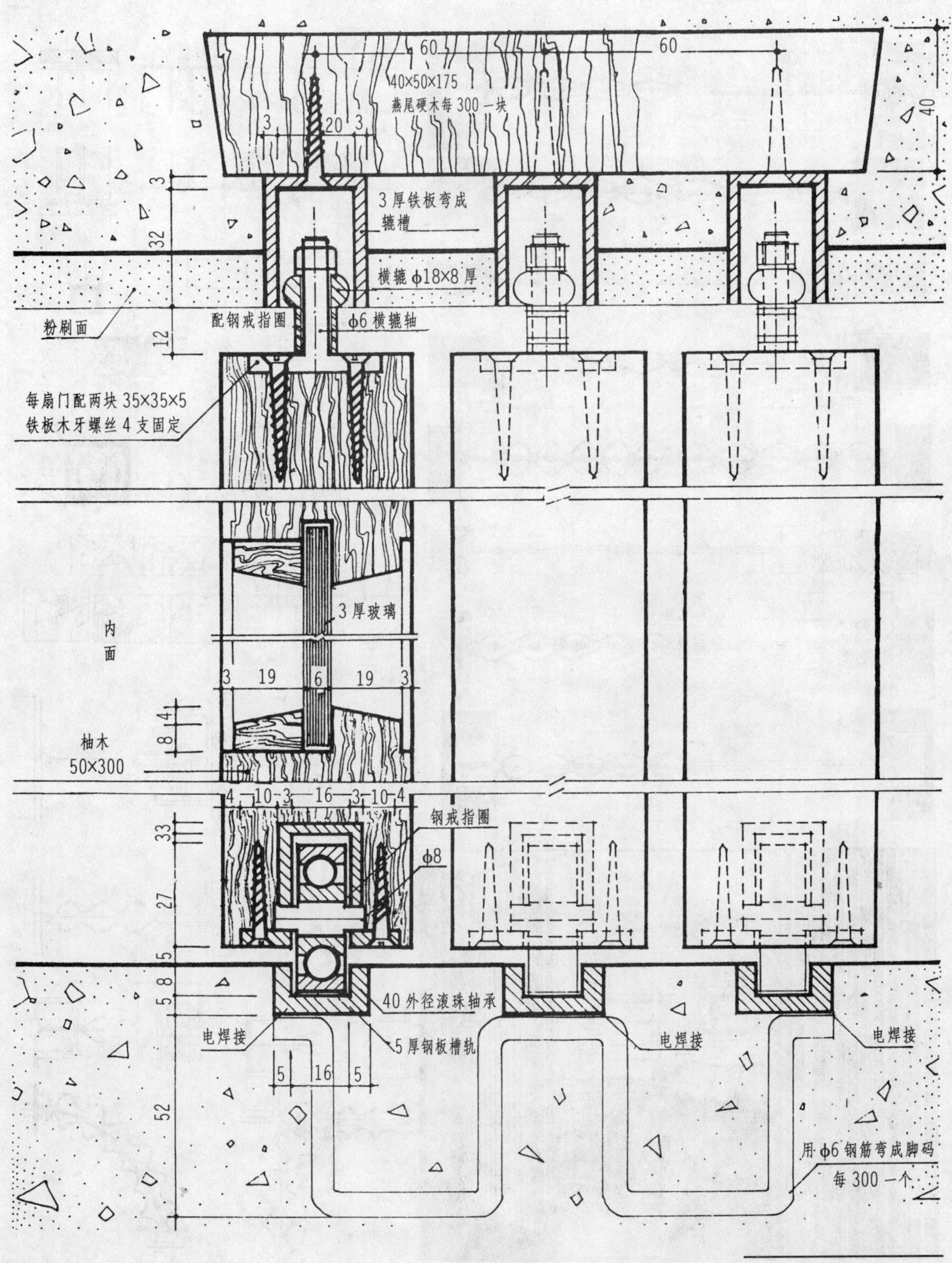

推拉活隔断

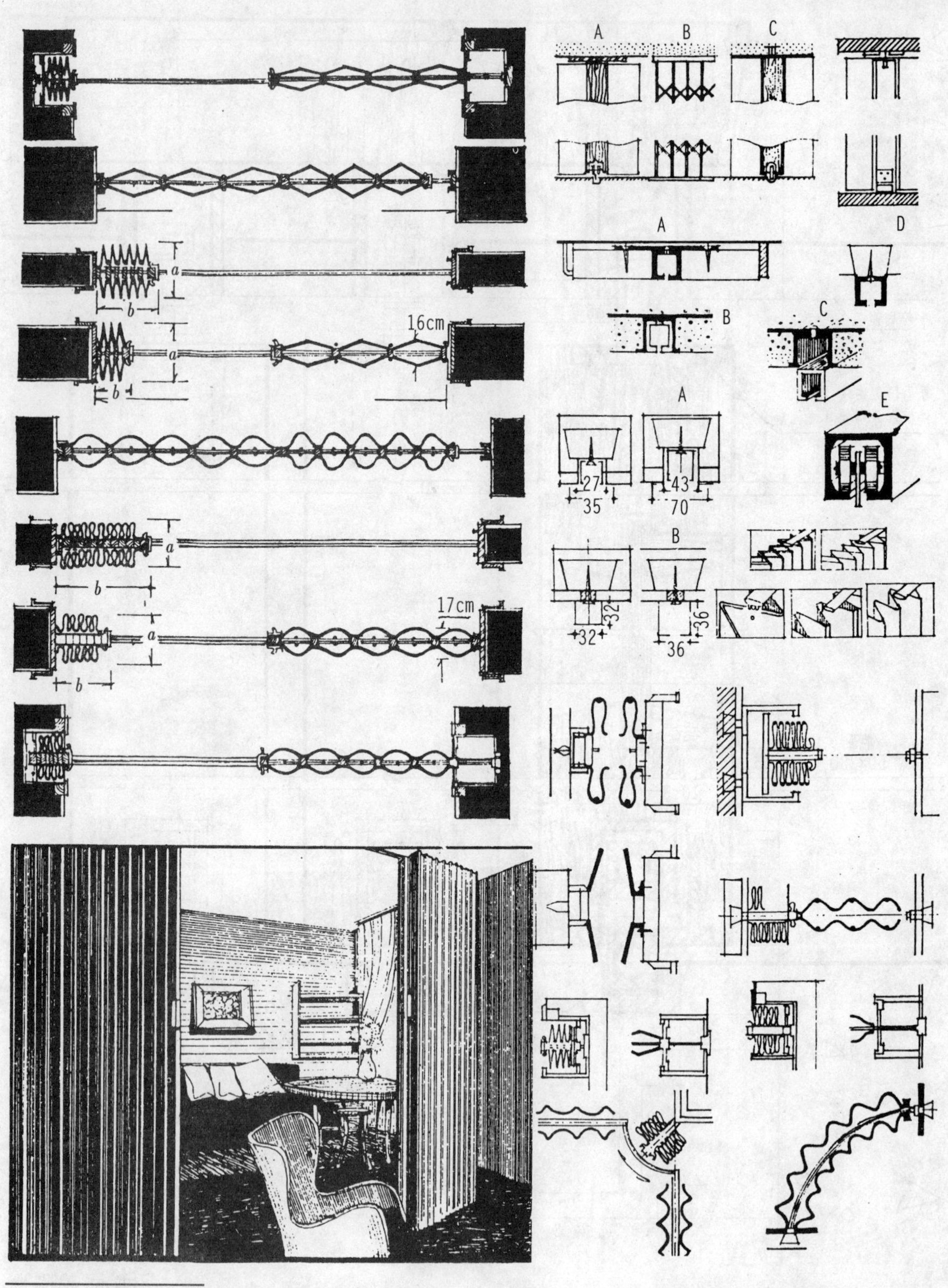

推拉活隔断

第一块固定板转轴
C型100系列
轻钢龙骨双
面石膏板
活动隔断
12块宽1000
(含540砌块)
60×12=720
920
200
40
70
520
转向导轨
400
M-23双扇
轨道
100 100 400 400 100 100
1200
仰视平面图
88
φ10吊筋上端与梁底固定
30
40
滚珠轴承
轨道
密封条
矿棉吸音板吊顶
美国Armstrong产品
柚木防火胶板
活动隔断采用
英国PC安得森
公司产品
60
铝型材
自落弹簧压缩杆
密闭条
A-A剖面图
15 15
席纹木地板
密封条
铝型材
柚木面防火胶板
第一块固定板转轴
铝型材
柚木面防火胶板
50厚矿棉板
黑色海绵橡胶
3厚钢板30宽
五夹板
50×50
沉头木螺钉@200
防火胶面板
五夹板
面层同石膏板墙
柚木面防火胶板
铝型材
10 60 10
A
B
C
D
70
11540
A A

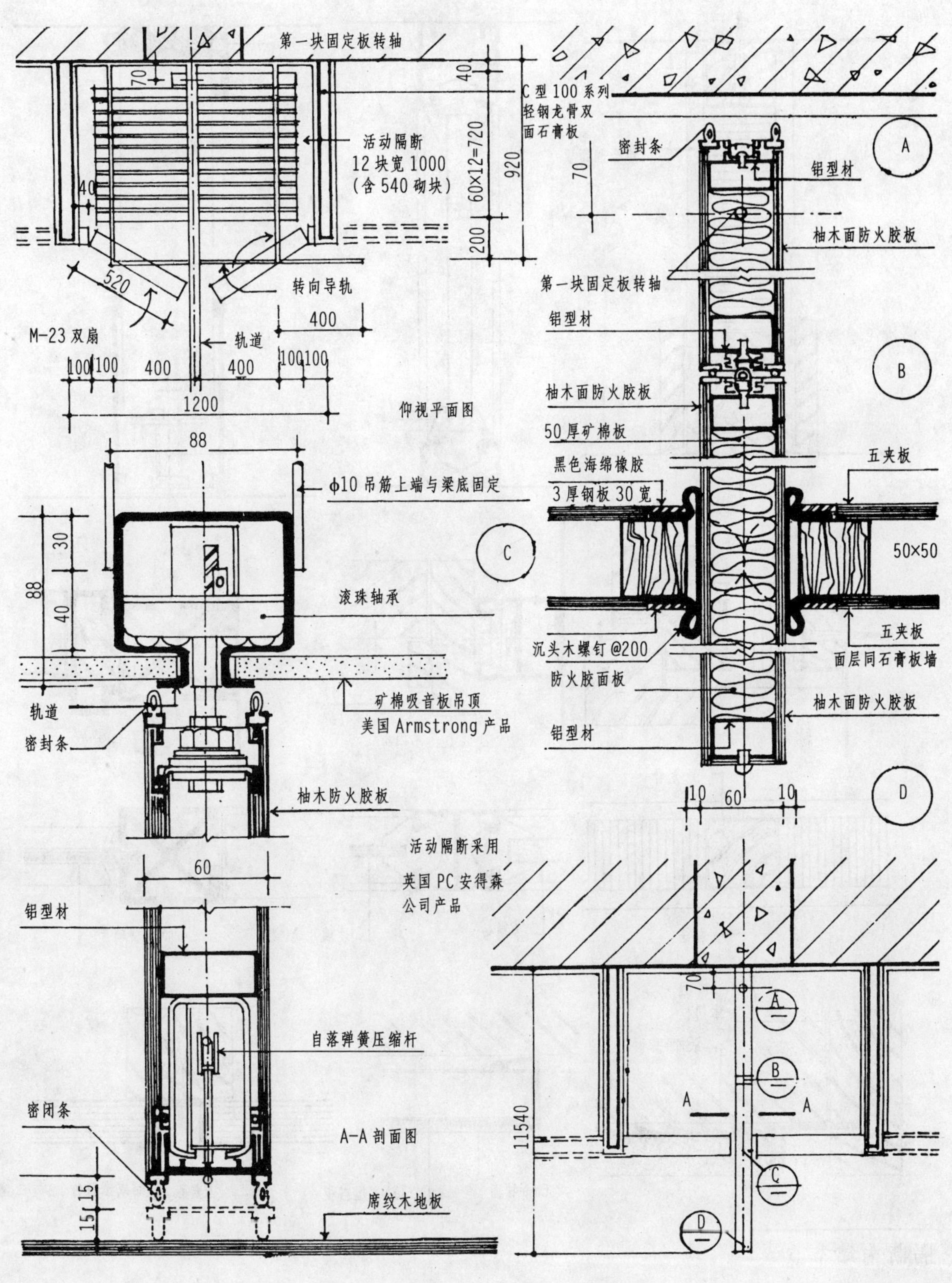

推拉活隔断

组合隔断板
木踢脚
木屑板
塑料卡子
铝件
橡皮垫
铝板隔断
橡皮垫
木门框
门
木门框
橡皮垫
门
铝件
木龙骨
灰缝
木屑板
玻璃片
6mm 厚玻璃片
木门框
13mm 抹面
6mm 抹面
13mm 塑料板
七层板
铝或塑料件

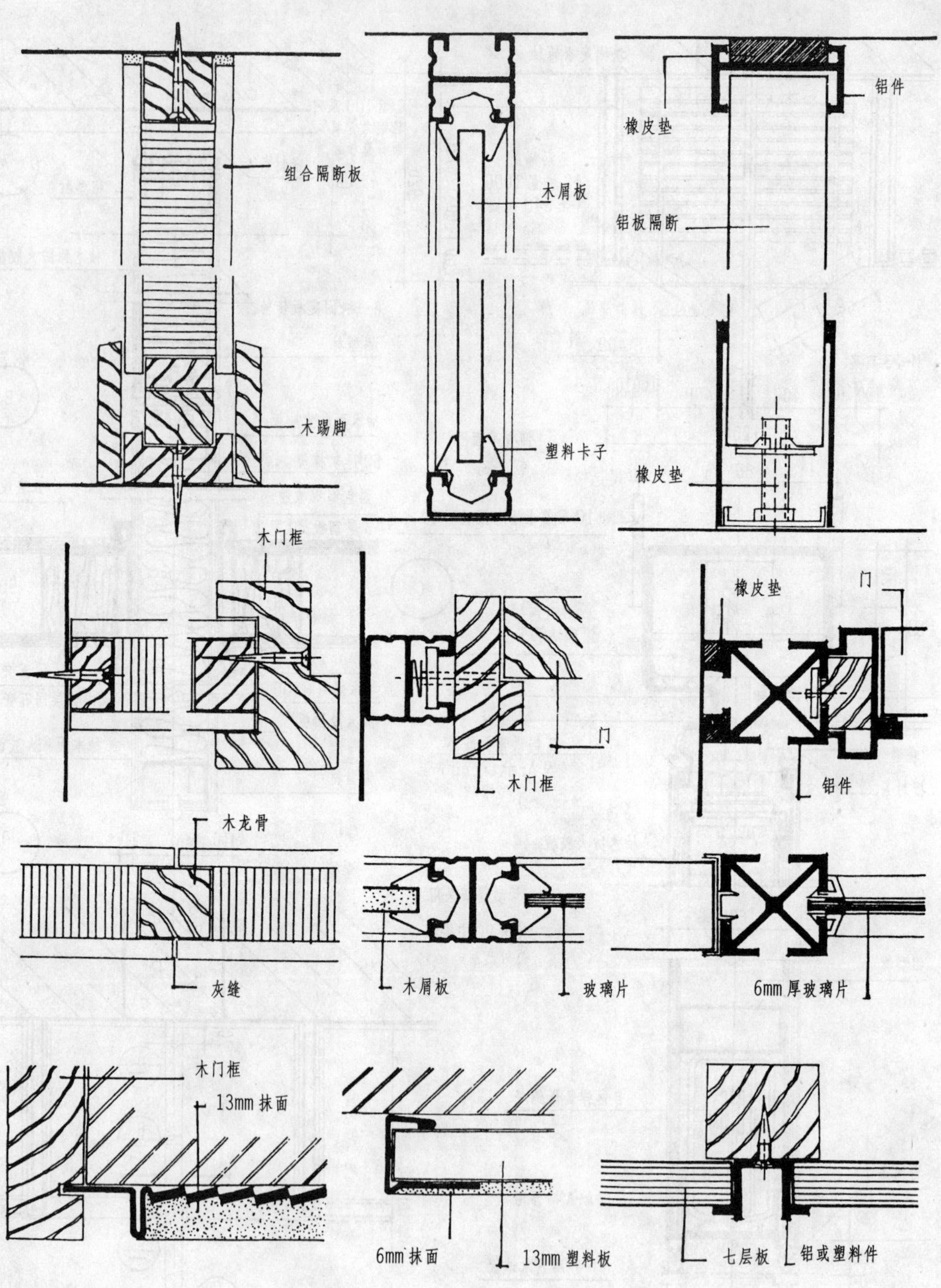

隔断内墙节点

天花

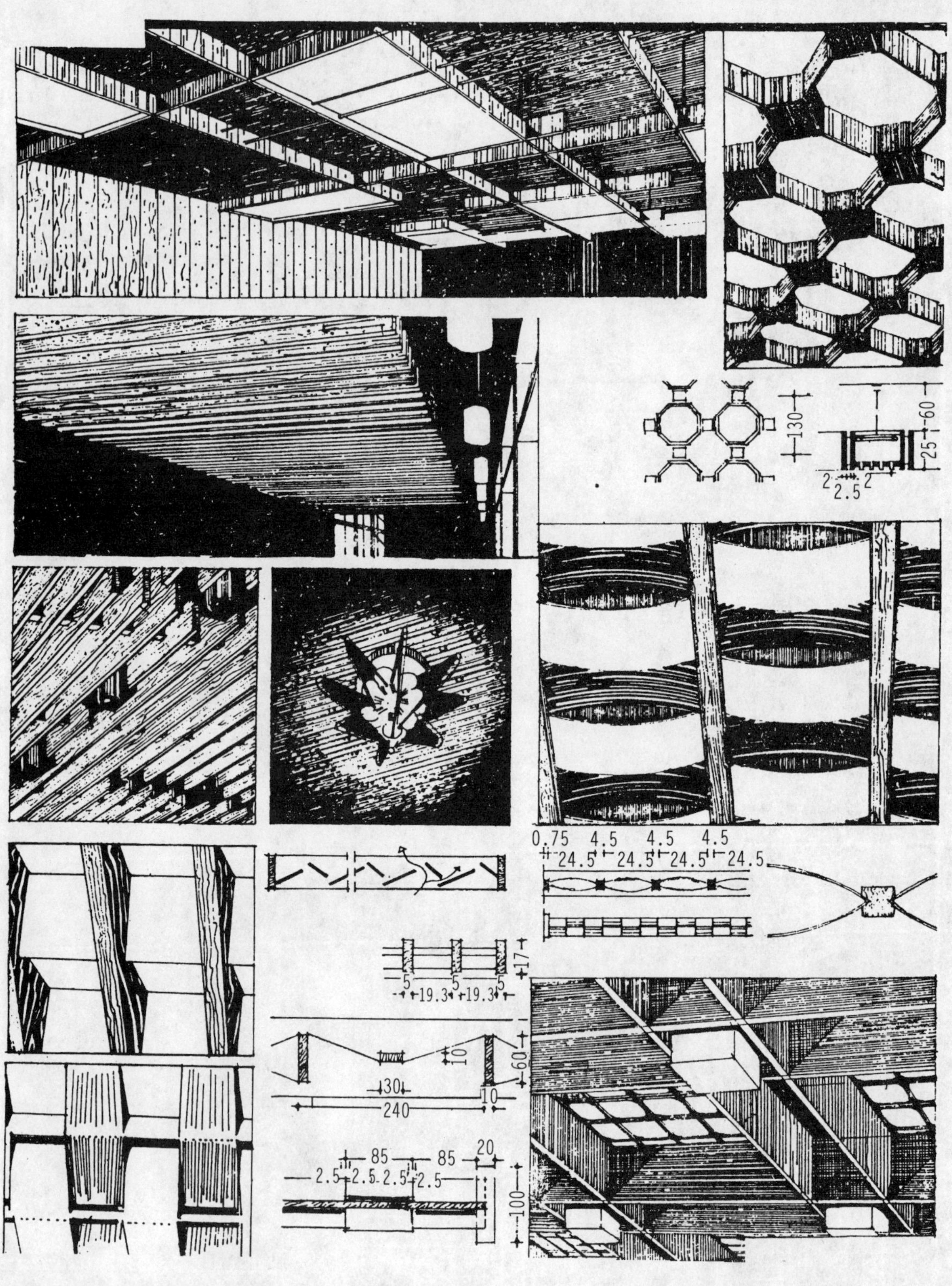

吊顶样式

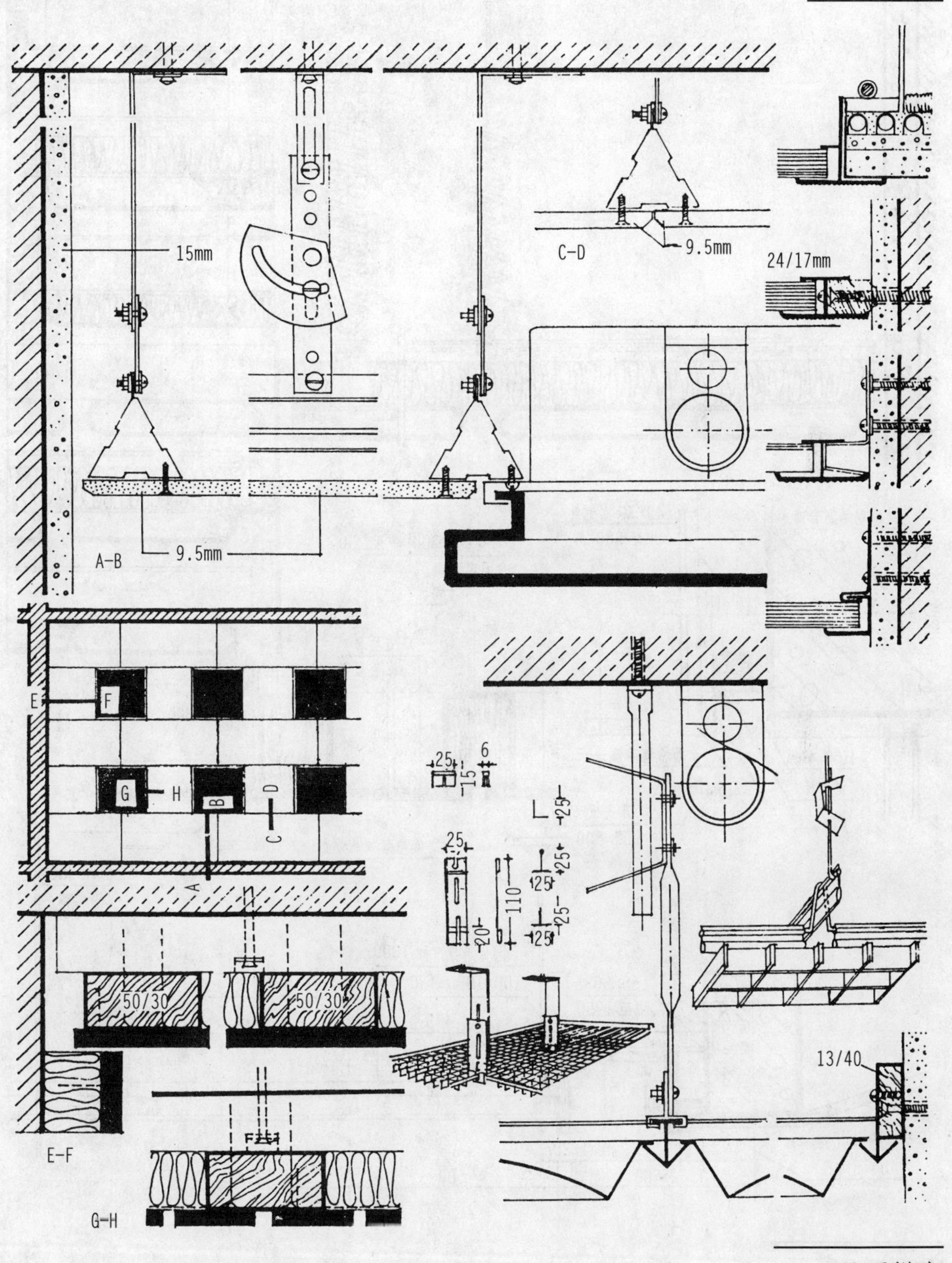
15mm
9.5mm
A-B
C-D
9.5mm
24/17mm
E
F
G
H
B
C
D
A
25
15
6
25
25
25
125
110
25
20
125
50/30
50/30
E-F
G-H
13/40

砖墙刷热沥青两道
40×70 立龙骨
中距 500
200
10 16 173
10 厚木板
窗帘杆
水曲柳清漆磨退
40×4 扁钢
中距 100
木螺丝 l=300 中距 250
固定扁钢
刨光
五夹板贴
深色塑料面
40
90
20
50
40×50
40×50
5 厚铁板打 φ5 孔，中距 200，
木螺丝 l=300
扁钢 5×20×30
5
10
10 30
扁钢 5×40 镀铬
五夹板
500×500
D=4 电镀平头螺丝
60×60×6
垫板
φ16 吊杆中距 1000
φ12 螺丝
125 125
L50×50×5
中距 1950
100×10 l=150
30 厚玻璃棉半硬质板
475
500
150
50
50
75
1280
20
40×75 木条
500
500
500

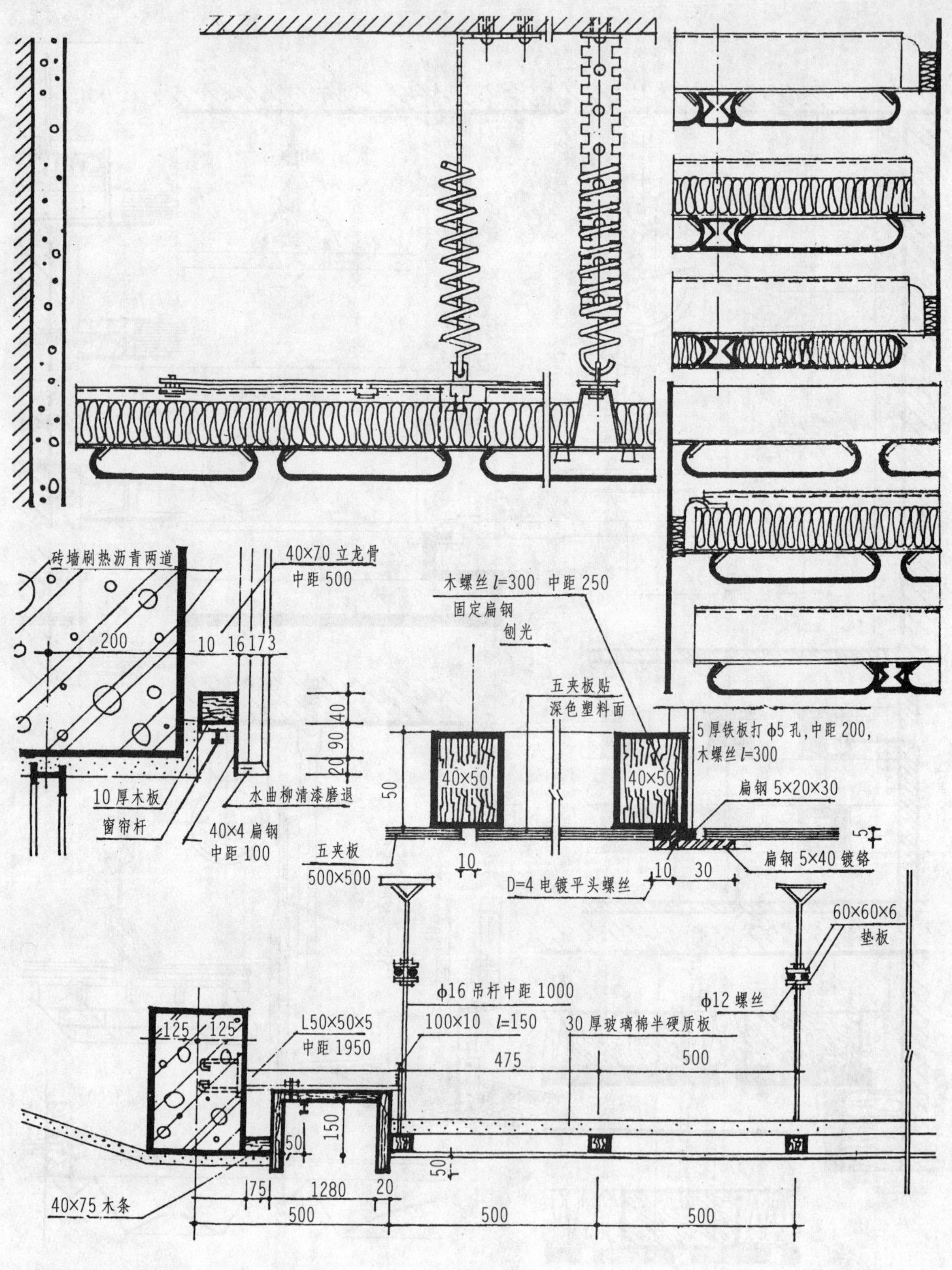

吊顶样式

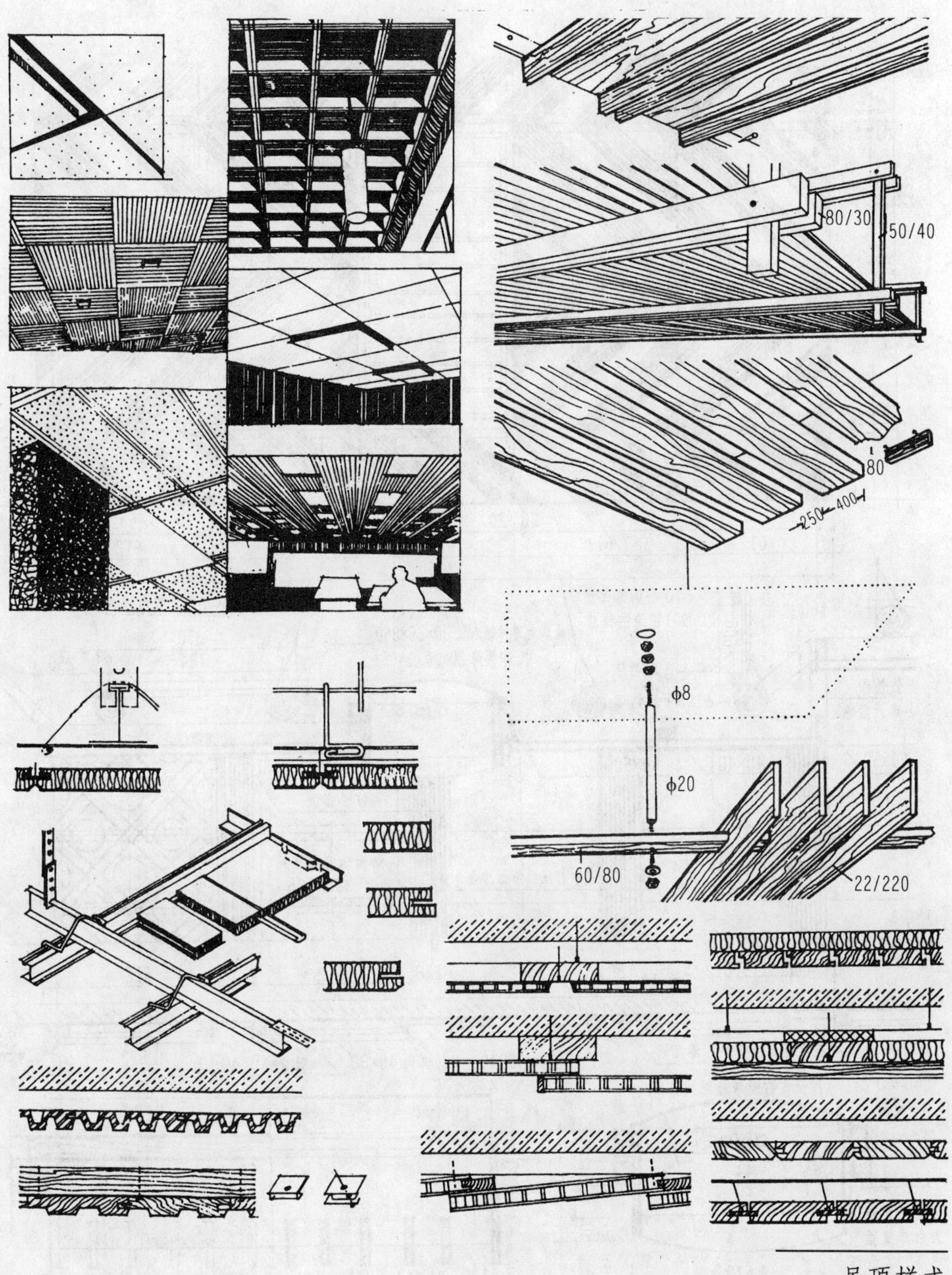

吊顶样式

观众厅吸音板吊顶详图
φ60 撑木
φ10 吊钢筋每檩吊一根涂防锈漆
遮光屏
钉铁纱漆天蓝色
φ100 平顶筋
检修走道稀铺木板 80×25×850 中-中间隔 20
50×50
40×40
钉吸音板
墙面吸音板规格 305×305
灰砂打底纸筋面漆金色
观众厅吸音板墙面详图
灰砂打底纸筋面 漆金色
竖向 40×40
横向 40×30
吸音板
40×60 交圈
抹面在钉吸音板之前进行
R=800
五夹板边框内白外银蓝色漆
五夹板叶片漆白色
白铁皮罩
3060
3000
570
1170

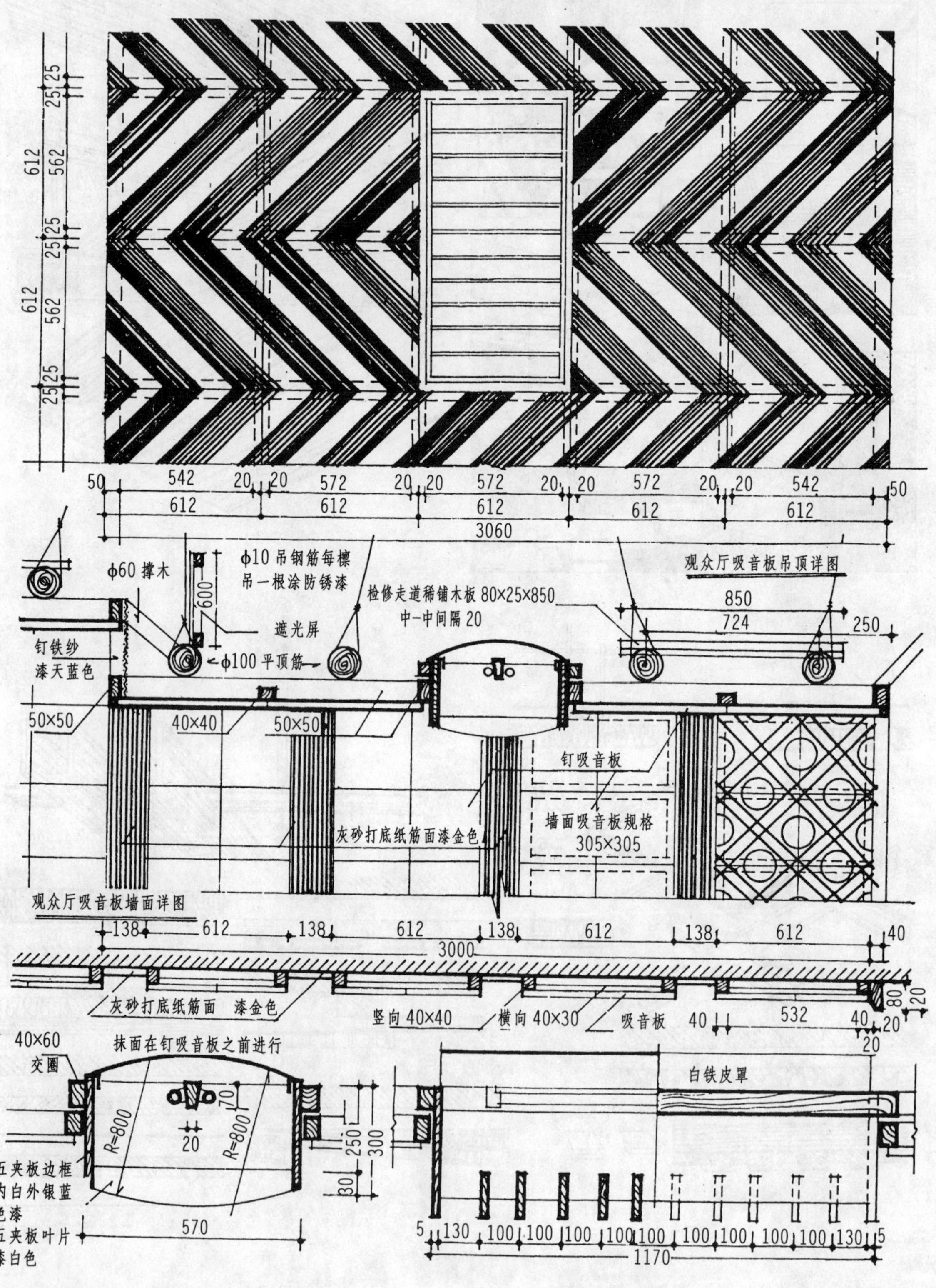

嵌灯顶棚

9厚纸面石膏板
小龙骨
35大龙骨
中龙骨
9厚纸面石膏板
2.800
2.400
成品灯具
五夹板
ϕ12钢筋
21.450
小龙骨
35大龙骨
ϕ8钢筋
挂钩间距1000
35大龙骨 焊牢
中龙骨间距500
9厚墙板500×500
中龙骨间距500
ϕ8钢筋
中龙骨中距500
35大龙骨焊牢
小龙骨
小龙骨
9厚石膏板500×500

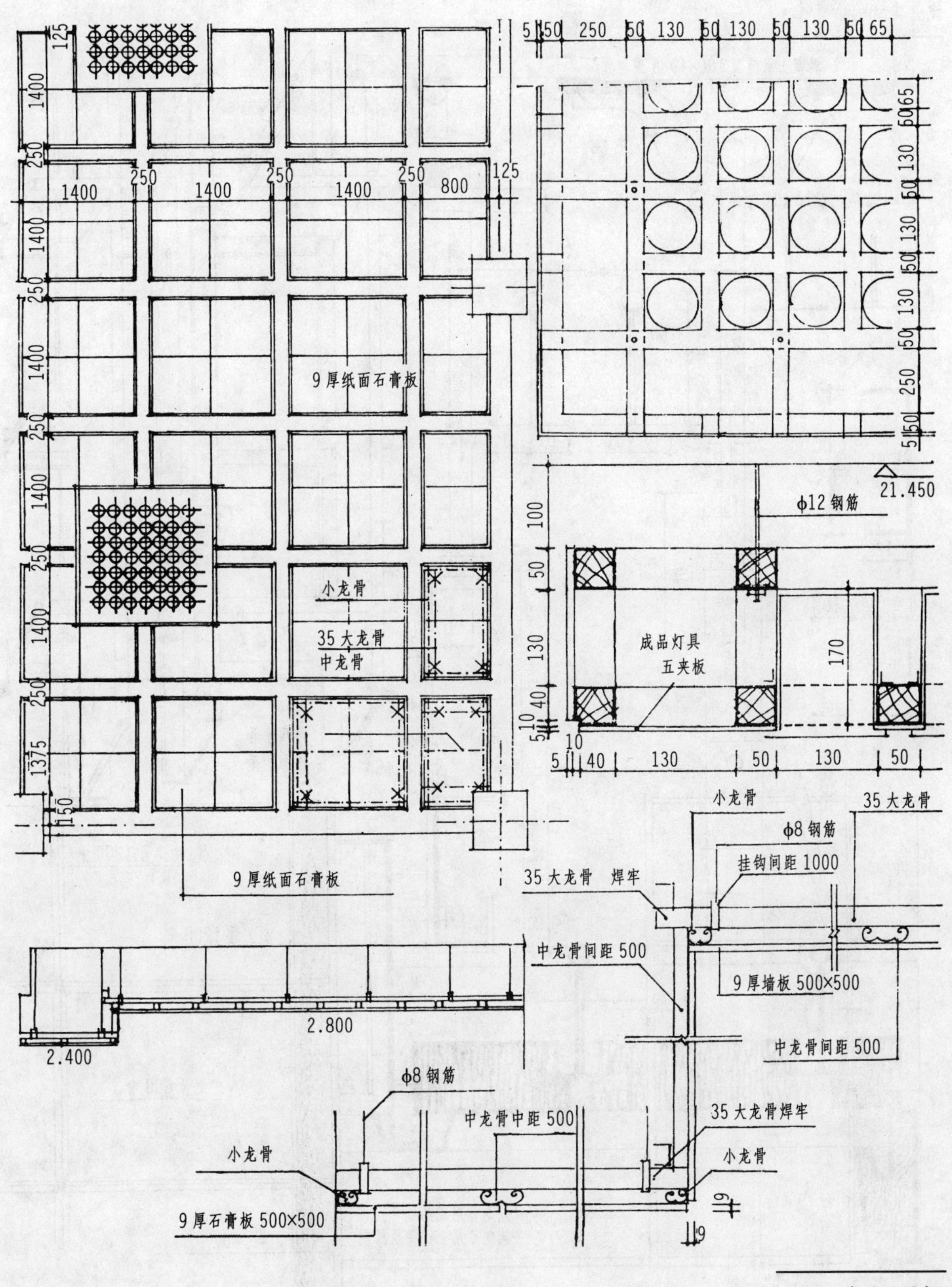

嵌灯顶棚

龙骨典型平面

混凝土板缝留 100×40×5 预埋件
φ8
10 10 10 10
小龙骨
20
φ6
35
10 10 10 10
大龙骨
1.4
38
12
15
40
套丝扣
10 10
45
2
长孔
15
100
25
15
边龙骨
φ6 螺栓
中
(长)
小
小
中
(短)
中
(短)
中
(长)
中
(短)
中
(短)
吊顶龙骨
关系示意
中龙骨 1200 中
(长)
小龙骨 1200 中
中龙骨 600 中
(短)
7 4 6
10
24
2
10 25
大龙骨用成品
其他可用 24# 铅铁压制

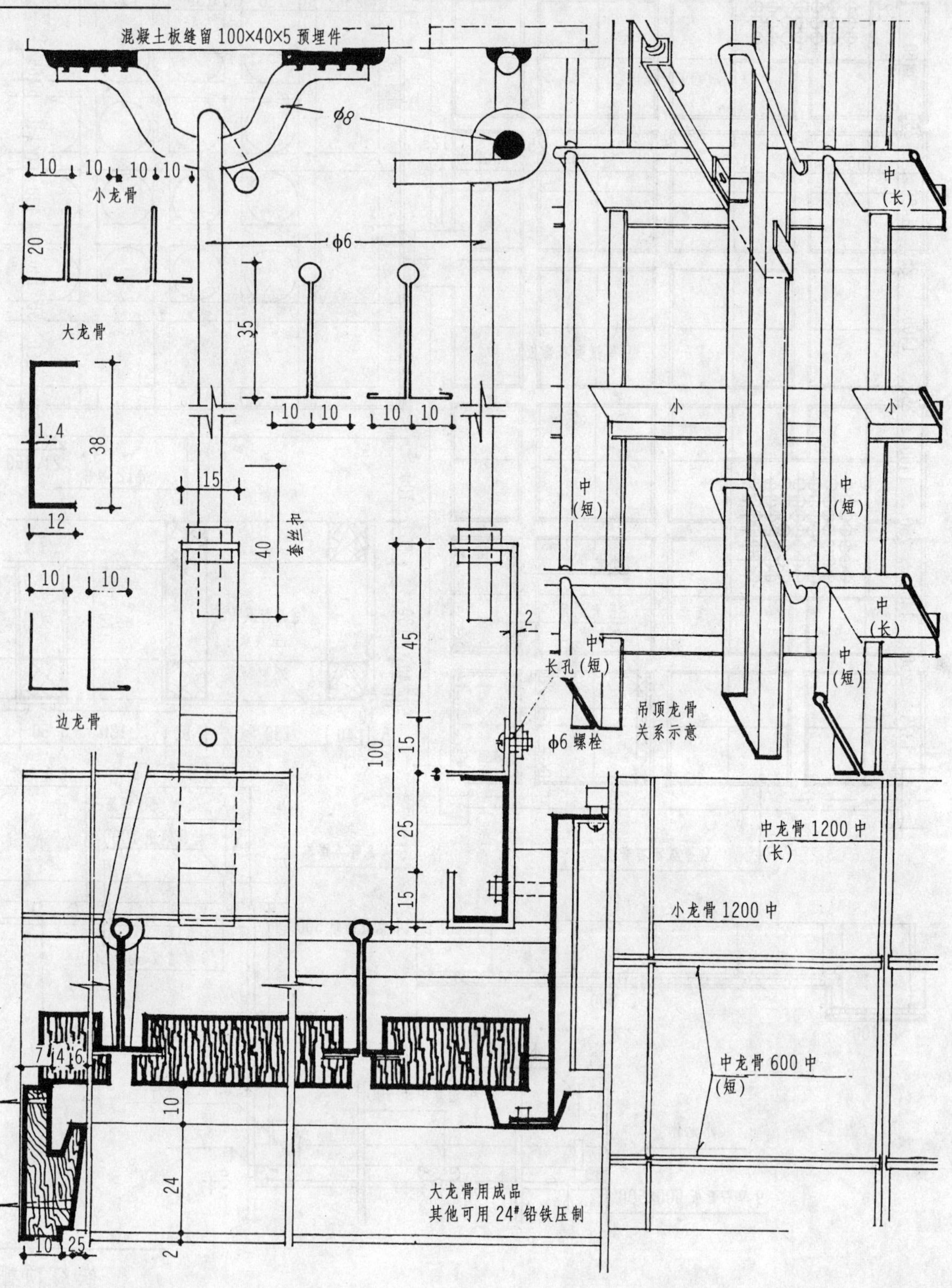

矿棉吊顶

上弦水平支撑
龙骨吊杆
屋架垂直支撑
刷白色
下弦水平支撑
槽钢龙骨
钢板网抹灰
钢丝网水泥板
灯位
138
侧面刷白色
底面喷蛋白色石灰水
钢丝网水泥板
剖面图
-100×6
500
φ14 孔
M-1 详图
预制钢丝网
水泥吊顶板
模板图
M-1
642.5
1157.5
2250
3600
1495
430
350
80

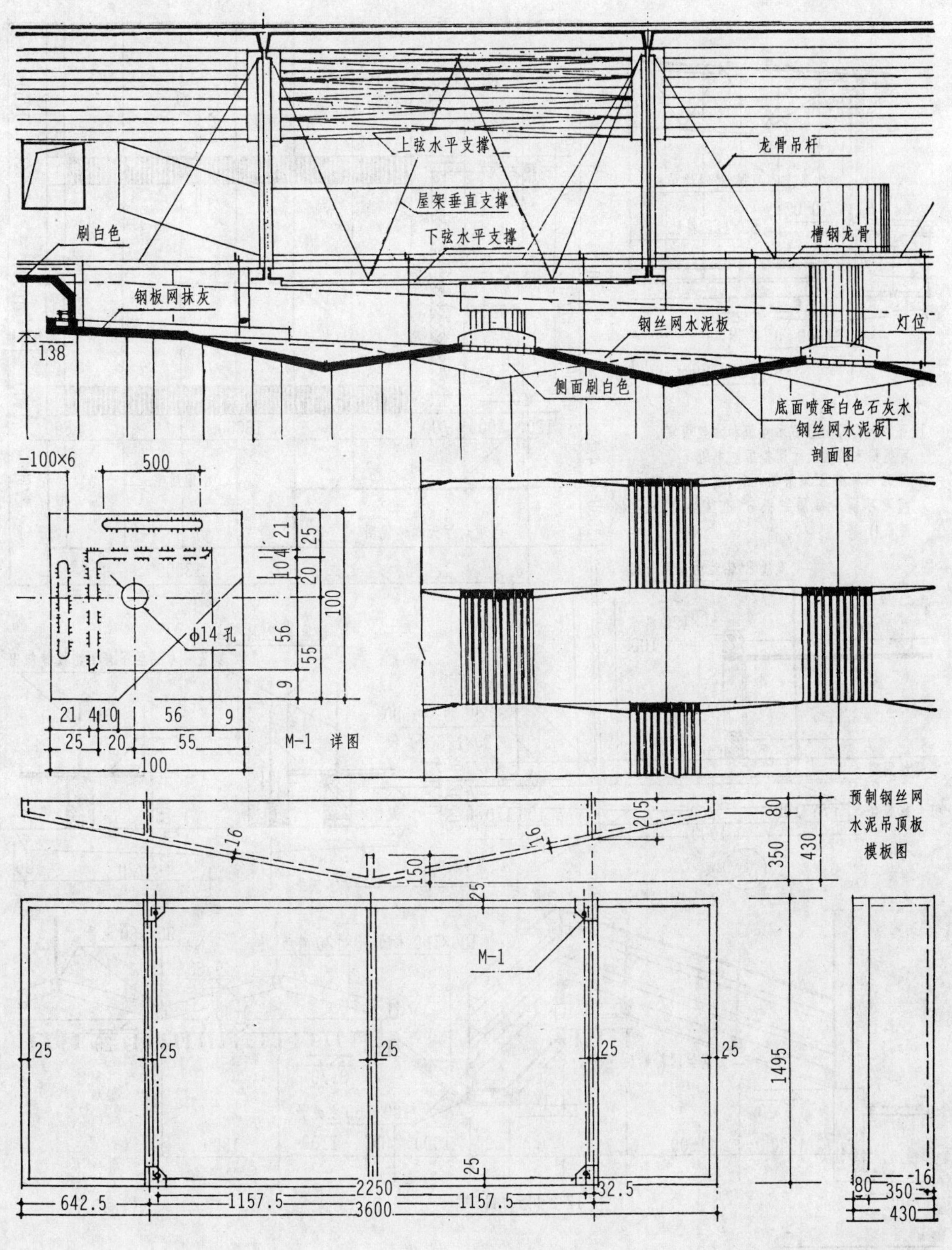

预制水泥板吊顶

双股8#铅丝吊杆
10.07
80×120斜肋
9.20
500
1000
9.00
100×180木肋
注
1.平顶吊筋1000宽木丝板和木丝板宽可据根木丝板尺寸调整吊筋中距
2.平顶吊杆按8#双股铅丝设计，如施工有问题可横向每隔一根8#铅丝换用ϕ12钢筋吊杆
小钢屋架
A
三夹板吊顶
钢丝网平顶
7.10
8.30
8.92
9.20
条纹粉刷
18000
120
3000
700
690
小钢屋架
观众厅天棚仰视图
12000
13000
双股8#铅丝由屋面吊起
80×120斜撑
中-中100
80×120木梁
钢屋架下弦
80×95中-中500
20×120封口板
木螺丝固定
钉合或胶合
15厚木板中100
钢屋架(25M)
双股8号铅丝吊杆由密板缝伸出
100×180木肋
木丝板平顶
9.00
木扶手
720
A
100×160木肋 80×120斜肋
100×160龙骨
9.60
9.00
9.20
钢丝网粉刷反音板
8.70
8.20
100×160主龙骨
1500
1500
750
750
500
1000
400
1100
1500
7.00
12企口板密铺天桥

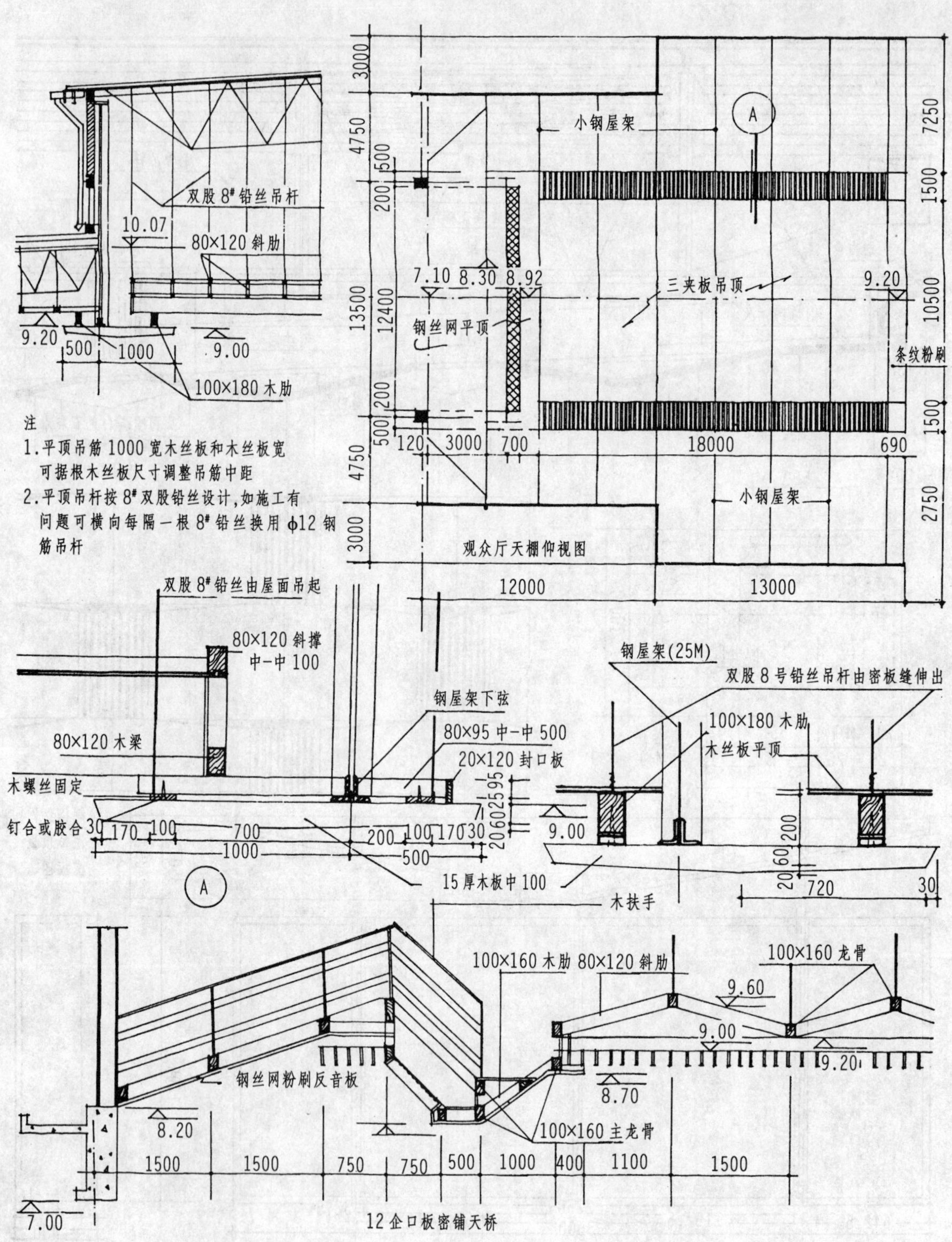

通风顶棚

6500
吸顶灯
椴木穿孔五夹板浅橘红色漆
中-中相距 319
一周计 12 片
2″圆头木螺丝 垫圈 4 个
ф10 螺栓长 100
2″木螺丝两个
拉环扁钢 50×5
全长 2800
60×100
60×60
60×180
拉杆扁钢 50×5
长 2800
2″圆头木螺丝加
垫圈 4 个
吸顶灯
小龙骨 30×50
长 840
ф10 螺栓长 30
扁钢 100×5
ф10 螺栓长 100
椴木穿孔五夹板橘红色

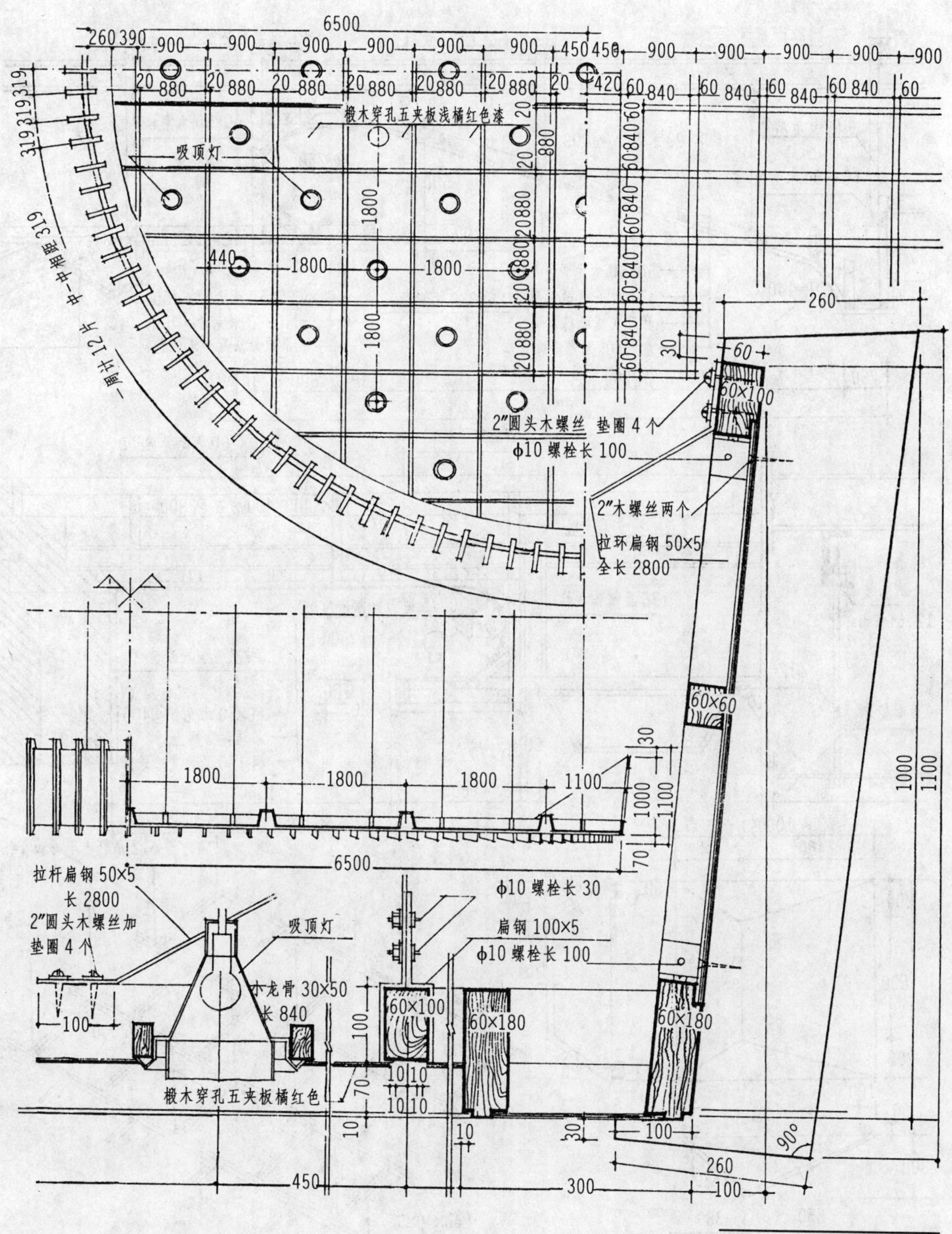

圆形中央天花

12.6#槽钢
14#工字钢
0.75 薄铝板抛光
40×40 吊龙骨
60×100 木龙骨 @2000
50×50 木龙骨
ⓐ400
R=250
50×100 木龙骨
500
40×40
100
20
50×50 木龙骨ⓐ400
R=140
钉木板条钉铅丝网
25×250 木板通长
50×50 木龙骨ⓐ400
麻刀灰底纸筋灰面
50×50 木龙骨ⓐ400
刷 170# 无光珍珠白漆
吊顶做法及油漆颜色同左
船形板
250
2250
25
600
25
50
3200
钢屋架下弦
60×100 木龙骨 @200
400×400 方孔 @2800
14 号工字钢
次龙骨
12.6#槽钢
126 号槽钢立柱
0.75 薄铝板抛光
250
500
抹吸音灰刷浅黄色
无光漆
ϕ12
100
20
50×50 木龙骨ⓐ400
吊船形板
吊顶做法同上
刷 170 号无光珍珠漆
50
25
25
600
1360
2060
1000
450
350
ϕ12 吊杆上下套扣 l=50
200
60
20
200
1000
600
20
200
60
20
1000
2000
100
100
1000
2000
50
300
20
20
60
1000
650
350
L40×40×5

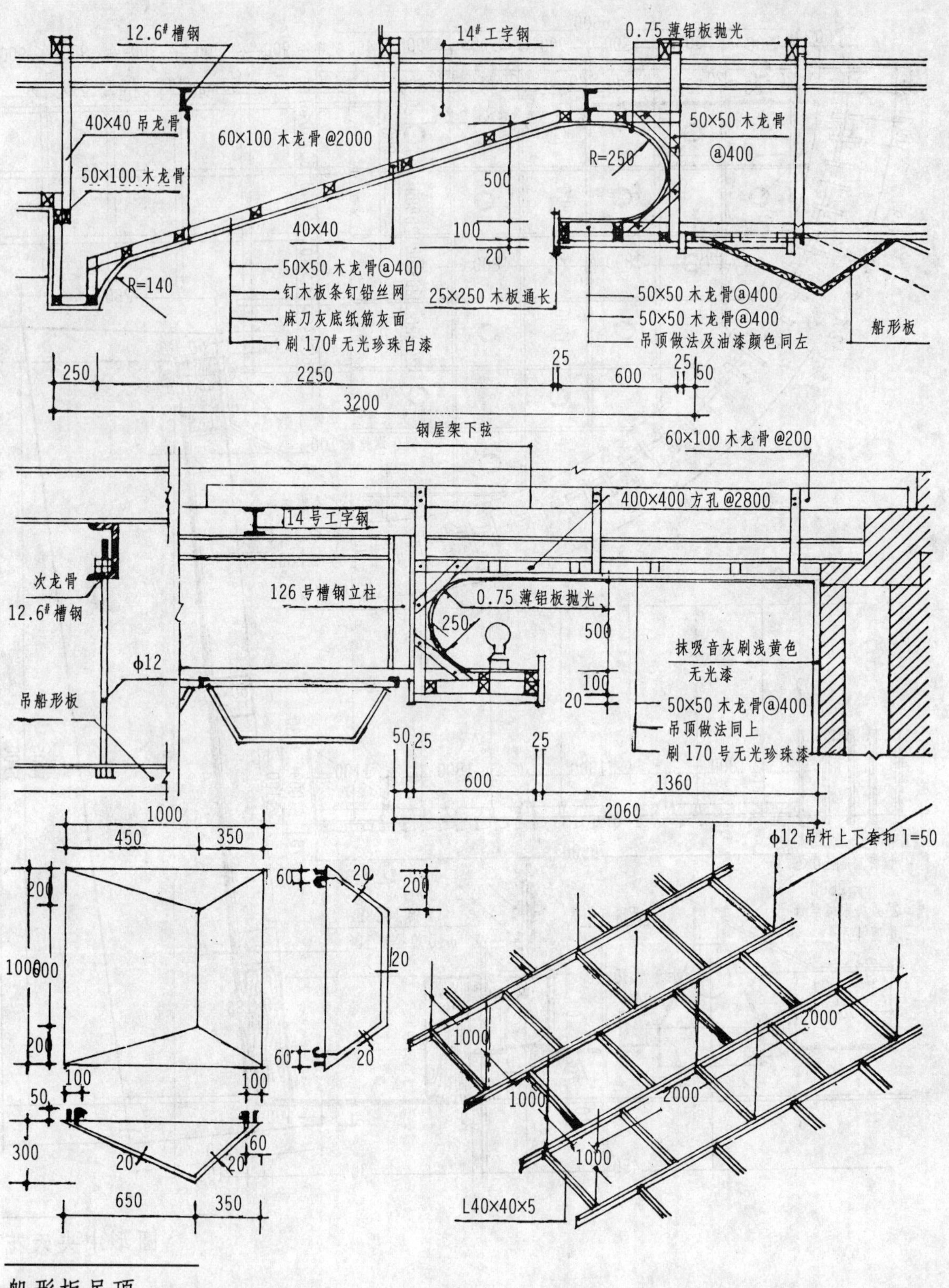

船形板吊顶

800
1000
浅米色
100
100
600
ϕ10 钻孔
装饰带
金色装饰带
深米色
墙面石膏装饰板
1000
白色纸面石膏板
2500
金色线条
40
150
150
深米色
浅米色
894
150
150
观众厅顶棚石膏板涂色

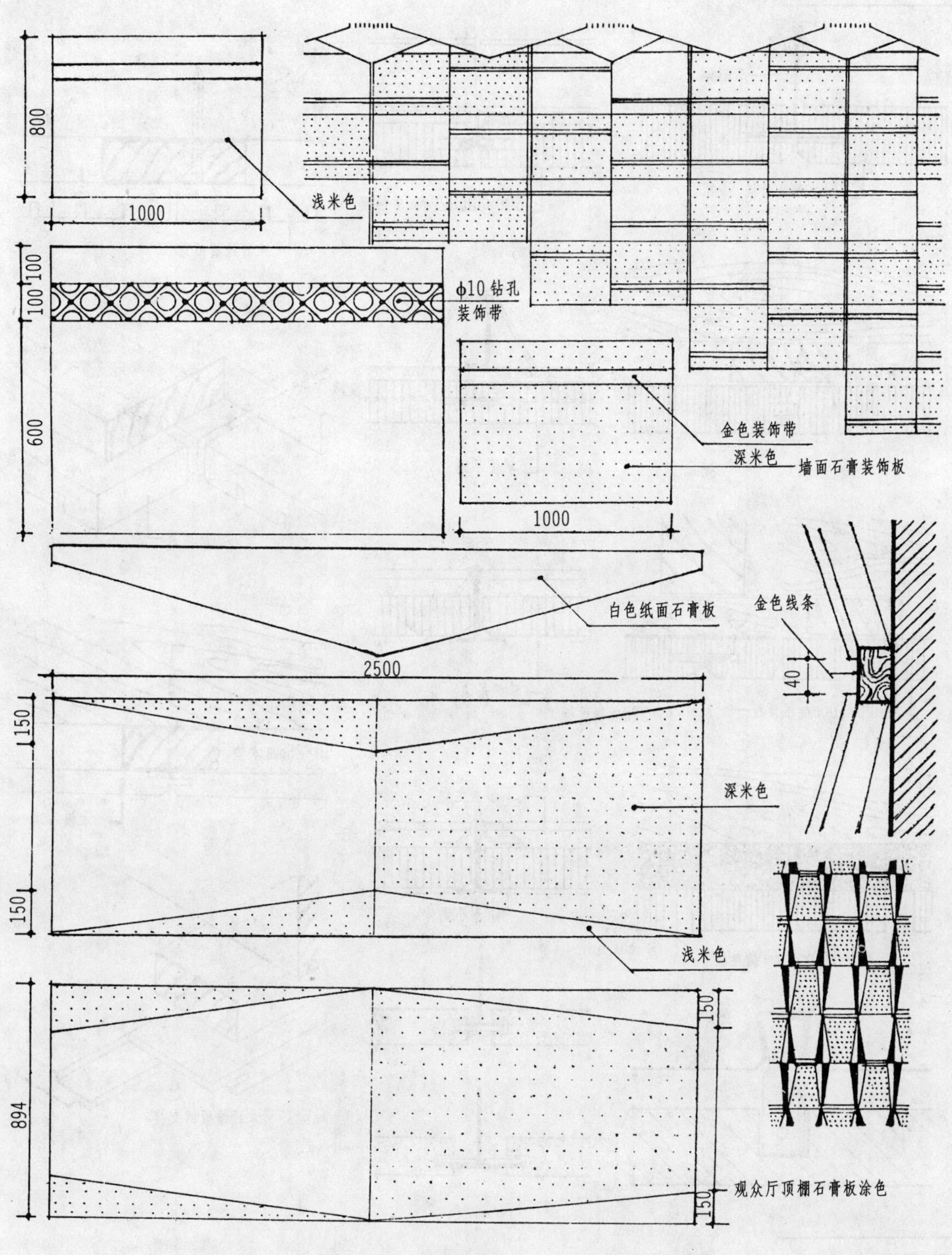

船形板吊顶

国外吊顶节点

T形件
30mm厚微粒板
600×600×22mm矿棉板
木纤维板吊顶
钢钉
26mm厚板
矿棉吊顶
吊顶板
600×600mm吊顶板
30×32mm硬质板
钢钉
矿棉吊顶
50×25mm木垫
木板吊顶
T形主龙骨
T形小龙骨
100×22mm微粒板
玻璃丝
木纤维板的交接

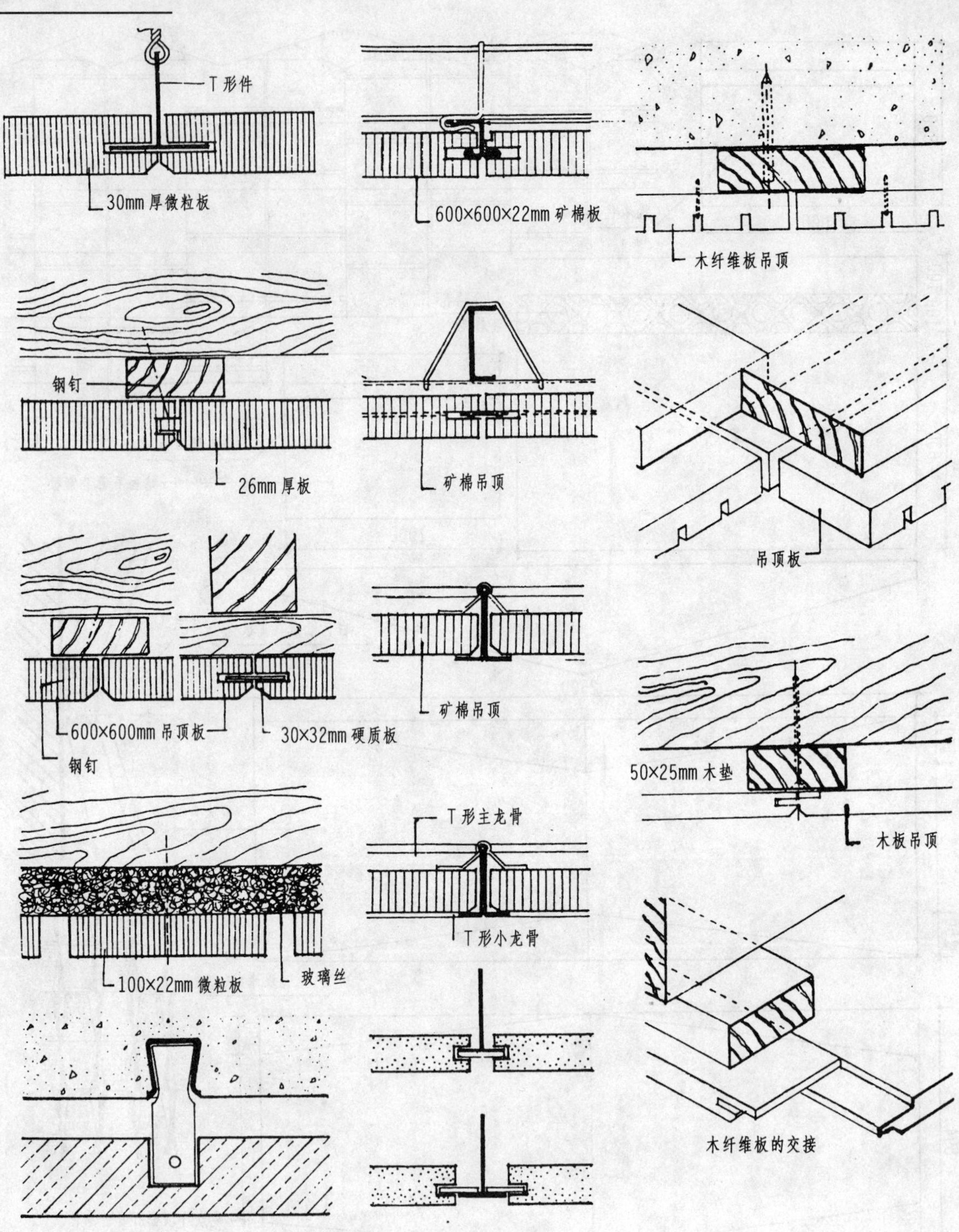

吊顶节点

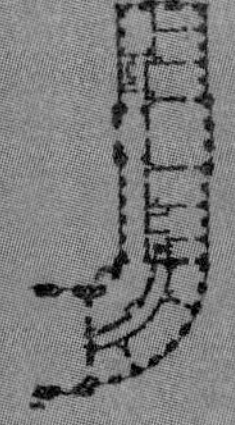

楼梯

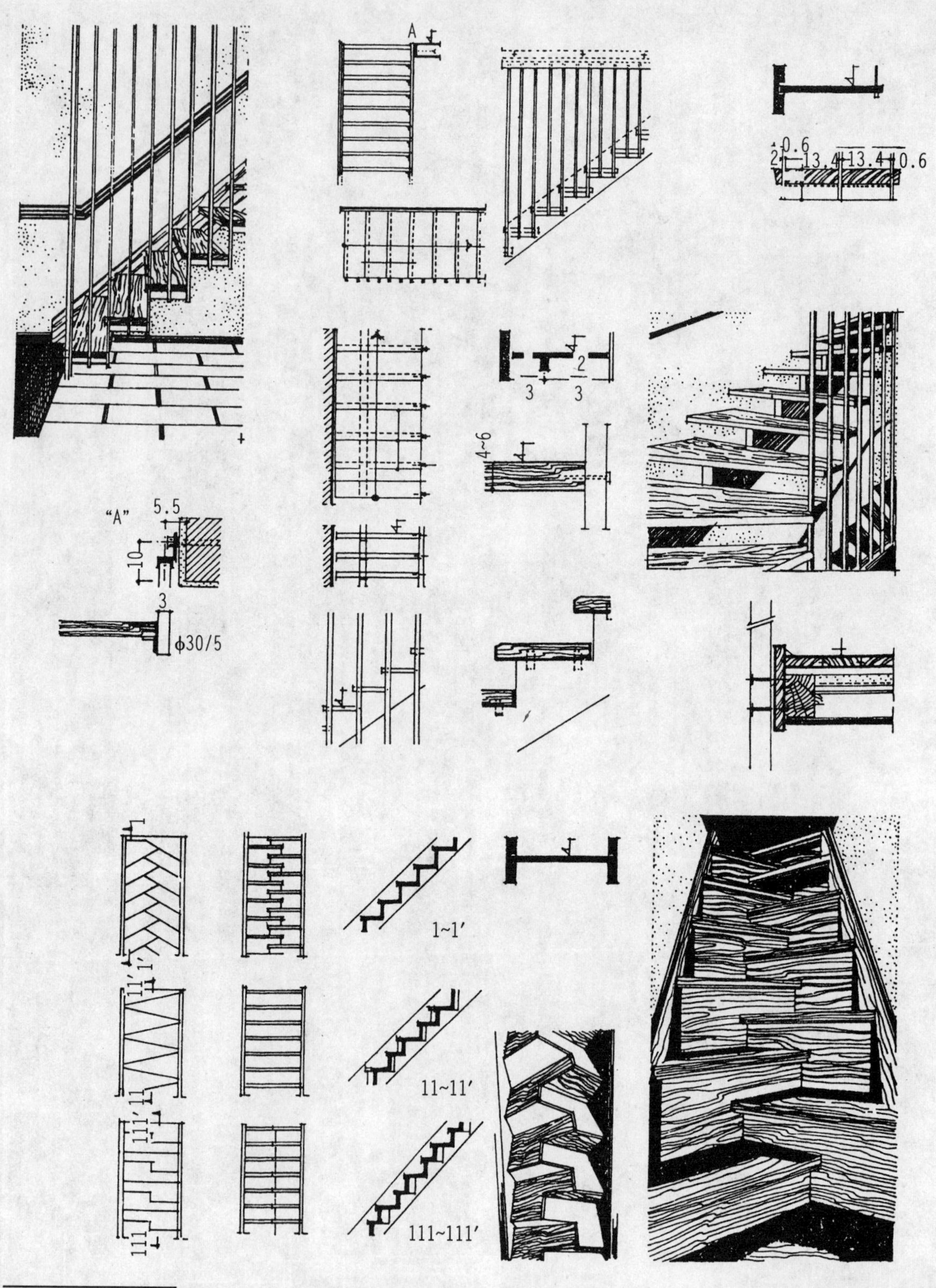

楼梯细部

85
265
132.5
φ10m/m
2.5
3.5
22
28.5
φ12
φ32m/m
14
20
17.5
51
105
280
75 12 75
18 18
18
53
φ50
φ24
φ70mm
16
25
3.5
12-16
4

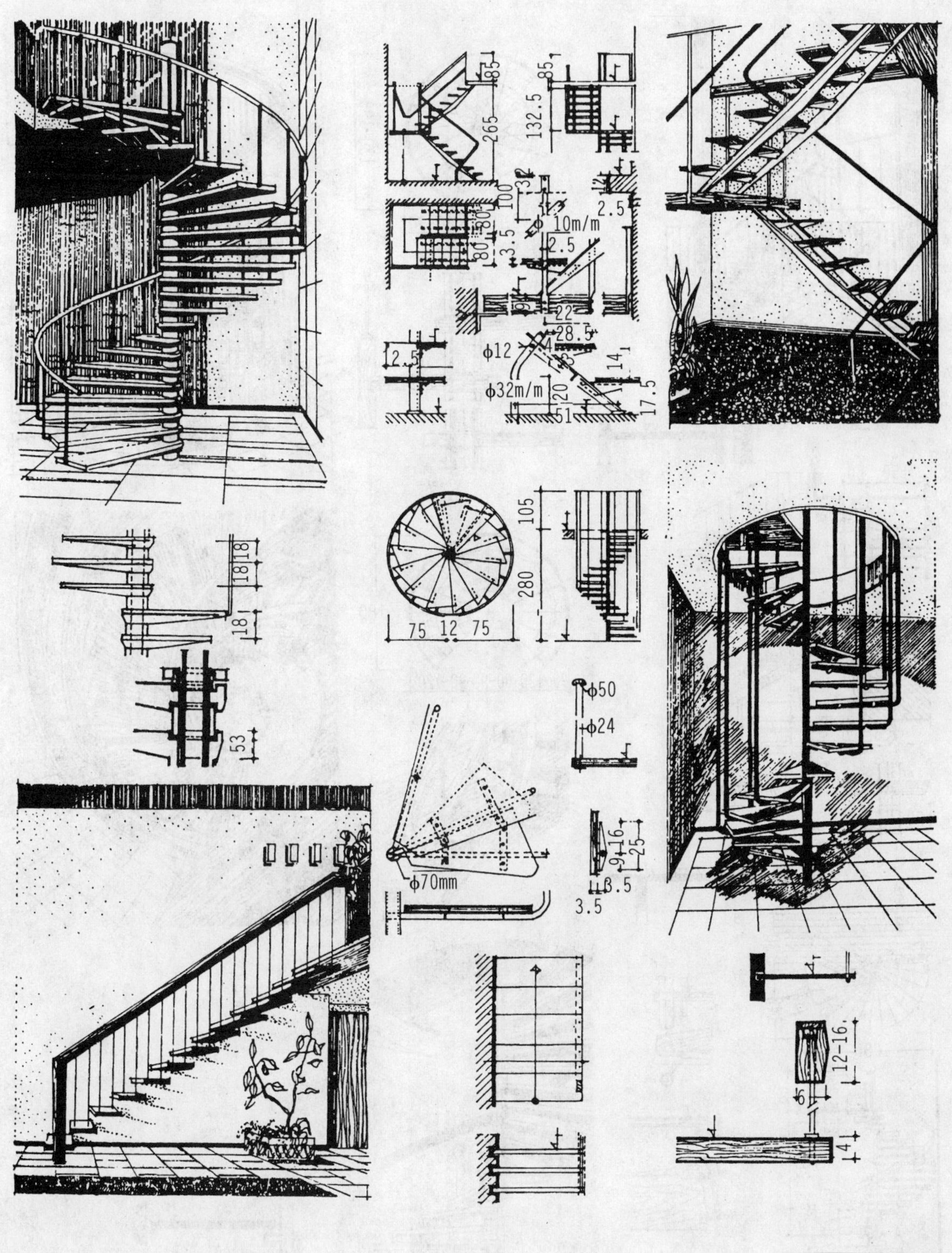

楼梯细部

130~195
60–90 10~15 60~90
150 60
100
120
792
191
90
~180
90~120 60~90 90–120
ϕ25/2
17
28
8
31
17
33
31
80
"A"
130
37
143
286
20.7
85
25.5
280
17.5
85
A
29

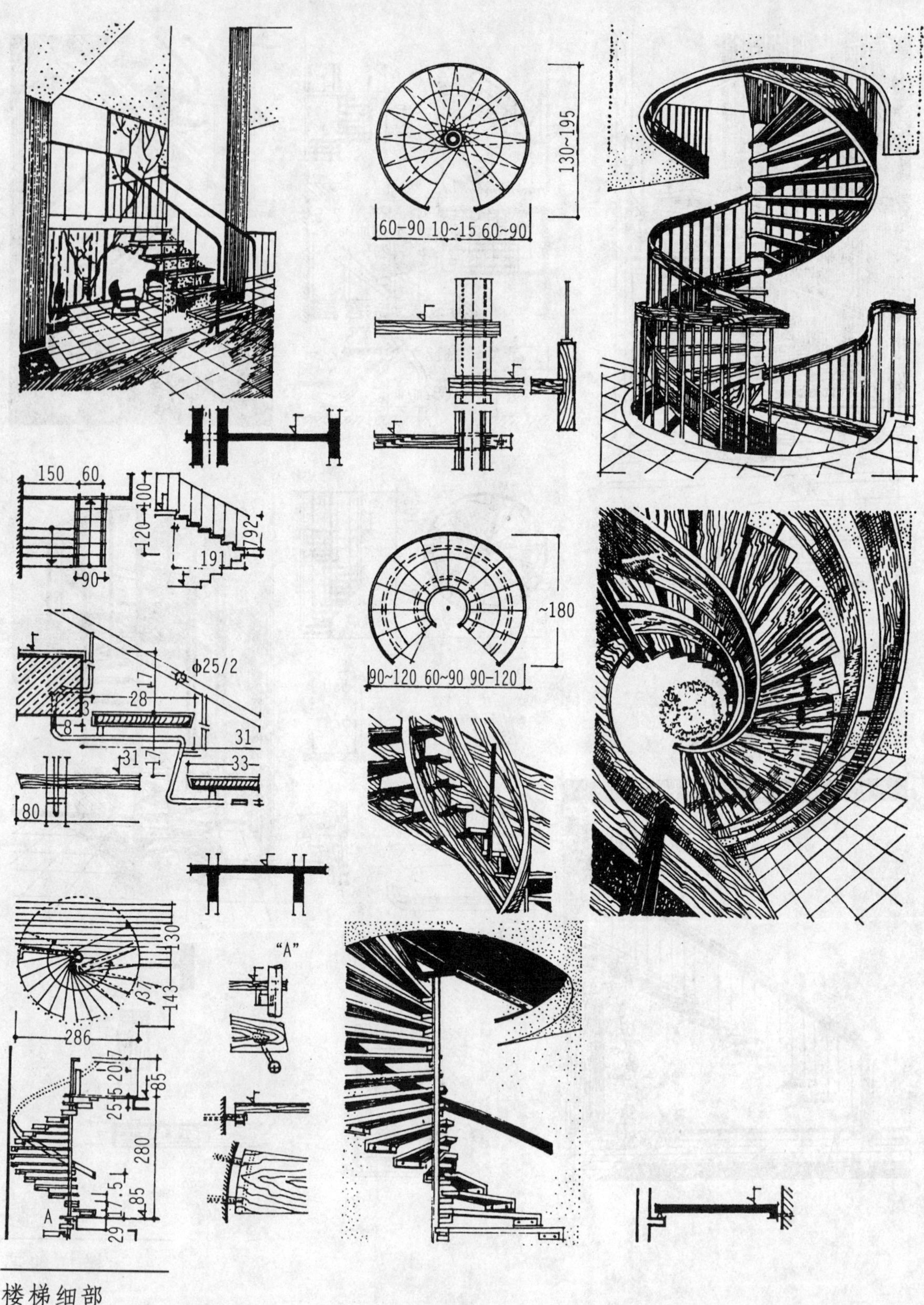

楼梯细部

4 28 183
190
25
28 28
17.5
6
17.5
90
17.5
5 6 95 6 95 5
"A" 6 6
28
17.5
6
6
2~3
ϕ9mm
"B"
ϕ14mm
3
16 16 16
16 16
100
A
256
C
120 165 120
"A"
16
"B"
C"
120
6
9
120
405
28
28
90
6 2
17.6
17.5
50 30 2
28
28
2~3
5
12.5
17.5

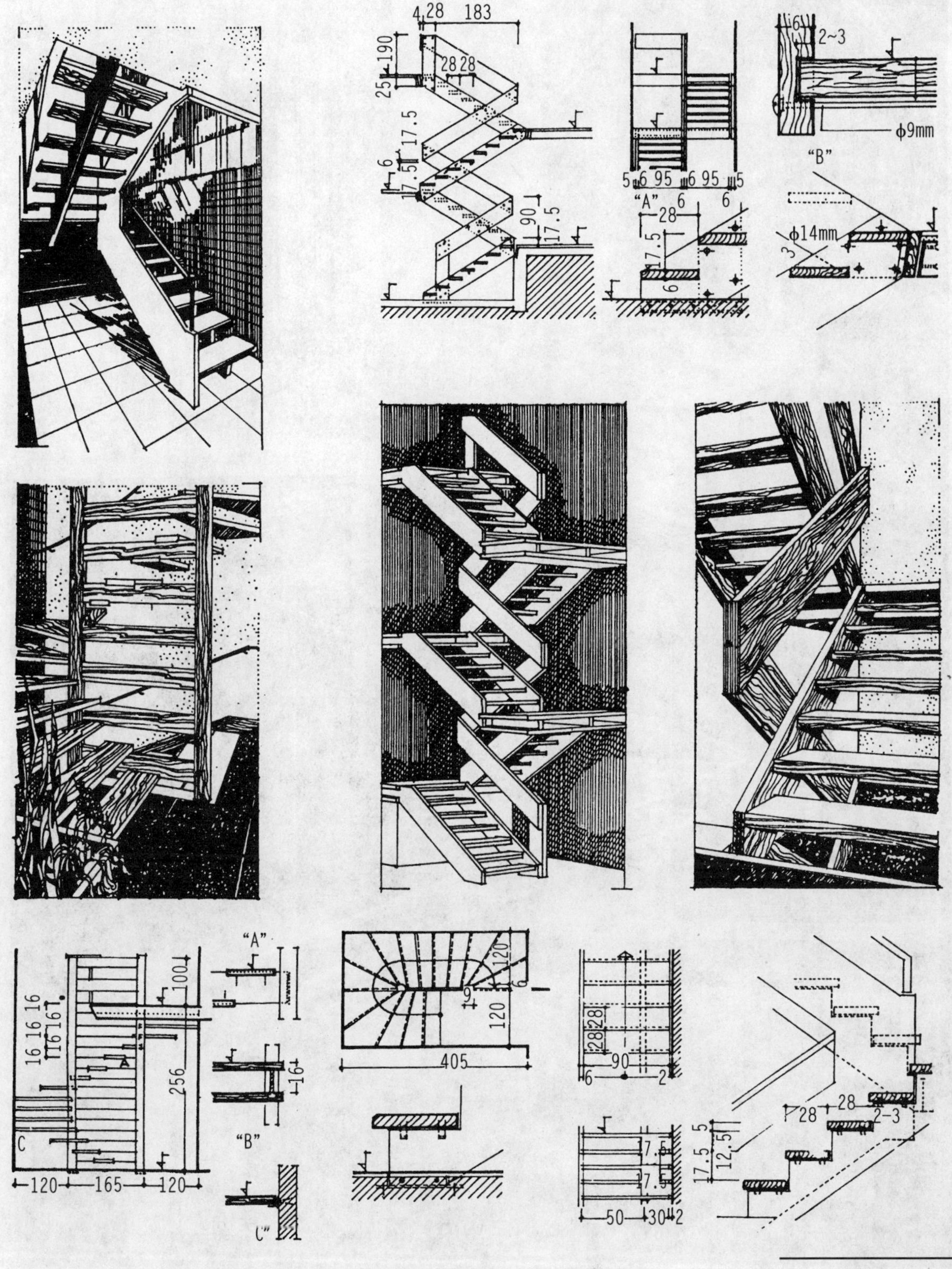

楼梯细部

楼梯细部

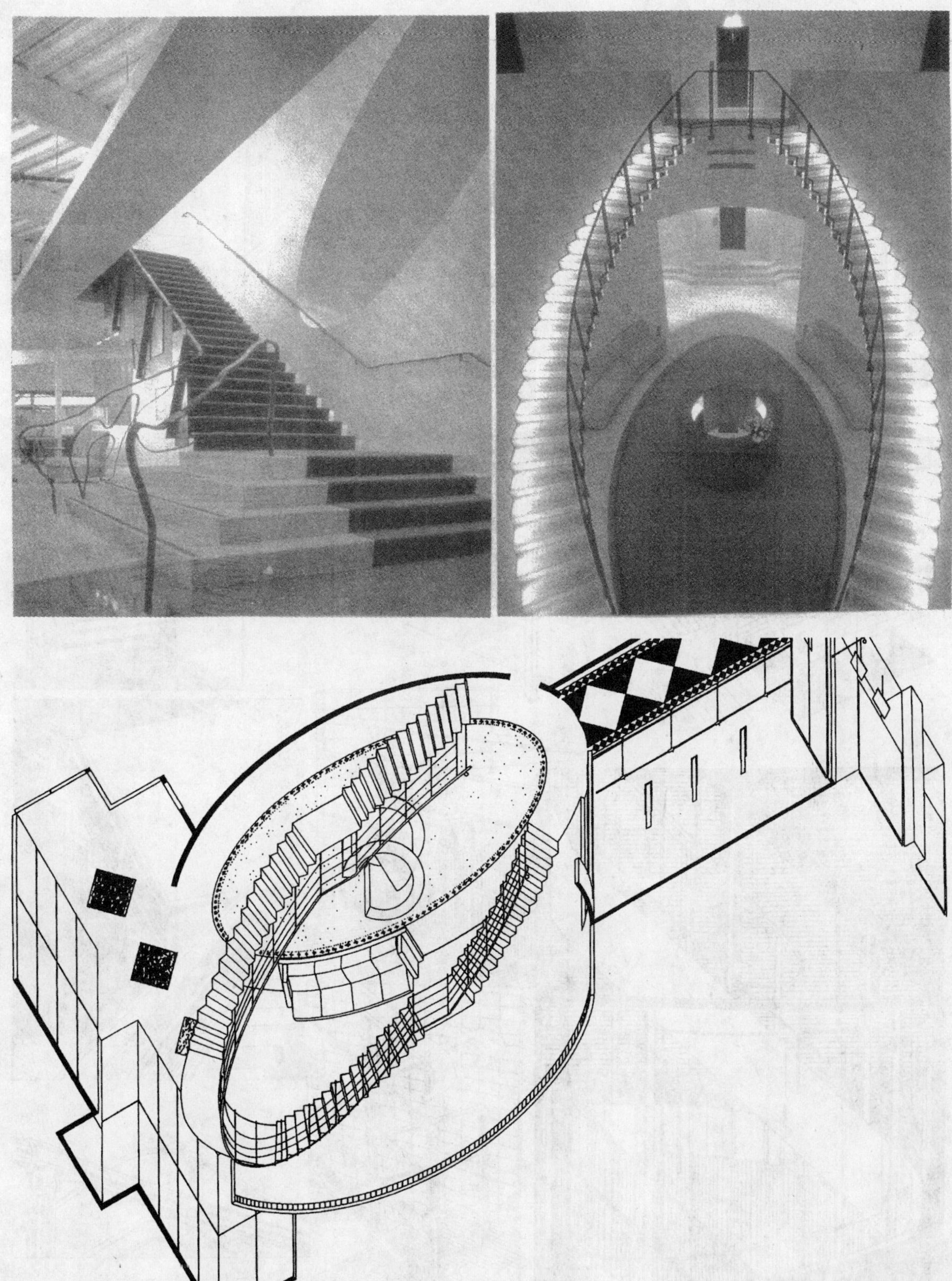

楼梯细部

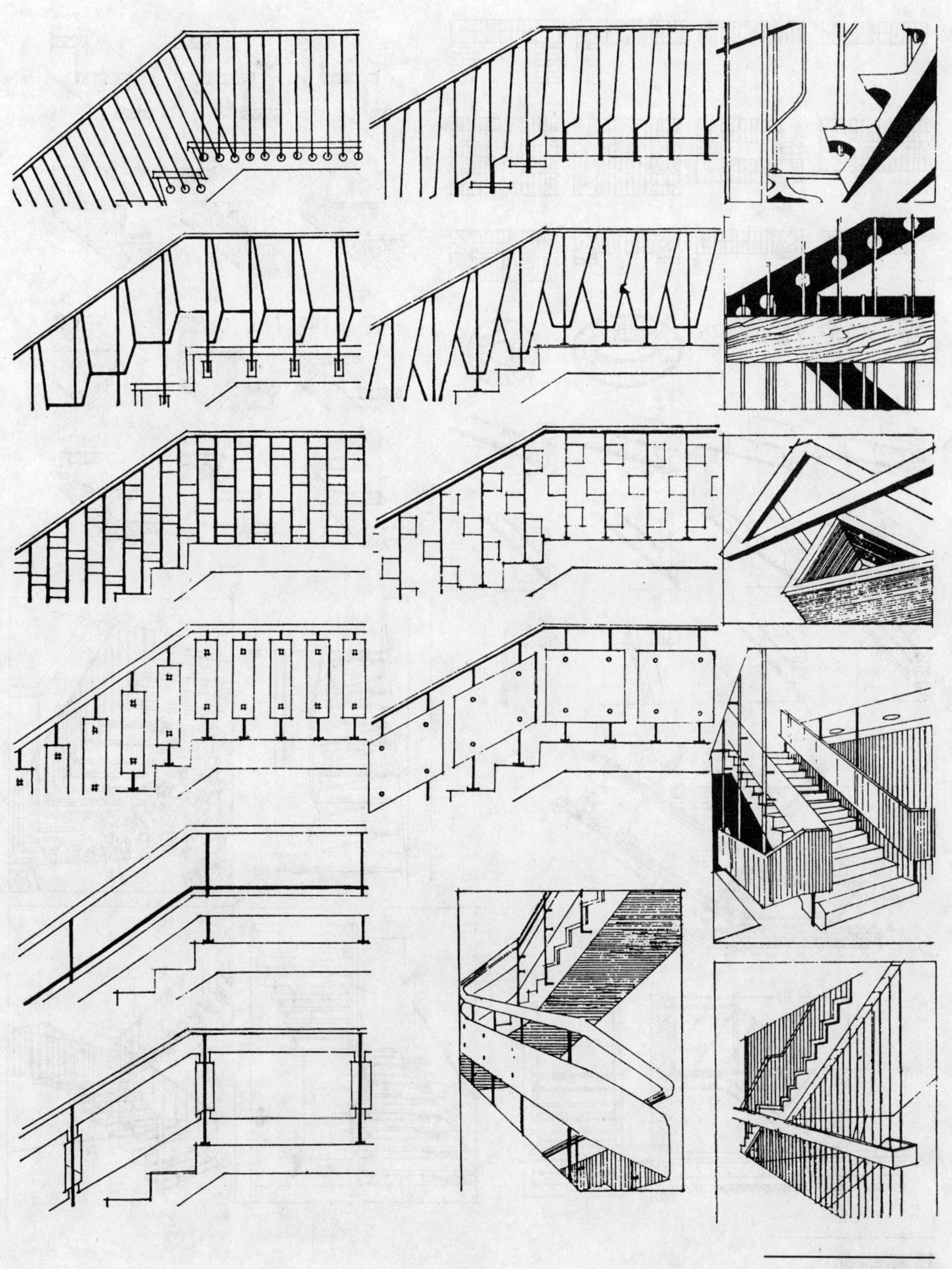

楼梯细部

220
220
220
220
220
225
230
240
180
230
130
ϕ18
175
188
294
ϕ28
188
135
315
30
128
97
115
125

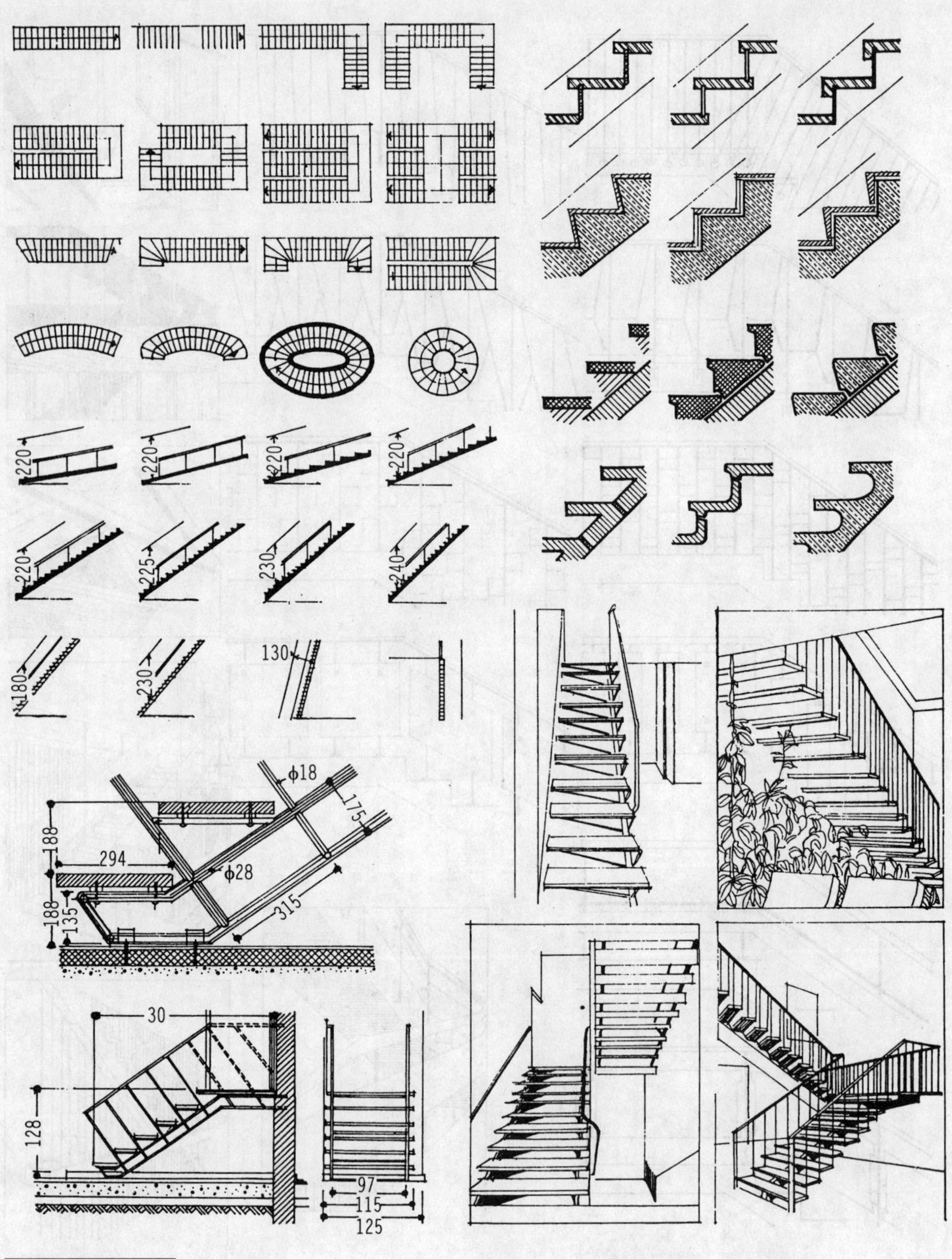

楼梯细部

扶手

硬木扶手
$2\frac{1''}{2}\times\frac{3''}{8}$
A-A
$9''\times1''$
硬木板
1″
10′-9″
25′-6″
11′-6″
8″
$3'-1\frac{1}{2}''$
$3\frac{1''}{2}\times1\frac{1''}{2}$
硬木扶手
$2''\times\frac{1''}{4}$铝盖条
$\frac{1''}{4}$有机玻璃
$1\frac{1''}{2}$铝管支柱
$1'-1''\times1\frac{1''}{4}$
硬木板
橡皮面层
1′~ 1″
6.41″
$1\frac{1''}{2}$磨石子面
混凝土踏步
$\frac{8''}{5}$抹面
A
A

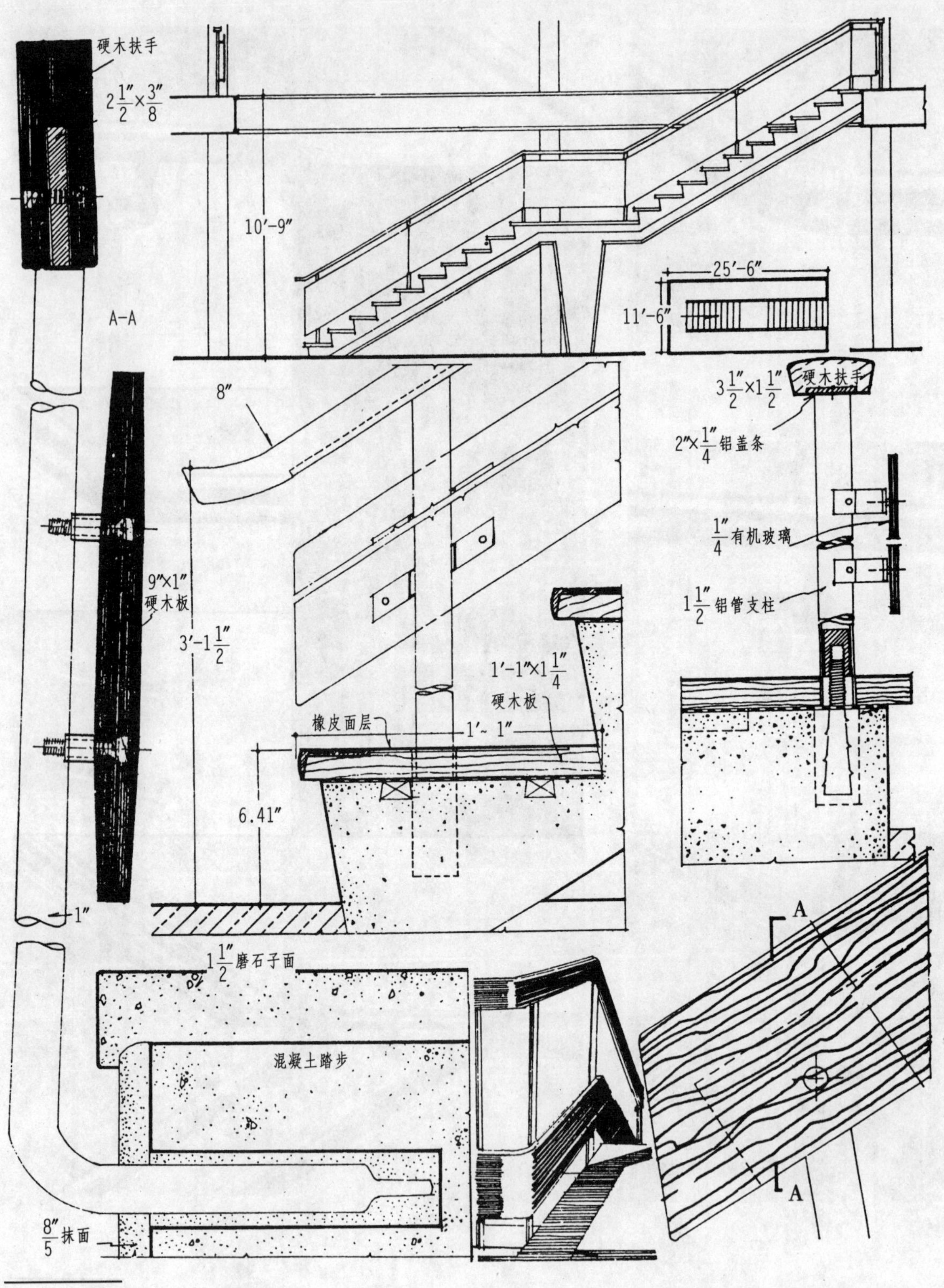

扶手

70
900
5060
350
150
80
100
150
50
400
Φ10钢筋钩一端与钢筋网固定
一端勾住片石数量由施工掌握
200#号细石混凝土结合层50厚
500
300
660
150
0
150
10050
50×50×5=60Φ12
铁脚=100 中距500
2厚铁板扶手
1:1.5水泥白石子
(内掺3%石屑)剁斧10厚
1:3水泥砂浆10厚
浇制钢筋混凝土板
20厚
板下刮腻子
喷白泥水浆
方钢15×15
-50×50×10
埋件
Φ10钢筋预埋
外露50与钢筋网焊牢
Φ10钢筋
(500双面网)
20
80
17.5
35
17.5
250
70
17.5
32.5
50
500
橘黄色
朱红色
14450
200
3450
8100
2500
200
26步 350×150
1:2.5白水泥
砂浆抹面
白色水磨石面
900
900
1800
1400
700
700
900
900
1800
2000
1100
900
1:2.5白水泥砂浆抹面
200
150
150
240
150
180
150
180
150
白色水磨石面
1250
1250
150
1200
1200
150

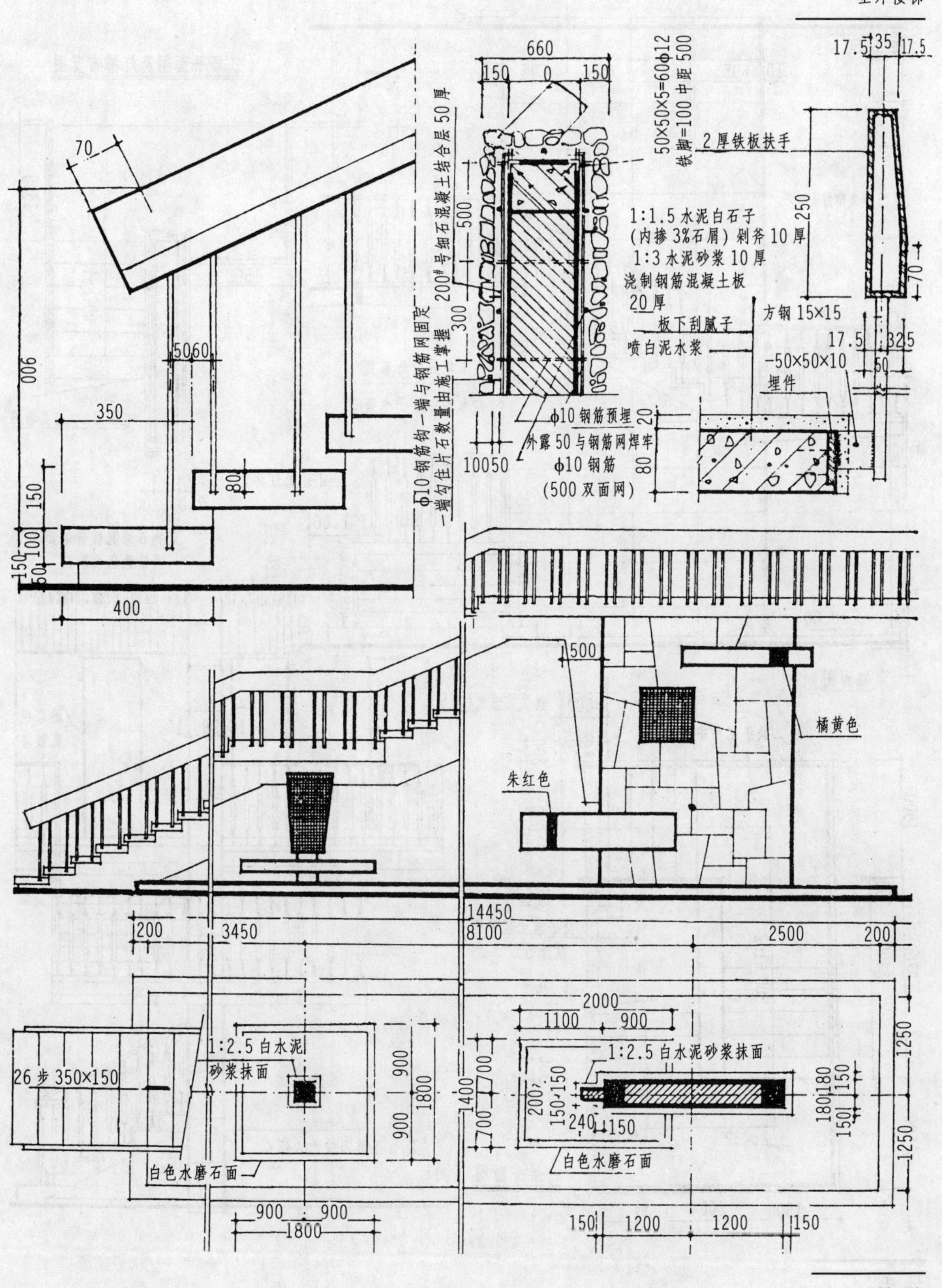

扶手

6.50
485
10
695
695
695
695
10
20
820
二层平面图及灯槽布置图
2.5厚莱阳绿大理石
1500
1500
15×300
浅米色四方马赛克
白水泥白石子水磨石
20瓦日光灯共8只
15W日光灯共2只
300
200
200
1.061
穿孔石棉瓦吸音墙面
喷雅蓝色乳胶漆
120
±0.00
485
170
立面图
1800
600
扶手挑出立柱150
扶手立柱中~中150
10
380
10
雅蓝色
乳胶漆
300
1500
1600
3.80
300
300
扶手与大理石面
脱开50
2700
2400
152
300
花池
300
1500
2.432
2.5厚莱阳绿色大理石
一层平面图
1500
300
1500

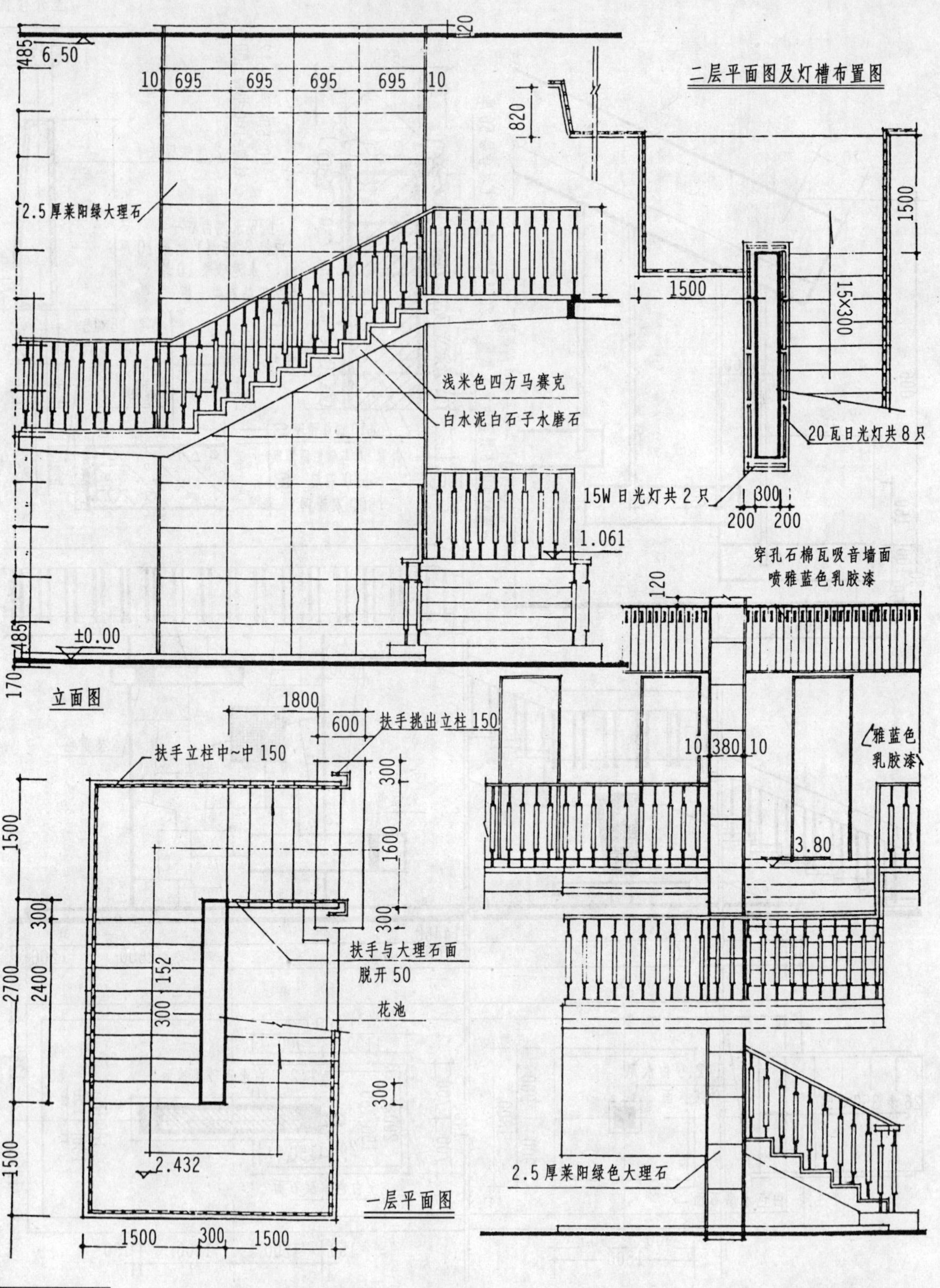

扶手

第八级位置梁下皮
作吸顶灯
椴木扶手表面清漆磨退
平头螺丝70长交错布置
中距300
-40×5
通长
ϕ17钢管表面黑色烤漆
镀铬钢管ϕ26.75壁厚
3.50
D=3平头螺钉 l=5
里面钢管压紧外头
东北红石子磨石面
焊接
预埋扁钢
1450(完成面)
上水管出池底面50高下水管与池底平
水管穿混凝土池底处用1:1水泥砂浆填平
1″木螺丝钉将电镀铁板与木板拧紧
20厚木板
5厚铁板弯成方筒形电焊镀铬
铸铝抛光8厚
2″木螺钉拧紧
高硬橡皮条30宽20高黑色
1200长
1.5厚钢条25宽
5×5槽居中
铆接
2#角钢1340长
两端与踏步埋件
连接
橄榄绿马赛克面60宽
ϕ6距150
ϕ6中距200
不规则大理石片2.5厚
1:1水泥砂浆嵌缝
1:1水泥砂浆10厚
1:3水泥砂浆15厚
钢筋混凝土池底
浅黄色马赛克面
橄榄绿马赛克面
100#混凝土圆台R=750
东北红石子磨石面

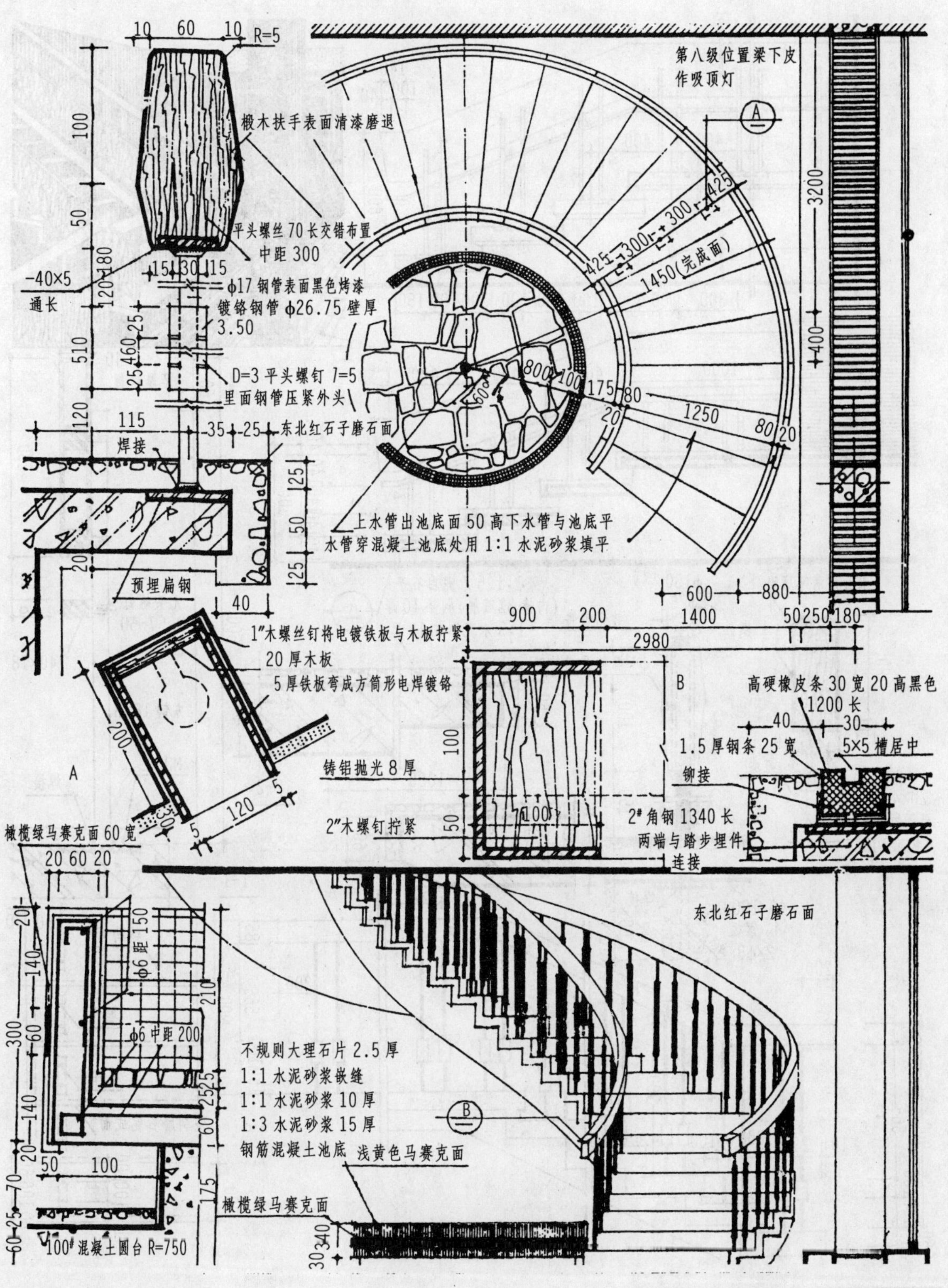

扶手

入墙 240
1
2
400
400
140
100
40
600
300
100 300
100 300
100
300
100
150
1000
400
400
400
40
140
140
140
600
水曲柳清漆磨退
$1\frac{1}{2}$ 螺丝
80
5
10
20
10
ϕ16
黑漆
20×4 通长
扁钢留 ϕ4 孔
中距 300
ϕ150
ϕ25
ϕ17
镀铝铁件
ϕ4 螺丝及螺丝口
100
150
ϕ16
30
100
焊接
40×180×
4 钢板
2×ϕ8
60
1:1.5 水泥白石子
(内掺 3%石屑)剁斧 10 厚
1:3 水泥砂浆 10 厚
A
60
100
1000
2-2
60
50
A
40
2 厚铁板
60
250
600
540
无头螺钉
D=57=50
50
18
40×18
方钢 18×8
MJ
焊接
1-1
200
85
565
900
200
290
100
100
100
10
150
100
50
150
30
结构面
埋件
栏杆
浇制磨石完成面
300
60
180
60
30

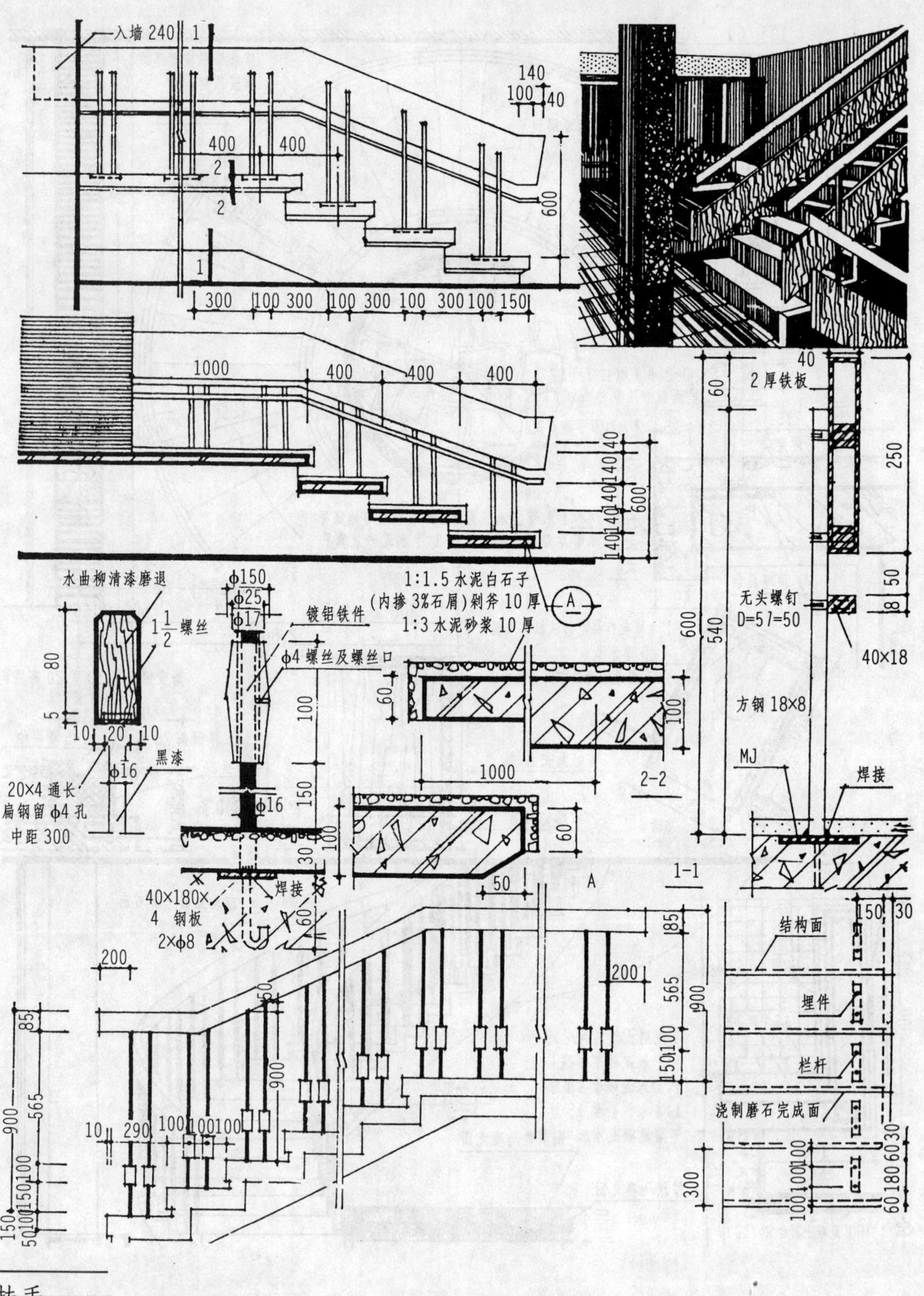

扶手

φ6 定位螺丝
外以 φ15 钢管
镀铜镀克
(或用钢筋)
地毯棍交接大样图
φ6 定位螺丝
外皮 φ15 钢管镀铜镀克(或用钢筋)
外皮 φ20 镀铜镀克
丝母焊接
φ10 套管一端丝母
A-A
梯井
上
下
结构线
一步宽
φ19 或 20×20 方钢
或 40×6 扁钢
护肢俯视 φ19
金钢砂防滑条
水曲柳扶手
φ19 或 20×20 方铁
立柱等距
金钢砂防滑条不得凸出
地毯卡棍
1 步宽
水磨石踢脚

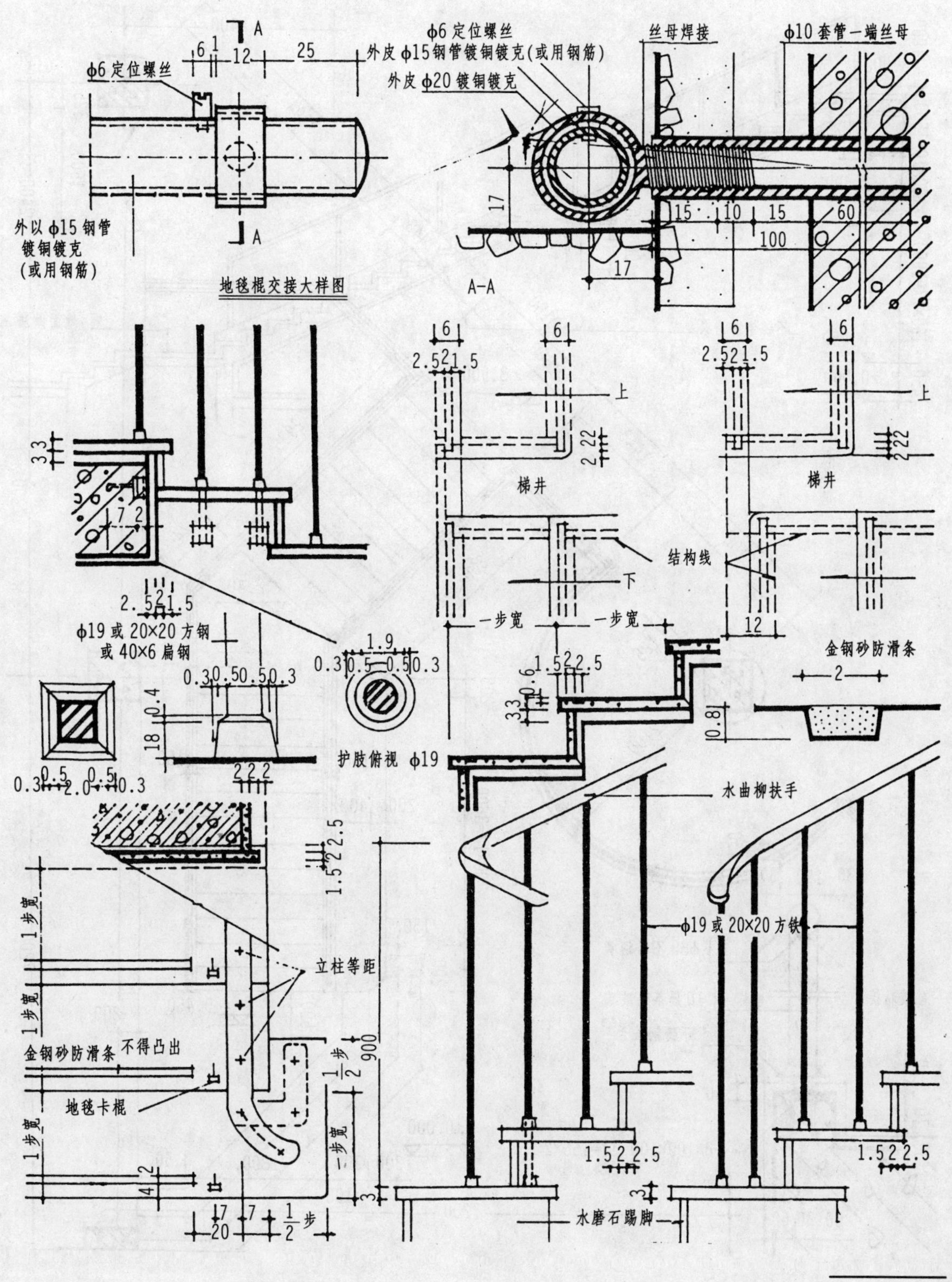

扶手

1000
3.900
150×10=1500
2.400
150×17=1950
0.450
450
±0.000
不锈钢防滑条
2400
3394
1443
10180
1800
1443
2100
3.900
2935
235
150
745
300×9=2700
2.400
125
2100
1087
200
150
150
200
400
300×12=3600
150
30
150
30
150
ϕ80 不锈钢管
硅胶粘接
10 厚茶色玻璃
不锈钢法兰
30
40
70
30
-8×100×100 1=150×2
60
30
60
200
0.450
500
±0.000
300
300
1800
500
100
7200
地面做法
325
1500
2400
7200
7200
400
250

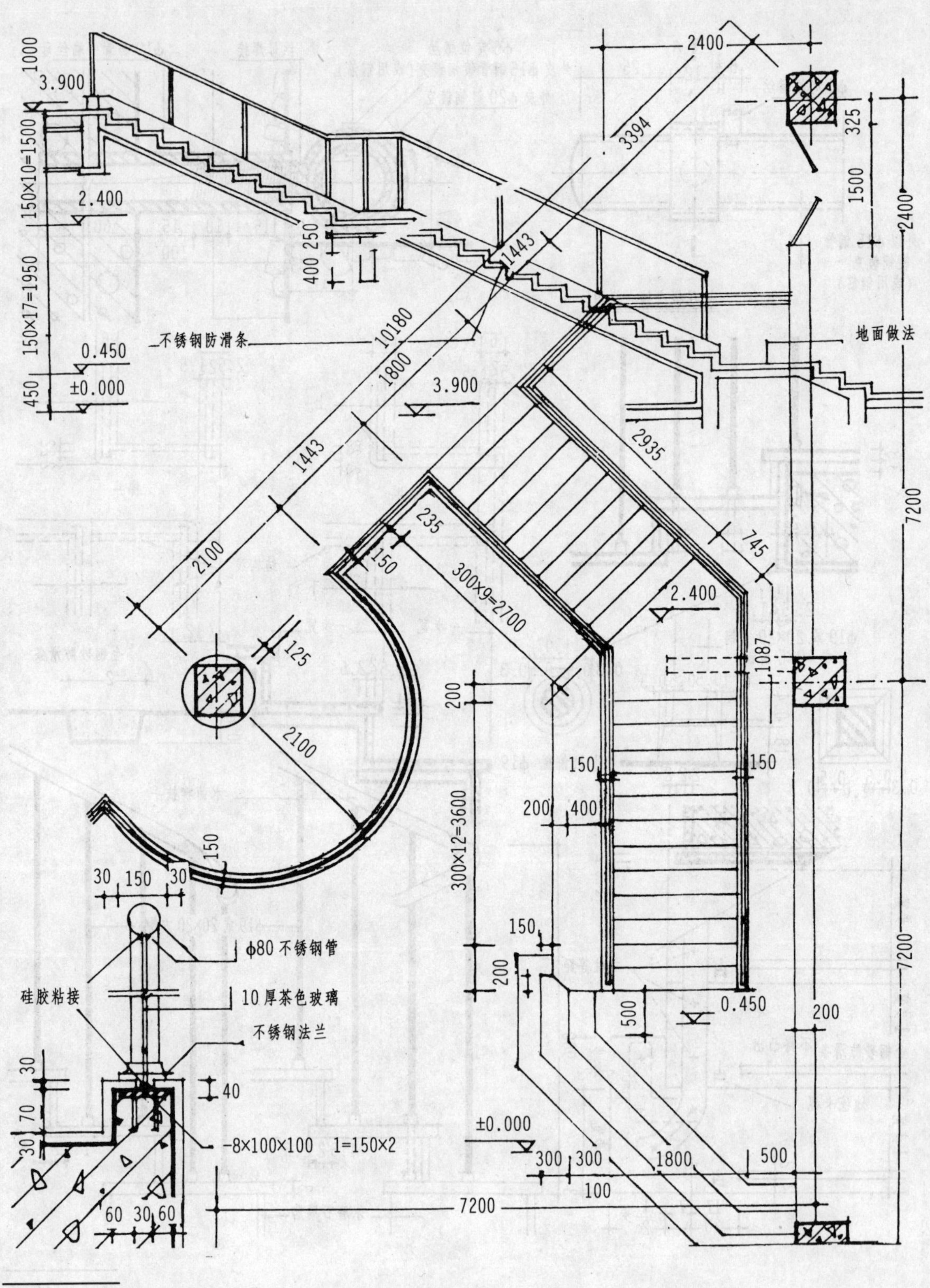

扶手

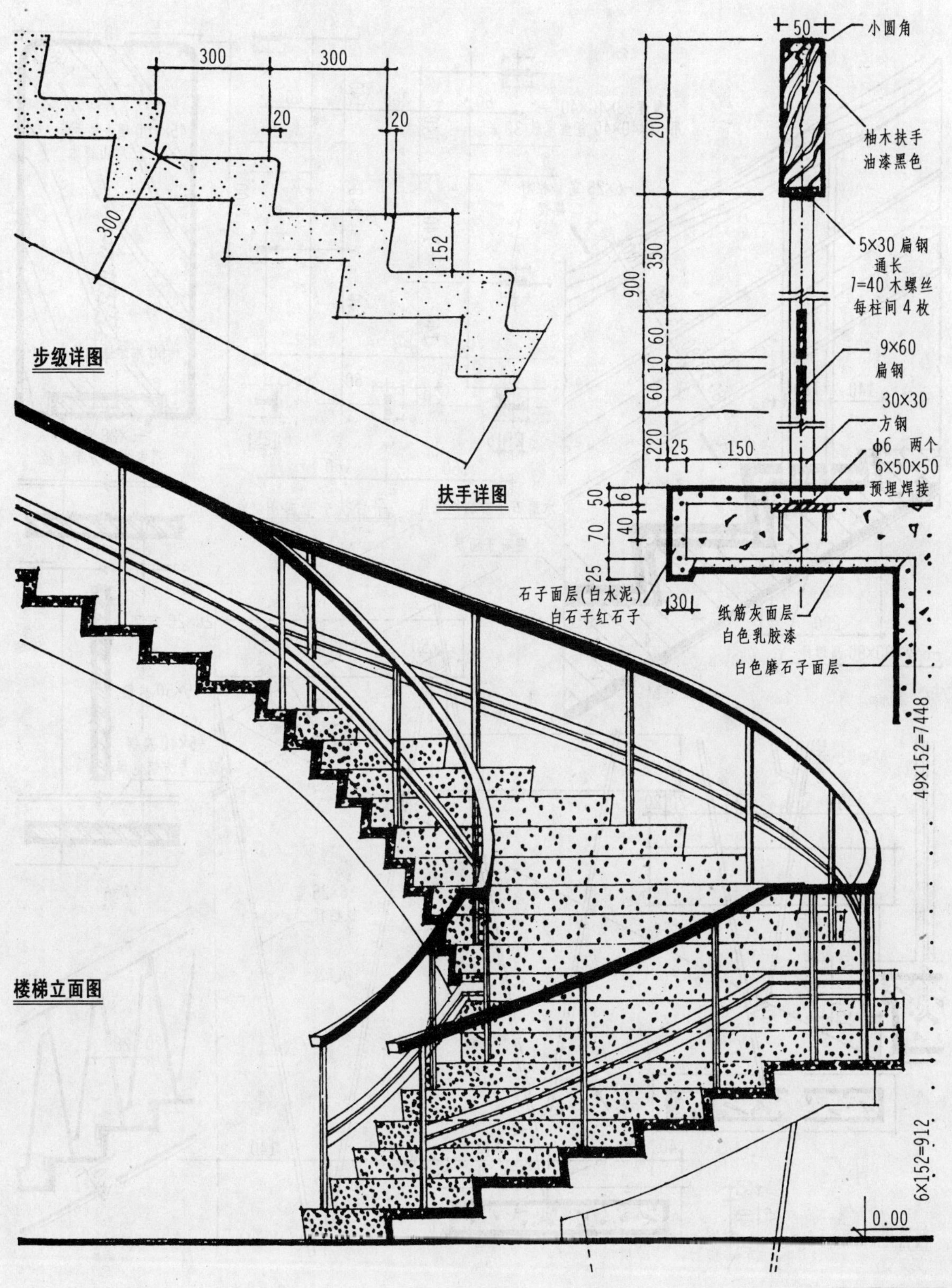

300
300
20
20
300
152
步级详图
50
小圆角
200
柚木扶手
油漆黑色
900
350
5×30 扁钢
通长
l=40 木螺丝
每柱间 4 枚
60
10
60
9×60
扁钢
30×30
方钢
220
25
150
ϕ6 两个
6×50×50
预埋焊接
扶手详图
50
6
40
70
25
30
石子面层(白水泥)
白石子红石子
纸筋灰面层
白色乳胶漆
白色磨石子面层
49×152=7448
楼梯立面图
6×152=912
0.00

预埋-3×40×40
用-3×40×40宽鱼尾铁30长
-6×25宽铁栏杆
焊接
140
120
280
-6厚×80×80预埋件
水磨石子粉刷拦水线
水磨石子面层
平台扶手平面图
45
R=8
45×100硬木扶手
用山樟木
l=60木牙螺丝每步一个
-5×28扁钢
用电焊与方钢连接
-5×40扁钢
20×20方钢
-5×50扁钢
-5×40扁钢
穿孔与方钢电焊
A-A
-6×25宽
铁栏杆
剖面图

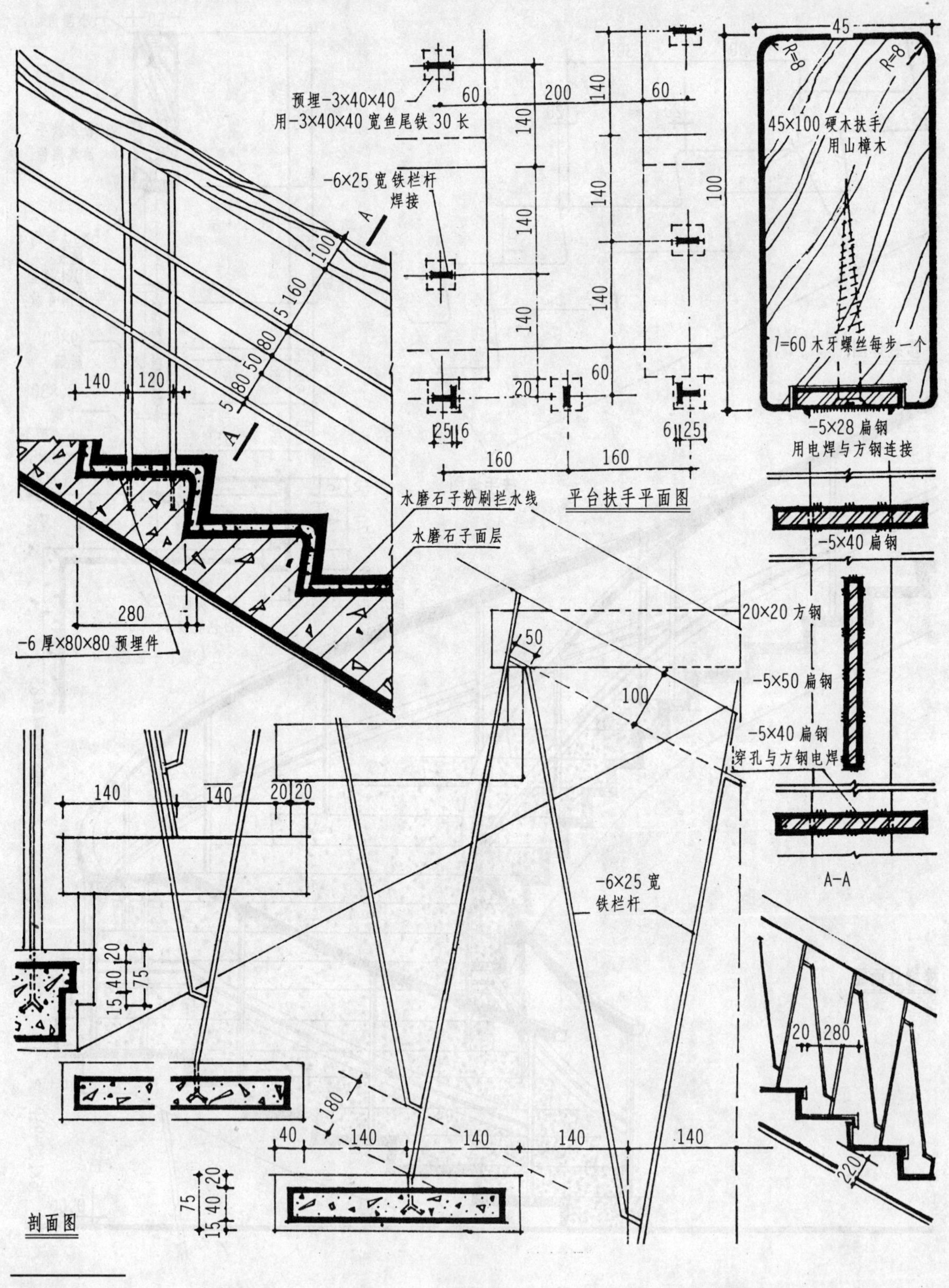

扶手

4.50
900
20
400
300
电焊
1 1
50
水磨石踏步
勒脚
±0.00
电焊
扁钢 3 厚
红丹一道
调和漆两道
方钢 18×8
红丹一道
调和漆两道
150
30
40
100
30
60°
60°
400
65 0
100
270
70
电焊
混凝土条
上端预埋钢板
50×100×5
水磨石
预埋钢板 100×100×5
绿色马赛克 18×18
立放卧牢
35 18
3~4
25
10
30
10
55
100
硬木扶手
ϕ4a 200
2ϕ6
200# 混凝土
100
50
电焊
15 30 15
10 80 10
扁钢 30×5
1-1

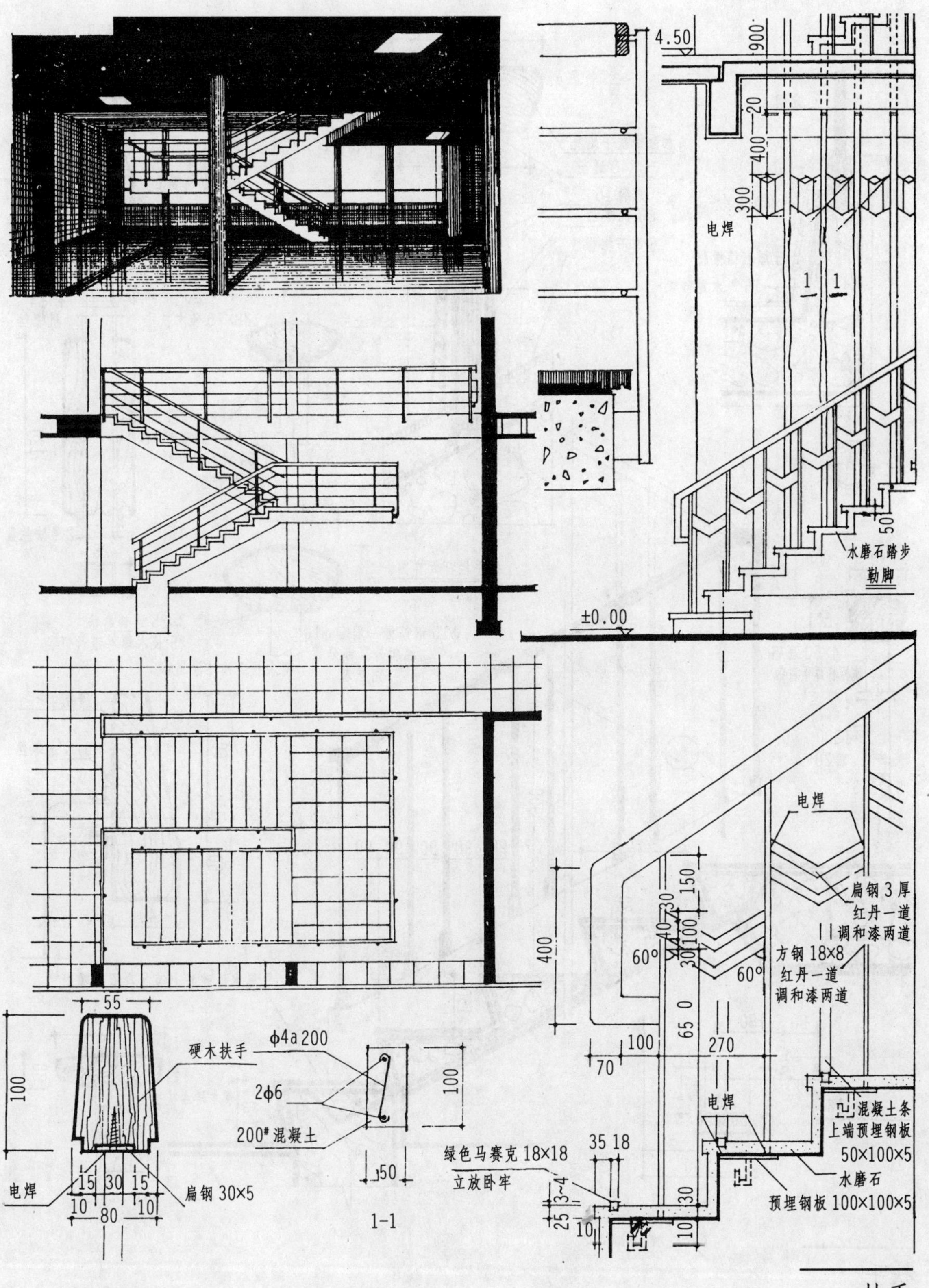

扶手

方钢 16
-3×40 通长
5 厚石棉橡胶
15 厚水泥砂浆
水曲柳扶手蜡克
-3×40 通长
1″木螺丝
方钢 16
ϕ3 机螺丝
5 厚石棉橡胶
金属法兰
镀克
扶手栏杆大样图
洞内填木块
1.2 厚铁板垫圈
ϕ5 圆头螺头
ϕ5 螺母
焊在方钢管上
1#/2 ϕ5 平头木螺丝
2 号法兰盘
ϕ4
机螺丝
38×70 硬木扶手
5×25 铁板栏杆留丝扣眼
用 ϕ4 沉头机螺丝
与铁板拧牢
腊克
2 号法兰盘
4×50 扁钢
铁栏杆焊于扁钢上
ϕ300
宽 20
ϕ16 钢筋棍一端套 ϕ10
丝扣外露部分镀
克罗米
3×25 通长扁铁
25 长木螺丝错行钉
硬木扶手清漆磨退
腊克
6/8″木螺丝
15 厚水泥砂浆上铺 5 厚石棉橡胶
方钢 16
硬木清漆扶手

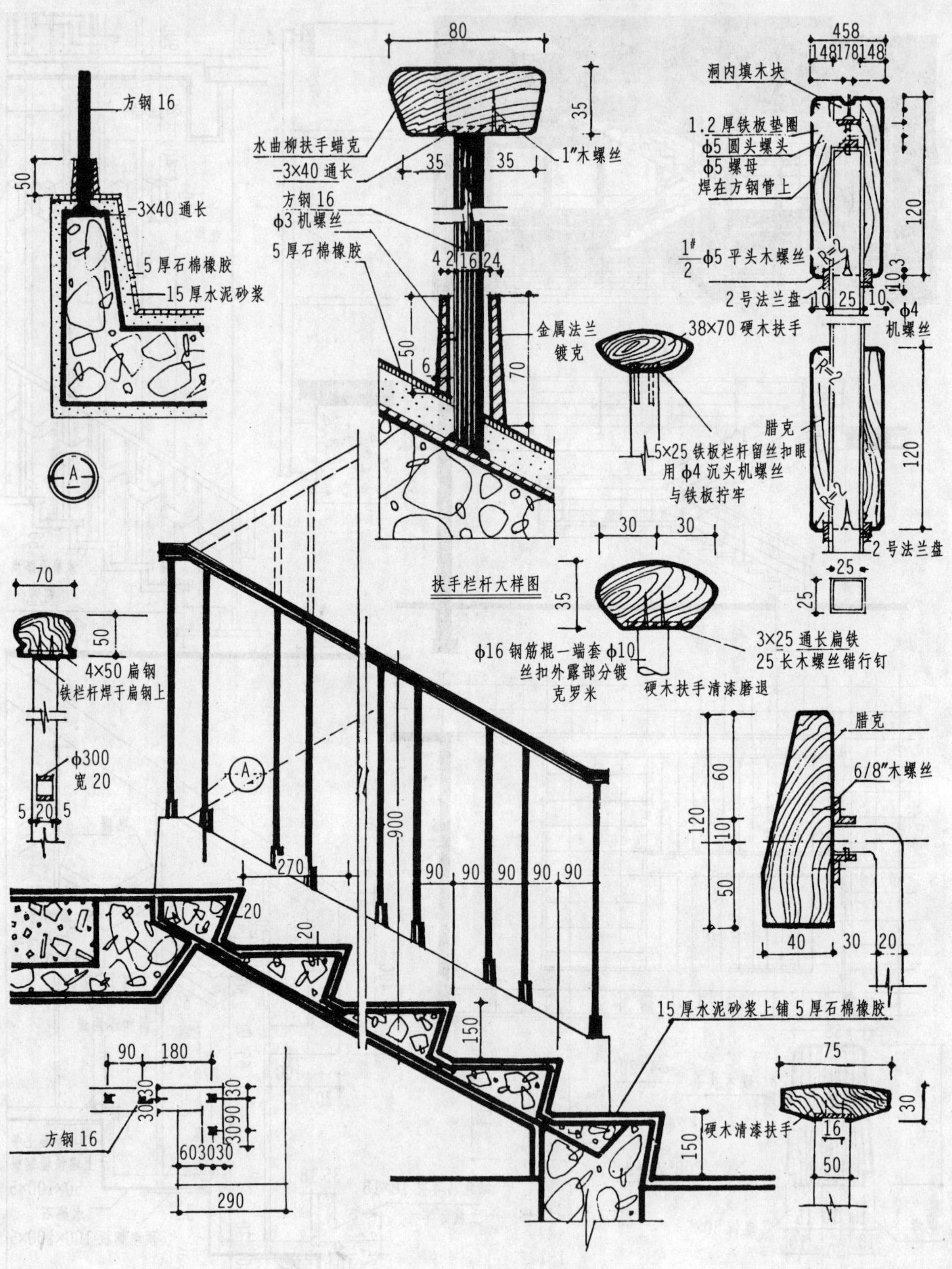

扶手

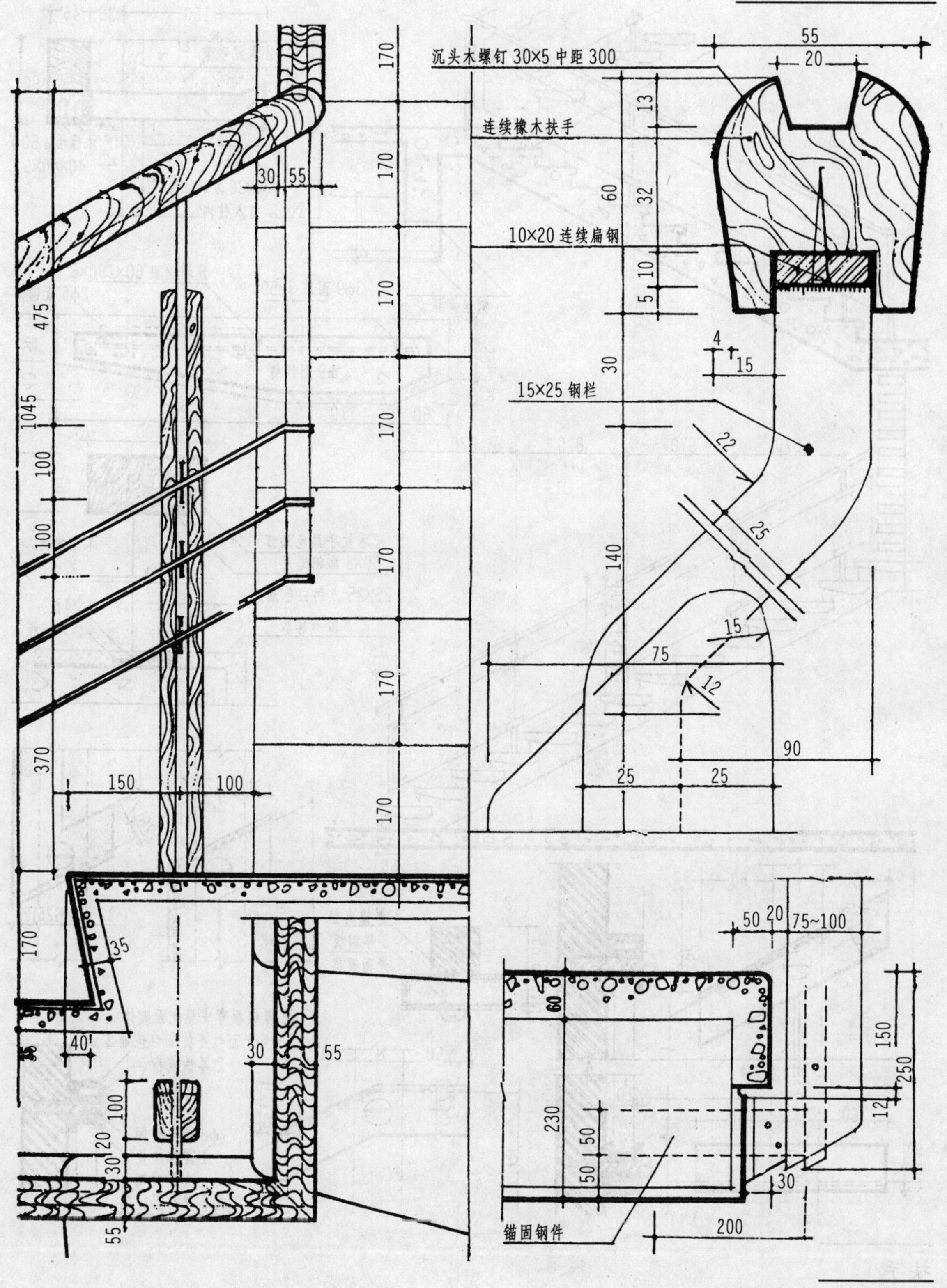
沉头木螺钉 30×5 中距 300
连续橡木扶手
10×20 连续扁钢
15×25 钢栏
锚固钢件
55
20
13
32
60
10
5
30
4
15
22
25
140
15
75
12
90
25
25
170
170
170
170
170
170
170
30
55
475
1045
100
100
370
150
100
170
35
40
30
55
100
20
30
55
50
20
75~100
60
150
250
12
230
50
50
30
200

150
35
45
1:2 水泥砂浆
90
5
木螺丝 a 500
40×40×5
30×30 方钢每柱中
打入柱内
钢丝网抹灰
预埋钢板 60×180×6
3ϕ9 面筋 l=50
2ϕ6 直钢筋
ϕ9 圆钢筋
65
25
50
40
60
110
240
100
60
870
870
870
870
硬木扶手黑色油漆
60×6 扁钢通长
木牙螺丝
25×25 方钢白色油漆
焊接
预埋钢板
水磨石梯级
200
450
210
860
200
165
250 125125
125125
125125125125
50
50
125125
52.7
伸缩缝
2
ϕ8 螺丝
1 厚橡皮垫
3 厚钢板
光面镀铬
3 25
3 10
3 10 3
50
50
125125
26.1
3 厚钢板弯成见光面镀铬
不见光面红丹打底白色油漆
2 厚铁戒指
ϕ8 螺丝拧固
1 厚橡皮垫
夹层玻璃
或 6 厚有机玻璃

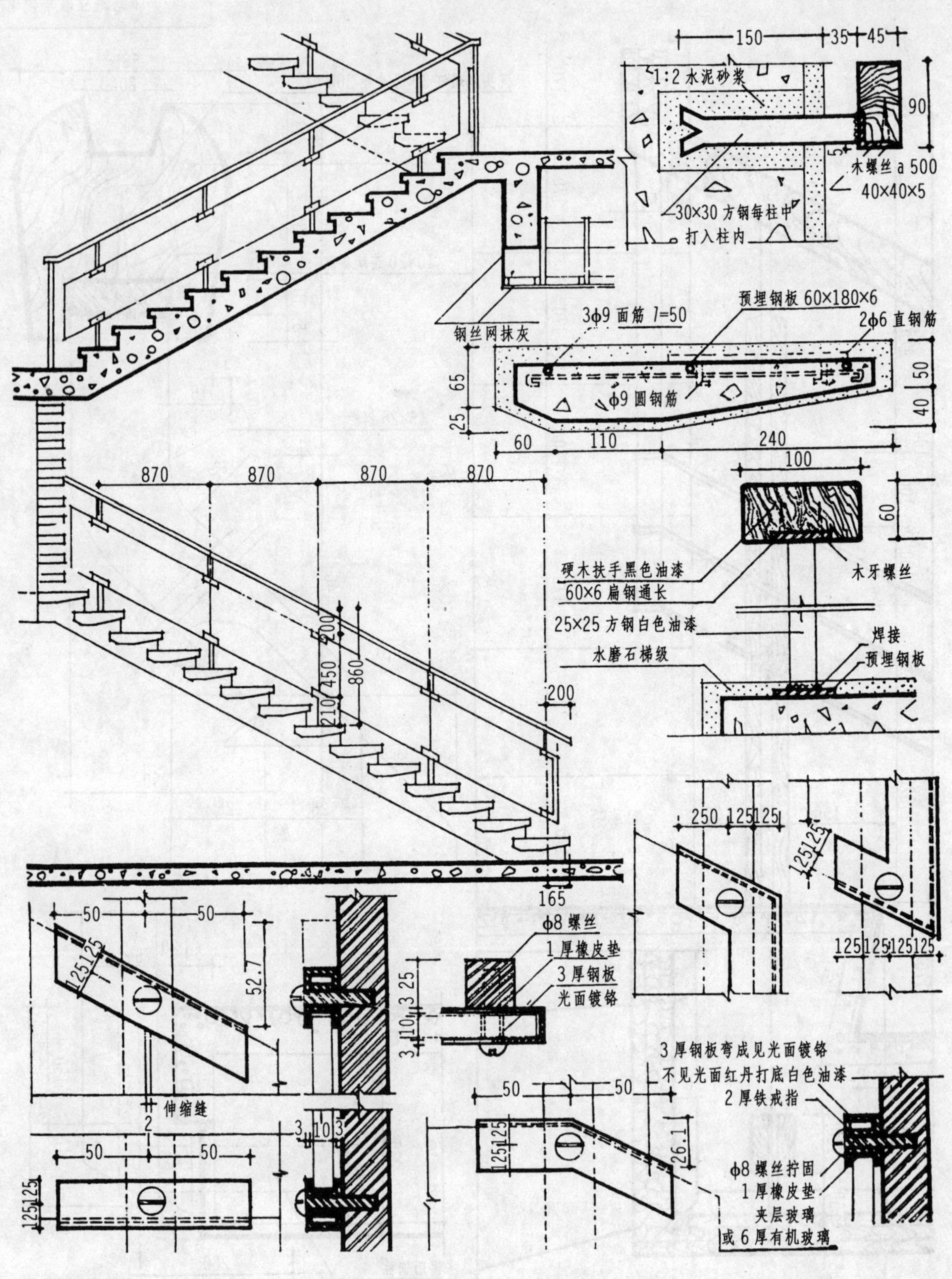

扶手

190
4
4
6
28
16
6
15
35
35
8
7
10
177
137
扁钢 30×100×3
35×10
L40×20×3
日光灯
塑料格片 15×2
153×25
扁钢
35×10
226×
25
35×20
230
160
700
2 厚紫铜
大理石
分 6 格
139
20×30=600

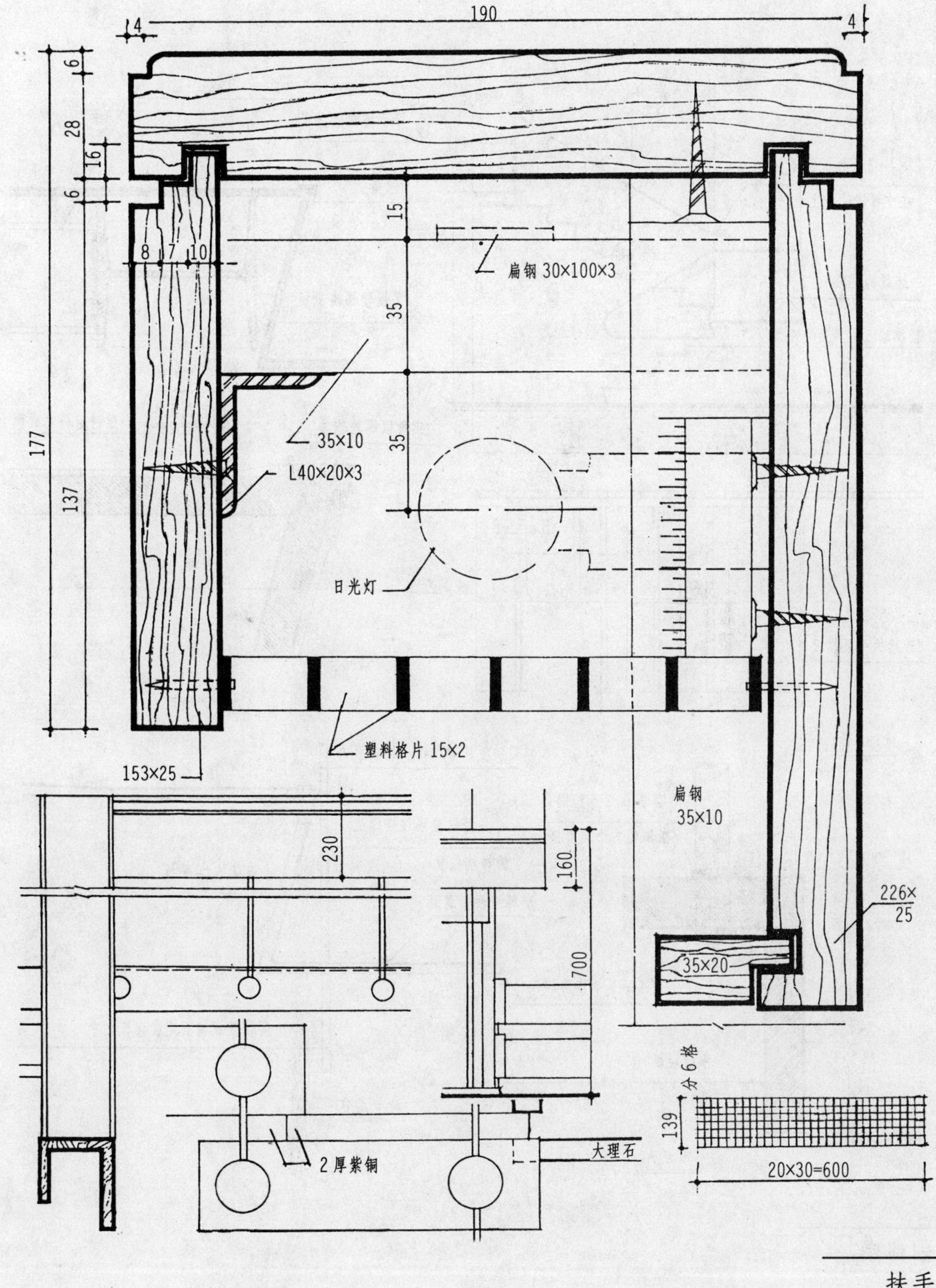

扶手

$2''\times\frac{1}{2}''$平板栏板点焊
在支撑圆铁管上
连续的栏板
楼梯踏步板转角处对焊
D
$2''\times\frac{1}{2}''$焊于楼梯梁上
8′-3″
$4''\times2\frac{3}{8}''$楼板
铝角
$\frac{3}{8}''$平板楼梯踏步板
$6''\times6''$工字钢焊钢楼板三顶端
B-B 剖面图
塑料涂料完成面
铝角以螺栓连接
焊缝
$\frac{3}{8}''$平板
节点 C-C
3′-7″
3′-7″
7′-6″
A
B
B
dR
C
C
6 7 8 9 10 11 12 13
5 4 3 2 1
连续的平板栏板
楼梯平面图
$\frac{5}{16}''$圆铁管悬挂固定
在顶棚内下端焊接
$2''\times\frac{1}{2}''$平板顶端焊接栏杆
$\frac{3}{8}''$平板栏板
节点 A
圆铁管顶端挂钩于顶棚板内
$\frac{5}{16}''$经铁管穿过楼梯边
的焊接位置
连续的$\frac{3}{8}''$平板
塑料涂料完成面
圆铁管底端固定在楼板之中
节点 D

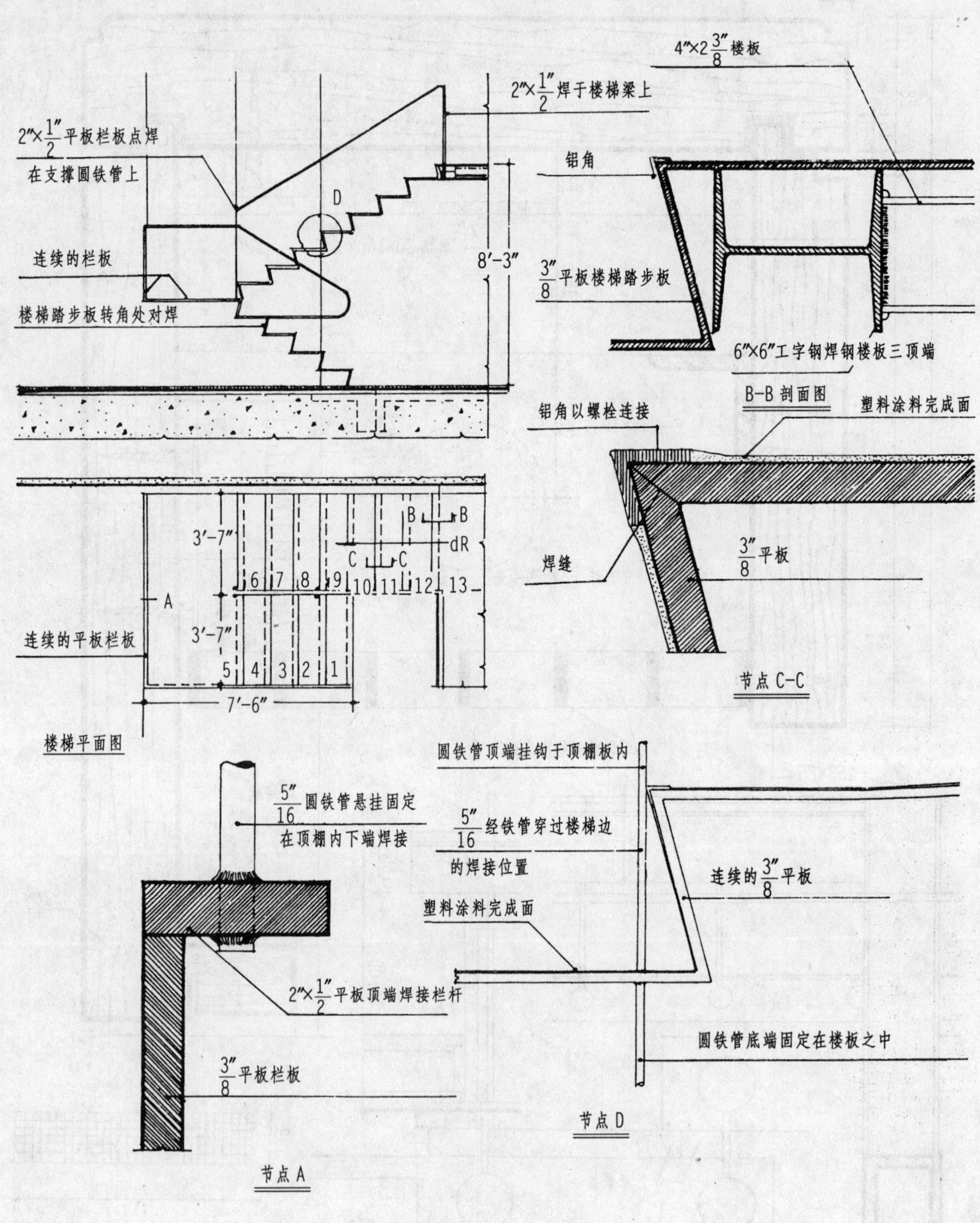

钢楼梯

φ80 钢管扶手
φ8 螺栓
硅胶嵌缝
10 厚茶色钢化玻璃
5 厚钢板
3 厚钢板通长橡胶垫 17 厚
通长扁铁埋件 6 厚
φ6 平头螺栓ⓐ600
φ6 钢筋 @600
5 厚钢板 300×100 用圆 8
螺栓与通长埋件固定
钢管扶手下部与钢板焊接
6 厚钢板 φ6 平头螺栓固定 @500
φ6 内径套管埋入 30ⓐ500
侧面磨石 135 高
$\frac{1}{2}$踏步宽
防滑条
$3\times\frac{1}{2}$踏步宽

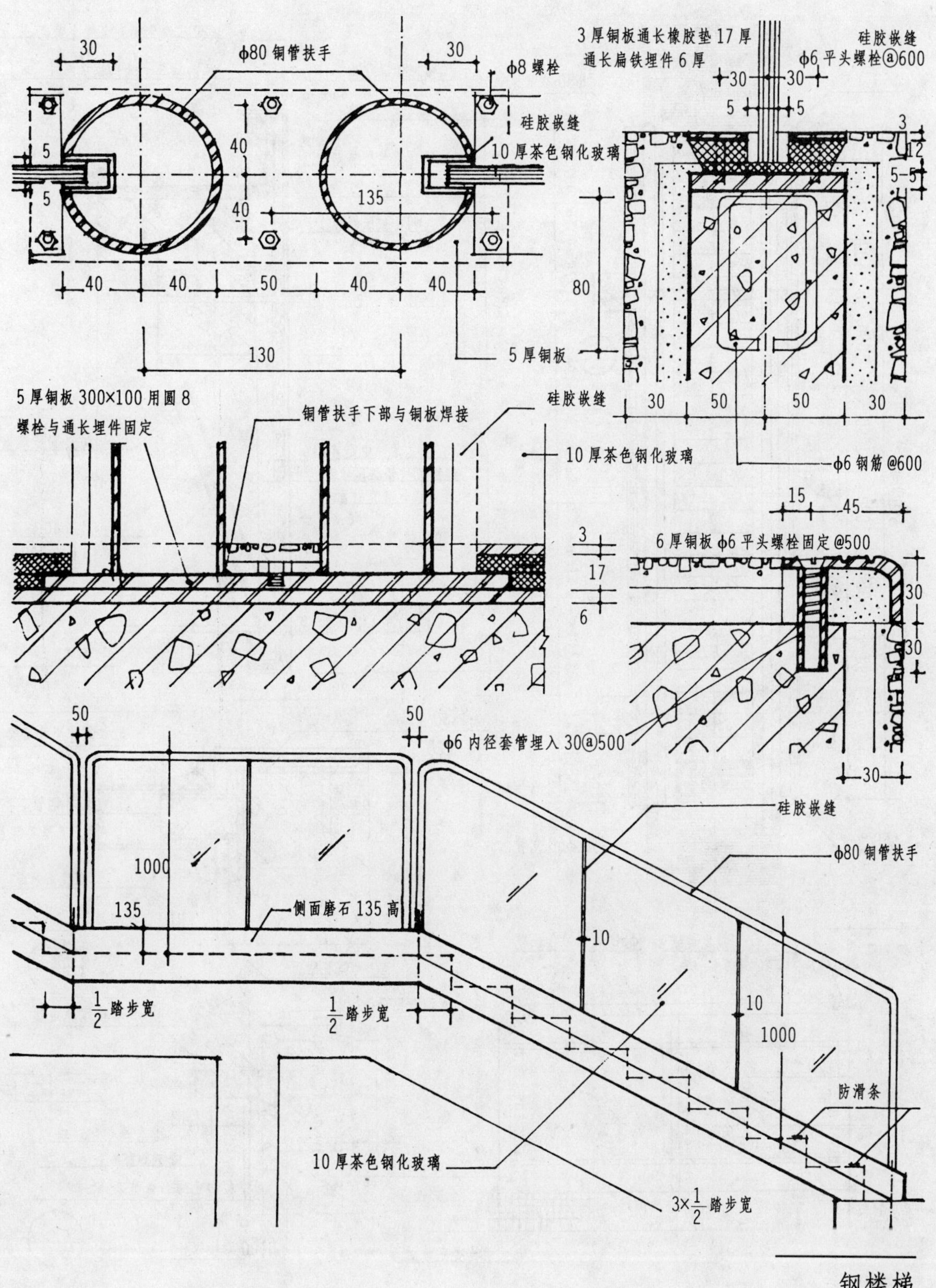

钢楼梯

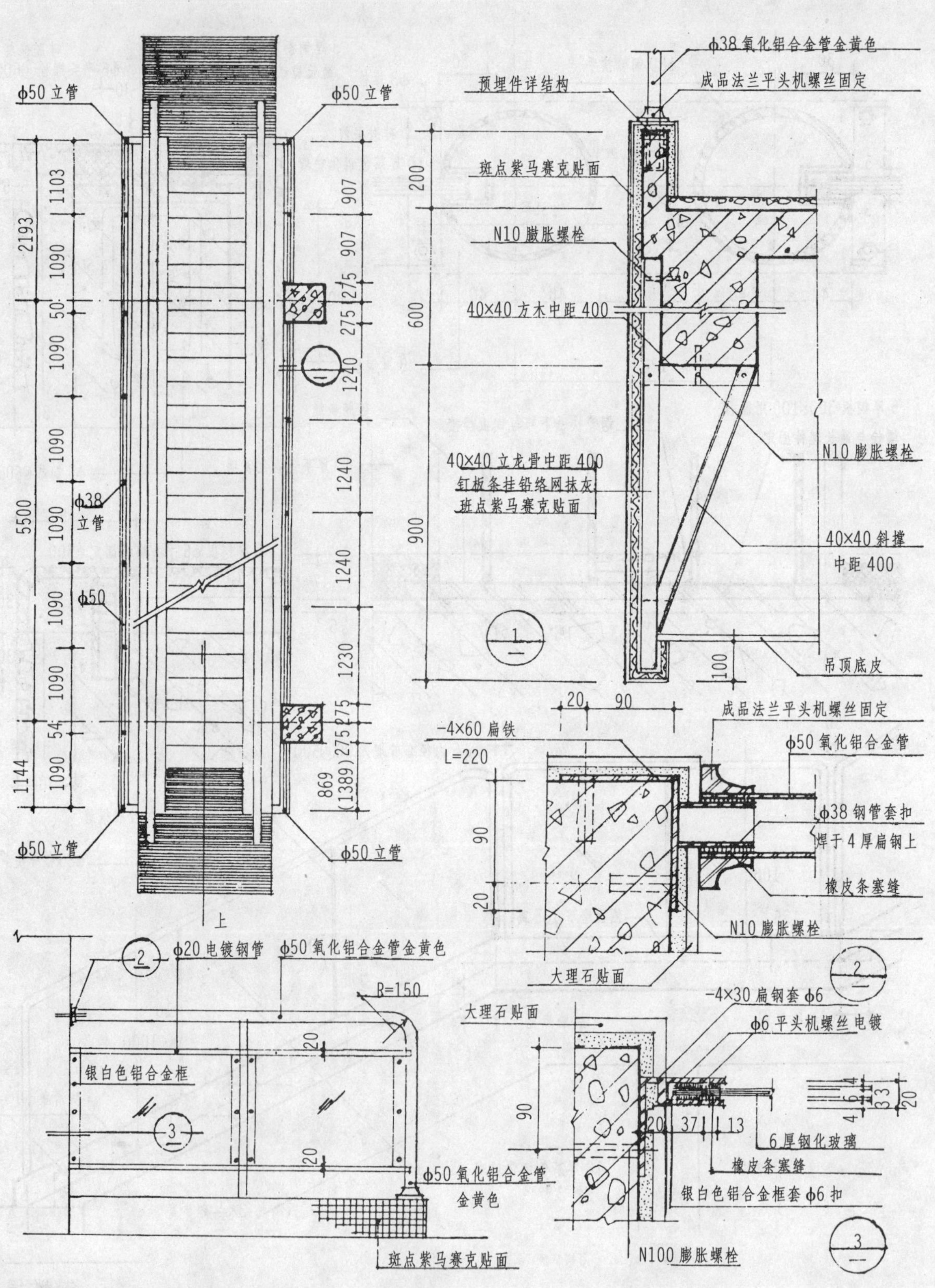
ϕ50 立管
ϕ50 立管
ϕ38 立管
ϕ50
ϕ50 立管
ϕ50 立管
上
ϕ38 氧化铝合金管金黄色
预埋件详结构
成品法兰平头机螺丝固定
斑点紫马赛克贴面
N10 膨胀螺栓
40×40 方木中距 400
40×40 立龙骨中距 400
钉板条挂铅络网抹灰
斑点紫马赛克贴面
N10 膨胀螺栓
40×40 斜撑
中距 400
吊顶底皮
成品法兰平头机螺丝固定
-4×60 扁铁
L=220
ϕ50 氧化铝合金管
ϕ38 钢管套扣
焊于 4 厚扁钢上
橡皮条塞缝
N10 膨胀螺栓
大理石贴面
ϕ20 电镀钢管
ϕ50 氧化铝合金管金黄色
R=150
银白色铝合金框
ϕ50 氧化铝合金管
金黄色
斑点紫马赛克贴面
大理石贴面
-4×30 扁钢套 ϕ6
ϕ6 平头机螺丝电镀
6 厚钢化玻璃
橡皮条塞缝
银白色铝合金框套 ϕ6 扣
N100 膨胀螺栓

K 钟

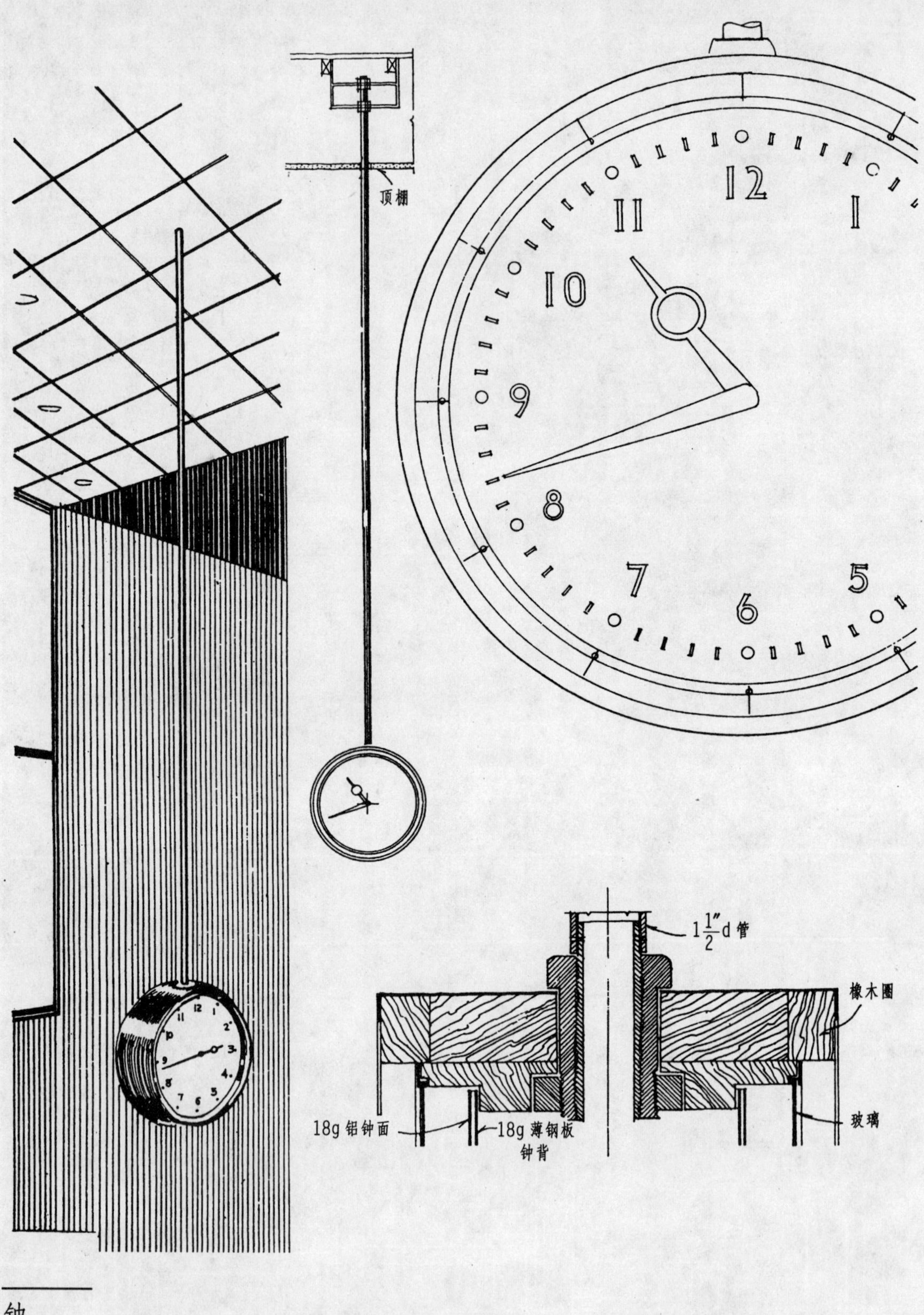

钟

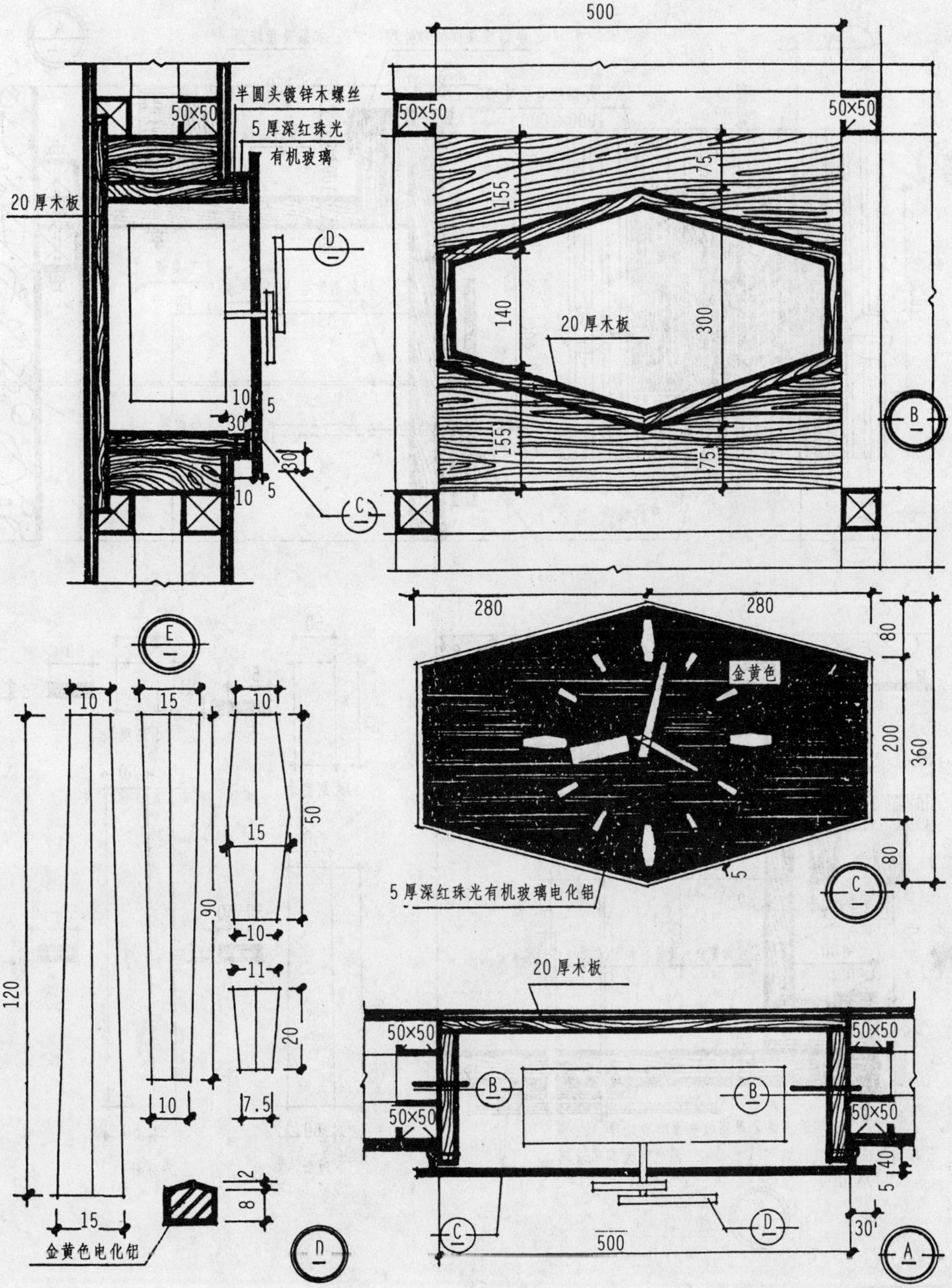

半圆头镀锌木螺丝
50×50
5厚深红珠光
有机玻璃
20厚木板
10 5
30
30
10 5
500
50×50
50×50
155
75
140
20厚木板
300
155
75
280
280
80
金黄色
200
360
80
5厚深红珠光有机玻璃电化铝
5
10
15
10
15
50
120
90
10
11
20
10
7.5
15
2
8
金黄色电化铝
20厚木板
50×50
50×50
50×50
50×50
40
5
500
30

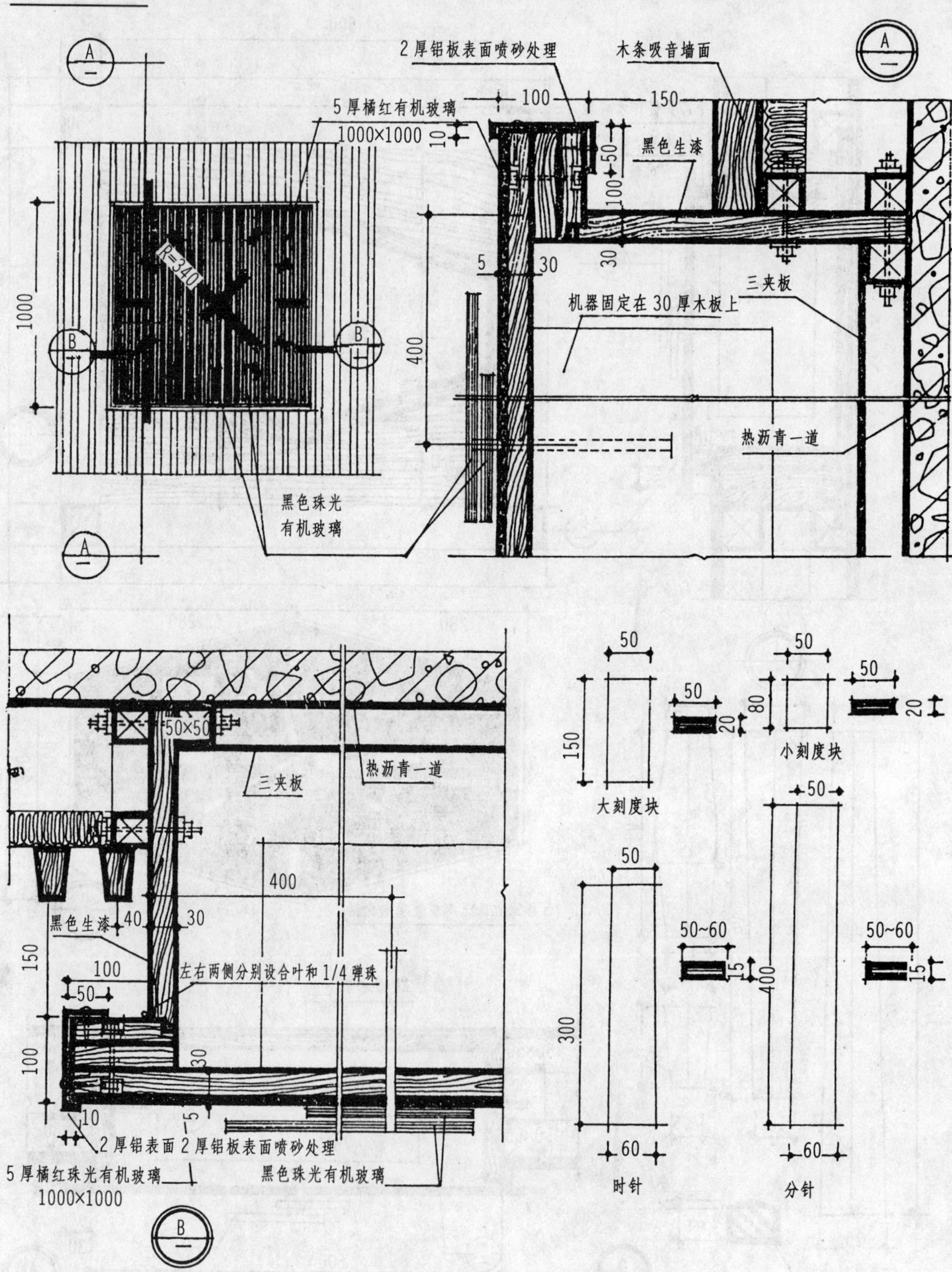
2厚铝板表面喷砂处理
木条吸音墙面
5厚橘红有机玻璃
1000×1000
R=340
黑色生漆
三夹板
机器固定在30厚木板上
热沥青一道
黑色珠光
有机玻璃
1000
400
100
150
50×50
左右两侧分别设合叶和1/4弹珠
2厚铝表面 2厚铝板表面喷砂处理
5厚橘红珠光有机玻璃
黑色珠光有机玻璃
大刻度块
小刻度块
时针
分针
50~60

乙块
丙块
框架预留ф8 插筋外露100
B—B
钢筋混凝土柱
预留插筋 ф8 a250
1:3 水泥砂浆
米黄色水刷石
C-C
A-A
钢质钟壳
铝板钟面
钟字
乳白色钟点钟针
穿孔五夹板
留孔
钢质钟壳与钟框预留钢板焊牢
1:3 水泥砂浆抹面加厚 20
铝板作钟面表面涂墨绿色漆
有机玻璃罩
乳白色有机玻璃
作钟点钟针
白色水刷石

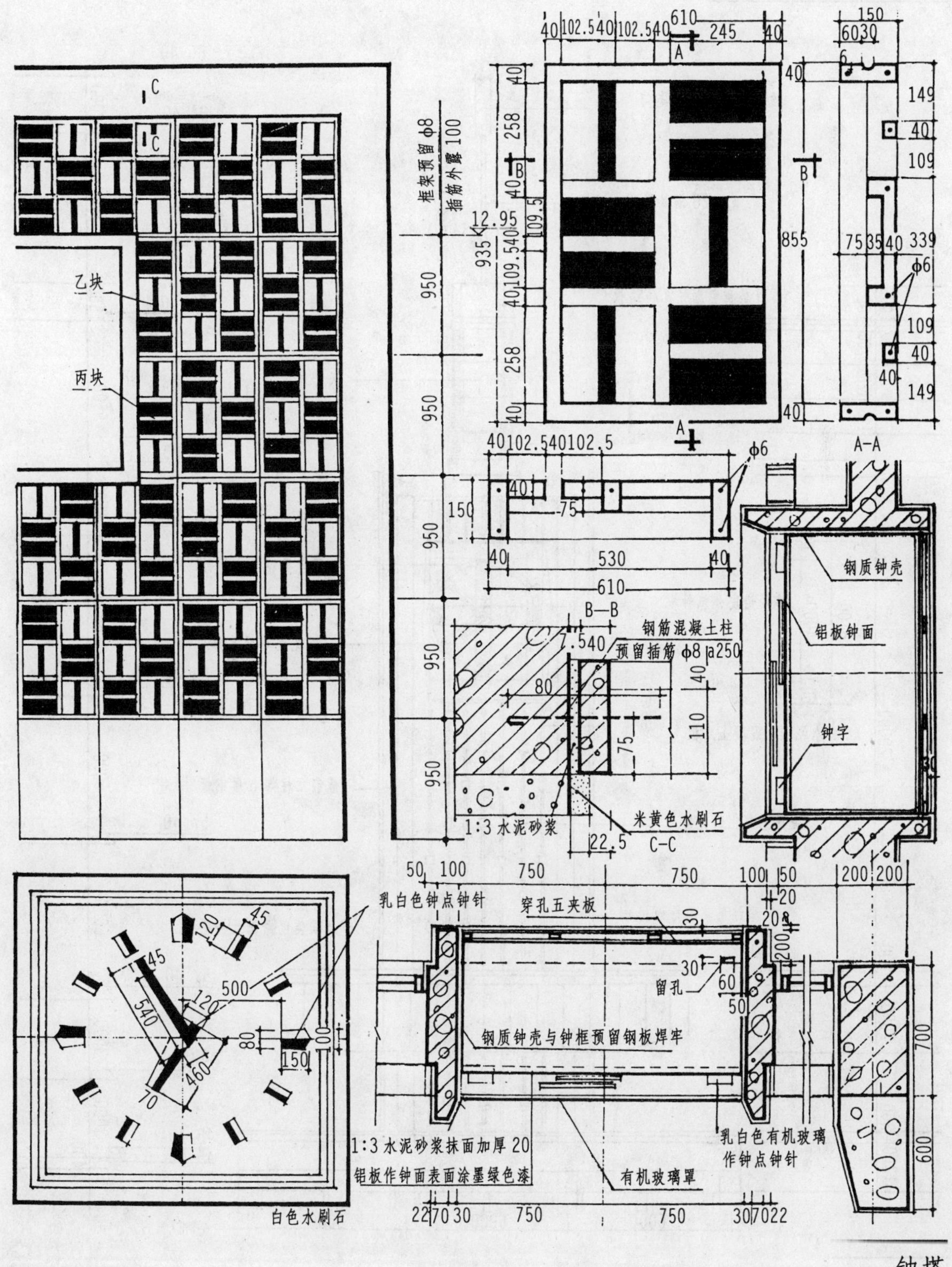

钟塔

天津电信大楼钟塔立面

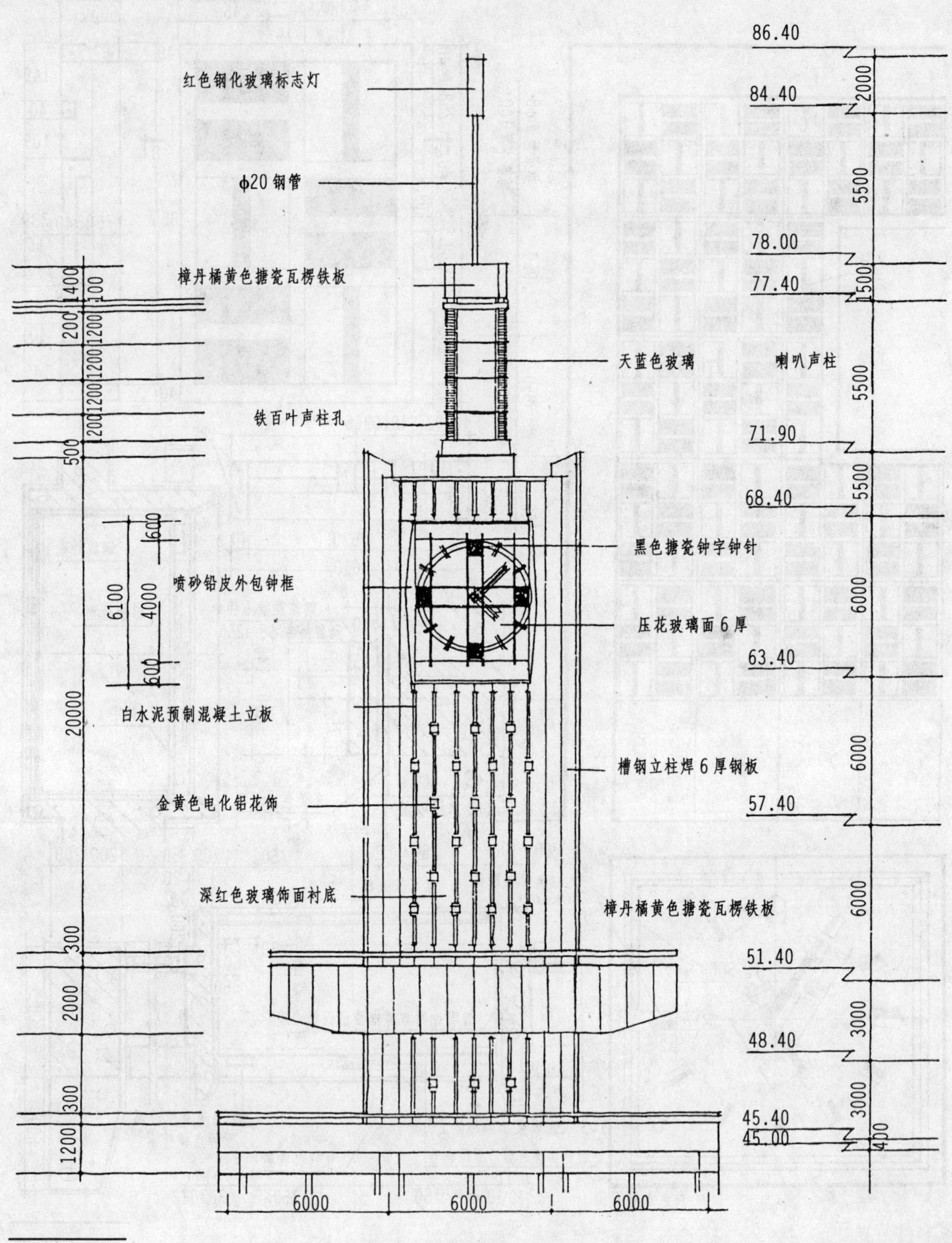

钟塔

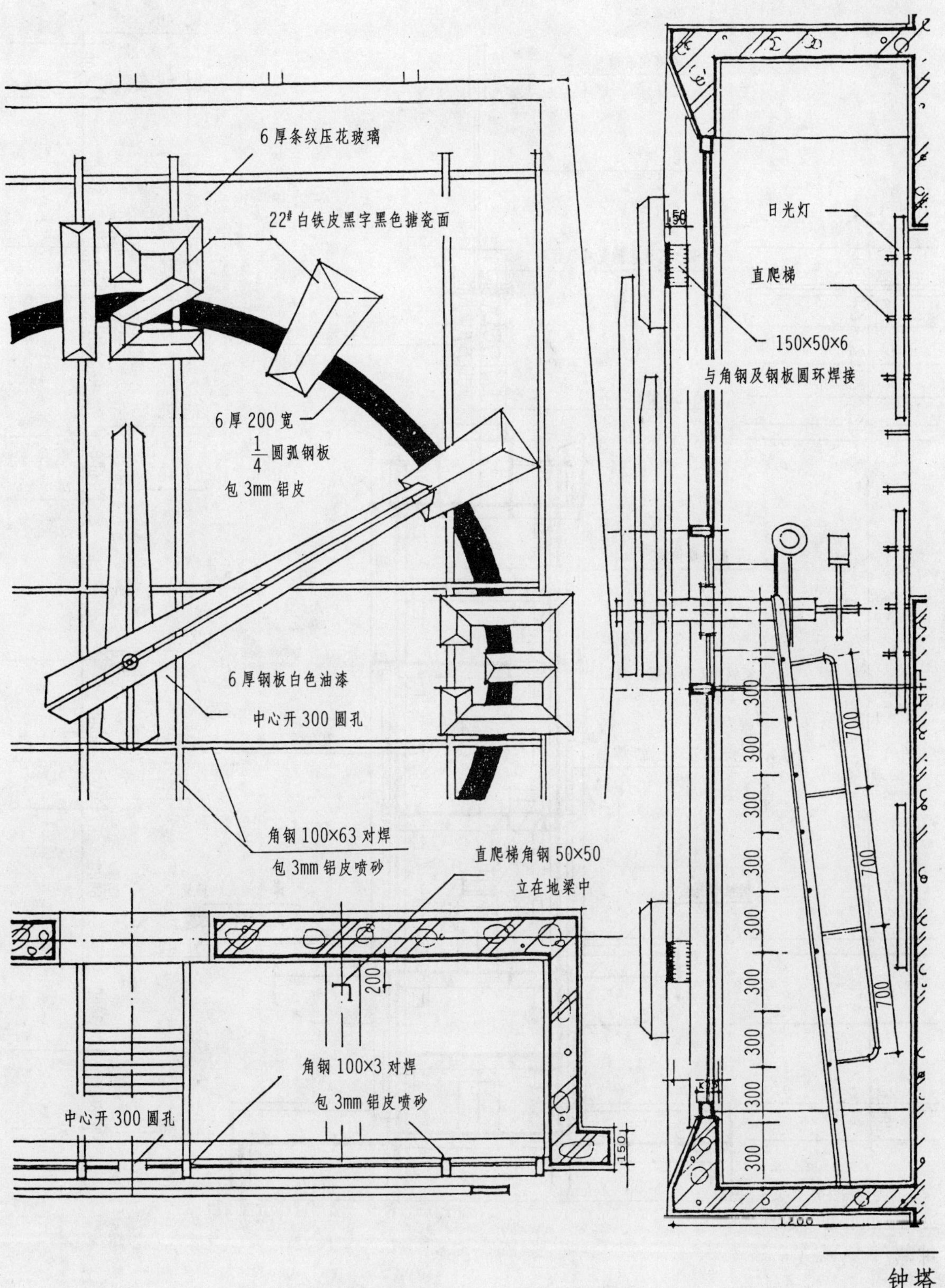

6厚条纹压花玻璃
22#白铁皮黑字黑色搪瓷面
6厚200宽
1/4圆弧钢板
包3mm铝皮
6厚钢板白色油漆
中心开300圆孔
角钢100×63对焊
包3mm铝皮喷砂
直爬梯角钢50×50
立在地梁中
200
角钢100×3对焊
包3mm铝皮喷砂
中心开300圆孔
150
日光灯
直爬梯
150
150×50×6
与角钢及钢板圆环焊接
300
300
300
300
300
300
300
300
700
700
700
1200

天津电信大楼钟塔

红色钢化玻璃标志灯
ф200 钢管
樟丹橘黄色搪瓷楞铁板
玻璃喇叭声柱
ф250 钢管
压花玻璃钟面
灯光钟室及钟机
槽钢焊 6 厚钢板立柱
300×600 混凝土墙上窗洞
预制白色水泥混凝土立片装饰
钢结构托盘
樟丹橘黄色搪瓷
瓦楞铁板栏板
86.40
84.40
78.90
77.40
71.90
69.40
63.40
57.40
51.40
48.40
45.40
45.00
2000
5500
1500
5500
2500
6000
6000
6000
3000
3000
400
1400
100
200
200
1200
200
1200
500
2000
300
2000
300
1200
6000
6000
6000

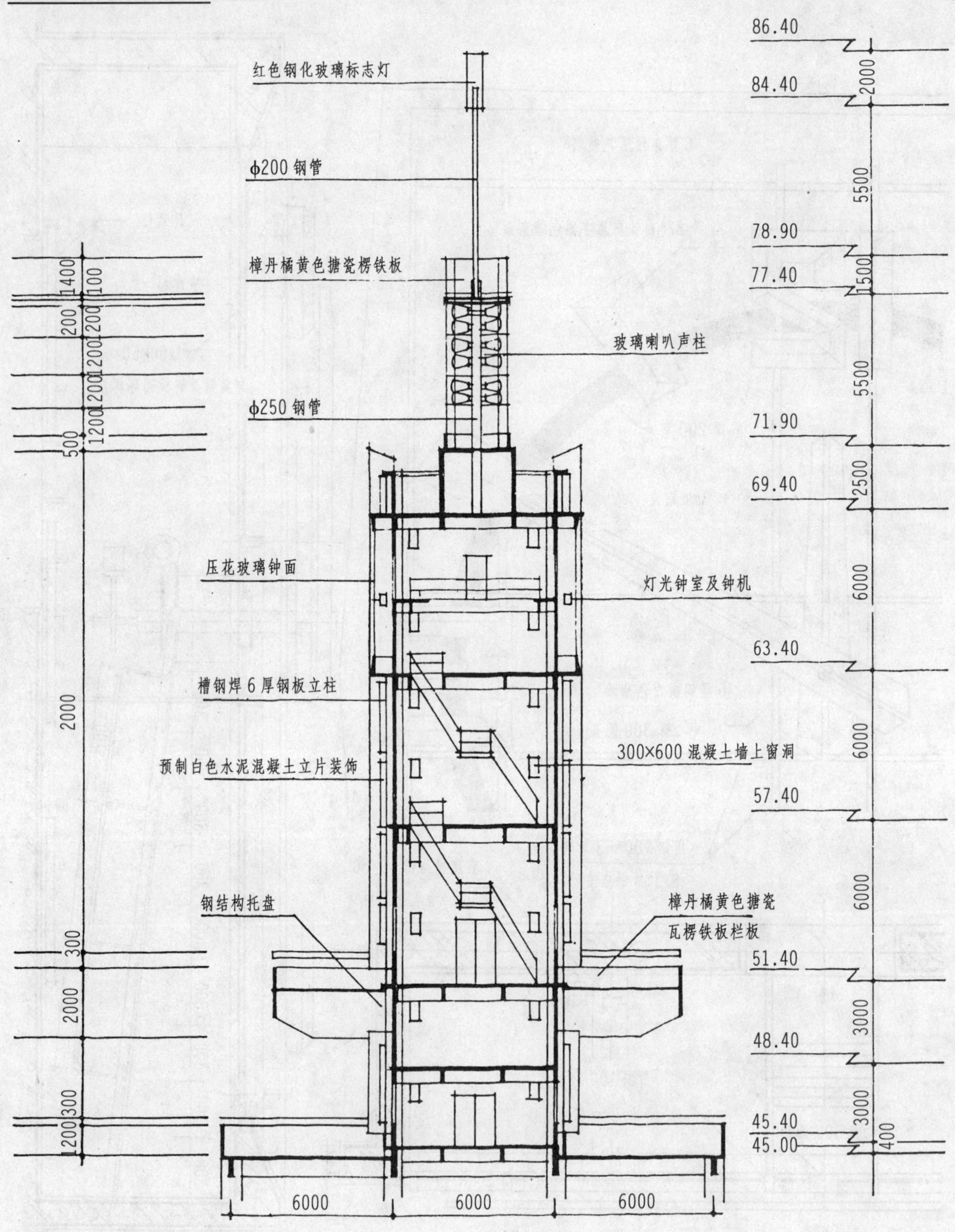

钟塔

暖气罩

L30×30×5
氧化铝板网与铁框点焊
5×10 木压条
铁件 1
φ6 插勾
与角钢焊牢
L30×30×5
25×35
25×35 立龙骨
5×20 木条
五夹板
铁件 2
60×60×60
木砖
L30×30×5
M-60×60×6 铁
φ6 螺栓
D=4
螺孔
φ6 插勾
L30×20×5
L50×37×4.5
配件 2
[50×37×4.7
L30×30×6
25×35
五夹板
D=4 螺孔
D=10 孔
2D=45
螺钉 L=50
L=70×45×4 与槽钢焊接
5×20
L50×37×4.5

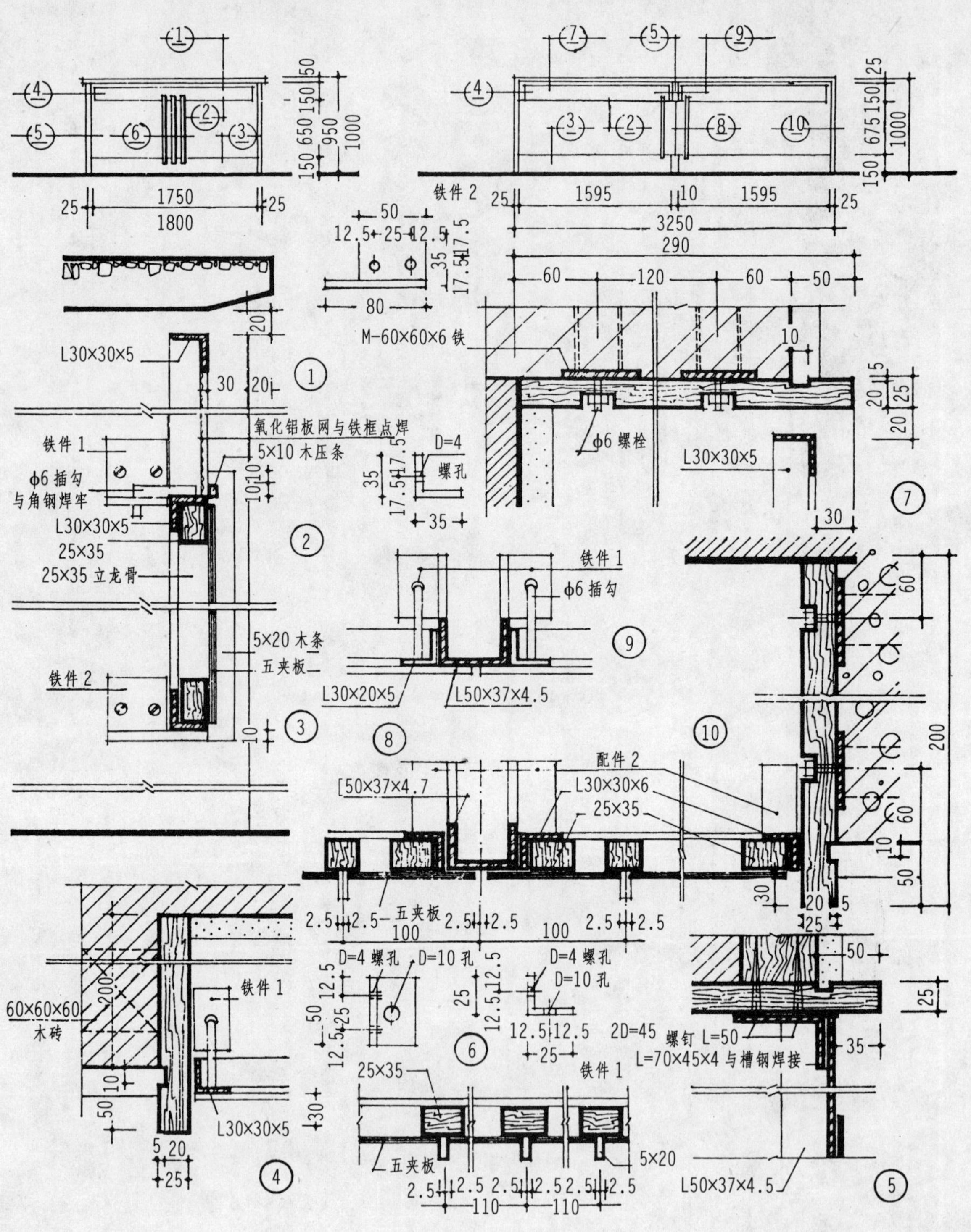

暖气罩

4φ~4φ10
3φ6
49 墙外皮线
1φ4
25
水磨石窗台板
49 墙轴线
L40×3
φ6@15
1 厚水刷石
钢窗立口内皮线
49 墙内皮线
窗下皮大样
配筋同上图
水泥珍珠岩
暖气罩
-40×4
入墙 100 长
36 墙外皮
3φ4
窗上皮大样
L30×3 角钢
50×10 孔
-40×4 扁钢
1:2 水泥砂浆
磨石窗台板
L50×5
留 30×10 孔
φ8
中距另定
暖气护罩
预埋 φ6 钢筋钩压毡
通放 φ4 钢筋钩于预制板缝处
1 厚 1:14 混合砂浆
打底抹平喷浆
1 厚水刷石
檐头大样

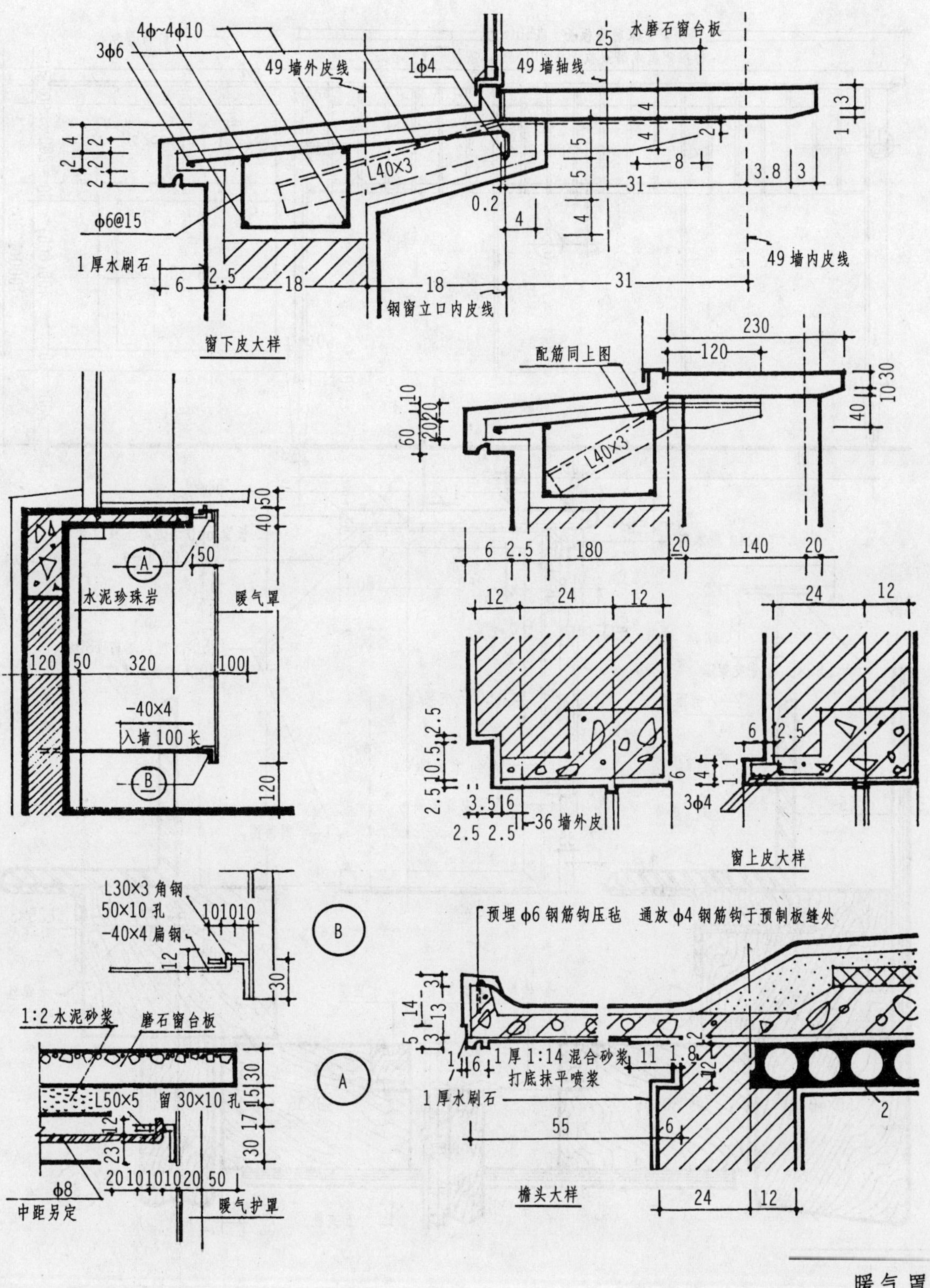

暖气罩

端头炉篦水磨石板长 1500
标准炉篦水磨石板长 1500
钉 5 厚粘板
35×50
35×50
1000(1200)
400(600)
1500
5φ4
预制窗台板
板宽 660 遇混凝土柱时切角
φ4-200 中-中
50×40 横木料
木插销
350
180
L50×5 水平支架
2—2 剖面图
L50×5 埋入墙内 180
200# 混凝土填实
L50×5 支架
50×4 木立料
两端安装插销
1—1 剖面图
木腿
L50×5
50×40
50×40
L25×3
l=50
三块
木螺丝
铁板网镀克罗米
木压条
50×40
50×35
50×35
45×20
五夹板

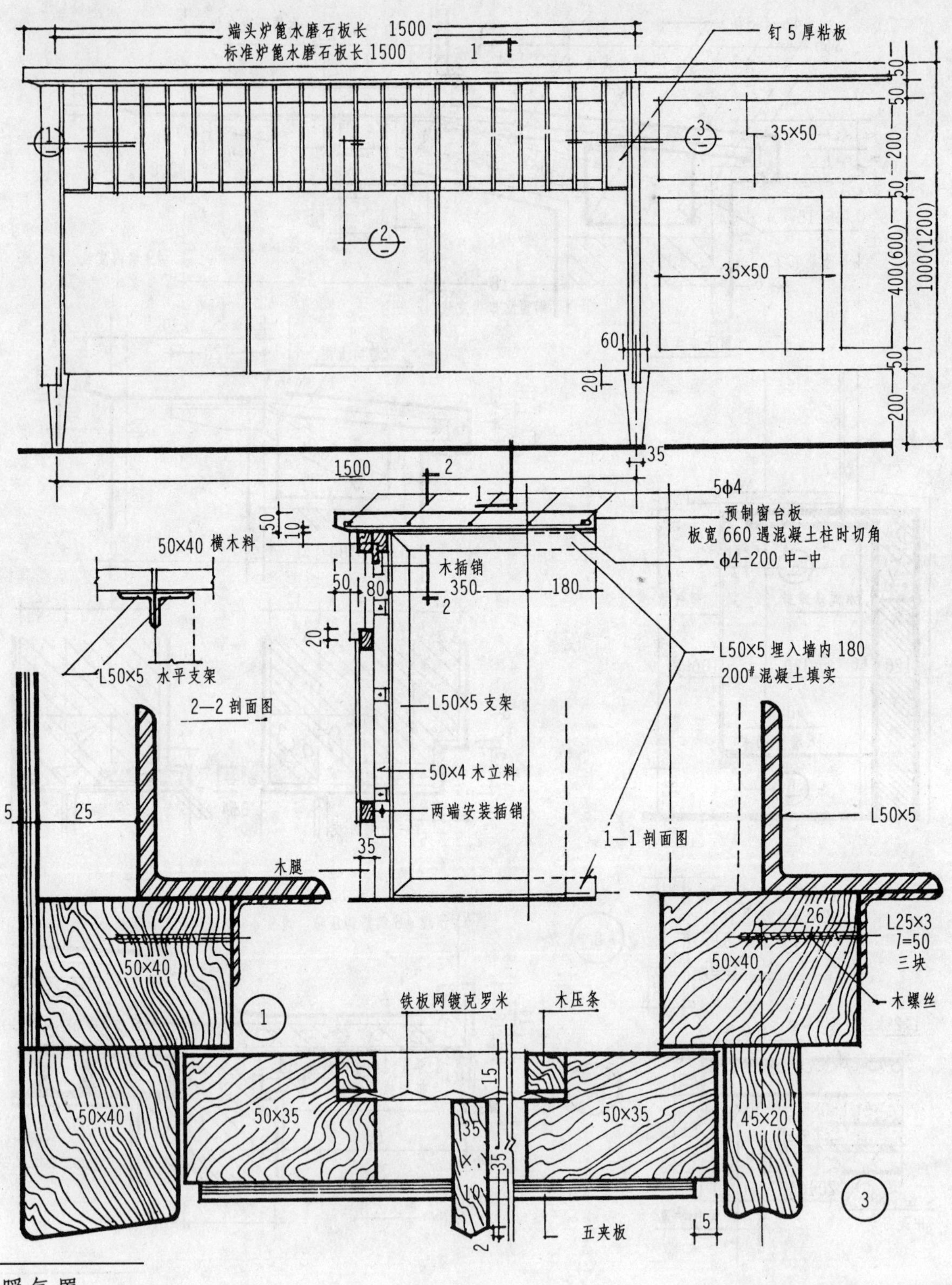

暖气罩

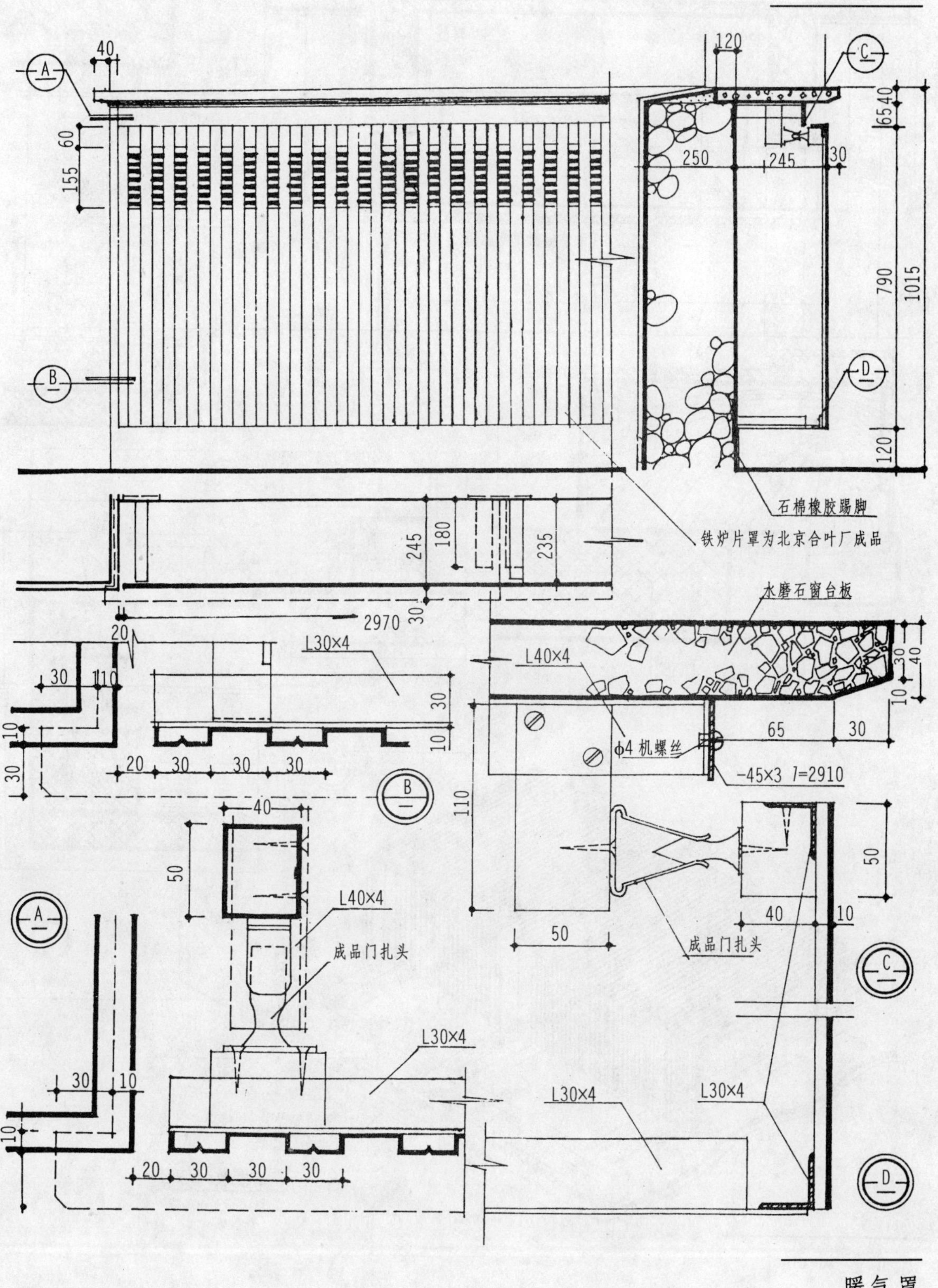
40
A
60
155
B
120
C
6540
250
245
30
790
1015
D
120
石棉橡胶踢脚
铁炉片罩为北京合叶厂成品
245
180
235
30
2970
水磨石窗台板
20
L30×4
L40×4
30
40
30
110
30
10
10
65
30
10
φ4 机螺丝
30
20
30
30
30
-45×3 l=2910
B
110
40
50
50
L40×4
50
40
10
A
成品门扎头
成品门扎头
C
L30×4
30
10
L30×4
L30×4
10
D
20
30
30
30

φ9 拉筋
φ9 拉筋
750
20
330
500
600
40
40×40 木筋锚固角钢上 角钢 40×40×4
30 厚木丝板
15 厚石灰砂浆抹面
200
1800
200
A
B
风道剖面图
20×25
40×80
400
20
1
铁皮送风口
与风道支管连系法
按设备要求
330
1
40
20
15
40×80
20
20×25
2
80
C
40×80
20×25
20
30
15
40×40×4 角钢
40×40
沿角钢中距 600
用 φ6 螺栓固定
木龙骨与角钢连接图
C
D
70
60
60
30
120
70×60
40
4
30
15
B
非送风口处剖面图
40×40 木筋
30 厚木丝板
900
15 厚纸筋灰粉刷 喷白色可赛银浆
900
D
风道构造示意图

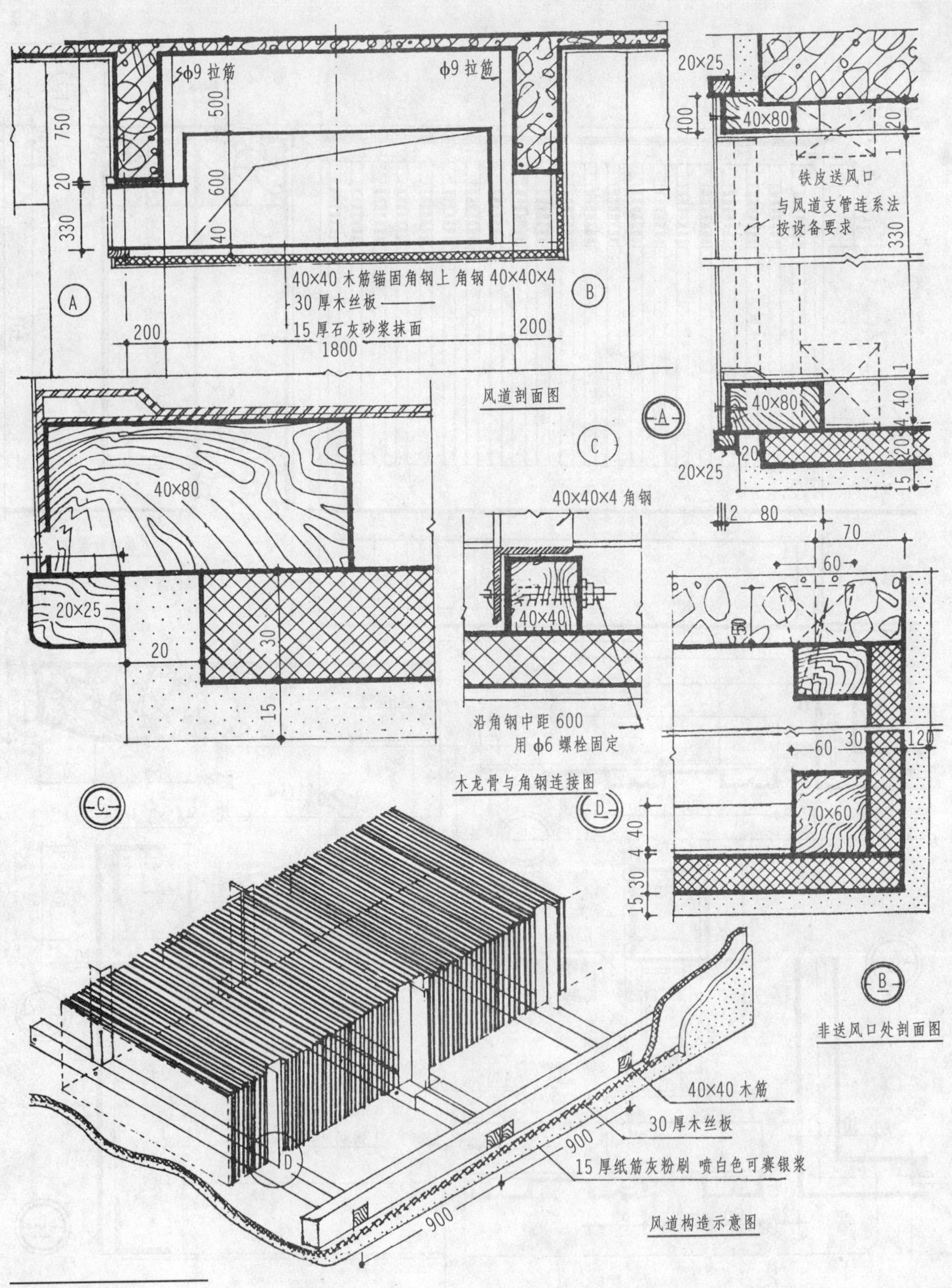

风道及风口

1000
12厚甘蔗板只用于临时封闭洞口
吊石膏船形板钢龙骨40×40×5
30×60
30×40
30×60
13
24
13
宽30电化铝压条
1# 木螺丝
电化铝板网
17
18
40
40
950
5
5
ϕ5圆孔
960
通风孔框940
虚线为送风口位置
50
950
通风孔框940
30×45木龙骨
950
L40×5角钢框子
490×490
成品灯 S×D31|-A
成品碘钨灯 Q01A9
1# 木螺丝
30×45
L40×5角钢 490×490
宽30电化铝压条
电化铝板网
D=5mm
L=16mm
成品沉头铆钉
60×60
60×60
吊石膏船形板龙骨
40×40×5
255
490
30×45
1960

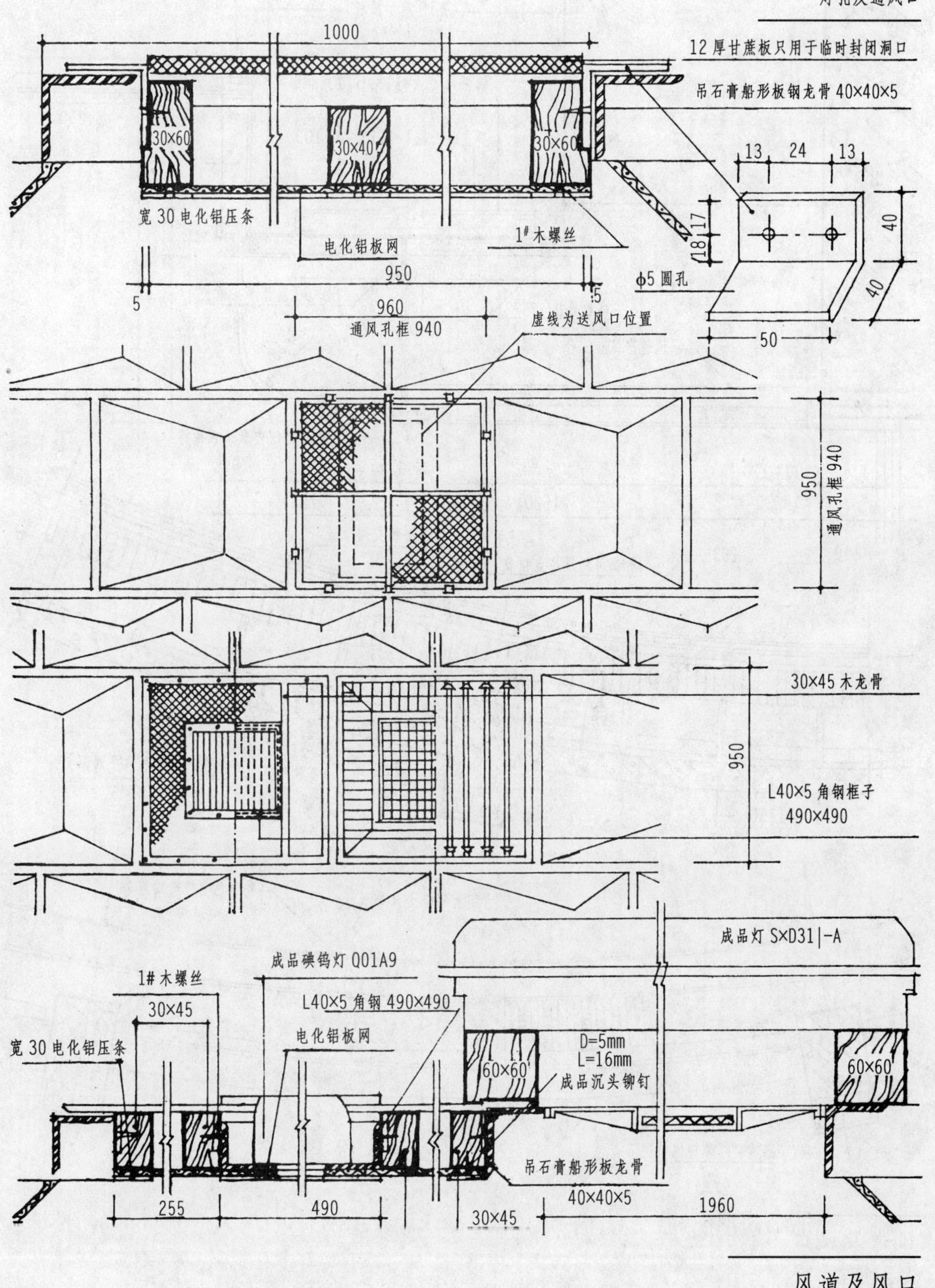

风道及风口

ϕ10 附加吊杆
钢板网 1.5×11×1800 点焊固定
点焊
L75×5
ϕ10 ⏊=100 中距 100
5.250
风道出风口
600
50
4.925
65
200
135
850
600
60×60 斜开木条通长
螺栓连接
R=180
450
风道出风口
4.400
24 号铅铁内刷白色油漆
175
100
120
575
450
1520
古铜色铝合金板交错位置
600
ϕ10
[63
附加吊杆及吊点位置
8 号槽钢
100
450
1520
20
20
20
1250
检修走道及吊顶平面图
古铜色铝合金装饰板
乳白色有机玻璃灯带
出风口灯带仰视图

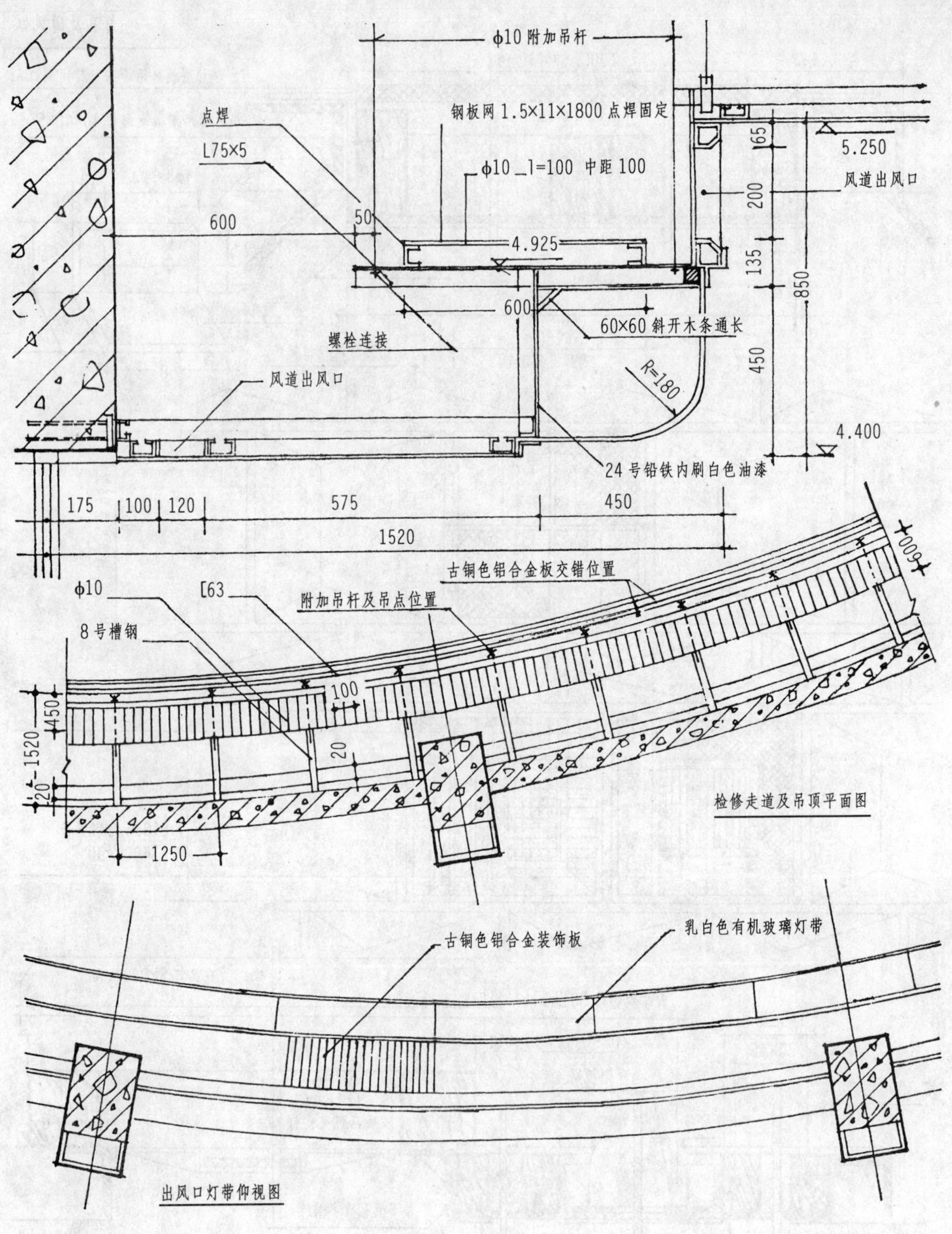

风道及风口

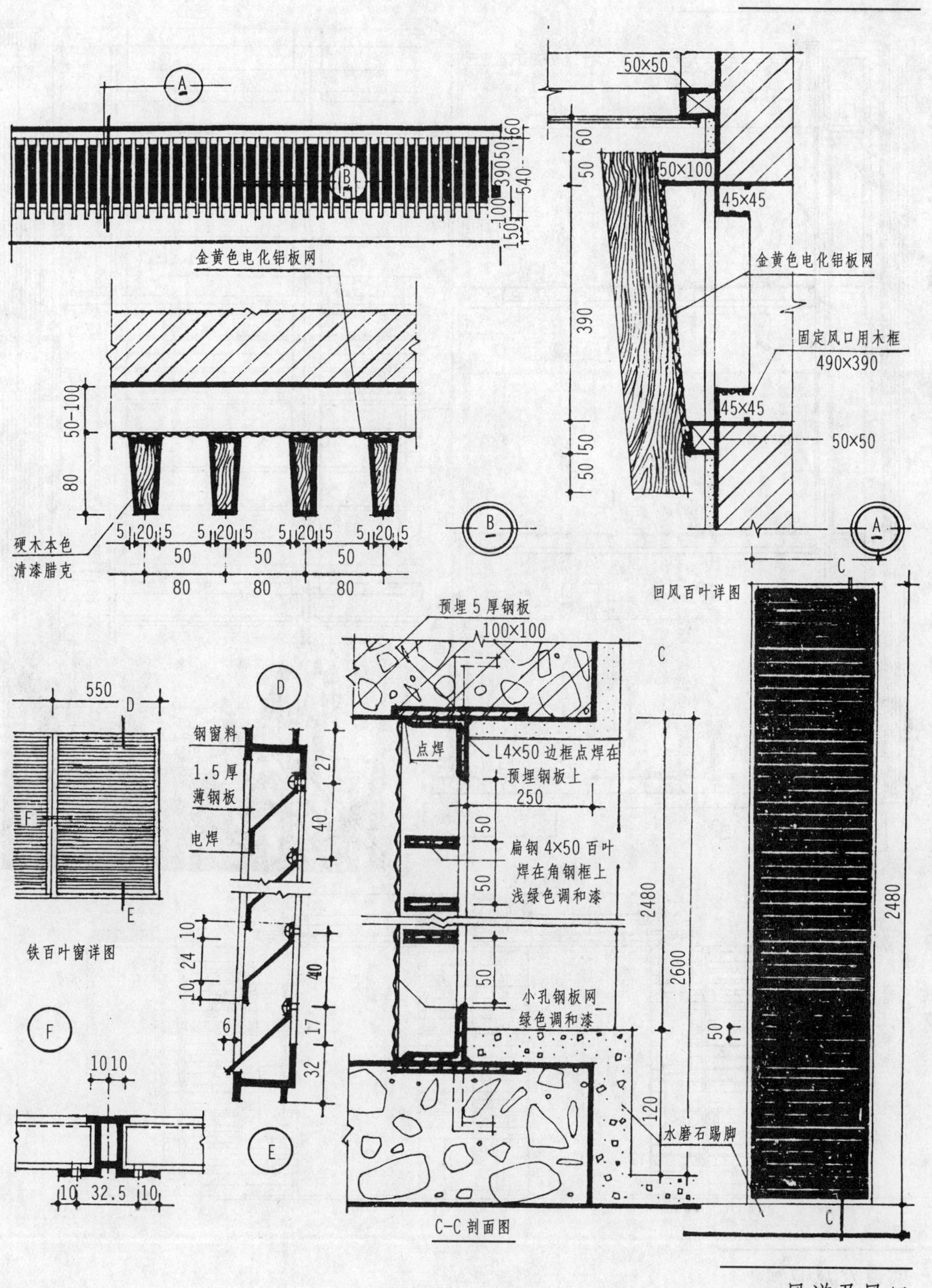
金黄色电化铝板网
硬木本色
清漆腊克
50×50
50×100
45×45
金黄色电化铝板网
固定风口用木框
490×390
45×45
50×50
回风百叶详图
预埋5厚钢板
100×100
点焊
L4×50边框点焊在
预埋钢板上
扁钢4×50百叶
焊在角钢框上
浅绿色调和漆
小孔钢板网
绿色调和漆
水磨石踢脚
钢窗料
1.5厚
薄钢板
电焊
铁百叶窗详图
C-C剖面图

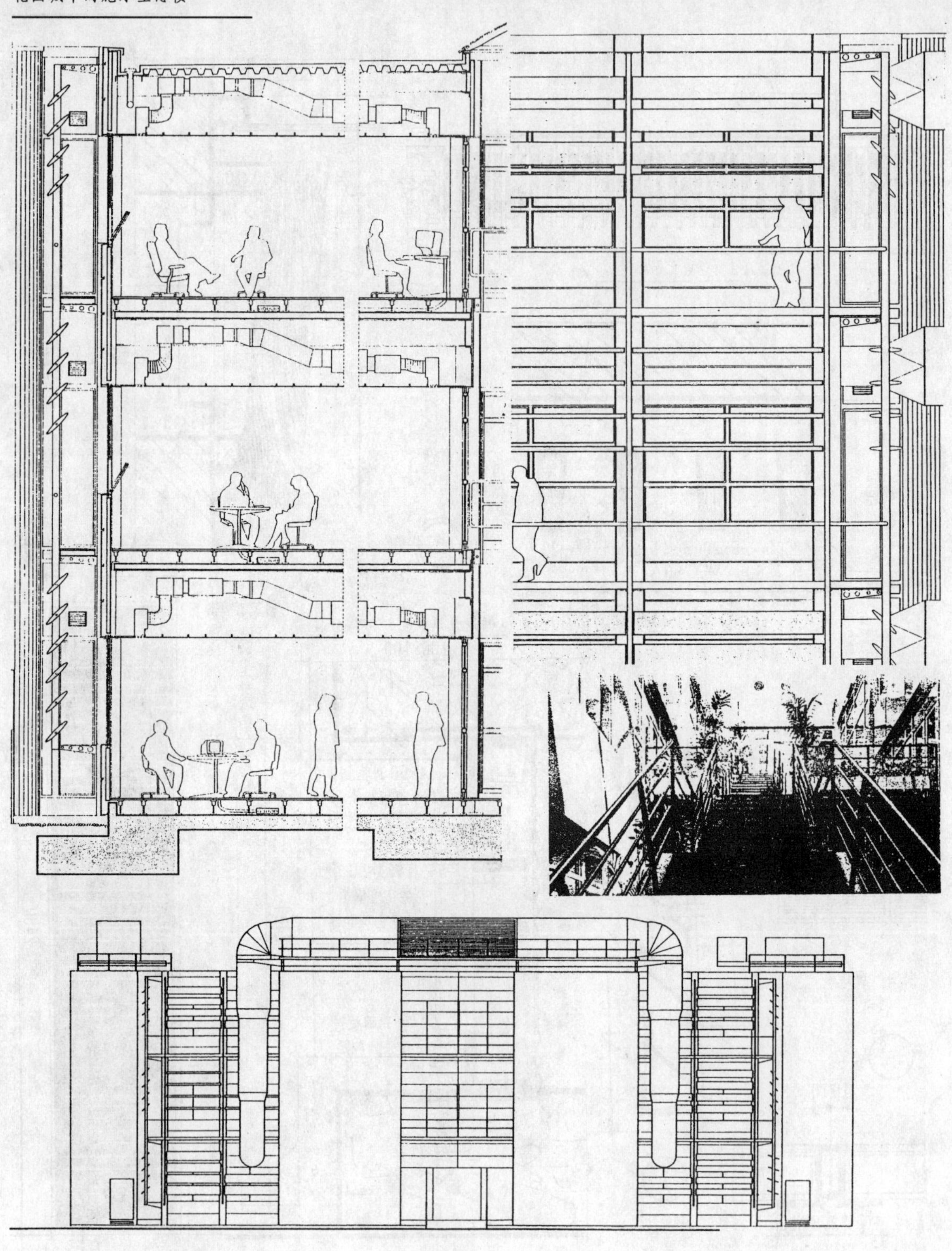

风道及风口

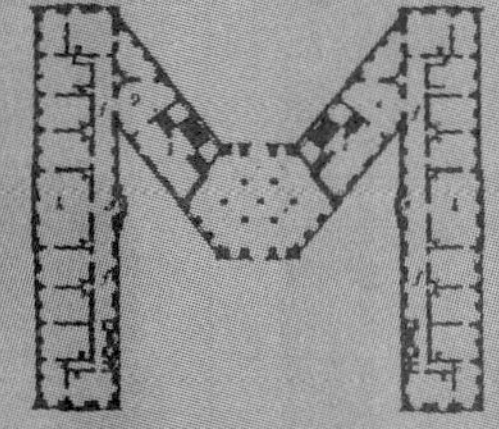

舞台设施

砌体洞口1666
木砖同机砖每洞两侧各均埋3块
留洞726
砖墙
留洞
17
3
50
R=255
R=255
φ4 筋弯制
固定在木条
槽内或锡焊
8号铅丝条通过木槽
单面五夹板门一边设合叶两个$\left(2\frac{1}{2}\right)''$
一边设弓背拉手碰珠各一个
30×40
40×
70
120
40
30
5
5
40
25
25
声柱口立面图
北京昌平剧场声柱口
φ200~250 喇叭
固定在横木上
横木 30×60 固定在边框上
作为固定喇叭之用上下各一
-30×4
L50×4
-30×4
白色无光漆
100
50
25
18
10 17 40 40 40 40 40
长沙东风影院声柱口
30×40
30×60
55×
70 交圈
30×
40
φ4 筋弯制
铝板网绷紧
后衬喇叭布
槽内通过
8号铅丝
30
10
3
40
30
4
32
46 26 6 8
50
5 20 5
20 30
100
30 20 30

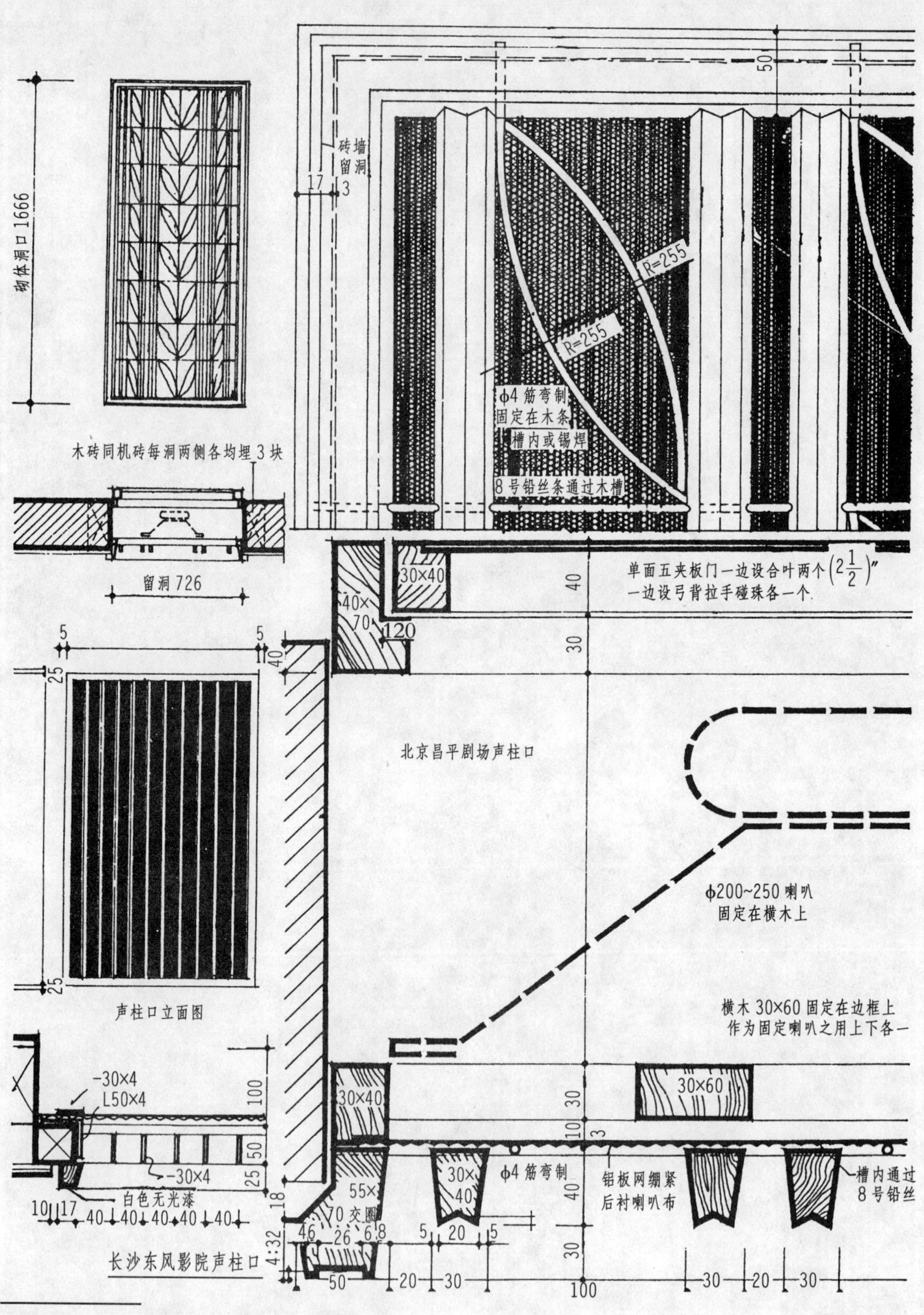

声柱窗

15
150
150
1530
15
740
60
15×15 压条
广播纱一层
15
15
180
65
80
15
边框开槽 15 深
将板插入
40
130
10 40
10
10
200
30°
500
30°
200
900
A
B
180
15
圆弧凹线 r=5
80
60
15×15 压条
35
15
15
130
广播纱
35
疙瘩布绷紧
35
3
15
疙瘩布绷紧
木板开洞 φ270
面高即洞高 360
面宽即洞宽 490
五夹板嵌 λ5
木箱靠墙面满刷沥青
木板开洞
φ270
35
15
180
50
5
3
5
35
18
洞深 240

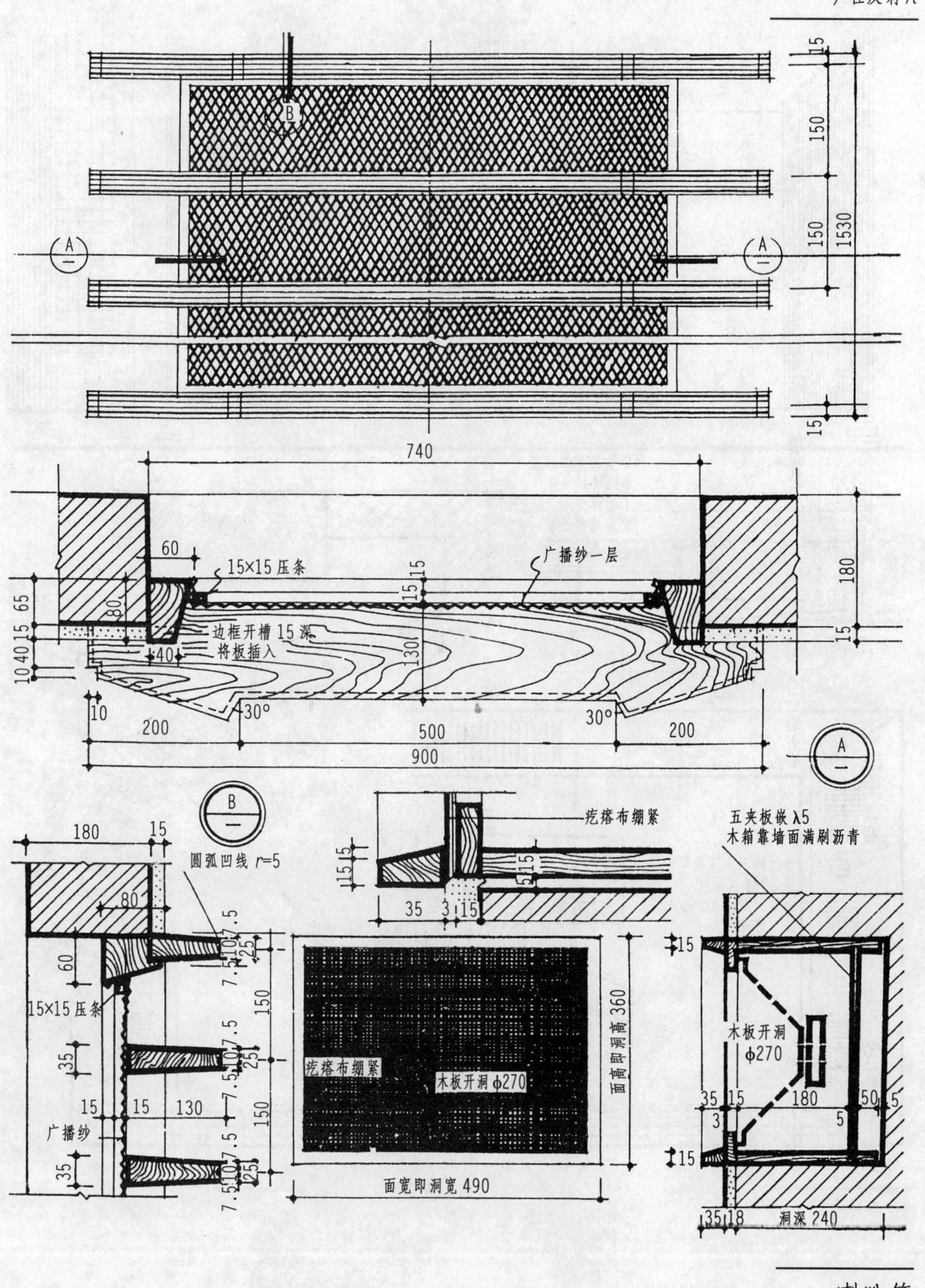

喇叭箱

广州友谊剧院舞台口
40厚杉木舞台板企口搭接
ф120杉a400
底涂柏油
钢筋混凝土板
120
300
20
80
20
20
80
活动盖板
1:3水泥砂浆
150
台边磨石工抹面
20 40
韶关影剧院脚灯槽大样
R=300
944
声柱位
150 150 150
R=1500
音柱孔平面图
740
250
观察孔
4030
8.30
8.00
5.15
2.00
音柱间8标高处
做25厚木地板
砌墙时预放60×80木枋
两条以便钉板
100
台口磨石面层
500
790
250
80
离舞台面1500处以下
用1:3水泥砂浆抹转角
灰砂抹面
韶关西河影院剧舞台口
150 150 150

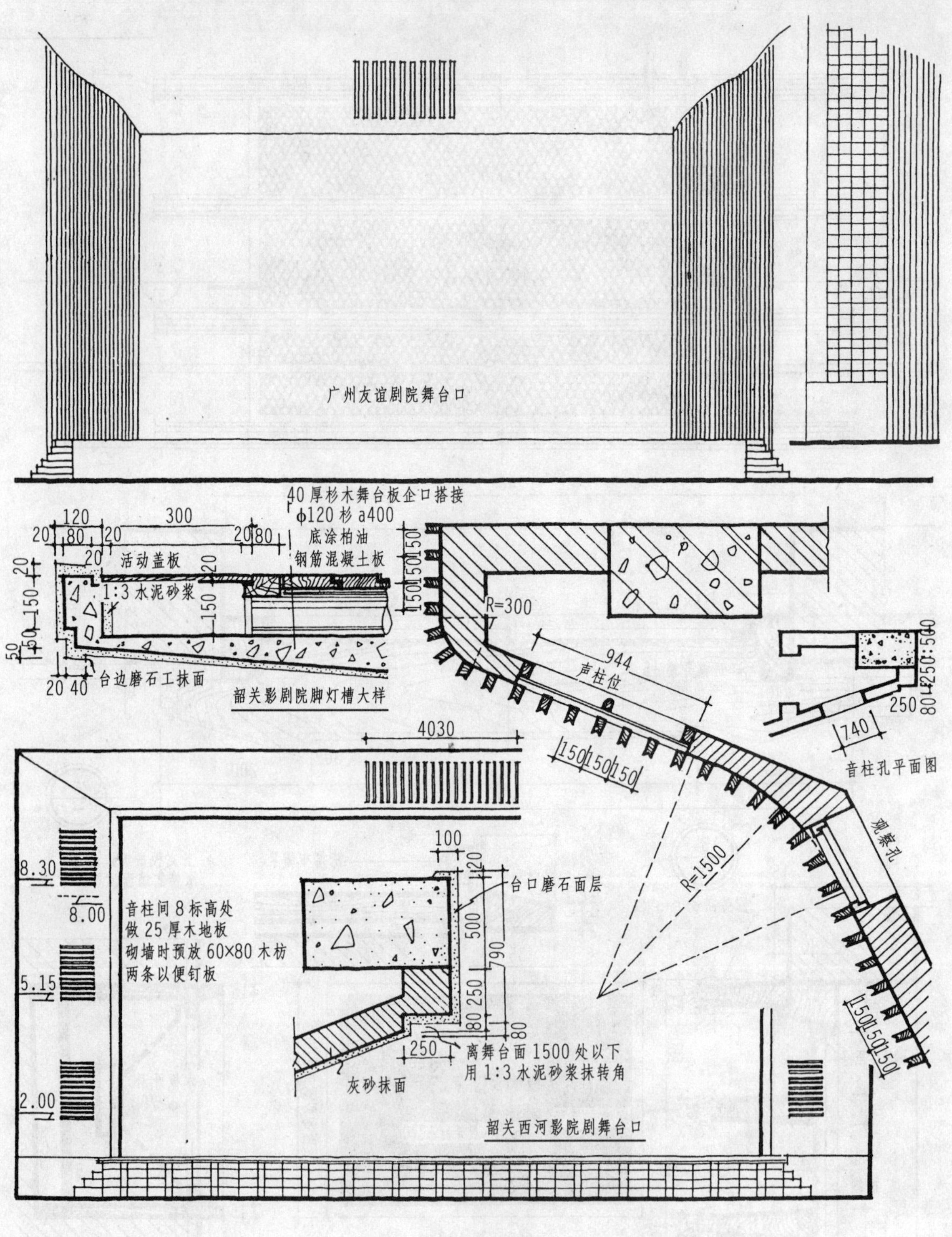

舞台口

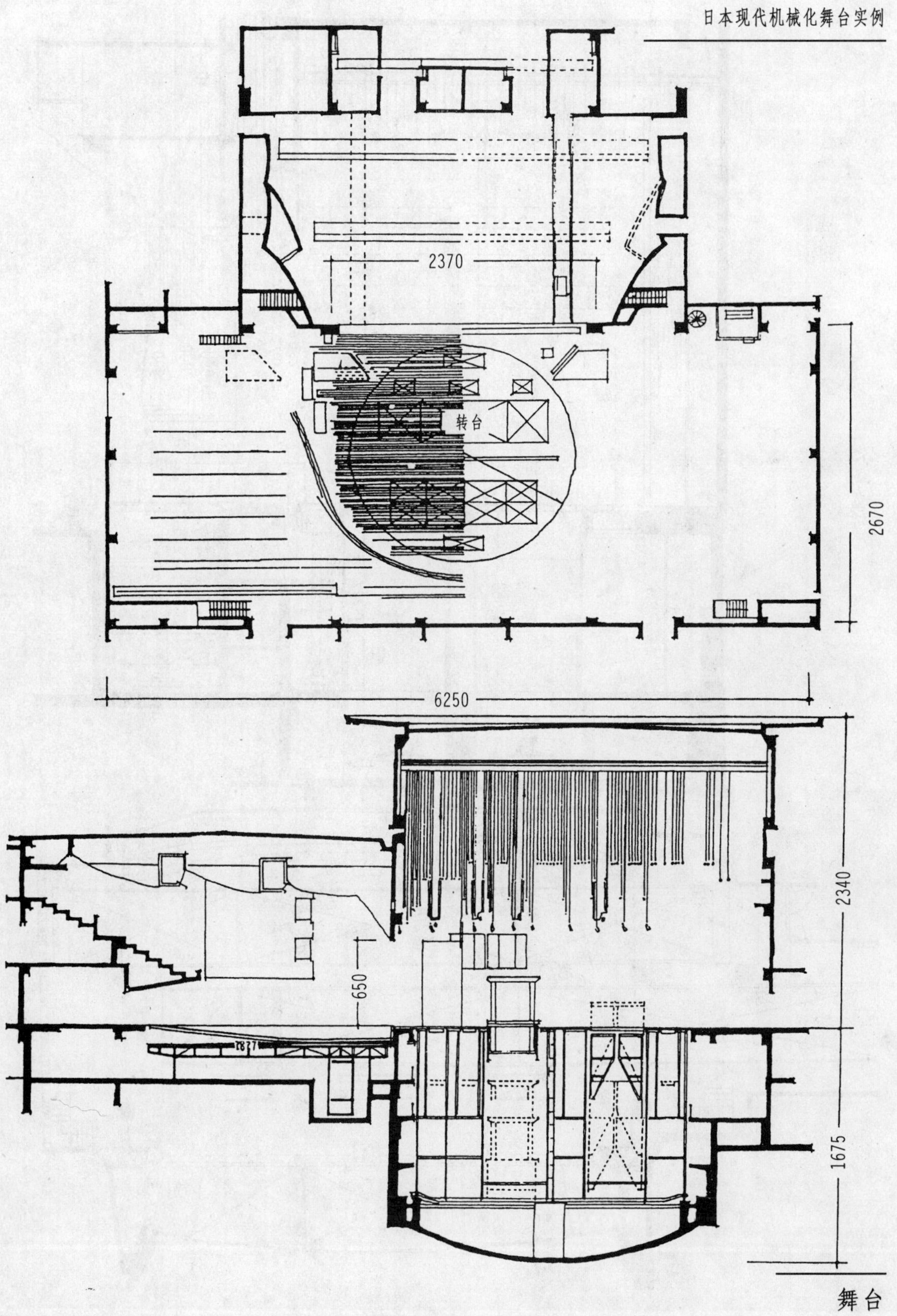

舞台

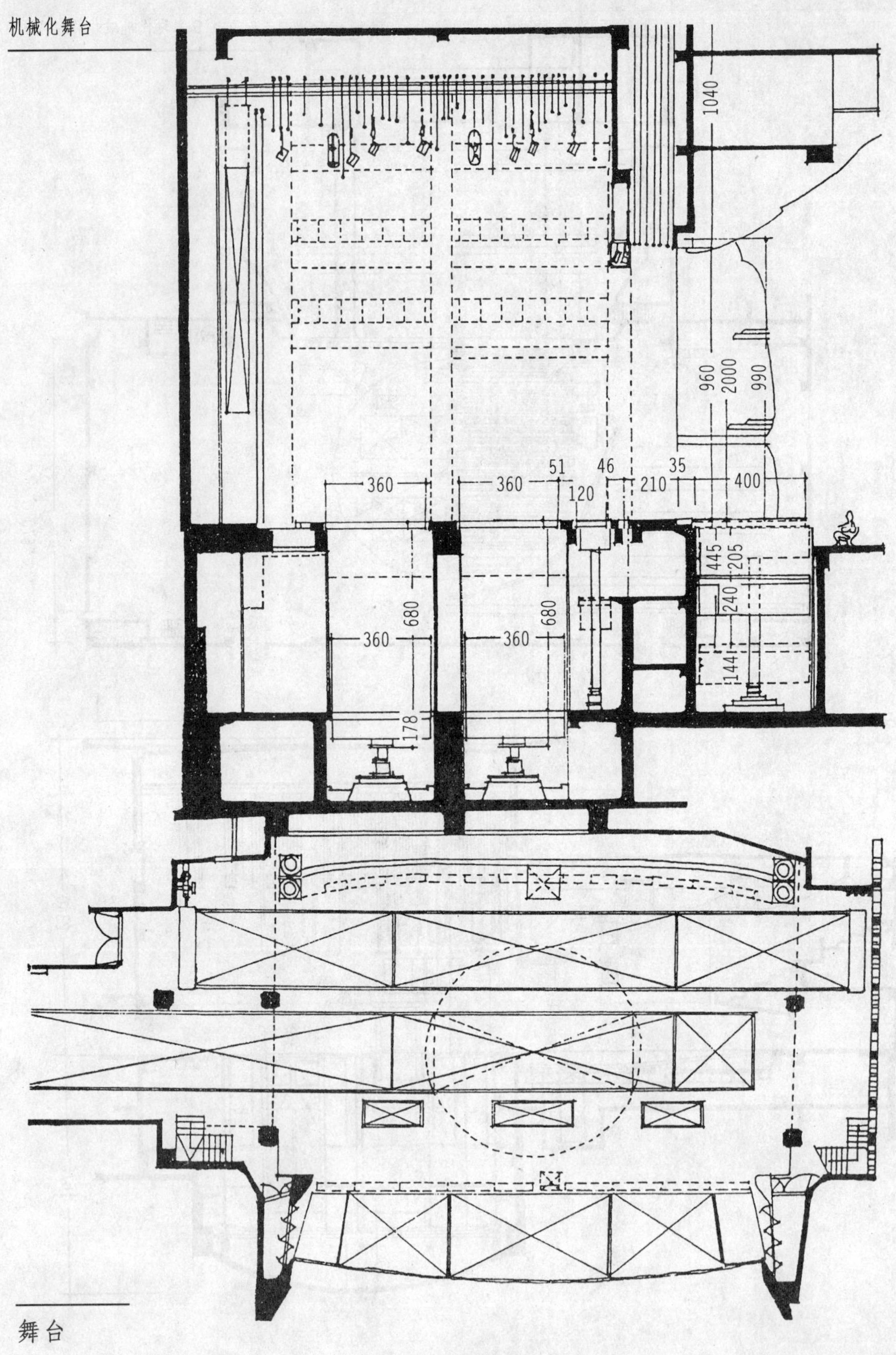

1040
960
2000
990
51
46
35
360
360
120
210
400
445
205
240
144
680
680
360
360
178

舞台

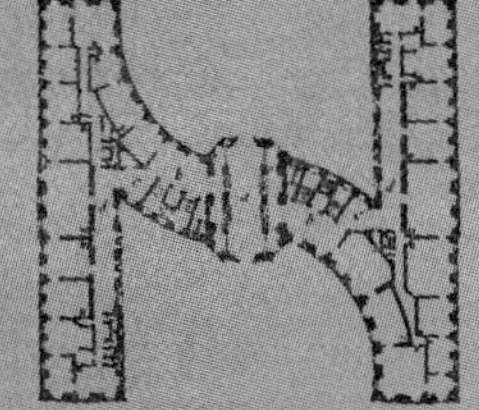

柜台

柜台

1″-9″
A
B
C
C
4′-0″
4′-0″
B
A
4″
6″
$\frac{1}{4}$″圆管白色塑料漆
$\frac{3}{4}$″橡木板塑料字
$1\frac{1}{2}$″硬木梁
$\frac{5}{8}$″胶合板
$7'\frac{1}{4}$″
$\frac{3}{8}$″橡木胶合板
$\frac{5}{8}$″胶合板面层白色塑料面
$\frac{3}{4}$″硬木胶合板面黑色塑料层面
1″软木梁
$\frac{3}{4}$″硬木
$\frac{3}{4}$″胶合板白色塑料面
$3'-4\frac{1}{2}$″
7″×3″硬木踢脚
剖面图 A-A
剖面图 B-B
2′-9″
玻璃片
剖面图 C-C

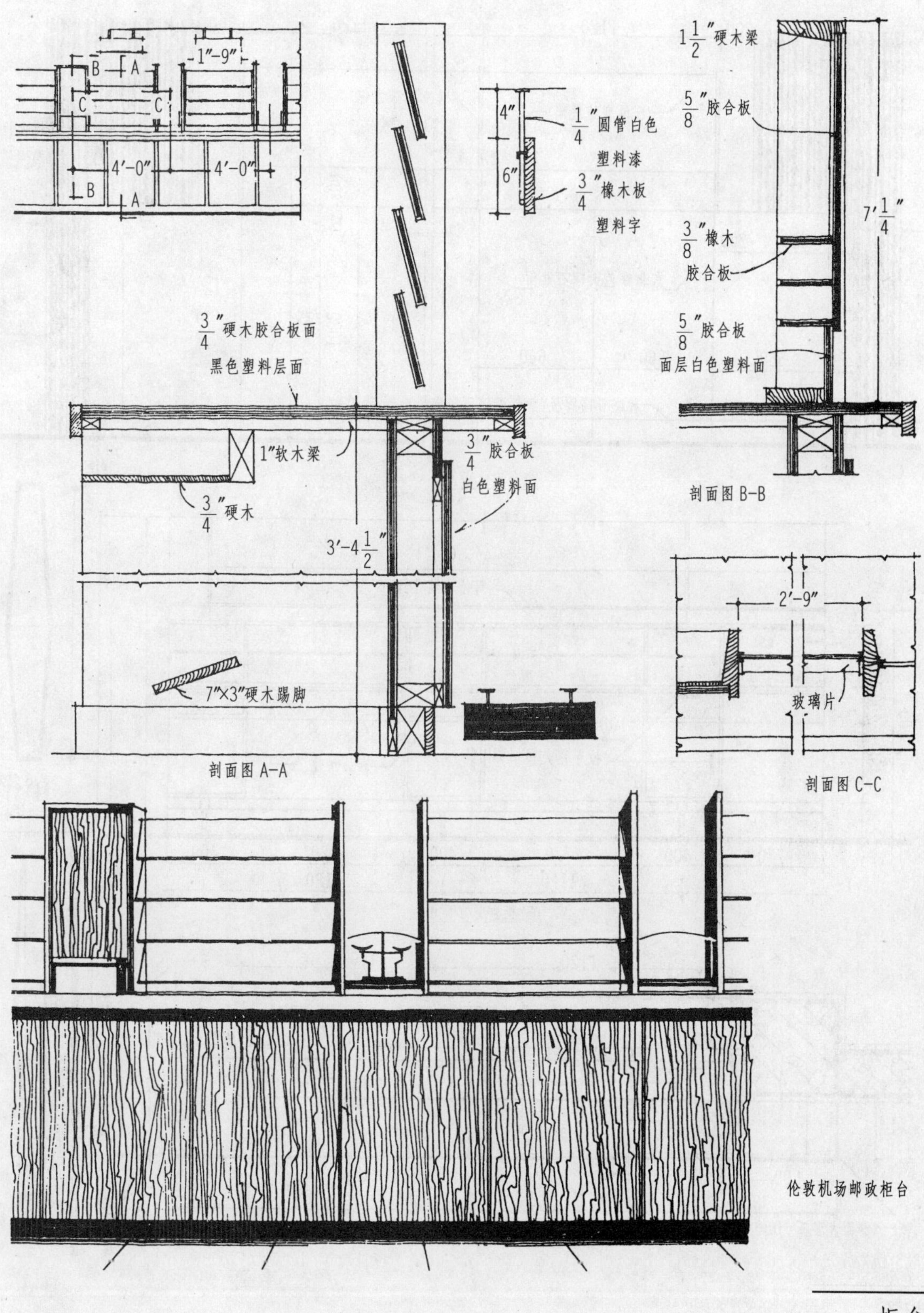

伦敦机场邮政柜台

柜台

6厚磨边玻璃
镀克罗米方钢
树皮拉毛墙面
东北绿色大理石贴面
水磨石踢脚板(颜色同墙面踢脚板)
柜台正立面图
灯槽内装15W日光灯
拉手详大样
暗拉手
表面清漆
柜台背立面图
木纹塑料贴面
镀克罗米方钢
6厚磨边玻璃
东北绿大理石贴面
侧面大理石 1080×300
柜台平面图

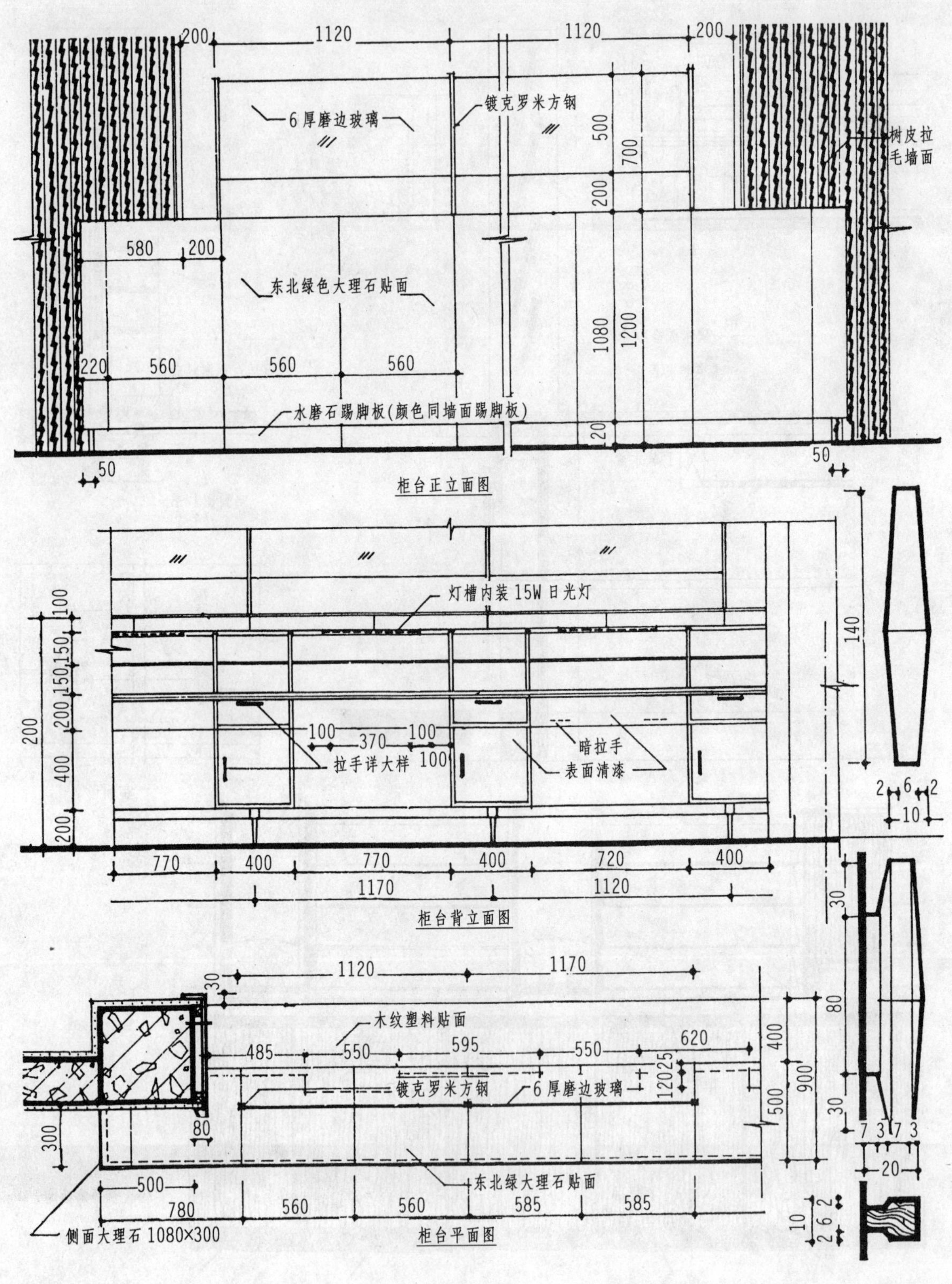

柜台

6厚玻璃四周磨边
缝内嵌1厚橡皮条
20×20方钢表面镀克罗米
A-A剖面图
25厚东北绿大理石
10厚1:4水泥砂浆
钢筋混凝土挑板
预留木楔60×30×60 中-中400
20×20方钢镀克罗米
预埋50×50×5钢板
15瓦日光灯
40×20垫木
预埋木砖40×40×60
20×40垫木条
五夹板清漆
6厚玻璃(磨边)
20厚木板清漆
20×40垫木条
乳胶贴接木纹塑料贴面板
20×30
10厚抽屉底板(或五夹板)
35×40滑道
20厚抹灰
30×50
水磨石踢脚板
25厚现制水磨石踢脚板
剖面图
配筋图
25厚东北绿大理石
15厚1:4水泥砂浆
焊接
预埋钢板50×50×5中-中1177
铁脚φ61150
乳胶粘接木纹塑料贴面板
硬木条
25厚三角木每处四块
木螺丝钉牢
B-B剖面图

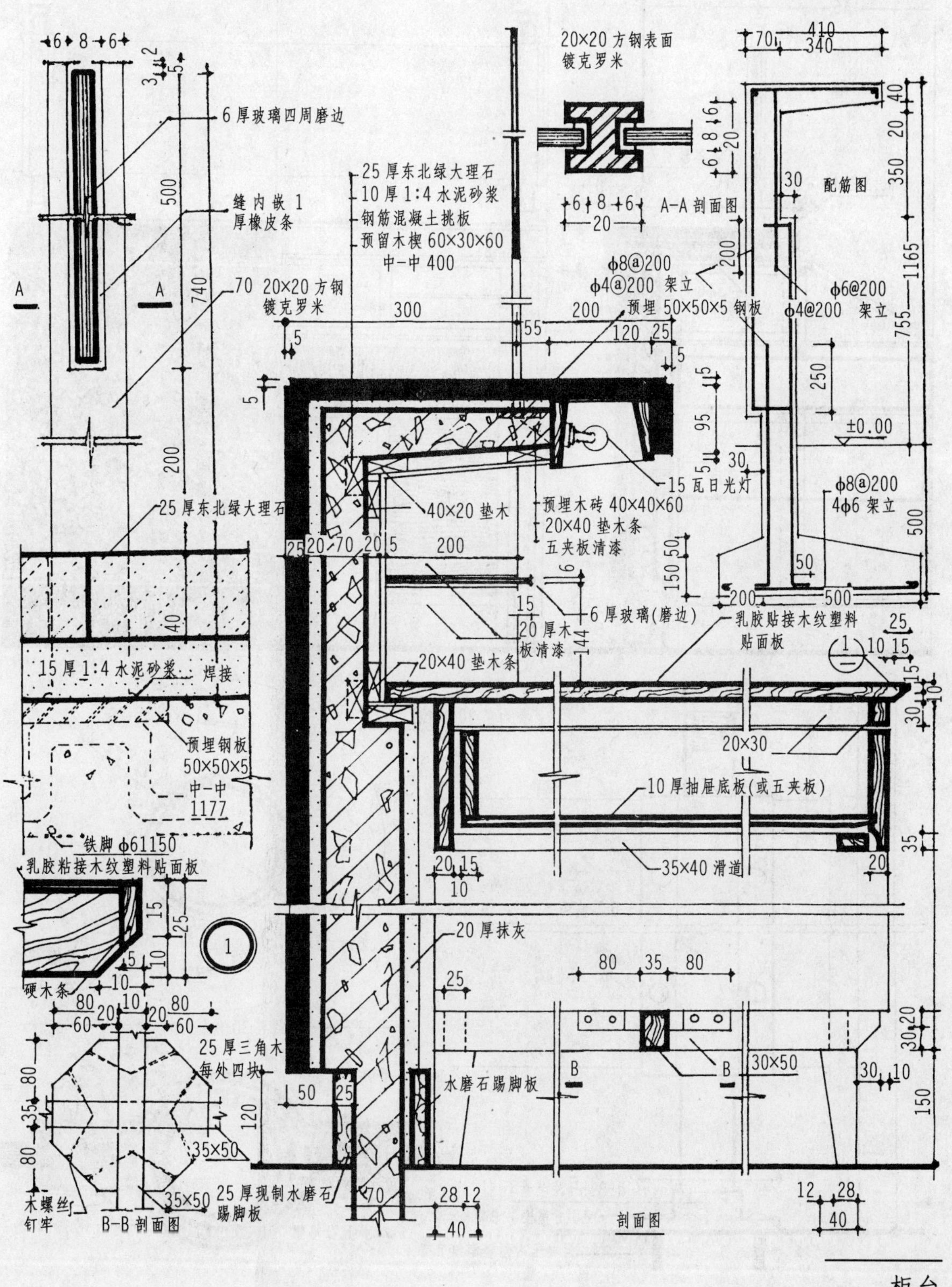

柜台

46
30
2厚预制大理石
ϕ6 a 20ϕ
0.5
9.5
0.5
39.5
0.5
9.0
10
0.5
3ϕ6
0.5
纵横各用ϕ4
钢筋按
大理石规格
ϕ4 预留钢筋
0.5
6.5
0.5
15
1.5
1.5
0.3
2.0
7
36
58
15
6厚玻璃
8.5
d=8.55 法兰盘
ϕ0.6 螺栓 1.0 螺帽
混凝土内预埋螺纹套管
内径 30 自来水管
2.15
0.3
0.3
d=30
2.15
外径 8.5
法兰盘
2.6
4.6
2.6
内径 30 自来水管
套内径 4.2 套管内外电焊
ϕ=0.4 螺栓
0.3
绒布
0.5
0.3
0.6
0.3
0.5
0.5
d=30
d=1.0 螺帽
橡皮

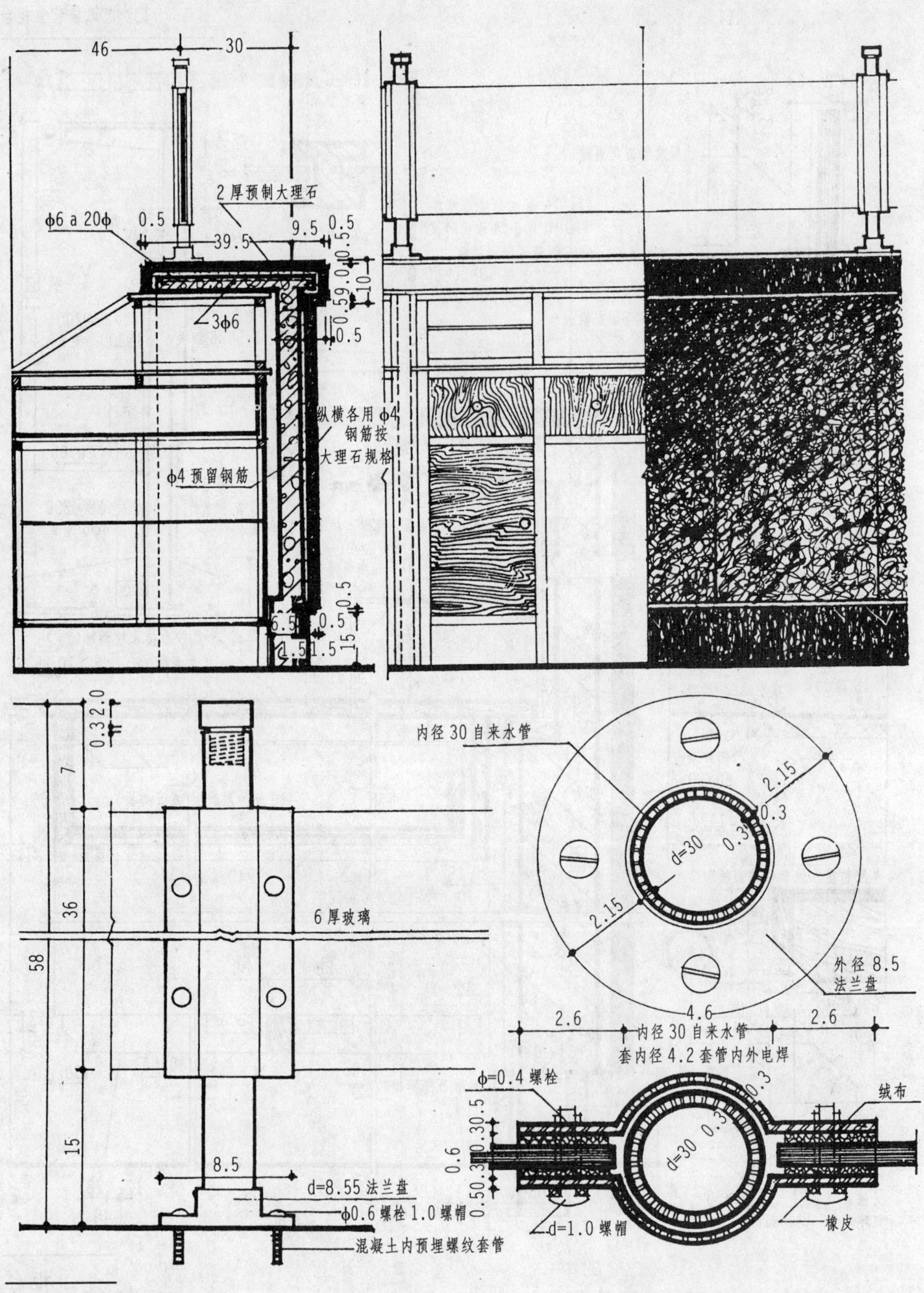

柜台

30
200
30
200
780
30
200
60 30
350
200
50
30
25×50
30
250
2厚隔板
25×45
30×30
30×30
每柜三根
825
675
30×30
25×50
150
40×50
50×100 肋木
275
70×150
地板龙骨
720×1080
6厚净片
立肋
三夹板
15×15
三角压条
木压条
6×15
木压条 6×15
950
1150
150
大理石踢脚
退进 2cm
1190
50
ϕ40
白铁管
50
ϕ6 螺栓
焊点
30
15
15
4
14
焊点
ϕ40 白铁管外镀克罗米
4 厚 30×60 白
铁板外镀克罗米
6×15 三夹板
25×50
木砖
三夹板
30×30
木肋
40×50

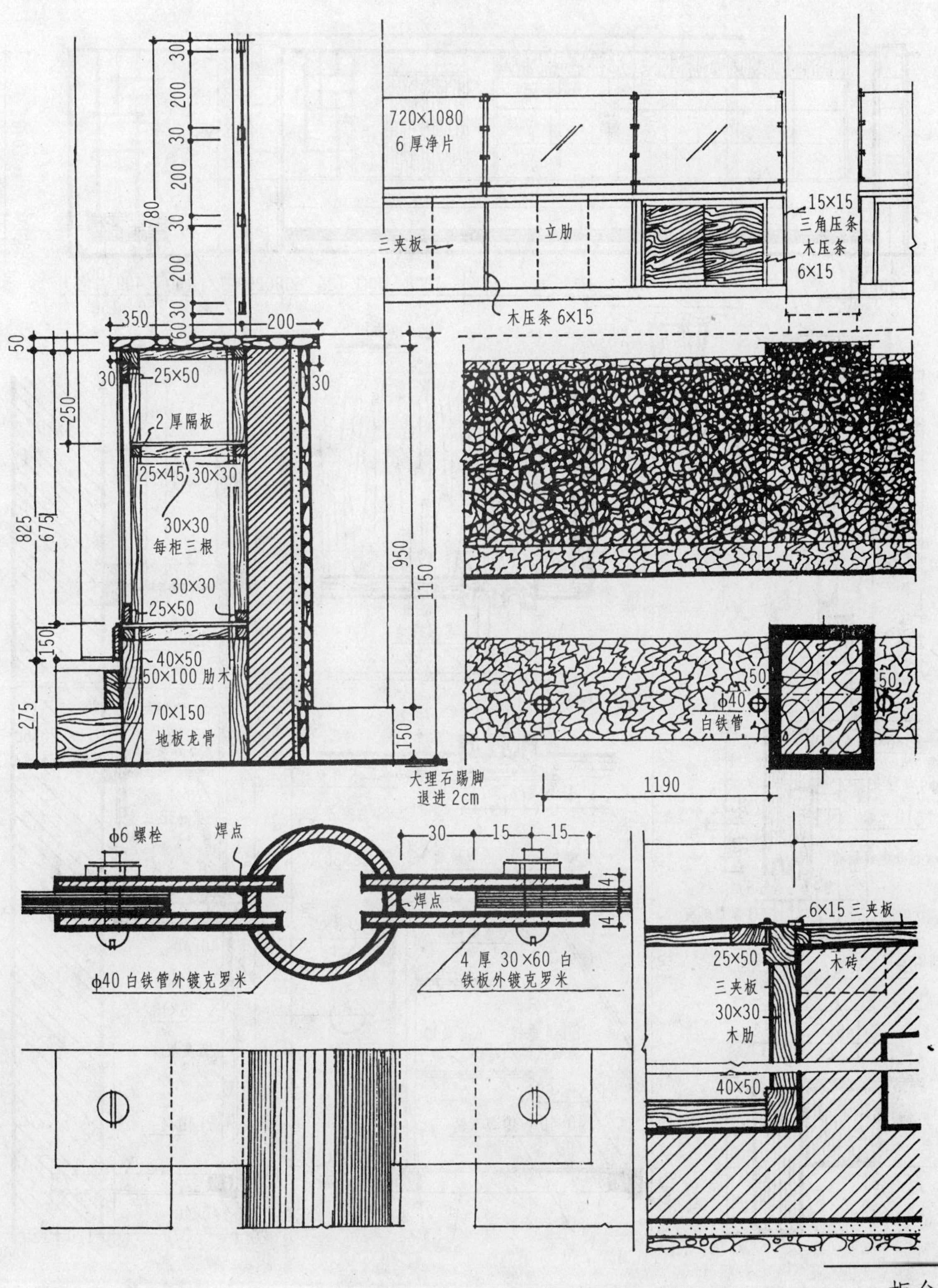

柜台

立面图
马赛克面
水曲柳清漆
铝板网
10×10
-25×3×40 电镀
每 4 个
ϕ4 螺丝孔
ϕ10 电镀
5 分电镀钢管
3 厚塑料板
推拉门
5 分电镀钢管
电镀法兰
五夹板
5 厚玻璃
电镀推拉道
5 厚推拉
玻璃
玻璃卡子
5 厚玻璃
25×80
5 分电镀钢管
20×4 电镀
扁钢托架
6 厚玻璃
25×80
40×40
30 厚木腿
40×60
300
120×120×60
木砖
5 厚玻璃
20×4 电镀
托架 ϕ30 底盘
4 厚交于木龙骨上
20 厚木板
40×40
铝钢网
25×40
五夹板
L40×4
30×6
40×40

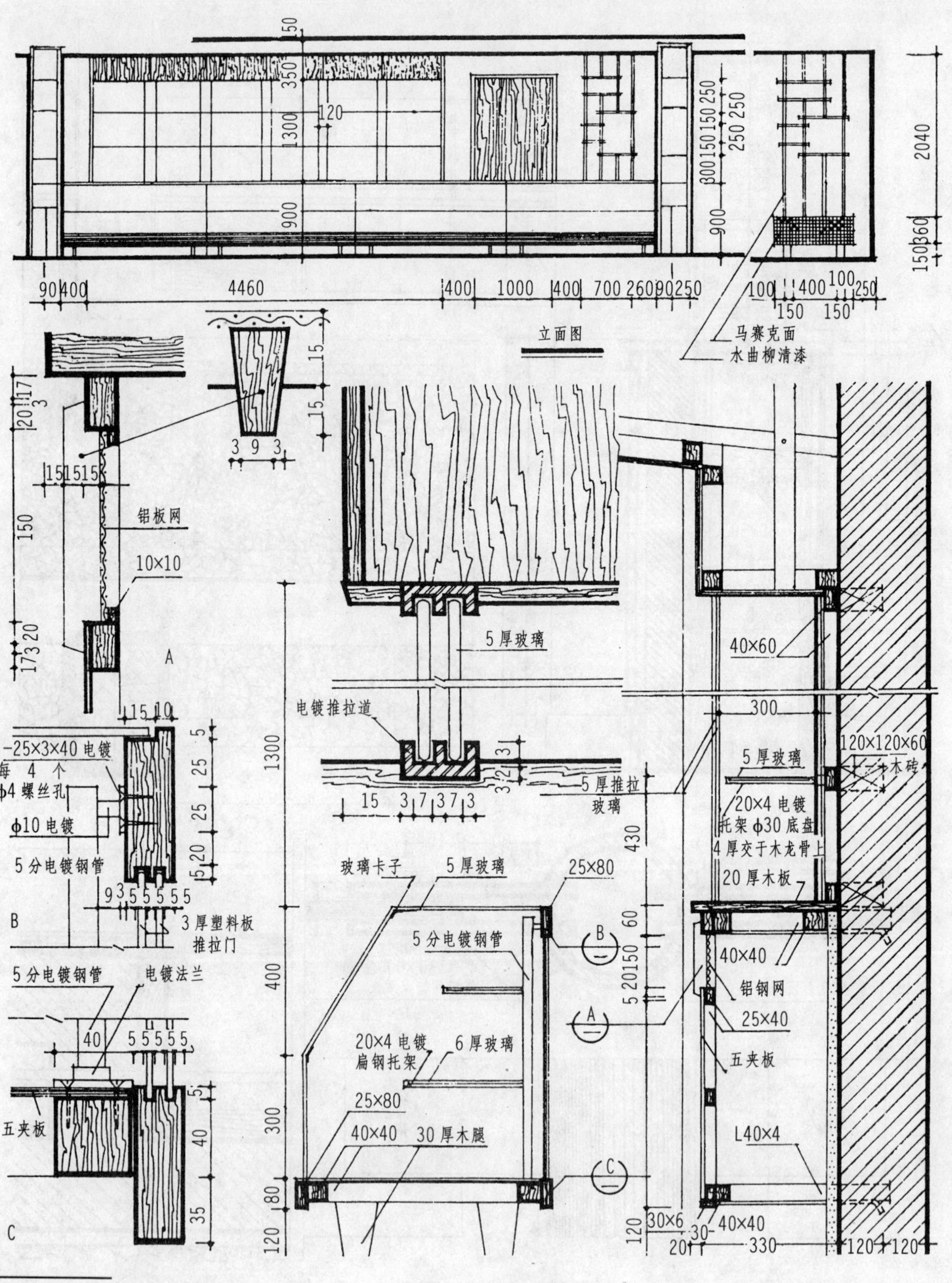

柜台

玻璃柜台立面图
10×80 拉槽
弹子碰珠
1—1 剖面图
玻璃柜台平面图
12# 铜皮包角
铁螺丝
绒布垫
垫圈
固定螺丝
24# 铁皮压边
25×15×3
槽铁镀克罗米
镀克罗米
铁支架立面图
1.2×1.2 24 号白铁皮压边
玻璃板
50×50
5/8"木螺丝
1/2"木螺丝
铁卡子
1.5 厚铜皮轨道
11×5 铜条, 玻璃用油漆粘牢
(14 铁卡子)
弹子碰珠间距 150
30×40 木龙骨
3 厚铁卡子镀克罗米
25×15×3 槽铁镀克罗米
焊牢

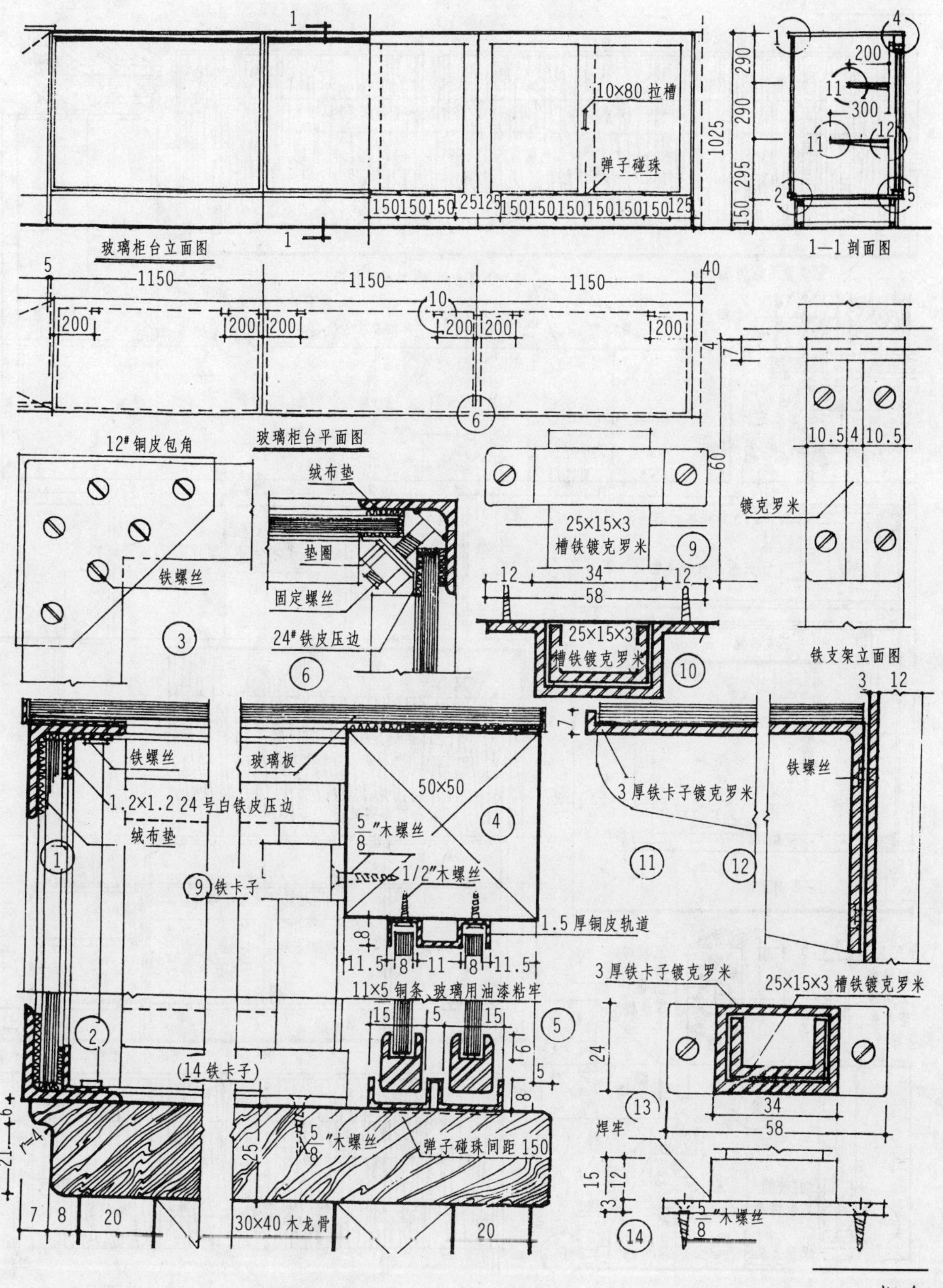

柜台

"A"
铝压条
五夹板本色刷清漆
C
1″铁管黑色烤漆
"B"
木螺丝
铝压条
凹槽内1厘米压条
五夹板 漆橙红色
A
抽斗下部为柜子(双扇推拉门)
抽斗下部柜子(单开门)
抽斗下空
D
硬木塑料罩面
F
E
2.5厚硬木板刷清漆 塑料罩面
三夹板外表面本色刷清漆
五夹板
三夹板抽斗底
本色清漆
I—I 剖面图
硬木台面 塑料罩面(深绿色)
玻璃
抽斗下空
五夹板面 本色刷清漆
硬木台面塑料罩面
玻璃推拉门(木边框)
6厚玻璃 镀铬铁件
抽斗硬木面
柜子
(内分两层)
本色刷清漆
三夹板面
三夹板推拉门
三夹板
铝压条
凹槽内
正面漆
澄红色
2厚铁板
焊接
2厚铁板
1″铁管
2厚铁板
焊接
1″铁管
黑色烤漆
硬橡皮垫
1″铁管与2厚铁板
焊接
硬木台面塑料罩面(深绿色)
五夹板本色刷清漆

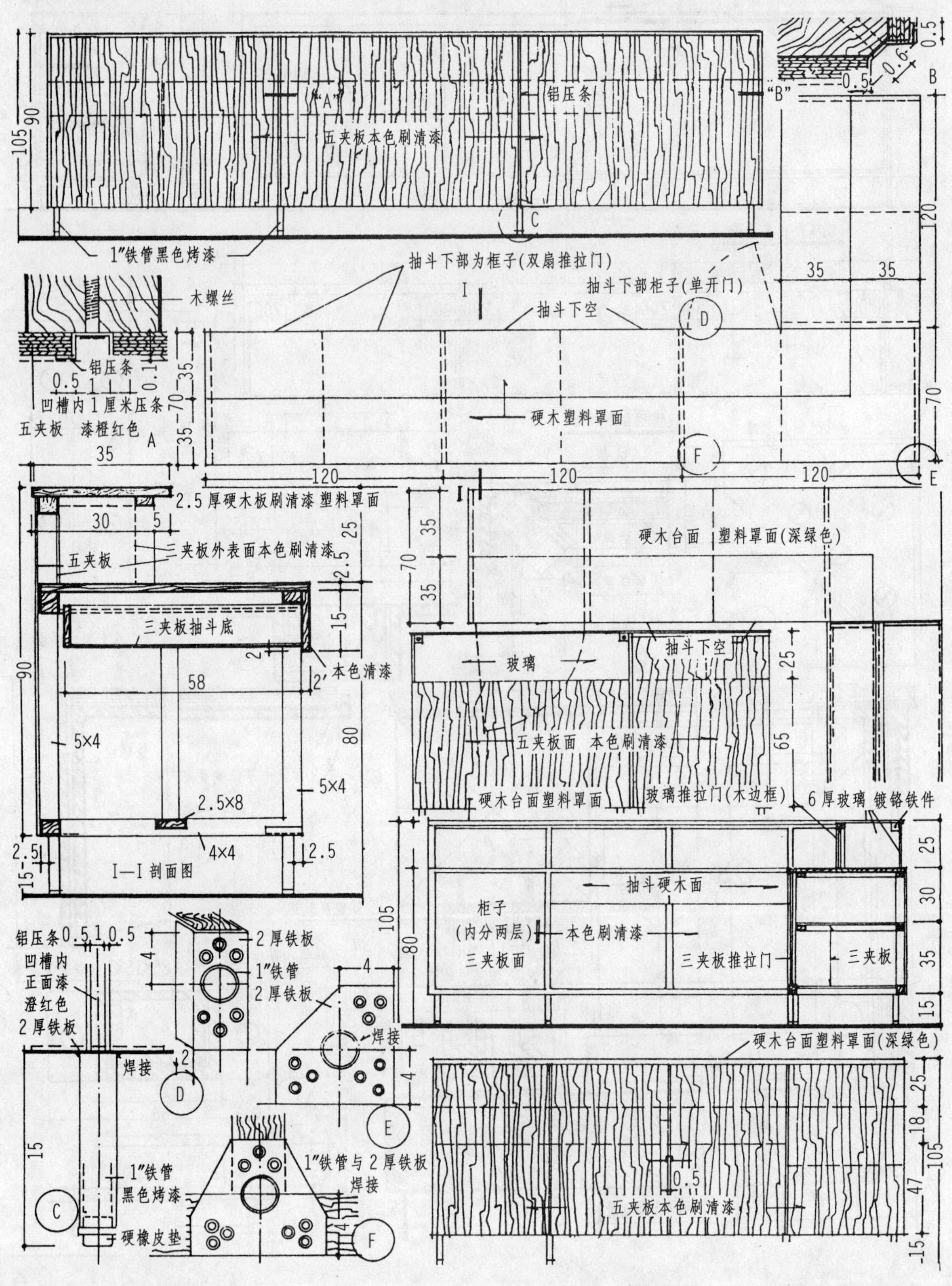

柜台

塑料贴面板
面层对缝
硬木清漆磨退
塑料贴面板面层六等分拉缝20宽
拉缝外企口木板刨光黑色油漆
3″活叶两个(暗装)
木砖三个40×40×60中距300
(从地板上皮起)
2″活叶2个
方木40×40周围外钉五夹板清漆
50×50
35厚硬木板15厚硬木板
20×30方木500中距
20深槽黑色油漆
水曲柳切片三夹板清漆
磨退15厚松木企口板
抽屉底五夹板
15厚松木企口板上贴栗色
塑料贴面板
15厚松木板
五夹板
推拉门五夹板
门心板
40×50方木
L50×50×5
对焊
20×60木条
A

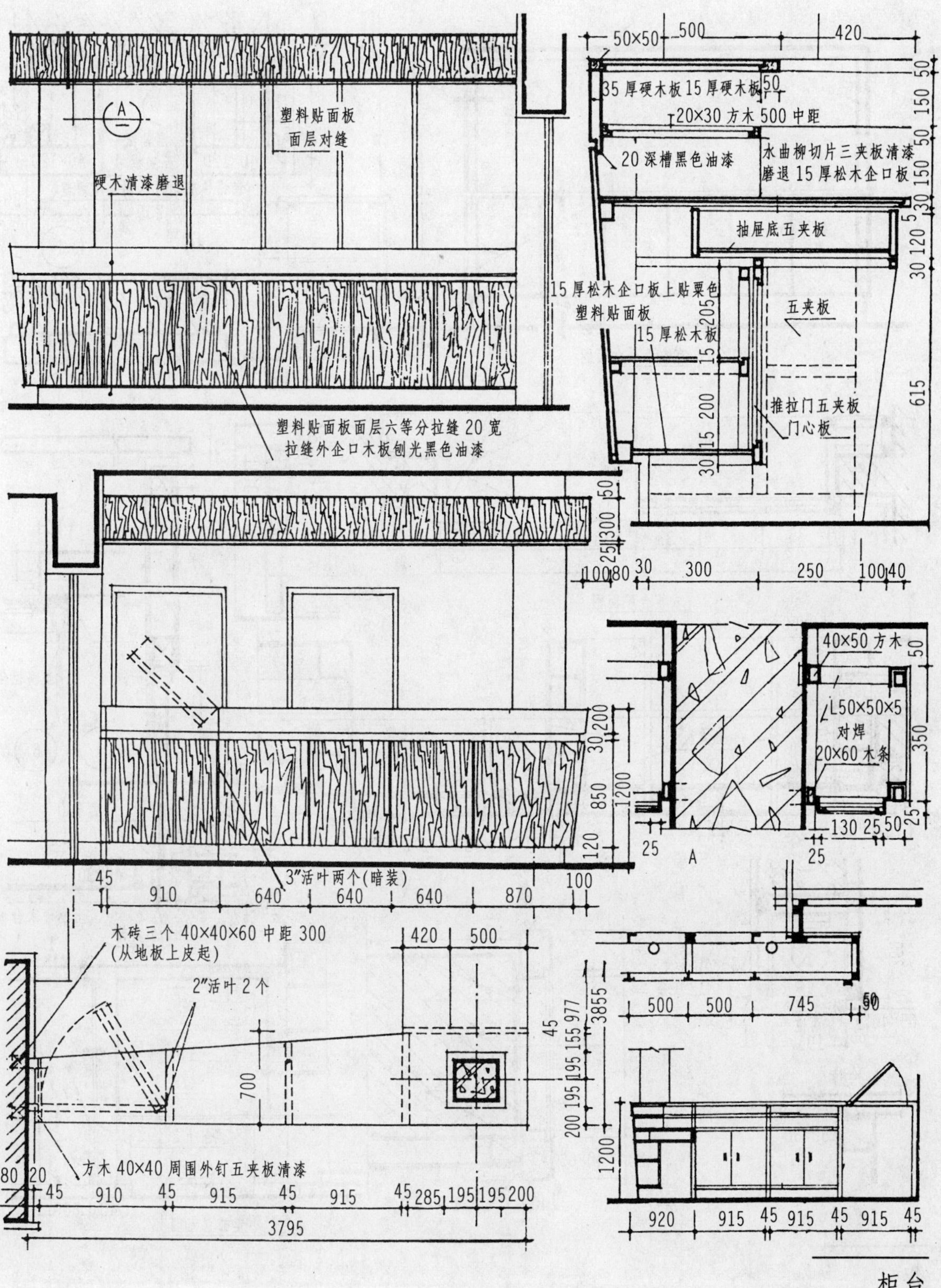

柜台

存衣柜台立面图
存衣柜台剖面图
2.5 厚隔板
一层油纸
五夹板
40×120
40×120
包铅铁皮刷白色调合漆两道
40×60
$1\frac{1}{2}$″合叶
存衣柜台平面图
五夹板
橡皮条
玻璃柜台
50×50
40×50
油纸
五夹板
碰珠一个
30×28
30×28 2 个 2″合叶
60×35
30×30
50×35
门宽 600
40×60
40×30
3″合叶 2 个
上翻硬木台板
小卖部
30×40 龙骨
28# 铅铁皮
刷白色调合漆
两道
12×12 压条
65×40
40×65
油纸
五夹板
12×12 压条
3″合叶 2 个
-1.20
-4.20
休息厅小卖部立面图
1—1
2—2
3—3
4—4
5—5

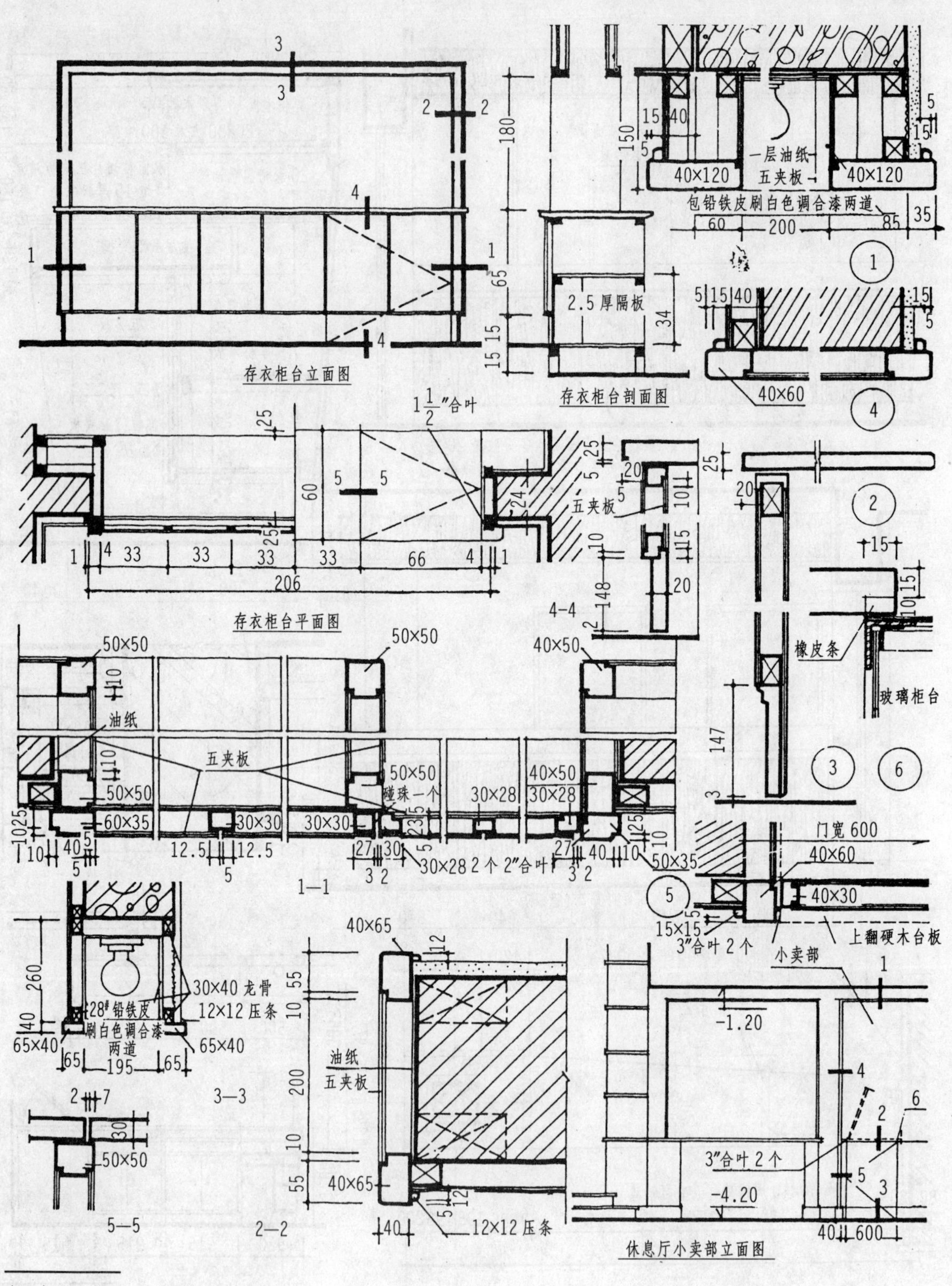

柜台

透明条纹宽10
磨砂条纹宽40
反面磨砂
黑漆写字
5厚净片
留圆孔 D=150
边灯光
售票口玻璃详图
售票指示牌
售票窗口柜台立面图
d=8 螺栓
5×800=4000
1—1 剖面大样
预制美术
水磨石柜台板
+1.4 柜台面
麻丝填缝
3厚玻璃
12厚硬木
清漆腊克
水磨石台板
d=8 螺栓 8个
1:3 水泥砂浆填实
2—2
28×15 压条
12厚硬木
清漆
玻璃
d=8 螺栓

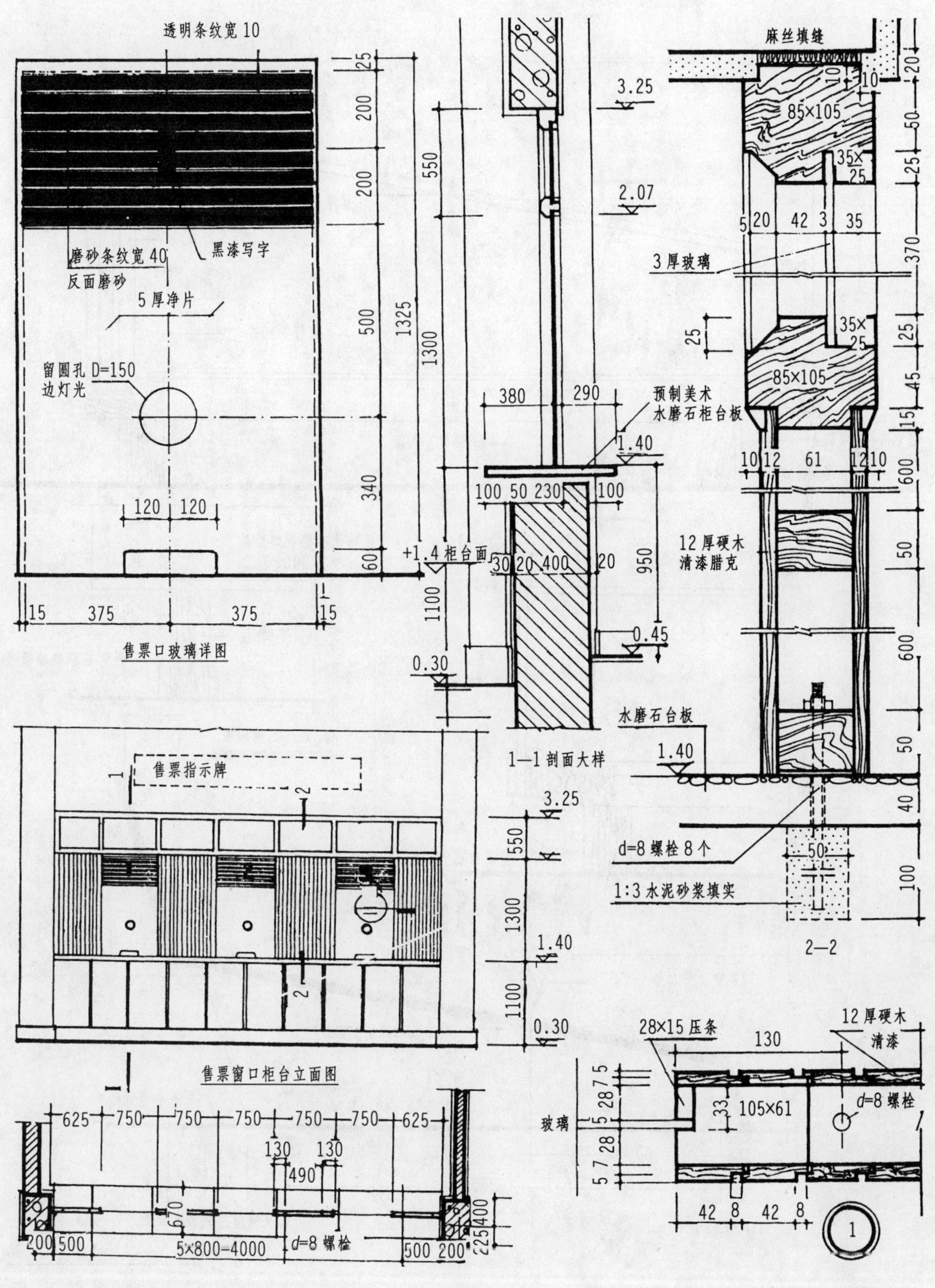

售票窗口

380(宽1240)
24
2厚半透明有机玻璃条
5
甲
5厚透明有机玻璃
长630/每块
70
此处热弯成型
60
镀锌铁皮槽
5厚10宽有机玻璃端压条
5
25
6
黑色有机玻璃镶边
木框底盘
35
木螺丝固定
甲
陈列柜剖面图
白色珠光有机玻璃面层
净宽300
40
内衬木框
黑色有机玻璃镶边
30
乙—乙剖面图
甲—甲剖面图
90
5厚白色珠光有机玻璃
转角处用热弯成型
乙
12宽投信口缝长140
50
黑色有机玻璃
40
服务台台面
100
10
250
乙
20
20
有机玻璃信箱牌侧立面图

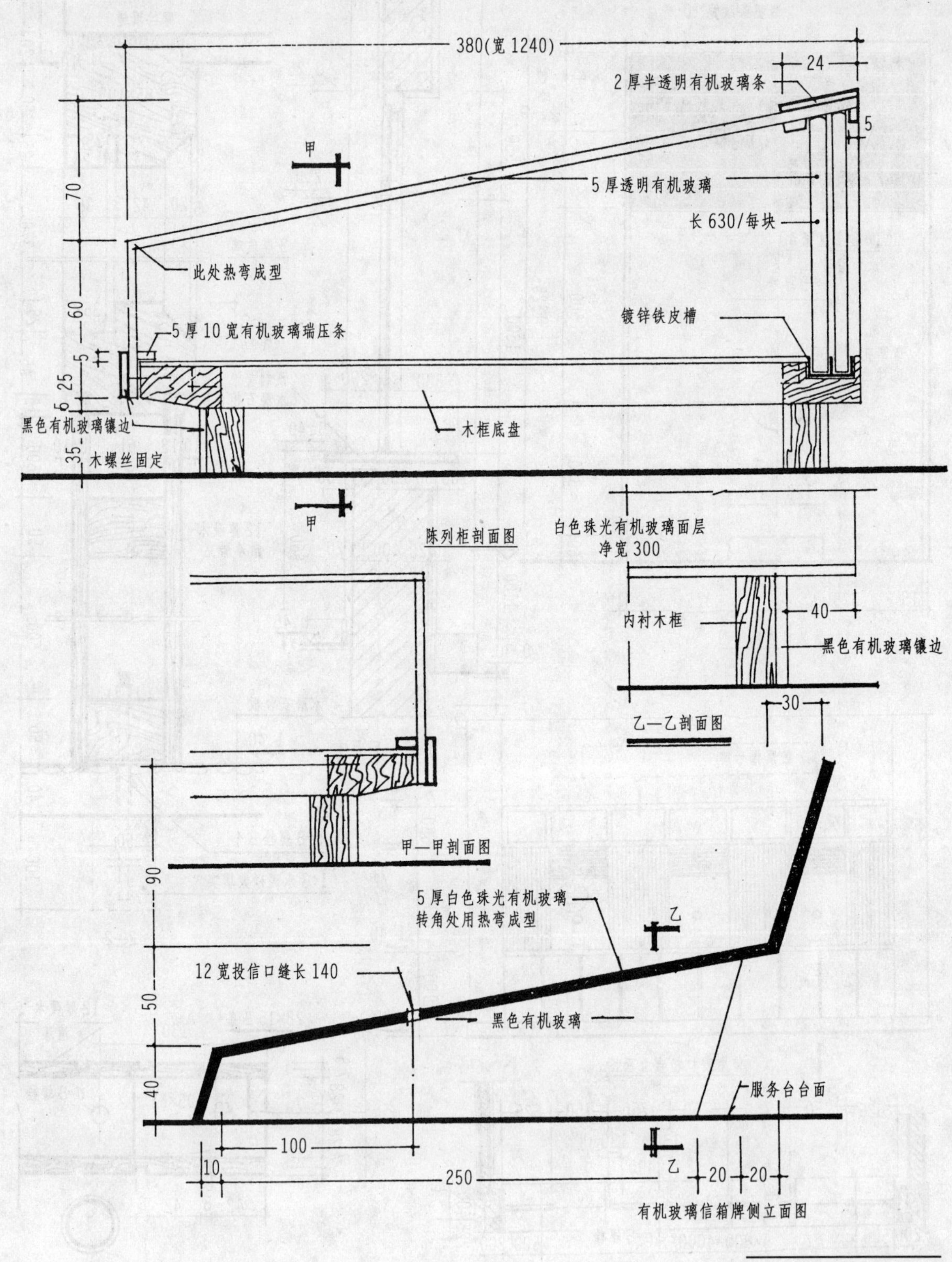

邮票陈列柜

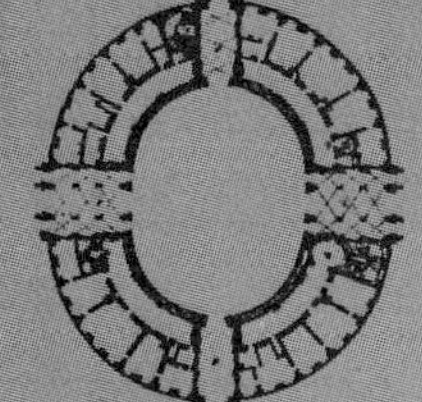

电话亭

C
B
A
A
6′-9 1/2″
C
B
立面图和剖面图
断面图
2′-9 1/2″
2′-6 1/2″
平面图
硬木条
电器及电话线孔道
硬木盖板
硬木压条
1 1/4″空心门板
1 1/4″空心板
6厚玻璃
2mm硬木平板
硬木压条
3/4″空心板
2 3/8″×1 5/8″硬木框
硬木条
6厚玻璃
1 1/2″×1/2″木栓
1 1/4″
木框
硬木推手
1 1/4″×1/2″木栓
2mm硬塑面粘
在1 1/4″木板台上
1 1/4″空心板门
2 3/8″×3/4″×3/16″
金属带固定玻璃
1 7/8″×1/2″木栓
固定于楼板上的膨胀螺栓
固定于地板
上的硬木底座
B-B断面图
C-C剖面图

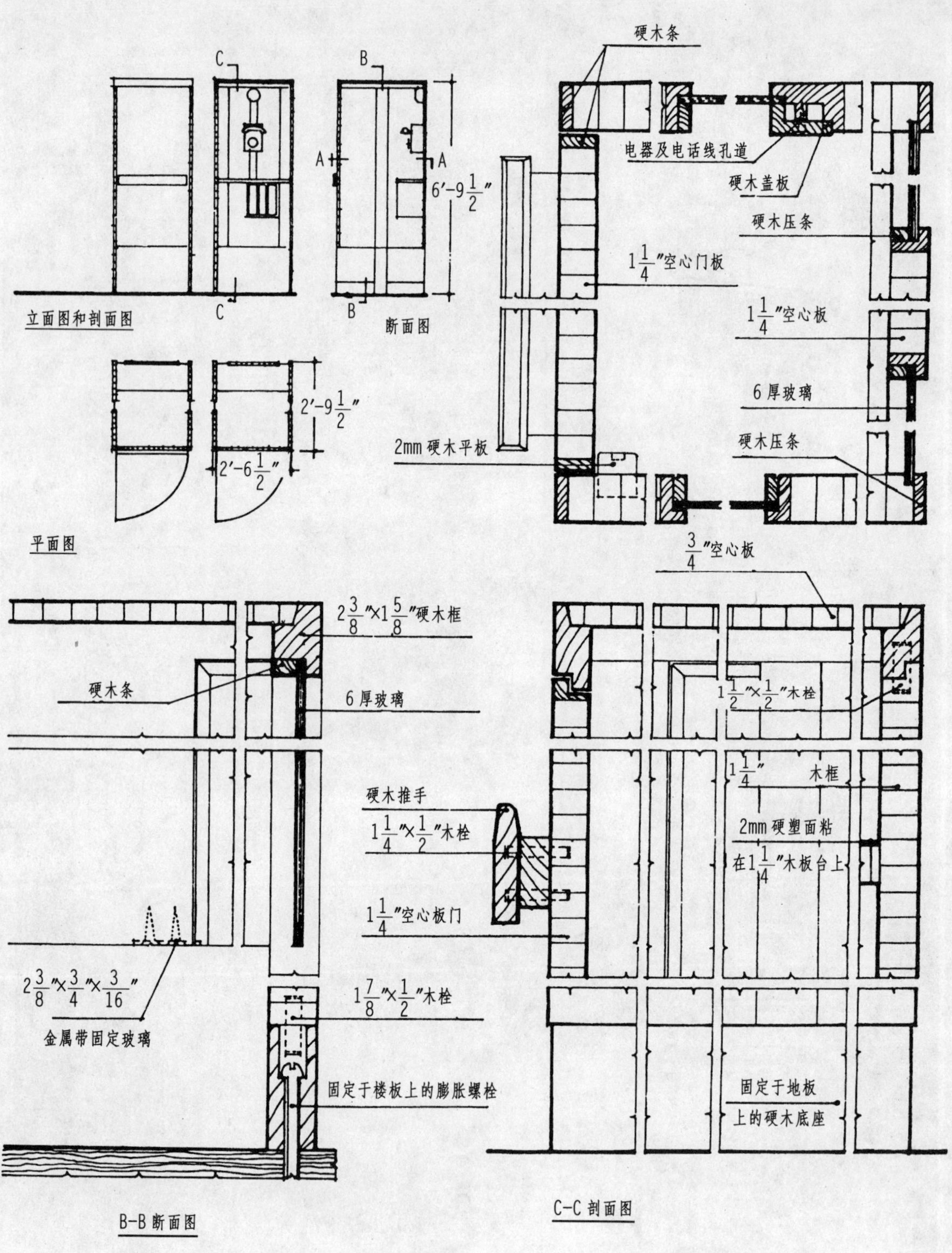

电话亭

铝皮
3'16"水泥吸音板
砖墙表面
2"×4"长 12"
不锈钢板面
$1\frac{1}{2}$"×$1\frac{1}{2}$"×$\frac{1}{8}$"L
2"矿棉
1'-0"
3'-6"
铝皮
橡皮地面
2"-6"
Section
虚线示墙中基础
$\frac{3}{6}$"水泥吸音板
2'-2"×4"
橡皮
地面
2"×4",12"长
砖墙表面
墙中预埋件
铝皮
2" ×4"
12"长
$1\frac{1}{2}$"×$1\frac{1}{2}$"L 铁
金属表面
2"矿棉
3/16"吸音板
1'-4"
10
2"×4"
长 12"
2'-0"
2'-7$\frac{1}{2}$"
2'-7$\frac{1}{2}$"
2'-2"×4"
铝皮
Plan
80
232.5
90
22.1
2.7
14.
22.7
23.5
20.3
17
24
23
27.4
19
21
7
80
36.2
55
98
60
45
60
90
30
25
35
10.6
25.2
19.2

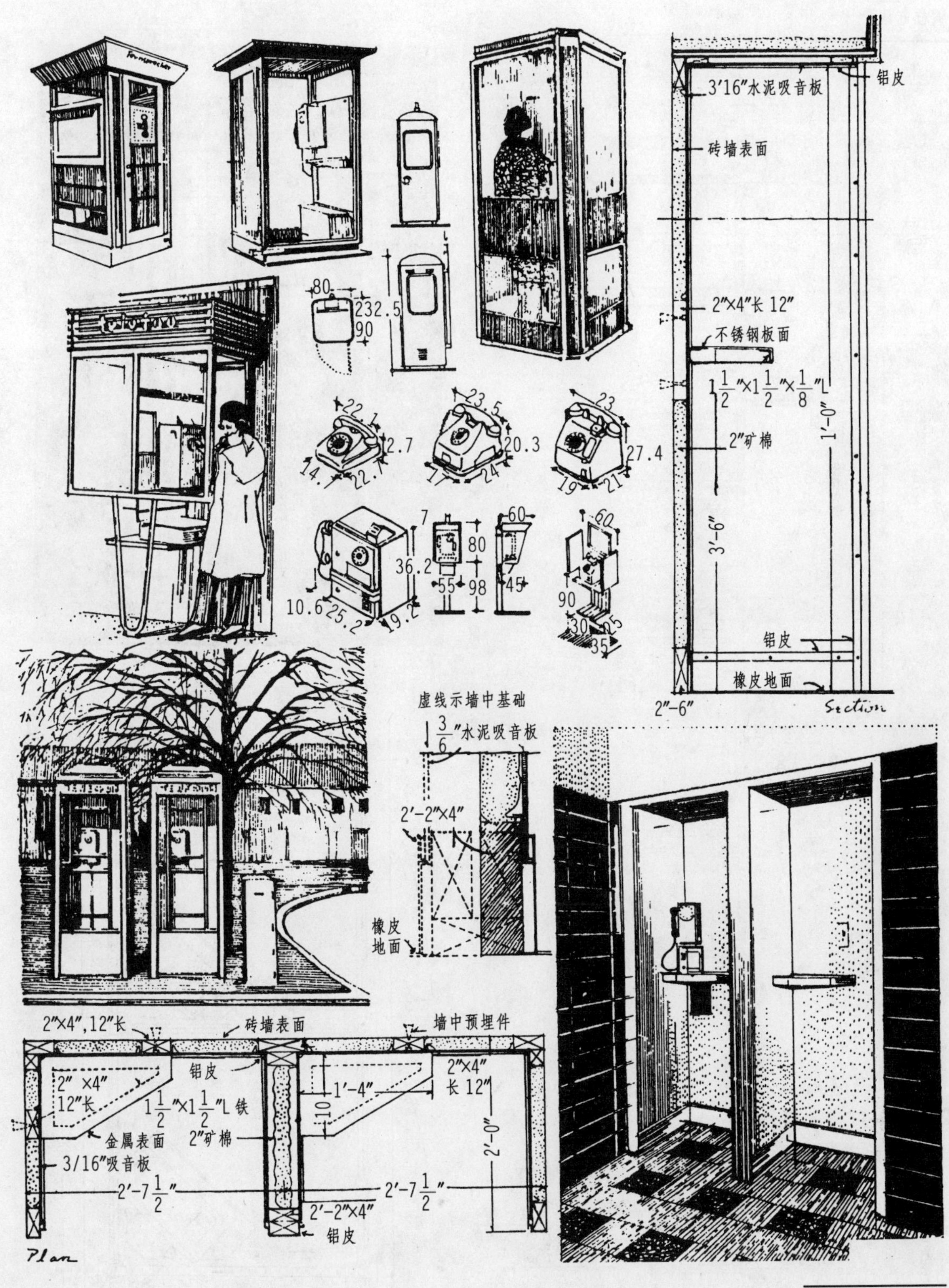

电话亭

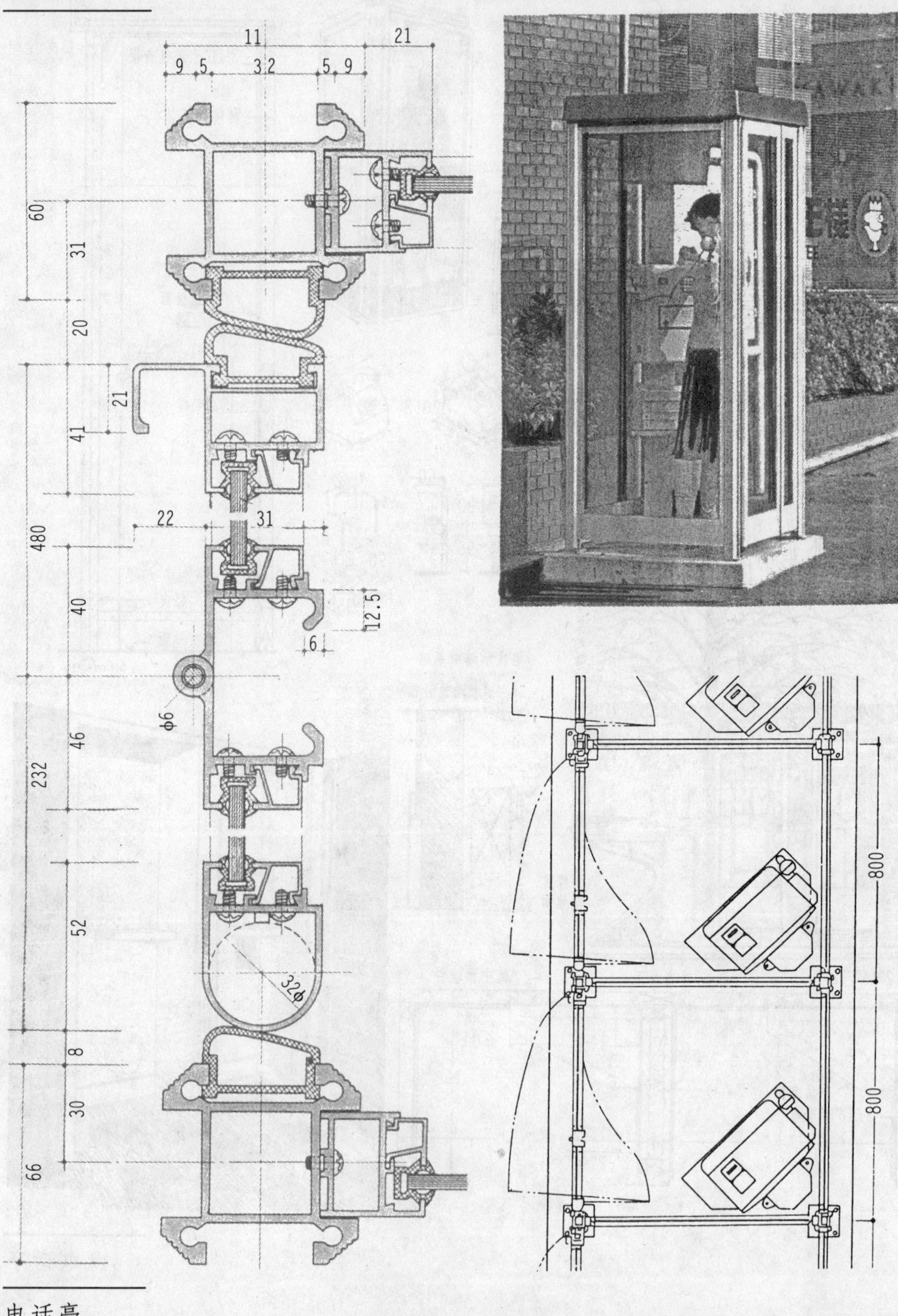
11
21
9
5
32
5
9
60
31
20
21
41
480
22
31
40
12.5
6
ϕ6
46
232
52
32ϕ
8
30
66
800
800

吸音板
石膏板隔墙
1厚铝皮包边
2厚钢板斜撑
塑料贴面五夹板
20×30 木肋
五夹板
L25×3 支架
剖面大样
弹簧位置
木龙骨位置
开关位置
20厚硬木企口长条木地板
50×70 木龙骨 350 中-中
电话组线箱 400×500×120
下皮距地 300
150×150×3 铁板
按钮开关型号 LA1
150×150×3 硬橡皮
2厚铁盒
弹簧
木垫块
10×16
40×46

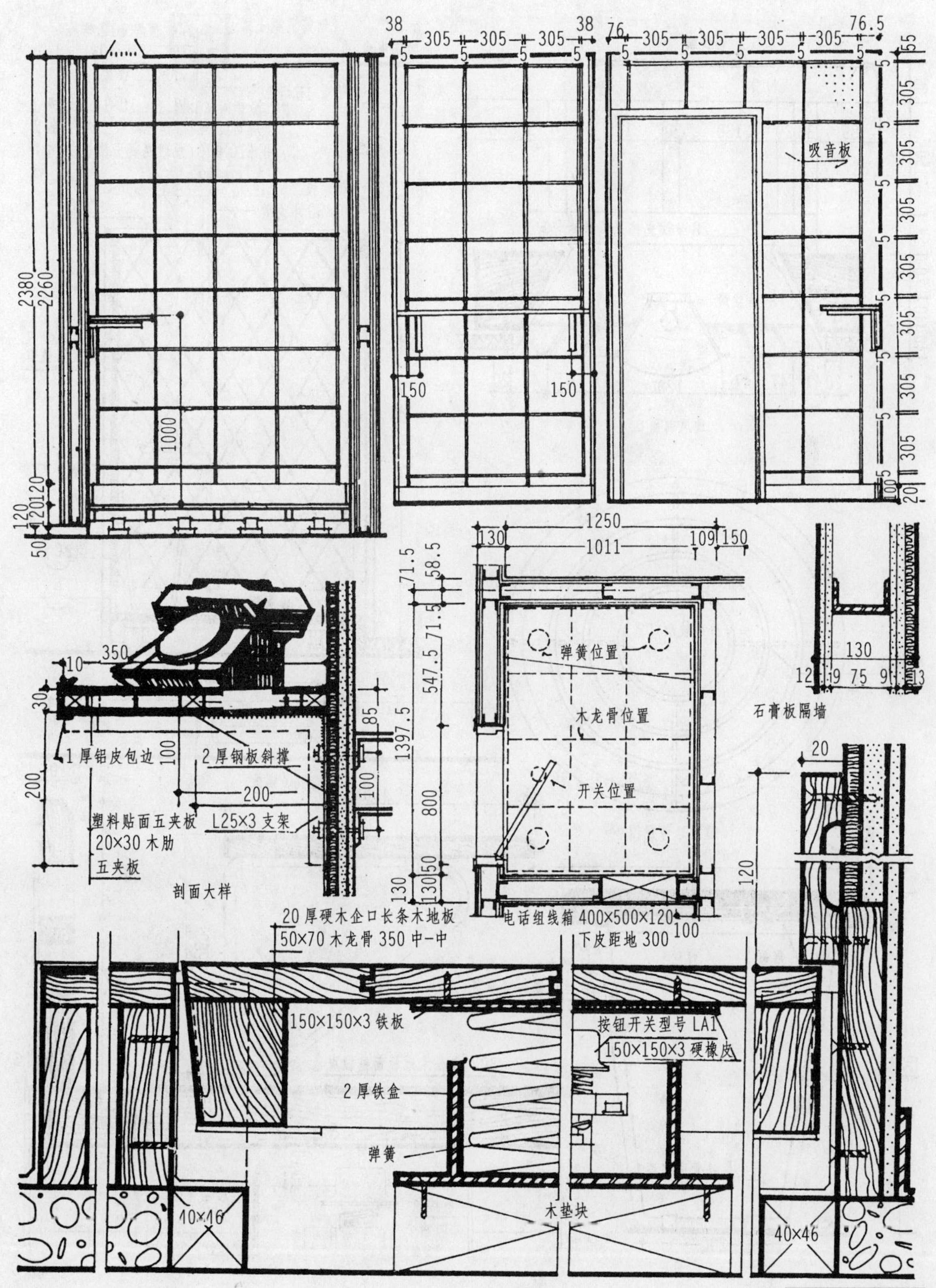

电话亭

铅铁帽
85
35
20
130
20
130
20
35
85
50
150
50
70
40
40
28号铁皮挡光罩喷漆
8#铁丝焊
20
47
47
47
120
47
47
47
20
通风剖面口
磨砂玻璃灯罩
8#铁丝
十字交叉焊
通风口仰视图
A
400
角钢
螺丝
3厚木板上铺3.5厚棉花
综丝面罩一层麻袋一层人造革
B
450
1¼铁管面喷漆
200
钢筋混凝土梁
主梁底皮线
预埋φ12螺栓
l=40
10×12横梁
10×12
隔音间立肋固定在10×12木横梁上
用φ12螺栓(预埋混凝土梁内)锚固
用φ10钢筋(预埋混凝土楼板内)中距
150吊紧
硬木板
50×50木龙骨
钉厚吸音纸板
斜格交点钉包
皮大帽铁钉
2100
B
C
D
踢脚板150
500
踢脚板
D
20
400
C
280
防虫网钉铁纱通气孔
30×10松木踏板面铺橡皮毯
35
25
15
25
50
10 10
电按钮
每间两个
铁板匣

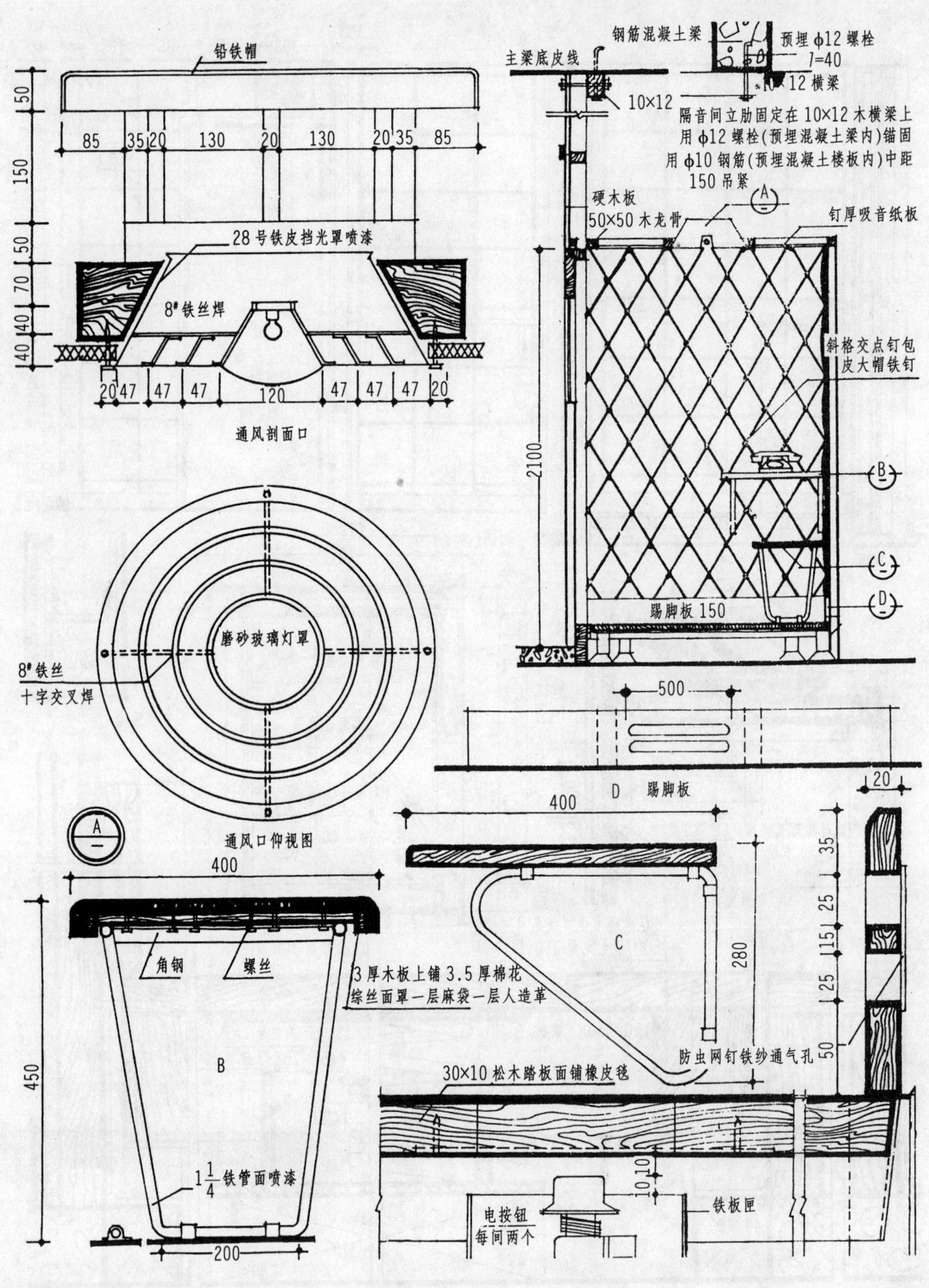

电话亭

250(10")台扇墙上
预留 240×120×60
木砖两块
563 563 563
25W 白炽灯
800
420
120
45 1287 45 45
240
250
1740
120
457 700 130 120 130
420
50×50
50×50
8×20 木压条
50×50 吊顶木肋
散装矿渣棉
玻璃布
墙面垫油纸一层
ϕ8 钢筋拉环表面油漆
与地板相似颜色
玻璃布绷牢矿渣棉
104
两只乳白 15W 白炽灯
(或 25W)
12
12
80
40
预埋木砖
20×30 木条钉五夹板
8×10 压条
塑料贴面板掉面
5
浅咖啡色清漆硬木隔片
330
两端置于木肋上
30
50
红色泡沫人造革面层
60 厚泡沫乳胶与木板粘牢
20 厚木板 l=280
50×50×50(高)
5 厚浅绿塑料隔片
50 50 50 余数
3
25
30
20×30
木条钉
五夹板
(25×25×2)
合金铝等边角型材
25
280
镀锌法兰
5 30 5
120 高木踢脚板
20×30 木条钉五夹板
焊接
钉 5×30 木螺钉
(沉头镀锌)
3 厚扁钢焊⊥型梁
两端放在墙上预埋的
50×50 角钢上表面均
刷浅绿色调和漆
120 高 20
厚木踢脚
160 40 140
5 330
50×30 圆头镀锌
木螺钉
2 厚弹簧钢片 350×50
30×80
40×40
LA2 型控制按钮
钉 3 厚橡皮垫
50×70 木肋
垫木根据
试验调正
高度
50×70 地板木肋
25 厚细石混凝土卧牢
250
200
200# 细石混凝土卧牢

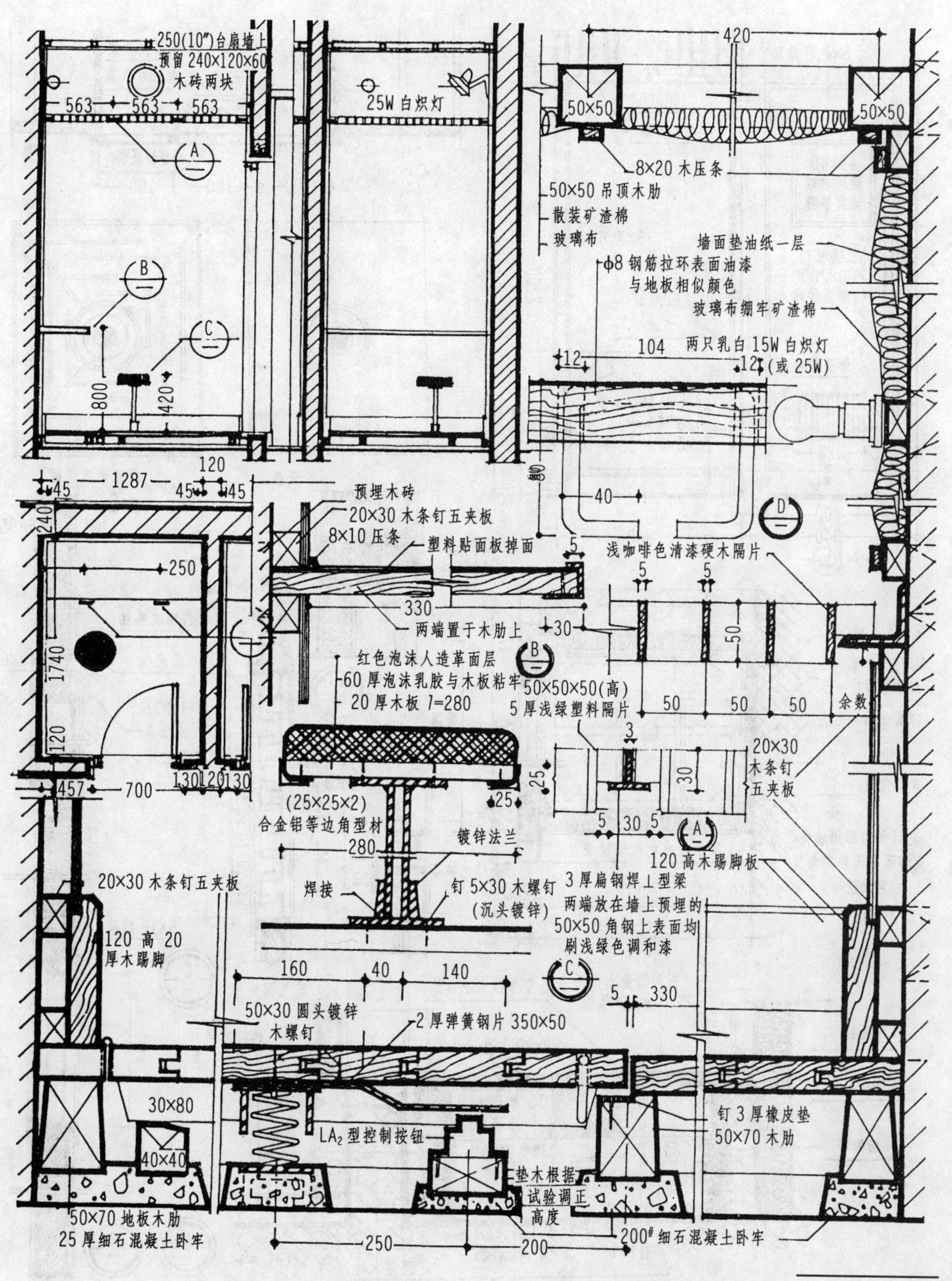

电话亭

5×7.5 贴脸
40×40
双层玻璃
油灰嵌缝
三夹板门
700×2000
门缝嵌绒线
弹簧铰链
100 100 100
木板条
5×7.5
托木
2.5 企口杉木板
5/8″隔音板
4×6 杉木 35 中-中
通气孔
26 号白铁皮
散热通气孔
磨砂玻璃
天棚
阻声通气顶棚
贴脸 5×7.5
门框做法
45×95
内填玻璃丝
三夹板
40×60
10×25
木压条
双层三厚玻璃
穿孔五夹板
40×60 支撑
墙面垫油毡一层
内填玻璃丝
弹簧位置
电话间内四周墙角
及墙面与天花交角处
用木压条
平面图
双面五夹板内填玻璃丝
墨绿色绒布层
28# 白铁皮喷
黄色油漆
10# 铁丝
压绒布层
墨绿色绒布
进气阻声片
5×15 贴脸
四周墙盖木压条
下加 10# 橡胶
2.5 厚杉木企口地板
55×80×80 木块
木压条
现浇水磨石
室内踢脚线
玻璃丝
垫油毡一层
钢弹簧
15 厚 80×80
海绵垫块
30 宽 24# 白铁
垫木
预埋木砖

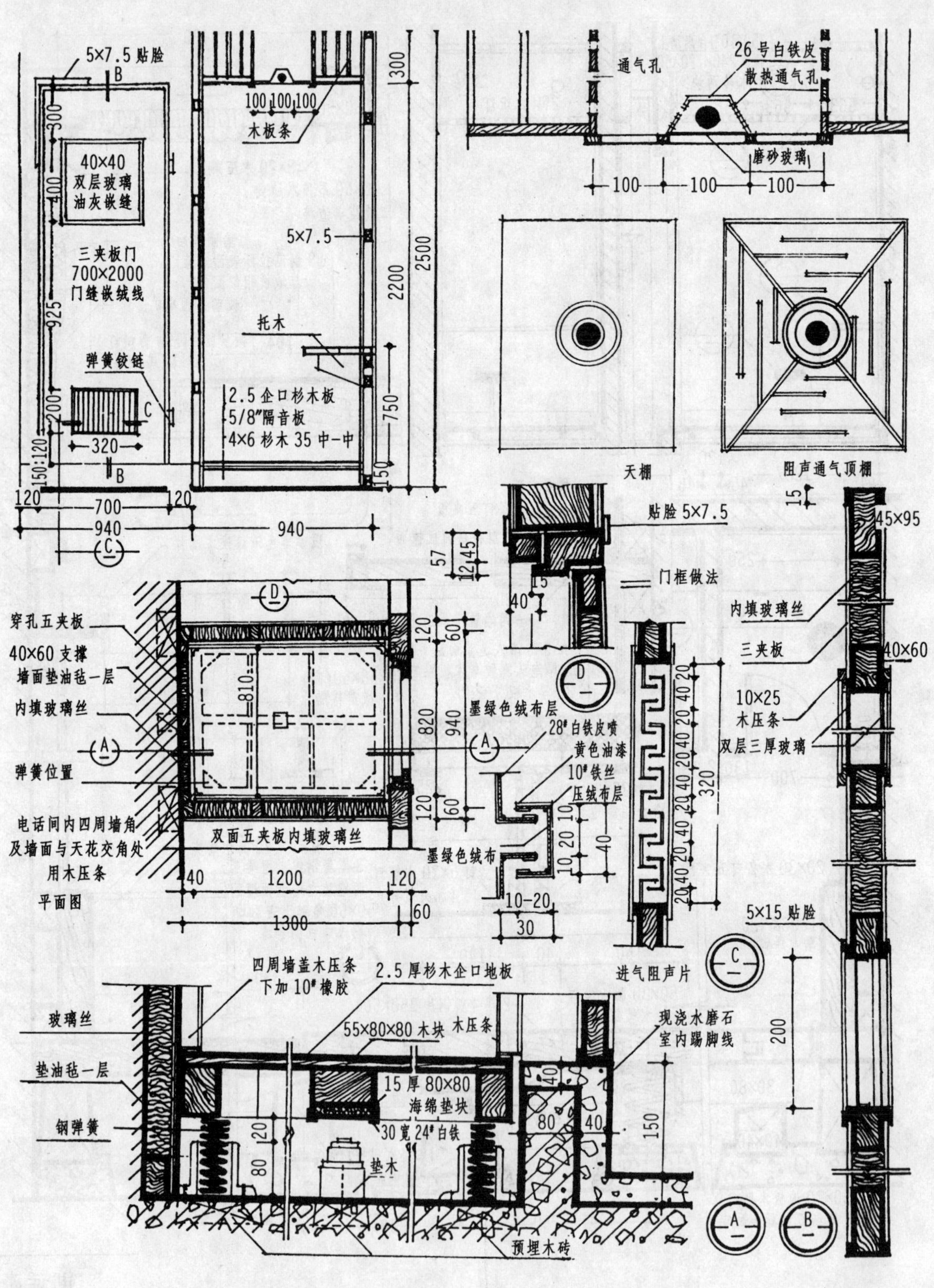

电话亭

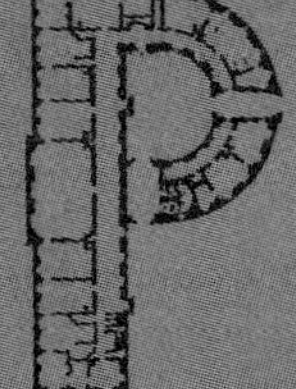

电信设备

现浇钢筋混凝土板
250
4ф8
60
ф6@200
顶端电焊5厚钢板
L5×70 对焊
100×250
焊钢筋头ф8铁脚
表面白色调合漆
290
700
70
150
端部封死
350
水刷石
B
预埋5厚钢板10×300中-中1526
板底混合砂浆纸筋灰面层
25 15 25
54.45
650
750
A
30
0
150
镶贴棕色马赛克
水刷石
C
50.45
49.75
B
镶贴棕色马赛克
水刷石
46.85
650
46.15
白水刷石
300
43.25
750×750
150×150
42.55
39.45
300
1200 600 400 600 600 400 600
650
600
700
38.69
36.80
1200 1000
C
白水刷石
15 100 100
A
34.80

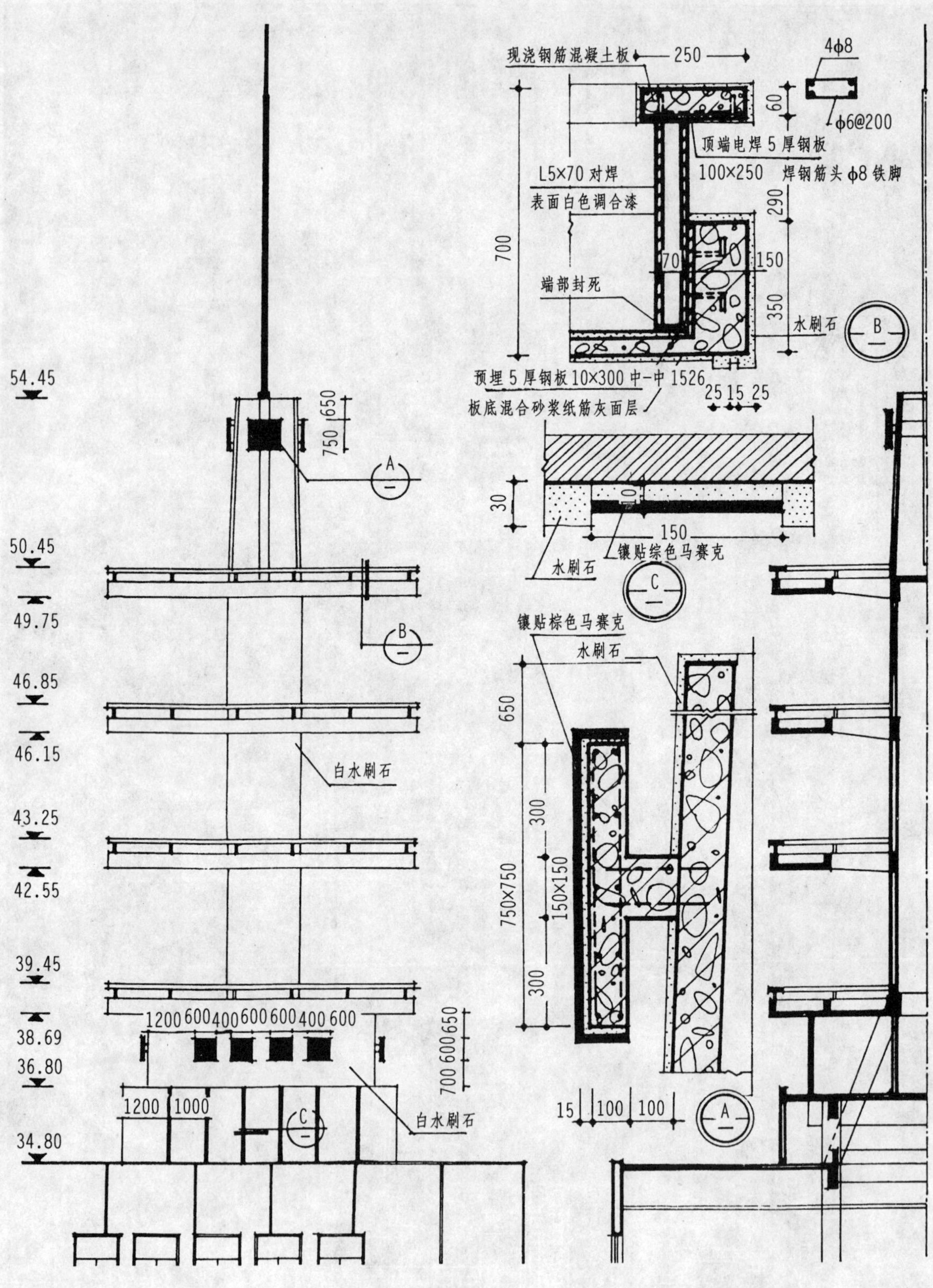

微波塔

200
80
预埋 40×5 角钢 L=280
中距 1500
L40×5 通长
250
250
100
φ18L=480
间距=300
100
100
100
φ14L=150 焊在角钢上
一起预埋
20
60
40
100 50 40
40 50 100
预埋 φ6 钢筋(每边四根)伸出 70
与 φ6 钢筋绑扎成方格以固定花饰
1:2 水泥砂浆(加少量米石)
用红色玻璃碎作水刷石花饰
避雷针
航标灯罩
600
350
5100
20 深 100 宽凹槽内贴咖啡色马赛克
100
100
50
50
1:2 水泥砂浆
15 厚贴白马赛克面
50
80
30
600
440
30
80
50
1500
1500
φ120 内径
钢水落管
1:2 水泥砂浆 20 厚
橘黄色马赛克贴面
红色玻璃碎
水刷石花饰
6400
4000

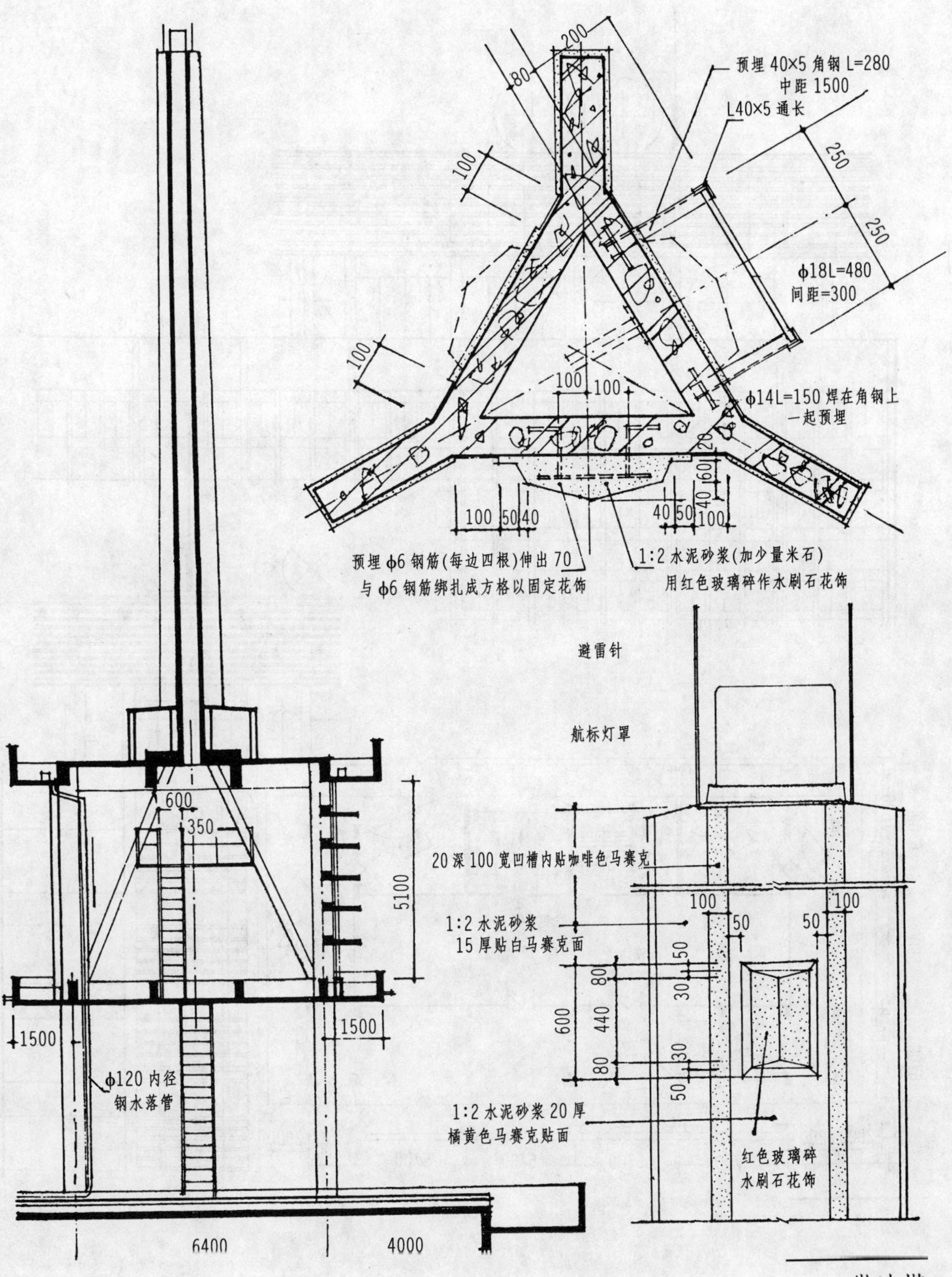

微波塔

上线
水箱
电梯机房
波导 管室
6700
1500
3500
6500
3500
6700
1500
2000
2200
5700
5700
5700
5700
2200
2000

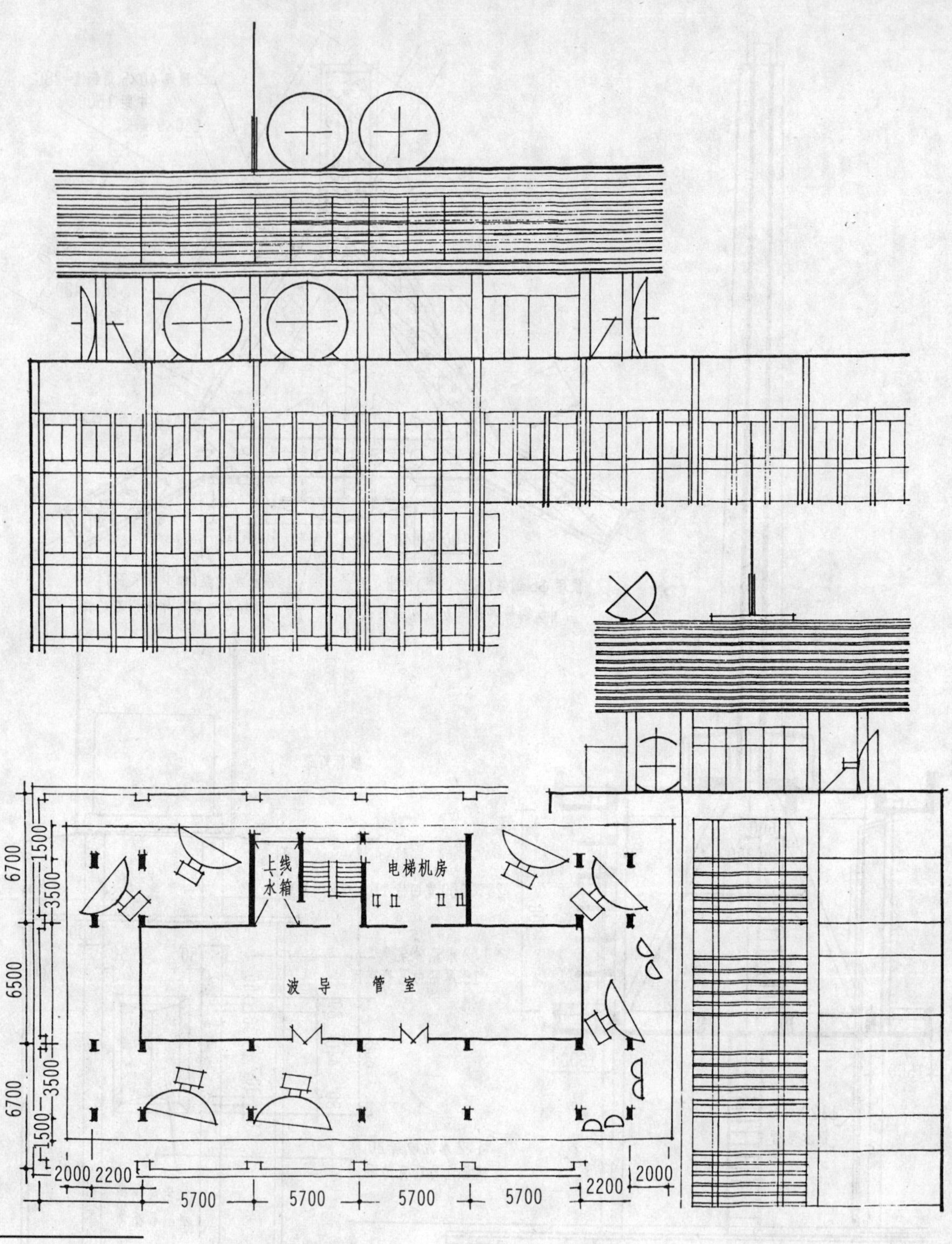

微波塔

181.05
水刷石饰面
马赛克
70.05
大理石贴面
马赛克
水刷石
48.45
马赛克
水刷石
1200
300
2500
3457
1100
800
1357
950
2850
1850
1950

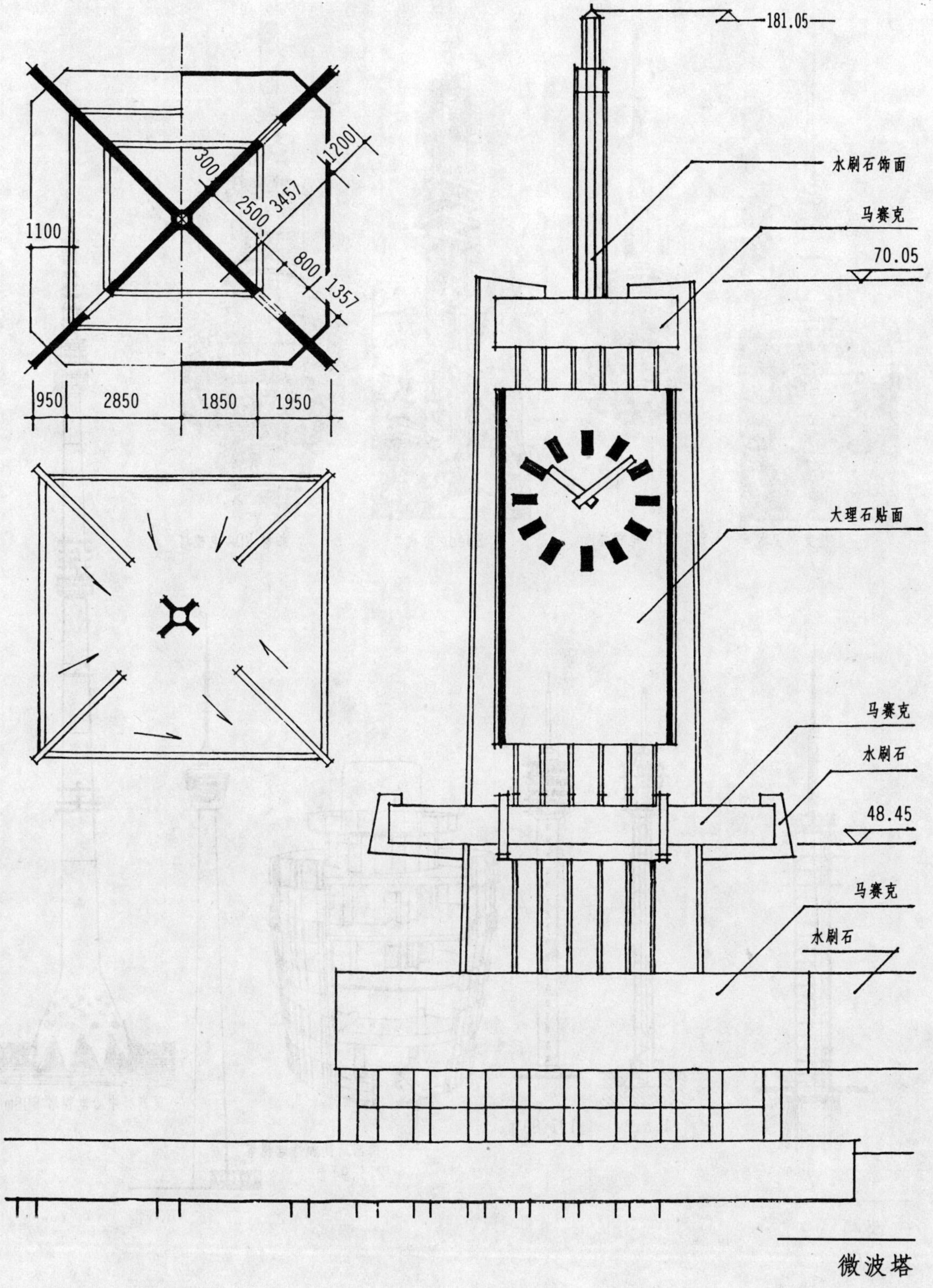

微波塔

捷克电视塔
RFA 电视塔
Suéde 电视塔
柏林 RDA 电视塔
88 m
Г.A.P
131.88 m
德国斯徒加特电视塔
211.94 m
莫斯科中心电视塔 508m

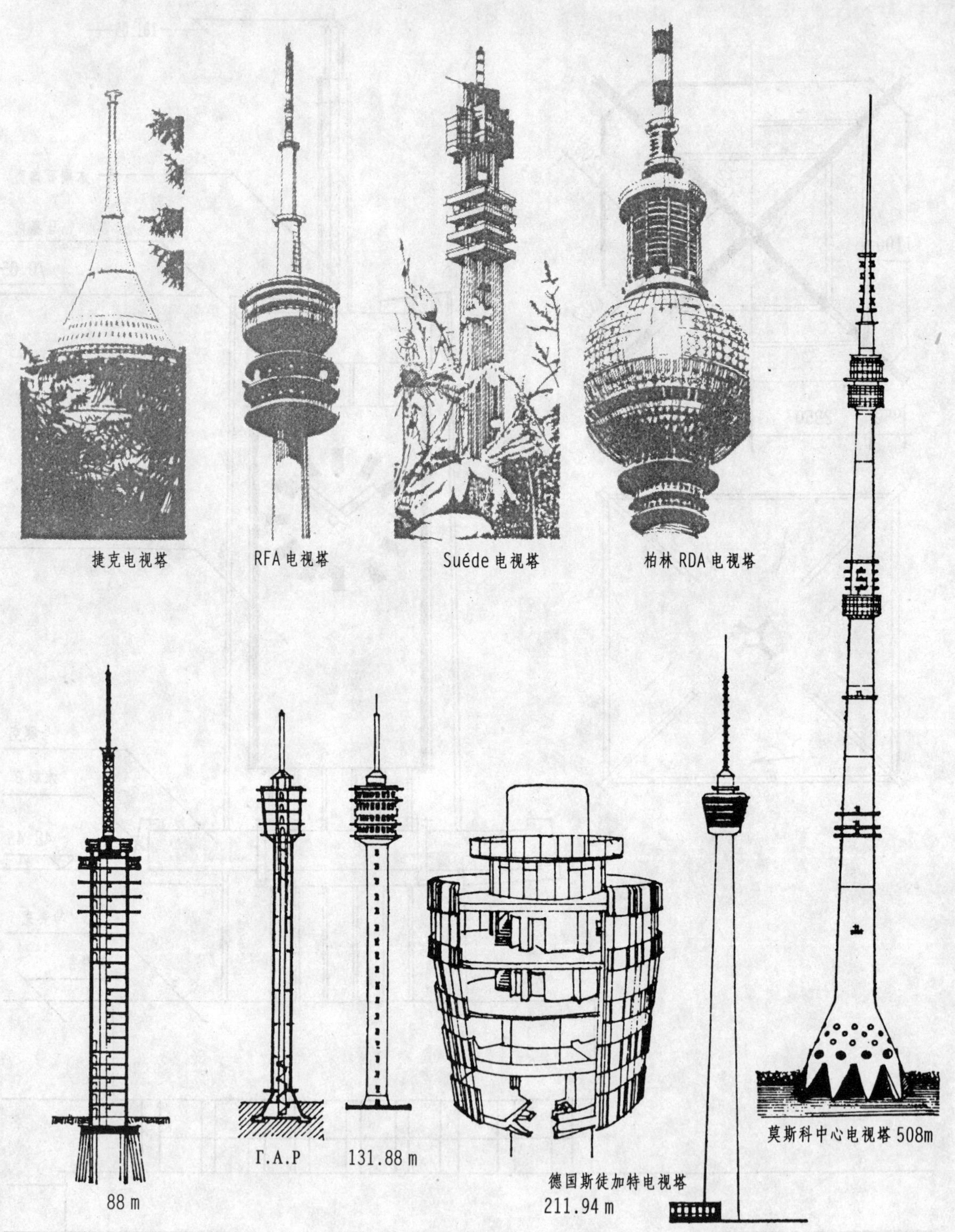

微波塔

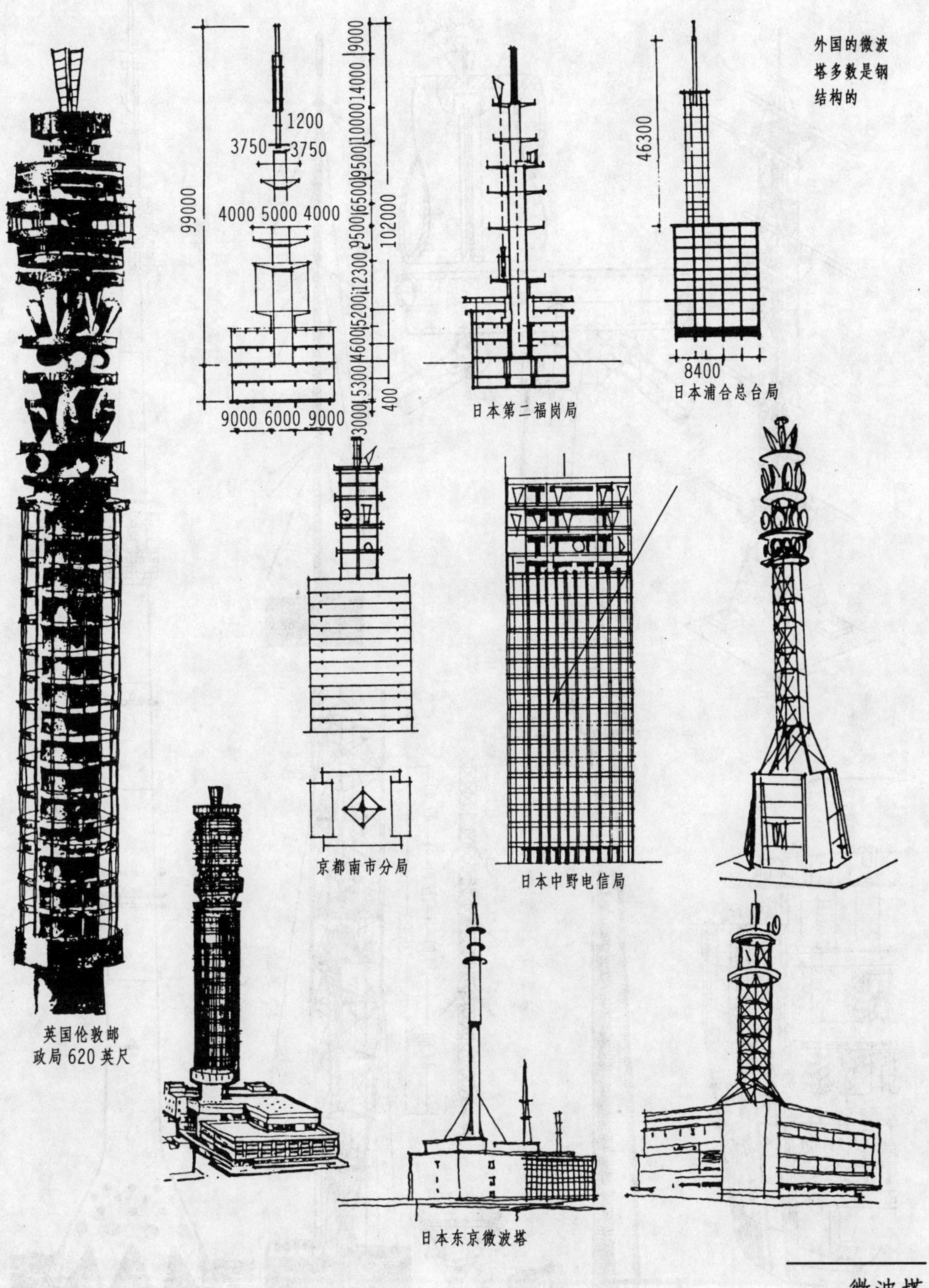

英国伦敦邮
政局 620 英尺

日本第二福岗局

日本浦合总台局

京都南市分局

日本中野电信局

日本东京微波塔

微波塔

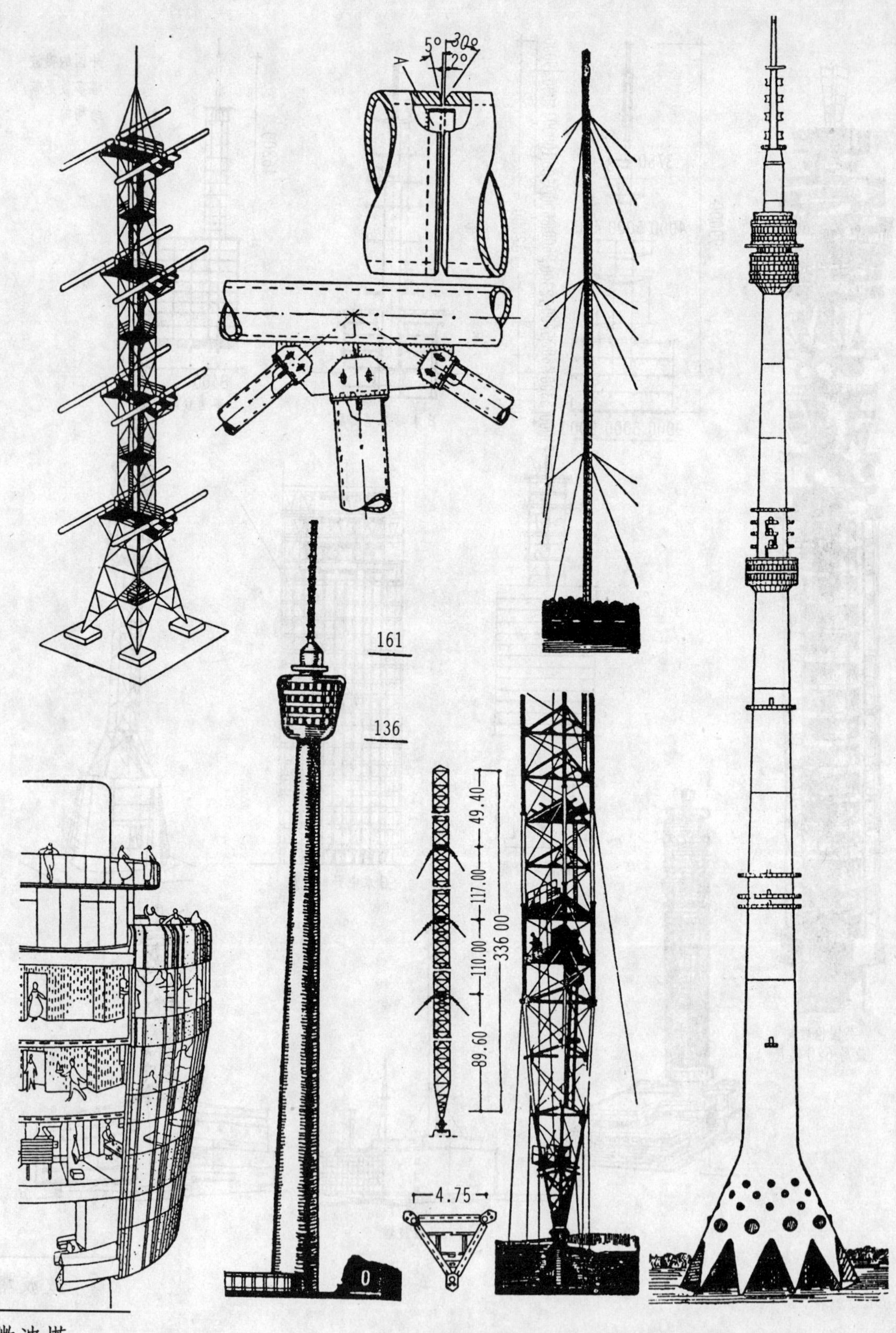

微波塔

地槽
100
82
JT-2A型长途接线台
载波电报机
120×40上线
转换架
30
60
40
线
电路终端机
电力线
52
架线
距地2.6m
52
33
60
40
电传计费机
班长台
查询台
汇接架平面布置
电话会议汇接架
会议电话
汇接机
测量台
37
66
架子
BT724-A型
电报互换器
传真室之台桌
上线架
BC001型相片传真发报机
总配线
线架
185
50
电力室机电盘整流器
微波天线
进线室内电缆
充气设备
油机房高压柜
配电设备
专线台机架
电池

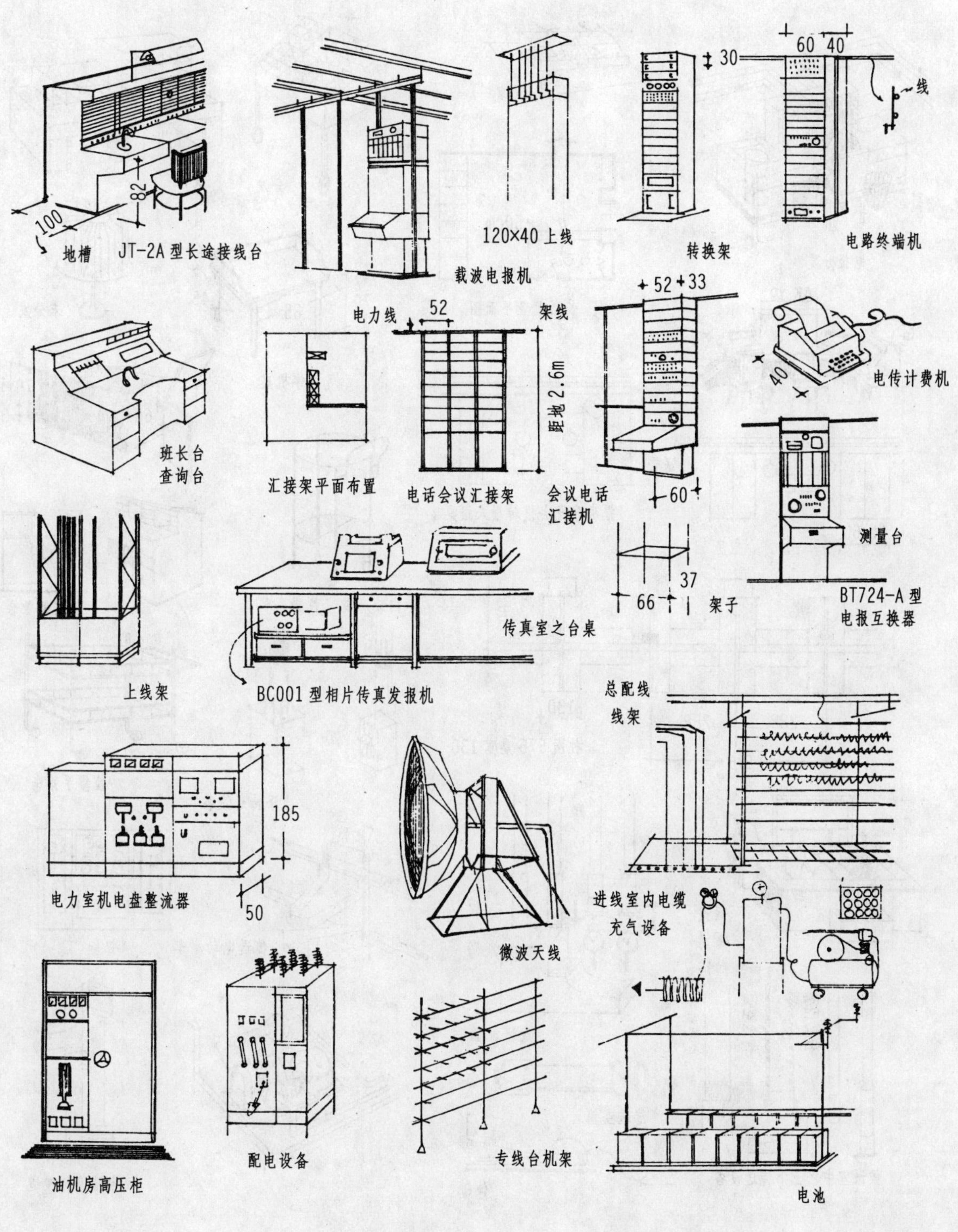

电信设备

电报分发
50cm
长话营业平面图
分发
统计
AK XP
70
85
45
打字机桌
未分发
40
75
110
60
35
传送带
报房分发去报转报来报桌
60 60
报房
内放麻袋
废报条车
32
32
贵宾营业台
200
60
288
288
576
130
柱网 576 桌宽 130
上下传送设备
检修手推车
杭州
候派
派送
传送电动小车
母钟
传真图像
传送空洞
皮带传送
气送设备
传送空筒
气泵
候派室中之上下传送设备
钟印
电池室排酸道

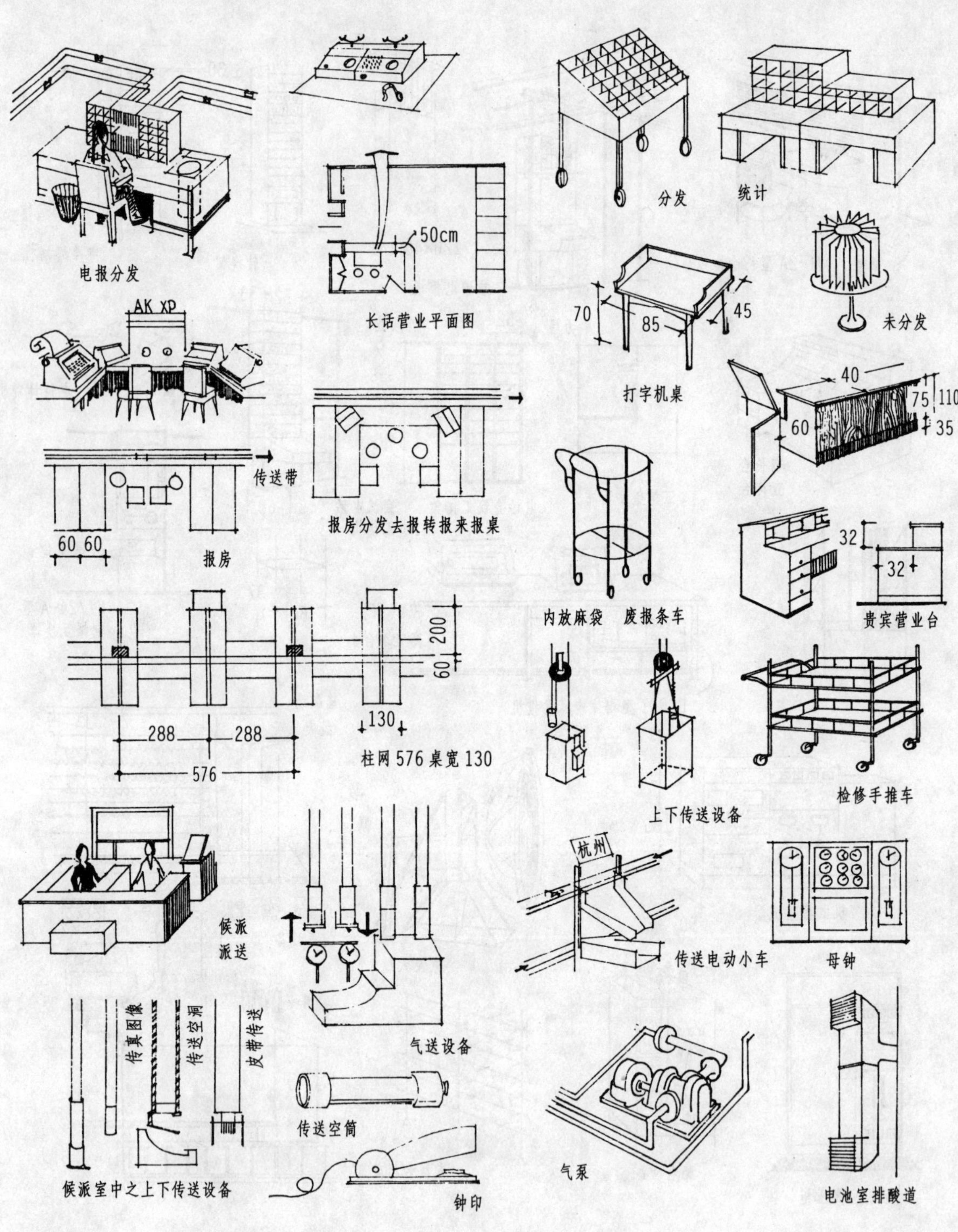

电信设备

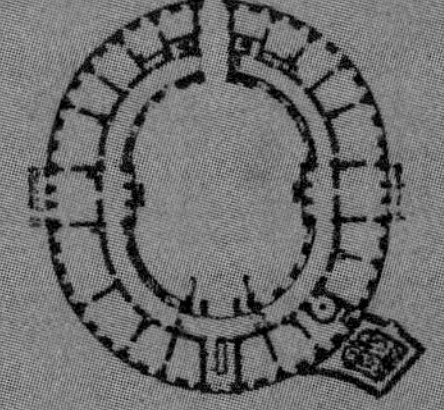

卫生设备

460
乙
60
甲
760
60
乙
甲
镜箱立面图
瓷砖
或其他面砖
13
25
2厚镀克罗米镜框
23
15×30×2
10
30
ϕ8 铁脚
60
焊接
120
6厚玻璃车边2公分
油毡
五夹板(椴木)
60×60×120 用150# 豆石混凝土
"丙"玻璃镜与墙交接大样
"丙"
铁脚位置
3
3
3
镀铬
3
10
镜框统一线形
90
20
50
20
玻璃镜立面
30
45
45
30
150
140
20
23
镜子规格 450×600
镀铬镜框 460×610
木箱 450×600
松木镜箱
2"合叶焊在框上
镀克罗米镜框
椴木五夹板
入线孔
留 ϕ6 洞
弹簧片
瓷砖墙面
小碰珠
5/8"镀铬螺丝
每面两个
13×40
13×40
6厚玻璃
23
车边(宽2公分)
440
10
10
甲—甲
5厚玻璃板
10×10 木条
150
150
150
150
600
ϕ6 孔
国外饮水池、洗脸盆
乙—乙

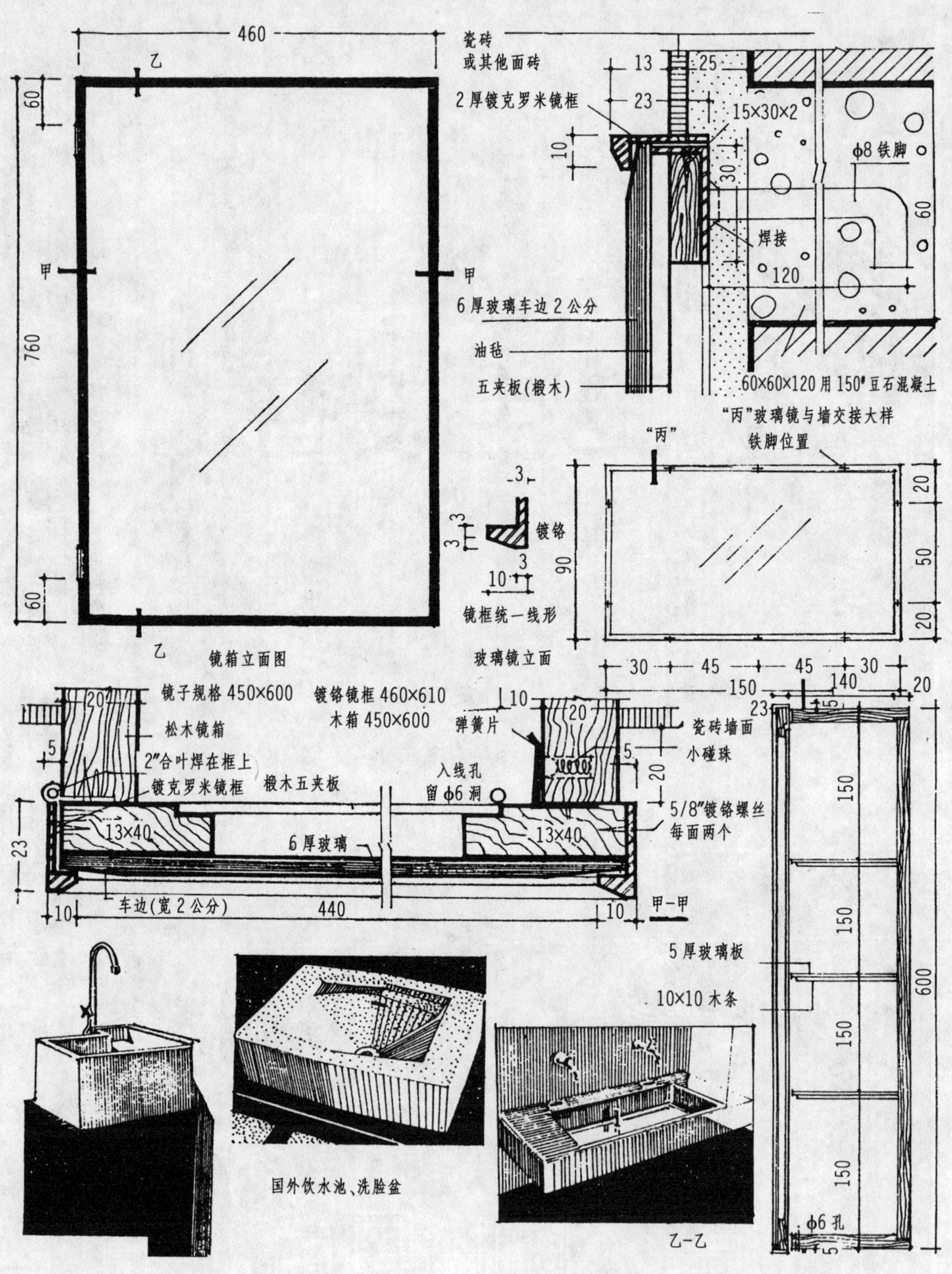

镜柜

460
100
32
R=16
φ9
R=26
40
82
φ9
镀铬
尾部
开叉
1.5×1.5
入墙剔槽
用水泥砂浆卧牢
4
立面剖面图
平面图
φ15
φ20
φ40
浴厕瓷砖完成面
φ6 挂钩
φ8 铁脚
20 20
5 20.5
140
60
120
60
30
60
60
60
30
240
根部立面图
毛巾杆大样
152
450 600 两种
瓷砖
完成面
平面图
瓷砖
-3×40×300
抛光镀克
φ8 铁脚端头打弯
150# 素混凝土
60×120×160
100
5
20
15
15
3
1.5×1.5
R=6
R=1.5
40
镀铬
φ12
φ4 钢筋抛光
镀克
20
3
100
根部平面图
剖面图
长度

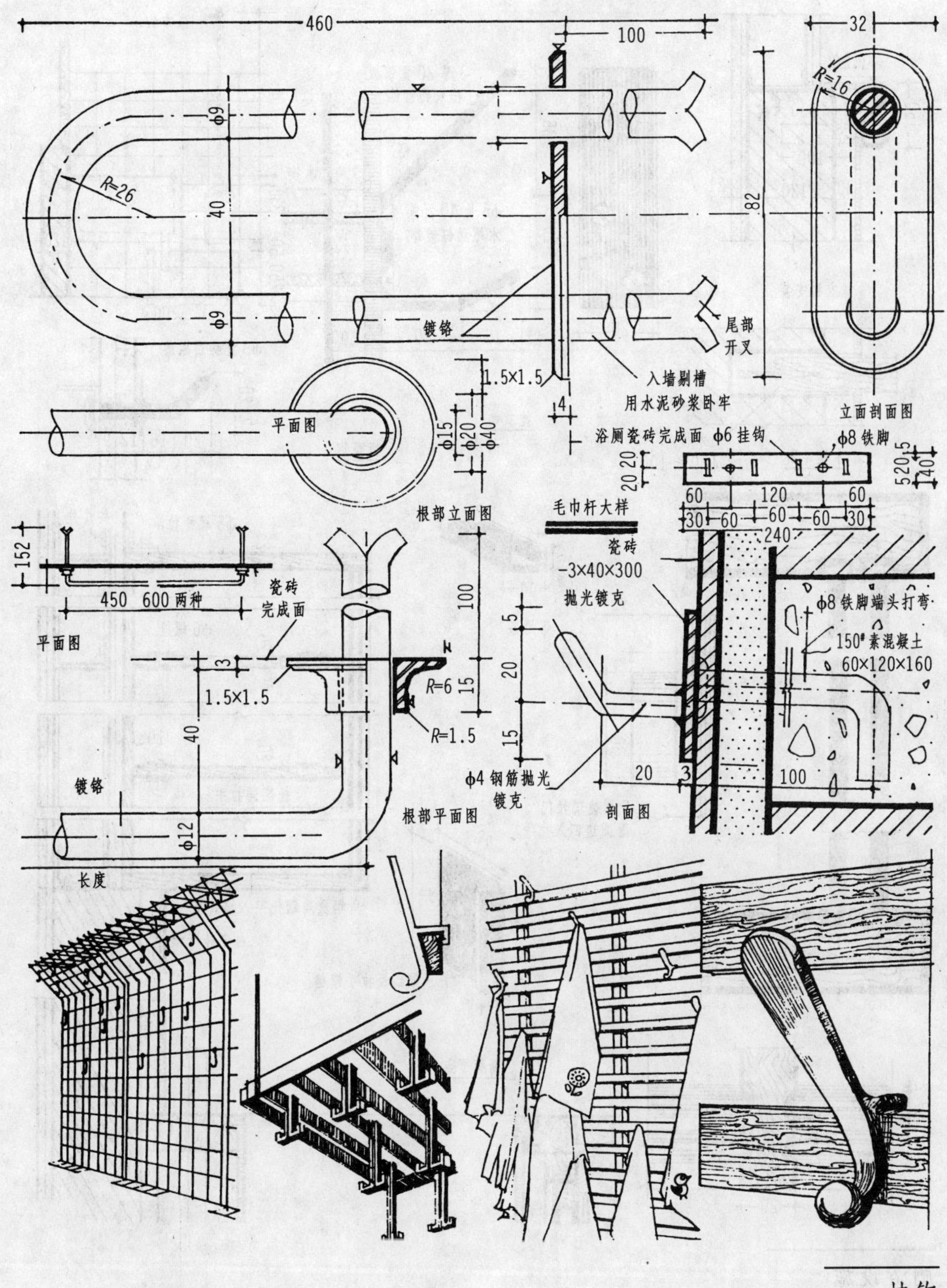

挂钩

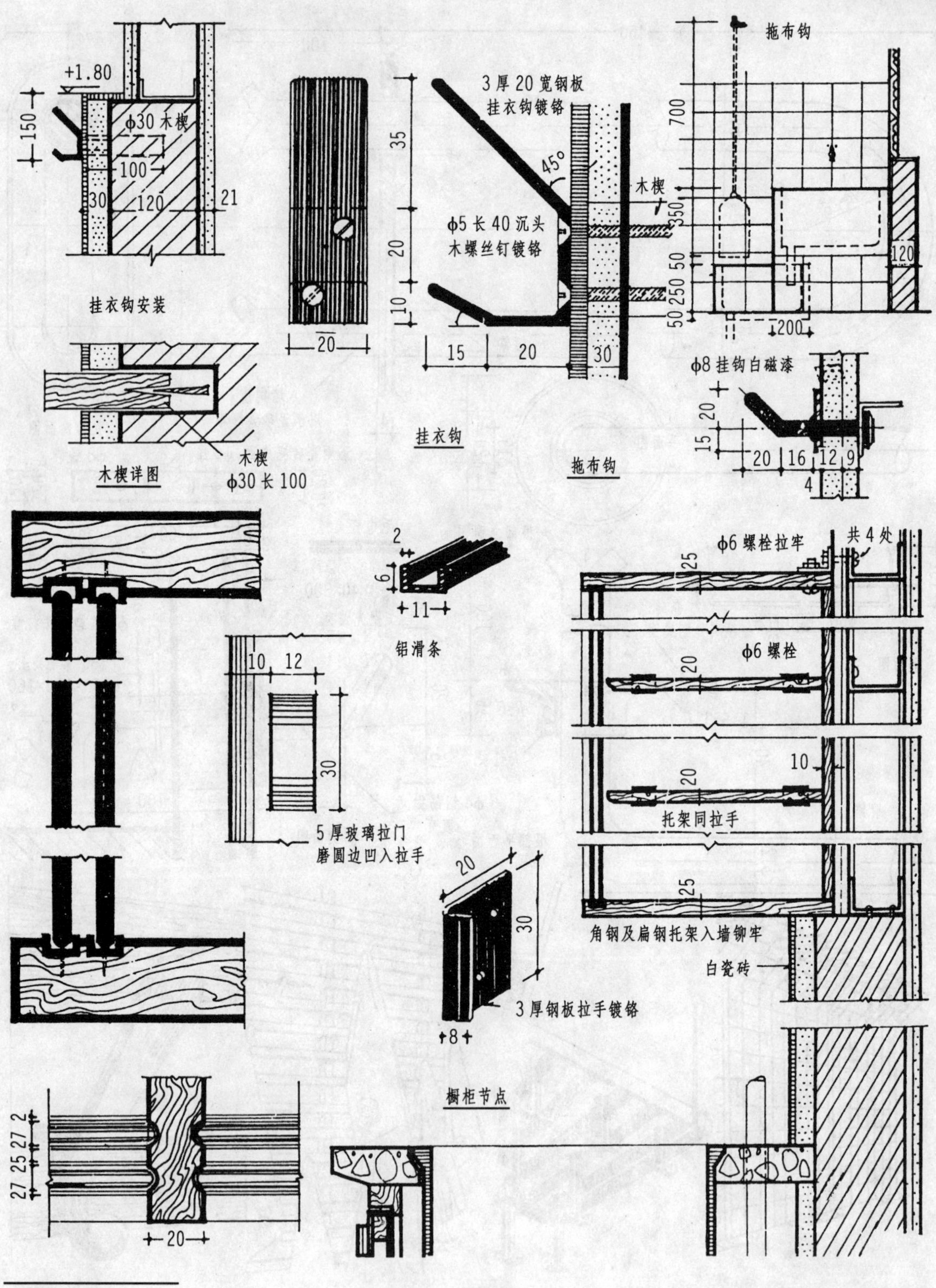

+1.80
150
φ30 木楔
100
30
120
21
挂衣钩安装
木楔详图
木楔
φ30 长100
35
20
10
20
3厚20宽钢板
挂衣钩镀铬
45°
φ5 长40沉头
木螺丝钉镀铬
木楔
15
20
30
挂衣钩
拖布钩
700
350
50
250
50
200
120
拖布钩
φ8 挂钩白磁漆
20
15
20
16
12
9
4
2
6
11
铝滑条
10
12
30
5厚玻璃拉门
磨圆边凹入拉手
20
30
3厚钢板拉手镀铬
8
φ6 螺栓拉牢
共4处
25
φ6 螺栓
20
10
20
托架同拉手
25
角钢及扁钢托架入墙铆牢
白瓷砖
27
25
27
2
27
20
橱柜节点

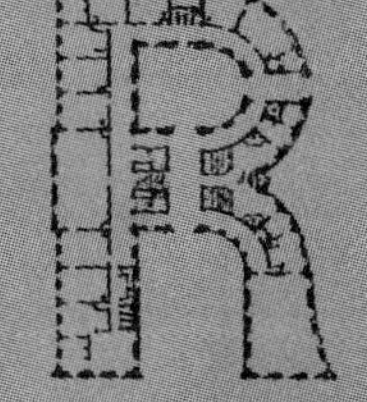

缝、槽

大理石或水磨石地面伸缩缝
缸砖马赛克木地板面层伸缩缝
地面高低处伸缩缝
大理石水磨石踏步伸缩详图
内门伸缩缝
顶棚伸缩详图
挑檐伸缩缝详图
内外墙抹灰伸缩缝详图

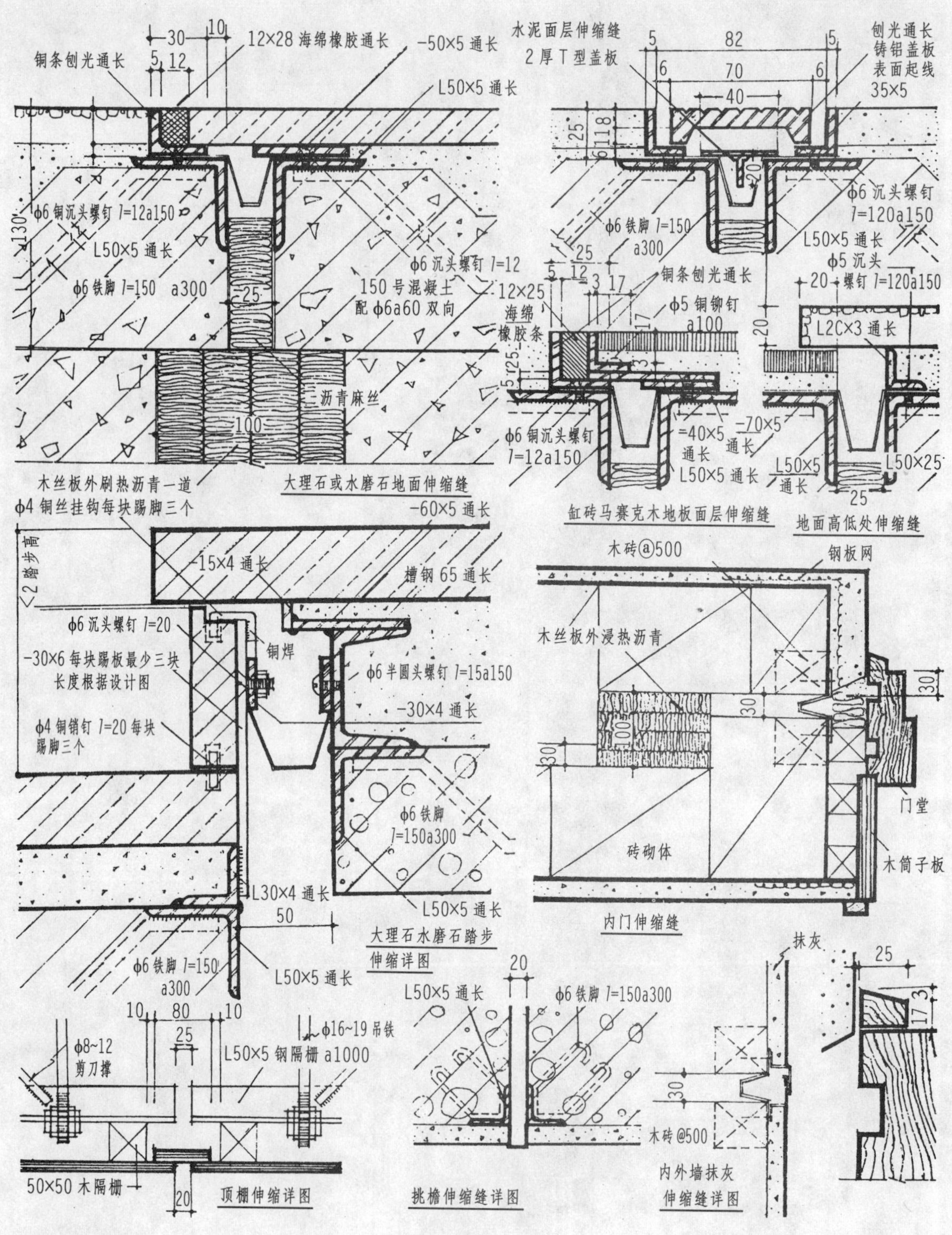

伸缩缝

20# 铅丝织成 10×10 网眼
50 宽通长骑马钉固定
80×40×40 硬木楔(先涂柏油)
a300 一块 2 支 38 长平头螺丝
收固铝片
预埋 6 厚钢板
粉刷
槽钢中
1.5 厚铝片
槽钢 80×43
钢柱中
(钢窗中)
槽钢 80×43
5 厚钢板
40 30 50 20
40 毫米钢窗
槽钢 80×43
1:2 水泥砂浆
室内面层
外墙抹面
鱼尾角钢 30 宽 5 厚 a600 与槽钢螺栓拧紧
预埋 160×100×5 钢板与钢柱焊接
钢挑梁上下翼板与钢管焊接
钢柱中
钢管中
φ8 长 25 螺丝
φ68 钢管 8 厚
槽钢 80×43
转角钢管
槽钢 80×43
5 厚钢板
L100×100×12 厚×62 宽
插入水平槽钢内 70
钢柱
L100×100×12 与钢柱
先焊
A-A
预埋铁板
6 厚钢板
φ50 钢管
6 厚
φ60 钢管 8 厚
预埋钢板
80×130×6 厚钢板
6 厚钢板弯成套管
2 槽钢 140×60 钢柱
钢管钢柱顶伸缝处理
140
29 62 49
水平槽钢 50×43
2 槽钢 140×60 钢柱
L100×100×12 四周与钢柱先焊
L60×40 交接处开口
A1-A1
剖面图
2 槽钢 140×60 钢柱
90
钢柱
70 30
2 槽钢 140×60 钢柱
2 厚铝片防水
L60×30
L100×100×12 厚×62 宽
与钢柱焊接水平杆入槽钢内 70
槽钢 80×43 上下与水平槽钢 80×43 焊接
伸缩缝处理

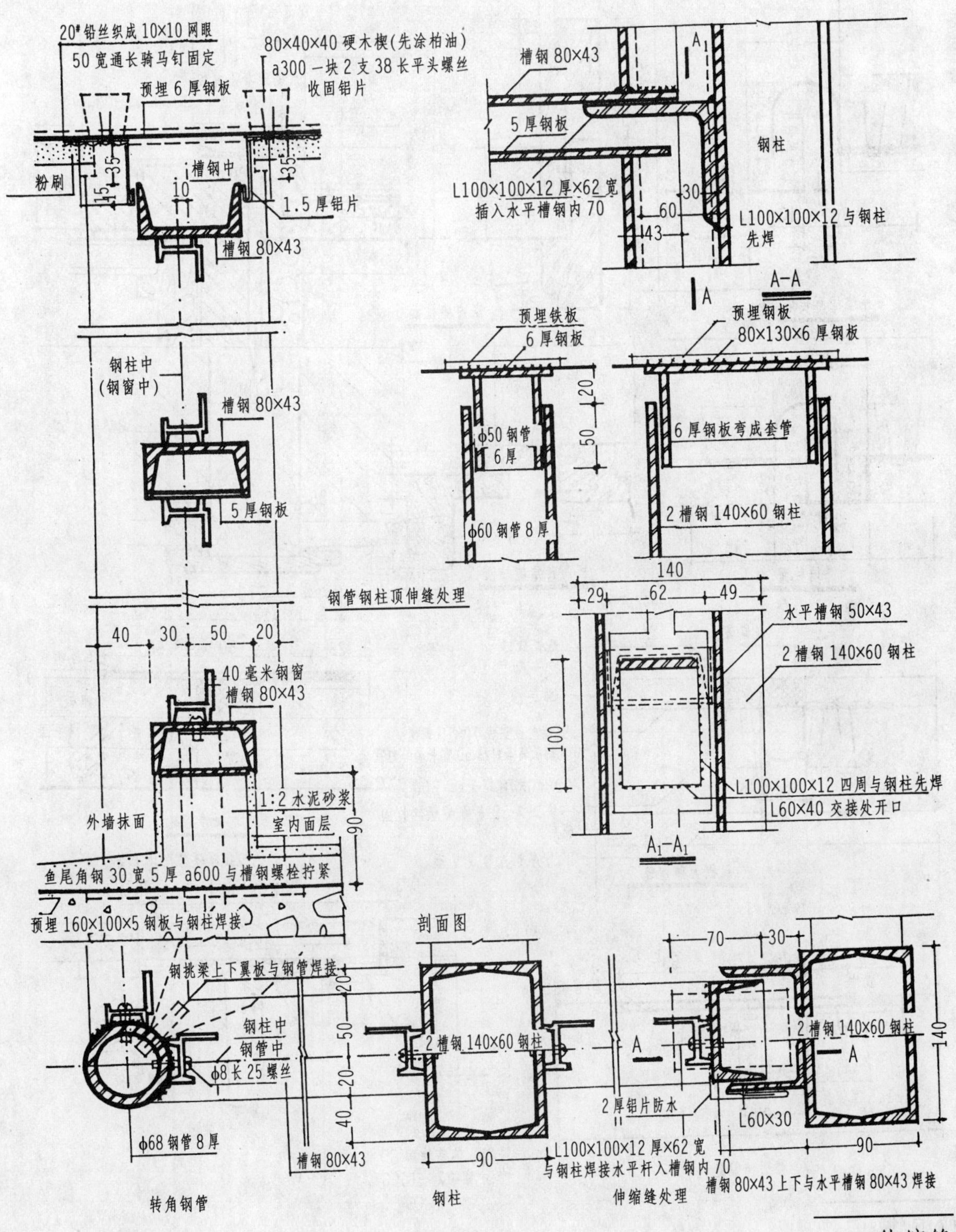

伸缩缝

外墙柱面转角
1.5厚铝片
室内墙柱面
50缝
26#镀锌铁皮泛水
预制混凝土盖板
26#镀锌铁皮
上三步分均
外墙柱面
1.5厚铝板
50缝
室内转角墙柱面
24#铅铁
嵌缝膏
沥青麻刀
面层
0.8#铅丝线织成10×10网眼
50宽统长骑马钉穗50宽长骑马钉固定
80×40×40硬木楔 300
一块三支38长平头螺丝收固
底层
1.5厚铝片弯成V形
飘板面伸缩缝
垫胶片
五厚钢板
面层
找平层
嵌缝膏
沥青麻刀
室内地面伸缩缝
20厚硬橡皮块卡紧
垫胶片
5厚钢板
1.5厚铝片
50缝
楼面伸缩缝
电焊
100×4钢板
三层干铺油毡
φ6钢筋铁脚80长
中距900~1000

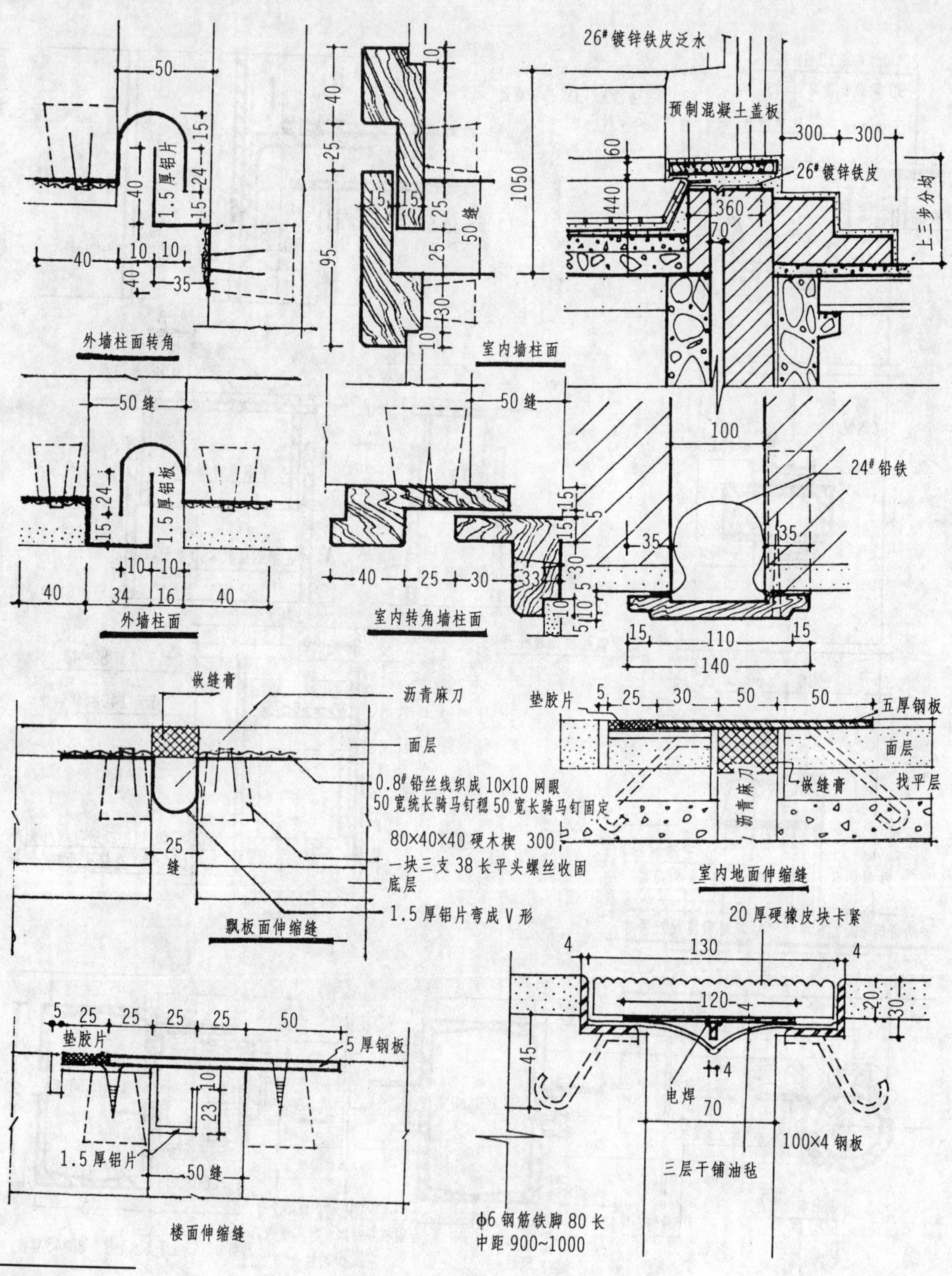

伸缩缝

15
600
15
30
木盖板
方木 70×125
50号水泥砂浆
砌砖
硬木垫块
100×100×70
230
盖板宽度 B
70
70
6
拉环 ϕ6
盖板长度 L
6
木盖板详图
木地板采用单层条形
企口板厚 25
25
25
L50×5
225
330
230
1500
60
115
±.000
50
40
30
160
内壁用 1:2.5 水泥砂浆
抹光厚 20
电缆托板
1000
120
180
150
150
150
150
2
70
70
2
25
15
160
80
铺 20# 镀锌
白铁
1
190
150
50
15
15
15
250
15
280
1
120
230
120
470
木盖板
480(330)(380)
200
方木条
30×15×245
30
15
30
1-1
2
70
70
2
25
18
25
100
250
107
210
15
方木楞 40×35
2
25
10
25
5
30
5
25
25
角钢 40×4 l=330(380)
50
15
400(250)(300)
15
50
530(380)(430)

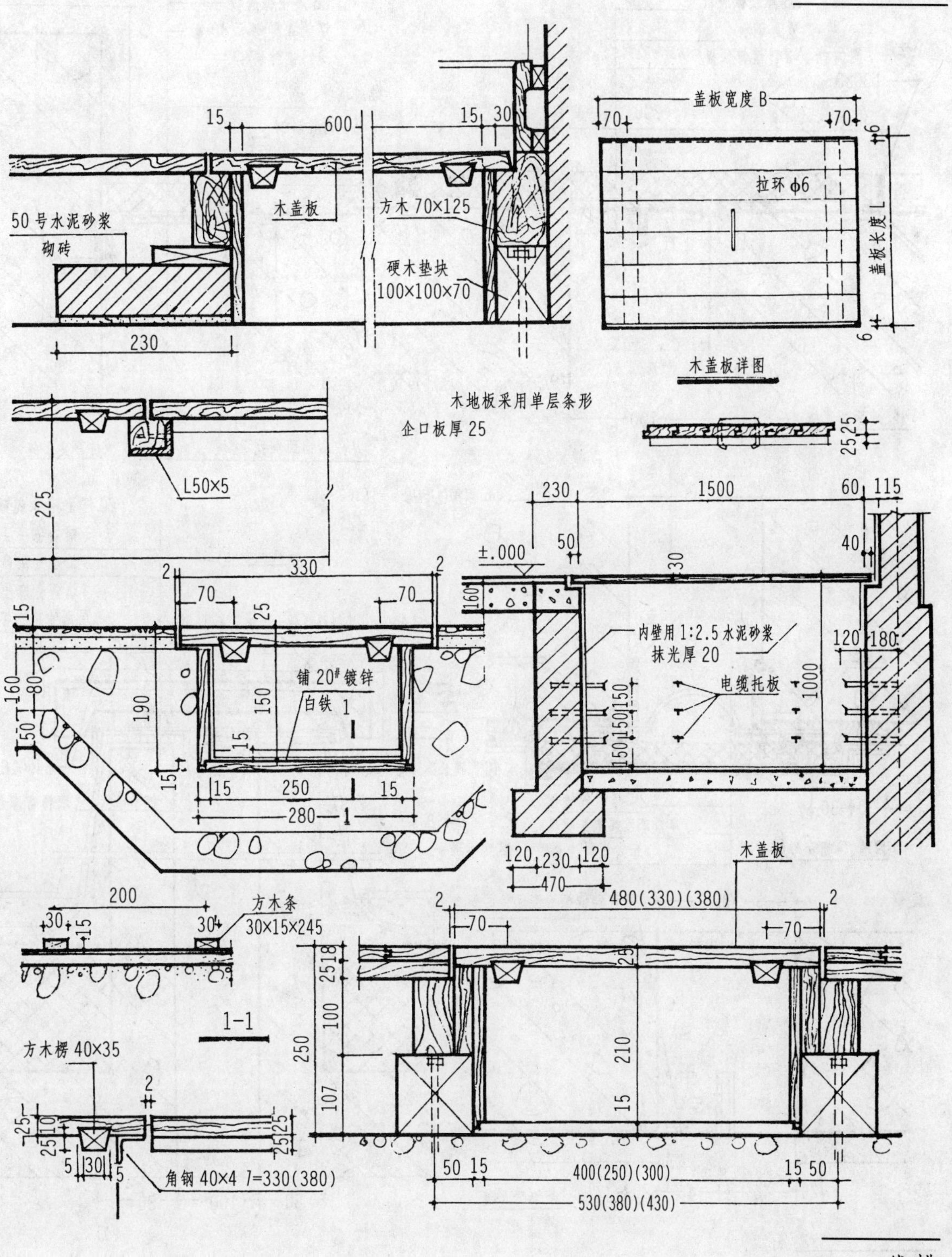

线槽

25厚硬橡胶板
4厚钢板
硅胶填缝
24#镀锌铁板
L30×3
30
50
200
50
30
30
楼、地面变形缝
100
25厚硬橡胶板
浮放4厚钢板80宽
24#镀锌铁板
硅胶填缝
-5×50 通长扁钢
ϕ10 钢筋 l=150 @500
焊接
10
60
70
L30×3
100
从中心向两侧找 3%坡
桥面变形缝
100
ϕ6 钢筋@500 l=100
L50×4
30
30
内墙、顶棚变形缝
木40宽通长膨胀螺栓
固定
24号镀锌铁板
20厚聚苯乙烯泡沫塑料
五夹板腊光漆
2厚铝合金压条
橡胶海绵
4厚钢板
20厚1:3水泥砂浆
干铺油毡一层
附加油毡一层内
填沥青麻丝
屋面油毡粘牢
屋面变形缝
6ϕ4
200#细石混凝土每块板长1500
400
40
40
30
10
ϕ4@100
填沥青麻丝
100
24#镀锌铁板油漆颜色同外墙
50
20
46
8
46
20
外墙变形缝
80
100
80

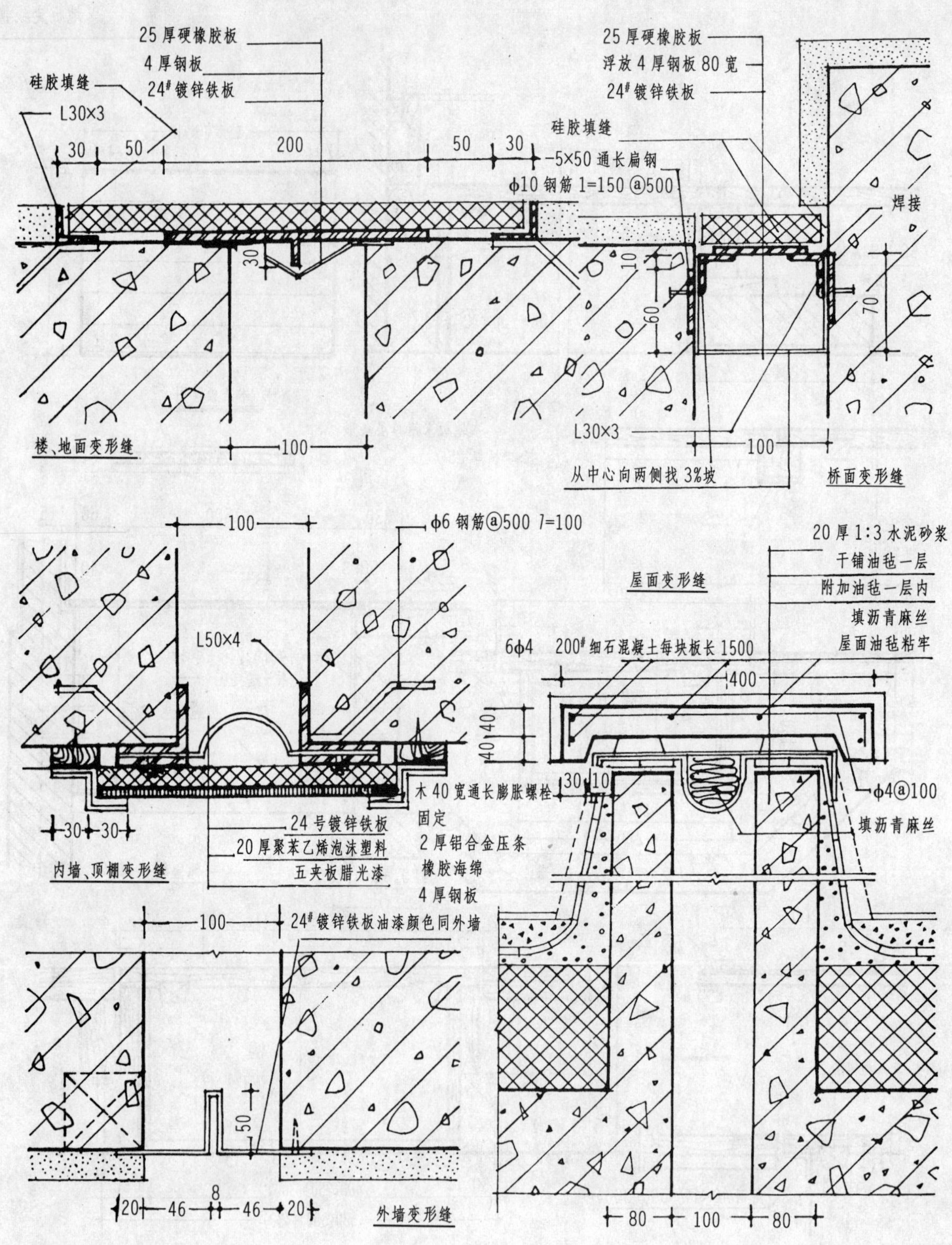

变形缝

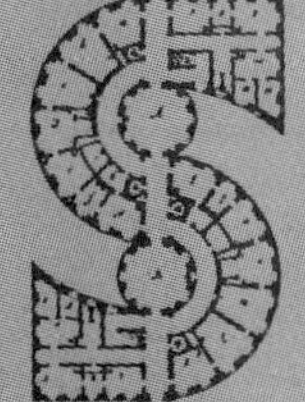

室内陈设

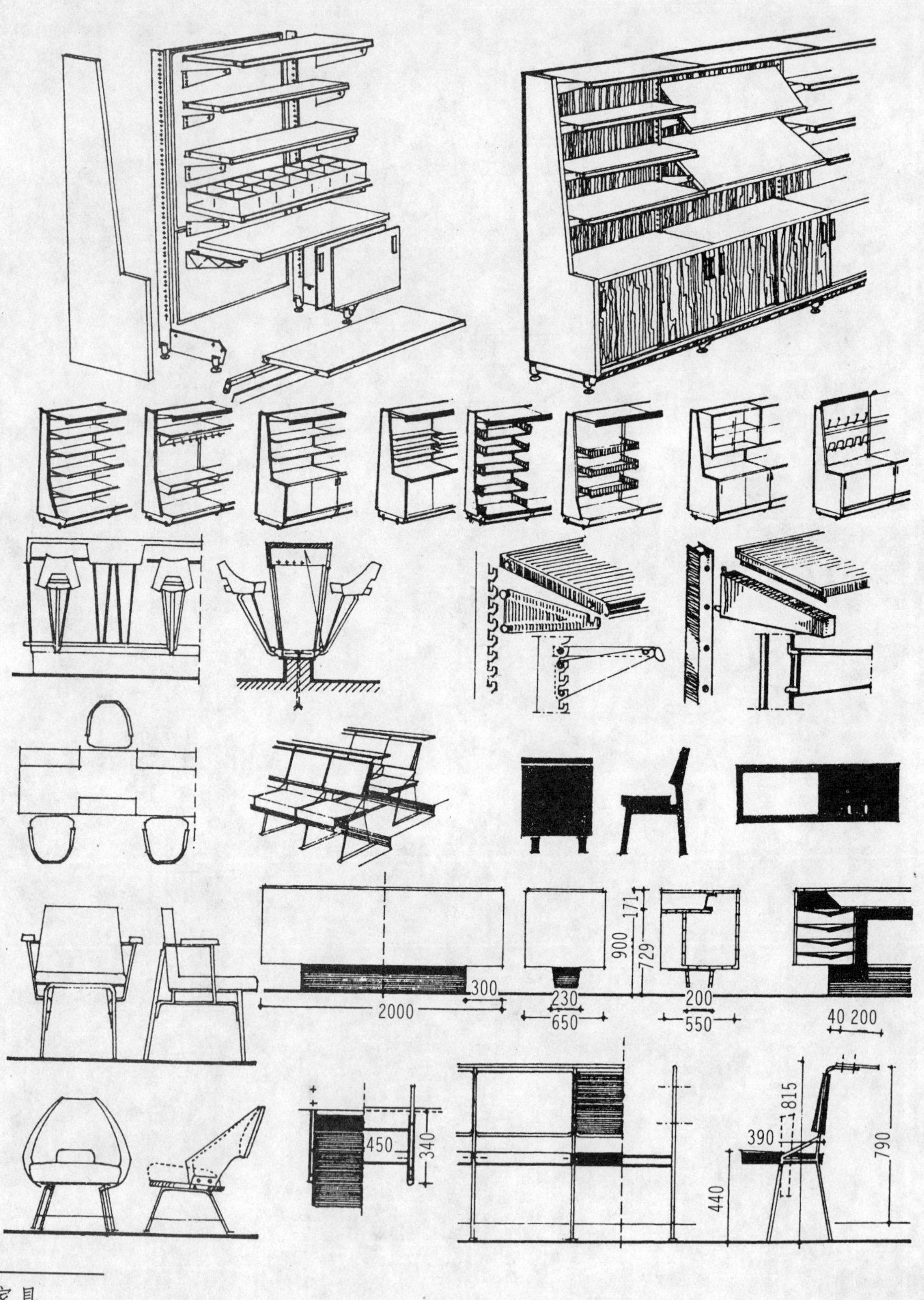

家具

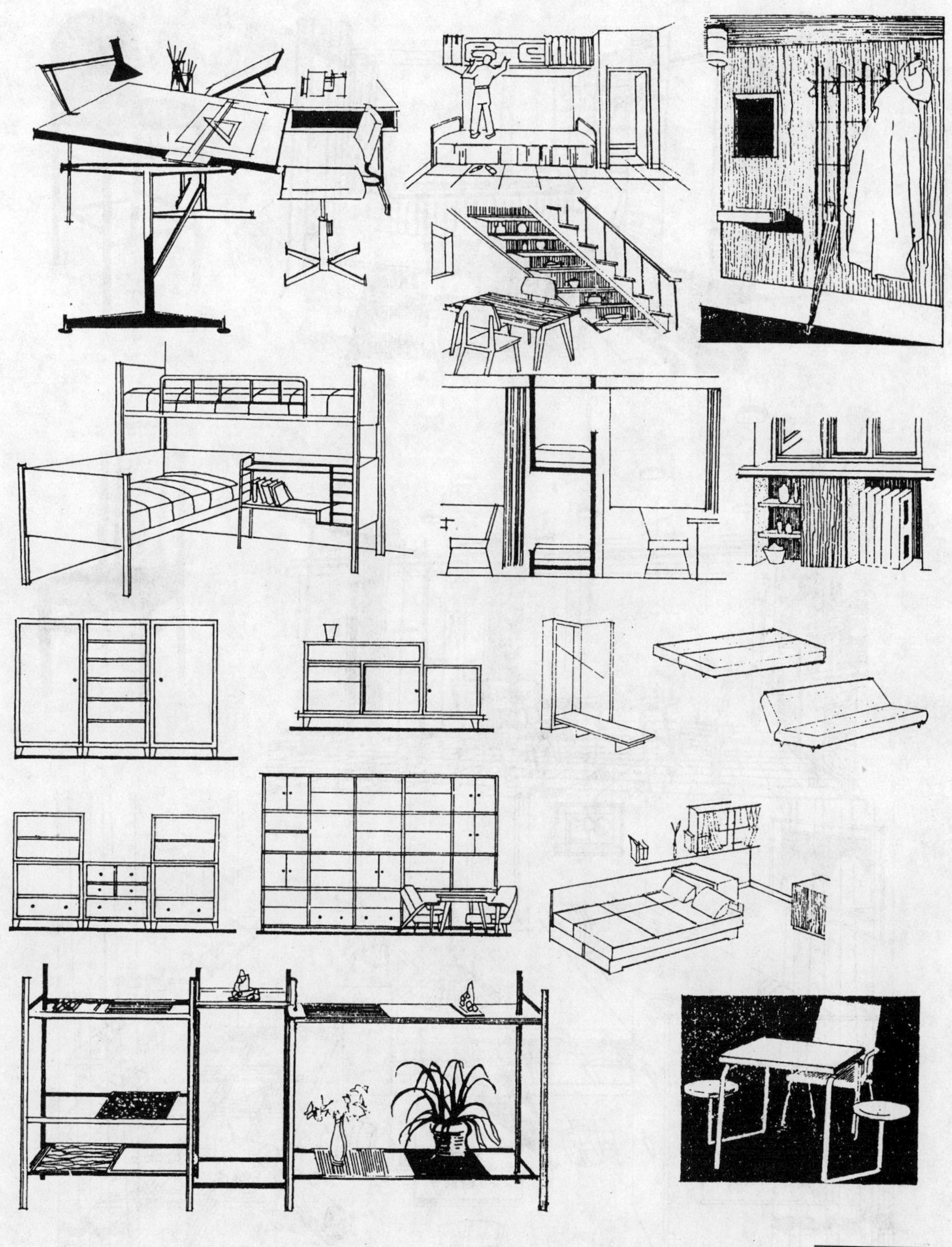

Sony

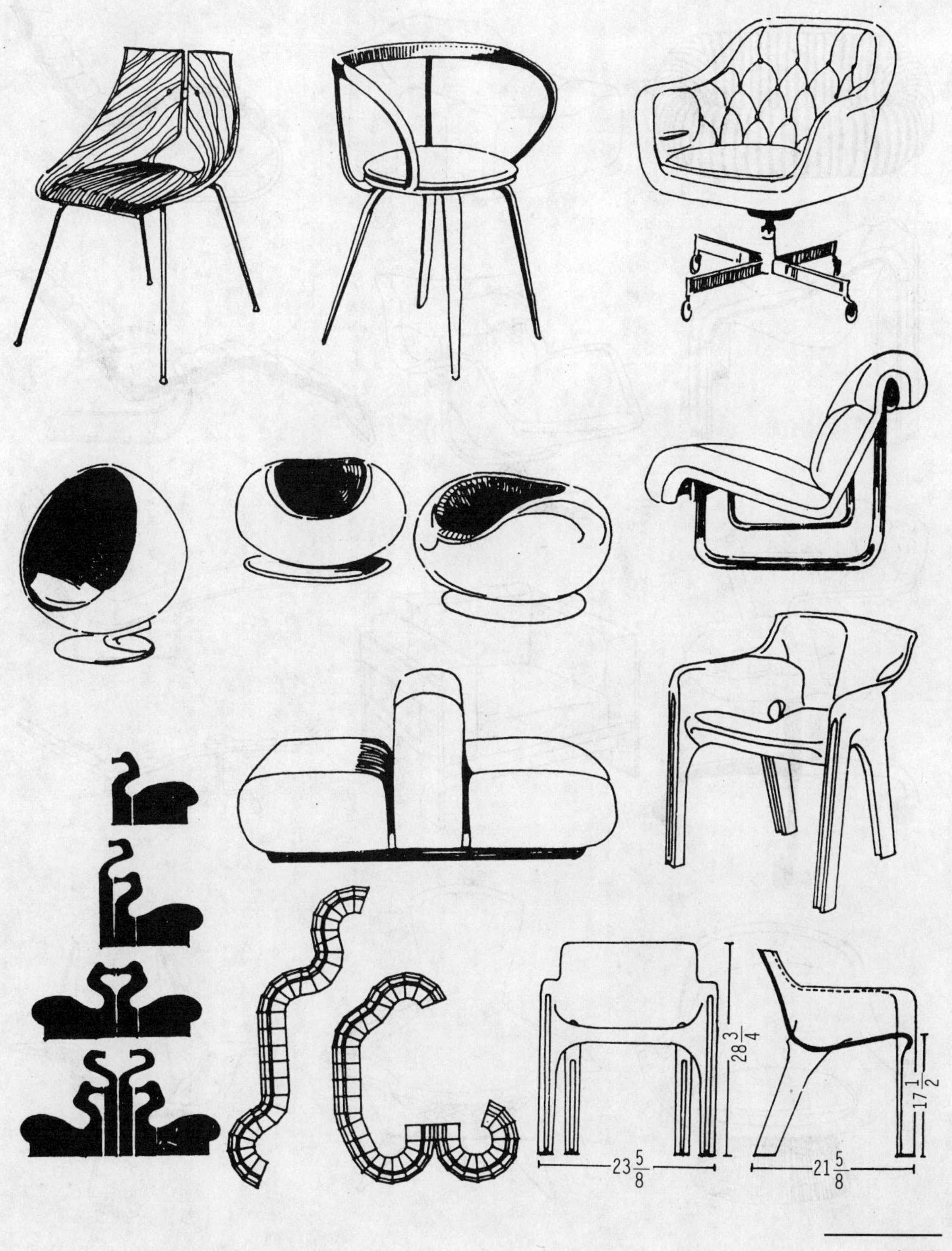

$28\frac{3}{4}$
$17\frac{1}{2}$
$23\frac{5}{8}$
$21\frac{5}{8}$

家具

家具

勒·柯布西耶设计

密斯·凡·德罗设计

勒·柯布西耶设计

奥托·瓦格尼尔设计

R·麦肯托什设计

诺曼·富斯特设计

密斯·凡·德罗设计巴赛罗纳椅

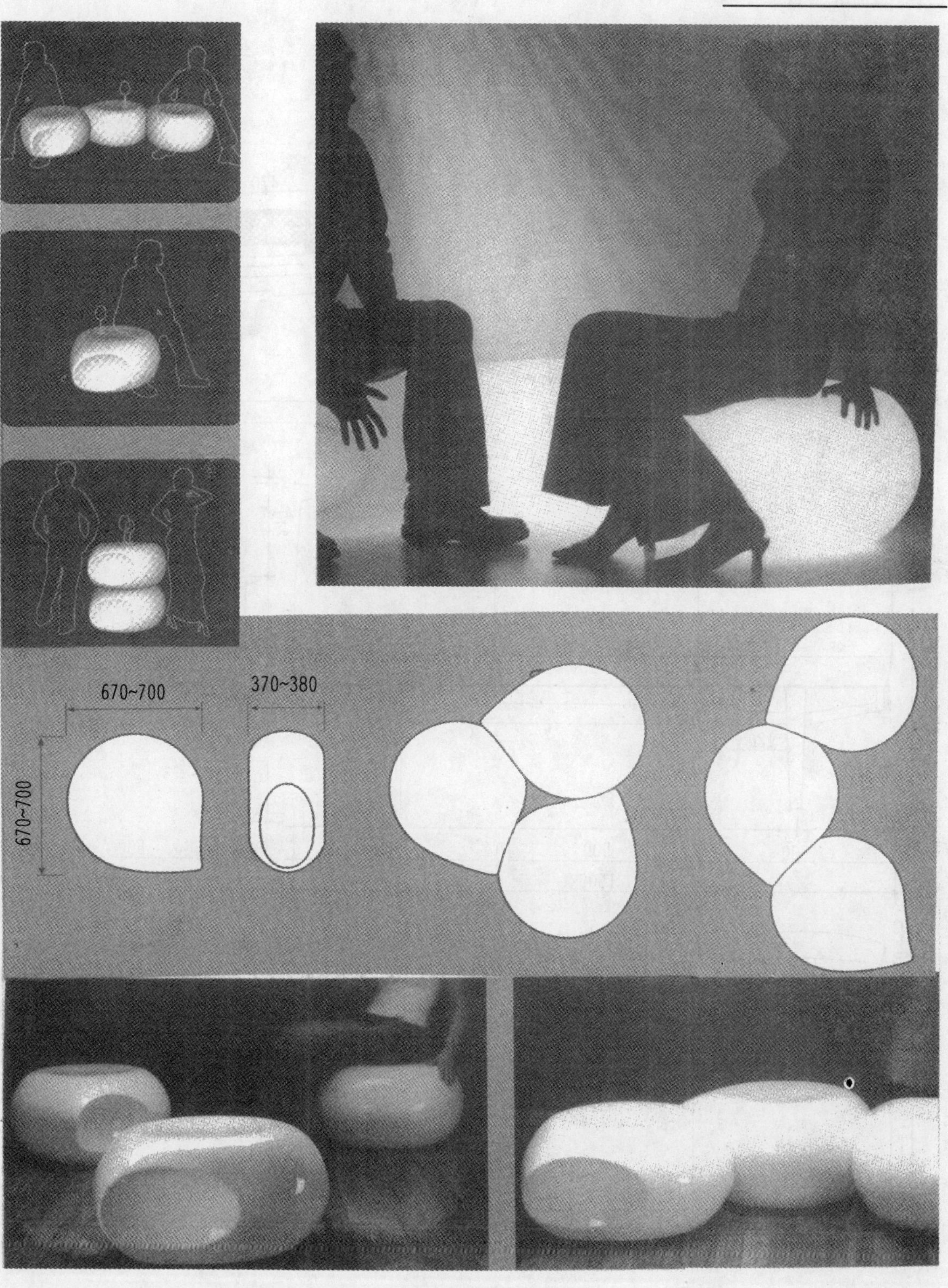
670~700
370~380
670~700

软椅及长沙发

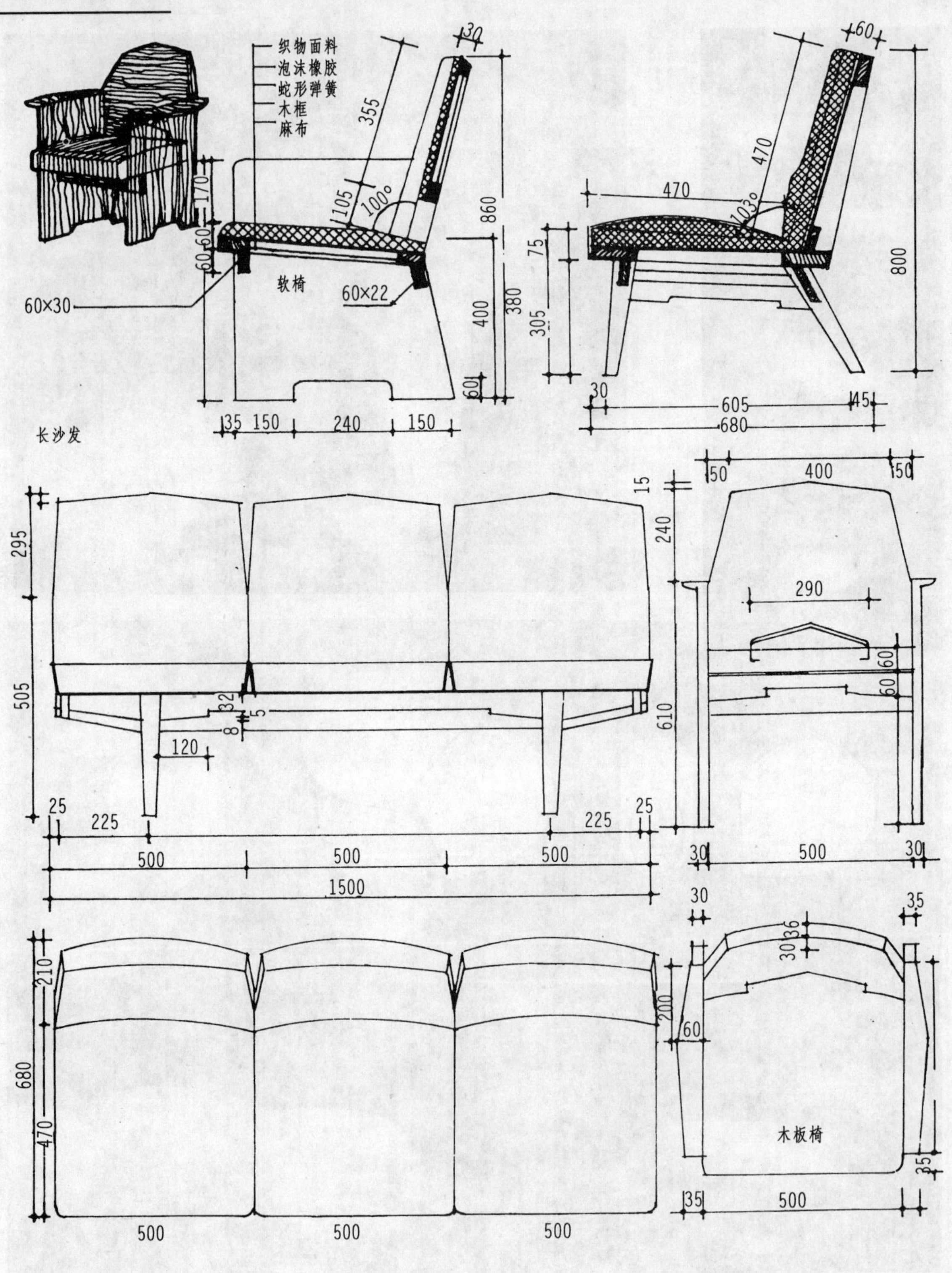

公共座椅

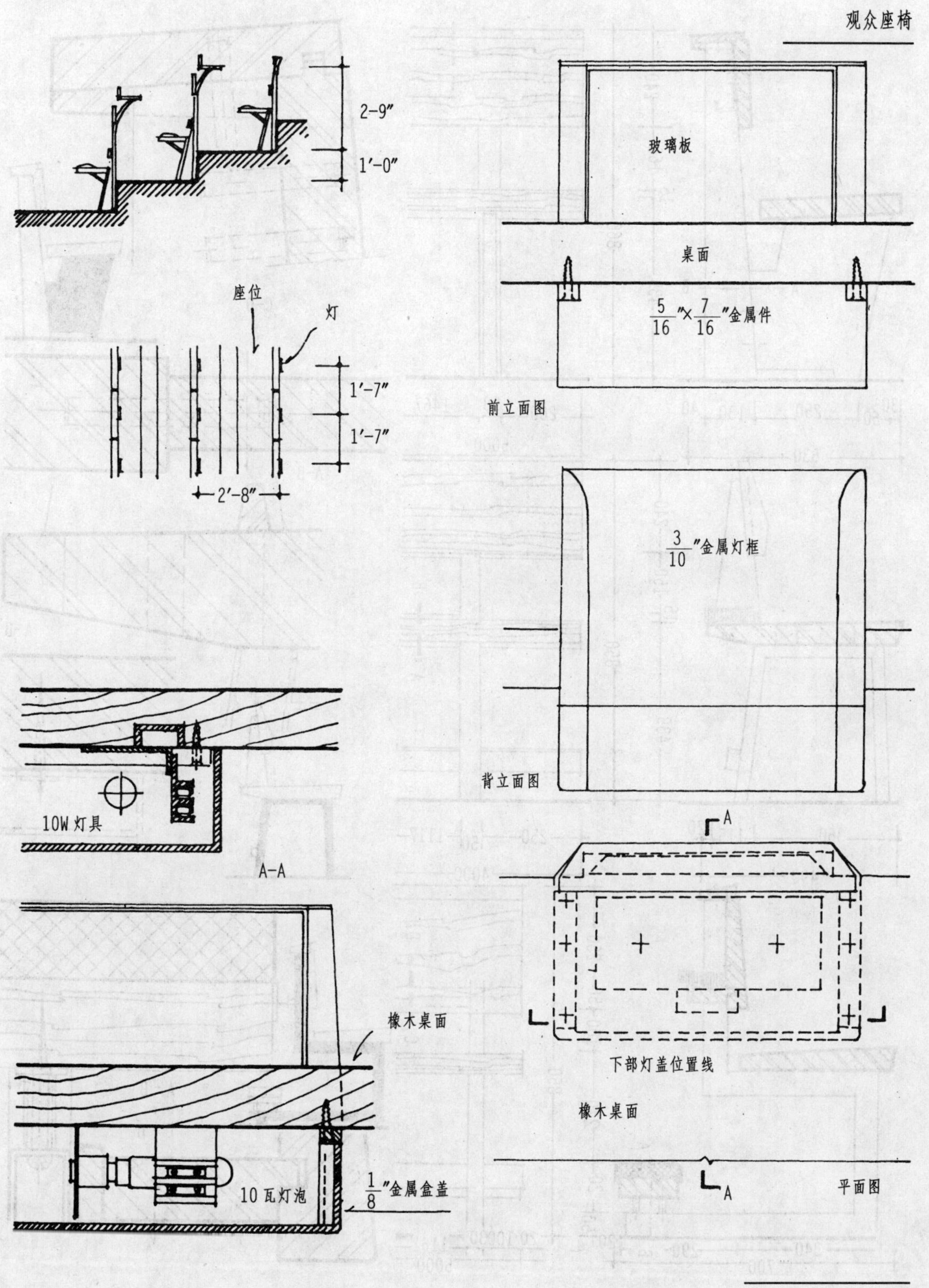

公共座椅

240
160
15
860
435
A
B
30
60
250
130
40
530
200
58
1467
5000
C-D
A-B
240
150
15
850
435
360
115
20
490
250
50
1117
4000
A-B
250
150
100
270
20
50
850
340
290
20
700
20
100
30
1162
5000
A
B
C
D
A-B
C-D

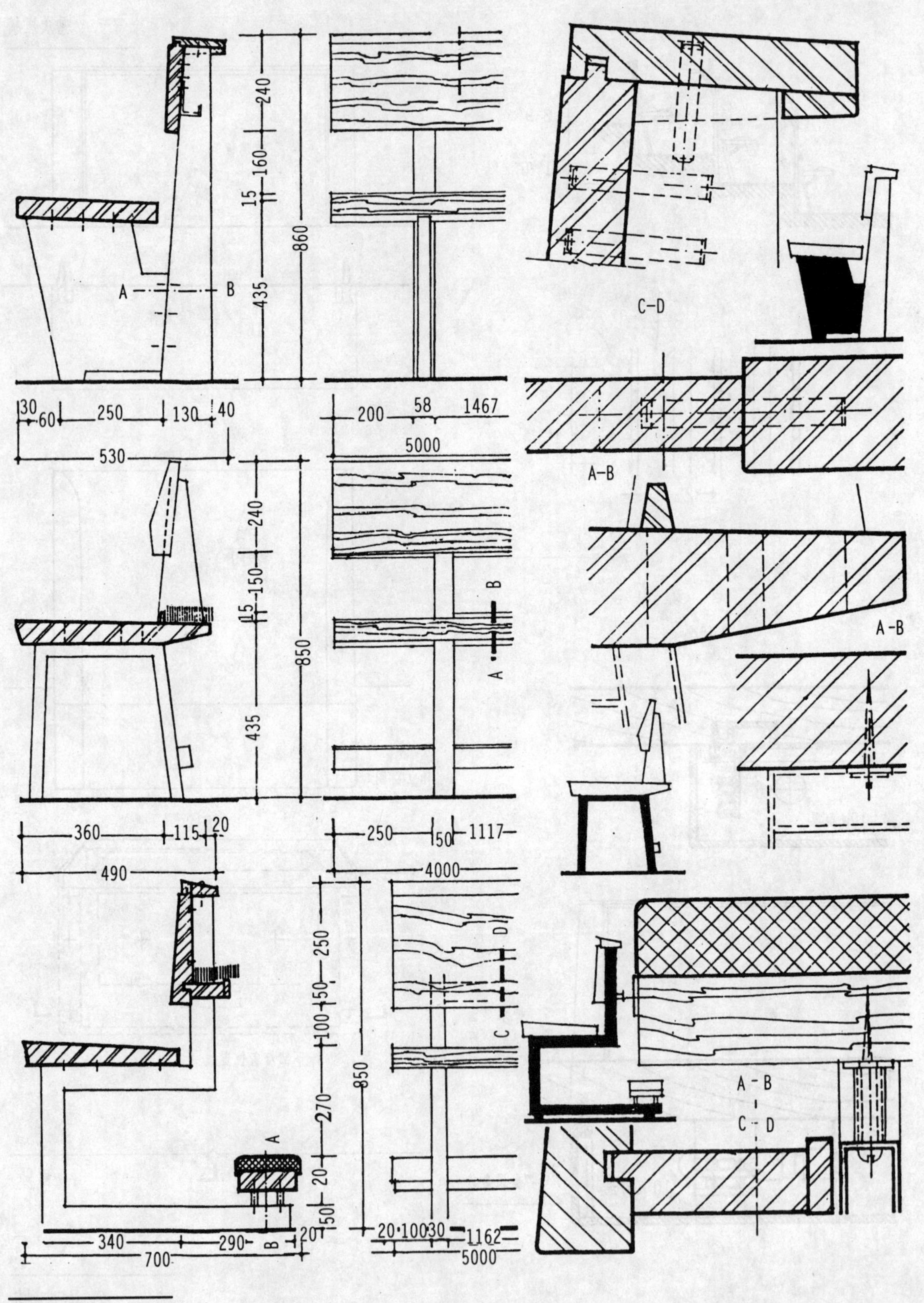

公共座椅

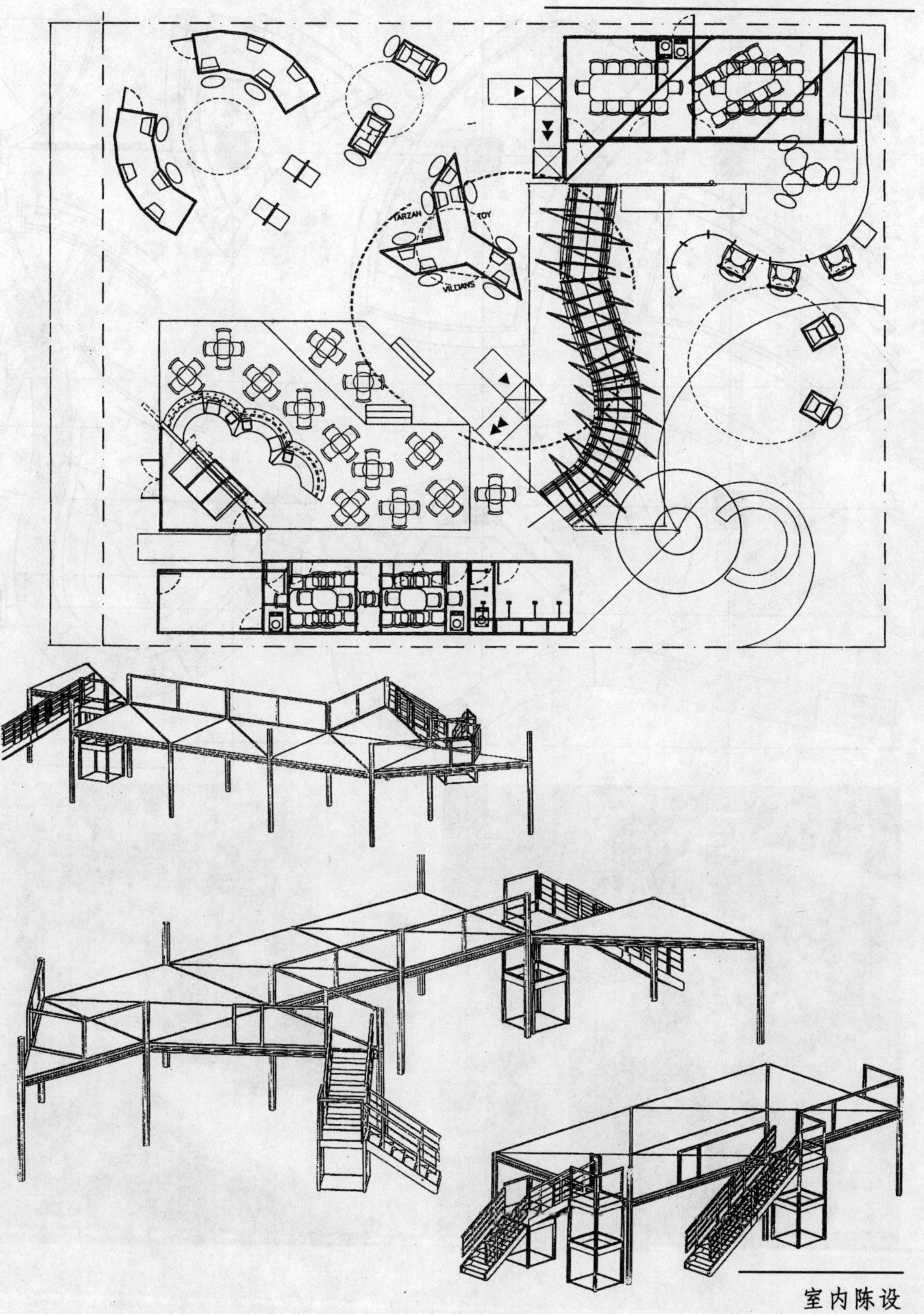
TARZAN
TOY
VILLIANS

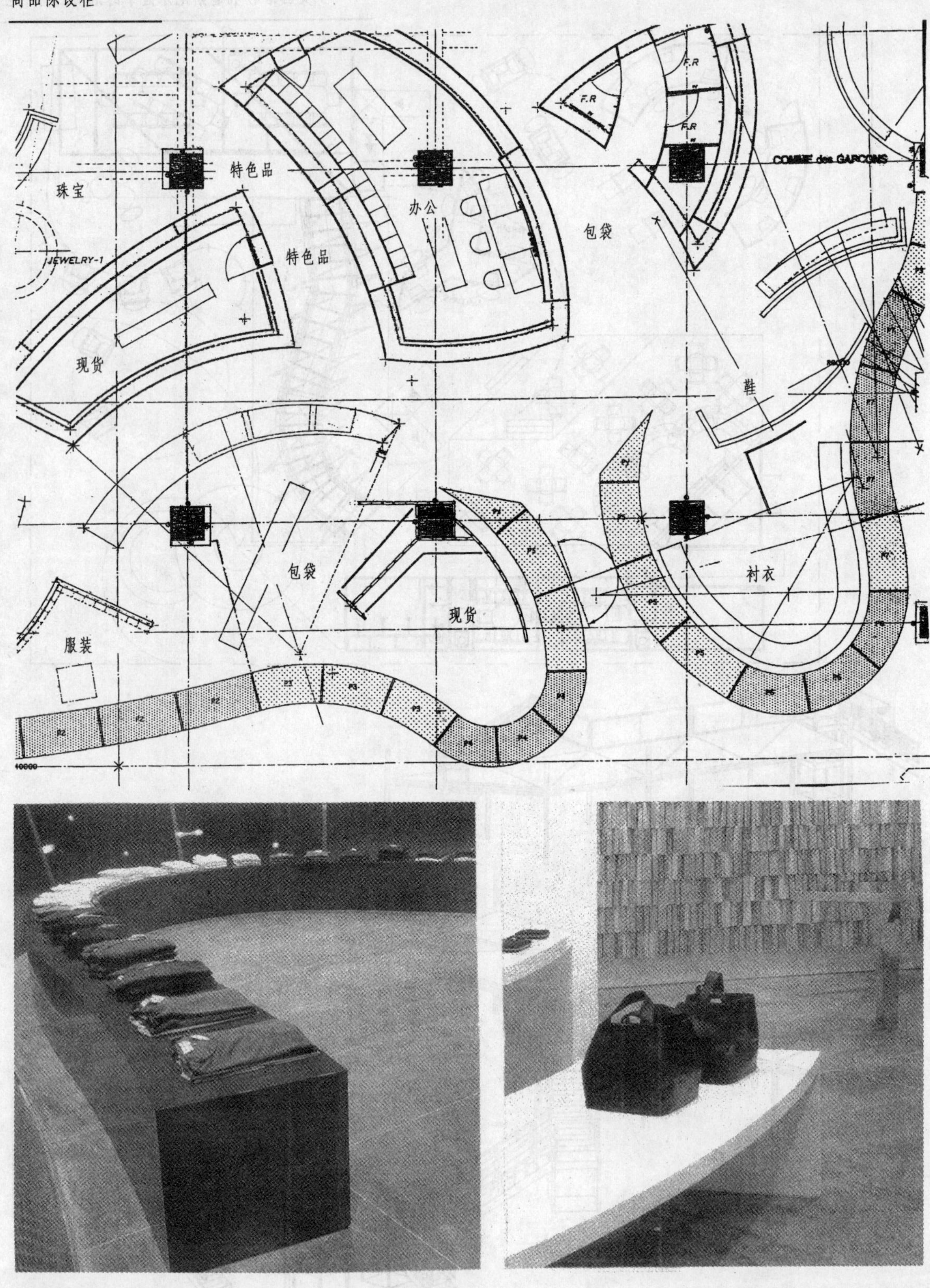
珠宝
特色品
JEWELRY-1
特色品
现货
办公
F.R
F.R
F.R
COMME des GARCONS
包袋
鞋
包袋
现货
衬衣
服装

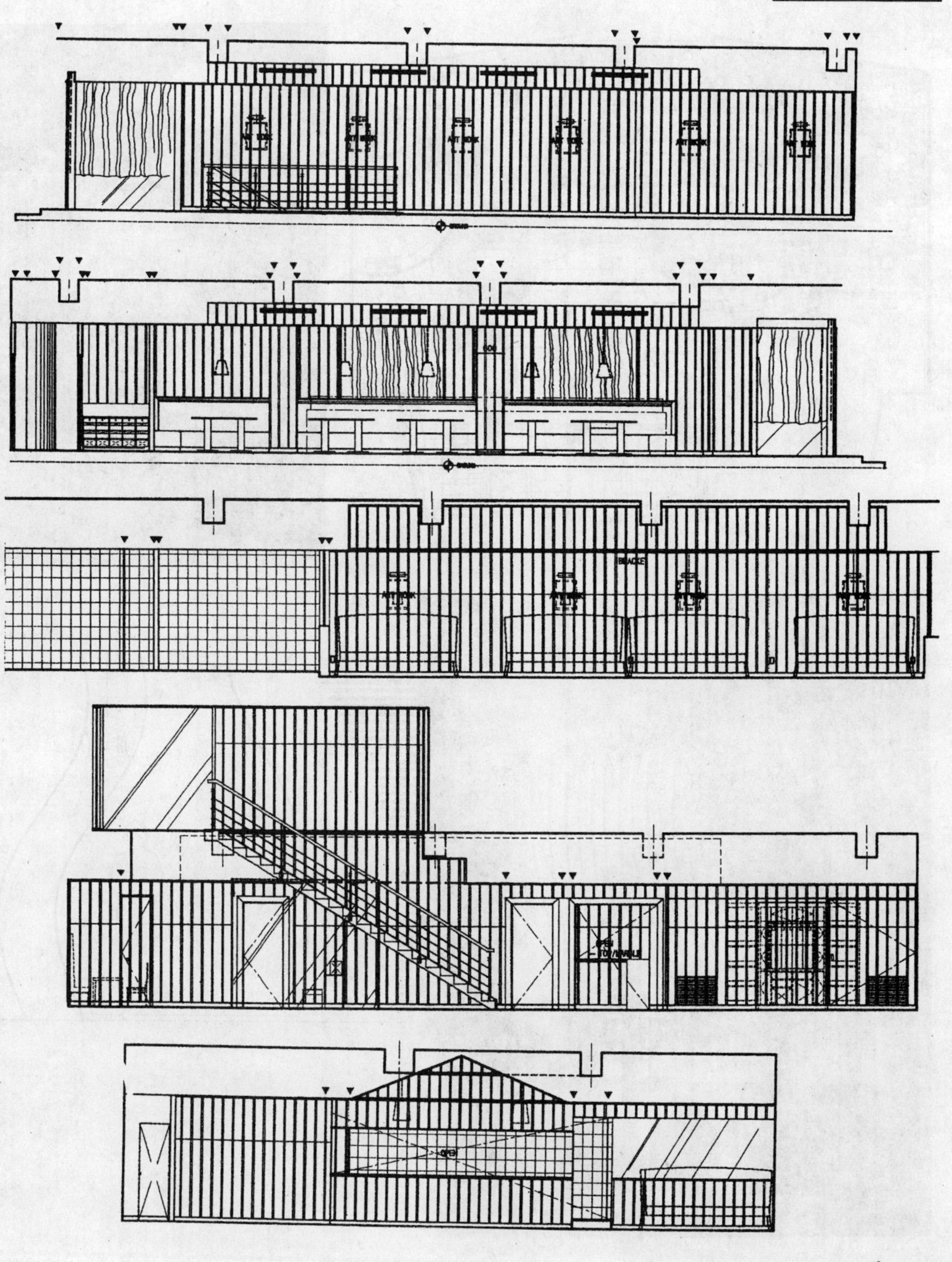

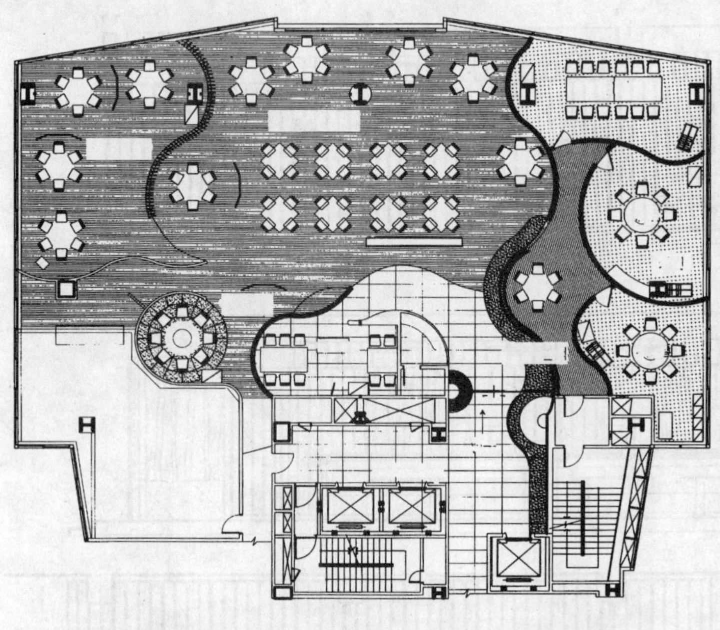

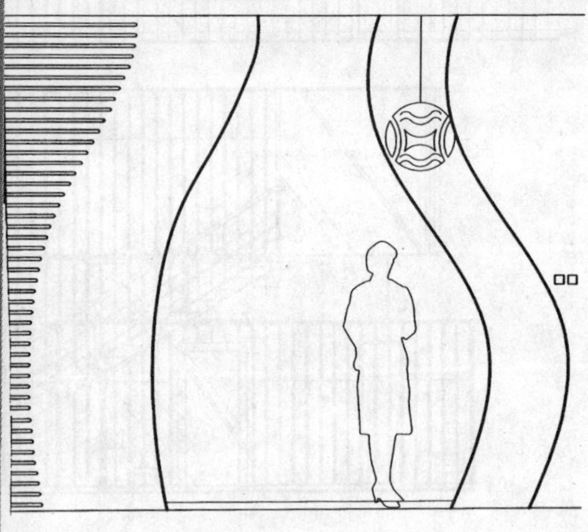

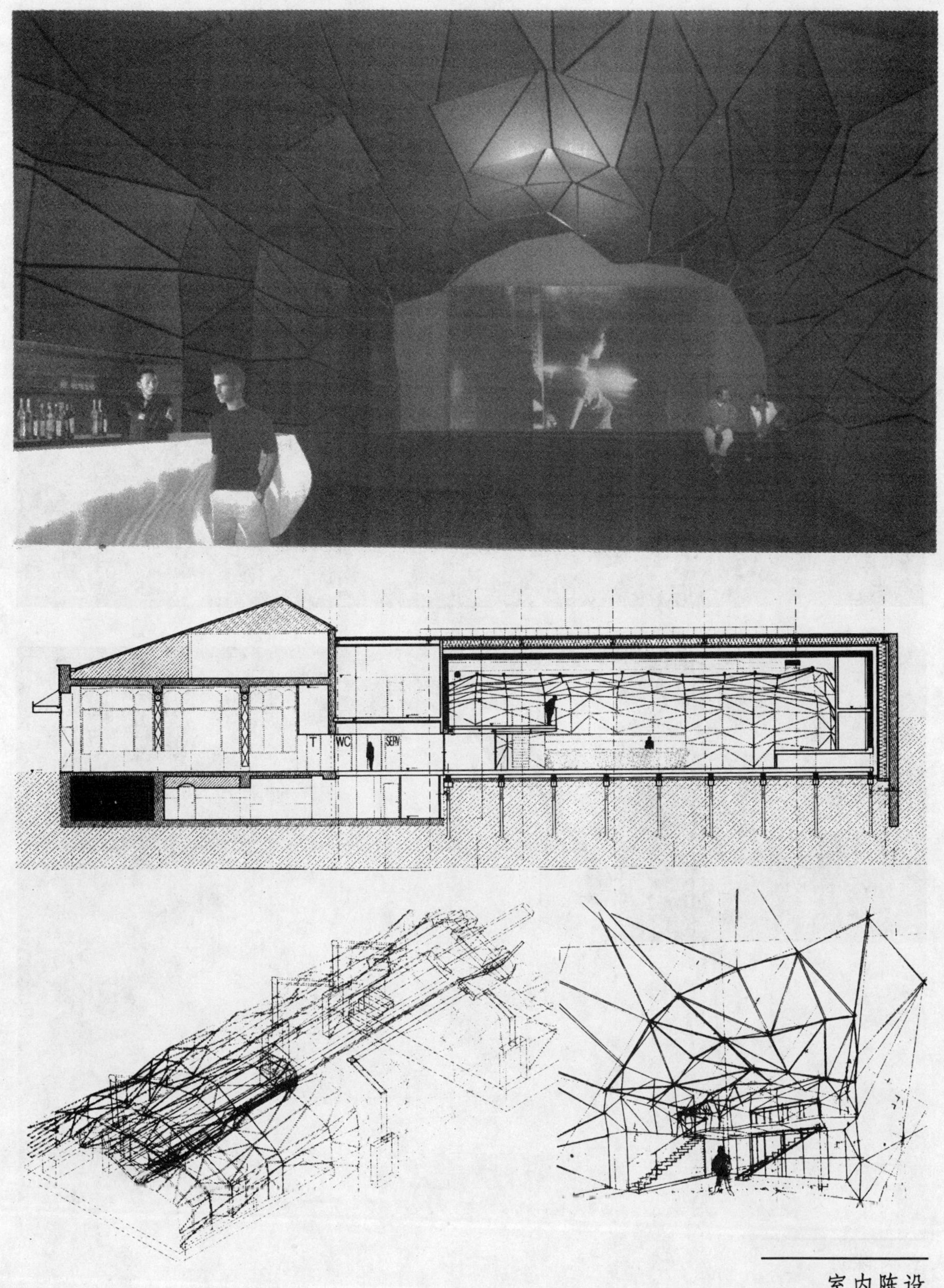
T
WC
SERV

200
500
五合板
35
70
35
50
8.60
走线槽底两端各留 60×30 孔
60
125
三合板
280
330
40
发言桌
讲演台
19
20
40
20
19
100
21
40
代表席桌子

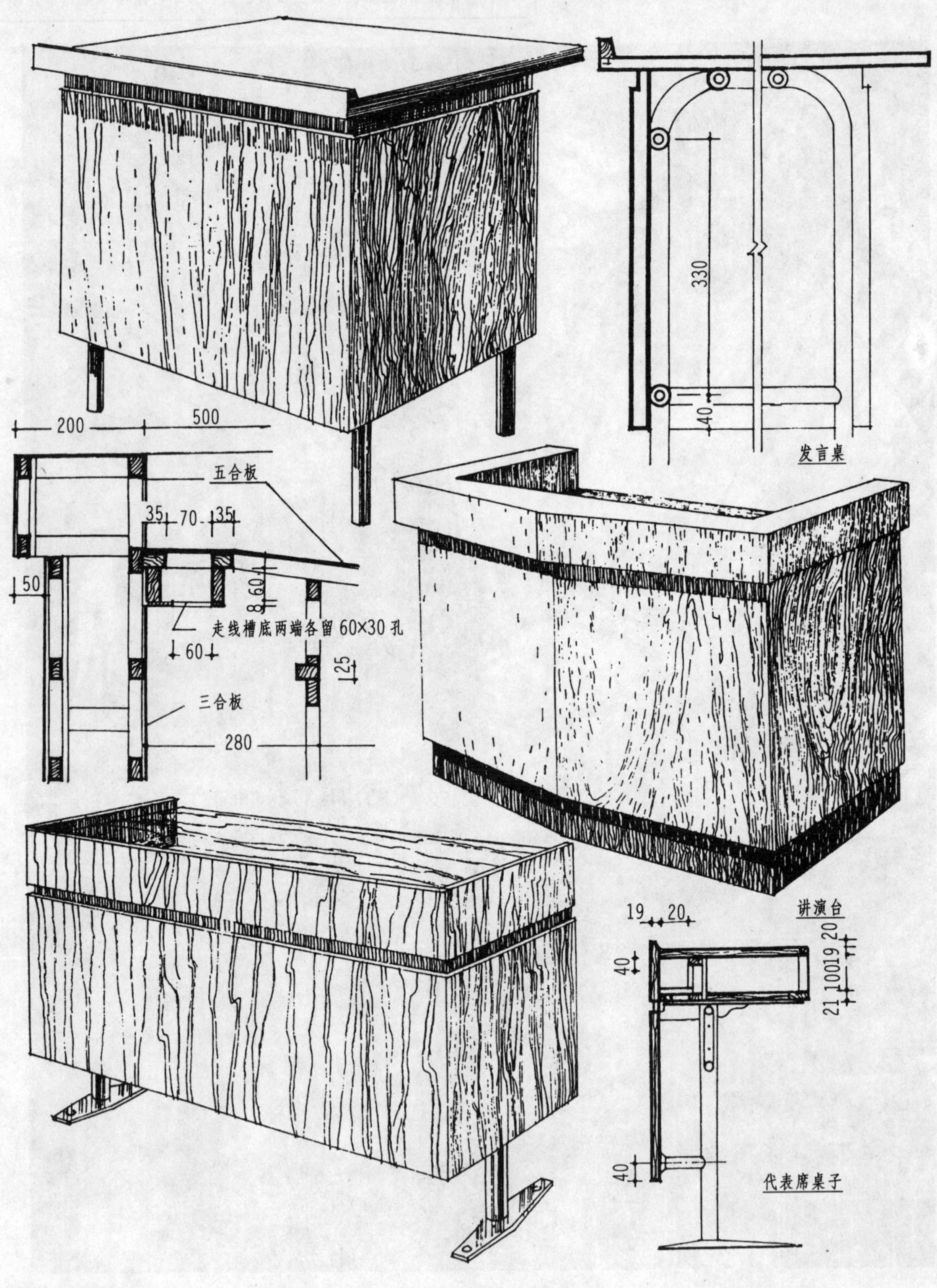

讲台

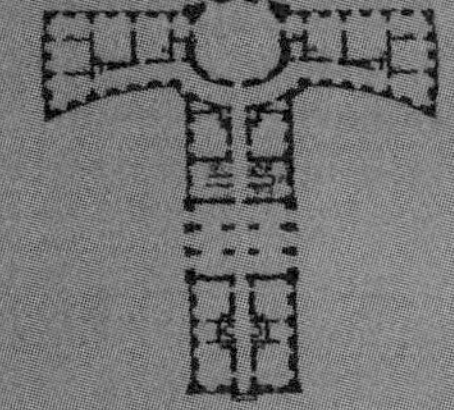

中国古建构造

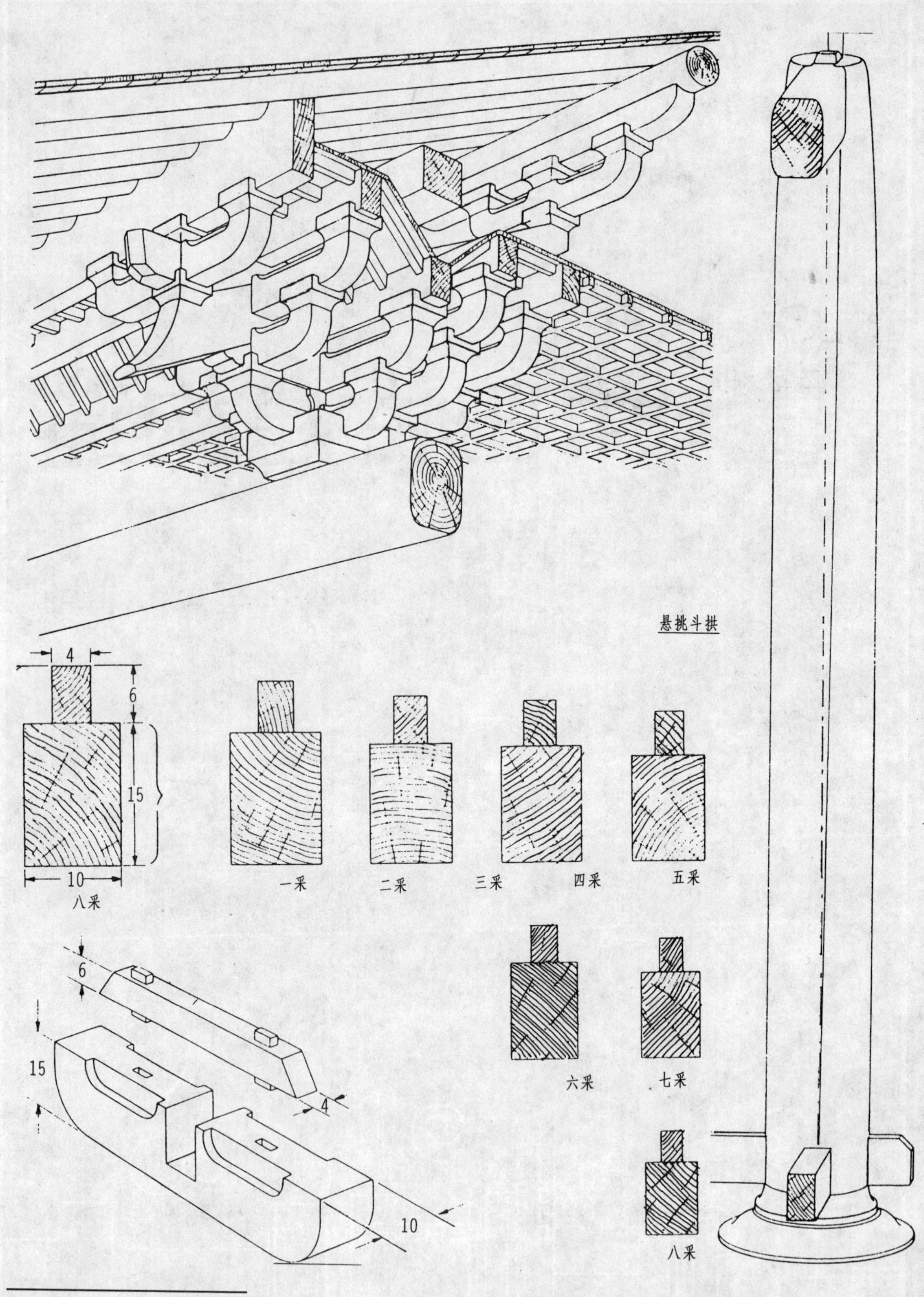
悬挑斗拱
4
6
15
10
八采
一采
二采
三采
四采
五采
六采
七采
八采
6
15
4
10

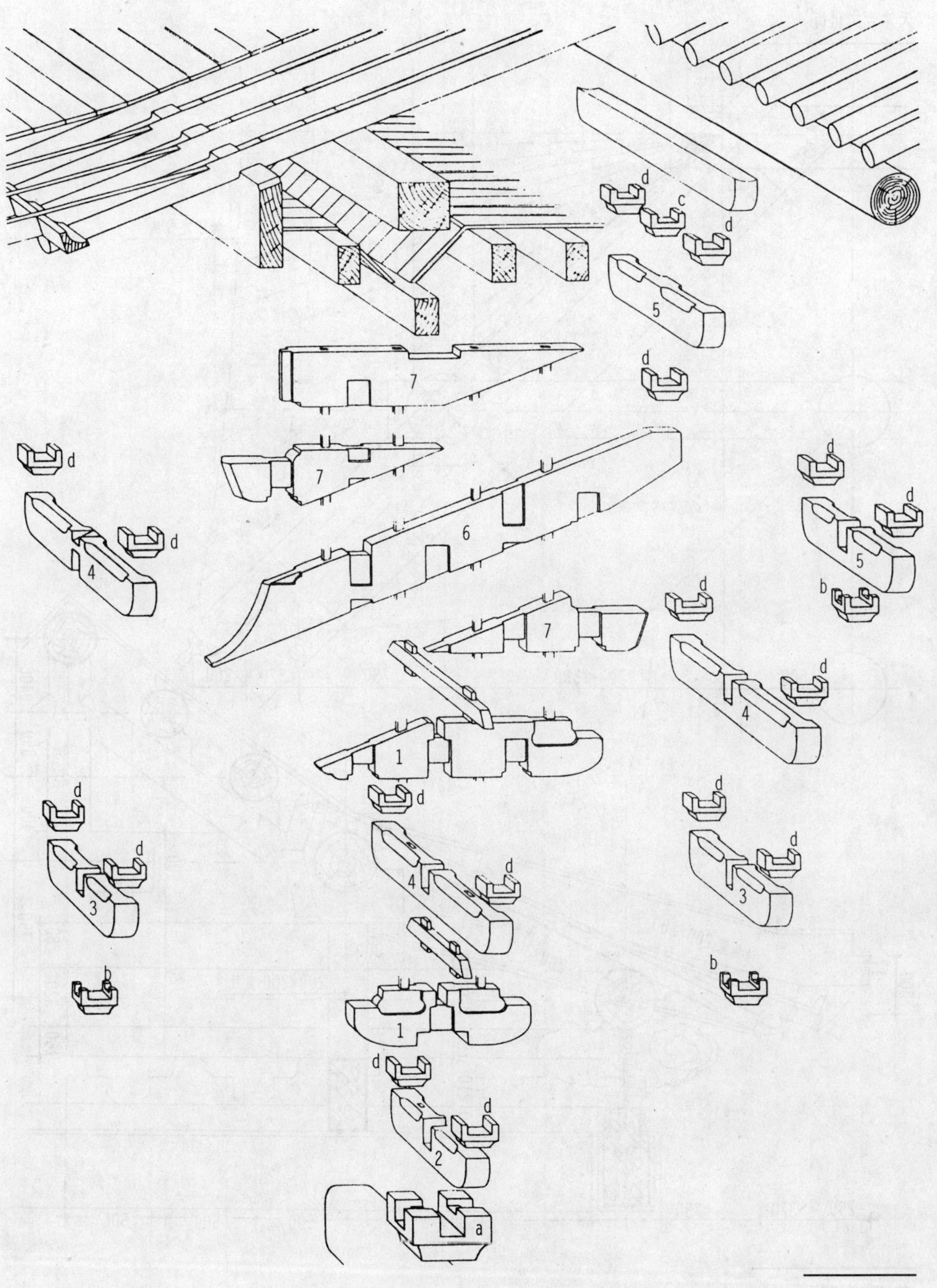
d
c
d
5
d
7
d
7
6
d
4
d
d
5
b
7
d
d
4
1
d
d
d
d
4
d
3
d
3
b
b
1
d
2
d
a

450
2100
1120
200
600
椽子定位线
600
1500
730
370
250
400
350
400
500
采步金
750
250
320
150
720
300
300
300
仔角梁 200×300
老角梁
200×300
200×200 童柱
300
320
150
210
150
250
370
730
1500
500
500
500

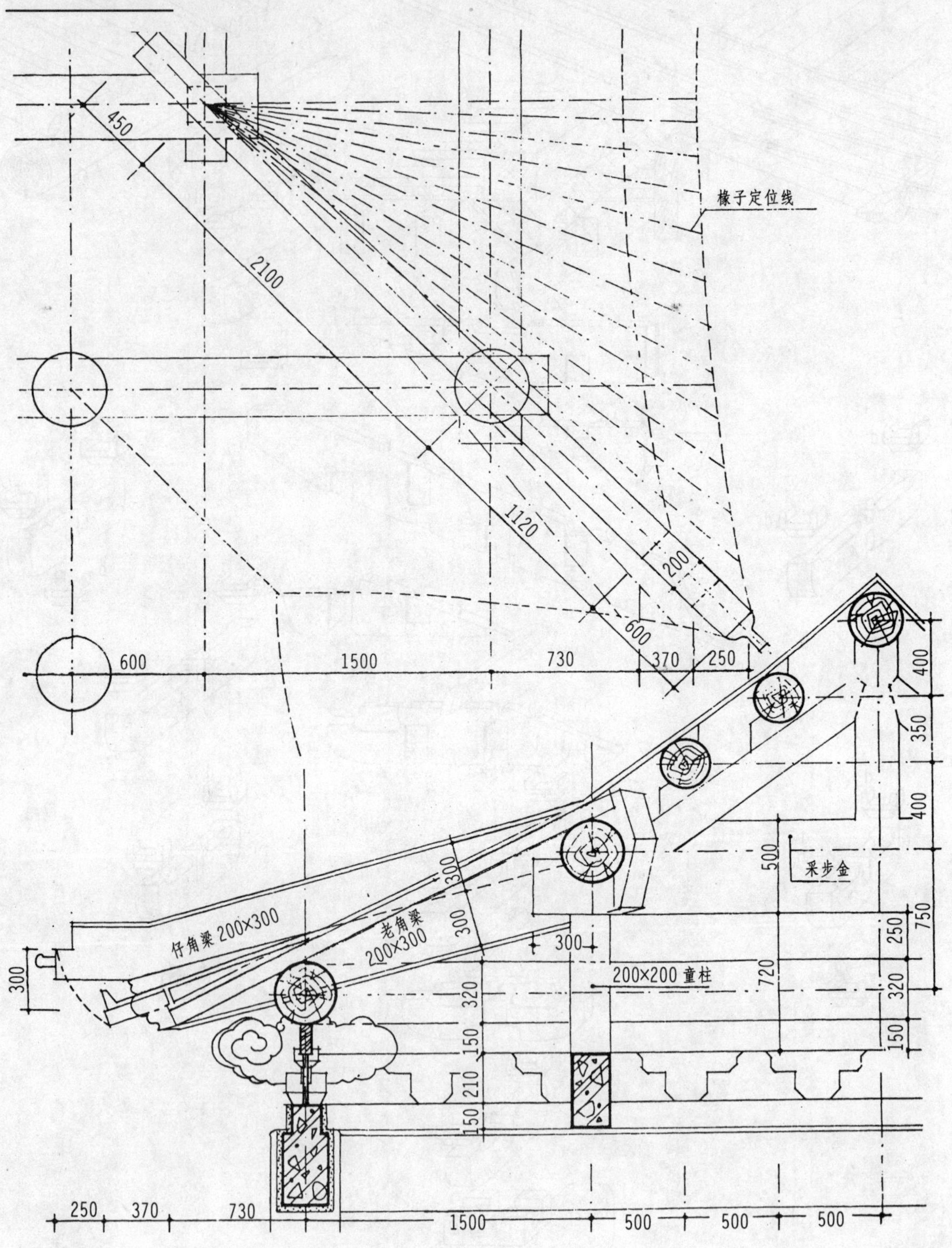

角梁构造

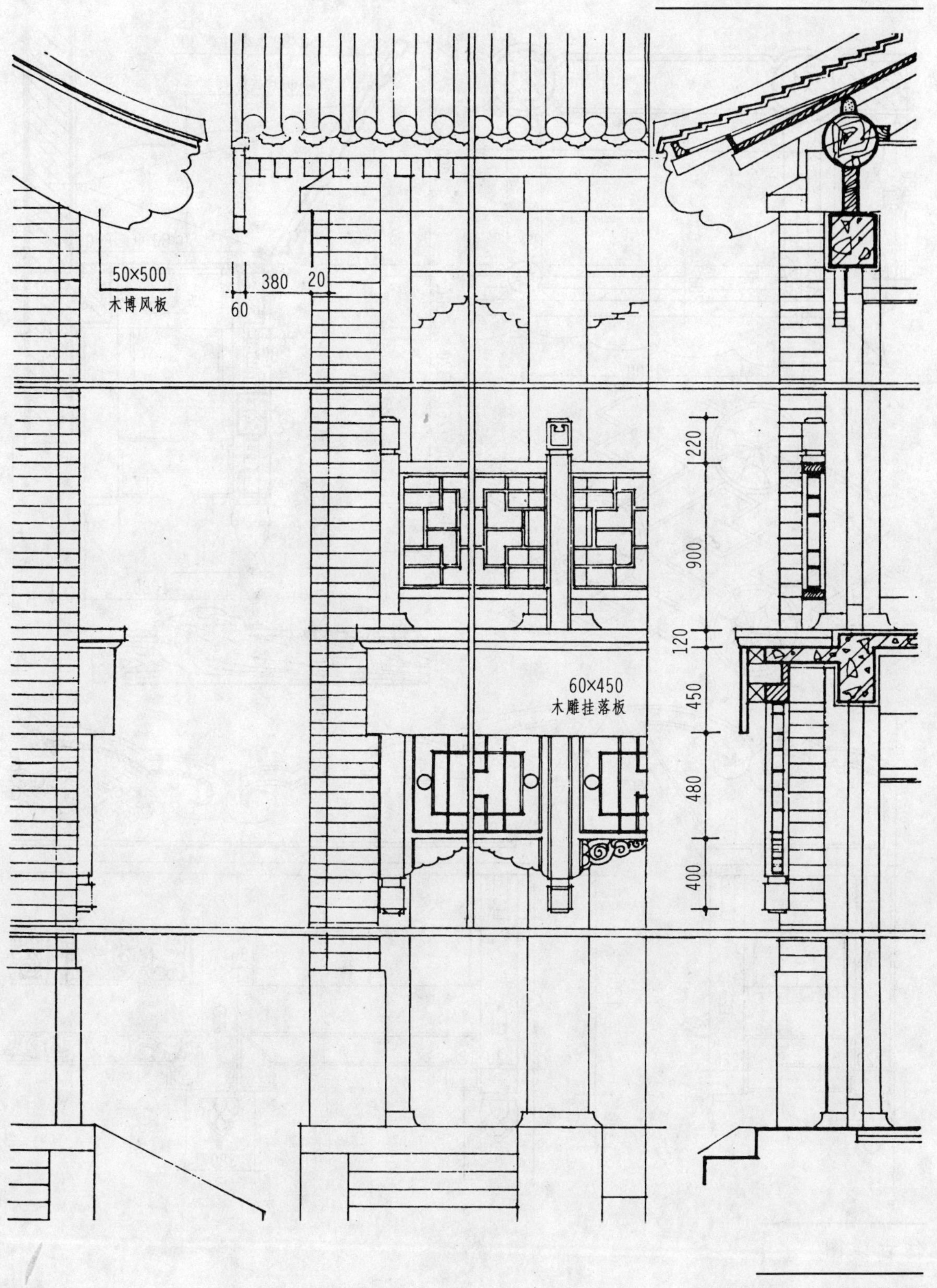

仿古详图

50×80 木带 中距 800
ϕ16 拉筋
50×80 中距 800
五夹板
木云头用环氧
树脂粘于柱上
木柱头
1080
1200
50
300
320
260
300
20
300
80
25
1080
900
200
1500
80
1200
300
220
220
80
220
180
380

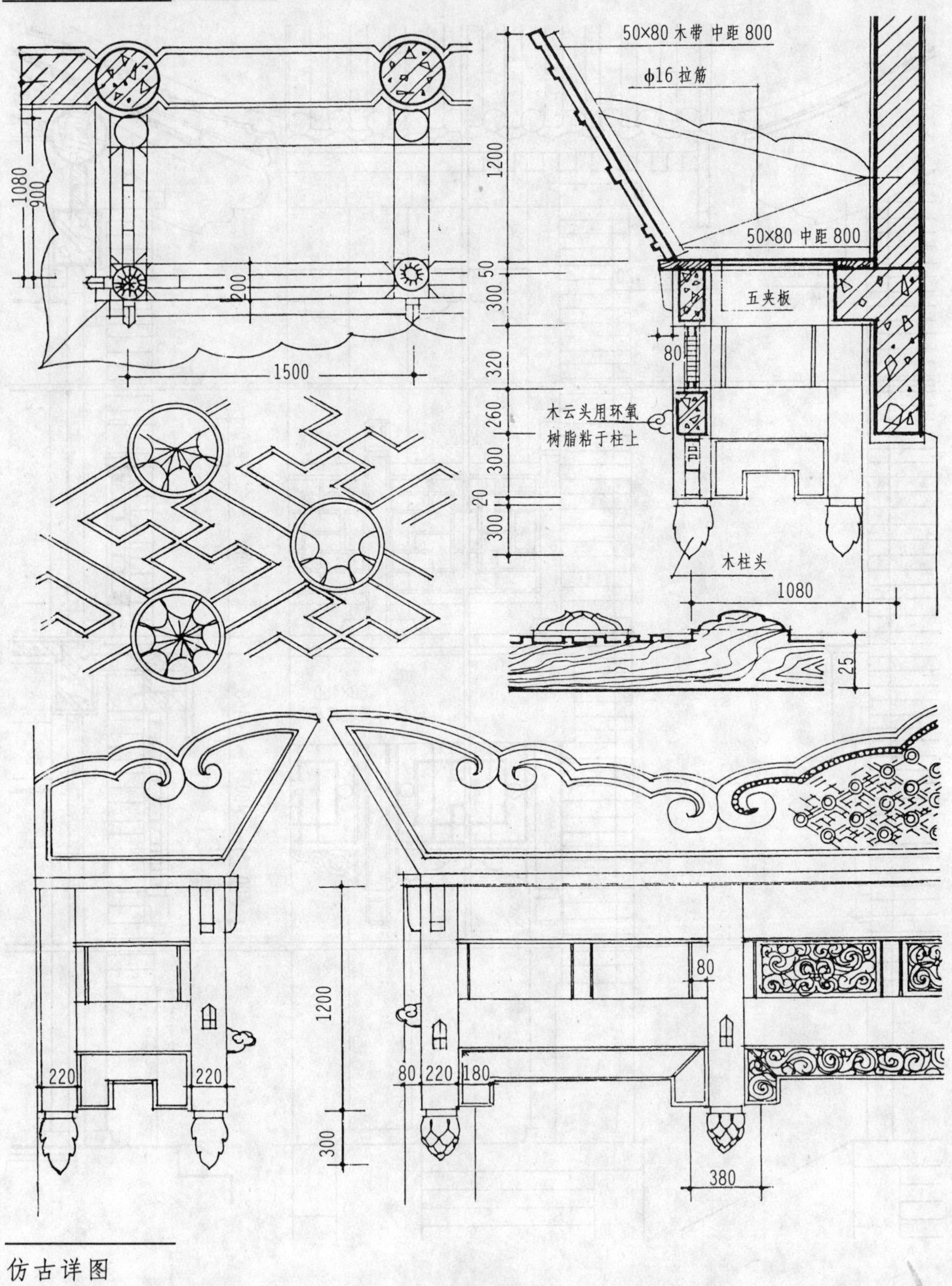

仿古详图

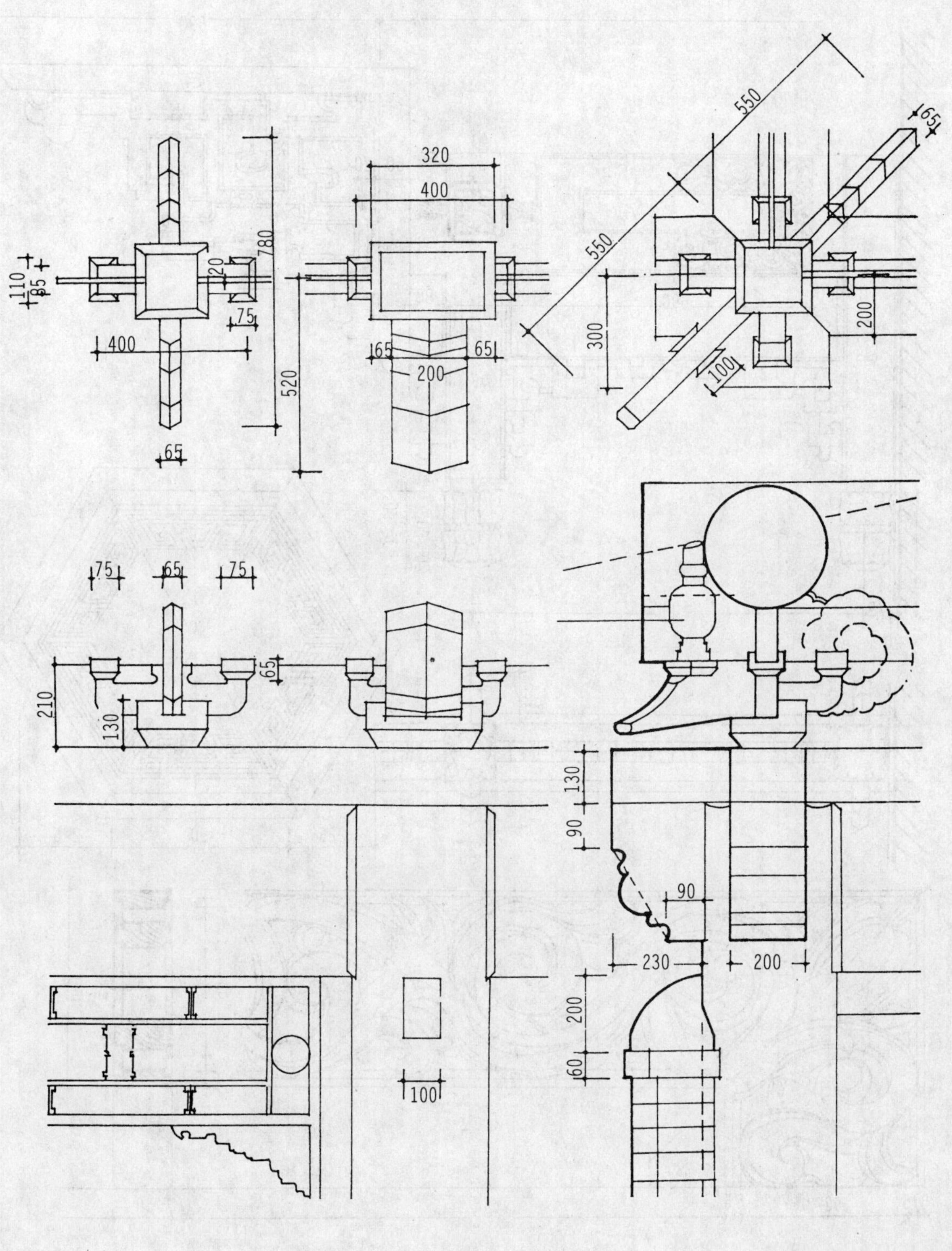
320
400
780
520
400
110
85
20
75
65
65
65
200
550
550
65
300
200
100
75
65
75
65
210
130
130
90
90
230
200
200
60
100

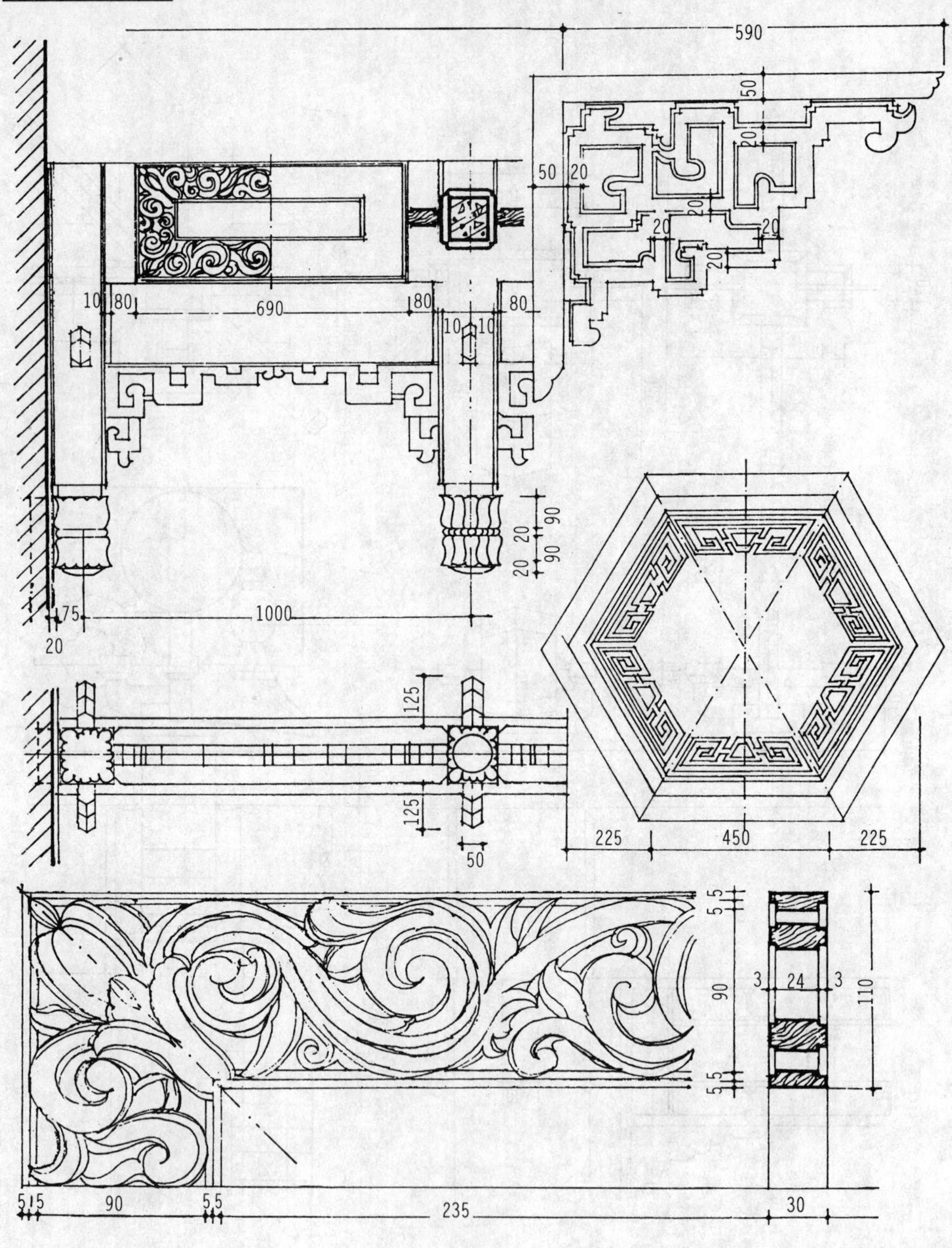

仿古详图

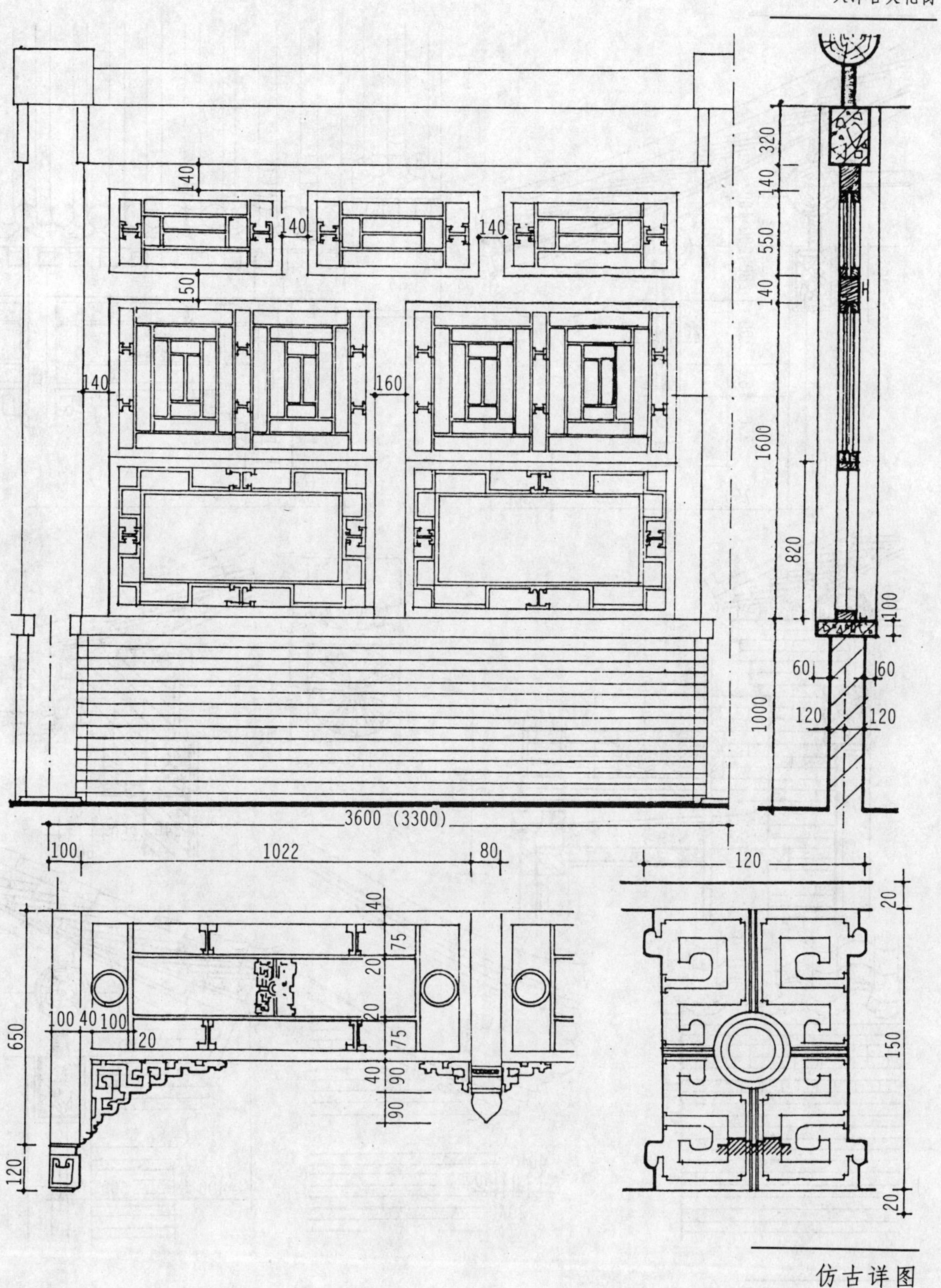

仿古详图

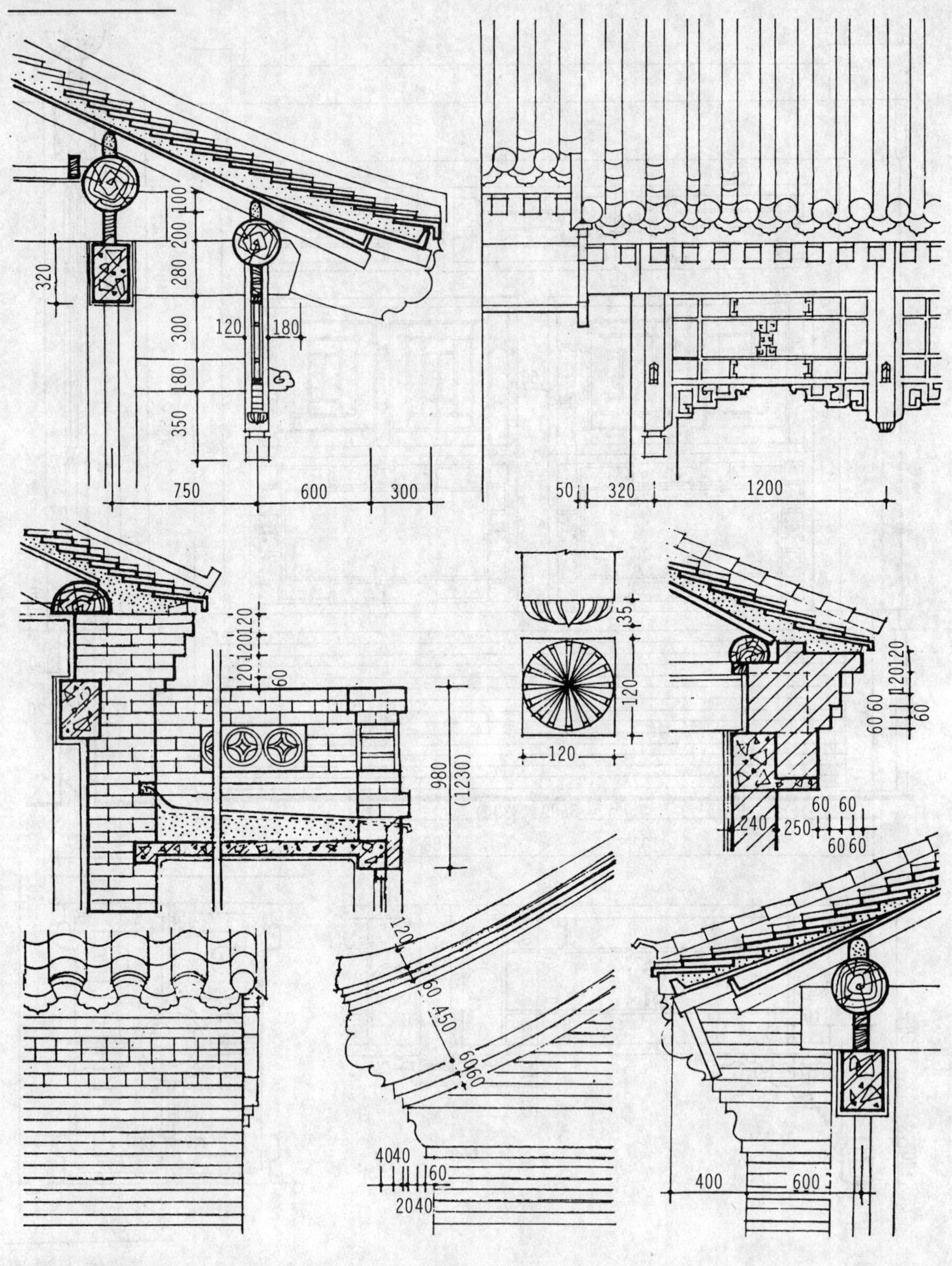

仿古详图

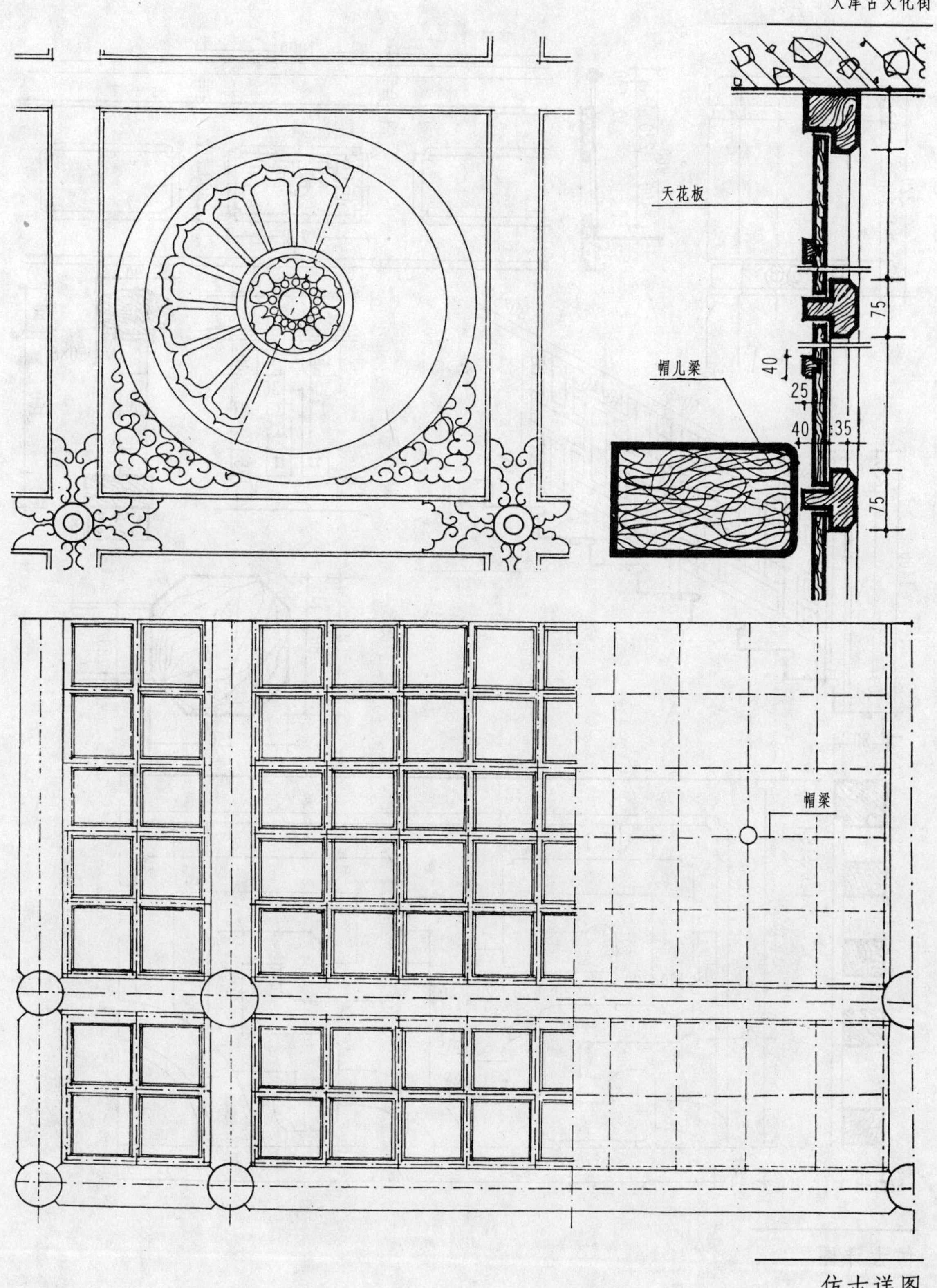

仿古详图

金钢砂防滑条两道
1000
700
400
900
1400
80×60
60×60
40×40
40×60
50×6
150
325

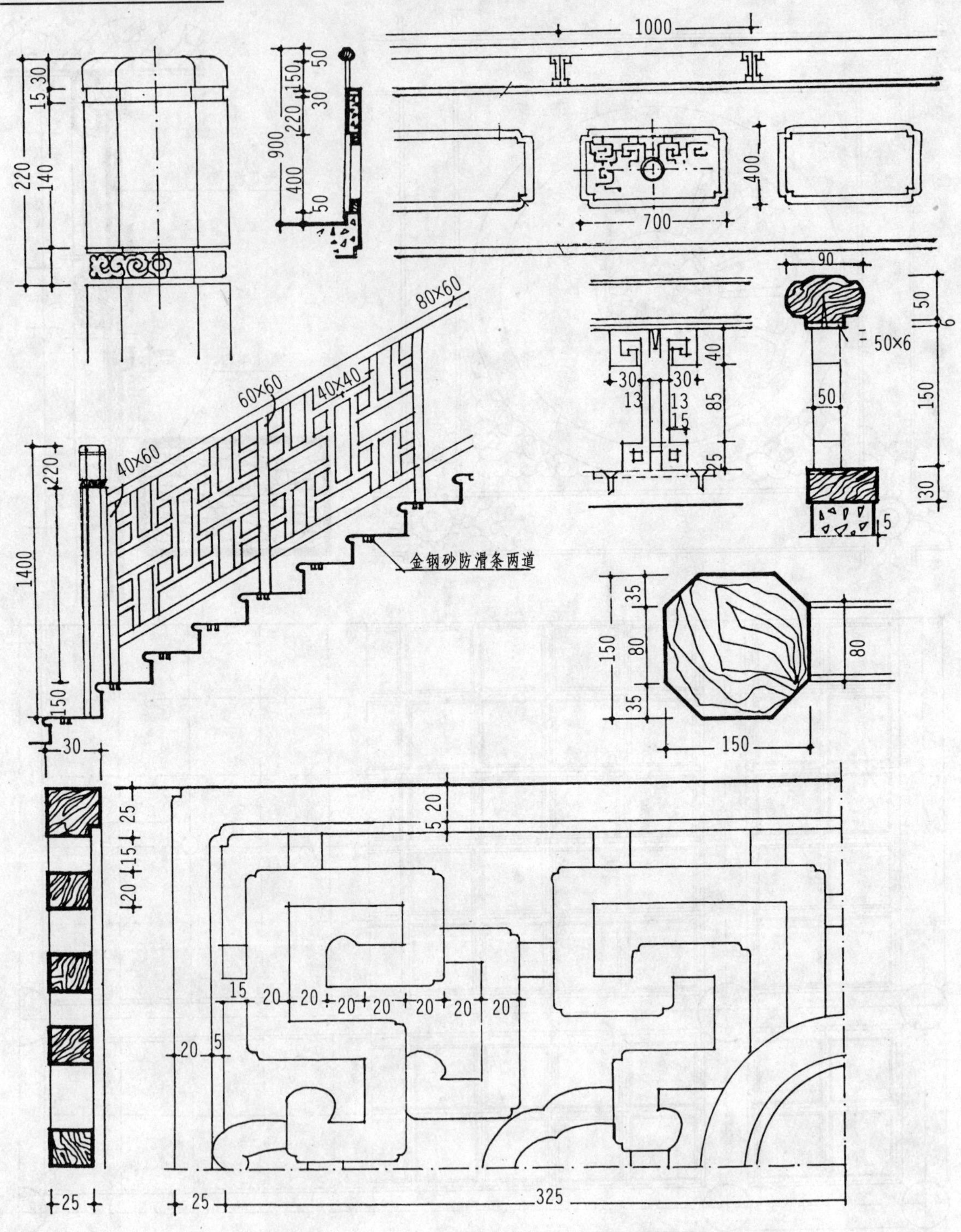

仿古详图

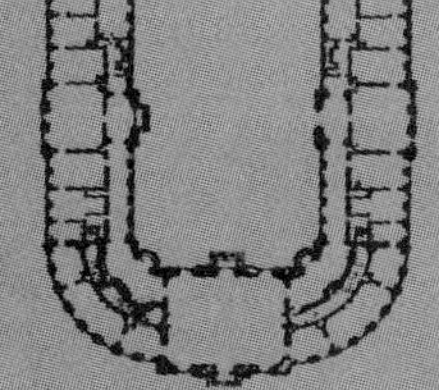

照明灯具

照明

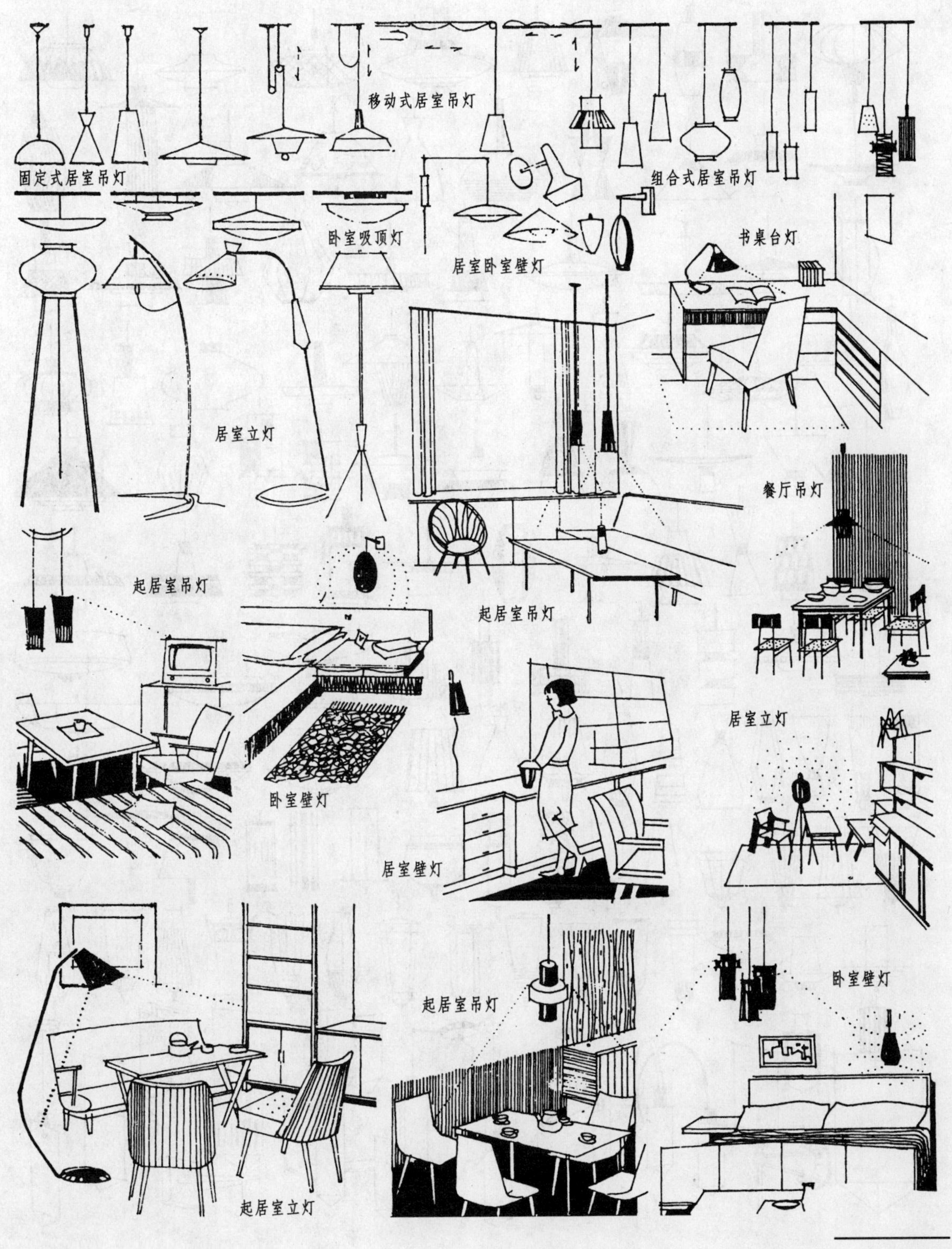
移动式居室吊灯
固定式居室吊灯
组合式居室吊灯
卧室吸顶灯
居室卧室壁灯
书桌台灯
居室立灯
餐厅吊灯
起居室吊灯
起居室吊灯
卧室壁灯
居室立灯
居室壁灯
起居室吊灯
卧室壁灯
起居室立灯

灯具

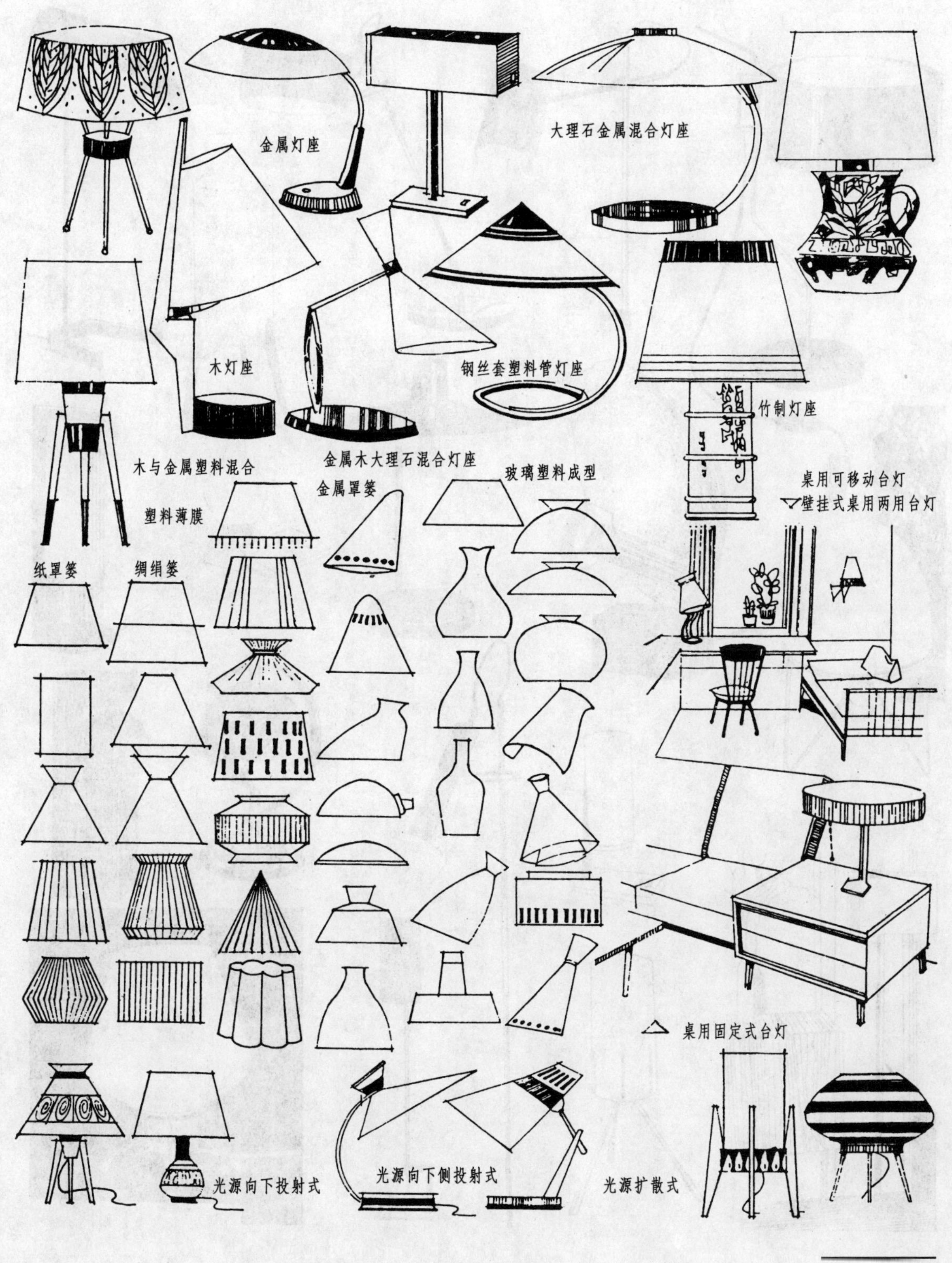
金属灯座
大理石金属混合灯座
木灯座
钢丝套塑料管灯座
竹制灯座
木与金属塑料混合
金属木大理石混合灯座
玻璃塑料成型
金属罩篓
塑料薄膜
桌用可移动台灯
壁挂式桌用两用台灯
纸罩篓
绸绢篓
桌用固定式台灯
光源向下投射式
光源向下侧投射式
光源扩散式

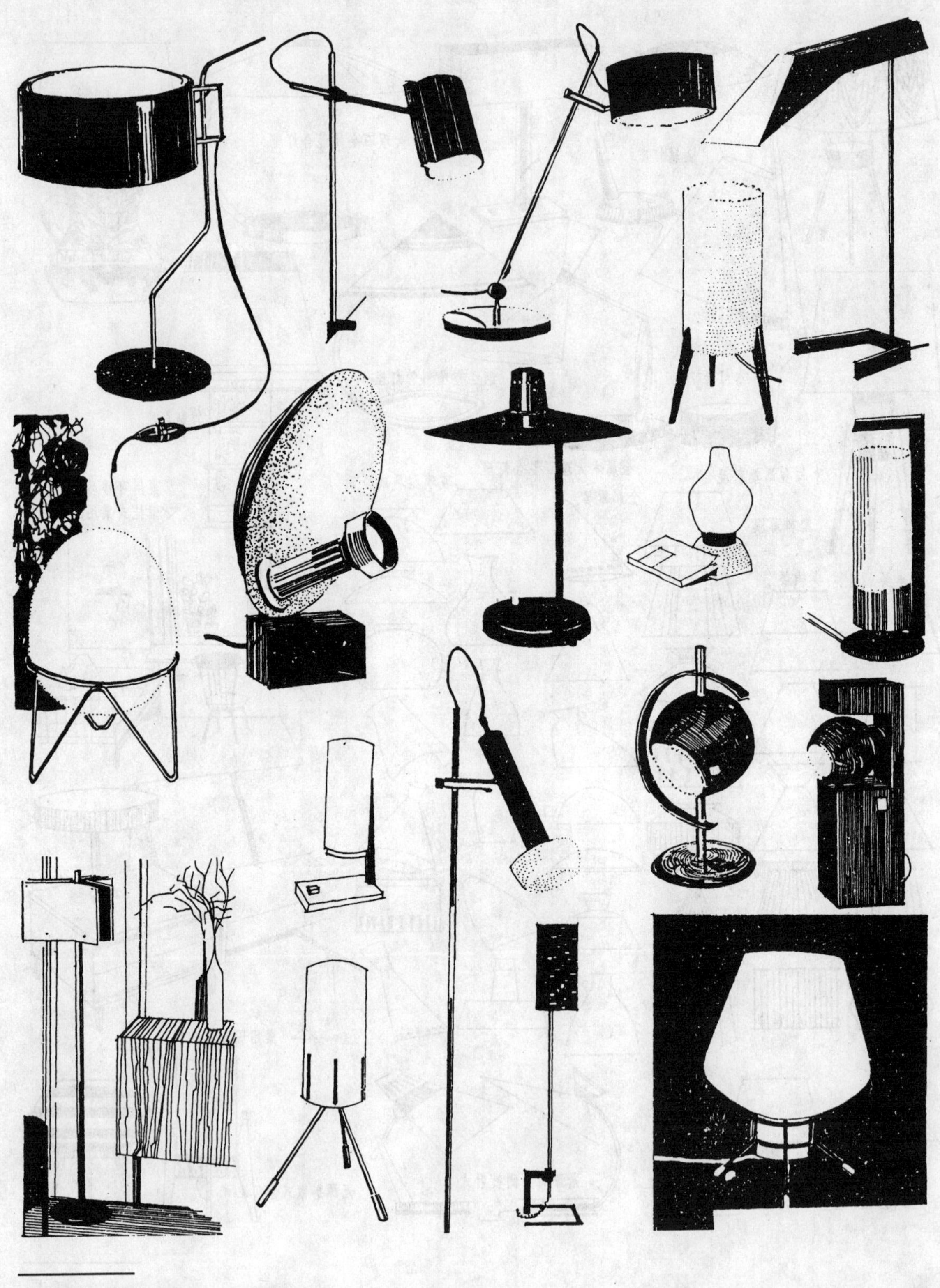

灯具

1厚钢板镀铬
1厚钢板烤白漆
铁垫圈内径 26 外径 43 长 50
拉线开关
20×3 厚钢管灯圈
ϕ50×3 钢管
乳白灯泡
连接杆
镀铬链条
铁垫圈长 50
ϕ25
菱形玻璃吊片
铜镀铬
ϕ25 钢管镀铬
电焊 45°
ϕ50×5 钢管
灯座位置
ϕ10
菱形玻璃吊片
上下共 32 片
20×3 厚钢板灯圈
金色珠光有机玻璃
螺帽
橡皮垫圈
螺帽
黑色大理石
灯座

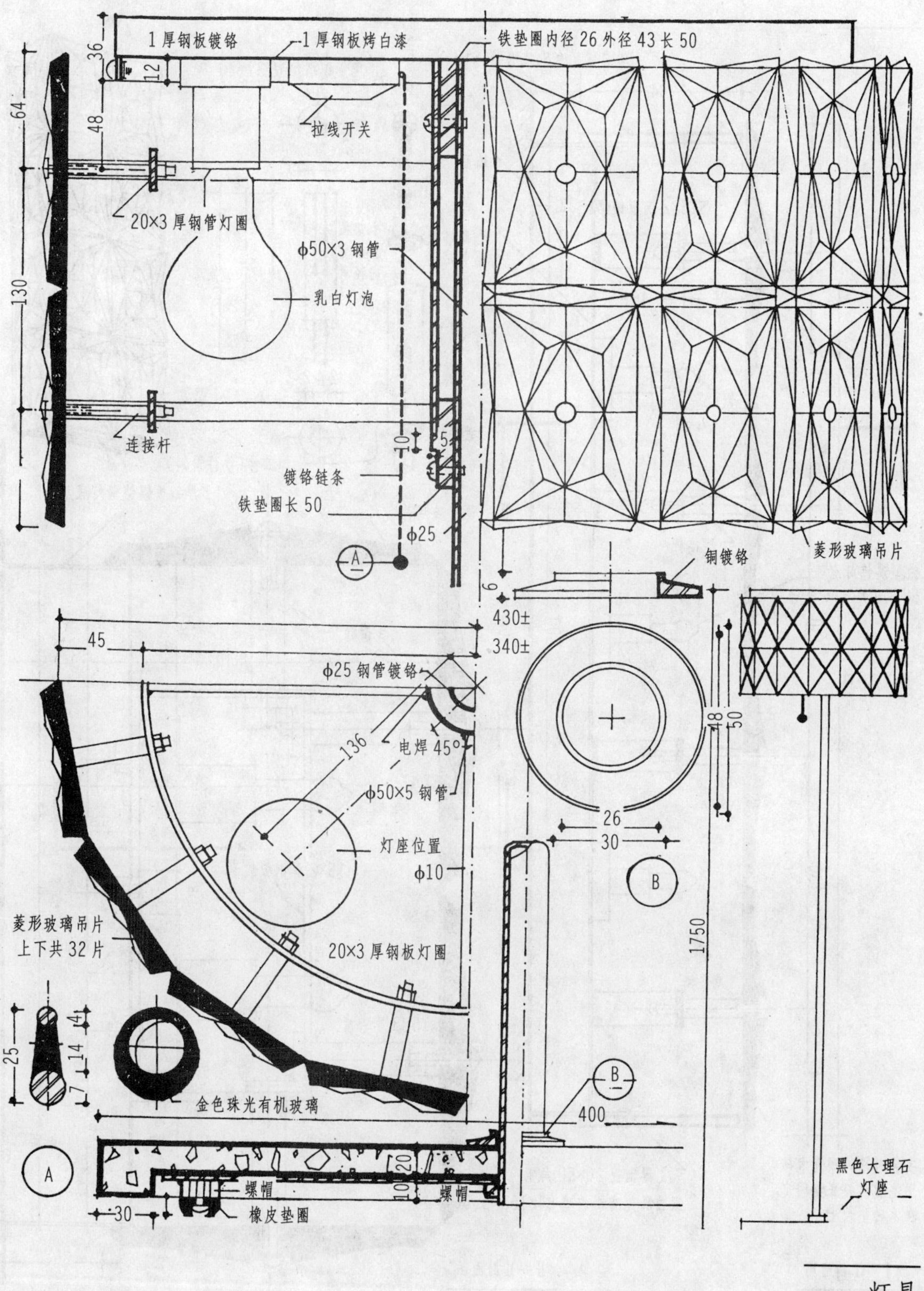

灯具

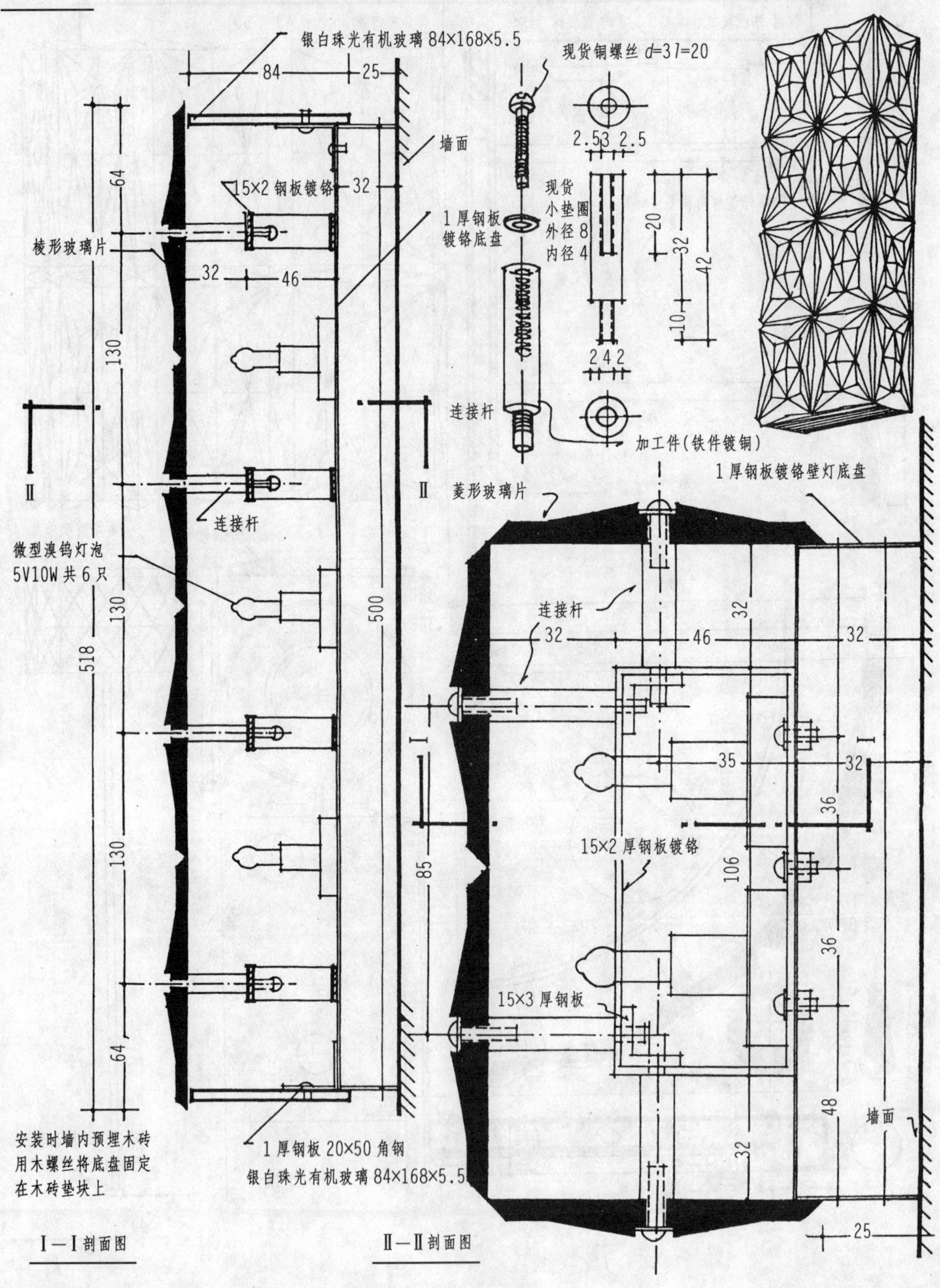
银白珠光有机玻璃 84×168×5.5
84
25
64
墙面
15×2 钢板镀铬
32
棱形玻璃片
1 厚钢板
镀铬底盘
32
46
130
Ⅱ
Ⅱ
连接杆
微型溴钨灯泡
5V10W 共 6 只
500
518
130
64
安装时墙内预埋木砖
用木螺丝将底盘固定
在木砖垫块上
1 厚钢板 20×50 角钢
银白珠光有机玻璃 84×168×5.5
Ⅰ—Ⅰ剖面图
Ⅱ—Ⅱ剖面图
现货铜螺丝 d=3 l=20
2.5 3 2.5
现货
小垫圈
外径 8
内径 4
20
32
42
10
2 4 2
连接杆
加工件(铁件镀铜)
1 厚钢板镀铬壁灯底盘
菱形玻璃片
连接杆
32
32
46
32
Ⅰ
Ⅰ
35
32
36
85
15×2 厚钢板镀铬
106
36
15×3 厚钢板
48
墙面
32
25

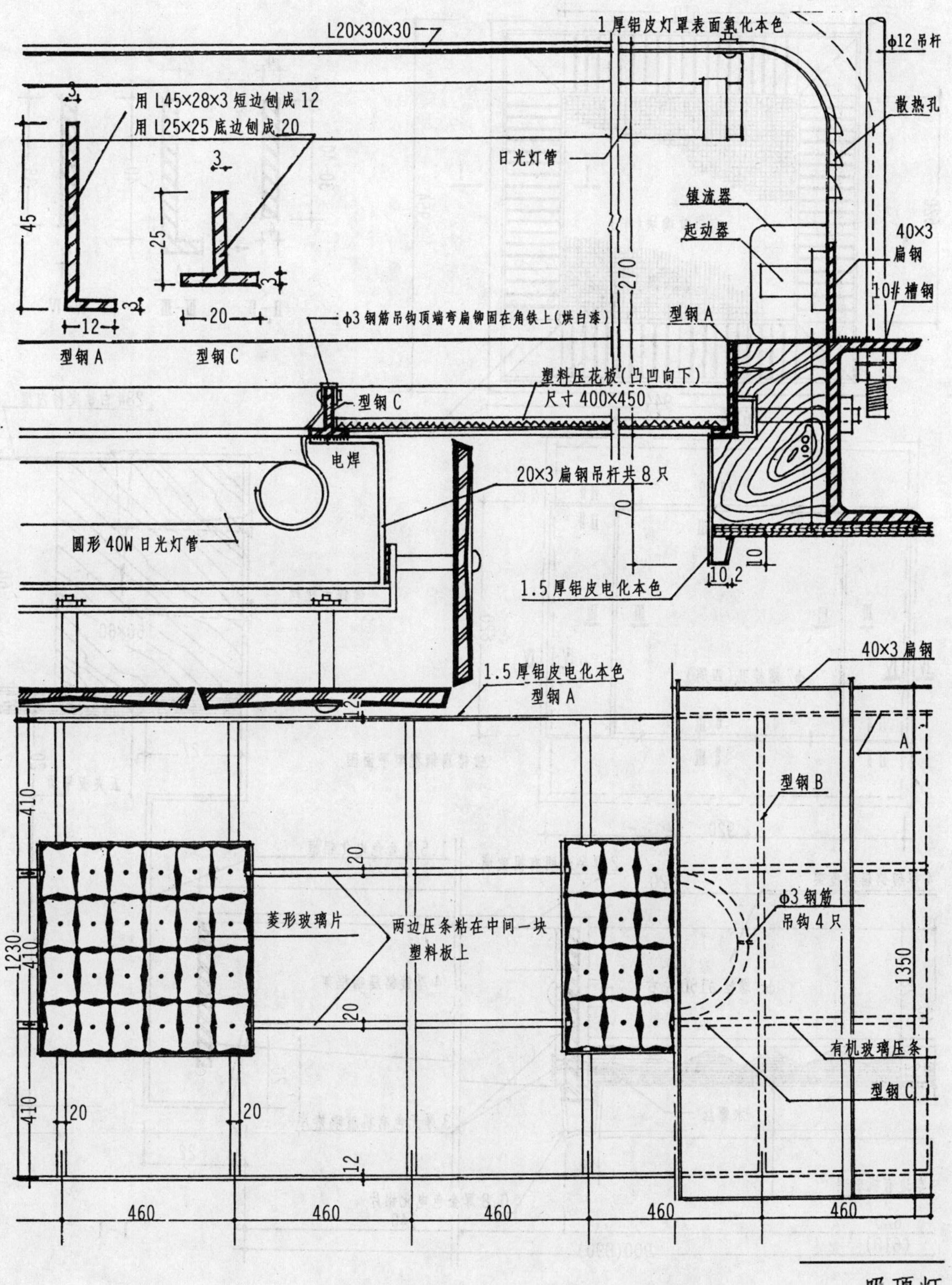

吸顶灯

610
620
954
有机玻璃块(车)
I
I
944
610
3厚无色有机玻璃
4
30~40
4
4
II-II
4
40
10
III-III
35
4
IV-IV
28#白铁皮衬内框
镀锌木螺丝
50×60
60
27
20
五夹板平顶
III
III
IV
IV
III
III
IV
IV
II
II
III
III
ϕ7螺栓孔(四周)
620
镀铬扁钢框架平面图
920
1.5厚金色电化铝框
2厚半透明有机玻璃
4厚镀铬扁钢框架
920
80
ϕ6螺栓 a150左右
4厚镀铬扁钢框架
28
40
12
20
木螺丝
3厚无色有机玻璃格片
8
5
22
车边有机玻璃
0.8厚金色电化铝片
620
(610)
140
900(890)
I-I

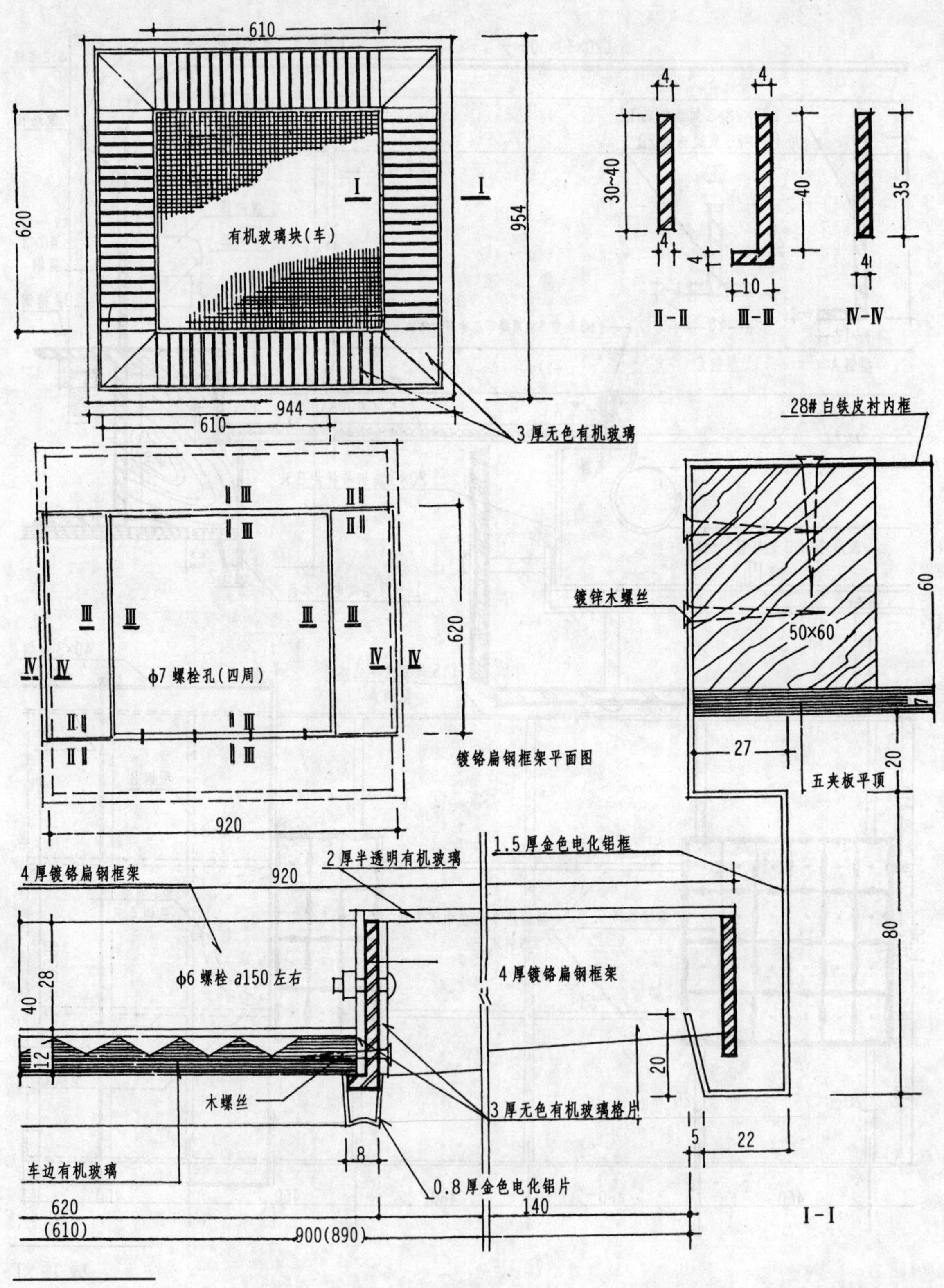

吸顶灯

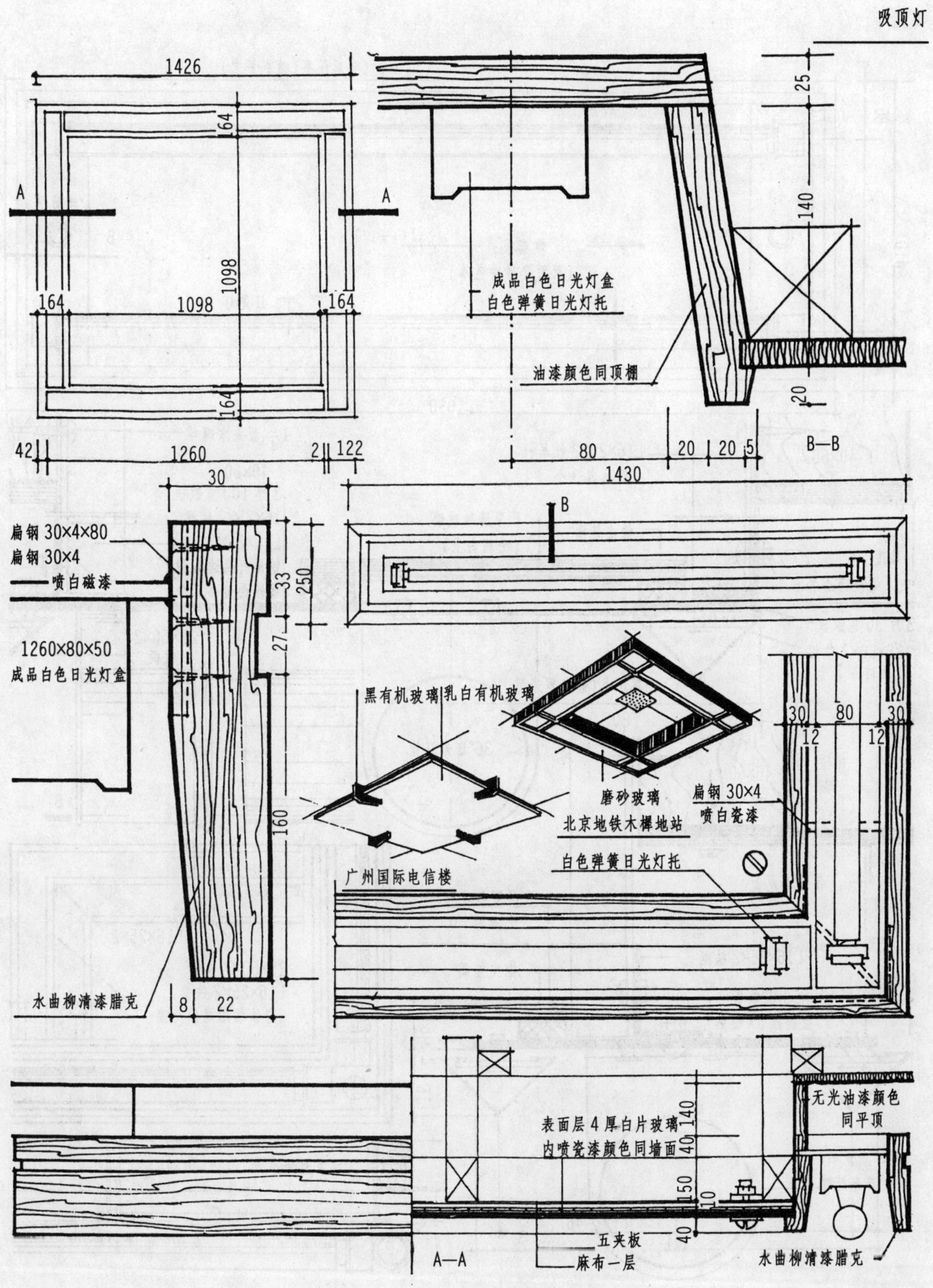

1426
164
A
A
1098
164
1098
164
164
42
1260
2
122
成品白色日光灯盒
白色弹簧日光灯托
油漆颜色同顶棚
25
140
20
80
20
20
5
1430
B—B
B
30
扁钢 30×4×80
扁钢 30×4
喷白磁漆
33
250
27
1260×80×50
成品白色日光灯盒
160
水曲柳清漆腊克
8
22
黑有机玻璃
乳白有机玻璃
广州国际电信楼
磨砂玻璃
北京地铁木樨地站
扁钢 30×4
喷白瓷漆
白色弹簧日光灯托
30
80
30
12
12
表面层 4 厚白片玻璃
内喷瓷漆颜色同墙面
140
40
150
10
40
五夹板
麻布一层
A—A
无光油漆颜色
同平顶
水曲柳清漆腊克

日光灯

金属压条(镀克罗米)
80
410
80
起动器
B
玻璃板
(反面磨砂喷色漆)
A
日光灯
1050
40×60
L16×25×2 铁吊杆
两边各3个
1 1/4″圆头木螺丝
40×60
3厚100宽铁板
16×25×2 铁框
L16×25×2
铁吊杆两边各两个
螺栓两边各三个
6厚磨砂玻璃
(毛面向上)
橡皮垫圈
吊顶下皮
螺栓两边各6个
50
3厚30宽铁板
25×50×2 铁板
两边各3个
金属压条(镀克罗米)
25×50×2
铁板
A
10
80
40×60
36″日光灯管
B
吊顶下皮面
6厚磨砂玻璃
(毛面向上)
L16×25×2 铁框
橡皮垫圈
50
15
25×50×2 铁板
金属压条(镀克)
L16×25×2
25×50×2 铁板
L16×25×2 铁框
与铁板用螺栓交接
6
6
3
2
15
36″日光灯管
7
45
104
45
7
吊顶龙骨
50

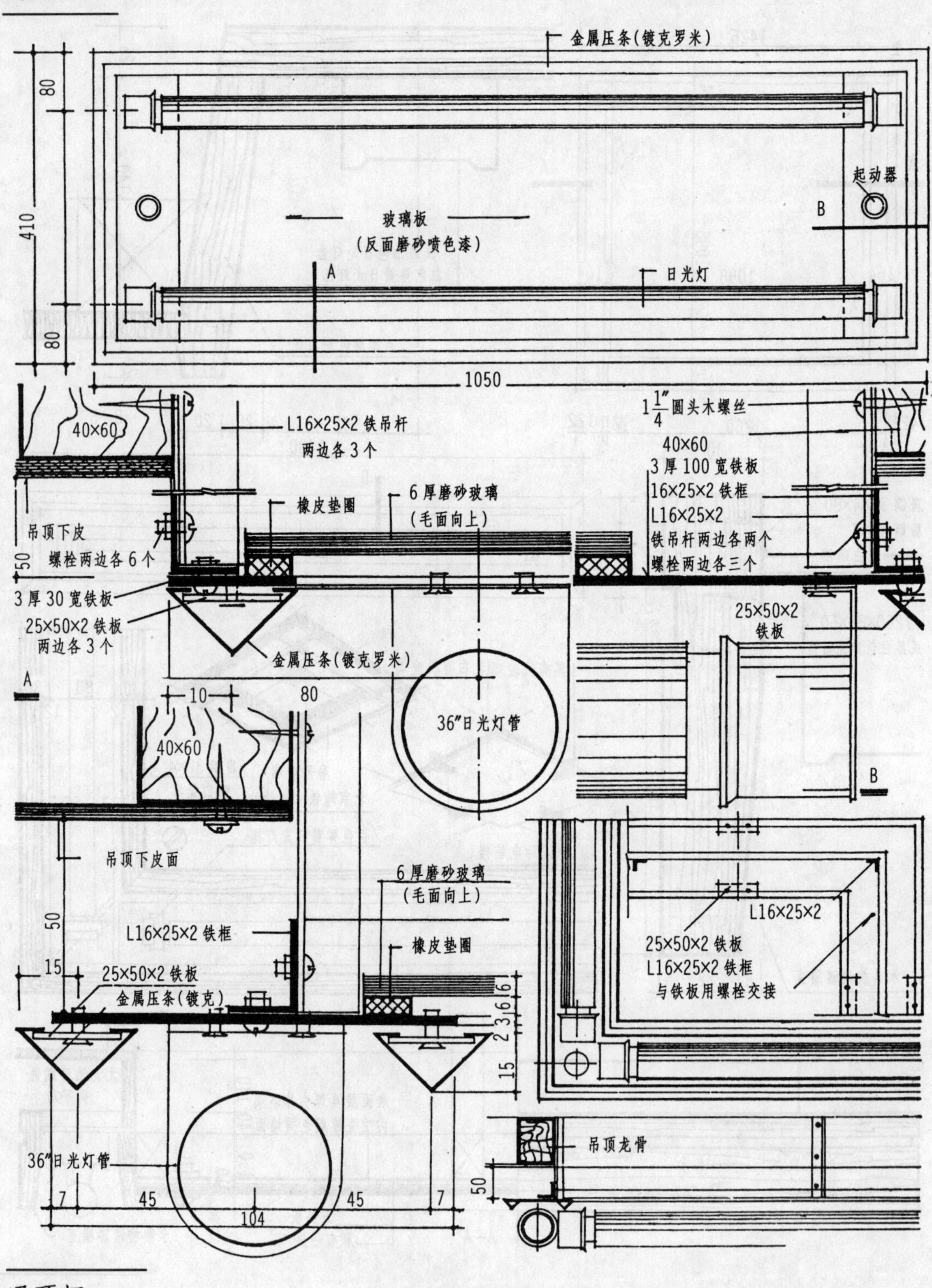

吸顶灯

1500
40
610
200
610
40
500
420
40
焊接后垫平电镀
10厚红色有机玻璃反面刻槽
3厚乳白玻璃
28# 白铁皮
40×50
5厚铁灯
孔φ中距200
钉木螺丝
木螺丝 l=300
15
40
5
20
40
C
28# 白铁皮钉于龙骨上刷白漆
B
1厚20宽30长铆片中距200木螺丝固定于龙骨上
装潢吸音板
500×500
主龙骨
60×70
3厚乳白玻璃620×450
木螺丝 300长
5厚铁打孔φ5中距200钉木螺丝 l=300
次龙骨
40×50
10厚红色有机玻璃反面刻槽
装潢吸音板500×500
10厚扁钢焊成⊥形
电镀
顶棚完成面
600
10
200
10
A
5'-9"
7'-2"
7'-2"
5'-6"
8"
2 1/2
45/64"

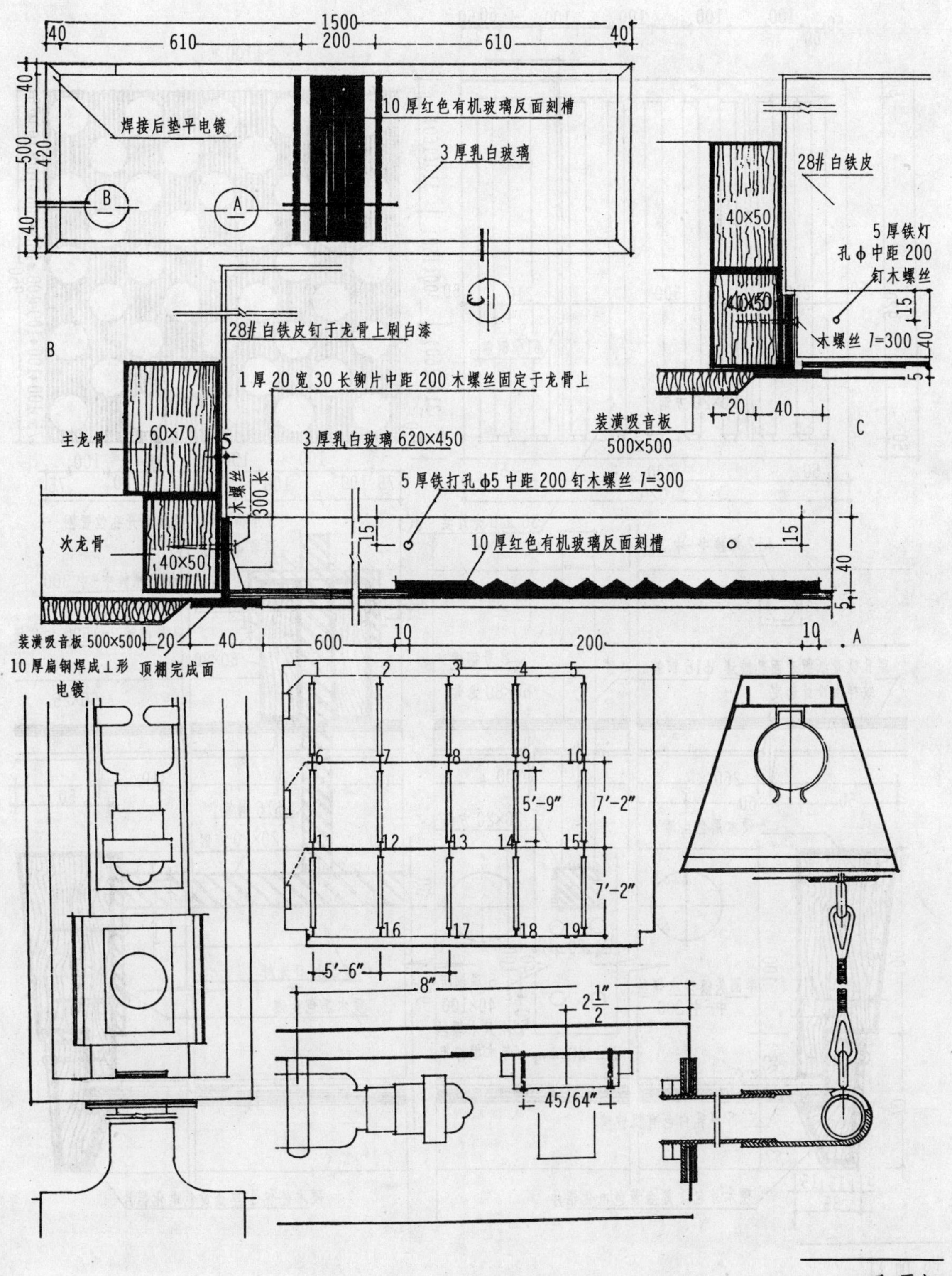

吸顶灯

30瓦日光灯共9只
φ100孔
φ16钢筋
20×20方钢
3厚橘红色有机玻璃开孔位置图
φ12螺栓中-中300
预留φ18孔
电焊
8号槽钢 l=1500共2根
穿孔吸音纸板表面乳胶漆
纹样由设计选定
8号钢槽
60×80龙骨
60×80
50×25
硬木黑色生漆
半圆头镀锌木螺丝
中-中200
5厚钢板
40×100
4只木螺丝
与木框拧牢
30W日光灯
5厚乳白色有机玻璃
硬木外包1厚金黄色电化铝片

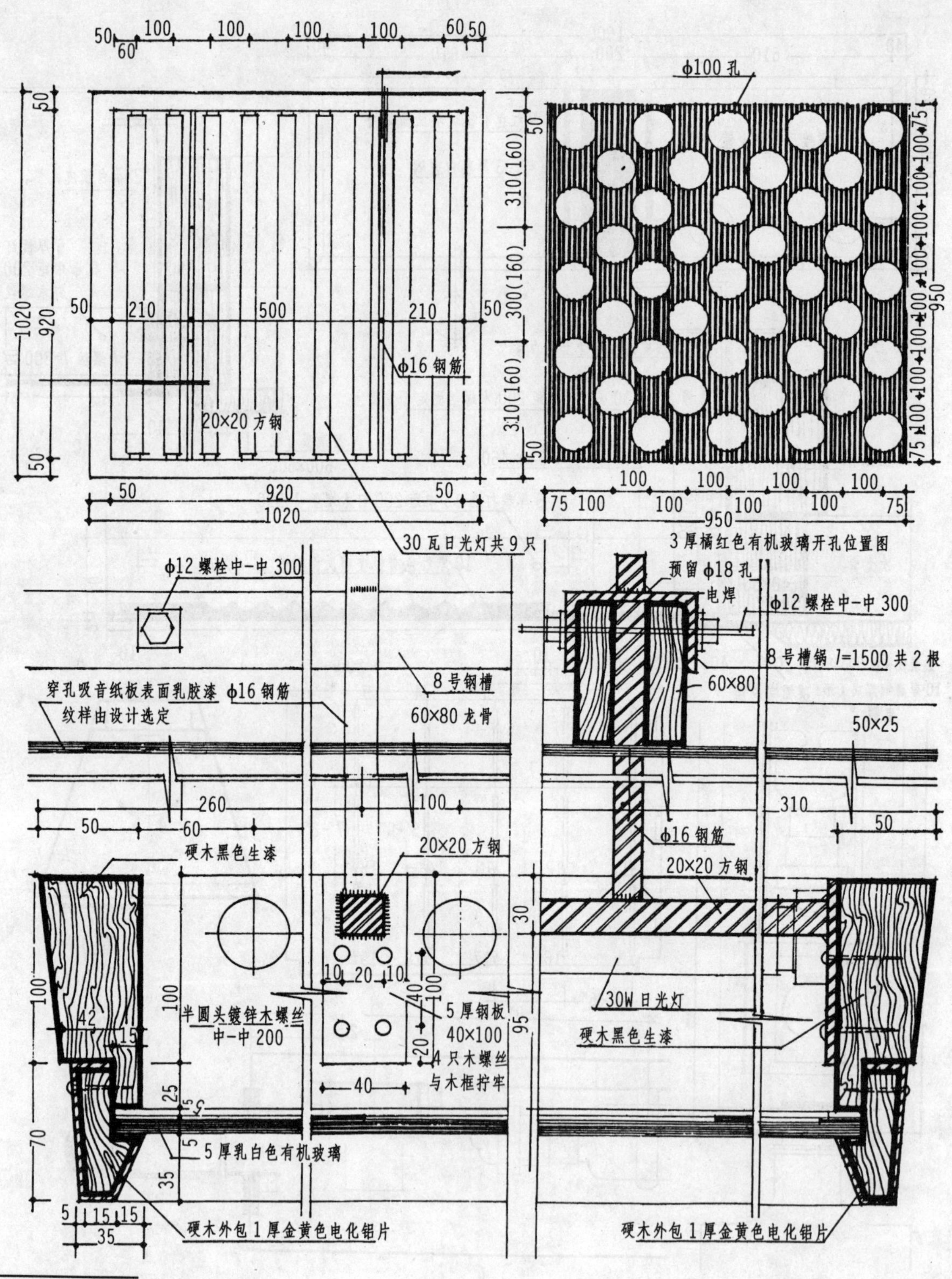

吸顶灯

过梁用在
1400洞上
低一皮砖
400洞上砖
螺丝固定反光
镜片
白炽灯泡灯座嵌在木板中
使灯泡安装后不凸出
100半径圆周
刷白色
无光漆
日光灯管
板中间30厚两边
刨斜披端头
后铁板
镜片
2″合叶
镇流器
油灰
安装玻璃用铁框焊接
铁皮外壳2mm厚
2内刷铅油外刷
红丹防锈漆
扣吊
ϕ30通气孔
后铁板2厚
合叶
浴室
暗槽灯
2″合叶
+2.70
1370
370
挂灯
$\frac{1''}{2}$钢管镀铬
75W灯泡
尼龙面纱红白两色
铝丝支架
$1'\text{-}7''\times1'\text{-}8\frac{1}{2}''$
4′-1″

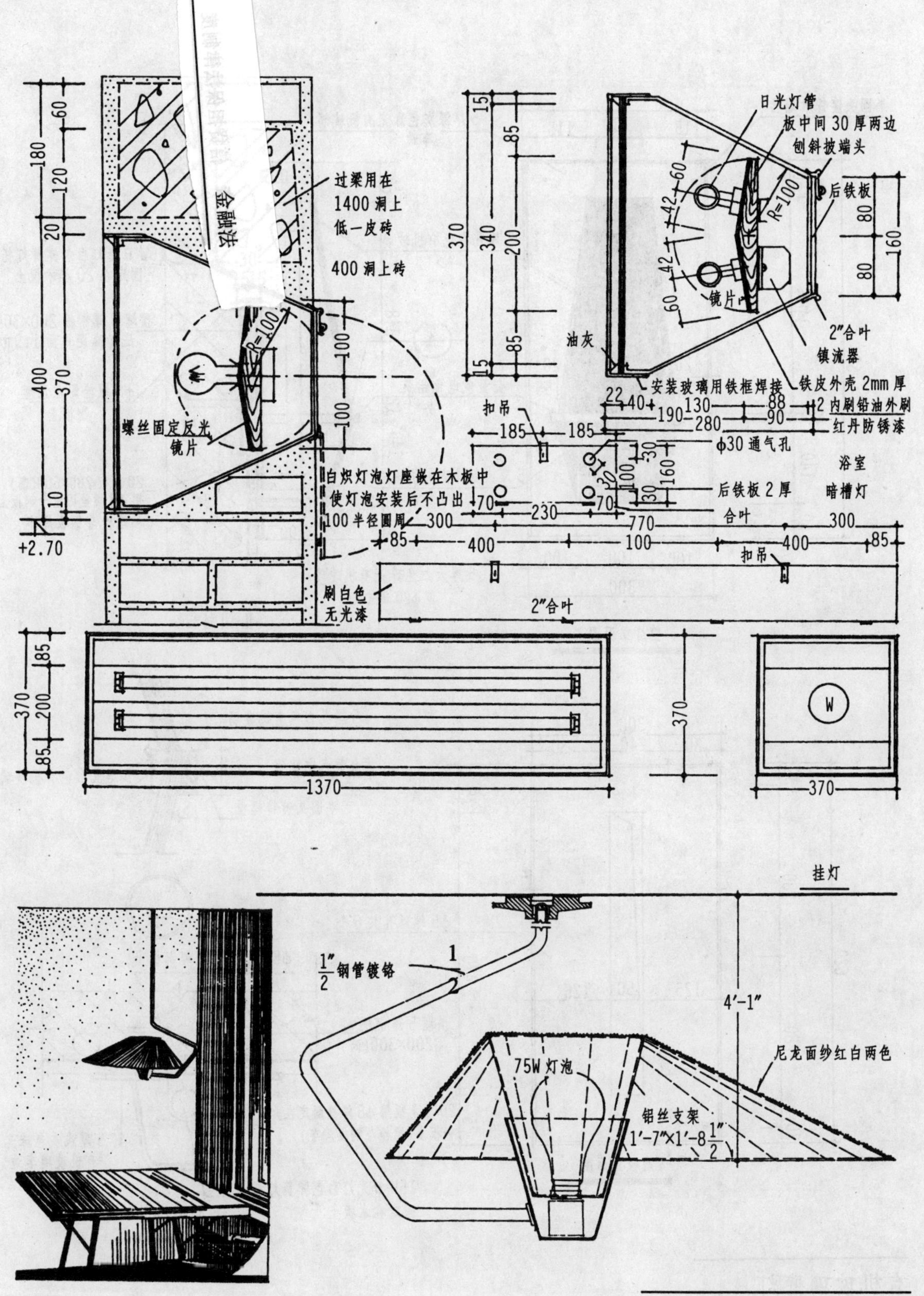

浴室暗槽灯、挂灯

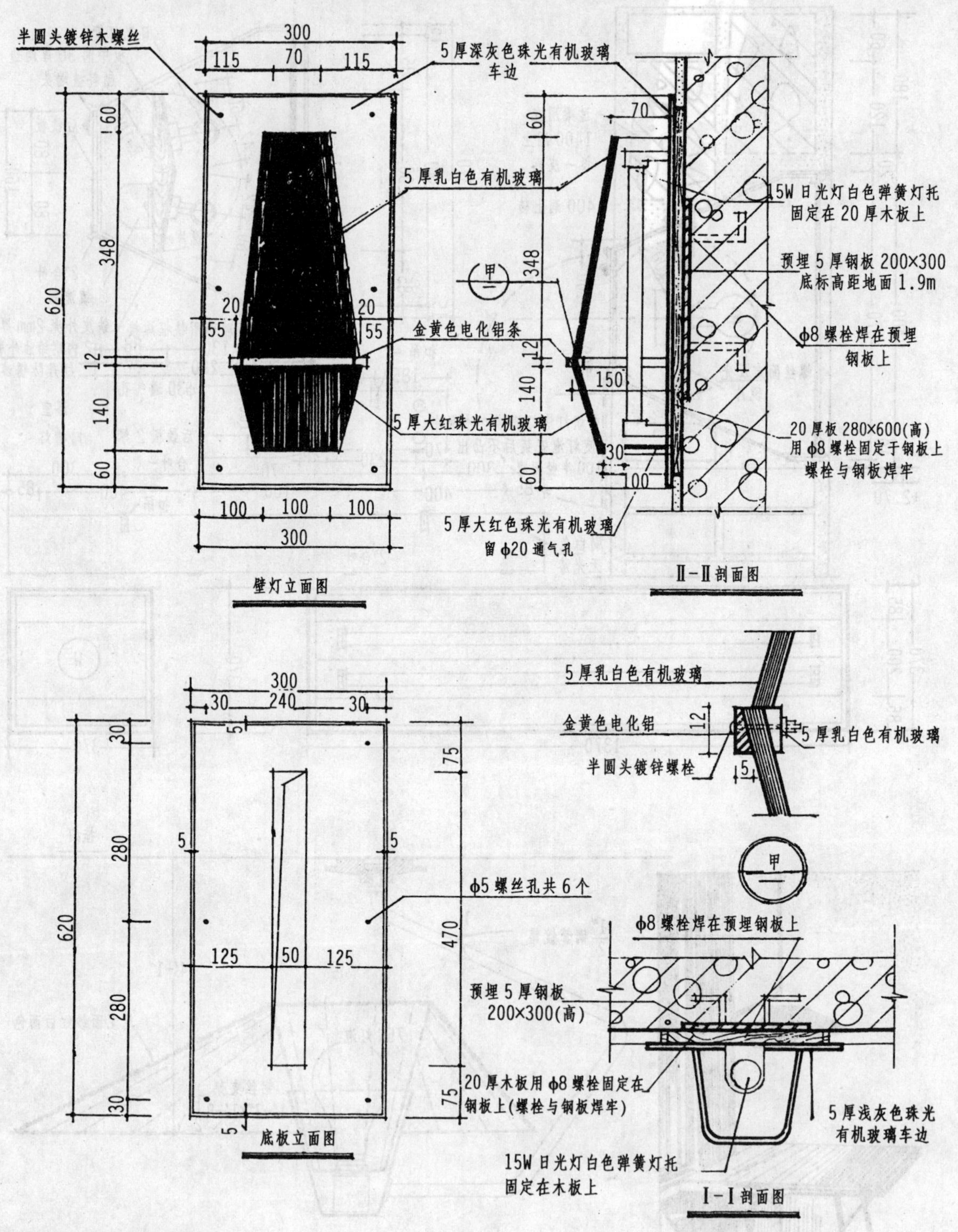

有机玻璃壁灯

室外灯具

玻璃卡片
9厚玻璃
电线管
12×12mm角
钢作灯盒框
电线通达连接箱
12mm直径铁球
12mm方铁管
A-A断面图
A
四面及顶部为9mm
玻璃
连接盒
9mm直径
支撑管
12×12mm角钢
灯箱框架
电线穿过此管通
达灯连接盒
12mm直径铁球
A
12mm方形支撑管
12mm直径导管
连接墙内电线
侧立面图
12mm铁管支撑框
12mm方管支撑框架
9mm直径铁管
连接盒
12×12mm角钢
作灯框
四面及顶面9mm玻璃
平面图

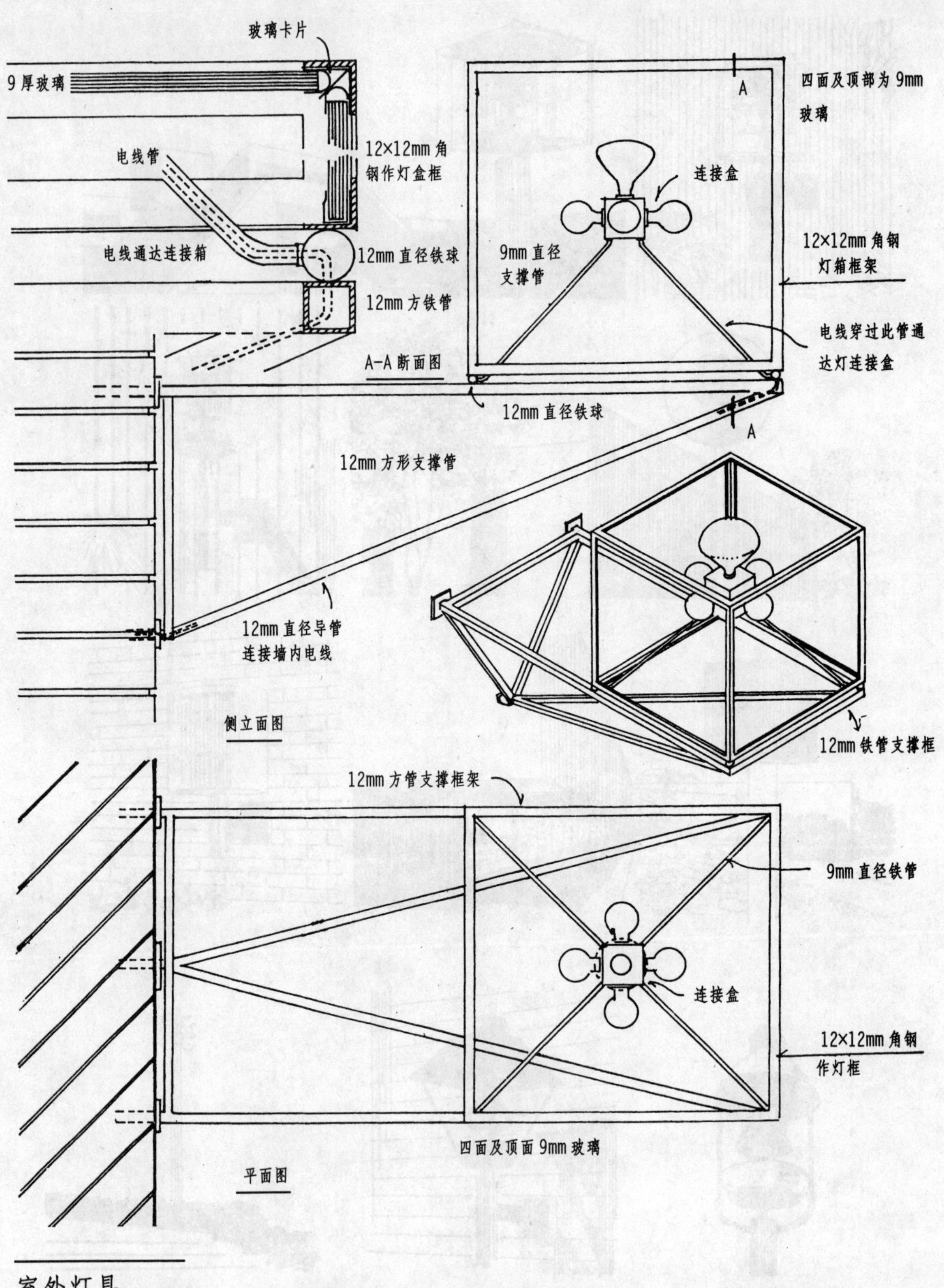

室外灯具

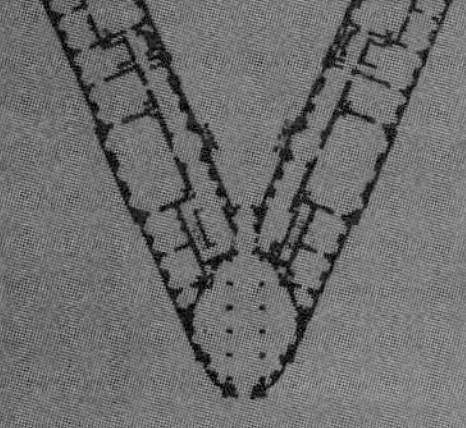

结构构造

可变动的胞体

充气大厅

曼海姆展厅

水中的膜结构

充气膜结构

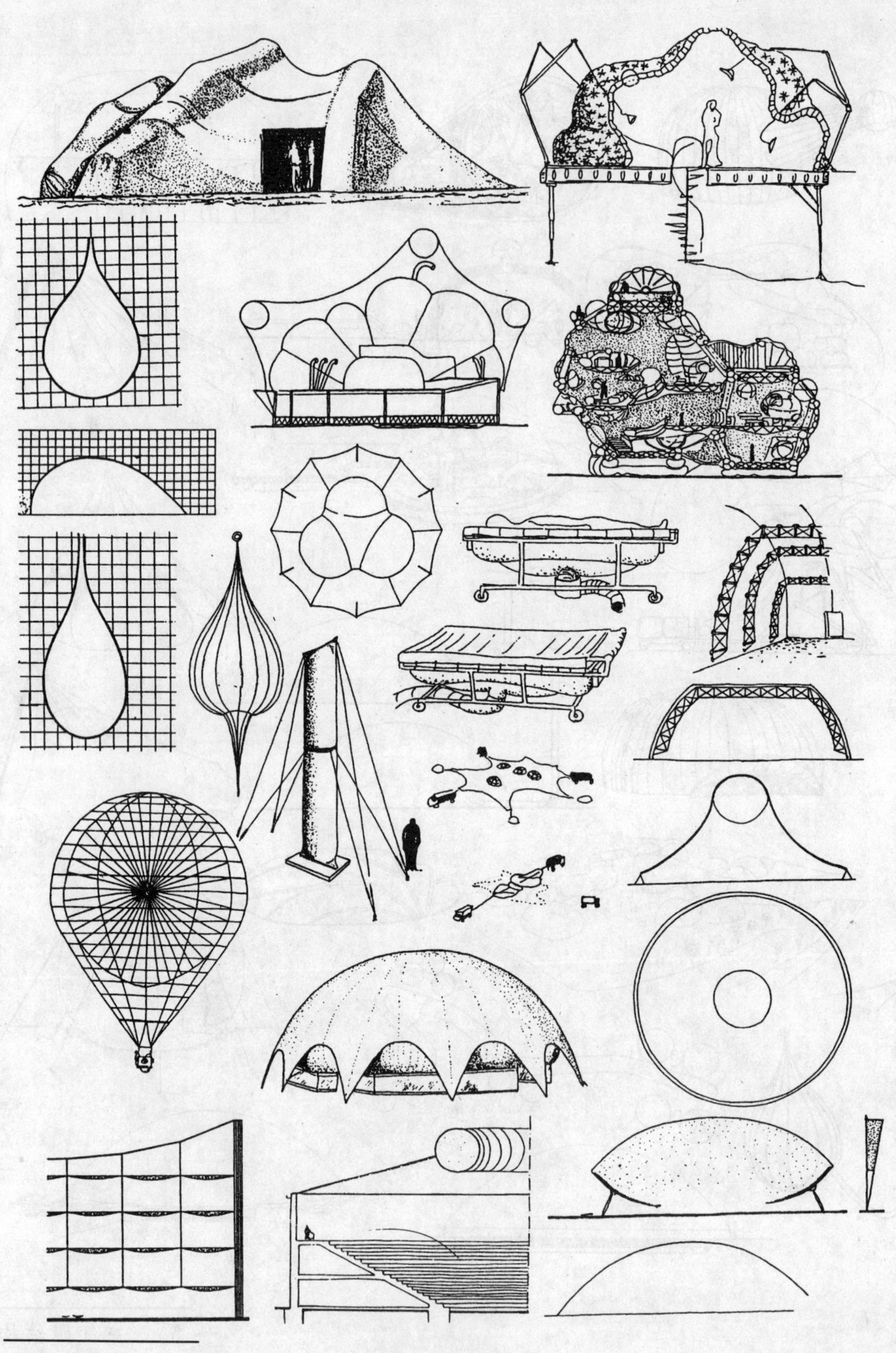

充气膜结构

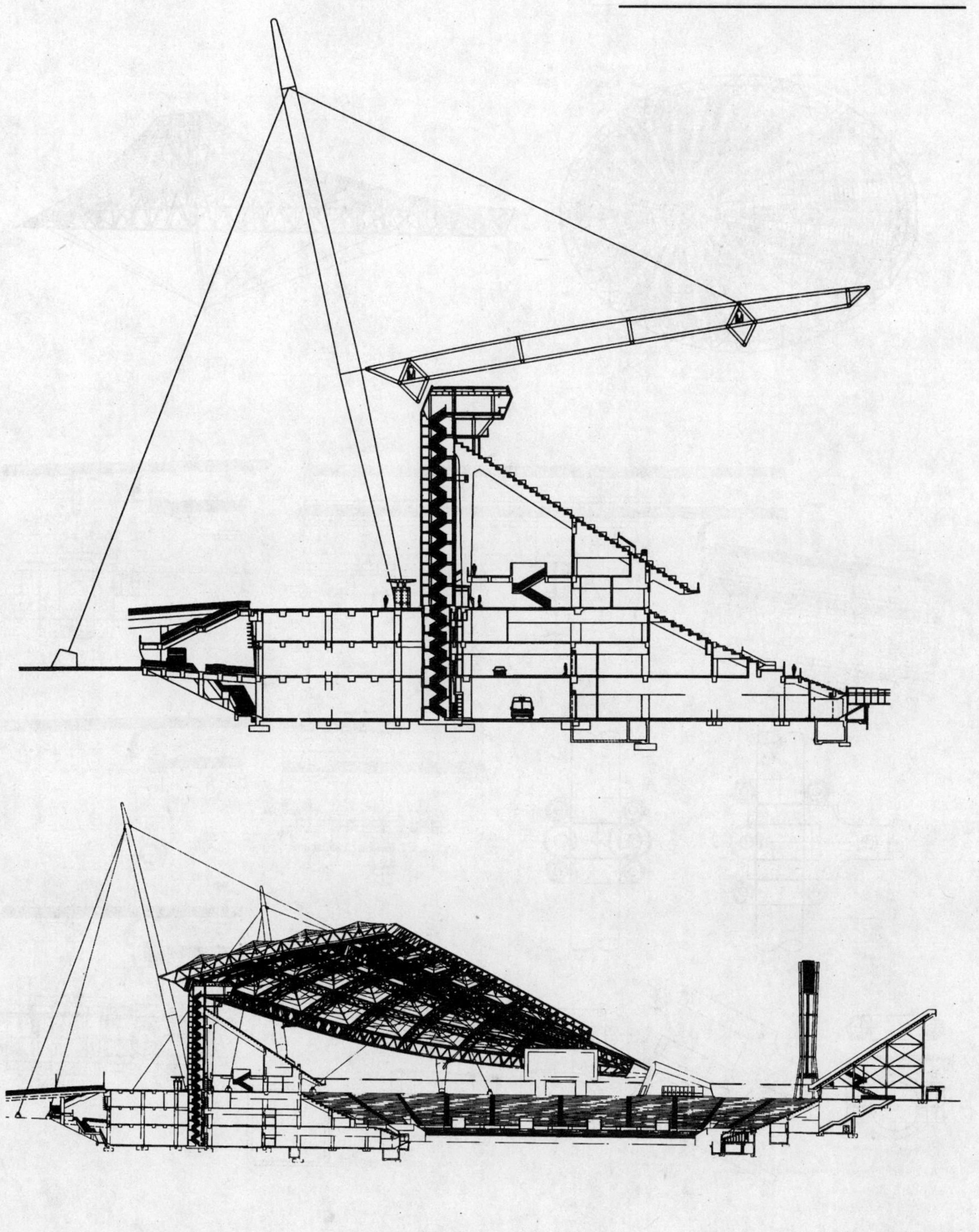

莫菲·扬设计的柏林索尼中心构造节点

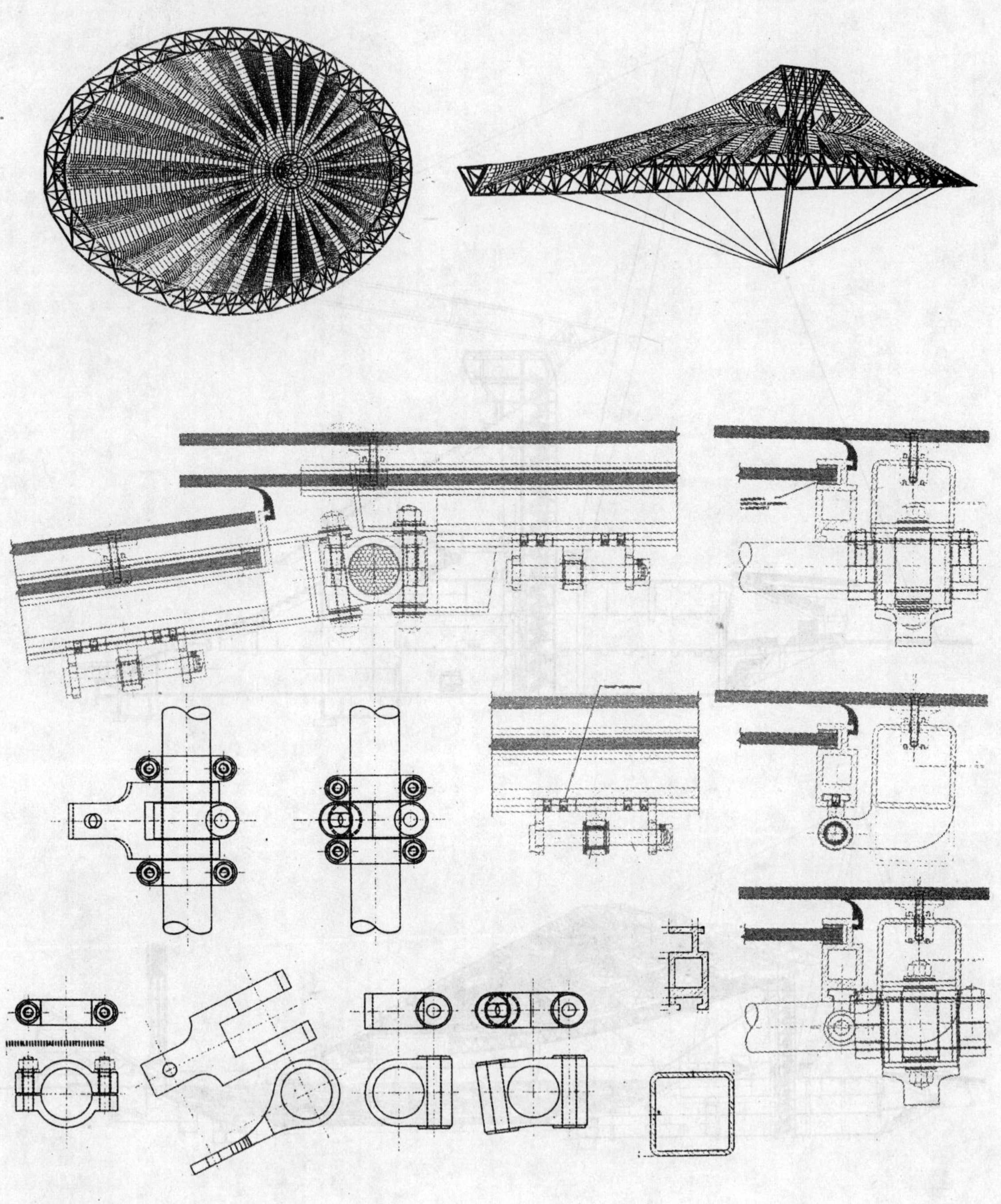

网索结构

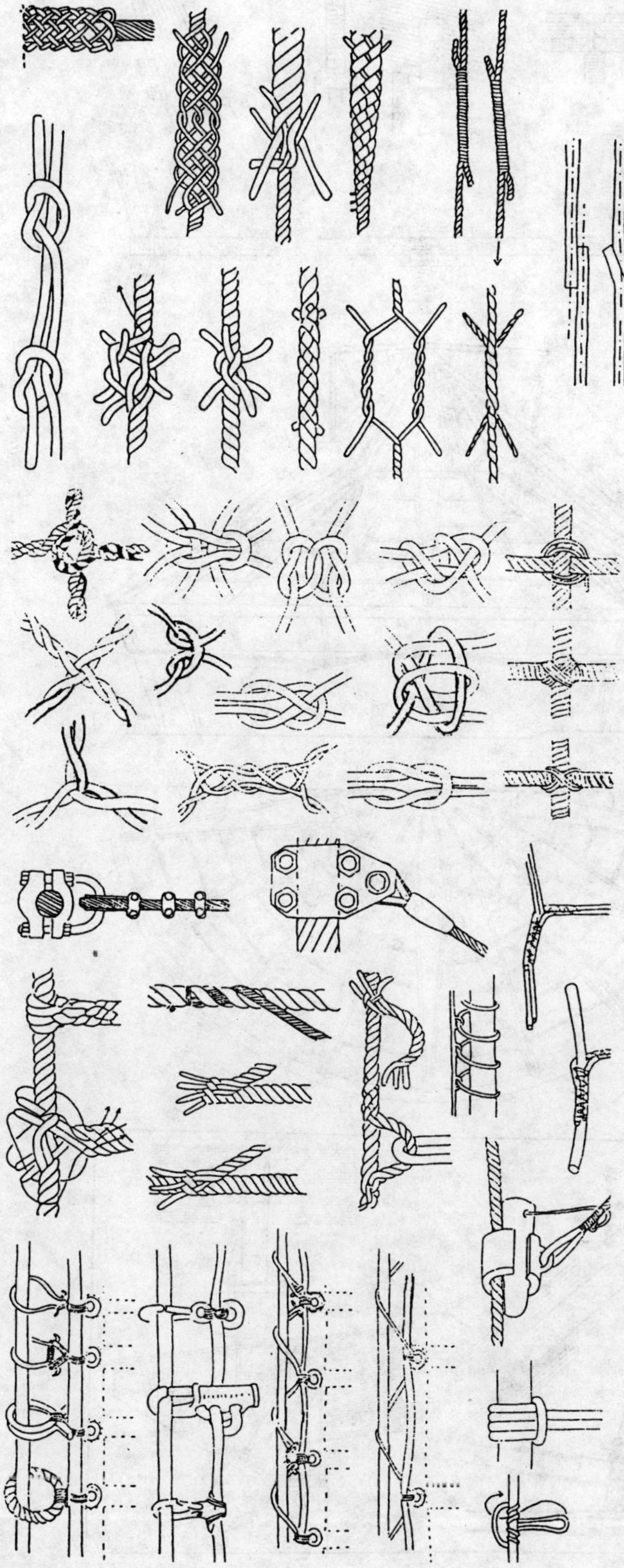

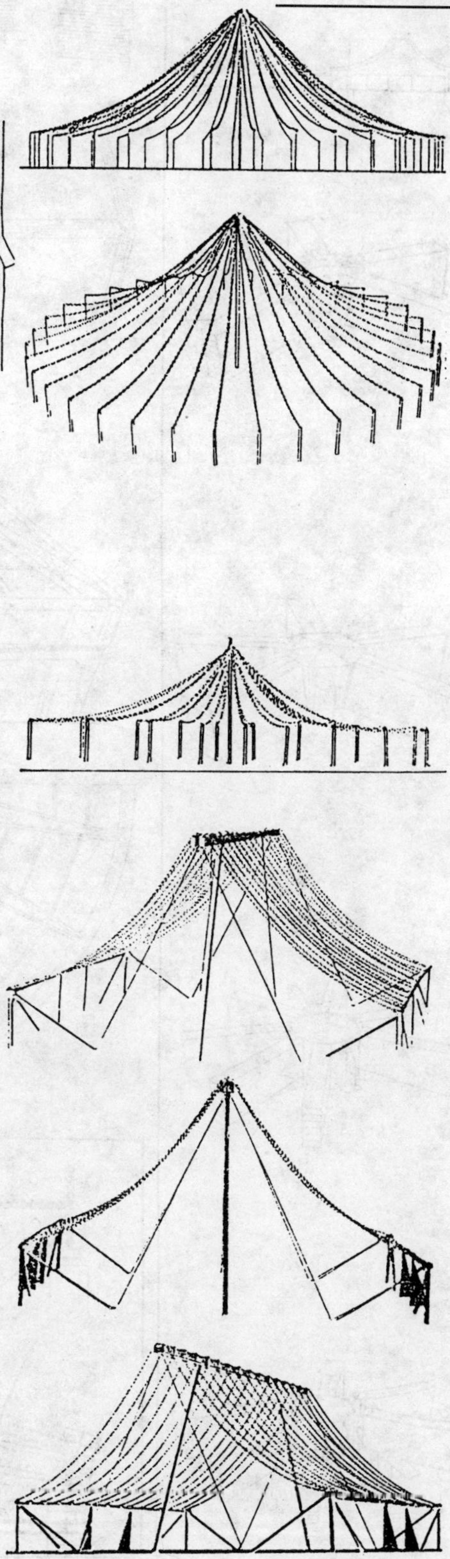

网索结构

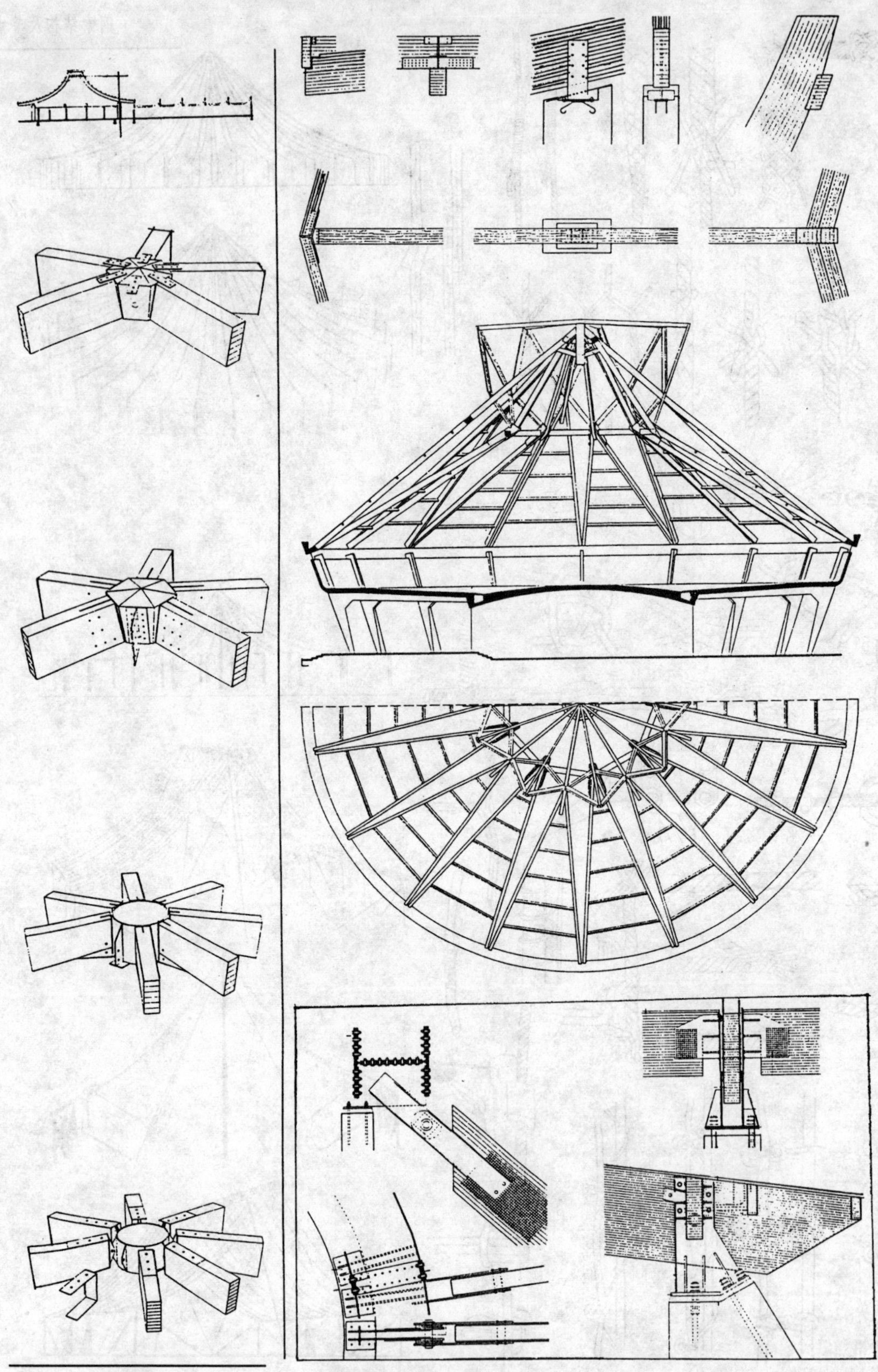

胶合木结构节点

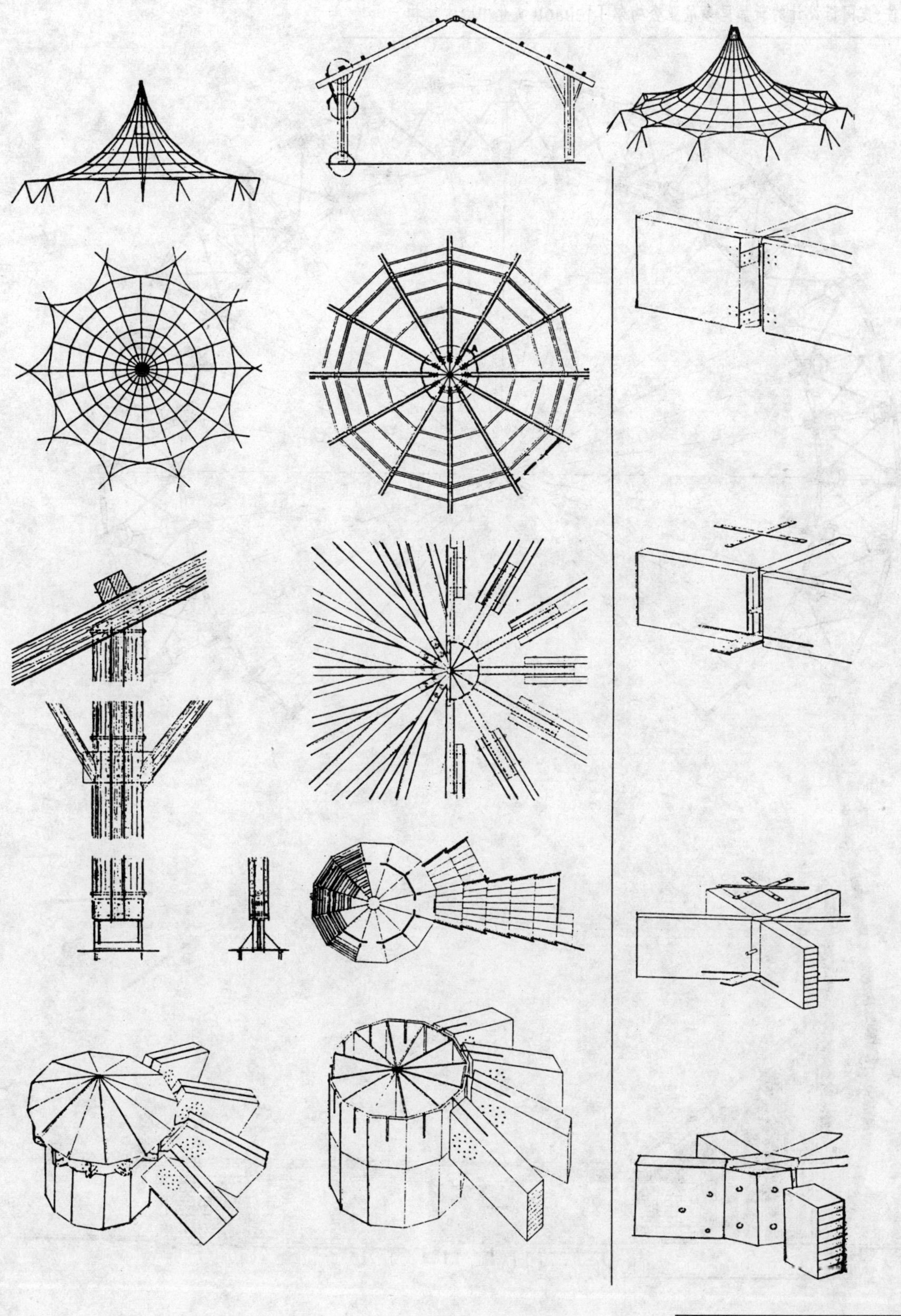

胶合木结构节点

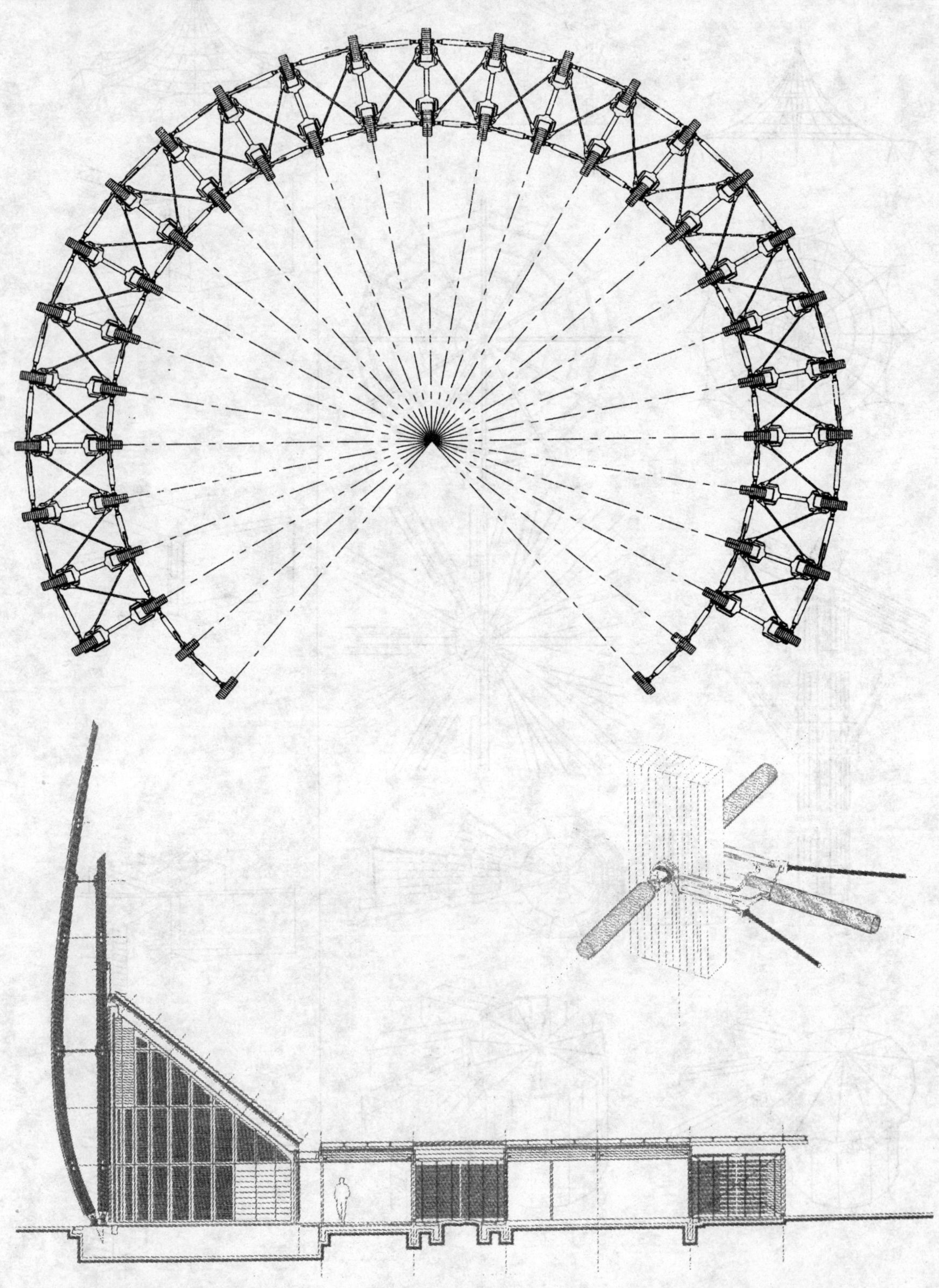

胶合木结构节点

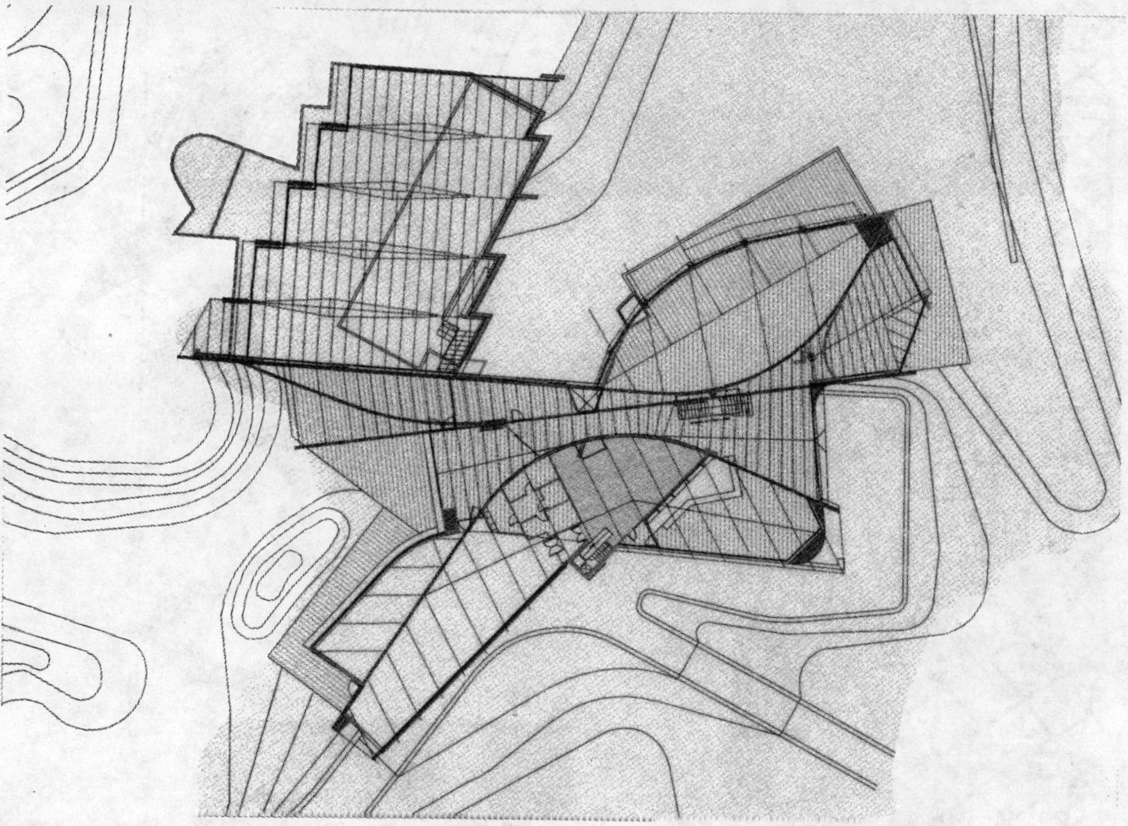

胶合木结构节点

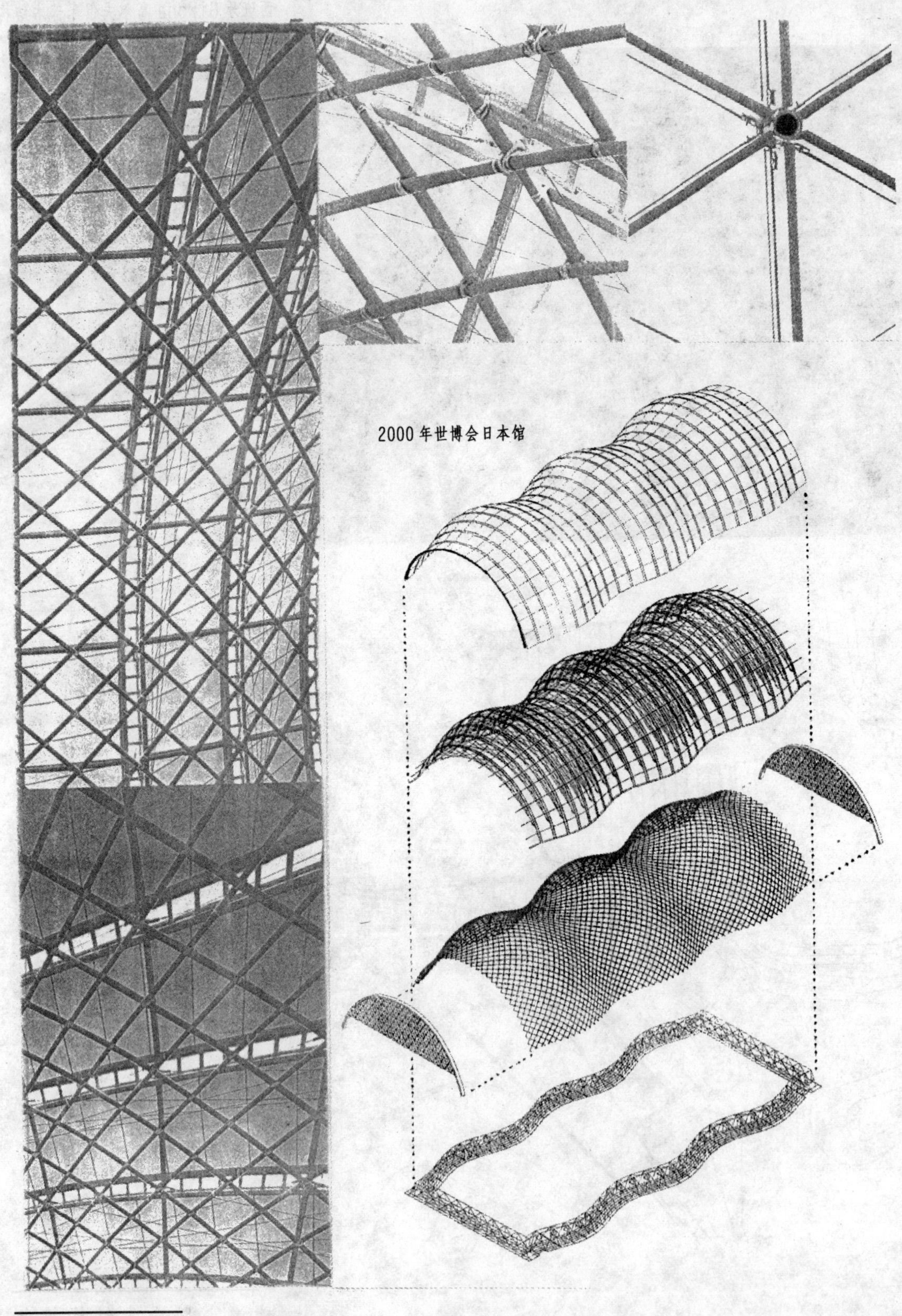
2000年世博会日本馆

纸筒网架

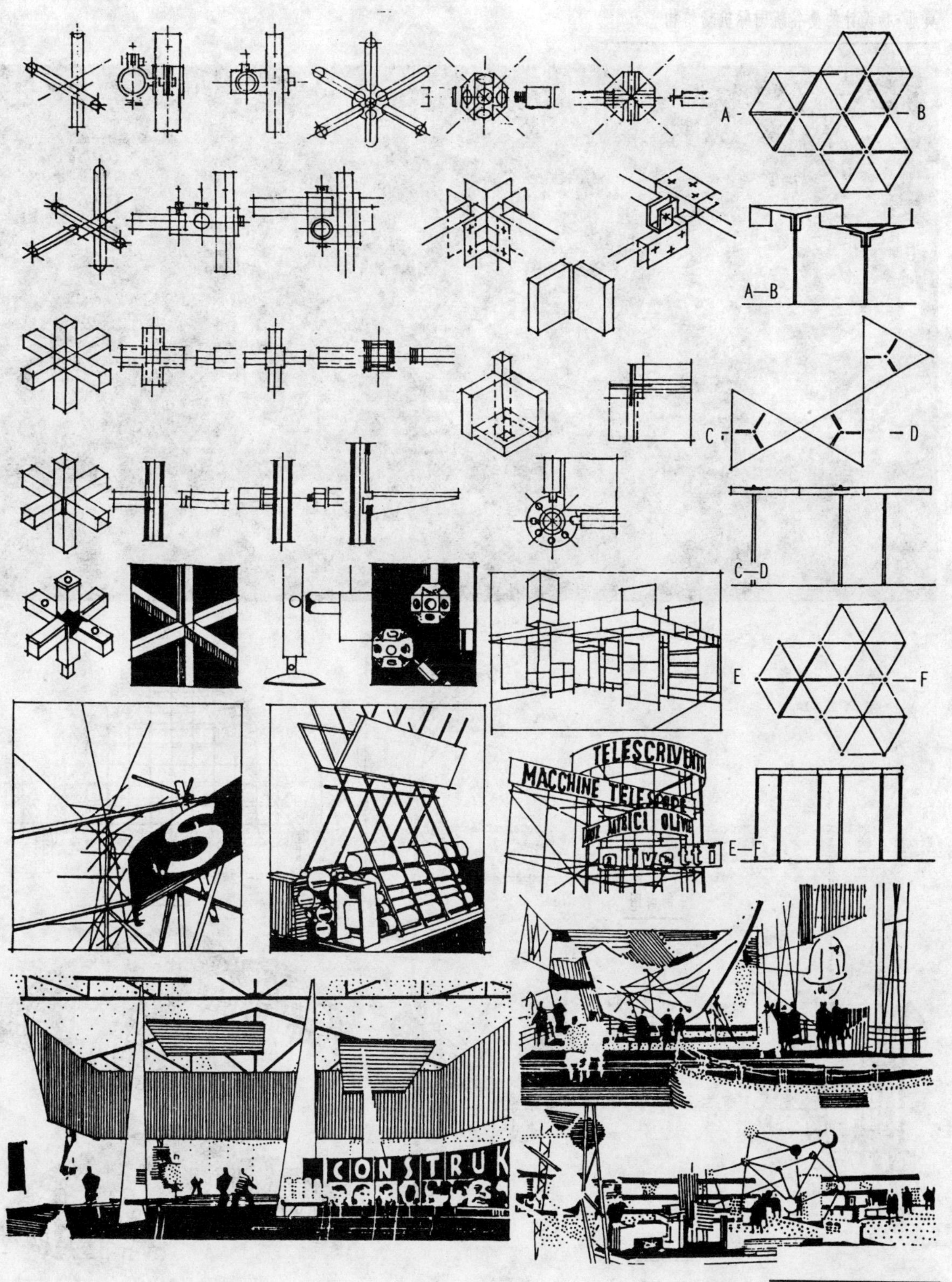

金属构架

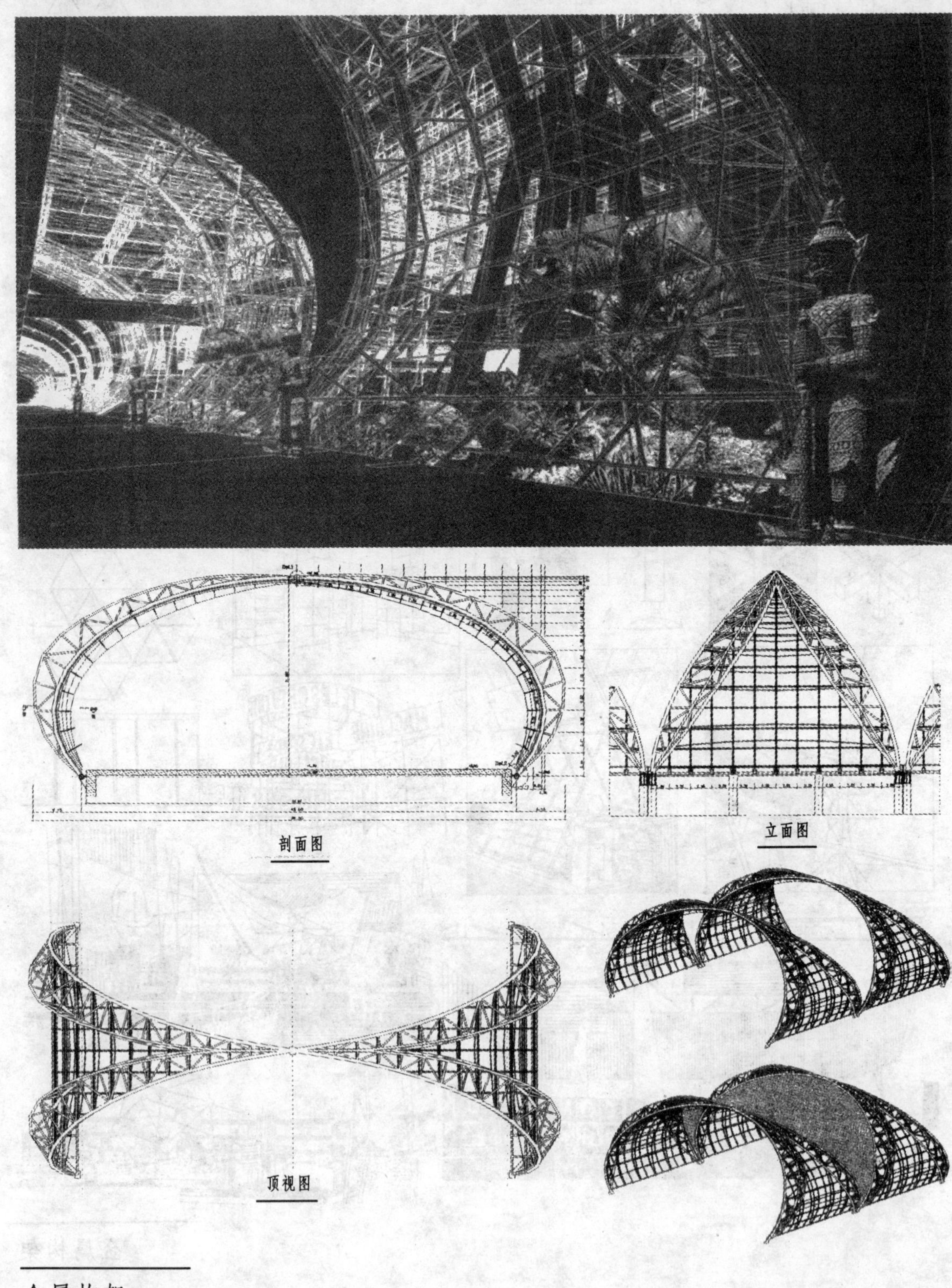

金属构架

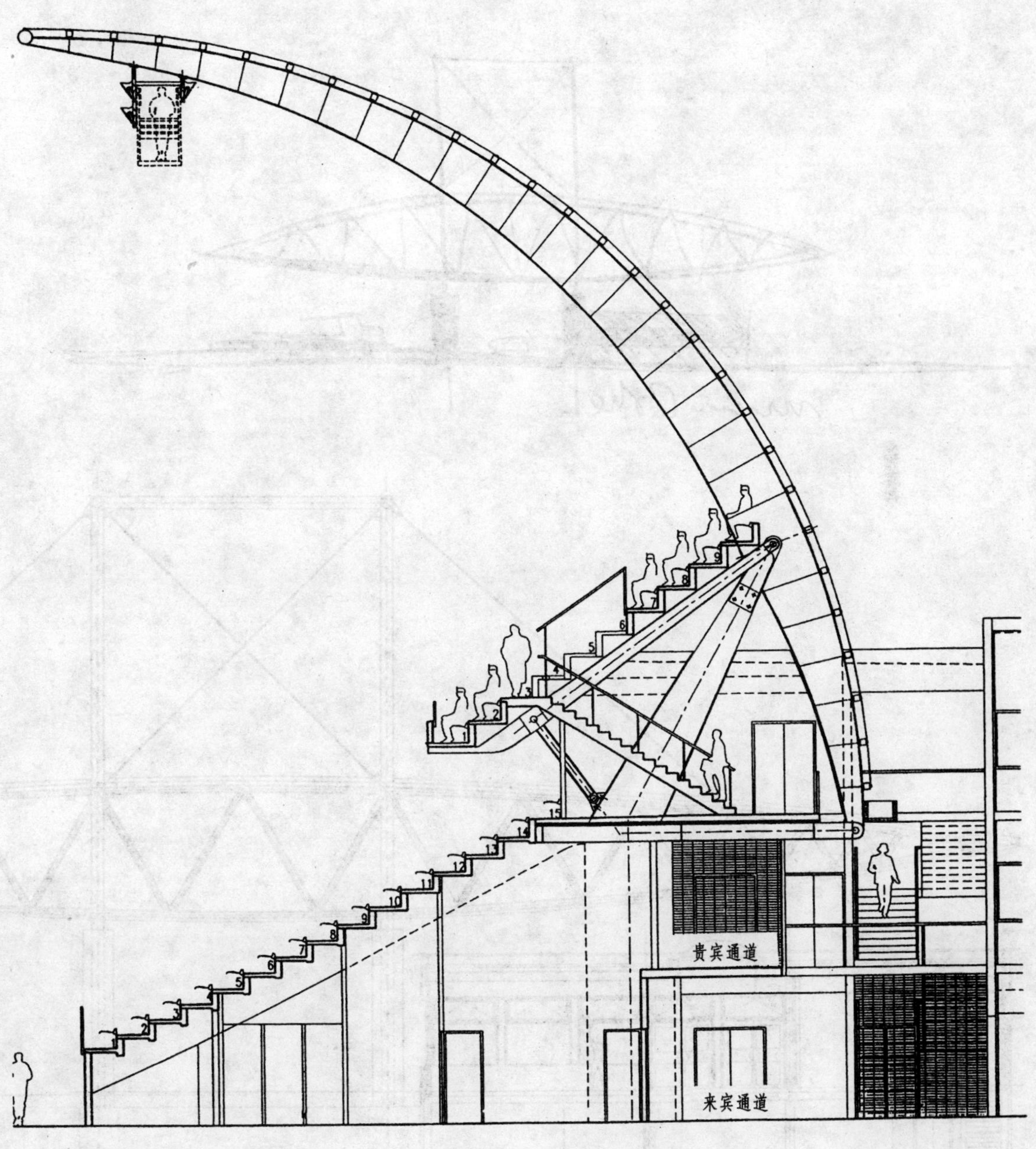

金属构架

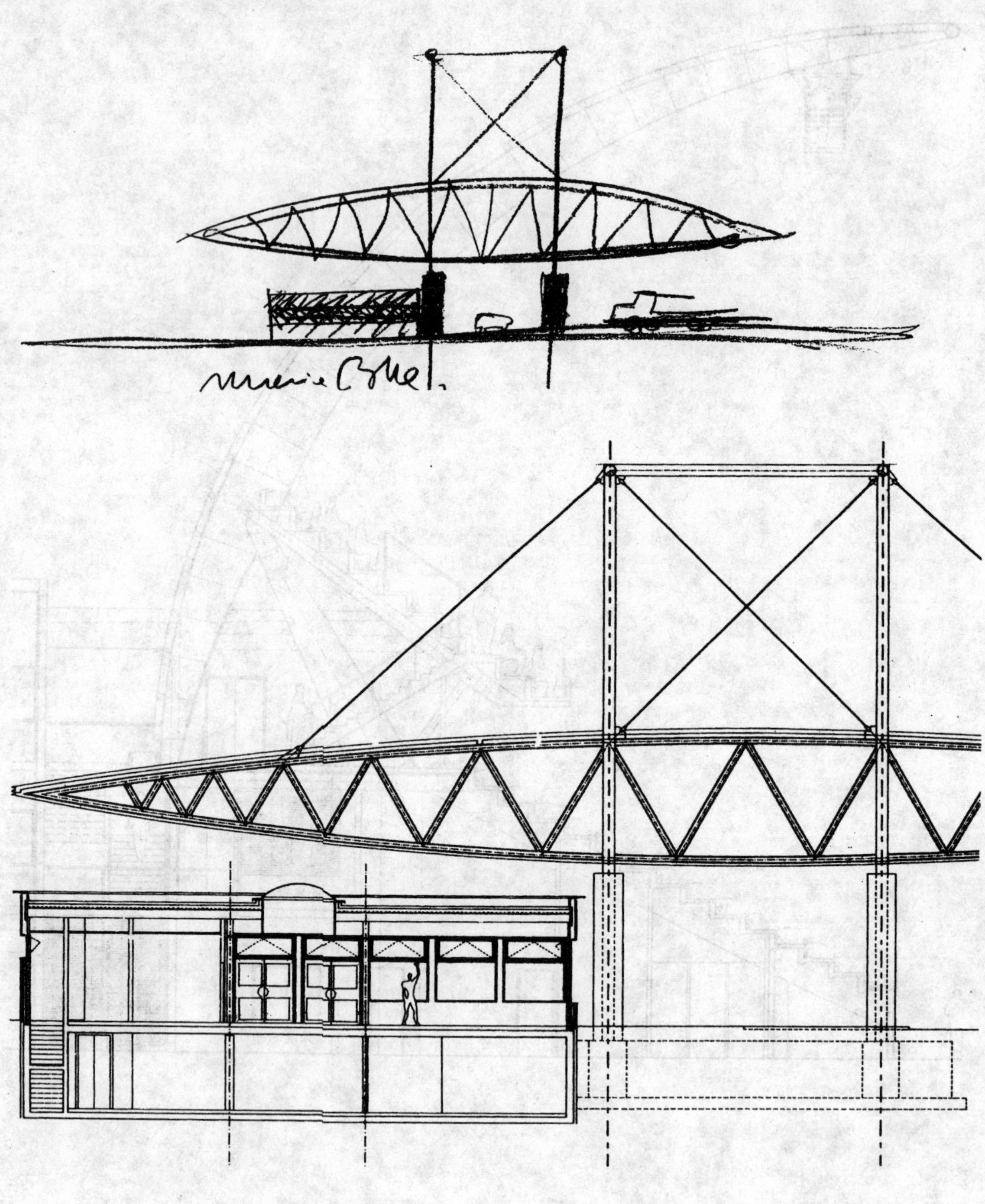

金属构架

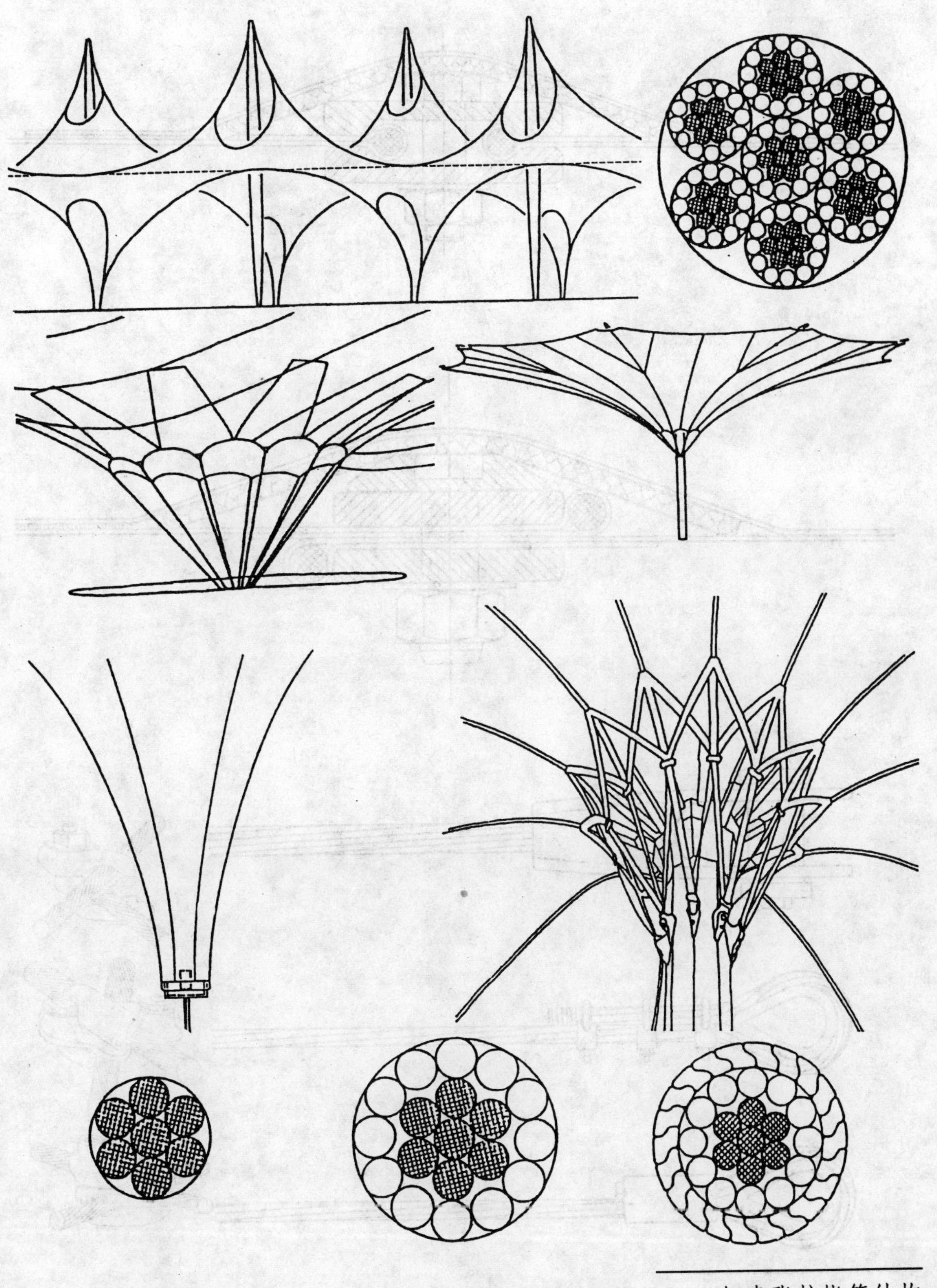

钢索张拉帐篷结构

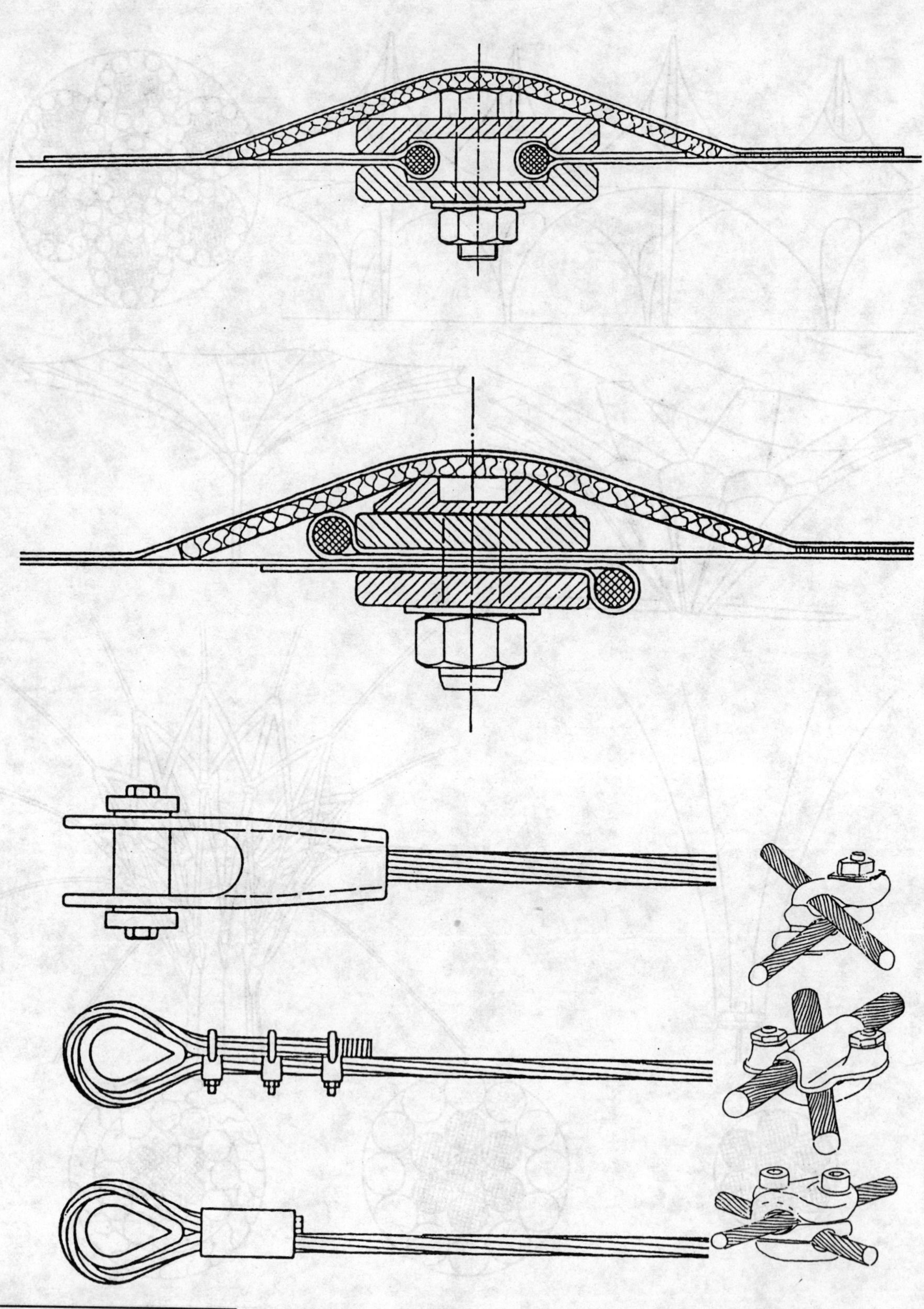

钢拉索连接节点

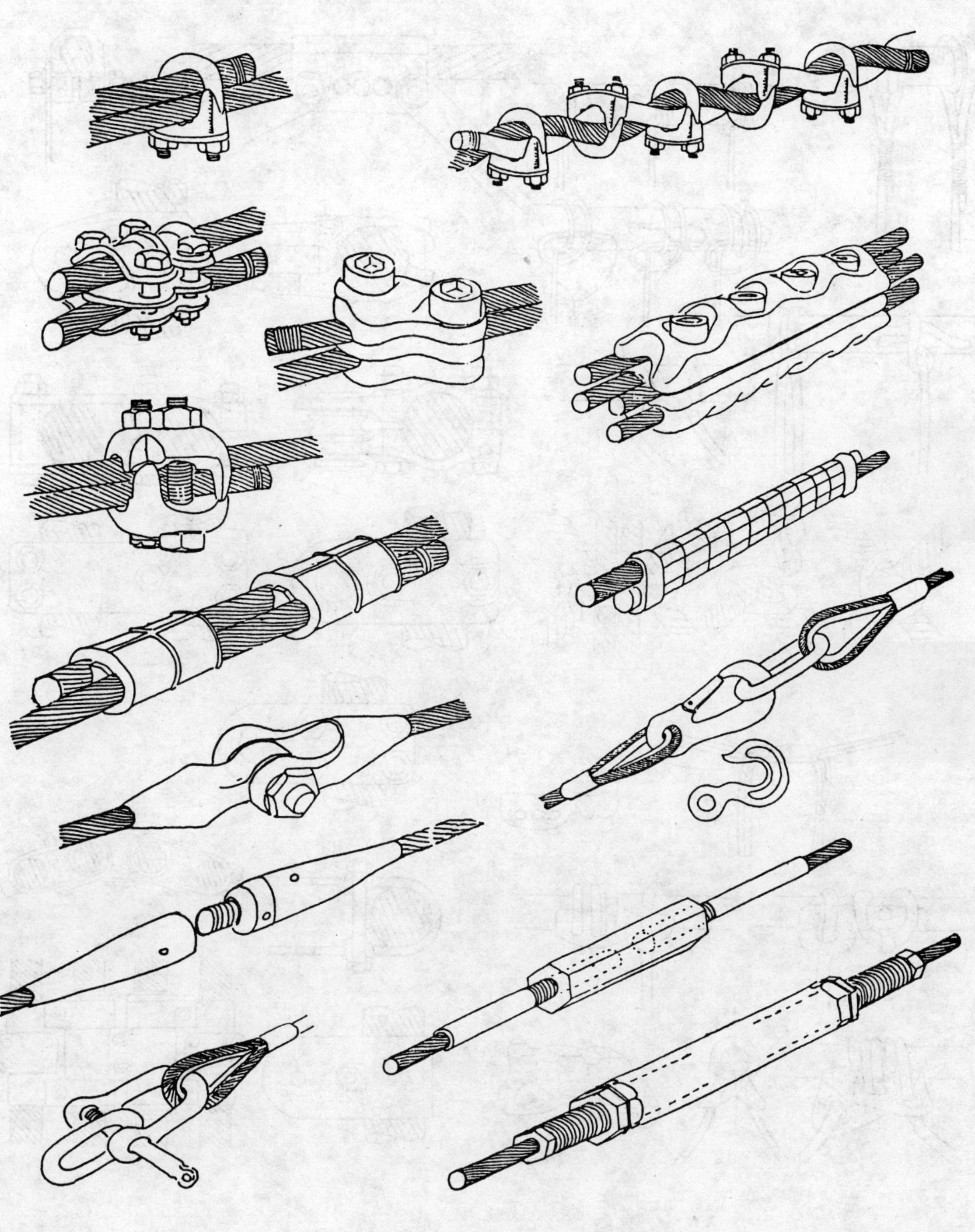

钢拉索连接节点

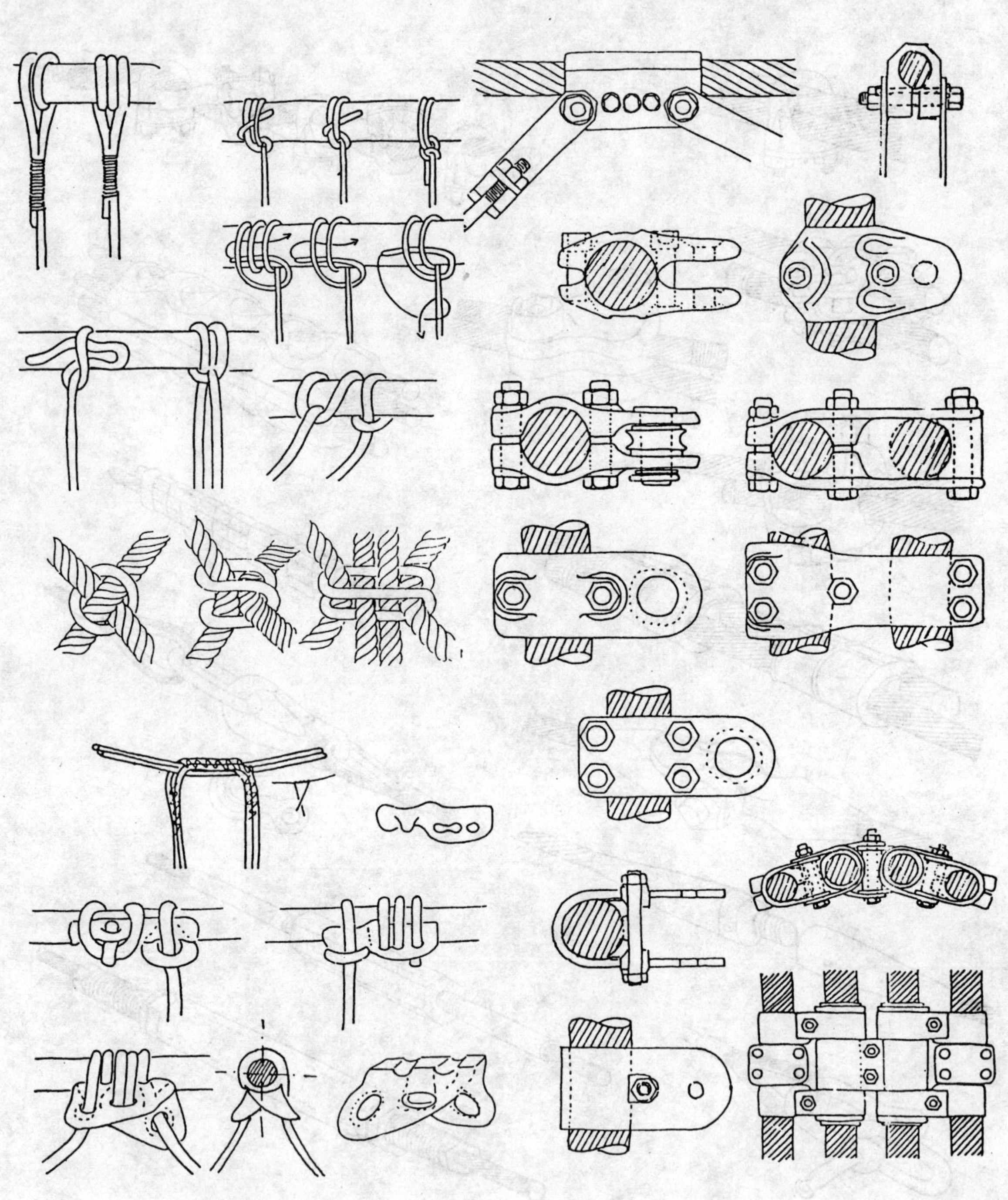

钢拉索连接节点

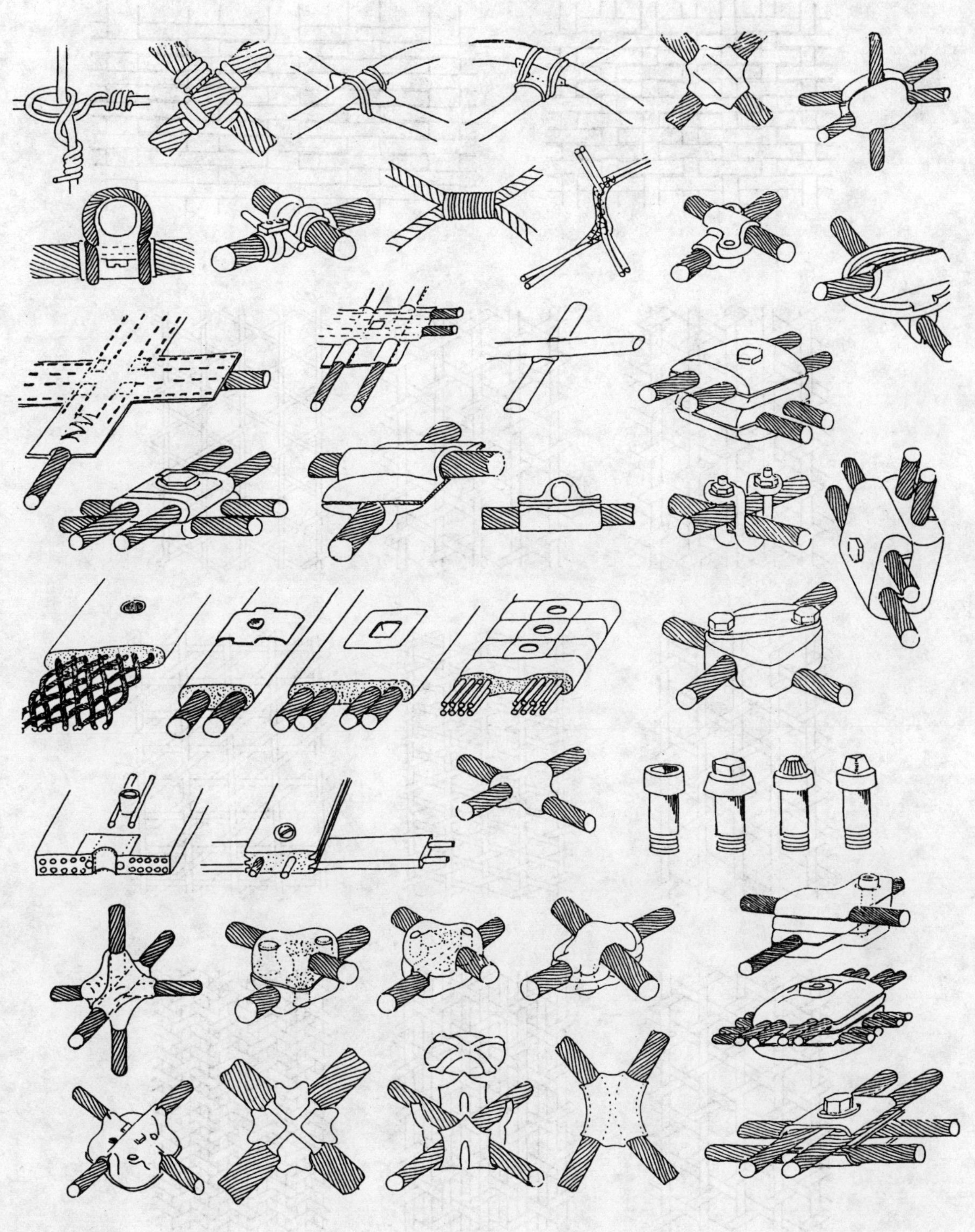

钢拉索连接节点

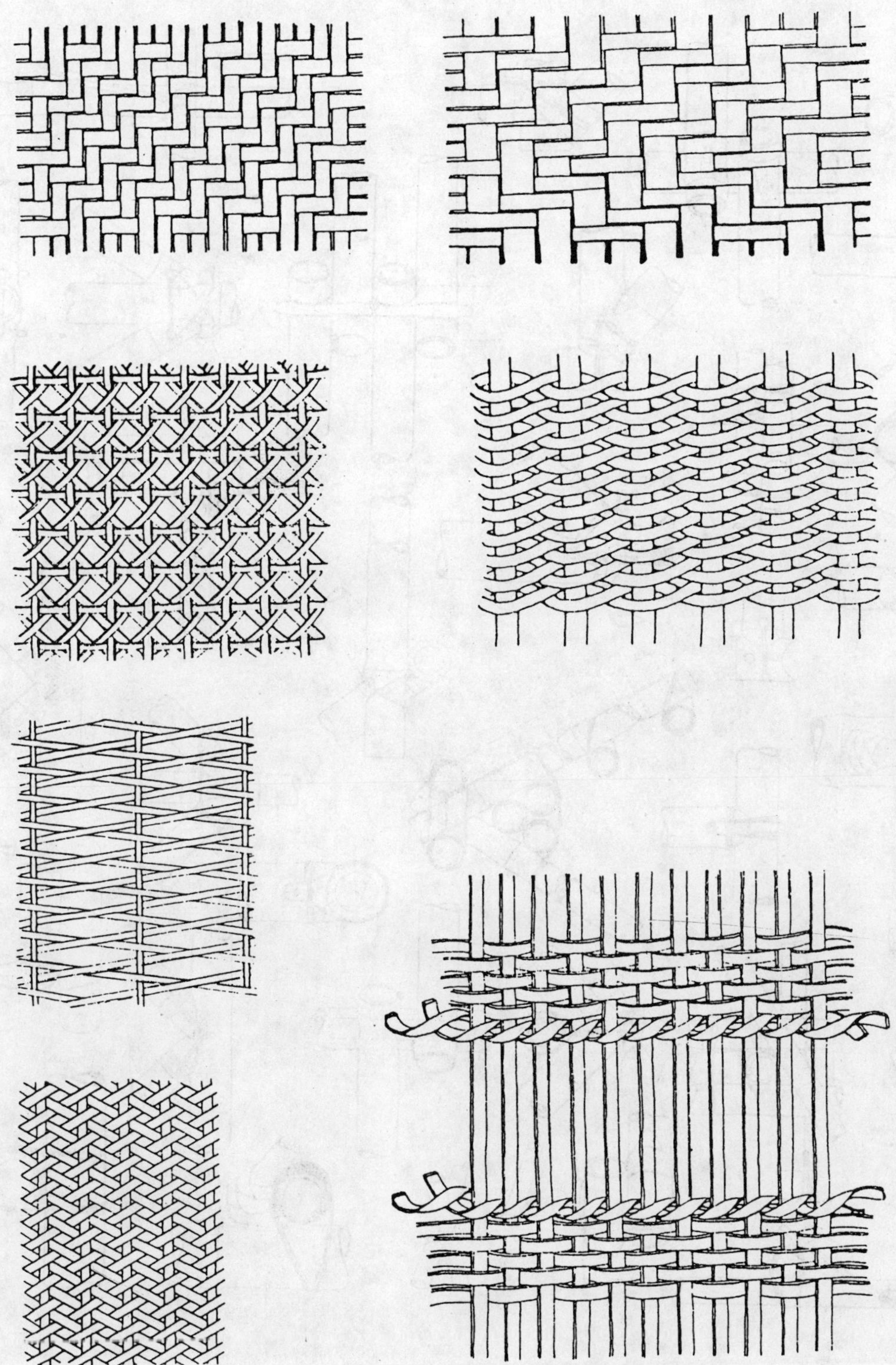

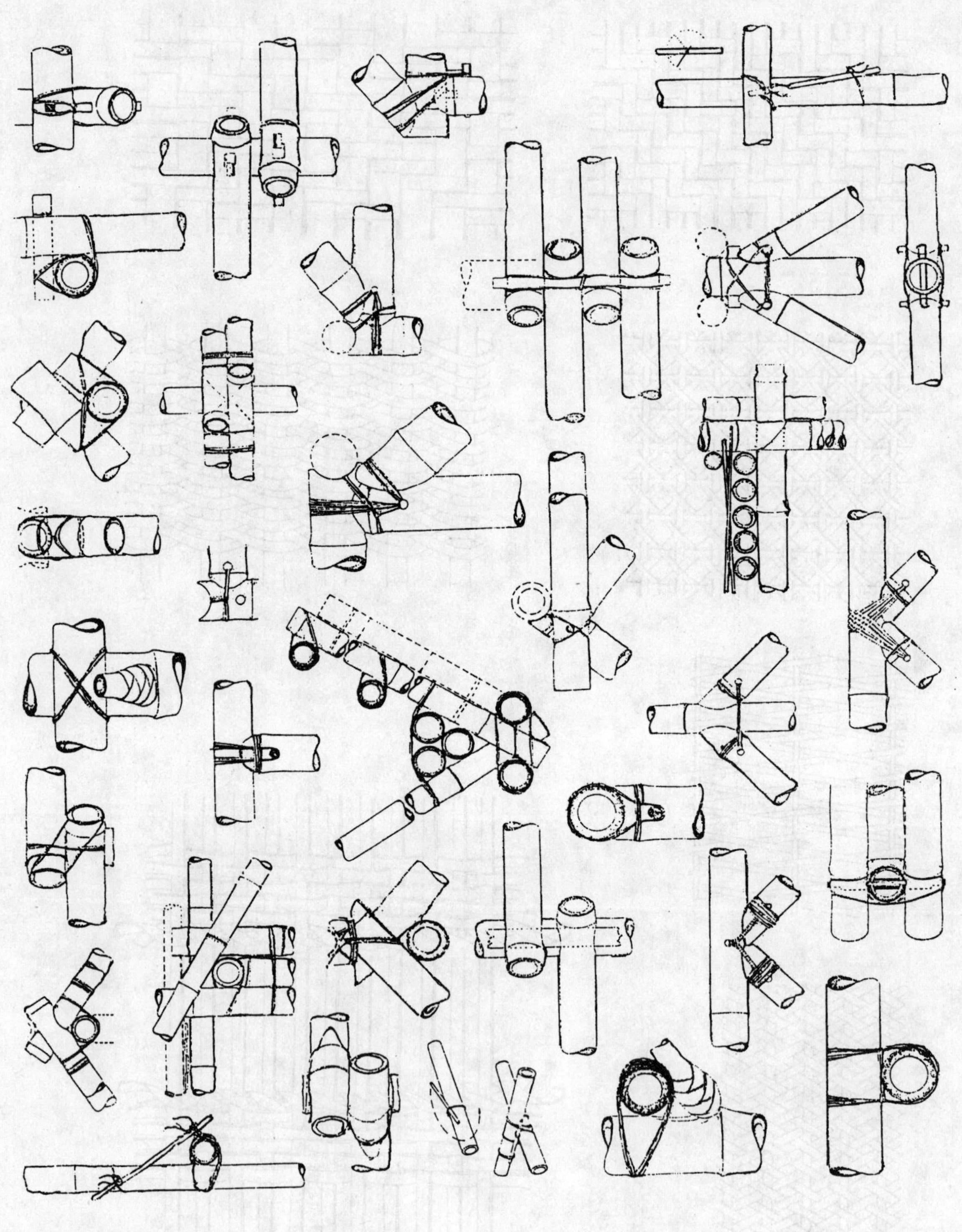

竹结构节点

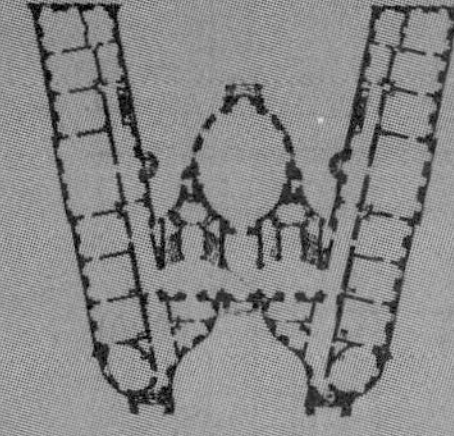

厅堂

入口门厅改建

+13.45
+11.65
预制水泥花墙
白色水刷石
+5.95
+5.50
1200
1200
+1.12
+0.30
2000
1900
1300
240
240
240
上
2100
350×6
1500
370
400
350×3
240
水泥花砖
360
白色水刷石
+2.00
+1.45
400
200
下
上
楼梯间
350
350
350
620
2500
240
620
通风机房
+1.15
370
上
板条墙
3900
2960
2960
3080
240×600
钢筋混凝土柱
240
1700
240
原有砖墙
接建砖墙
650
2240
720
2240
720
2240
720
2240
480
3250
2960
2960
3080
350×5
700

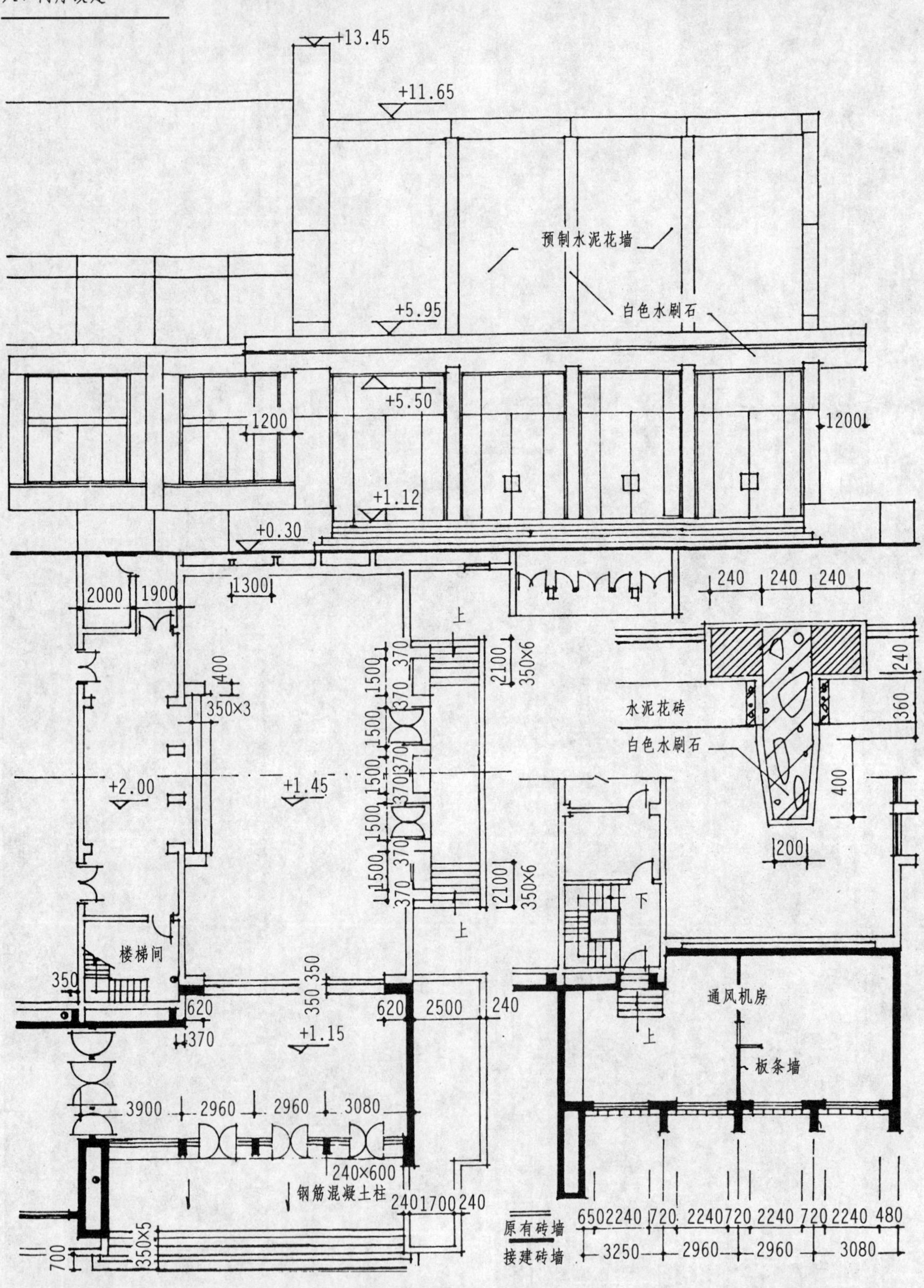

门厅

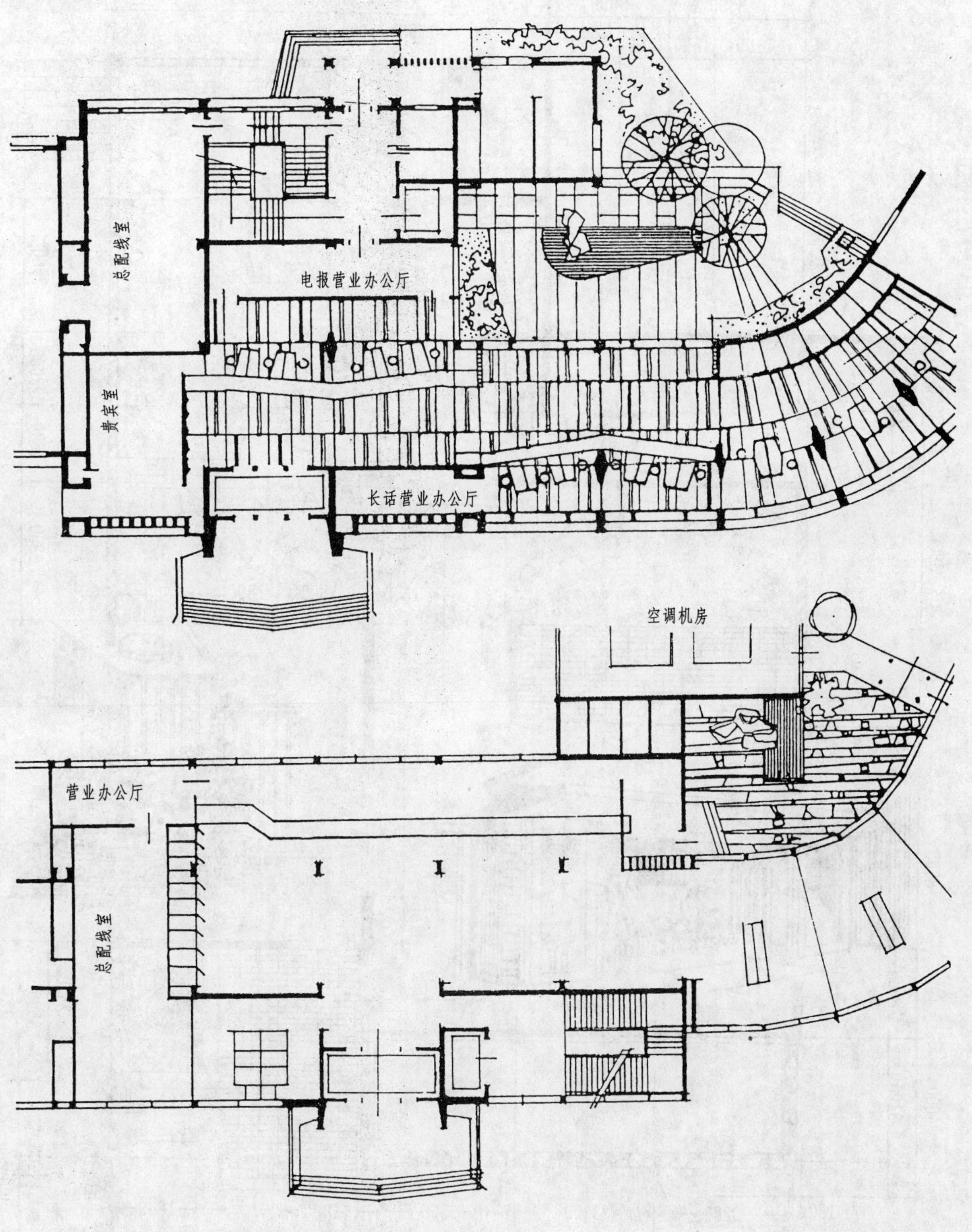
总配线室
电报营业办公厅
贵宾室
长话营业办公厅
空调机房
营业办公厅
总配线室

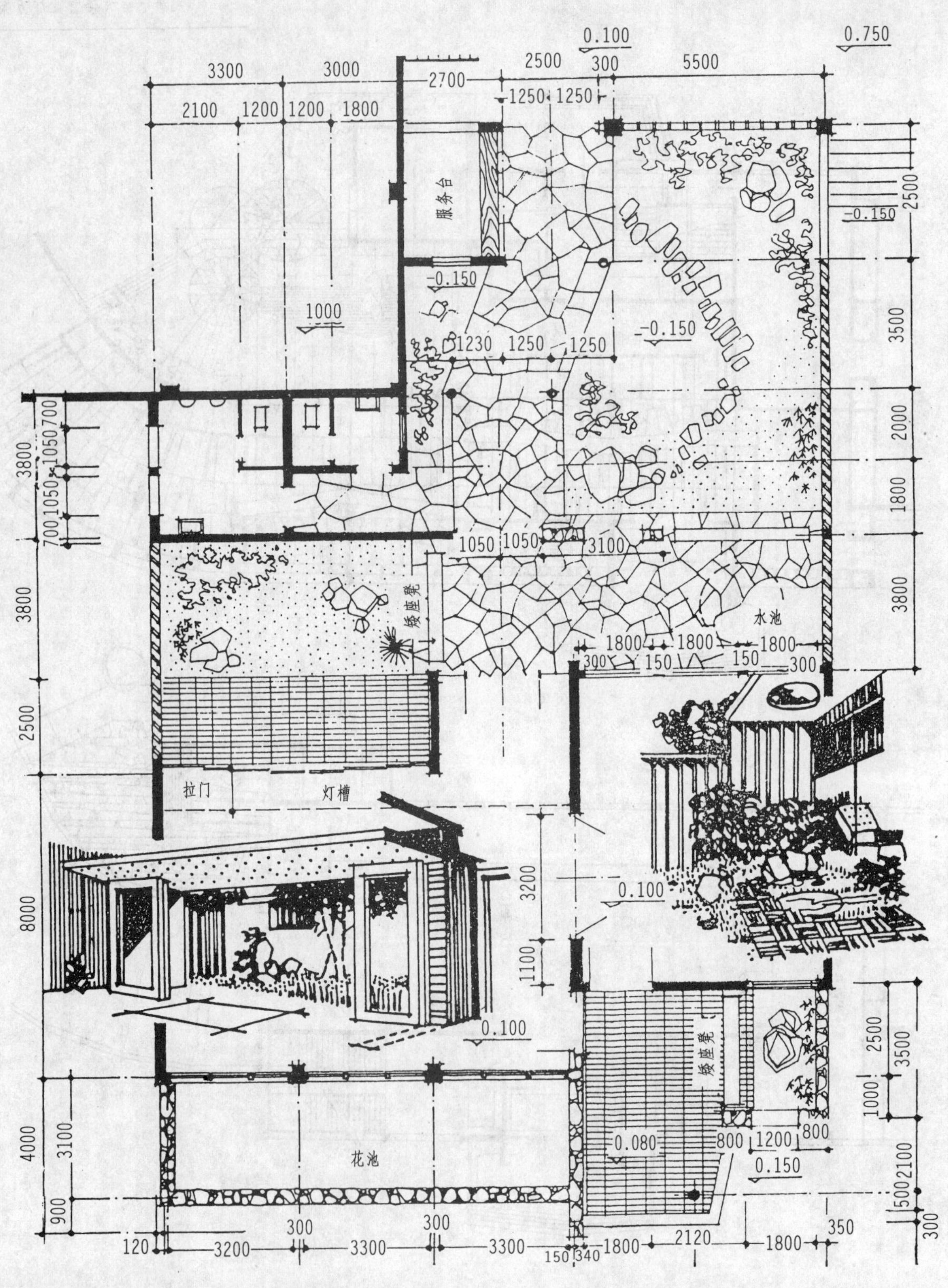

休息室

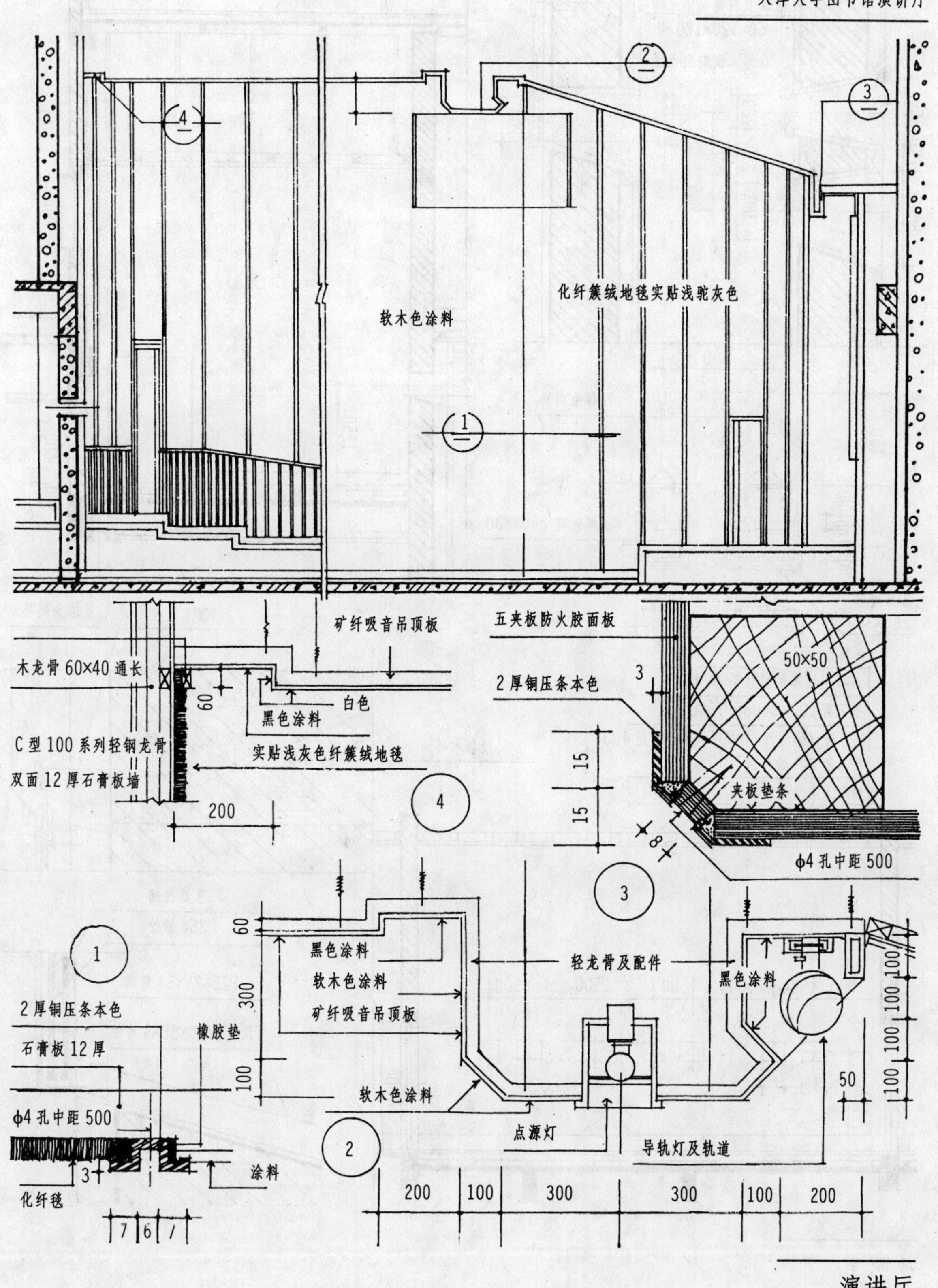

化纤簇绒地毯实贴浅驼灰色
软木色涂料
矿纤吸音吊顶板
木龙骨 60×40 通长
60
黑色涂料
白色
C 型 100 系列轻钢龙骨
双面 12 厚石膏板墙
实贴浅灰色纤簇绒地毯
200
4
五夹板防火胶面板
50×50
2 厚铜压条本色
3
15
15
夹板垫条
8
ϕ4 孔中距 500
3
60
黑色涂料
软木色涂料
矿纤吸音吊顶板
300
100
1
2 厚铜压条本色
橡胶垫
石膏板 12 厚
ϕ4 孔中距 500
3
化纤毯
涂料
7
6
7
轻龙骨及配件
黑色涂料
100
100
100
100
50
软木色涂料
点源灯
导轨灯及轨道
2
200
100
300
300
100
200

放映孔四角预下木砖
60×120×120
20厚木板刷白色漆
350
75
500
200
250
300
500
300
200
15°
900
500
可熔金属环
450
300
3厚玻璃 260×230
3厚玻璃
260×330
300
340
200
240
1250
600
200
吊顶作法
混凝土板缝预留U形ϕ6钢筋环
板下露20中距800~1500
12#镀锌铁丝吊50×50木龙骨中距400
钉木板条吊铅丝网
白麻刀灰底纸筋灰面
3″木螺丝
可熔金属环
预留木砖
3厚玻璃
26#铅丝
L25×25×54角钢
预埋-100×85×3扁铁
1000
500
1000
500
1500
500
200
300
250
200
1250
2600

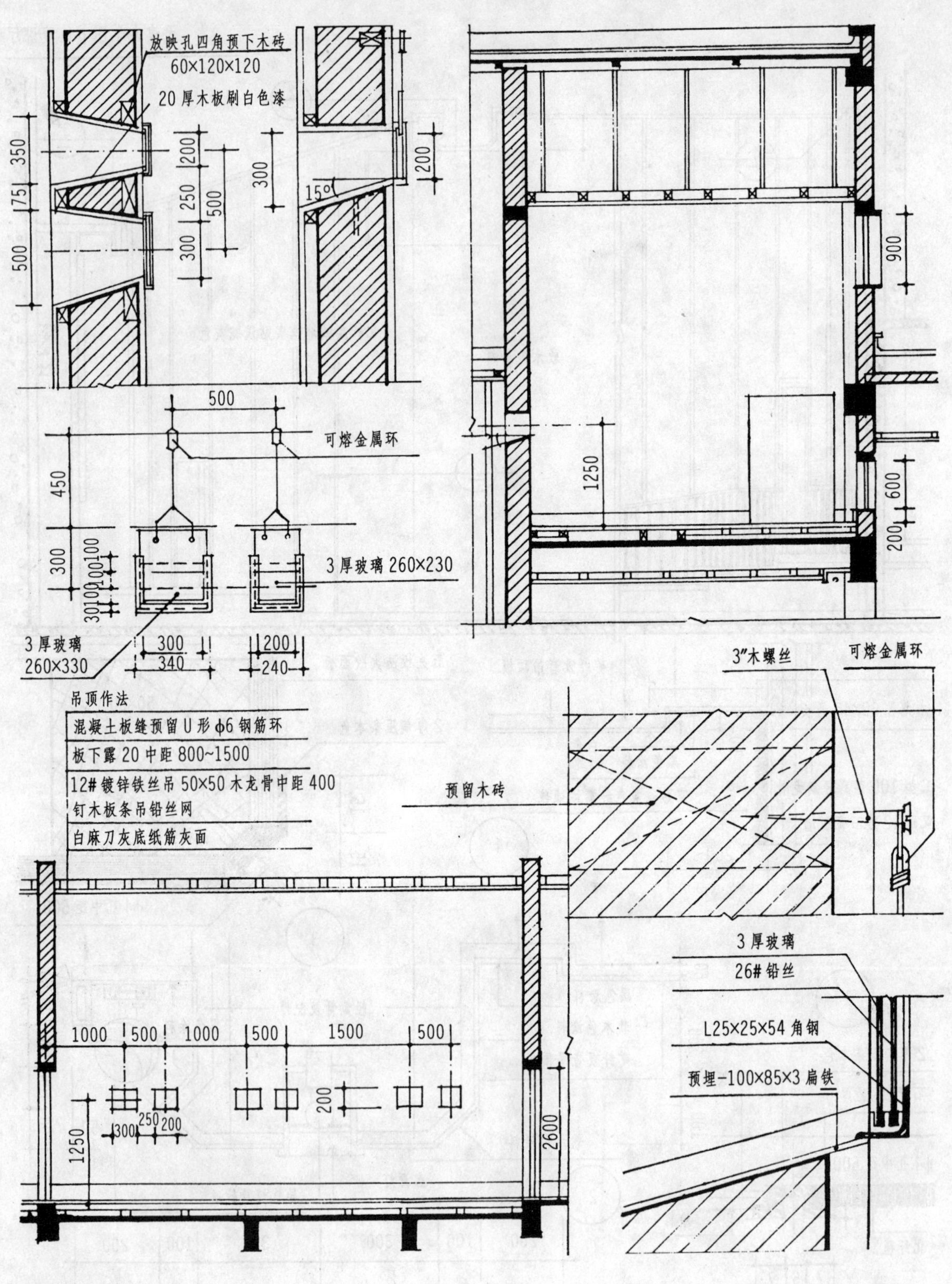

放映室

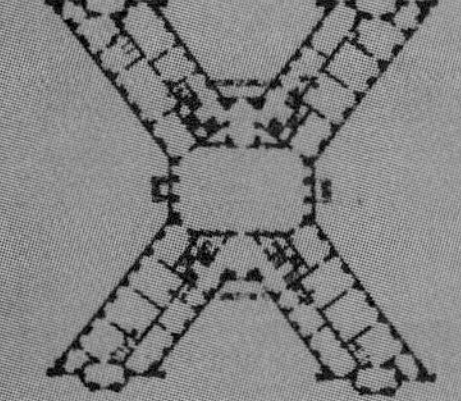

装配住宅

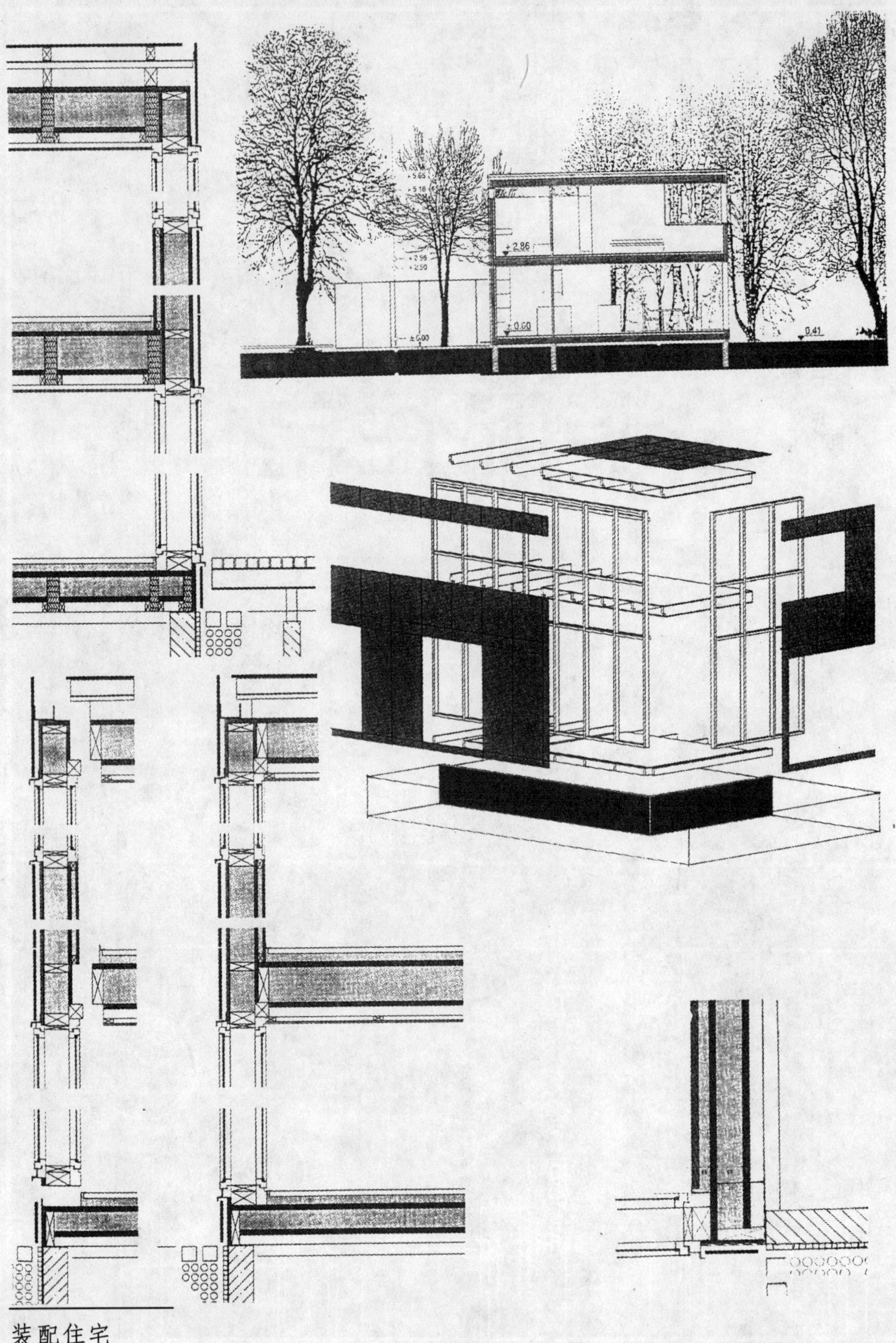

装配住宅

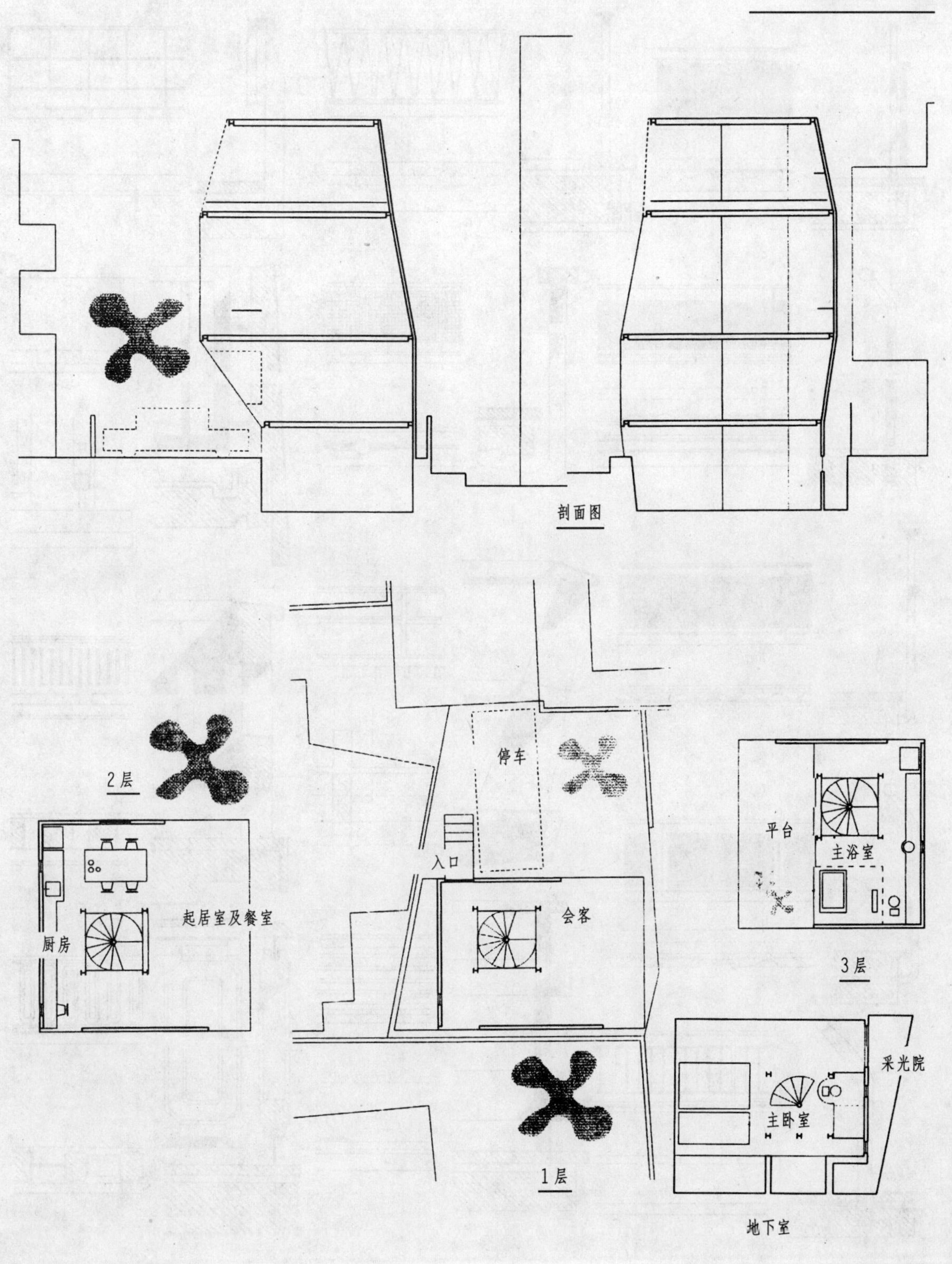
剖面图
停车
2层
入口
平台
主浴室
起居室及餐室
会客
厨房
3层
采光院
主卧室
1层
地下室

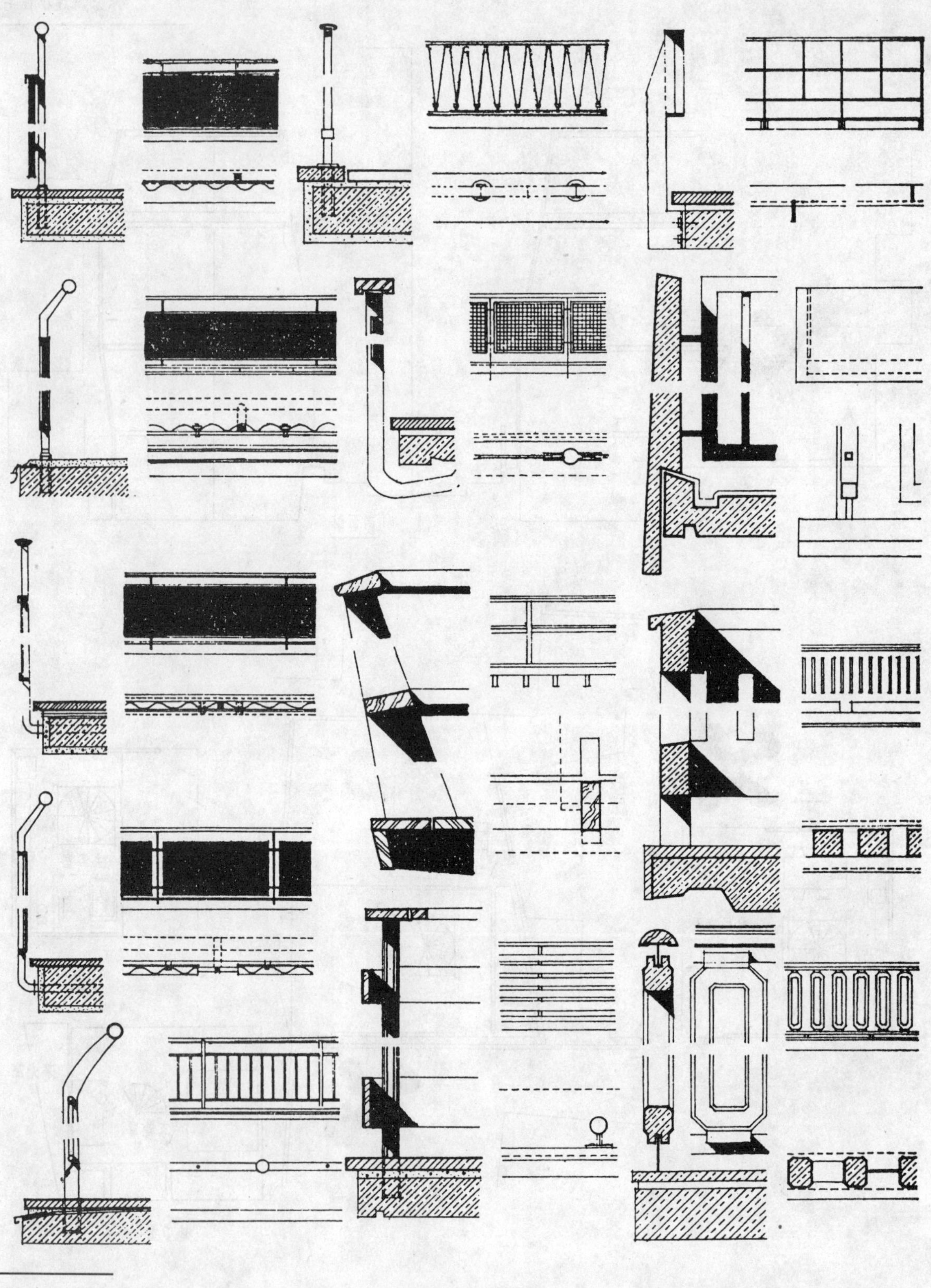

阳台

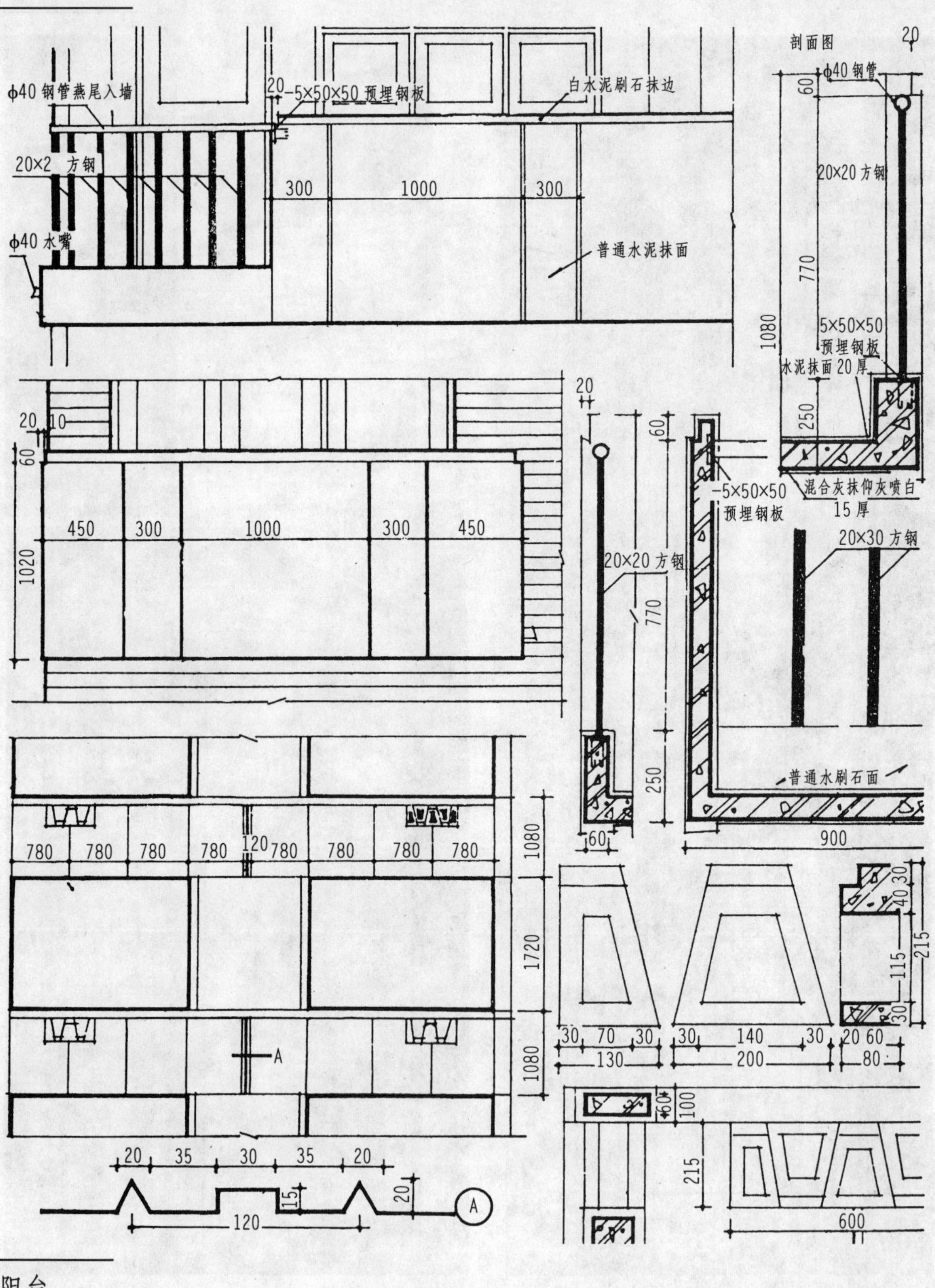
φ40 钢管燕尾入墙
20
-5×50×50 预埋钢板
白水泥刷石抹边
20×2 方钢
300
1000
300
φ40 水嘴
普通水泥抹面
剖面图
φ40 钢管
60
20×20 方钢
770
1080
5×50×50
预埋钢板
水泥抹面 20 厚
250
混合灰抹仰灰喷白
15 厚
20 10
60
450
300
1000
300
450
1020
-5×50×50
预埋钢板
20×20 方钢
20×30 方钢
普通水刷石面
60
900
780
120
1080
1720
A
30 70 30
130
30 140 30
200
20 60
80
40 30
115
215
100
600
20 35 30 35 20
15
120

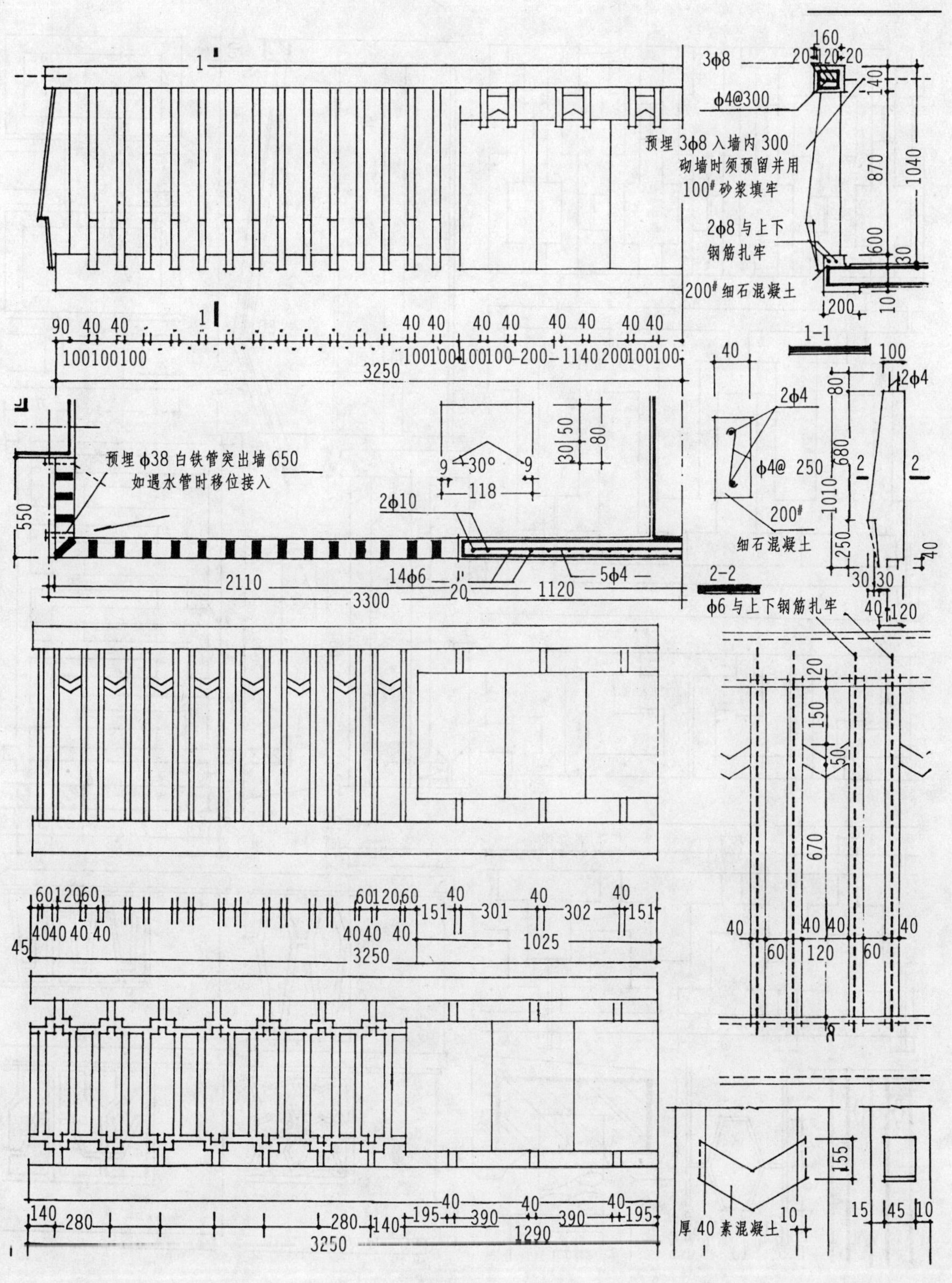

1
3φ8
φ4@300
预埋3φ8入墙内300
砌墙时须预留并用
100#砂浆填牢
2φ8与上下
钢筋扎牢
200#细石混凝土
1—1
3250
预埋φ38白铁管突出墙650
如遇水管时移位接入
2φ10
14φ6
5φ4
2110
3300
1120
2φ4
φ4@ 250
200#
细石混凝土
2—2
φ6与上下钢筋扎牢
1025
1290
厚40素混凝土

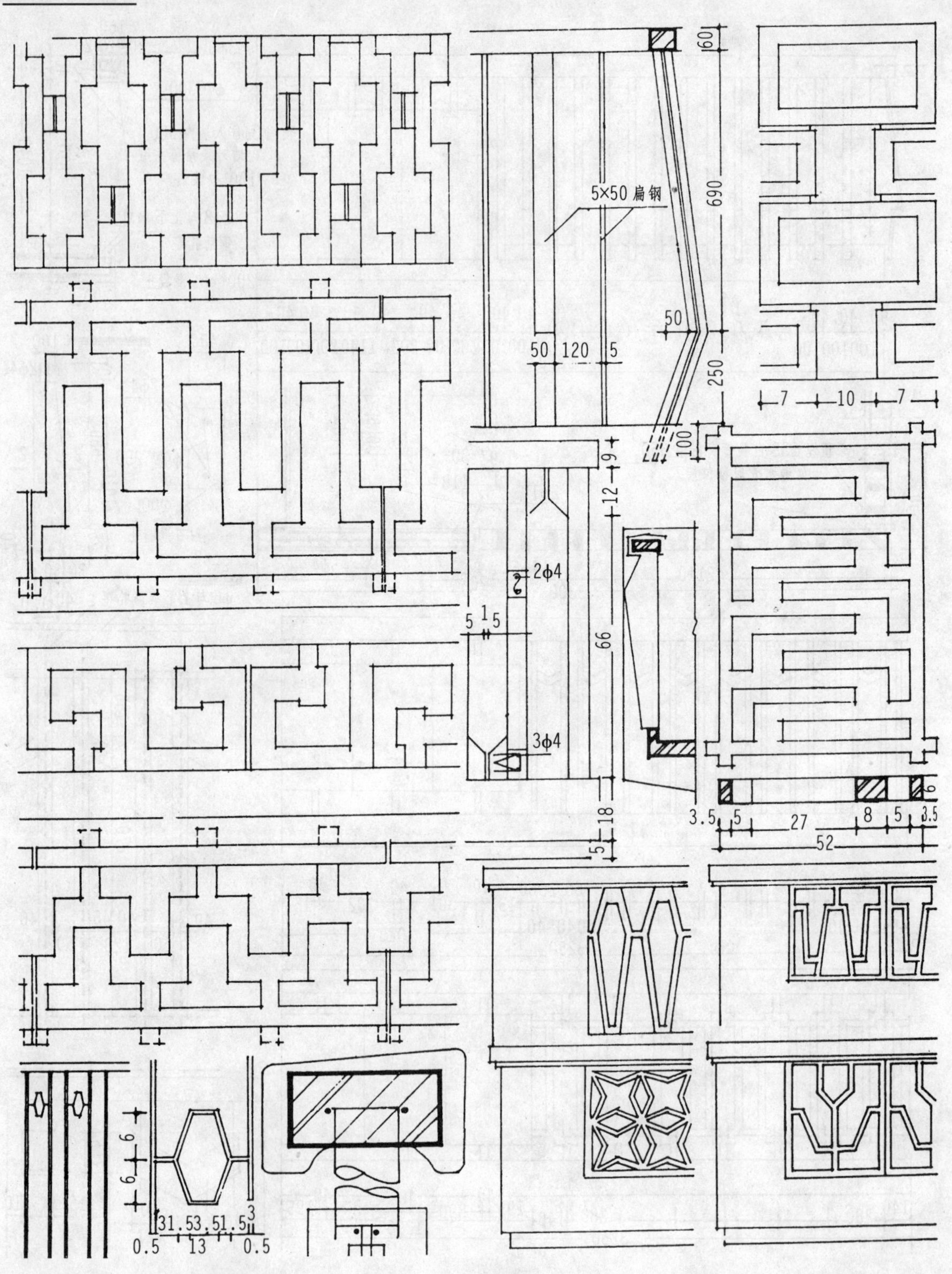
5×50 扁钢
60
690
50
250
100
50 120 5
9
12
2ϕ4
5 1 5
66
3ϕ4
18
5
7 10 7
3.5 5 27 8 5 3.5
6
52
6
6
6
3
31.53.51.5
0.5 13 0.5

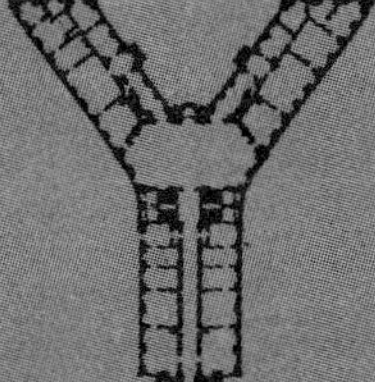

园林小品

园林庭院

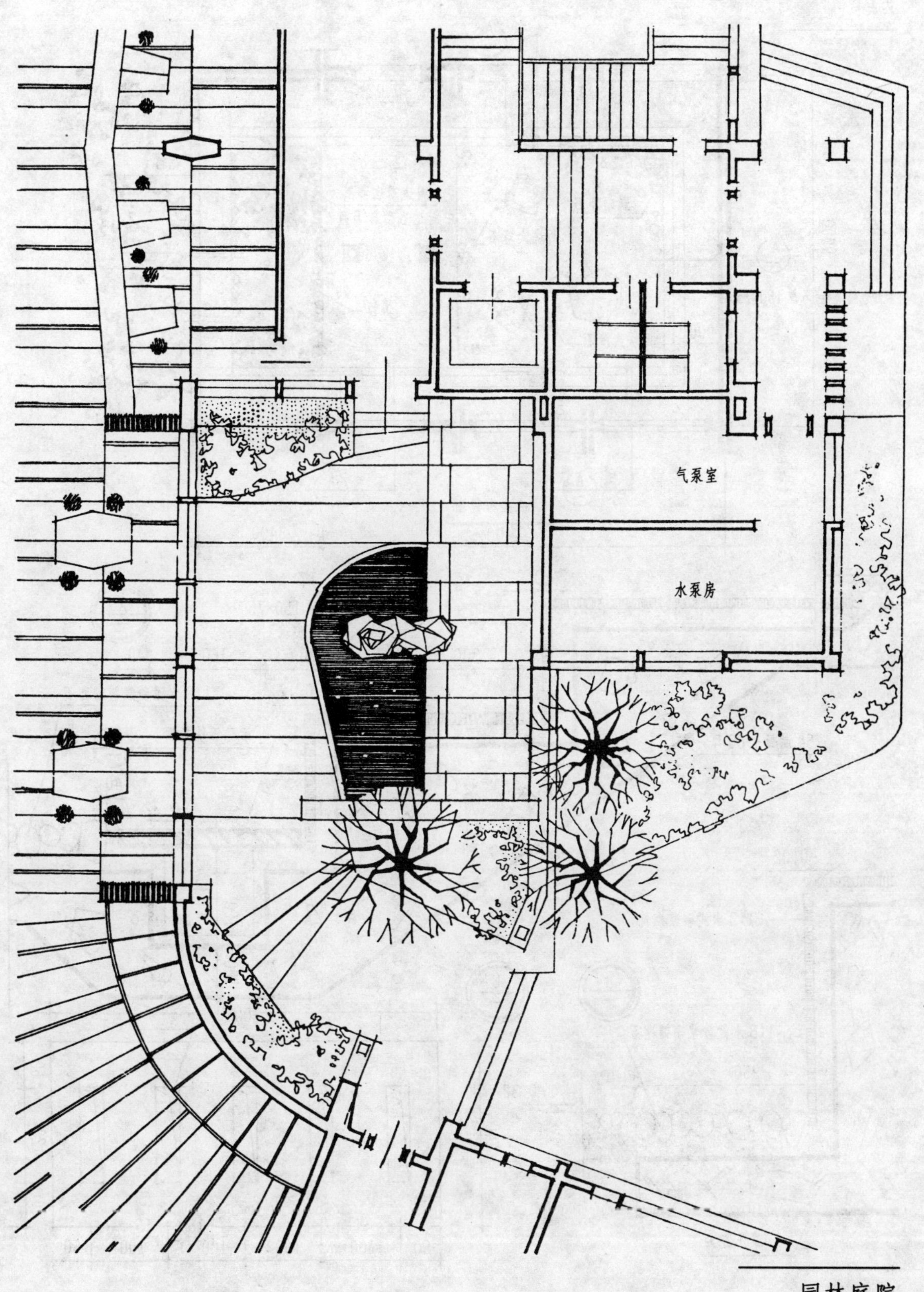
气泵室
水泵房

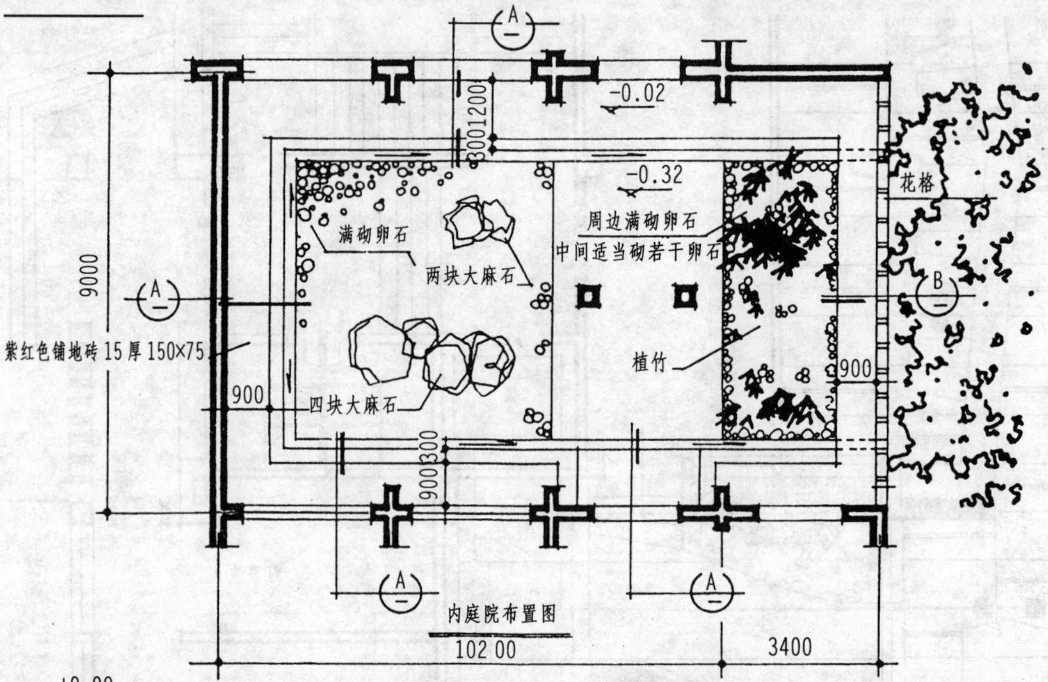

A
-0.02
3001200
-0.32
满砌卵石
周边满砌卵石
中间适当砌若干卵石
花格
两块大麻石
9000
A
B
紫红色铺地砖 15 厚 150×75
植竹
900
900
四块大麻石
900300
A
A
内庭院布置图
102 00
3400

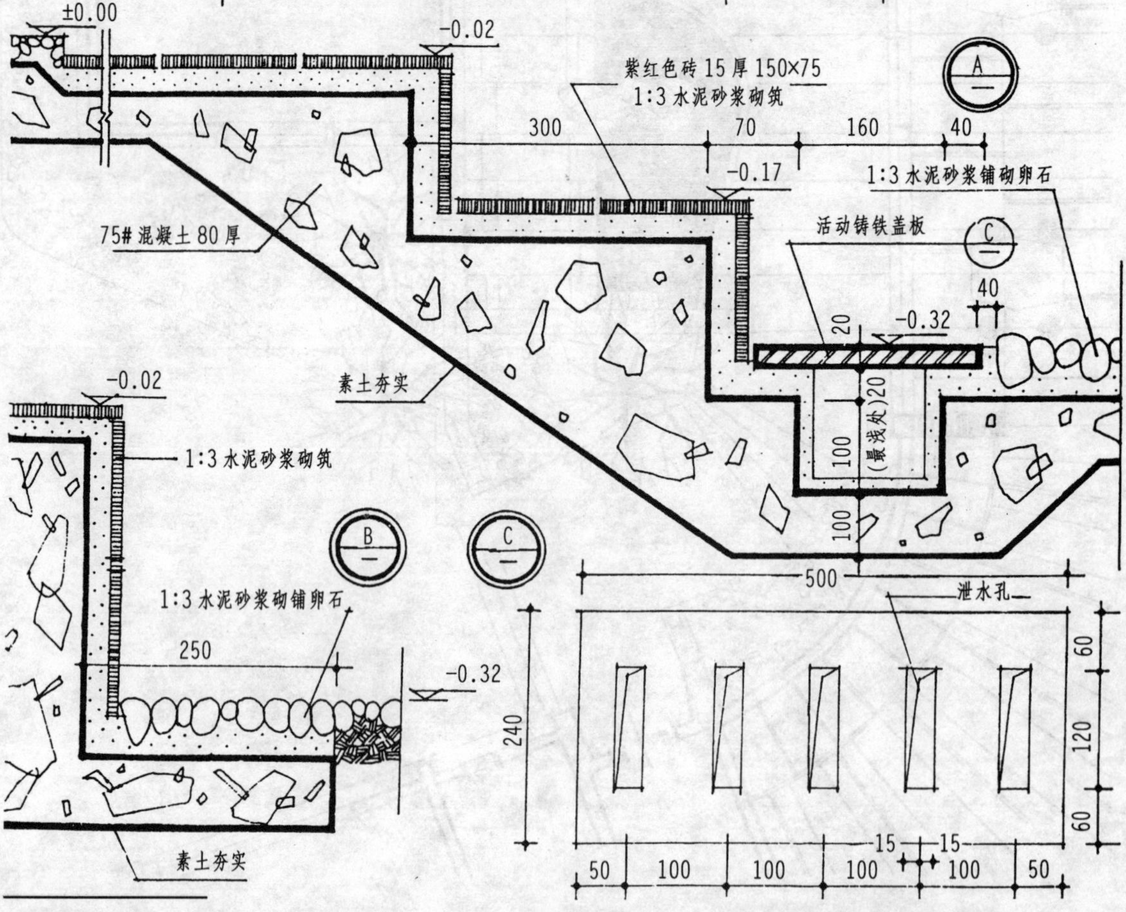

±0.00
-0.02
紫红色砖 15 厚 150×75
1:3 水泥砂浆砌筑
A
300
70
160
40
-0.17
1:3 水泥砂浆铺砌卵石
75# 混凝土 80 厚
活动铸铁盖板
C
40
20
-0.32
(最浅处)20
素土夯实
100
-0.02
1:3 水泥砂浆砌筑
100
B
C
500
1:3 水泥砂浆砌铺卵石
泄水孔
250
-0.32
60
240
120
60
素土夯实
15
15
50
100
100
100
100
50

扁钢伸铁脚入平顶
2φ25
每300留铁头
伸进砖缝
-4×50圆 D=100
D=300
3根4×40扁钢
弯成波形
-2φ12伸入基础
5×50扁铁圈周
20厚白水泥
磨石子
小卵石贴面
A-A
统长基础
预制混凝土块或石块
6周圈 伸出两根
与驳岸石块砌牢
驳岸石块
底板预留φ滴水洞
200#磨石子
混凝土
地坪划格
花饰墙面
卵石铺地
水泥石屑无砂地
水泥边框落低10
墨绿磨石子面
70厚150#素混凝土
70厚道碴
甲—甲剖面图
大门平面图

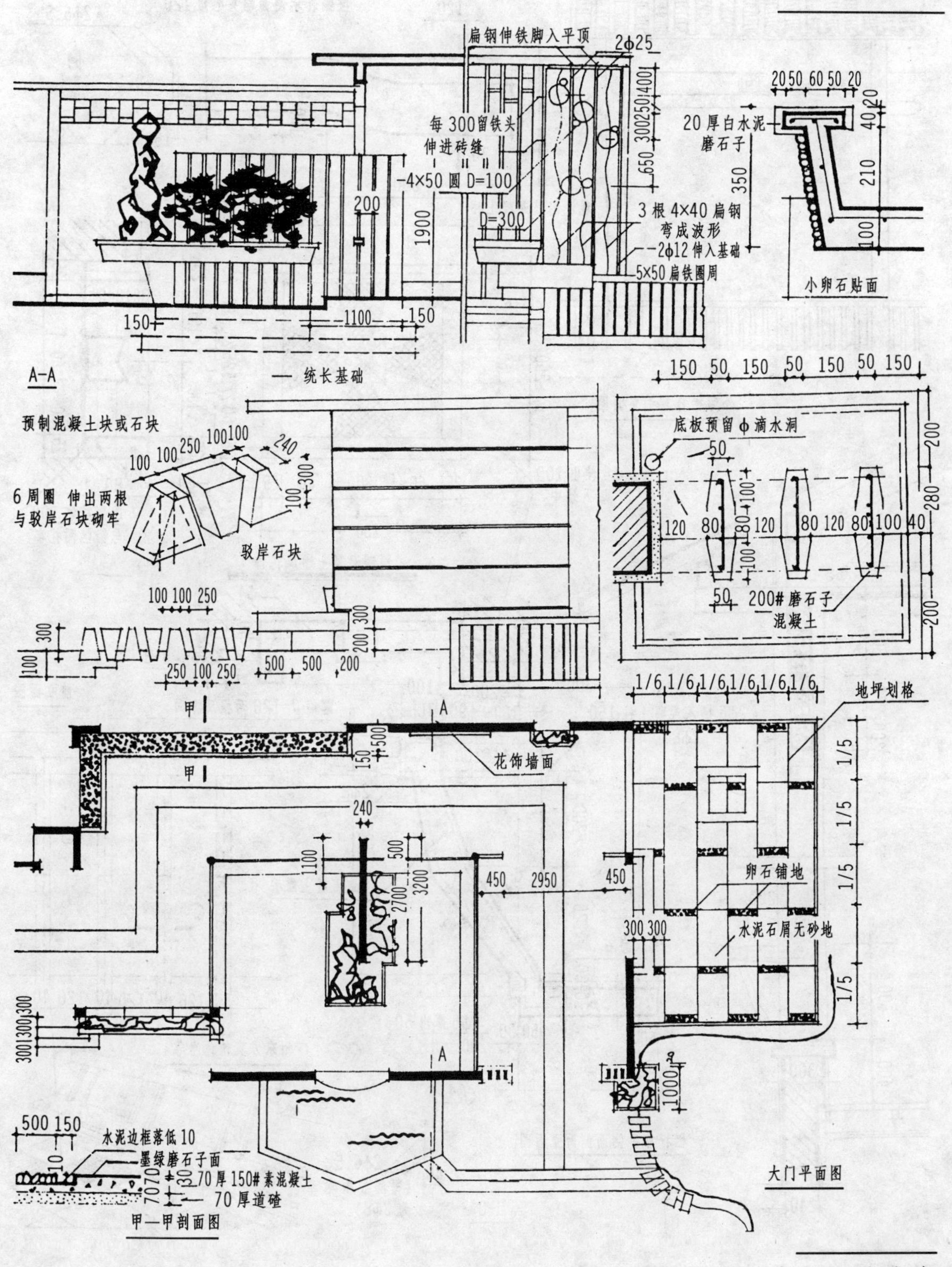

金鱼廊

外廊栏杆靠手立面图
现浇钢筋混凝土柱
虚线表示侧面端头缩短 120
2ϕ6.5
ϕ4
2ϕ8
3210
16 眼铅丝网
ϕ6 伸出 100
埋入墙中
预制混凝土通风花饰
四角露筋 100
与铅丝网扎牢
A-A
B-B
前立面图
2ϕ6 捣入混凝土柱 150
2ϕ8
ϕ4@100
露筋 l=120 两根反方向
预制混凝土靠手
水磨石
2ϕ6 露出 50
栏杆靠手侧面剖面立面图
C-C
2ϕ6.5
(每隔 5 根改
为 2ϕ8)
广州东方宾馆休息靠

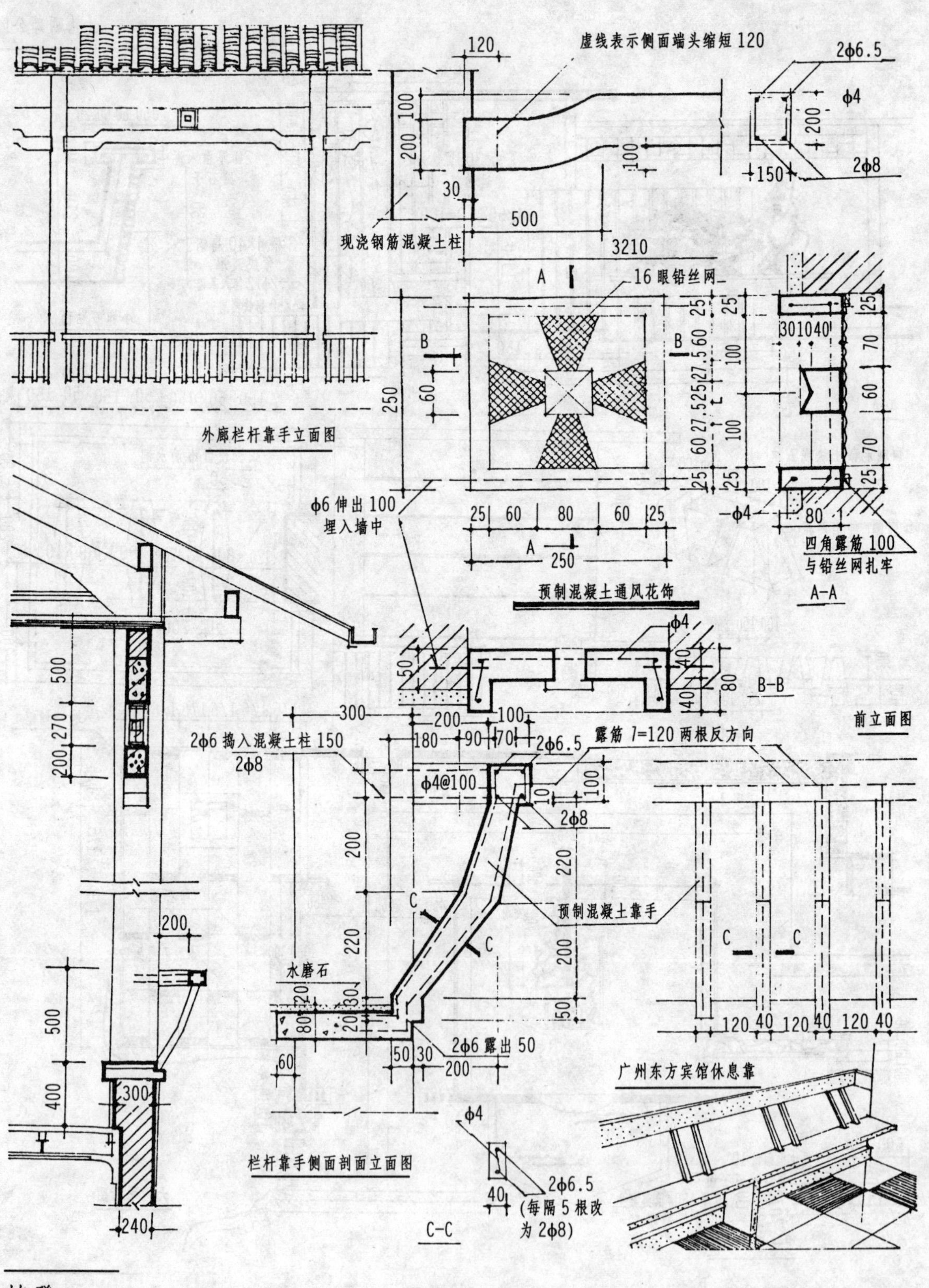

椅凳

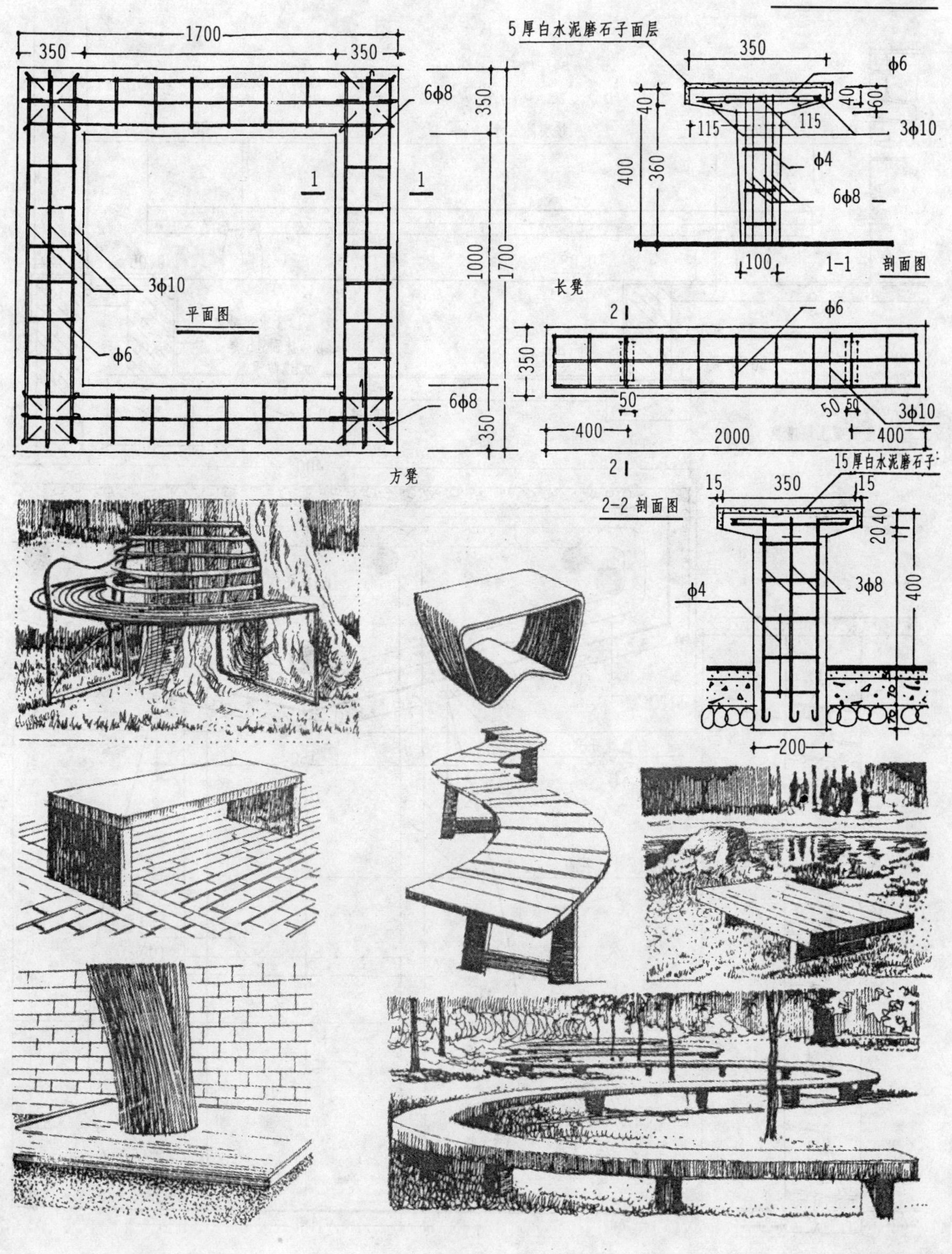

5厚白水泥磨石子面层
1700
350
350
6φ8
350
1000
1700
350
3φ10
平面图
φ6
6φ8
方凳
φ6
40
60
3φ10
115
115
400
360
40
φ4
6φ8
100
1-1
剖面图
长凳
2
φ6
350
50
50
50
3φ10
400
2000
400
2
15厚白水泥磨石子
15
350
15
2-2 剖面图
20
40
3φ8
φ4
400
200

庭院矮凳

800
500
按实际尺寸
500
300
0.08
0.05
0.10
75#石子
50#砂浆
-0.42
1:3水泥砂浆
抹面15厚
加5%防水剂
100#砌100厚
100
400
钢筋混凝土矮座凳
400
4ϕ12面筋
80
1ϕ16底筋
50
ϕ12底筋
900
白色磨石子
150
100
400
100
白色水磨石
300
60
4ϕ12支座柱筋
(如 形)
1ϕ8箍
(0形)
250
220
1800
100
180

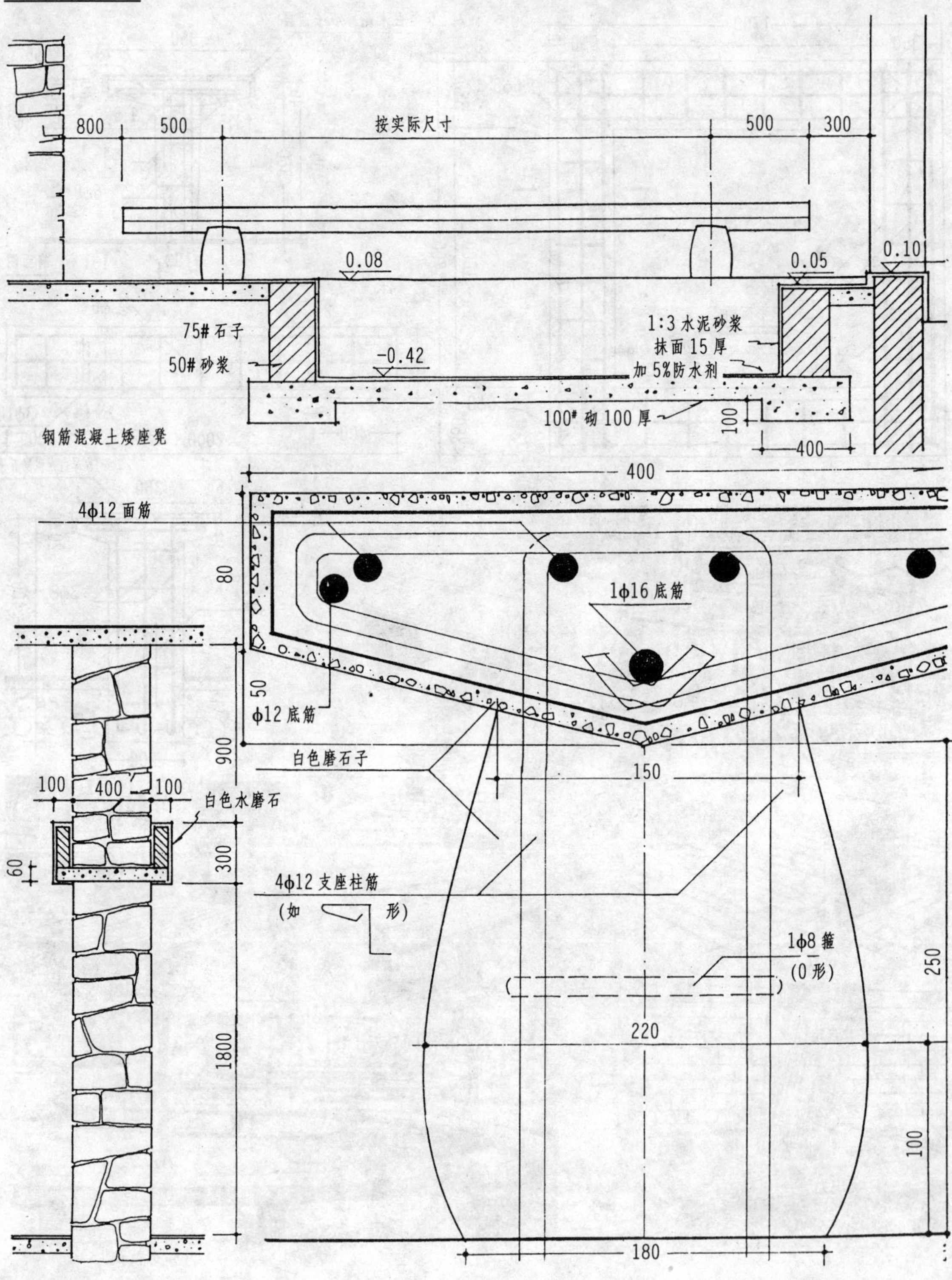

椅凳

1900
200
1500
200
500
900
400
500
1500
600
350
50
100
100
50
600
350
30
30
600
400
900
400
φ8 螺栓
50
50
60
36×56×5
φ50 钢管壁厚 8
600
500
350
50
100
100
L50×50×6 通长
D=47=40
(a)250
100
100
50
50
2φ32 钢管壁厚 5
L36×56×5
70
60
400
160
120
φ8 螺栓
500
—80×6 通长 D=47=40
木螺钉
40 厚木板塑料地毡贴面
4 厚湖蓝色 88# 胶结
φ50 钢管壁厚 8
400
400
200
200
400
1200
300
200

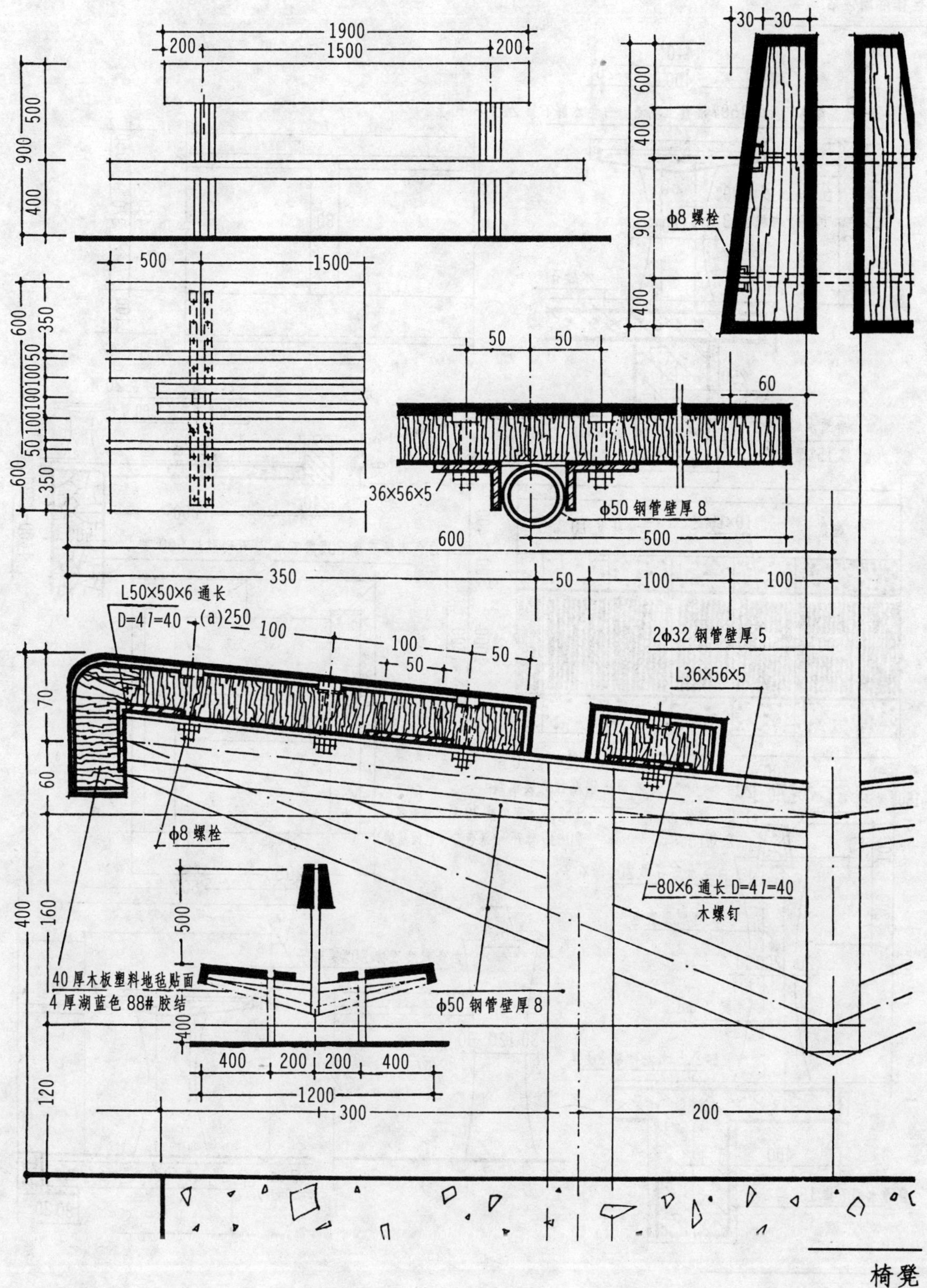

椅凳

440
20
400
20
3-ϕ8 箍筋 ϕ4
150# 混凝土现浇
白色水磨石掺 2%黑石子
白色水磨石掺 20%
黑石子内配 2ϕ8
30 140 30
水磨石
250
普通水刷石
掺 15%黑石子
80
1:2.5 水泥砂浆 20 厚
100# 素混凝土 80 厚
-0.03
120
240
2000
500
1400~1730
座凳
10×15 缝
三角缝宽 10 深 5
白色水磨石掺 20%黑石子
石砌驳岸 500 宽
ϕ30 刷银灰色
1:2.5 水泥砂浆 20 厚
表面用钢刷拉成波浪纹
1:2.5 水泥砂浆 20 厚面贴粒径
20~30 砾石 （深色与浅色间隔铺）
150# 现浇混凝土
1-ϕ6 箍筋 ϕ4
2-ϕ10
白色水磨石掺 20%砾石子
ϕ30 刷银灰色
30 200 30
配 2-ϕ8
1:2.5 水泥砂浆 20 厚
400
普通水刷石掺 15%黑石子
30 120 30
白色水磨石掺 20%黑石子
80 20

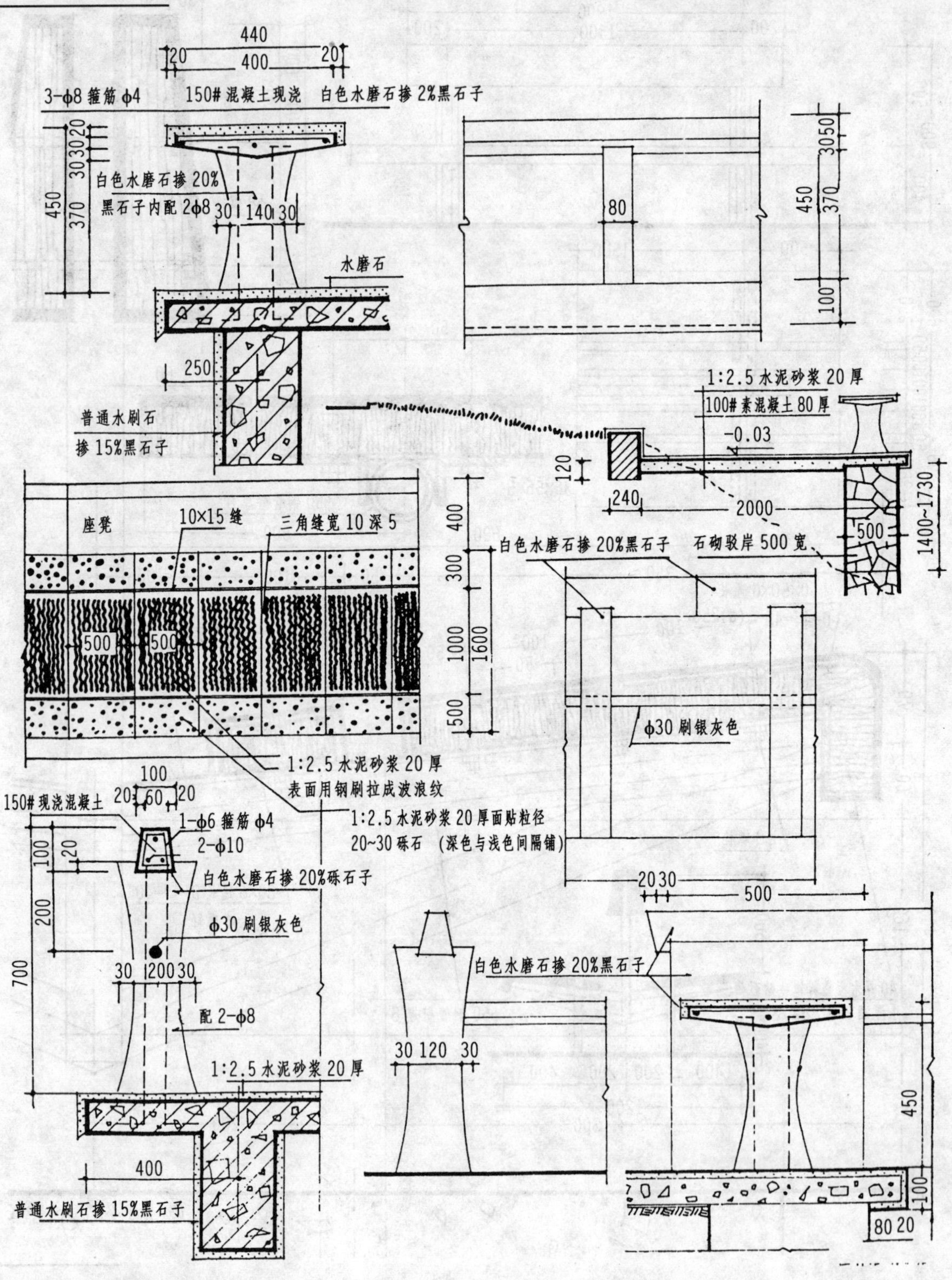

栏杆、人行道

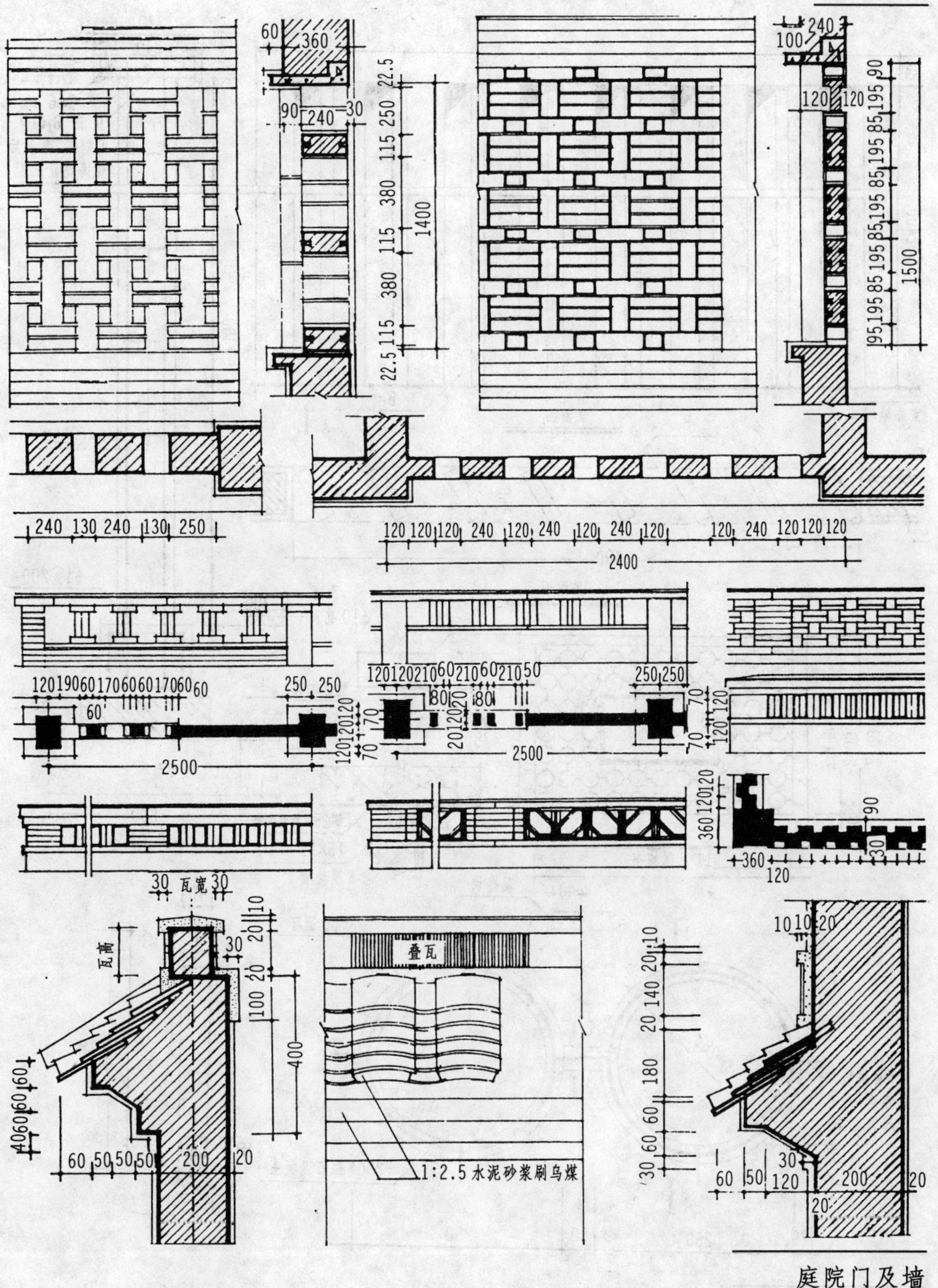

瓦宽
瓦高
叠瓦
1:2.5水泥砂浆刷乌煤

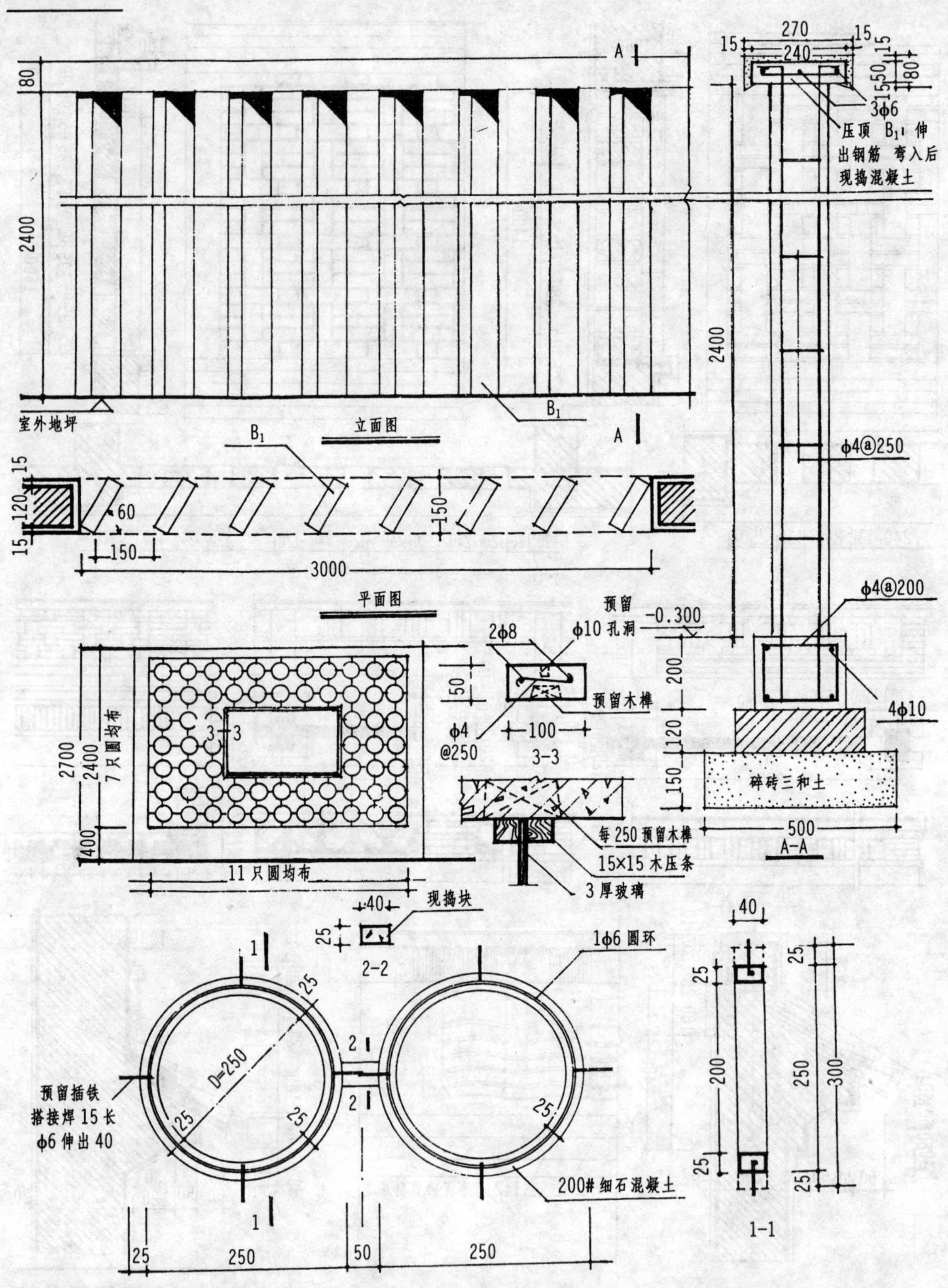
A
80
2400
室外地坪
B1
立面图
A
270
15
240
15
15
50
80
3φ6
压顶 B1 伸
出钢筋 弯入后
现捣混凝土
2400
φ4@250
φ4@200
-0.300
200
4φ10
120
150
碎砖三和土
500
A-A
B1
15
120
15
60
150
150
3000
平面图
2700
2400
7只圆均布
400
3-3
11只圆均布
预留
φ10 孔洞
2φ8
50
预留木榫
φ4
@250
100
3-3
每250预留木榫
15×15木压条
3厚玻璃
40
现捣块
25
2-2
1φ6 圆环
1
25
D=250
25
25
2
2
25
预留插铁
搭接焊15长
φ6伸出40
200#细石混凝土
1
25
250
50
250
40
25
25
200
25
250
300
25
1-1

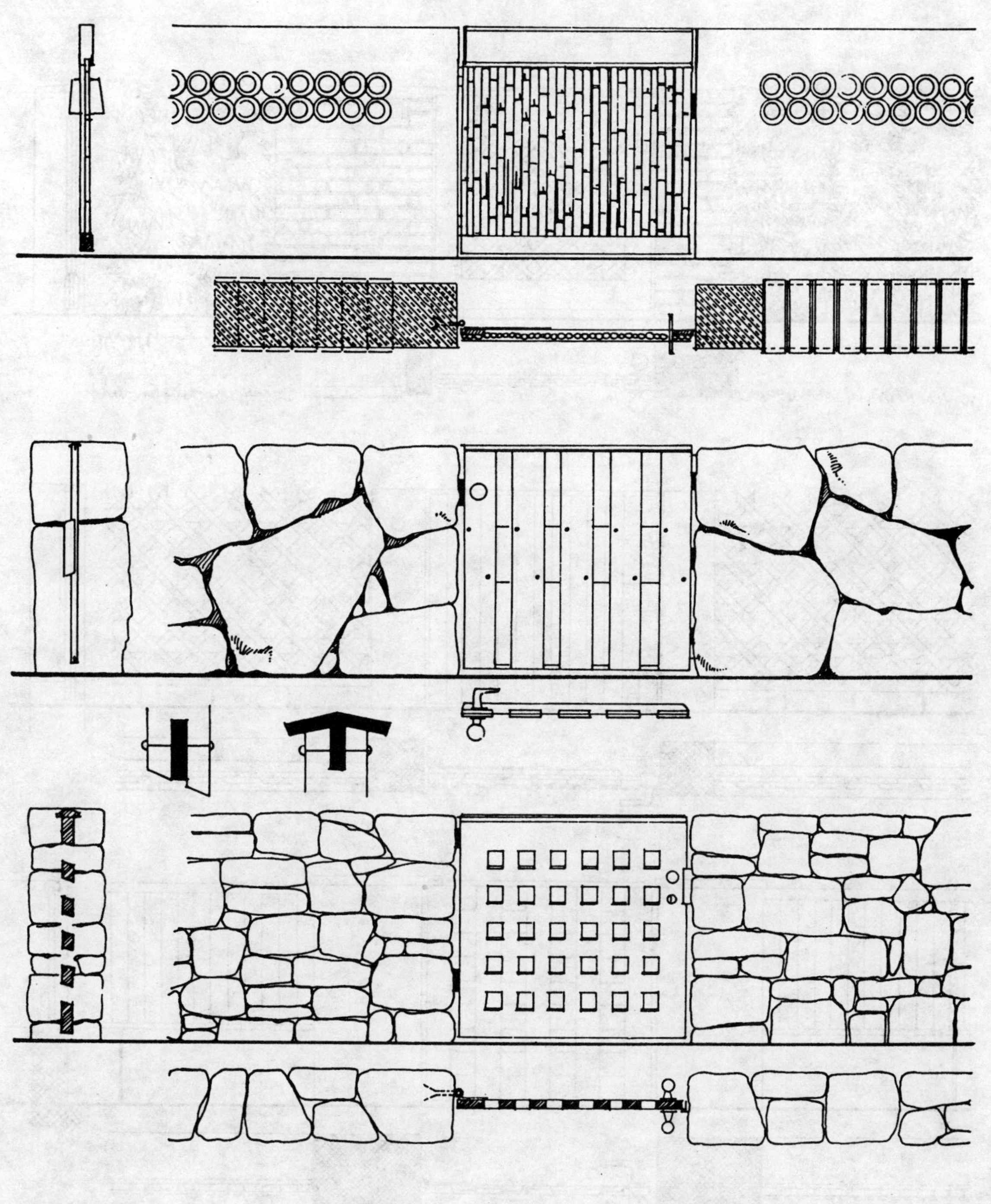

庭院门及墙

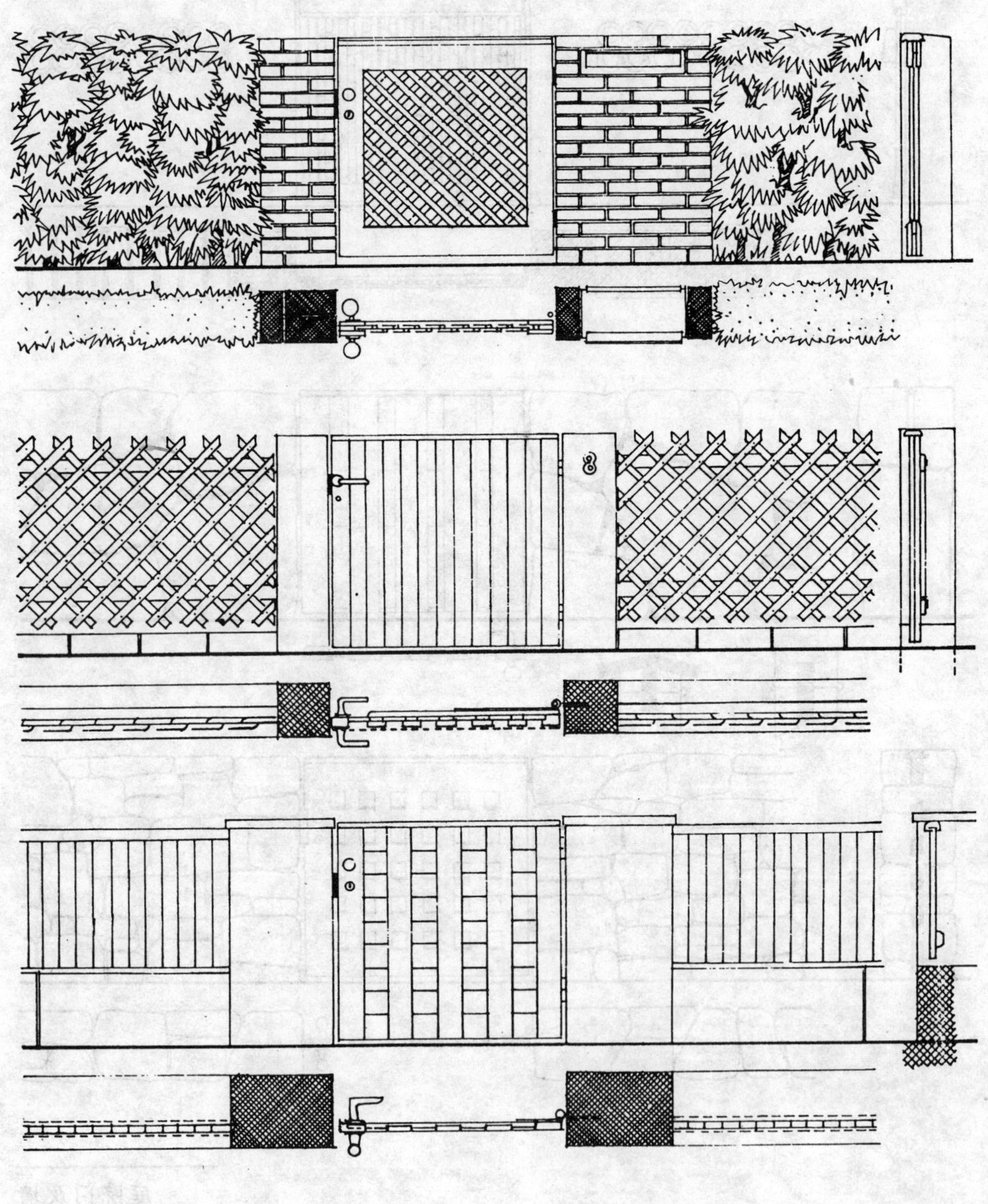

庭院门及墙

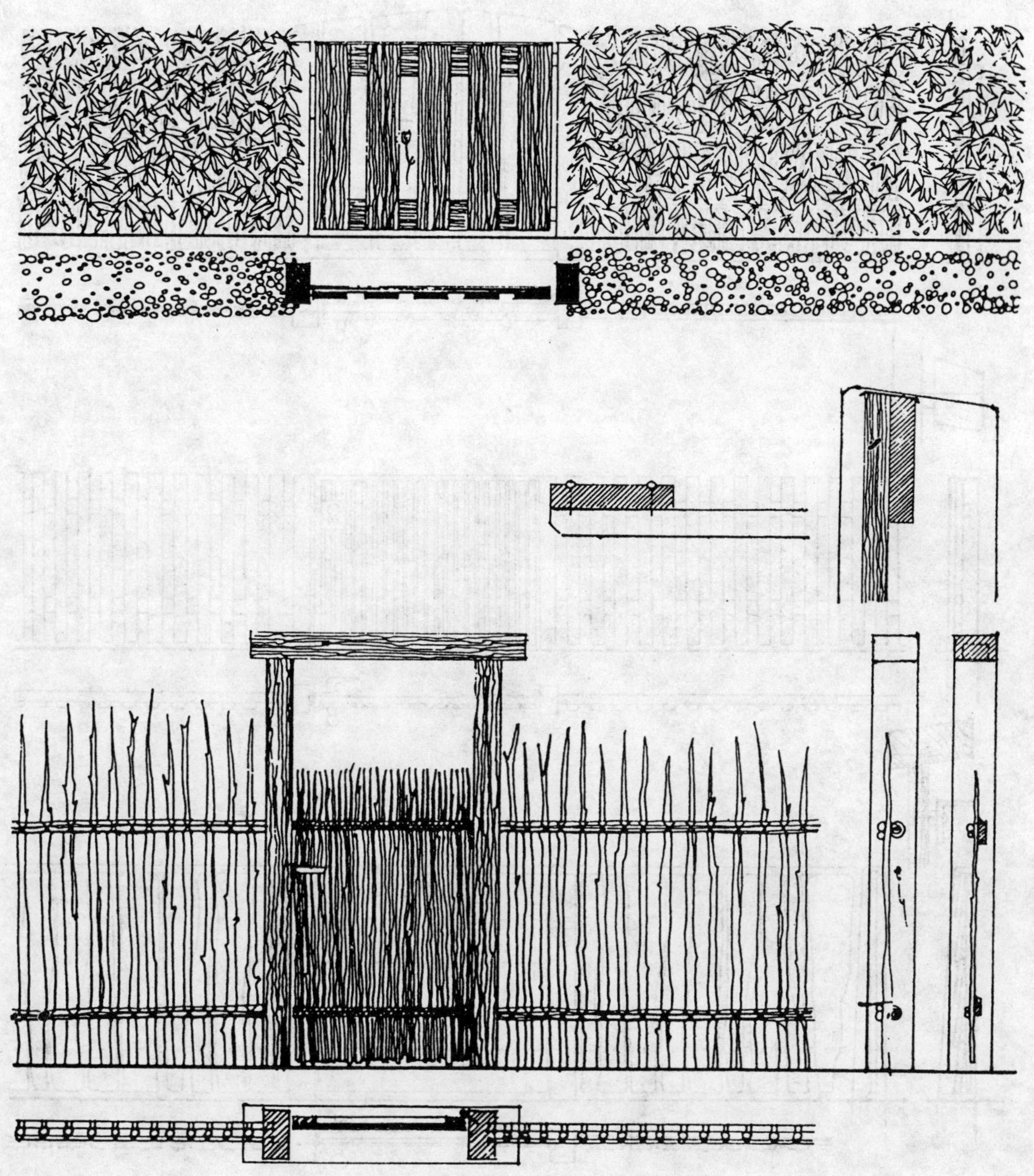

庭院门及墙

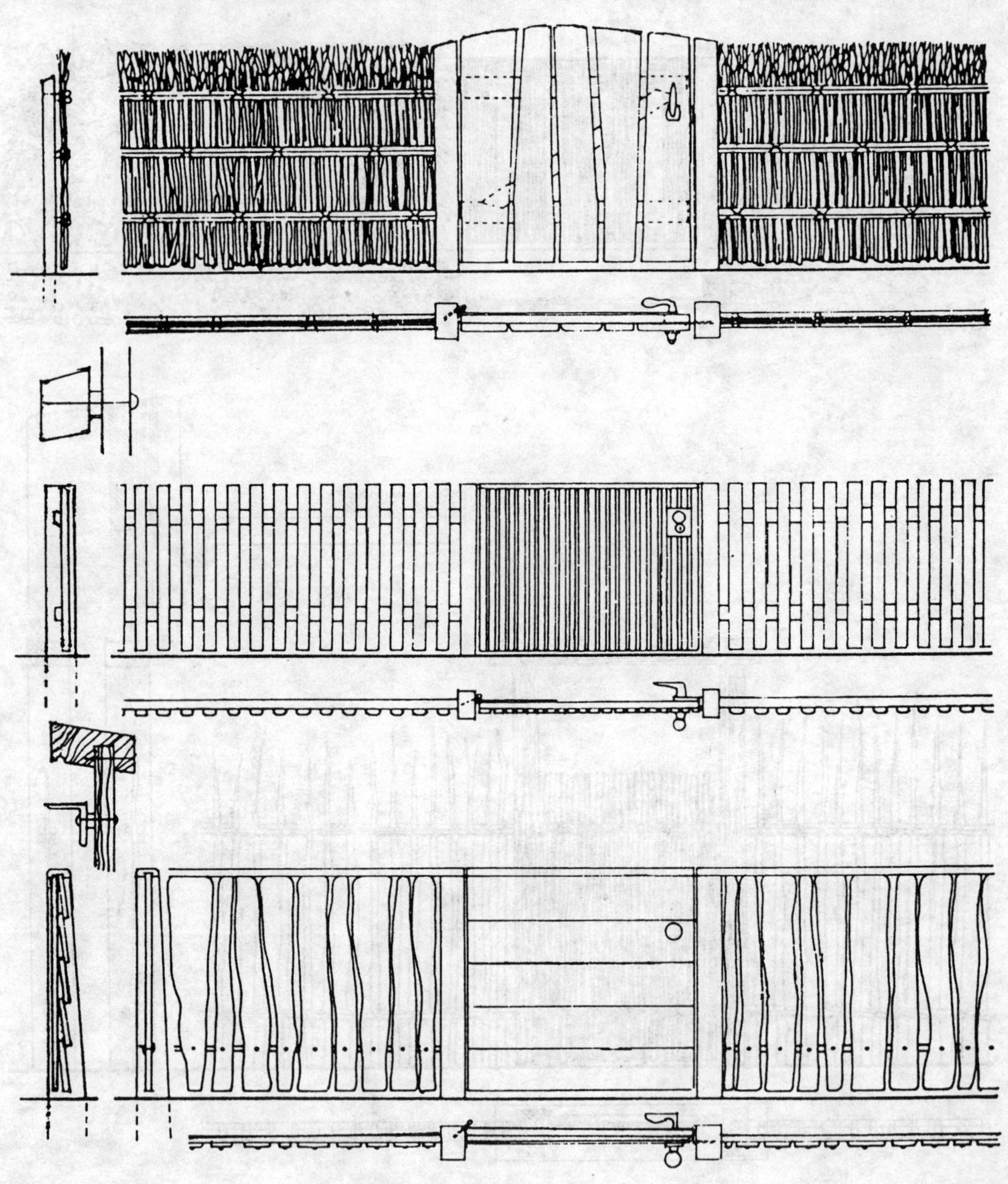

庭院门及墙

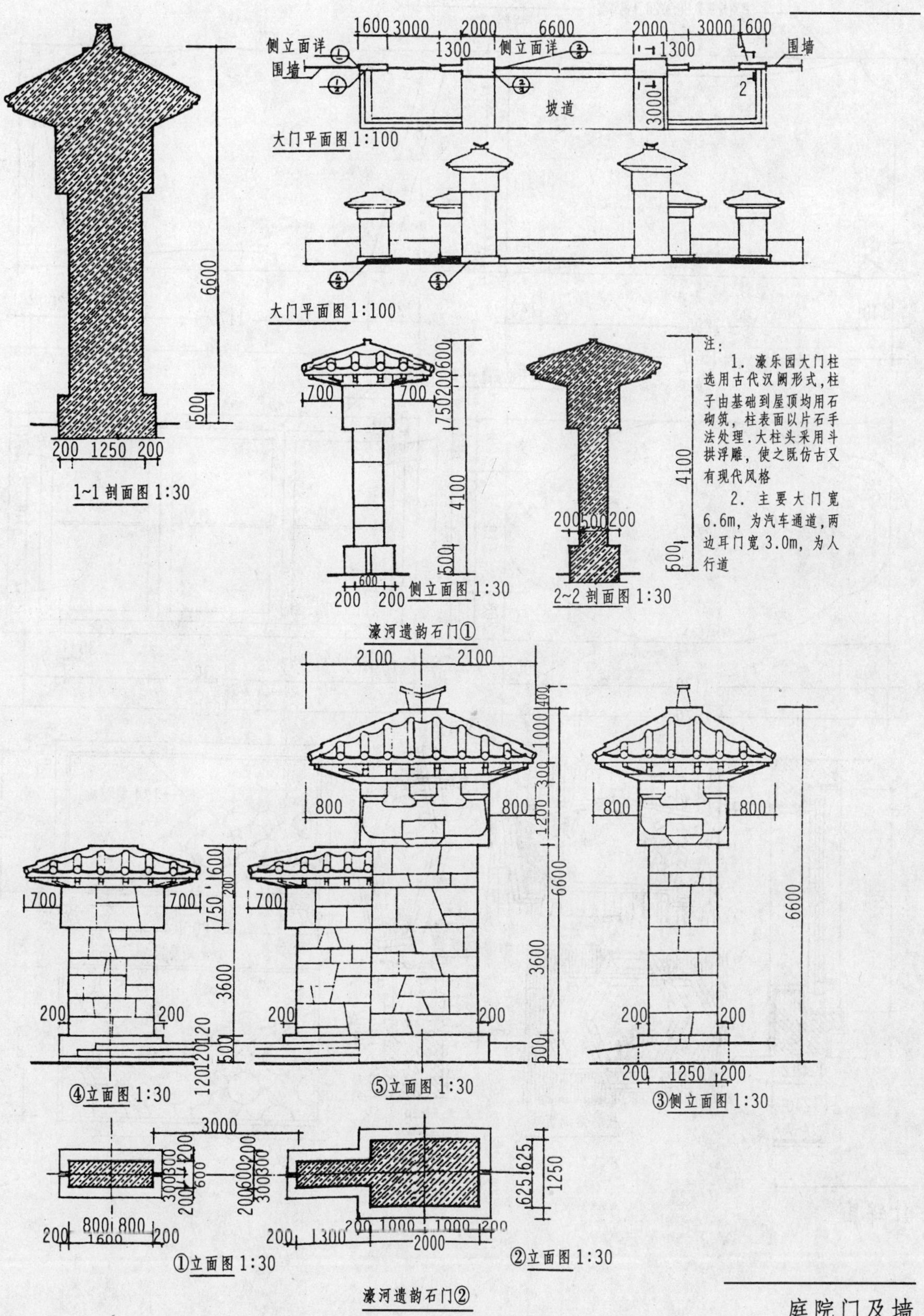
侧立面详
围墙
坡道
大门平面图 1:100
大门平面图 1:100
1~1 剖面图 1:30
侧立面图 1:30
2~2 剖面图 1:30
注：
1. 濠乐园大门柱选用古代汉阙形式，柱子由基础到屋顶均用石砌筑，柱表面以片石手法处理．大柱头采用斗拱浮雕，使之既仿古又有现代风格
2. 主要大门宽6.6m，为汽车通道，两边耳门宽3.0m，为人行道
濠河遗韵石门①
④立面图 1:30
⑤立面图 1:30
③侧立面图 1:30
①立面图 1:30
②立面图 1:30
濠河遗韵石门②

四周粉线脚80宽20厚刷乌煤
A
A
r=140
140
80
630
140
80
140
80
140
1290
140
1570
200
1170
200
1570
四周粉线脚80宽20厚刷乌煤
200
140
510
200
80
170
30
570
30
170
200
1170
200
1570
170
30
1230
30
170
1570
20
910
120
120
240
A-A
树皮
80
广州流花公园
桂林溶湖饭店
什锦花窗
彩色玻璃
桂林
伏波楼
80
80
120
100
60
60
240
60
B-B
100
20
1/4 砖侧砌
1000
20
100
20
20
100
2000
100
B
小叠瓦漏窗
1000
2000

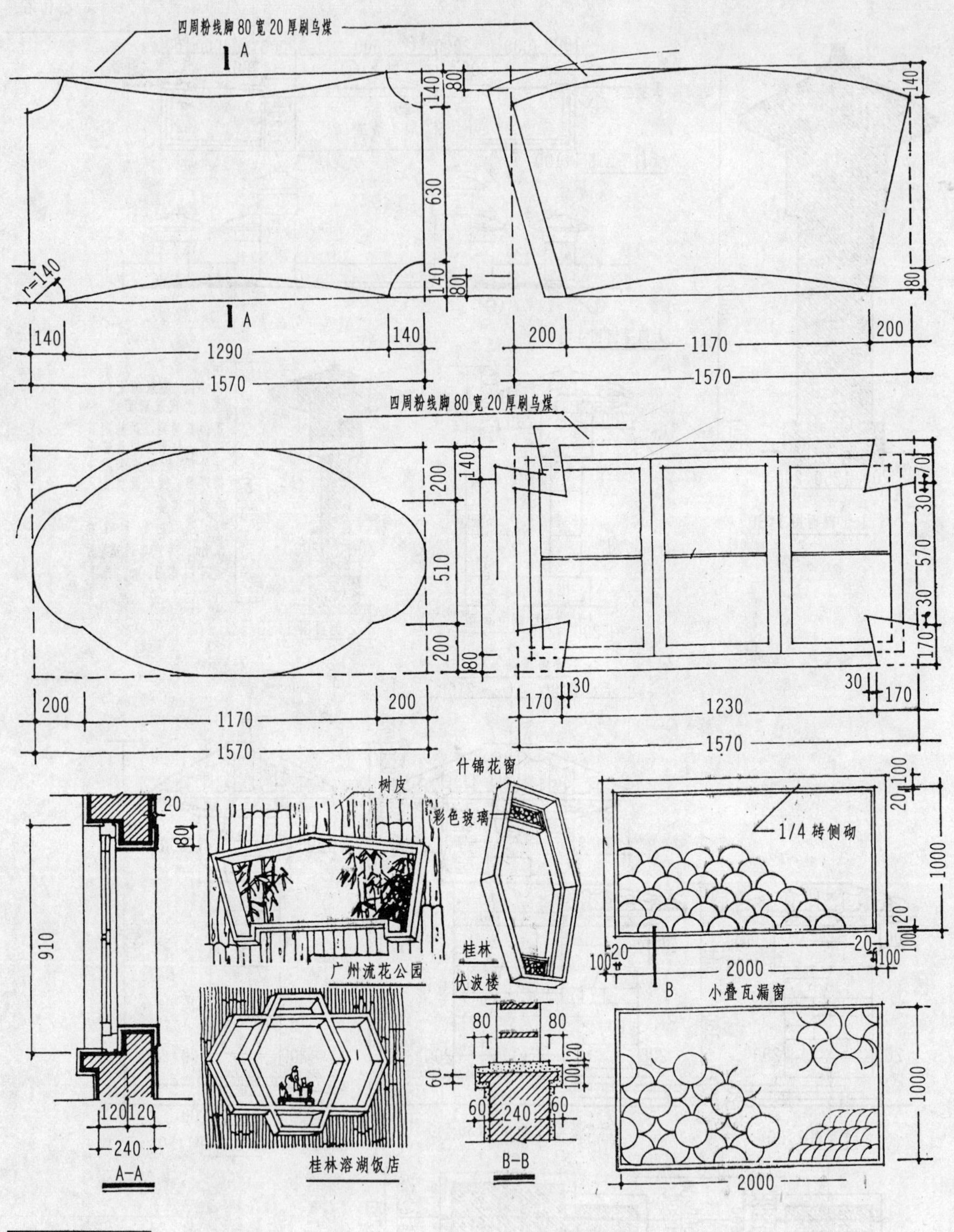

什锦窗

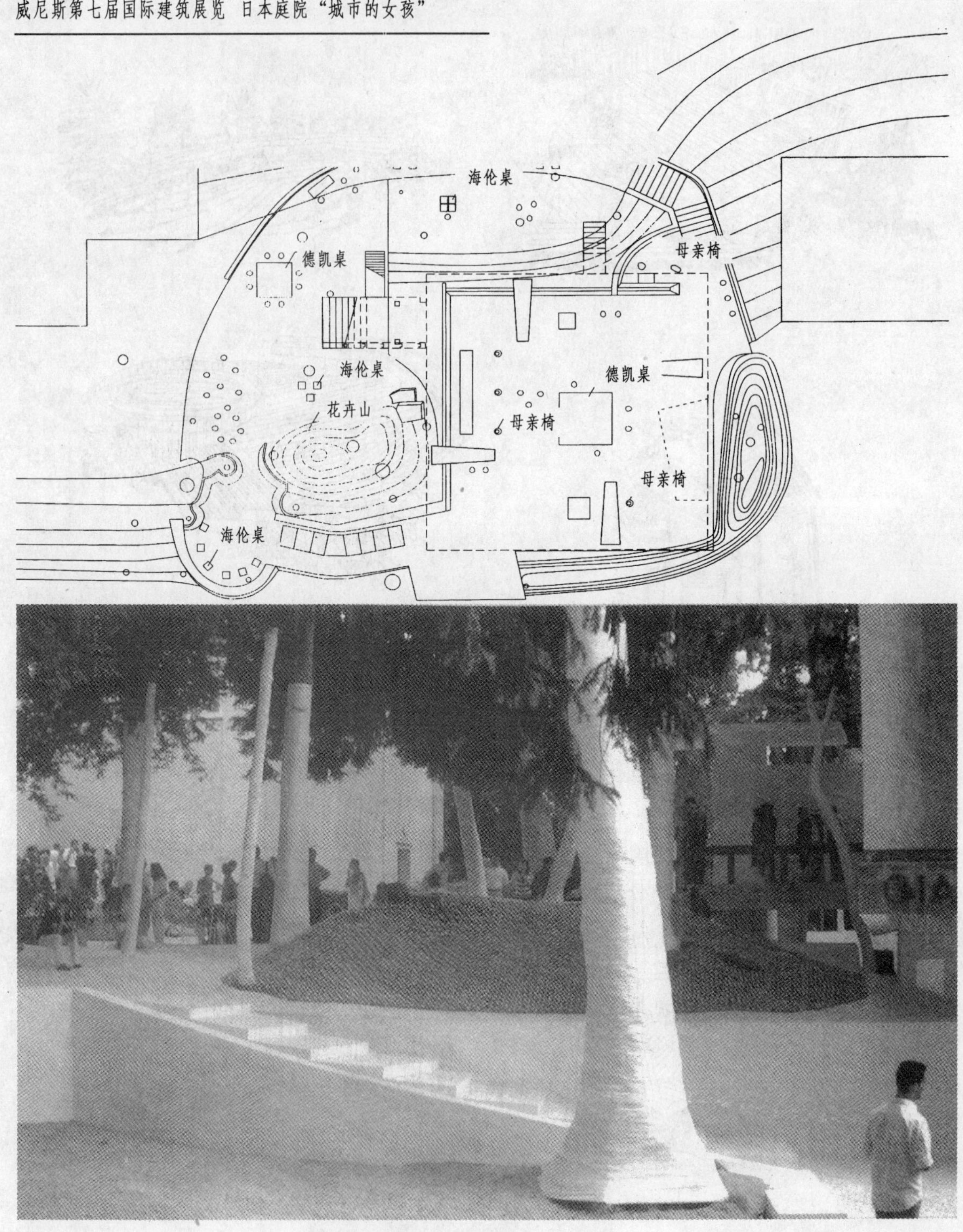
海伦桌
德凯桌
母亲椅
海伦桌
德凯桌
花卉山
母亲椅
母亲椅
海伦桌

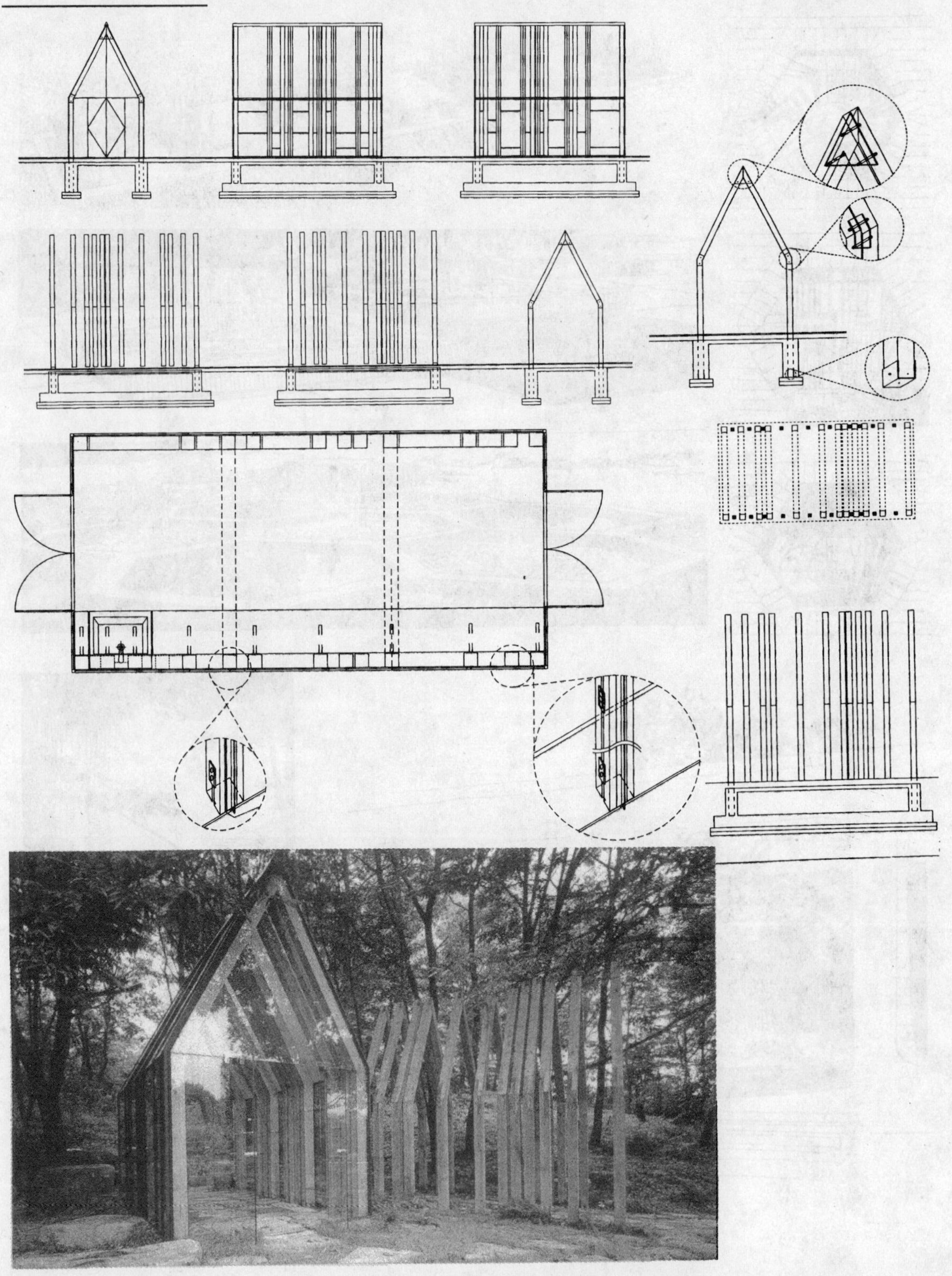

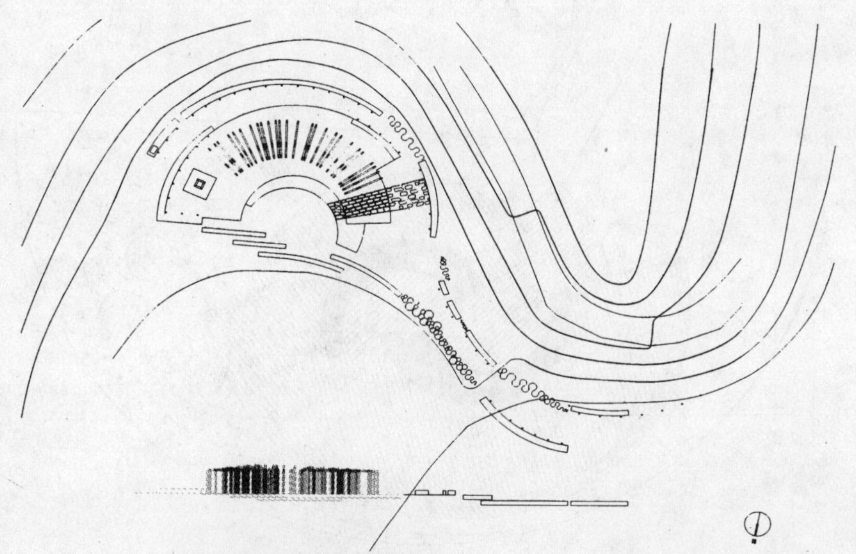

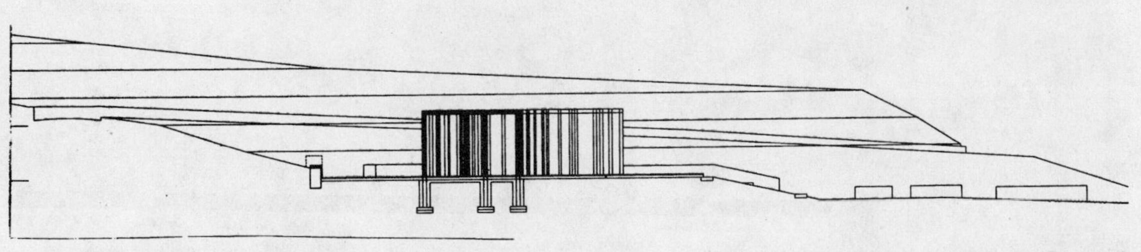

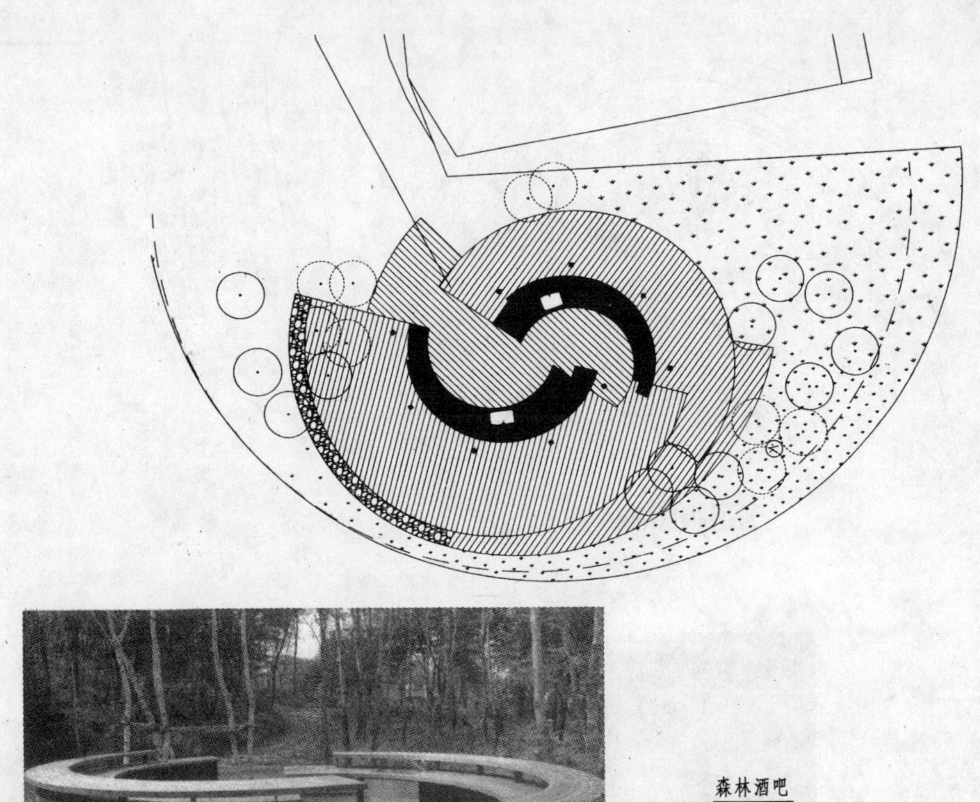

森林酒吧

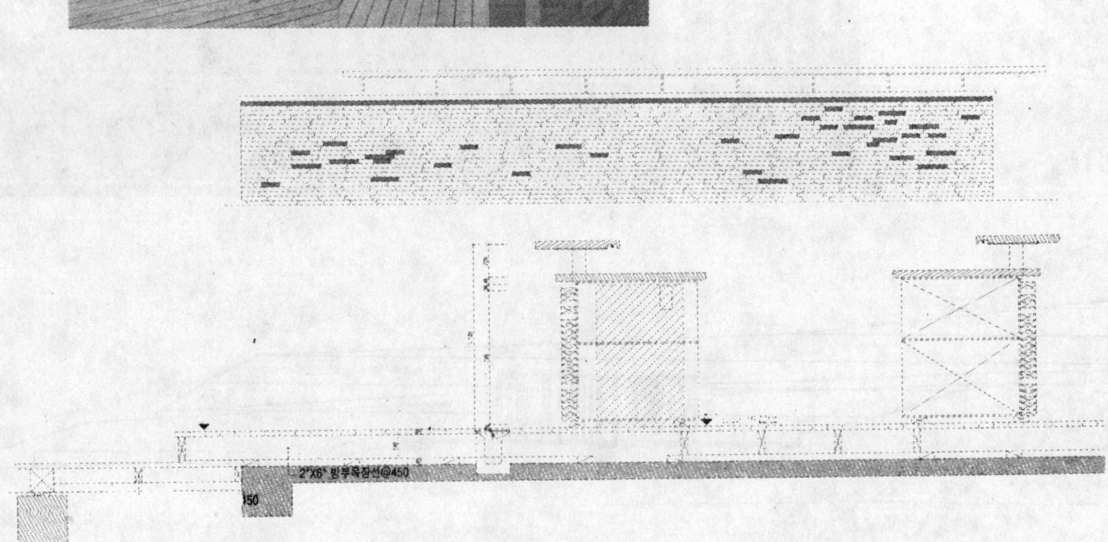

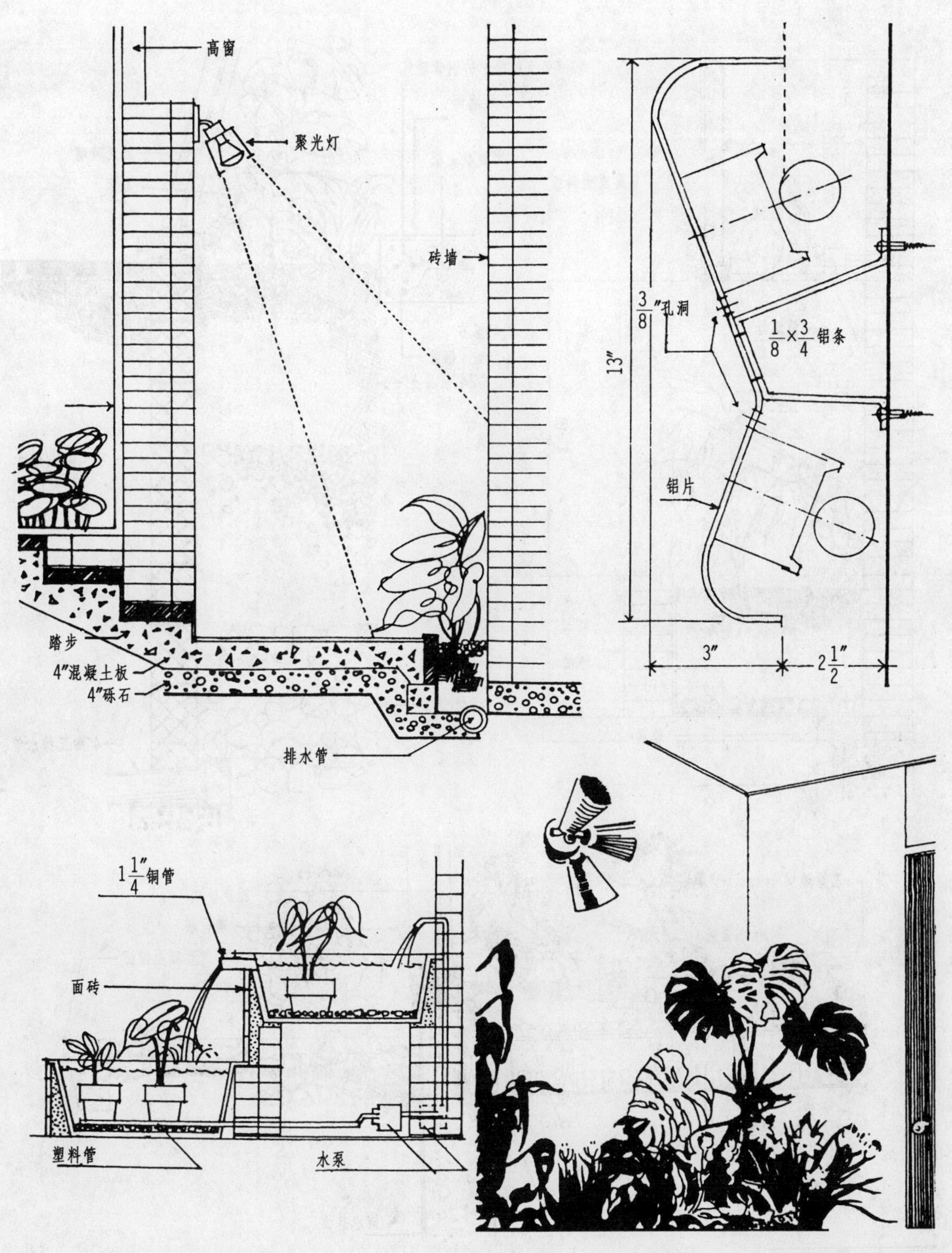
高窗
聚光灯
砖墙
踏步
4″混凝土板
4″砾石
排水管
$\frac{3}{8}$″孔洞
$\frac{1}{8}\times\frac{3}{4}$铝条
13″
铝片
3″
$2\frac{1}{2}$″
$1\frac{1}{4}$″铜管
面砖
塑料管
水泵

空间
金属或塑料板
镇流器
4′-0″
2′-0″
乙烯盖板
砖墙
地漏
2″排水管
楼板中的钢管暖气
乙烯地面
4″混凝土板
4″烁石
钢筋
24″顶层土
24″碎砖
24″烁石
固定玻璃
盖板
窗台
8″混凝土砌块
4″陶瓦排水管
室内
室外
乙烯地板
木盖帽
木板
保温层
2″×8″骨龙
铜盆
铜排水管
固定玻璃
窗台板
混凝土铺面
防水抹面

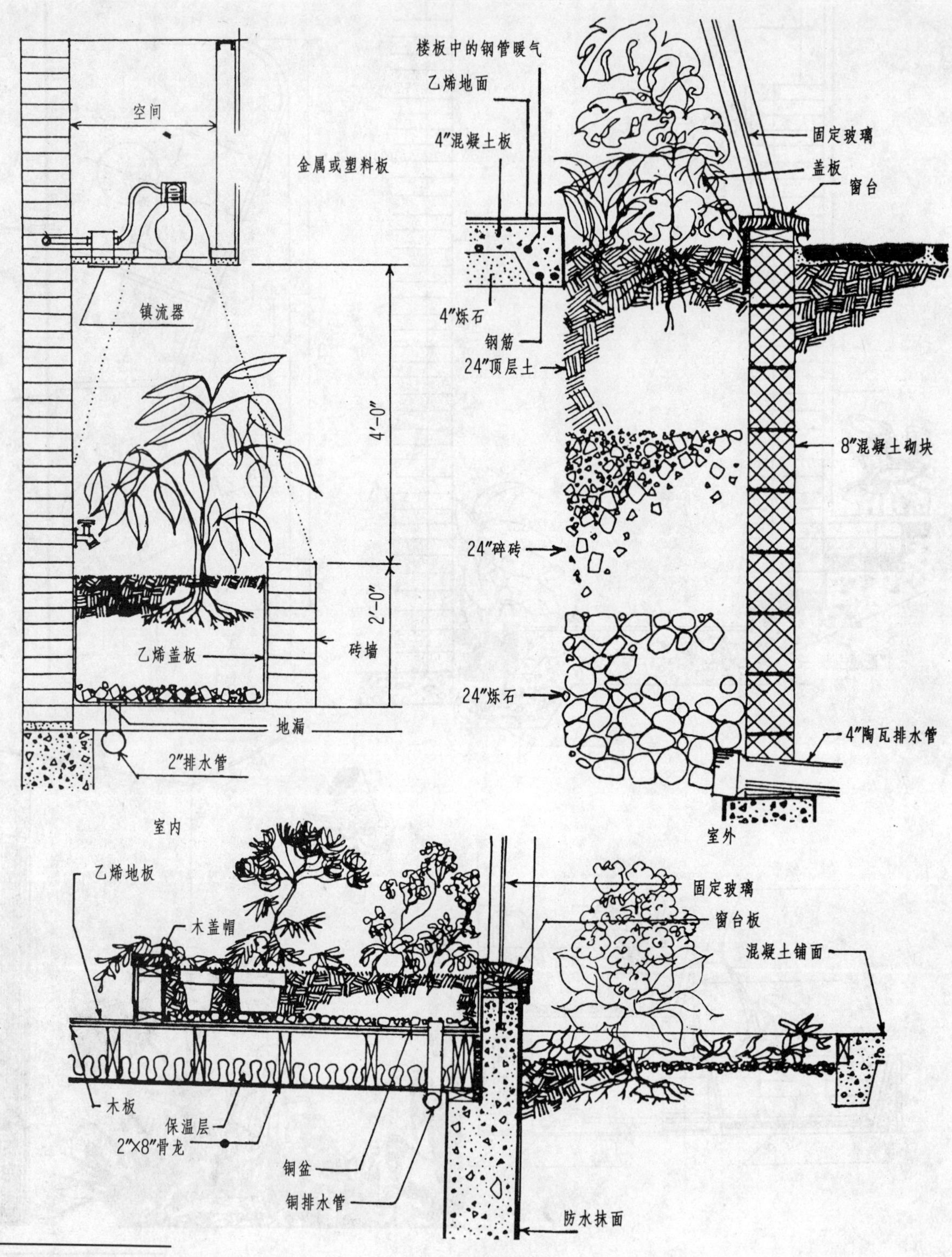

室内绿化

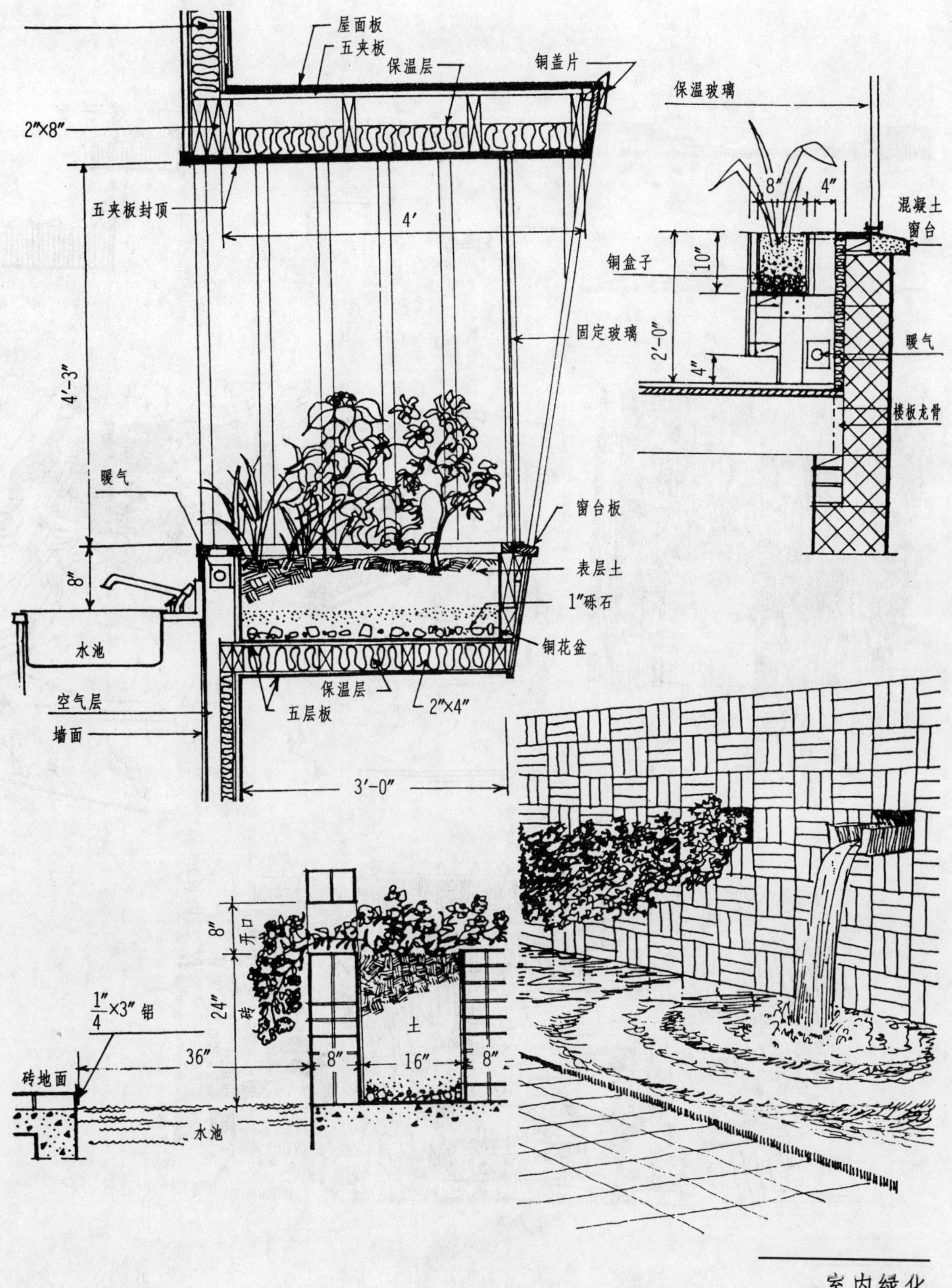

屋面板
五夹板
保温层
铜盖片
2″×8″
五夹板封顶
4′
固定玻璃
4′-3″
暖气
窗台板
表层土
8″
1″砾石
水池
铜花盆
保温层
2″×4″
五层板
空气层
墙面
3′-0″
保温玻璃
8″
4″
混凝土
窗台
铜盒子
10″
2′-0″
暖气
4″
楼板龙骨
8″
开口
24″
砖
土
1/4″×3″铝
36″
8″
16″
8″
砖地面
水池

水景

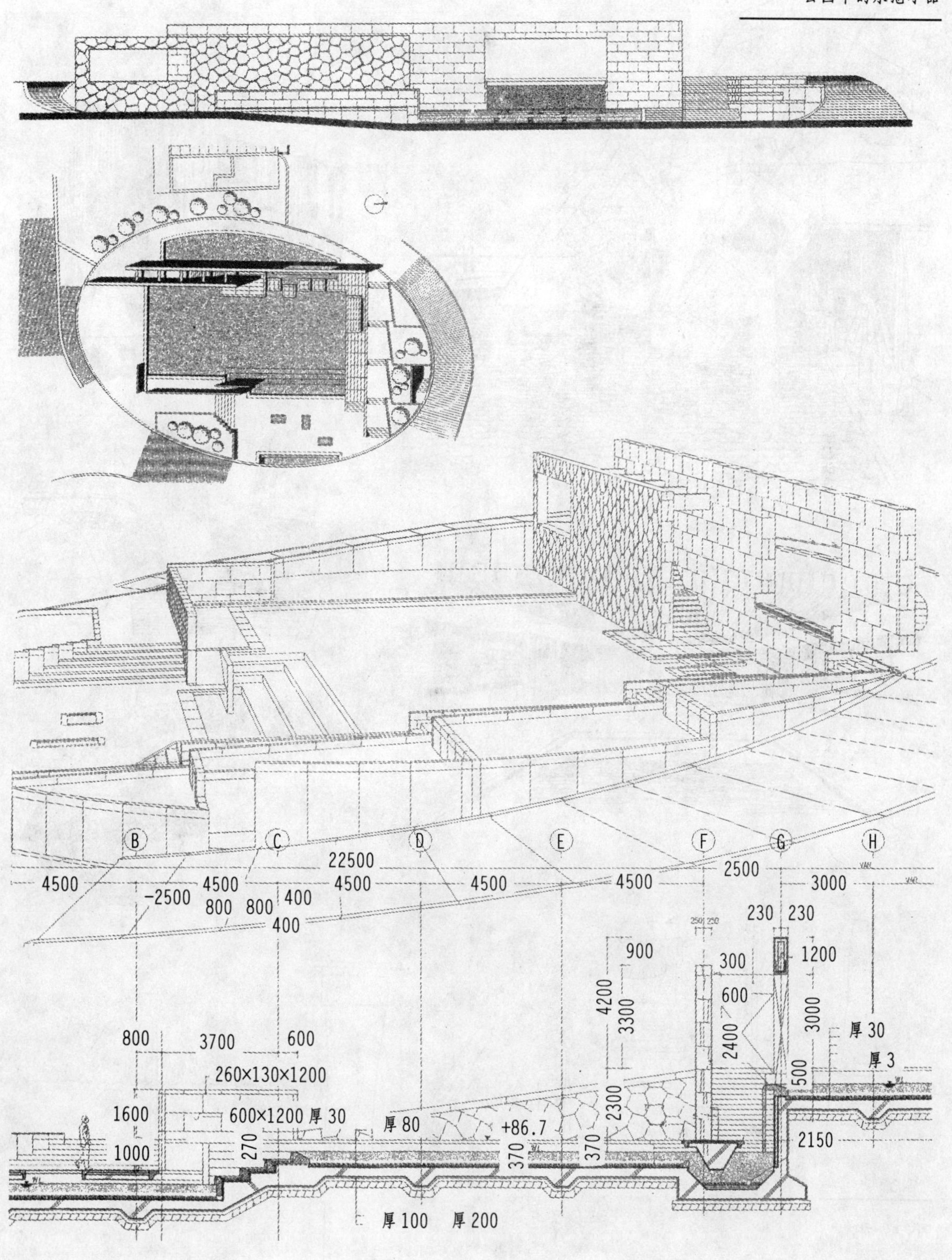

B
C
D
E
F
G
H
22500
4500
4500
4500
4500
4500
2500
3000
-2500
800
800
400
400
230
230
1200
900
300
600
4200
3300
2400
3000
厚 30
厚 3
500
800
3700
600
260×130×1200
1600
600×1200 厚 30
厚 80
+86.7
2300
2150
1000
270
370
370
厚 100
厚 200

水景

景观雕塑

1200
1800
花池平面图
1200
排水嘴 ϕ50 钢管 1=150 中距 1000
600
800
200
ϕ14@150
ϕ6@200
75°
3ϕ18
梁两端钢筋入柱中 1000
100
500
ϕ8@200
2ϕ20
360
3ϕ18
1800
200
排水嘴 ϕ50 钢管 1=150
中距 1000
550
900
200
150
ϕ8@200
ϕ8@150
75°
80
0.150
180 180
240
400
+0.000
花池立面图
2.500
1.700
0.900
+0.000

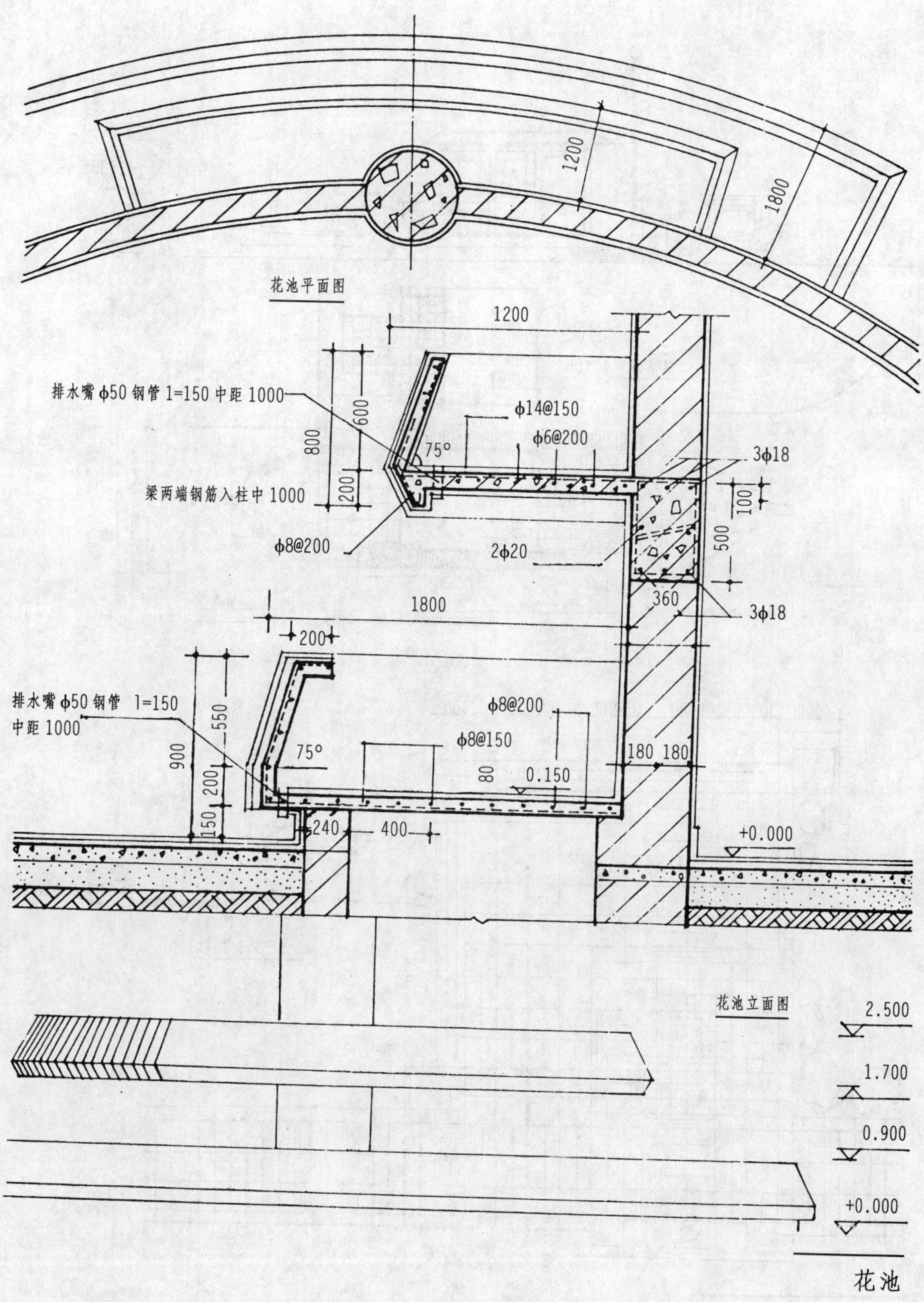

花池

+7.600
±6.800
+4.300
+3.300
+0.900
±0.000
-0.800
立面图 1:100
二层立面图 1:100
首层平面图 1:100
1800 1400 1100 1500 2600 1600 1000 1000
1000 1100 700 1300 1900 1000
3000 3000 3000 1500 7000
40000 30000 60000 30000 60000 40000
纪念亭立面图 1:100

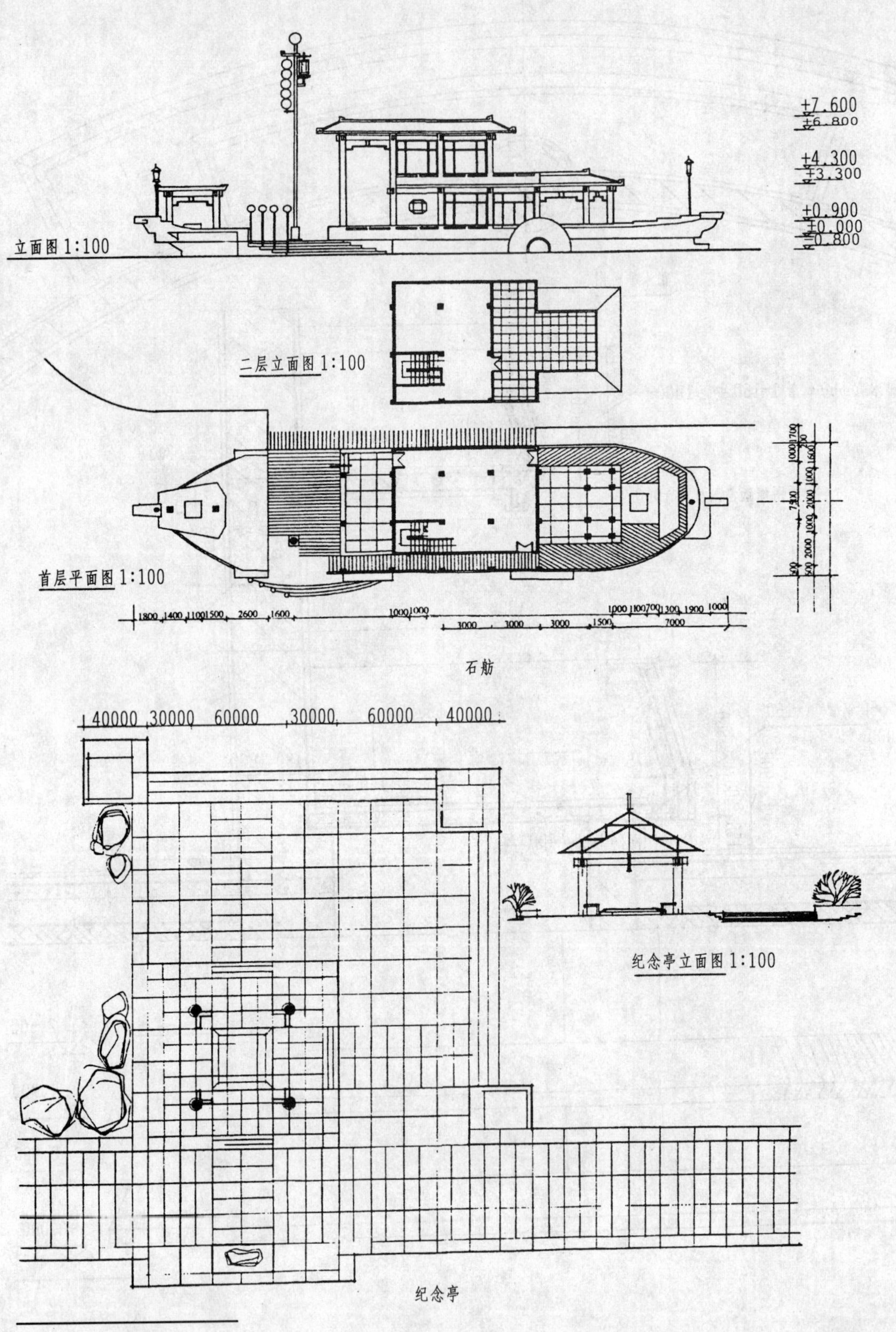

石舫

纪念亭

石舫、纪念亭

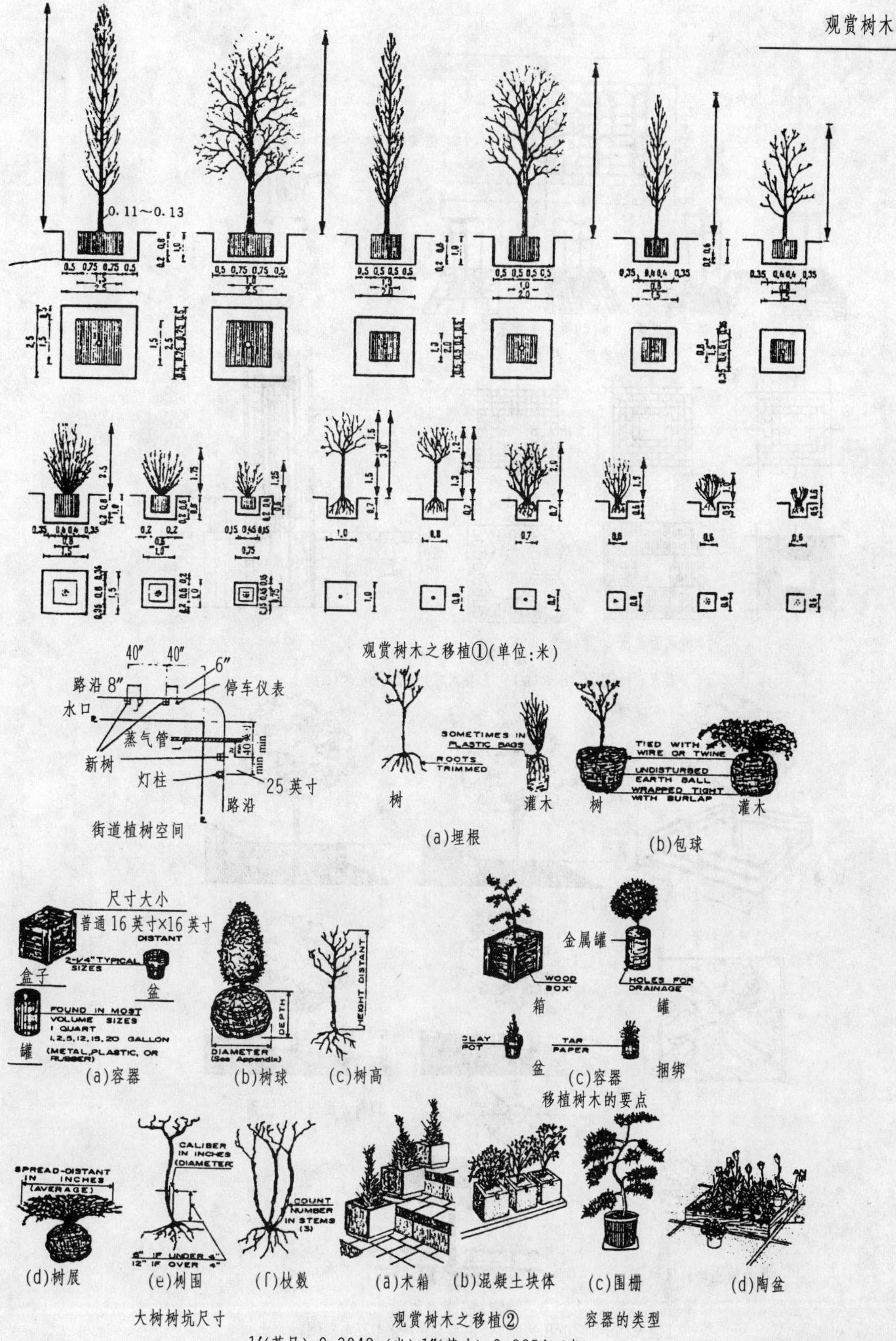

观赏树木之移植①(单位:米)

移植树木的要点

大树树坑尺寸

观赏树木之移植②

容器的类型

1′(英尺)=0.3048m(米) 1″(英寸)=0.0254m(米)

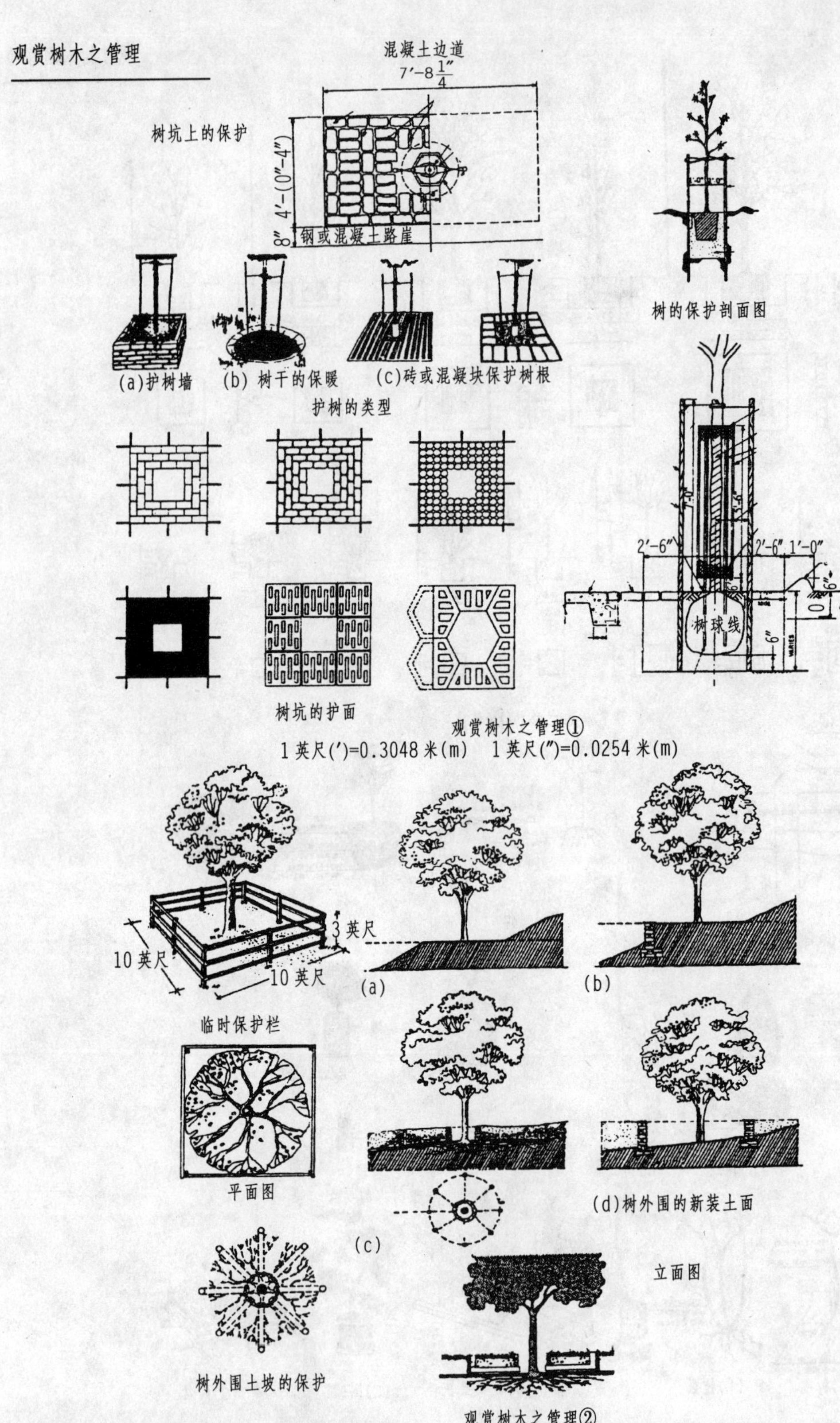

观赏树木之管理①
1 英尺(′)=0.3048 米(m)　1 英尺(″)=0.0254 米(m)

观赏树木之管理②
1 英尺(′)=0.3048 米(m)　1 英尺(″)=0.0254 米(m)

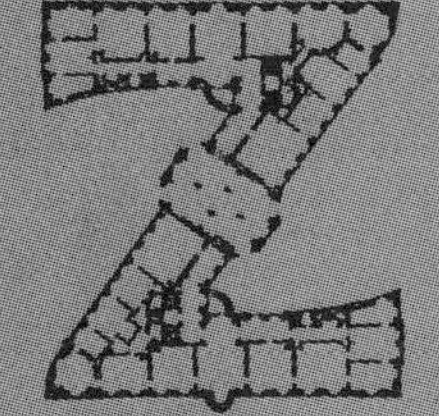

其他设施

平面图
警卫
配电
140×140 电缆井
厕所
架电话洞
管井
70×70 入孔
钢门
甲-甲 剖面图
电话架平面图
砖墙
外墙剖面详图
30×30 预制水磨石块
西立面图
南立面图
水刷石
钢窗
平面放大详图
石砌块
北

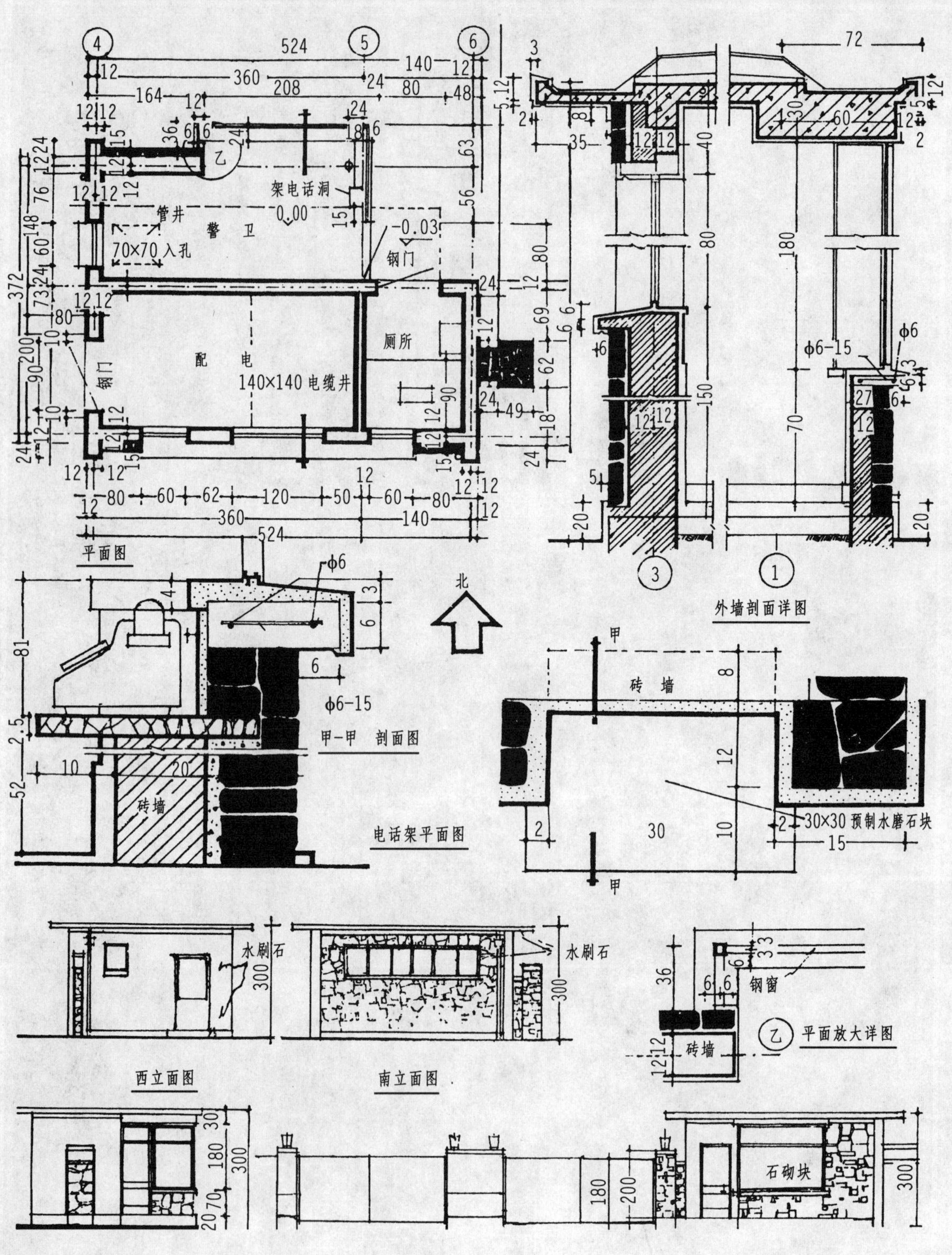

警卫室

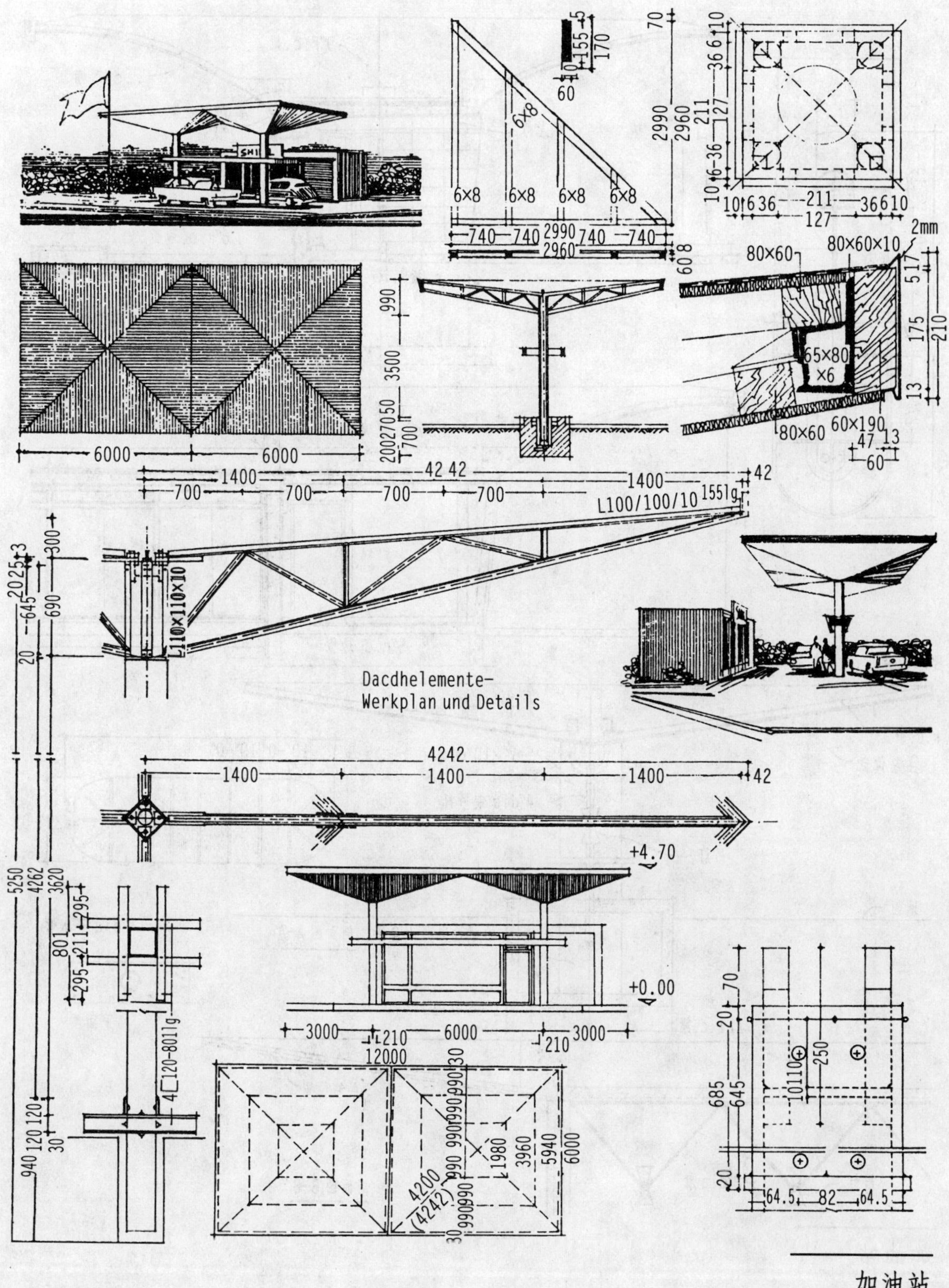

加油站

38'-0"
11'-0"
19'-0"
45'-0"
10'-7 1/2
128'-0"
27'-9"
9"r.c.梁
r.c.顶棚
防水砂浆
日光灯
2"木板
6"r.c.地面
r.c.梁
圆拱顶
9"r.c.梁
2'6"dia 玻璃顶
9"r.c.梁
11'-6"
7'-7"
硬木
5"r.c.地板
r.c.梁
8"r.c.梁
r.c.顶盖
主筋位置
2'-6"×10"r.c.柱
4"dia 铜吊杆
吊灯
10'-0"
10'-0"
14'-11"
A
B
B
29'-0"
A
地面
柱穿过混凝土盒子
剖面图 A-A
4"dia 下水管
1'-6"柱础
柱平面图
11"r.c.梁
主筋位置
吊灯
5/8"dia 管
剖面图 B-B

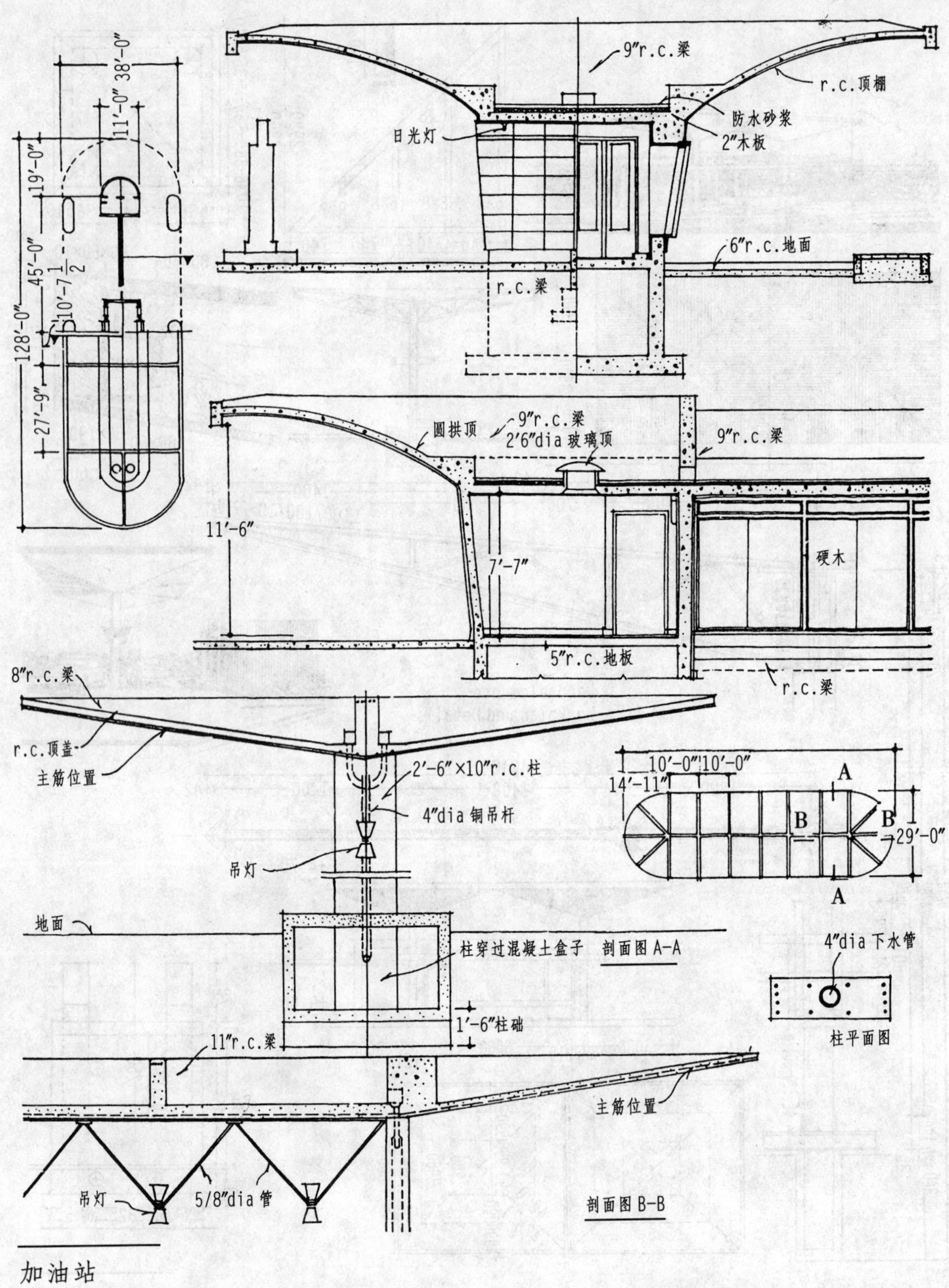

加油站

2.80
2.50
30
250
280
10
±0.00
-0.10
30
A-A
B-B
A
370
5
120
120
120
5
B
5
120
250
120
5
A
358
203
104
3×
3×135
358
29

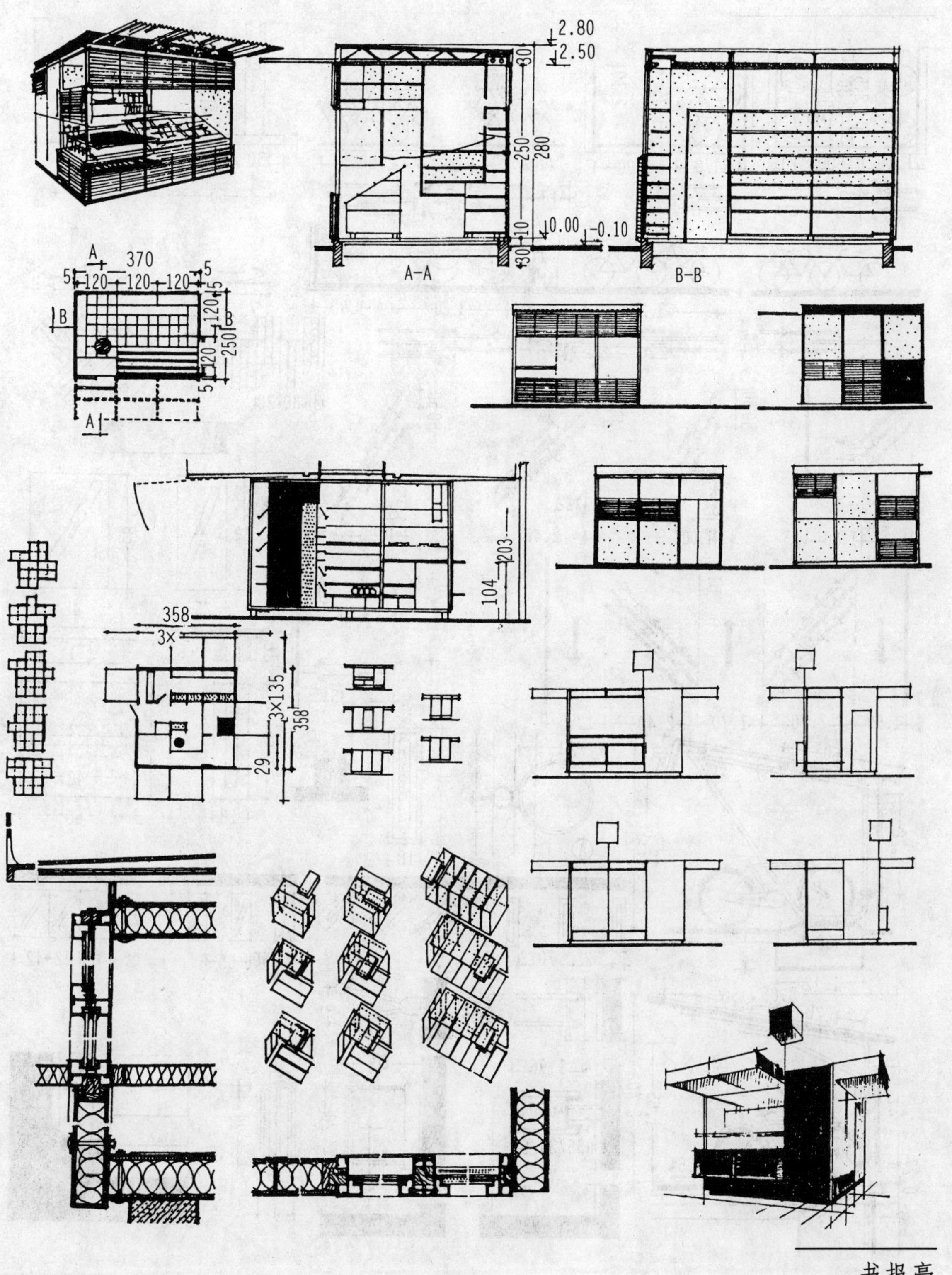

书报亭

1.10 1.50 1.10
2.50
2.30
2.00
50
1.70 1.90
1.85
2.10
2.10
2.00
41
64
6
30
60
60
30
31.5
13.5
3.20
3.20 2.00 3.20 1.90
30 30 30
45°
35°
45°
35°
1.35 1.50
1.00
2.40
1.80
70
2.50
65
2.35
25
42
16
6 9
1.50 2.40 1.70 2.40 1.50
1.60
50
21
1.28
19.6
2.46
A
60
18
48
60
52 70
18
30
25 50 55
42 42 42
1.12
3.06
1.20 1.20
2.5 1.96
u80
u35/35/5
1.25
1.85
2.40
0.27
1.5%
38
20
34
7
20
9

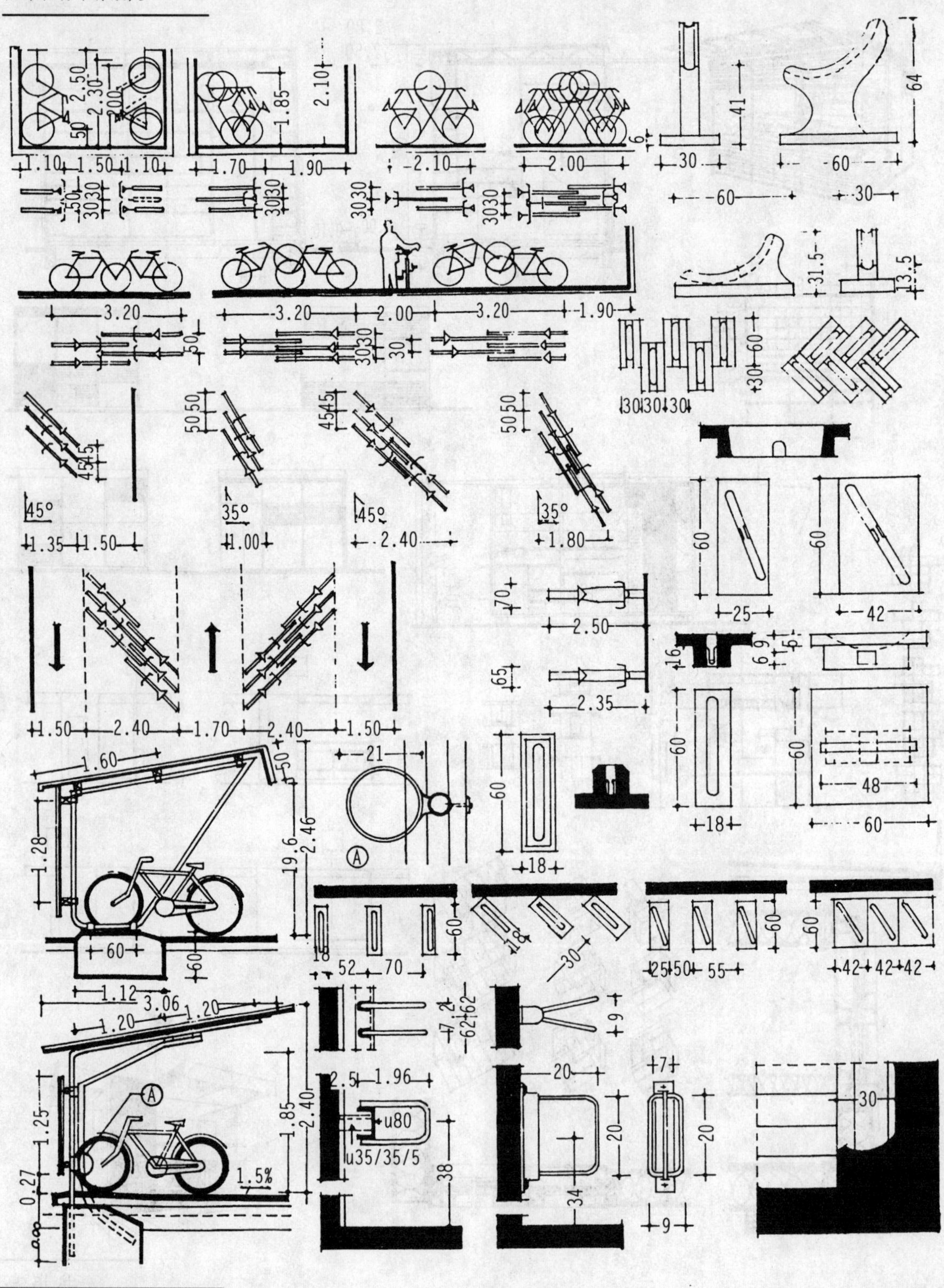

自行车停放处

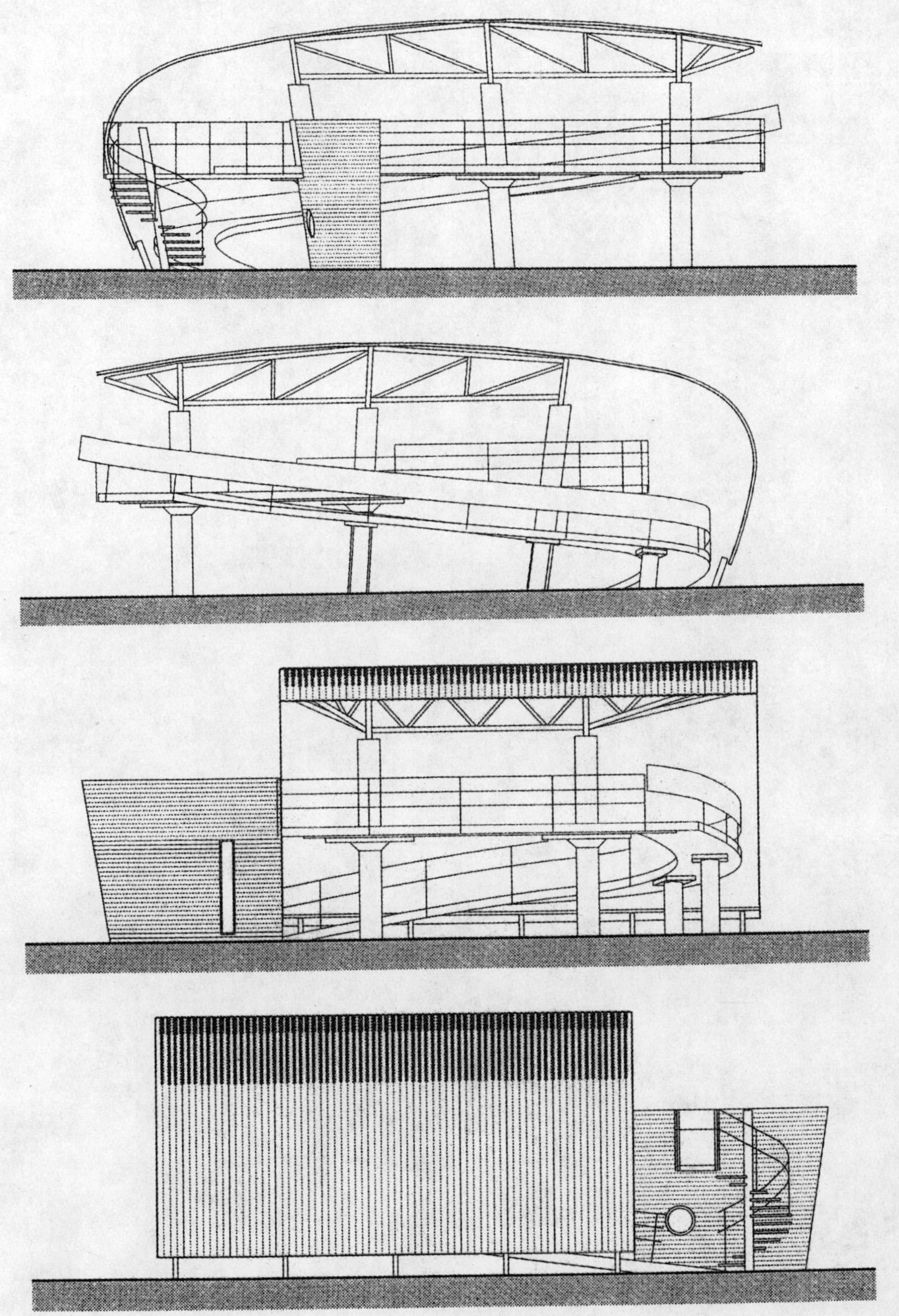

自行车停放处